# 넷 제로 에너지 디자인
# NET ZERO ENERGY DESIGN

NET ZERO ENERGY DESIGN: A guide for commercial architecture by Thomas Hootman



This Korean edition was published by Spacetime Publisher in 2013 by arrangement with John Wiley & Sons International Rights, Inc., Hoboken, NJ through KCC(Korea Copyright Center Inc.), Seoul.

상업건축을 위한 지침서

# 넷 제로 에너지 디자인

# NET ZERO ENERGY DESIGN

Tom Hootman 저 (주)썬앤라이트 역

WILEY
Spacetime

# 차례

Contents

# 감사의 말

Acknowledgments

이 책은 나한테 중요하다. 나는 이 책이 건물을 설계하고 조달하는 새로운 방식으로, 넷 제로 에너지 건축을 향해 우리 산업을 이끄는 의미 있는 역할을 할 수 있다고 믿는다. 『넷 제로 에너지 디자인: 상업 건축을 위한 지침서(Net Zero Energy Design: A Guide for Commercial Architecture)』를 쓰는 과정에서 나는 운 좋게도 같은 생각과 열정을 가진, 또한 이 책과 넷 제로 에너지 건축의 목표를 믿는 수많은 동료들과 친구들, 가족에게서 도움을 받았다.

먼저 궁극적인 조력자가 되어준 나의 부인 Deonne Hootman에게 감사를 전하고 싶다. 모든 집안일을 해줘서 내가 아무 걱정 없이 방해받지 않고 많은 시간을 작업할 수 있었을 뿐 아니라, 내 생각에 반응해주는 환상적인 조언자이기도 한 그녀는 종종 저자의 생각이 막힐 때마다 다시 활력을 불어넣어주곤 했다. 또한 나의 비정상적인 작업일정을 이해하고 도와준 나의 두 아이 잭슨과 레이, 우리 부모님과 누나에게도 고마움을 전하고 싶다.

다음으로는 이 책에 자료를 기고해준 국립재생에너지연구소(National Renewable Energy Laboratory: NREL)의 Shanti Pless, 그리고 이 책에 기고하는 동안 스탠택(Stantac)에서 일하다 지금은 인테그랄 그룹(Integral Group)과 일하는 David Okada에게 감사를 전하고 싶다. 두 기고자들은 에너지부(Department of Energy: DOE)/국립재생에너지연구소 연구지원시설(Research Support Facility: RSF)의 성공에 중대한 역할을 했다. 그들은 넷 제로 에너지 빌딩에 있어서 열정적이고 뛰어난 리더이자 전문가이기도 하다. 그들의 도움이 없었다면 이 책의 출판은 불가능했을 것이다. 이 책을 만드는 데 그들이 해준 노고와 희생에 진심으로 감사를 전한다.

나는 운 좋게도 넷 제로 에너지 건축이 일상 실무의 일부가 되어 차세대 건축의 개발에 크게 집중하고 있는 RNL에서 일하고 있다. 이 책과 그것을 쓰는 과정을 지지해준, 또한 특별히 그런 작업에 영감을 일으킬 창의적인 문화를 키워준 이 회사의 모두에게 감사를 전하고 싶다. 이 책을 만드는 동안 열정을 보이며 용기를 불어넣어줬을 뿐만 아니라 원고 완성을 위해 내가 요구해야 했던 어려운 일정을 인내해준 RNL의 최고경영자 Josh Gould에게 고마움을 전한다. 또한 개인적인 도움을 준 Leslie Alpert와 Sarah Rege에게도 감사를 전한다. 그들은 내가 이 책의 작업으로 휴가를 냈을 때 필요할 때마다 내 프로젝트들을 계속해서 진행시켜줬다. 저술에 관해 언제나 예리한 조언을 주고 이 책의 일부 이미지들을 수집하는 데 도움을 준 Lisa Glass에게도 감사를 전한다. 또한 우리의 다음 넷 제로 에너지 빌딩들 중 하나일 수 있는, 넷 제로 에너지-완비(net zero energy-ready) 건물인 이스트사이드 휴먼 서비스 빌딩의 자료입수에 도움을 준 Tom Wuertz에게도 감사를 전한다.

리더십 및 프레젠테이션 컨설턴트로서 나와 협업한 매버릭 앤 컴퍼니(Maverick & Company)의 Alecia Huck에게도 고마움을 전한다. 그녀는 넷 제로 에너지의 이야기를 가다듬는 나의 작업을 도와주었고, 특히 연구지원시설(Research Support Facility) 프로젝트에 관해 많은 도움을 주었다. 또한 그녀는 이 책에서 중요하게 거론되는 리더십의 역할을 나 스스로 인지하고 수용할 수 있게끔 도와주었다.

연구지원시설의 조달 경험은 이 책에 영감을 주었다. 여기서 모두 열거할 순 없지만 프로젝트 팀 전반에는 내가 지금껏 함께 일해 본 사람들 중 가장 재능 있고 열심히 일하는 전문가들이 포진해있었다. 팀 전체에 감사를 전하고 싶고, 그 중에서도 RNL 내부 팀에 속한 건축가와 인테리어 디자이너, 조경건축가들을 꼽자면 Rich von Luhrte와 Craig Randock(현재 HDR Architecture 소속), Michael Simpson, Allison Menke, Nathan Gulash, Rachel Petro, Wendy Weiskopf, Michelle Richter, Brian Nicholson, Steve Breitzka에게 감사를 전한다. 스탠텍에서는 David Okada(현재 Integral Group 소속)와 John Andary(현재 Integral Group 소속), Porus Antia, Lloyd Mariner에게 감사를, 헤이즐던 컨스트럭션에서는 Phil Macey와 Byron Haselden, Brian Livingston, Jerry Blocher에게, 그리고 아키텍처럴 에너지 코퍼레이션에서는 Dana Villeneuve에게 감사를 전한다.

훌륭한 건물을 설계하려면 훌륭한 건축주가 필요하다는 말은 엄청난 진실을 담고 있다. 에너지부/국립재생에너지연구소는 특별한 건축주였다. 그곳의 전문가들은 고성능건물의 미래에 대한 강력한 비전을 갖고 있으며, 그들의 프로젝트가 그러한 미래를 보여주길 원했다. 우리는 운 좋게도 그들과의 파트너십 속에서 이 여정을 함께했다. 연구지원시설의 조달과정에서 나는 국립에너지연구소 고급상업건물연구단(Advanced Commercial Buildings Research Group)의 재능 있는 많은 직원들과 친구가 되었고, 그 중 많은 이들은 이 책의 발간에 중대한 역할을해주었다. 연구지원시설을 현실화했을 뿐만 아니라 지속적인 연구를 해주었고, 넷 제로 에너지의 미래에 필요한 건설업계의 도구와 자원들을 개발해준 에너지부/국립에너지연구소의 모두에게 감사를 전한다. 특히 Jeff Baker와 Bill Glover, Drew Detamore, Ron Judkoff, Paul Torcellini, Shanti Pless, Eric Telesmanich, Bret Cummock, Peter McMillin, Nancy Carlisle, Karen Leitner, Jennifer Scheib, Nicki Johnson, Michelle Slovensky, Frank Rukavina, Rob Guglielmetti, Chad Lobato, Greg Stark, Nick Long, David Goldwasser에게 고마움을 전한다.

또한 넷 제로 에너지 빌딩이 주류적인 흐름으로 실현되도록 열심히 노력하고 있는 업계의 모든 전문가들에게도 감사를 전한다. 나는 발주처와 개발업자 모두의 관점에서, 또한 에너지 모델링의 관점에서도 몇몇 핵심 인물들을 인터뷰 했다. 이런 인터뷰를 통해 얻은 핵심사항들을 이 책의 전반에 걸쳐 특집으로 실었다. 총무청(General Services Administration)의 Donald Horn, 미 육군의 Richard Kidd, 포인트32의 Chris Rogers, 앰비언트 에너지의 Linda Morrison, 스탠텍의 Porus Antia에게 감사를 전한다.

게다가 나는 다양한 넷 제로 에너지 전문가들과의 많은 비공식 인터뷰와 토론 및 교류를 했고, 그들 모두가 이 책의 일부 특정 내용들을 발전시키는데 도움을 주었다. 넷 제로 에너지 프로젝트라면 어디에나 있는 복잡한 문제와 기회에 대해 최신의 혁신적인 아이디어들을 모을 수 있었던 것은 나와 함께 시간을 보내며 지식을 공유한 그들의 관대함과 의지가 있었기 때문이다. 이런 면에서 RNL의 Rachel Petro와 존스 랑 라살(Jones Lang LaSalle)의 Dean Stanberry, 데이비스 그레이엄 앤 스텁스의 Paul Means, MKK 컨설팅 엔지니어스의 Ken Urbanek, 뉴 빌딩스 인스티튜트의 Cathy Higgins, 건설환경센터(Center for the Built Environment)의 David Lehrer에게 감사를 전한다.

또한 넷 제로 에너지를 설명하기에 충분한 이책에 삽입된 훌륭한 사진과 이미지들을 제공해준 모든 이들에게 감사를 표하고 싶다. 특히 RNL과 협업해온 가장 재능 있는 건축사진가들인 Frank Ooms와 Ron Pollard는 에너지부/국립재생에너지연구소 연구지원시설의 세련된 사진들을 많이 수록할 수 있도록 허락해주었다. RNL의 친구이자 동료인 Tania Salgado와 Pat McKelvey는 여러 나라들을 여행하며 찍은 일부 개인적인 건축사진들을 공유해주었다. 댈러스/포트워스 출신의 사진가인 Lisette Lebaillif는 루이스 칸이 설계한 킴벨 미술관을 멋지게 찍어주었다. 국립재생에너지연구소의 재능 있는 정규직 · 계약직 사진가들 모두에게, 그리고 국립재생에너지연구소 PIX 컬렉션의 많은 사진들을 사용할 수 있게 도와준 Mike Linenberger와 Shanti Pless에게도 고마움을 전한다.

고맙게도 많은 회사와 개인들이 작품 사진과 이미지들을 제공해 주었다. 그들은 쿠발라 와샷코 아키텍츠의 Erin Lawrence, RWDI의 Dawn Porcellato와 Ray Sinclair, BNIM의 Erin Gehlr, 뷰로 해폴드의 Tiffany Lee, '애드리언 스미스 + 고든 길 아키텍처'의 Kevin Nace, 벡 그룹의 Doug Spuler, 웨스트레이크 리드 레스코스키의 Jill Badenhop, Manfred Starlinger, 콜트 인터내셔널의 Martin Read, AWV 아키텍처럴의 Mike Allen, 스탠텍의 Porus Antia와 Liesel Wallace, 앰비언트 에너지의 Linda Morrison, ASHRAE의 Trace Becker와 Steve Comstock, 블룸에너지(Bloom Energy)에 대해 도움을 준 웨버 샌드윅의 Molly Canales, 포인트32의 Chris Rogers, 미육군 포트 카슨 공병대의 Matt Ellis와 Nick Alexander, 멜버른대학교의 Murray Peel 박사, 라이트루버의 Michael Holtz, 루시드 디자인 그룹의 Gavin Platt이다. 이 책을 위해 좋은 이미지들을 헌신적으로 제공하며 기꺼이 공유해준 그들에게 감사를 전한다.

많은 점으로 미뤄볼 때, 이 책은 내가 수년간 알아온 건축가이자 와일리의 저자인 Jim Leggitt를 2010년에 공항에서 우연히 재회했을 때 시작되었다. 우린 모두 미국건축가협회(AIA) 회의 참석차 마이애미로 가던 중이었는데 그가 내게 책 한 권을 써보라고 권유했었다. 그는 당시 마이애미에 회의 참석차 와있던 와일리의 편집자 John Czarnecki를 소개시켜주기도 했다. 그 이후로 나는 도서 제안서를 쓰기 시작했고, 이를 위해 Jim Leggitt와 Daniel Tal, Annette Stelmack, 그리고 모든 친구들과 와일리의 저자들로부터 도움과 피드백을 얻었다. 그들 모두에게, 그리고 그들의 지지와 독려, 훌륭한 조언에 고마움을 전한다.

마지막으로 존 와일리 앤 선즈에, 특히 발행인 Amanda Miller에게 감사를 전한다. 그는 이 책이 건설업계에서 가질 가치와 필요성을 이해하고 이를 현실화해 주었다. John Czarnecki가 『칸트랙트(Contract)』 매거진의 편집장이 되어 와일리를 떠나며 들어온 Kathryn Bourgoine에게 감사를 전한다. 그녀는 내가 원고를 마지막으로 손볼 때 엄청난 일을 해주었다. 전반적인 출판과정에서 나를 도와준 Mike New와 Danielle Giordano에게도 감사를 전한다. 그리고 마지막으로, 이 책의 제작과정에서 원고와 삽화를 능숙하게 배치해준 선임제작편집자 Donna Conte에게 고마움을 전한다.

# In 서론
Introduction

## 0.1 나의 넷 제로 에너지 여정
(My Net Zero Energy Journey)

RNL에서 지속가능설계팀 디렉터로 일하는 동안 나는 운좋게도 세계를 변화시키게 될 한 건축프로젝트에 참여하게 되었다. 그 프로젝트는 상업건설 산업의 넷 제로 에너지 빌딩 달성이라는 뚜렷한 목적을 추구하고 있었으며, 『넷 제로 에너지 디자인』 저술에 영감을 준 프로젝트였다. 이 프로젝트는 미국내 건설 산업 컨퍼런스에서 소개되며 주목을 받았고, 건설 산업 매체뿐만 아니라 『월스트리트저널』과 『뉴욕타임스』와 같은 전국 발행지에도 실렸다. 『메트로폴리스 매거진』은 넷 제로 에너지를 가능케 한 이 프로젝트를 가리켜 2011년의 판도를 바꿀 게임-체인저(game-changer)로 정의했다. 이 프로젝트는 국립재생에너지연구소(National Renewable Energy Laboratory: NREL)에 있는 에너지부(Department of Energy: DOE)의 연구지원시설(Research Support Facility: RSF)이다(그림 1.1 참조).

이 프로젝트는 넷 제로 에너지가 대규모 상업 건축에 적용될 수 있을 뿐만 아니라 거기에 특별한 가치도 더해준다는 걸 보여주었다. 뿐만 아니라 현재 전형적으로 이뤄지고 있는 건설시행과정에서의 문제점도 보여줬는데, 넷 제로 에너지 솔루션을 개발하기위해 최소화할 필요가 있는 문제들이었다. 바로 그런 문제들을 최소화하는 것이 이 책의 하나의 목적이며, 특히 다음과 같은 질문에 답하고자 한다. "넷 제로 에너지 상업건축을 어떻게 시행할 수 있을까?"

에너지부/국립재생에너지연구소 연구지원시설 프로젝트에 참여한 경험은 내게 큰 영향을 주었다.

■ 그림 I.1 에너지부/국립재생에너지연구소 연구지원시설. *〈이미지 제공: RNL / 사진: Frank Ooms〉*

이 프로젝트의 "흔적들"을 이 책 전반에서 볼 수가 있는데, 때로는 프로젝트의 구체적 사례들로, 때로는 시행과정의 개선방법에 영향을 주는 일반요인들로 나타날 것이다. 나는 이 프로젝트의 놀라운 결과물, 특히 그 모든 것들이 실현되도록 한 시행팀 개개인의 역량에 고무되었다. 그 팀에는 RNL과 스탠텍, 헤이즐던 컨스트럭션의 재능 있는 전문가들과 능력 있는 수많은 디자인 컨설턴트 및 하도급자들이 있었다. 짐작할 수 있듯이, 에너지부와 국립재생에너지연구소를 발주처로 맞아 대규모 사무소 건물에서 넷 제로 에너지를 추구한다는 건 만만찮은 경험이었다(그림 I.2 참조). 국립재생에너지연구소는 저에너지 및 넷 제로 에너지 빌딩들을 위한 훌륭한 자산으로서, 세계 최고의 연구를 지원하는 곳이다. 나는 국립재생에너지연구소가 미국에서 가장 잘 유지되어온 비밀스런 결실 중의 하나라고 믿게 되었다. 건설업계의 수천 명과 이 프로젝트에 대해 이야기해오면서 항상 놀랐던 건 우리 에너지 연구소 최대자산 중 하나인 국립재생에너지연구소를 정말 많은 이들이 모르고 있다는 사실이었다. 에너지부/국립재생에너지연구소 연구지원시설이 앞으로도 에너지부와 국립재생에너지연구소의 책무를 진전시키는 데 괄목할만한 일을 할 거라 확신하며, 이 책이 우리 산업계가 넷 제로 에너지로 움직이는데 일조하기를 진심으로 희망한다.

## 0.2 이 책의 활용법(How to Use This Book)

『넷 제로 에너지 디자인』은 넷 제로 에너지 상업건물을 위한 설계 및 시행 지침서를 지향한다. 이 책이 다른 지속가능설계 지침서들과 구분되는 점은 특별히 넷 제로의 성취에만 초점을 맞추는 게 아니라 프로젝트의 전반적인 시행과정도 설명한다는 점이다. 넷 제로 에너지 빌딩의 성공은 프로젝트의 착상부터 이후의 지속적 운영에 이르는 전일론적 과정(holistic process)에 근거한다. 그것은 단지 설계상의 어떤 문제가 아니라 건물의 사용과 운영을 비롯한 전반적인 시행과정의 문제이다. 따라서 이 책은 시행과정의 각 부분마다 넷 제로 에너지의 달성과 관련하여 가장 중요한 부분들을 소개하고자 한다. 그러므로 『넷 제로 에너지 디자인』은 전반적인 시행과정에 초점을 두지, 시행과정 내의 특정 이슈들을 상세하게 서술하는 기술 지침서를 의도하지 않는다. 넷 제로 에너지의 추진과정에서 발생하는 수많은 문제들을 결정하는 데 필요한 구체적 지침을 제공하는 좋은 책과 자료들은 이미 많이 나와 있다.

넷 제로 에너지 빌딩들은 완성하기가 어렵고, 각각의 프로젝트마다 씨름해야 할 독특한 이슈들이 있다. 이 책은 넷 제로 에너지 빌딩이 직면할 수 있는 모든 조건과 상황들을 언급하려들지 않는다. 이런 의미에서 이 책은 지침매뉴얼이 아니며, 이 책에서 제시하는 과정을 따른다고 꼭 넷 제로 에너지 빌딩을 달성할 수 있는 것도 아니다. 이 책의 내용에는 설계전문가들의 전문적 판단을 대체하려는 의도도 없다. 이 책은 나의 개인적인 프로젝트 경험과 넷 제로 에너지 과정에 대한 그간의 나의 연구에 근거하며, 내가 기고를 부탁한 Shanti Pless와 David Okada의 소중한 도움으로 완성되었다. 그들은 나와 마찬가지로 넷 제로 에너지 건축실무를 발전시키겠다는 강력한 욕구를 갖고 있다. 이 책은 실무자의 관점에서 씌어졌으며, 실무에서 유용한 정보를 전달하도록 의도되었다.

따라서 이 책에서 나는 일부러 내가 친숙하게 사용하는 도구와 자료들을 소개하려고 노력했다. 또한 그것들을 실무에서 어떻게 활용할 것인가의 맥락에서 얘기하려고 한다. 내게 중요할뿐더러 다른 이들에게도 유용하다고 생각되는 몇 가지 소프트웨어 프로그램들도 언급한다. 하지만 그렇다고 해서 그런 프로그램들이면 충분하다거나, 같은 효과를 얻을 수 있는 다른 프로그램들이 없다는 의미는 아니다. 소프트웨어 도구들에 관한 내용도 이 책에 포함되었지만, 가까운 미래의 어느 시점에는 이런 정보도 구식이 되어 다른 프로그램들로 대체될 게 분

■ **그림 I.2** 에너지부/국립재생에너지연구소 연구지원시설. *〈이미지 제공: RNL / 사진: Frank Ooms〉*

명하며, 바라건대 현재 사용되는 것들보다 더 강력하고 유용한 프로그램들로 대체될 것이다.

건축가의 한사람으로서, 나는 넷 제로 에너지 건축을 실현함에 있어 건축가에게만 있는 고유의 역할을 깨닫게 되었다. 우리는 업계와 건설환경을 변화시킬 수 있는 리더가 되어야 한다. 더욱이 전문직으로서, 우리가 이뤄야 할 몇 가지 변화들이 있다. 가장 중요한 것은 우리 프로젝트에 내재하는 에너지 설계의 문제점들을 엔지니어와 에너지 모델링 전문가들에게 위임할 게 아니라 스스로 책임질 필요가 있다는 것이다. 이 책은 상당부분이 건축가들을 대상으로 쓰여졌지만, 넷 제로 에너지 빌딩의 전체적인 시행과정에 관여하는 모든 이들을 대상으로 한 지침서로서도 의미가 있다. 나의 목적은 건설 산업에 종사하는 모든 이들에게 가치 있는 내용을 전달하는 것이다.

따라서 상업건물부문에 주로 초점을 두면서도, 제시되는 많은 아이디어들과 원리들은 주거부문에도 쉽게 적용할 수 있다.

그리고 숙련자들뿐만 아니라 초보자들도 이 책에서 뭔가 얻을 수 있도록 보다 자세한 이해와 프로젝트 응용의 기초를 제시하고, 초보실무자들이 넷 제로 에너지의 지식기반을 확장하도록 도와줄 핵심적인 입문개념들을 제시했다. 노련한 실무자라면 시행과정에 대한 나의 전망이 도움이 될 것이다. 독자의 편의를 위해 프로젝트 참고자료로 꾸준히 활용할 수 있도록 넷 에너지 빌딩 시행을 위한 필수자료들도 정리해두었다.

이 책은 넷 제로 에너지 시행과정을 중심으로 구성되기 때문에, 각각의 실무자마다 자기만의 과정을 개발하도록 도와줄 하나의 로드맵으로 활용될 수 있다. 각각의 장들은 그 과정에서의 매 단계를 차례로 다루며, 넷 제로 에너지 프로젝트의 전체 시행과정이란 관점에서도 일반적인 순차배열을 이루고 있다.

**Ov** **1장: 넷 제로 에너지 빌딩의 개요**(Net Zero Energy Building Overview)

1장은 넷 제로 에너지 빌딩의 개요를 제시한다. 넷 제로 에너지 빌딩이 무엇인지를 정의하고, 그 사례를 들며, 건설 산업의 현 동향을 논한다.

**PC** **2장: 프로젝트의 개념화와 시행**(Project Conception and Delivery)

2장은 넷 제로 에너지 빌딩에 관한 건축주의 관점을 포착하며 넷 제로 에너지의 목표가 한 프로젝트의 초기 개념화에 어떻게 통합될 수 있는지를 설명한다. 또한 업계에서 활용 가능한 다양한 시행방법들과 그것들이 이 목표에 미칠 수 있는 영향을 다룬다.

**IP** **3장: 통합과정**(Integrated Process)

3장은 넷 제로 에너지 프로젝트 시행에 대한 시행 팀의 관점을 제시하고, 프로젝트 시행을 도울 수 있는 통합과정 내의 특정 이슈들을 소개한다.

**En** **4장: 에너지**(Energy)

4장은 에너지 개념에 관한 입문이다. 에너지 원리들의 기초를 튼튼히 쌓는 것은 넷 제로 에너지 프로젝트의 설계와 시행을 위한 필요조건이다. 이 장은 에너지 목표를 설정하고 그 목표를 추진하는 실무적인 에너지 적용과정에 초점을 맞춘다.

DF **5장: 설계의 기초**(Design Fundamentals)

5장은 넷 제로 에너지 프로젝트의 설계를 시작하기 전에 확립하고 이해할 필요가 있는 기초 원리들을 기술한다. 여기서는 기후분석과 부지평가에 대한 관점을 제시하고, 건물의 형상과 매스계획, 건물유형을 넷 제로 에너지의 추구와 관련하여 설명한다.

PA **6장: 패시브 건축**(Passive Architecture)

6장은 건축과 함께 시작하는 넷 제로 에너지 디자인과정을 기술한다. 여기서는 건물에서 에너지 부하를 줄이는 패시브 디자인 전략들의 역할을 탐구한다.

EE **7장: 에너지 효율적 건물시스템**(Energy-Efficient Building Systems)

7장은 저 에너지 건물시스템 적용과 함께 패시브하게 설계된 건물이 효율적으로 부하를 줄이는 방법에 대한 모델을 제시한다.

RE **8장: 재생에너지**(Renewable Energy)

8장은 프로젝트에 적용 가능한 다양한 재생에너지시스템들을 소개하며 그것들이 넷 제로 에너지 프로젝트의 설계와 어떻게 통합될 수 있는지를 설명한다.

Ec **9장: 경제학**(Economics)

9장은 넷 제로 에너지 빌딩의 이면에 작동하는 경제학을 면밀히 들여다본다. 그 초점은 에너지 효율성과 재생에너지시스템들을 이해하고 분석하는 데에 있다.

OO **10장: 운영과 사용**(Operations and Occupancy)

10장은 넷 제로 에너지 빌딩의 가장 중요한 측면에 속하는 운영과 사용을 다룬다. 넷 제로 에너지 빌딩은 실제 운영 중에 측정되기 때문에, 이 요인의 신중한 고려가 매우 중요하다. 이 장은 설계의도와 건물운영의 실제와의 차이를 메우는 역할을 한다.

NZ **11장: 넷 제로 에너지**(Net Zero Energy)

11장은 앞 장들의 종합단계로서, 프로젝트의 넷 제로 에너지 균형을 측정하기 위한 최종계산법을 도출한다. 또한 이 장은 건물 프로젝트의 탄소중립을 이해하고 평가하는 체계도 제공한다.

NZ **12장: 사례연구**(Case Study): **에너지부/국립재생에너지연구소 연구지원시설**(DOE/NREL Research Support Facility)

넷 제로 에너지 시행 실무를 배우고 발전시키는 가장 좋은 방법은 실제 사례이므로, 12장에서는 에너지부/국립재생에너지연구소 연구지원시설 프로젝트를 하나의 사례연구로서 제시한다.

물론 실무에서 시행과정은 엄격히 순차적으로 진행되지 않고, 본질적으로 다소 반복적이고 순환적일 수 있다. 따라서 이 책도 그에 상당하는 방식으로 접근할 수 있다. 처음부터 끝까지 순차적으로 읽어나갈 수도 있고, 무수히 가능한 다양한 순서를 취하며 책 전체를 볼 수도 있다. 그림 I.3에 나오는 각 장의 "로드맵"은 각 장들이 지침과 설계 이슈, 혹은 과정의 이슈에 초점을 두고 어떻게 구성될 수 있는지를 나타낸다.

- 1, 4, 11, 12장은 넷 제로 에너지를 위한 전반적 지침에 할애된 장들이다. 이 장들에서는 정의와 기본적인 개념, 개념들의 전반적 종합을 제시한다.
- 5, 6, 7, 8장은 설계지침을 제공한다. 그만큼 이 장들은 이 책의 핵심이라고 볼 수 있다.
- 2, 3, 9, 10장은 넷 제로 에너지 상업건물들을 위한 과정적 지침을 제공한다.

새로운 독자들에게 넷 제로 에너지를 하나의 개념으로서 소개하는 데 효과적인 방법들 중 하나는 간단한 개념등식을 이용하는 것인데, 넷 제로 에너지는 패시브 디자인과 에너지 효율적 건물 시스템, 재생에너지 시스템을 합한 것과 같으며 이 모든 게 하나의 통합된 과정 위에 있다고 말할 수 있다. 이 책의 장들은 그림 I.4에서 보여주듯이 이런 개념등식의 구성요소들로 이해할 수 있을 것이다.

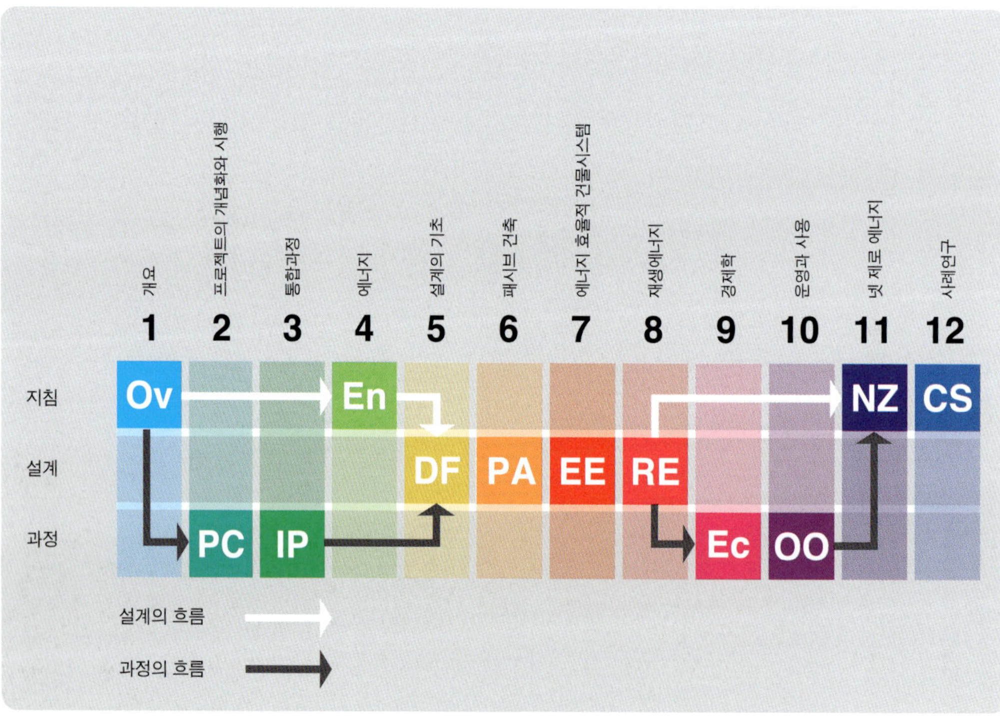


■ **그림 I.3** 각 장의 로드맵

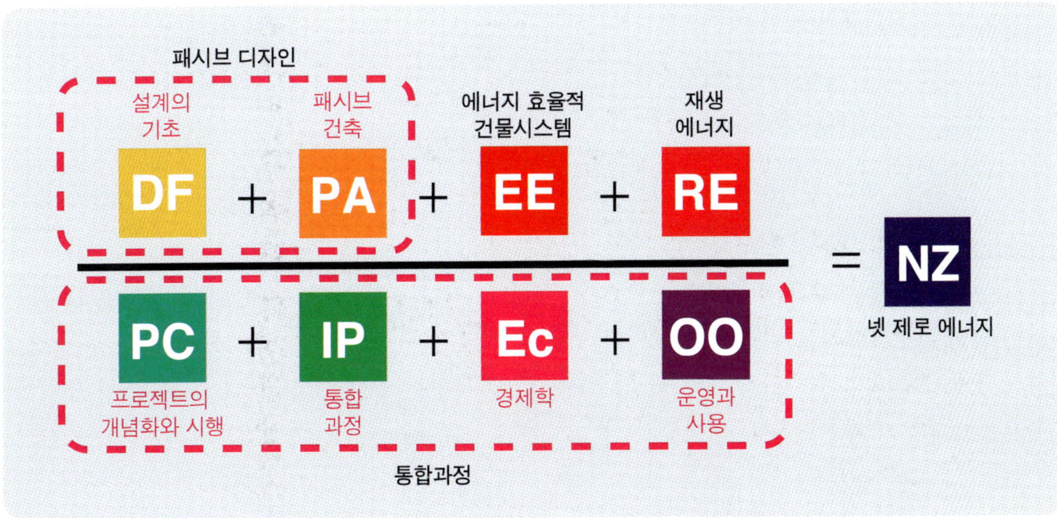


■ **그림 I.4** 넷 제로 에너지 개념등식

Ov 1장

# 넷 제로 에너지 빌딩의 개요 Net Zero Energy Building Overview

## 1.1 넷 제로 에너지 빌딩을 위한 변론

The Case for Net Zero Energy Building

### 1.1.1 세계적 해결책(A Global Solution)

21세기는 인류가 지구상에서 살 수 있는 길을 찾아 변화해가고 있다. 우리가 지구의 자원들에 가하는 압력으로 점점 더 지속 불가능한 것이 되었다. 이로써 우리가 직면하는 문제들, 예를 들어 물과 자원의 부족, 증가하는 에너지의 수요와 비용, 줄어드는 화석연료매장량, 변화하는 기후에 세계는 경고의 목소리를 내왔다. 그런 경고에 주의하며 변화의 필요성을 인정하는 이들은 필수적인 해법들을 통해 이러한 세계적인 여러 문제들을 다루고 인류가 살아가는 세계와의 관계를 발전적으로 개선하여 삶의 질을 향상시킬 기회들을 찾고 있다.

우리가 지구에 가하는 스트레스의 많은 부분은 우리가 건설 환경을 설계, 시공하고, 사용하는 과정에서 구체화된다. 이는 건물과 도시가 지속가능한 미래를 형성하는 중요한 역할을 해야 한다는 것을 의미한다. 넷 제로 에너지 빌딩은 이러한 미래를 실현하는 도구이자, 그 자체로 상당한 환경적·사회적·경제적 가치를 제공한다. 넷 제로 에너지빌딩은 모범적인 건물인 만큼 우리의 건설 환경에 대한 세계적 접근법을 상당부분 대표한다(그림 1.1 참조). 넷 제로 에너지빌딩이 통합된 설계와 시행의 힘, 그리고 우리가 사는 건설 환경과 자연계의 진정한 상호연관성에 대해 우리에게 줄 수 있는 교훈들은 다양한 범위의 지속가능한 솔루션들에 적용될 수 있다. 건물과 커뮤니티에서 발생되는 폐기물에서 넷 제로를 추구하고 지속가능한 물 균형을 추구하는 게 그런 예들이다.

넷 제로 에너지의 목표와 여타의 전일론에 입각한 지속가능한 목표 사이에는 강력한 시너지가 존재한다. 두 목표들은 모두 성능과 통합시행과정에 초점을 맞춘다. 전일론적 접근의 장점들은 그 자체로 시너지가 있다. 에너지 사용을 줄이는 많은 전략들 또한 실내 환경의 질에 긍정적 영향을 미칠 수 있으며, 그로인해 거주자의 건강과 행복에도 좋은 영향을 주게 된다. 넷 제로 에너지 접근법은 어떤 규모에도 적용될 수가 있으며, 우리가 커뮤니티와 도시를 건설하여 살아가는 방식에 긍정적인 영향을 미칠 수 있다.

### 1.1.2 미래에 대한 비전(A Vision for the Future)

넷 제로 에너지 빌딩은 건축의 새로운 방향으로 볼 수 있는 미래에 대한 강력한 비전을 제시한다. 이러한 비전의 추구는 기술적으로 엄격할 수 있을뿐더러, 설계에 엄청난 창의성과 혁신을 요구한다. 그만큼 프로그램과 부지, 기후를 포함한 에너지 솔루션들을 명확하게 결정지을 새로운 표현형식의 기회를 제공한다. 넷 제로 에너지 디자인은 우리 건축사의 패시브 전략들을 재발견하여 현대 디자인에서 통용되는 아이디어들과 통합하는 건축이다. 또한 최신 기술과 재생에너지 시스템을 최대한 이용하여 건물과 거주 성능을 위한 새로운 표준을 정립하는 솔루션들을 제공한다.

넷 제로 에너지 건축은 과정에 관한 것이기도 하다. 그것은 진정성 있고 집약적인 통합과 더불어 장기적 관점의 건축시행 개념을 필요로 한다. 그러한 통합과정들이 진정한 전일론적인 건물들의 창조를 이끌 수 있다. 왜냐하면 넷 제로 에너지 빌딩은 단지 모범적인 에너지 성능만을 갖는 그 이상이여야 하며, 지속가능성과 성능, 그리고 아름다움까지도 담아내야 한다. 넷 제로 에너지 빌딩은 인간의 경험을 향상시키기 위해, 그리고 자연이란 보다 거대한 시스템과 연계함으로써 모든 생명력을 향상시키기 위해 적극적으로 실행되어야 한다. 넷 제로 에너지 건축은 재생력 있는 건물, 즉, 우리 생활의 일부분인 건물을 설계하기 위한 보다 큰 움직임의 일부이다.

■그림 1.1 뉴욕 시의 스카이라인 광경. 중앙에 4 타임스 스퀘어 건물이 보이는데, 이 건물은 초고층건물에 통합 재생에너지 시스템이 조기에 적용된 사례이다.

새로운 건축으로서, 넷 제로 에너지는 데이터 기반의 성능지향 혁신을 통해 새로운 형태들을 도출한다. 또한 건물의 위치와 기후, 주하는 사람들과의 혁신적이고 활기찬 연계를 탐구한다. 넷 제로 에너지를 통해 우리의 삶과 커뮤니티에서 아름다움과 의미를 만들어낼 수 있다. 넷 제로 에너지 빌딩에서 아름다움은 특히 중요하다. 아름다운 건물은 오래 살아남아 보존되는 경향이 있어 문화적이고 사회적인 풍요로움을 더해주기 때문이다. 따라서 넷 제로 에너지 건축은 실용성과 고성능을 갖추는 것만큼이나, 아름답고 의미도 있어야 한다. 무엇보다도 넷 제로 에너지 건축은 더 높은 목적을 추구해야 하며, 결국, 더욱 좋은, 지속가능한 미래의 비전을 제시해야 한다(그림 1.2 참조).

### 1.1.3 적기는 지금이다(The Time is Now)

넷 제로 에너지 건축은 먼 미래에 대한 상상이 아니며, 그 적기는 지금이다. 우리는 오늘날 넷 제로 에너지 상업건축을 시행할 수 있는 기술과 지식을 보유하고 있다. 우리에게 없는 건 다름 아닌 넷 제로를 가능케 할 집단적 상상력이다. 독자의 상상을 자극하고 업계 전문가들이 건물에 넷 제로 에너지를 적용하도록 돕는 것이 이 책의 목표이다.

오늘날 넷 제로 에너지 빌딩이 가능하단 사실이 실현하는데 있어 아무 문제가 없단 의미는 아니다. 아마도 가장 중요한 문제는 비용일 것이다. 하지만 나는 넷 제로 에너지 빌딩을 성취하는 과정이야말로 실로 가장 중요한 문제라고 말하고 싶다. 왜냐면 그것을 달성하는 과정은 엄격할 뿐만 아니라 업계 전반의 변화를 요하기 때문이다. 변화는 언제나 어려운 것이고, 특히 건설업처럼 보수적인 산업은 더욱 그러하다.

비용이 장애물일순 있지만, 올바른 통합시행 과정을 통해 효과적으로 관리할 수가 있다. 보다 재생가능한 에너지를 도입함으로써, 값비싼 최신 기술로 무장함으로써 넷 제로 에너지를 추구하는 방법

■**그림 1.2** 에너지부/국립재생에너지연구소의 연구지원시설은 넷 제로 에너지의 미래에 대한 청사진을 제공한다. *〈국립재생에너지연구소/PIX 17613. 사진: Dennis Schroeder.〉*

도 가능하지만, 건물의 부하를 줄이는 노력으로 재생에너지 시스템 적용에 필요한 투자를 최소화하고 다수의 문제들에 대처하는 단순한 솔루션들의 통합으로 비용을 효과적으로 관리할 수도 있다.

넷 제로 에너지 빌딩을 추구하는 데서 오는 많은 이점들은 시도할만한 가치가 있는 도전과제들을 만들어 내며, 경제적 · 사회적 · 환경적 이점들도 있다. 그리고 넷 제로 에너지 빌딩은 고성능의 건물을 위한 새로운 표준을 대표하며, 가장 훌륭한 건물과 시장가치를 제공하는 동시에 생애주기비용을 최소화한다. 이런 건물은 거주자를 위한 삶의 질을 높이는 보다 고품질의 실내 환경을 제공할 수 있다. 또한 그것은 에너지와 자원을 보존하는 상당한 환경적 혜택으로도, 매우 효과적인 온실가스 감축으로도 이어진다. 이런 혜택들은 오늘날 확인되고 있을 뿐만 아니라, 인류의 더 큰 세계적 과제들을 다룸으로써 더 나은 미래로 향하는 해결책의 효시를 이루기도 한다(그림 1.3 참조).

두말할 필요도 없이, 넷 제로 에너지 빌딩은 하룻밤에 이뤄지는 것이 아니다. 넷 제로 에너지는 그렇게 장기적인 목표이자 과정이기 때문에, 지금껏 건설업계에서 넷 제로 에너지성능에 대한 믿을 만한 데이터를 1년 이상 보유해온 건물은 거의 기록된 바가 없다. 하지만 시간이 지날수록 입증된 사례들의 수효가 늘어나 이 어려운 목적을 달성하는 노하우를 더해줄 것이다. 동시에 넷 제로 에너지는 모범적인 고성능 건물이라는 협소한 의미보다 더 넓은 개념이다. 따라서 넷 제로 에너지는 모든 건물에 대한 시행적인 접근법으로서 채택되어야 한다. 그 제로라는 목표를 달성하건 못하건 간에, 시간이 지날수록 건설 환경의 일부로서 일관되게 개발될 수 있는 통합된 부지내 재생에너지 솔루션들과 에너지 성능은 더욱 중요해질 것이다. 결국 기존 건물을 포함한 모든 건물들은 넷 제로 에너지의 미래를 위한 잠재력을 갖고 있는 것이다.

## 1.2 넷 제로 에너지의 정의

Defining Net Zero Energy

넷 제로 에너지는 본질적으로 한 건물의 에너지 성능의 측정, 즉 건물이 1년이란 운영기간 동안 사용

■**그림 1.3** 지속가능주거를 위한 오메가센터(Omega Center for Sustainable Living)는 넷 제로 에너지 전략을 채택하여 세계 최초로 인증 받은 주거용 건물 가운데 하나다. *〈이미지 제공: BNIM / 사진: © 2009, Assassi〉*

한 양 만큼 재생에너지를 생산하는 지를 의미한다. 두 가지 핵심 개념이 넷 제로 에너지의 이러한 정의를 구성한다. 첫째, **넷**(net)은 비재생에너지(nonrenewable energy) 자원(화석연료와 핵연료)들이 사용될 수 있음을 의미한다. 그러나 대상 프로젝트가 비재생에너지 사용량을 상쇄하거나 초과할 만큼 한 해 동안 충분한 재생에너지를 만들어 낼 수 있어야만 한다. **제로 에너지**라는 개념은 건물이 에너지를 전혀 사용하지 않는다는 것이 아니라, 전체 프로그램으로 운영되는 건물이 넷 제로 에너지 상태에 도달한다는 뜻이다. 두 번째 핵심개념은 **운영**(operation)이다. 넷 제로 에너지는 운영상의 목표이며, 성능측정기간은 모든 계절변화를 포함하는 1년이라는 기간이다. 사실 넷 제로 에너지를 성취하기 위한 과정의 일부로서, 설계과정에서 넷 제로 에너지를 예측할 수 있다. 하지만 진정한 넷 제로 에너지 빌딩은 실제 운영과정에서 측정되는 값을 통해 달성되어야 한다.

그 정의 속에 **운영**이라는 단어를 사용하는 건 단지 설계만이 아니라 프로젝트의 시행과정까지 포함시킴으로써 넷 제로 에너지에 대한 접근을 달리 하게 한다. 이로써 그 과정이 확대됨과 동시에, 시행을 중심으로 건축주와 사용자, 운영, 시공 및 설계 전문가들을 배치하여 전반적으로 보다 통합된 과정이 가능해진다. 넷 제로 에너지를 위한 설계는 단지 한 단계일 뿐이며, 진정한 목표는 넷 제로 에너지 빌딩으로서의 실제적인 운영이다. 또한 운영은 실제 그 성능의 결과인 정량적인 혜택들, 즉 실질적인 탄소배출량 감축과 비용절감을 의미하는 것이다.

넷 제로 에너지 빌딩은 무엇보다도 에너지를 매우 적게 사용하는 건물이라는 점을 강조하는 것이 중요하다. 넷 제로 에너지의 달성은 에너지 효율과 관련 없는 프로젝트에 대해 충분한 재생에너지를 확보해 주려는 것이 아니며, 이런 방식은 세련되지 못한 극히 값비싼 해결책일 뿐이다. 넷 제로 에너지 빌딩은 1년 동안의 에너지 요구량을 충족시키기에 충분한 전용 재생에너지를 만들어내는 뛰어난 저에너지 건물이다.

국립재생에너지연구소(NREL)는 건물의 넷 제로 에너지를 측정하고 정의하는 4가지 방식으로서, 넷 제로 부지 에너지(net zero site energy)와 넷 제로 자원 에너지(net zero source energy), 넷 제로 에너지 배출(net zero energy emissions), 넷 제로 에너지 비용(net zero energy cost)을 정의했다(그림 1.4 참조). 국립재생에너지연구소의 논문 "제로 에너지 빌딩: 그 정의에 대한 비판적 고찰(Zero Energy Buildings: a Critical Look at the Definition)" (Paul Torcellini, Shanti Pless, Michael Deru, and Drury Crawley / 2006년 출판)에서 이 표준화된 정의들이 소개되었다. 우리 업계가 통일된 방식으로 넷 제로 에너지의 척도를 발전시켜 교류하려면 그에 대한 분명한 정의와 방법론을 갖는 것이 핵심이다. (4장에서는 넷 제로 에너지의 정의에 사용되는 다른 에너지 용어들과 함께 부지 에너지와 자원 에너지를 보다 상세하게 비교하여 설명한다. 넷 제로 에너지 빌딩의 계산방법과 탄소중립성 개념은 11장에서 살펴본다.)

### 1.2.1 넷 제로 부지 에너지 빌딩

(Net Zero Site Energy Building)

넷 제로 부지 에너지 빌딩은 해당 부지에서 측정했을 때 적어도 1년간 사용되는 만큼의 재생에너지를 생산하는 건물이다. 해당 부지에서 측정한다는 말은 꽤나 직설적인 의미다. 즉 한 건물의 부지 주변으로 경계를 두르고 그 부지 경계 내부의 모든 에너지를 측정하여 합한 결과가 부지 에너지 측정값이다(그림 1.5 참조). 이 값은 계량기에 기록될 값을 반영하기 때문에 넷 제로 에너지의 측정에 가장 일반적으로 사용되는 척도이며, 다른 넷 제로 에너지

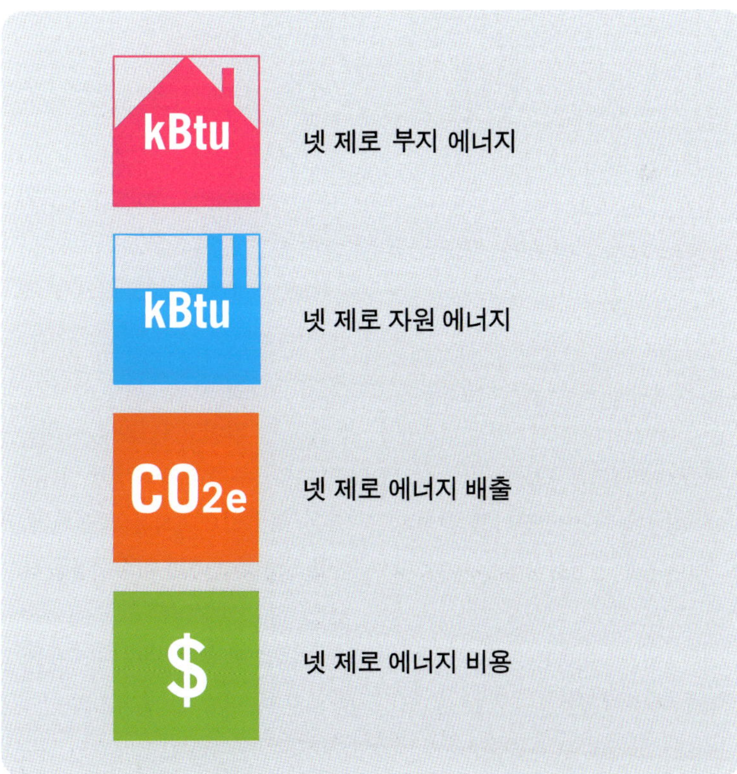


■ 그림 1.4 넷 제로 에너지 빌딩의 정의

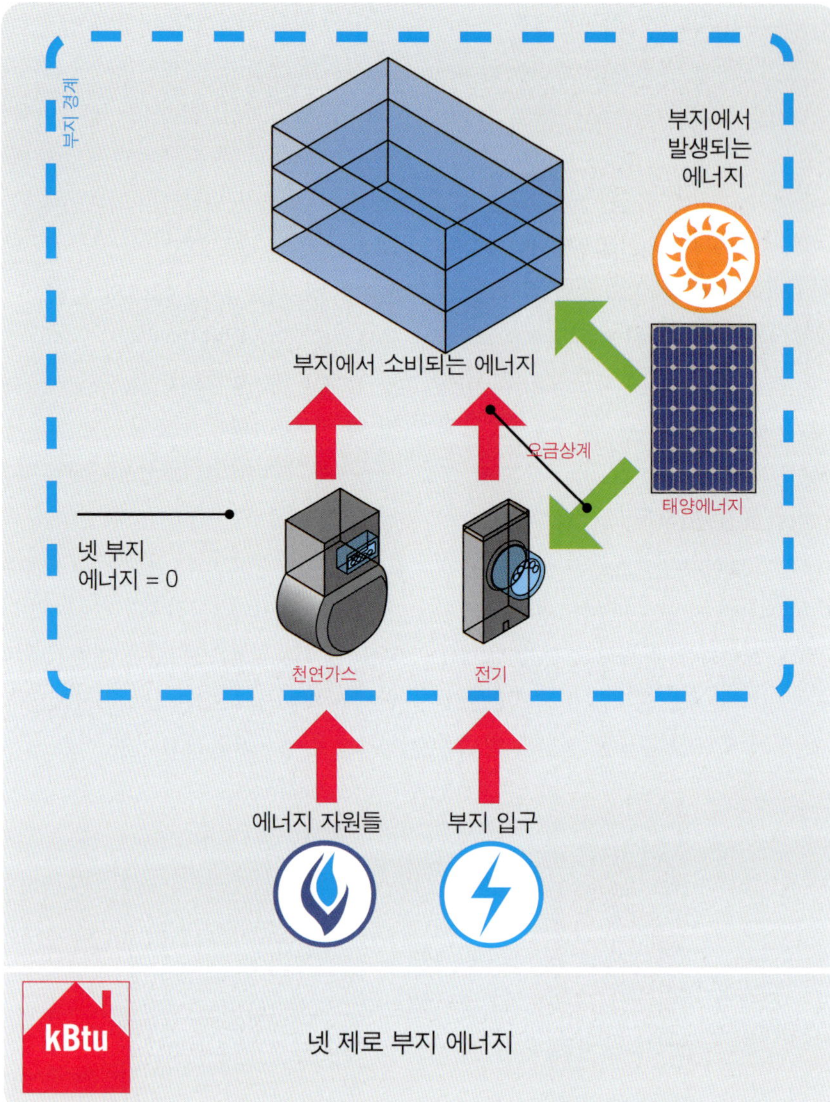


■ 그림 1.5 넷 제로 부지 에너지 다이어그램

척도에서 요구되는 추가적인 인자들이 필요하지 않아 계산이 상대적으로 더 쉽다. 그럼에도 넷 제로 부지 에너지는 성취해야 할 4가지 정의들 중에서 가장 어려운 것일 수 있으며, 성능 측정을 위한 좋은 기준이 된다.

### 1.2.2 넷 제로 자원 에너지 빌딩

(Net Zero Source Energy Building)

넷 제로 자원 에너지 빌딩은 에너지 자원에 대해 측정했을 때 적어도 1년간 사용되는 만큼의 재생에너지를 생산하거나 구매하는 건물을 의미한다. 이는 어떤 부지에 에너지를 제공하는 것과 관련된 인자들을 포함하는 척도이다. 예를 들어, 석탄연료와 계통 연계된(grid-base) 전기를 사용하는 관점에서 자원에 대해 측정한 에너지는 부지에 실제 조달되고 측정된 값 비해 세 배가 많다. 왜일까? 그림 1.6에 나오듯이 전기를 발생시키고 전송하는 과정에서 수많은 손실들이 일어나기 때문이다. 따라서 자원 에

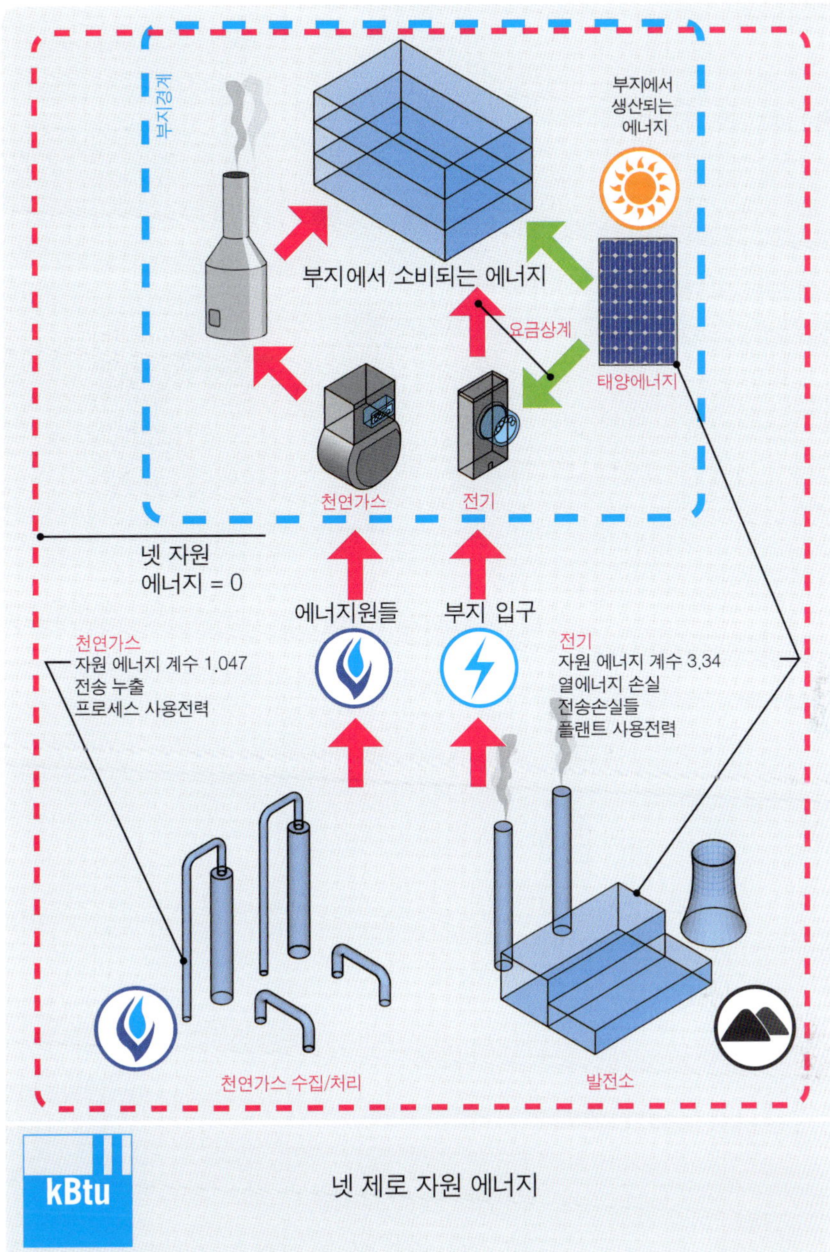


■ **그림 1.6** 넷 제로 자원 에너지 다이어그램

너지는 에너지 사용에 대한 보다 완전한 그림을 제공한다. 그러나 자원 에너지 사용량을 측정하려면 사용되는 에너지 자원 각각에 대해 부지에 대한 자원 에너지율(site-to-source energy factor)을 결정하여 부지 에너지 값에 적용해야 한다.

### 1.2.3 넷 제로 에너지 배출 빌딩
(Net Zero Energy Emissions Building)

넷 제로 에너지 배출 빌딩은 1년간 사용되는 모든 에너지로부터의 배출가스를 상쇄시키기에 충분한 무공해 재생에너지를 생산하거나 구매하는 건물을 의미한다. 부지 및 자원 에너지가 에너지 단위로 측

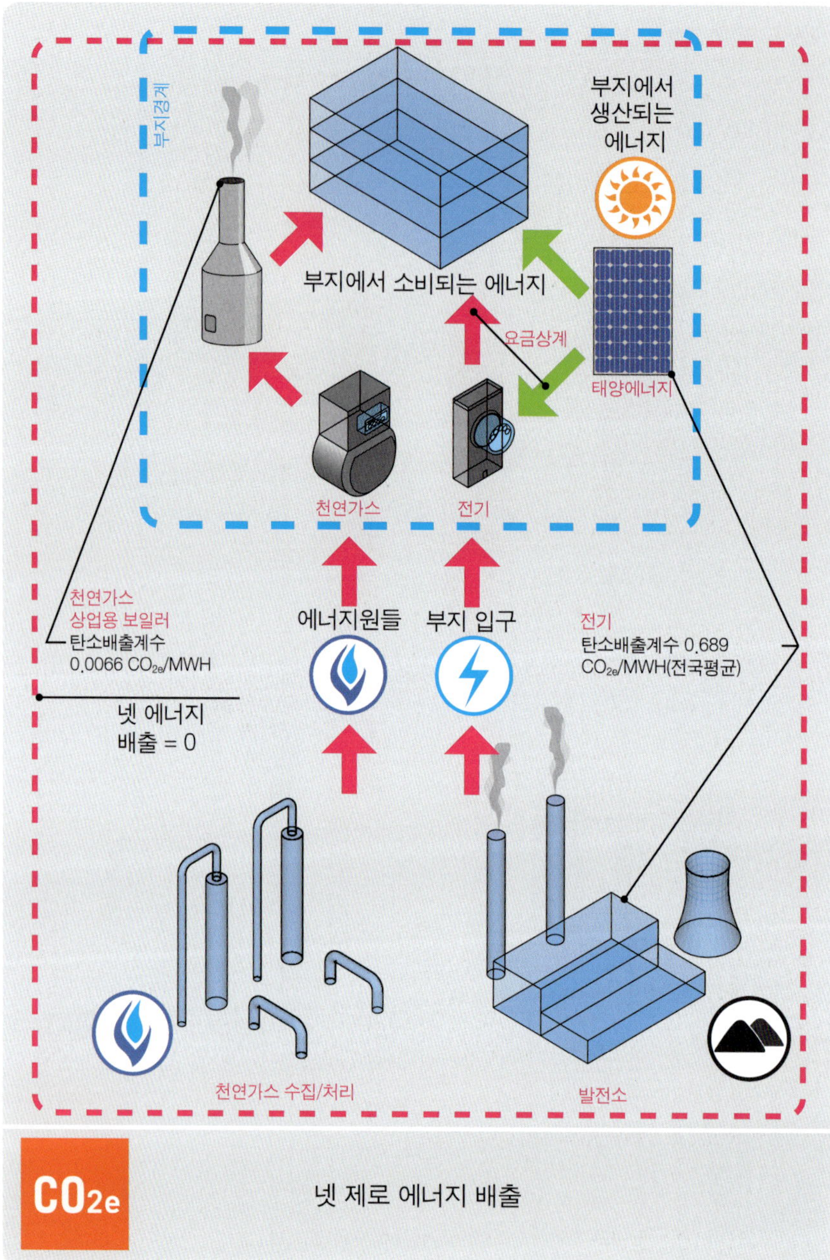


■ **그림 1.7** 넷 제로 에너지 배출 다이어그램

정되는 데 반해, 에너지 배출은 건물의 에너지 사용과 관련된 온실가스 배출량 상당의 탄소량으로 측정된다. 에너지 배출량을 구하려면, 그림 1.7에 나오듯이 프로젝트에 사용되는 각각의 에너지 자원이나 연료를 대상으로 부지 에너지 사용량에 탄소배출계수를 적용해야 한다. 이 계산에서 재생에너지 생산량은 화석연료로부터의 배출량을 상쇄시킬 수 있다.

넷 제로 에너지 배출의 정의는 넷 제로 에너지 빌딩의 핵심가치, 즉 건물운영 에너지로부터 배출

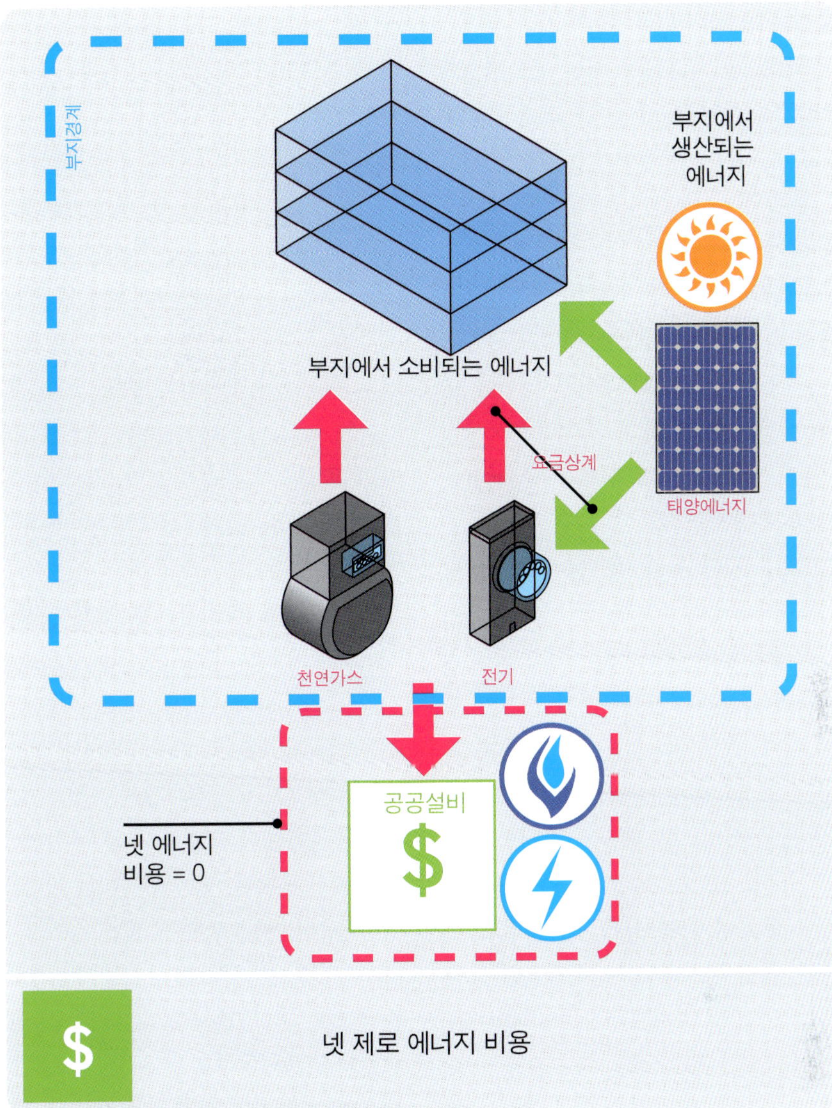


■ **그림 1.8** 넷 제로 에너지 비용 다이어그램

되는 온실가스의 제거를 정량화하기 때문에 중요하다. 이 정의는 탄소 중립적으로 운영되는 건물을 고려하기 위한 한 가지 방식이다. (탄소중립에 대한 보다 상세한 논의는 11장에서 다루게 된다.)

### 1.2.4 넷 제로 에너지 비용 빌딩

(Net Zero Energy Cost Building)

넷 제로 에너지 비용 빌딩은 적어도 1년간 공공설비에 의한 에너지와 에너지 서비스들에 부과되는 요금만큼 내보내는 재생에너지에 대해 재정적 보상을 받는 건물이다(그림 1.8 참조). 이 정의를 준수하려면 추적해야 할 몇 가지 요인들이 있다. 공공설비요금 측면에서는, 에너지 사용량과 최대수요(peak demand)시의 요금, 수수료, 세금을 위한 요율구조들이 있다. 일부 공공설비들은 사용시간에 따른 요율구조에 기초한 요금을 부과하는데, 이 또한 감안할 필요가 있을 것이다. 간단히 말해서, 이 척도에 이르기 위해서는 공공설비요금 청구서상의 모든 에너지 및 에너지 서비스 요금들이 포함되어야 한다. 보상 측면에서는 계통으로 배출되는 재생에너지에 대해 공공설비회사가 상계해주는 요금을 추적할 필요가 있다. 이상적인 경우라면 계통형 전기가 사용되기 전에 부지내의 재생에너지가 에너지 사용량의 상당부분을 상쇄시킬 것이고, 최대수요 또한 상쇄시킬 것이다. 하지만 재생에너지의 발생 및 생산은 매우 가변적이기 때문에 에너지 사용과 최대수요에 실시간으로 일관된 대처가 어려울 수 있다. 이 정의를 달성하려면 아마도 그 프로젝트를 위한 효과적인 수요절감전략과 수요관리체계들을 실행할 필요가 있을 것이다.

각 공공설비회사 마다 부지 내에서의 재생에너지 생산량을 상계하는 방식에 대한 요금상계정책이 있을 것이다. 요금상계(net metering) 제도는 건물이 계통기반전력을 끌어오느냐 부지 내 재생에너지를 내보내느냐에 따라, 계량기를 앞으로도 뒤로도 돌릴 수 있게 한다. 진정한 요금상계는 유입전력과 배출전력의 일대일 교환 이므로, 계통기반 전력에 부과되는 소매요금으로 생산된 재생에너지가 상계 처리된다. 하지만 몇몇 설비회사들은 연단위 또는 월단위로 초과되어 배출되는 재생에너지에 대해 소매요금 상계에서 도매요금(wholesale rate) 상계처리로 변경할 것이다.

결국 넷 제로 에너지 비용을 실제 보여주는 건 공공요금 청구서를 통해서다. 사실 이 비용은 공공설비회사가 계산을 하기 때문에 상대적으로 간단하게 입증할 수 있다. 반면, 공공요금과 월별 전력 수요의 변화 때문에, 월마다 혹은 해마다 넷 제로 에너지 비용을 예측하여 확인하는 것은 어려울 것이다. 11장에서 논하겠지만, 이런 변화들은 척도에 대한 계획과 견적도 어렵게 한다. 이는 또한 매년 이 척도를 일관되게 충족시킬 재생에너지 시스템의 적절한 설계도 어렵게 만든다.

아울러, 넷 제로 에너지 비용의 정의가 넷 제로 건물의 모든 경제적인 개요를 제시하는 것은 아님을 명심해야 한다. 이 척도는 비재생에너지 사용에 대한 순 비용을 자세히 설명한다. 이 척도가 설명하지 않는 한 가지 중요한 요소는 재생에너지시스템에 대한 투자비용이다. 넷 제로 에너지 빌딩이 여전히 에너지를 사용하듯, 넷 제로 에너지 비용 빌딩도 역시 재생에너지 비용을 초래할 것이다. (9장은 넷 제로 에너지 빌딩의 경제적 분석에 초점을 맞춘다.) 이 척도의 주된 가치 중 하나는 넷 제로 에너지 빌딩의 핵심가치, 즉 에너지비용 절감액을 파악할 수 있다는 점이다. 게다가 그것은 전체 전략의 일부로서 최대 수요량 관리에 포커스를 맞추고 있는데, 이는 다른 세 정의들이 다루지 않는 것이다.

## 1.3 넷 제로 에너지 빌딩의 분류

(Classifying Net Zero Energy Building)

건물 내에서 넷 제로 에너지를 측정하기 위한 정의와 방법론을 표준화하는 것은 이런 건물들을 설계하고 실제적인 운영결과들을 측정하기 위한 업계의 통일된 접근법을 확립하는 데 필수적이다. 그럼에도 앞에서 제시한 네 가지 정의에 입각하여 넷 제로 에너지 빌딩에 도달하는 많은 방식들이 존재하는데, 그 방법들은 동등하지 않거나 종종 비교 불가능한 경우도 많다. 예를 들어 부지 내 시스템에 의해 생산된 재생에너지로 넷 제로 에너지 목표를 달성하는 빌딩을 부지 외에서 생산된 재생에너지를 사용하거나 재생에너지 인증서들을 구입하여 목표를 달성하는 건물과 어떻게 비교하겠는가?

이런 문제를 예측한 국립재생에너지연구소는 넷 제로 에너지 빌딩의 네 가지 정의 이후, 2010년에 들어 넷 제로 에너지 빌딩 분류체계를 개괄하는 기술보고서를 작성했는데, 그것은 Shanti Pless와 Paul Torcellini가 쓴 "넷-제로 에너지 빌딩: 재생에너지 공급방안들에 기초한 분류체계(Net-Zero Energy Buildings: a Classification System Based on Renewable Energy Supply Options)" 란 제목의 보고서이다.

국립재생에너지연구소의 분류체계는 A부터 D

## 넷 제로 에너지 분류체계(Net Zero Energy Classification System)

NZEB: A

### A등급

요약: 건물 내에 위치하는 자원들로부터 충분한 재생에너지가 생산되어 넷 제로 에너지의 네 가지 정의 중 하나 이상을 달성하는 저에너지 건물. 이 등급은 개별 건물들에 대해서만 적용된다.

#### 예시 시나리오(Example Scenarios)

- 건물의 지붕이나 파사드에 설치된 태양광발전시스템
- 건물의 지붕이나 파사드에 설치된 태양열시스템
- 건물에 설치되거나 건물일체형 풍력터빈

NZEB: B

### B등급

요약: 프로젝트 부지 내에 위치하는 자원들로부터 충분한 재생에너지가 생산되어 넷 제로 에너지 네 가지 정의 중 하나 이상이 달성되는 저에너지 건물. 여기서 부지 경계의 정의는 재생에너지시스템들이 공동소유의 인접 부지에 위치하는 캠퍼스 시나리오를 포함하는 것이다. (공동소유의 부동산을 분리하는 지역권이 허용된다.) 이 등급은 개별 건물이나 복수의 건물들에 적용될 수 있다.

#### 예시 시나리오(Example Scenarios)

- 주차영역 위에 설치되거나 지면에 설치된 태양광발전시스템
- 부지 내 지면에 설치된 태양열시스템
- 부지 내에 설치된 타워상의 풍력터빈
- 부지 내에서 수집되어 부지 내에서 에너지를 생산하는데 이용되는 바이오매스

NZEB: C

### C등급

요약: 건물의 건축면적 내 그리고 부지 내에서 가능한 정도까지 재생에너지 자원들을 활용한 다음 부지내 에너지 생산에 이용될 재생에너지를 충분히 끌어와 넷 제로 에너지의 네 가지 정의 중 하나 이상을 달성하는 저에너지 건물. 이 등급은 개별 건물이나 복수의 건물들에 적용될 수 있다.

#### 예시 시나리오(Example Scenarios)

- 부지 내에 유입되어 전략생산에 이용되는 바이오매스
- 부지 내에 유입되어 열에너지 생산에 이용되는 바이오매스

NZEB: D

### D등급

요약: 건물의 건축면적 내, 그리고 부지 내에서 가능한 만큼의 재생에너지 자원들을 활용한 다음 부지 내 에너지 생산에 사용될 재생에너지를 부지 외에서 적절히 끌어오지만, 부지 외에서 재생에너지를 구매하는 방식으로 넷 제로 에너지에 대한 자원 혹은 배출 관련 정의를 달성하는 저에너지 건물. 이 등급은 넷 제로 에너지의 부지나 비용 관련 정의를 달성할 수 없다. 이 등급은 개별 건물이나 복수의 건물들에 적용될 수 있다.

#### 예시 시나리오(Example Scenarios)

- 재생에너지 인증서(Renewable Energy Certificates: RECs)의 구매

까지 4등급으로 이루어지며, 우선순위가 높은 재생에너지의 적용에 더 큰 점수를 부여하는 방식으로 재생에너지 적용을 우선시한다. 또한 넷 제로 에너지 달성에 어려움이 있는 건물들은 이 체계를 통해 일정수준에서 넷 제로 에너지 목표를 달성할 수 있는 옵션을 제공받는다. 네 가지 정의와 함께 활용해야 할 이 국립재생에너지연구소의 분류체계를 통해 건물은 하나의 정의를 달성할 때마다 하나 이상의 특정 등급을 받을 수 있다.

더욱이 이 국립재생에너지연구소 분류체계는 수요측면에서의 절감을 필요조건으로 강조함으로써, 넷 제로 에너지 빌딩이 필연적으로 저에너지 건물이어야 함을 반영하고 있다. 이 분류체계는 건물의 상대적인 유형과 상태에 따라 재생에너지 적용의 우선순위를 매긴다. 또한 이 분류는 검토 중인 재생에너지 적용수준이 넷 제로 에너지를 충족하기에 얼마나 부족한지도 정량화한다.

재생에너지의 적용등급은 건물 내에서 필요한 모든 재생에너지를 제공하는 수준(A등급 혹은 NZEB:A)에서부터 구매한 재생에너지 인증서들로 부지 내 재생에너지를 보충하여 넷 제로 에너지 빌딩의 정의를 만족시키는 수준(D등급 혹은 NZEB:D)까지 이른다. NZEB는 "넷 제로 에너지 빌딩(Net Zero Energy Building)"의 약자이며, 국립재생에너지 분류체계 내에 "NZEB:등급"이라는 표기가 사용됨에 주목해야 한다. 이 양 극단 사이에서 다양한 수준의 재생에너지 적용이 가능해진다. 예를 들면 재생에너지시스템이 건물 자체가 아니라 부지 내나 캠퍼스 내에 설치될 수 있다(B등급, 혹은 NZEB:B). 혹은 바이오매스와 같은 부지 외에서 재생에너지 자원이 유입될 수 있다(C등급, 혹은 NZEB:C). A등급은 가장 어려운 등급인데, 넷 제로 에너지 빌딩이 그 자체 내에서 필요로 하는 모든 재생에너지를 처리해야 하기 때문이다. 하지만 그런 노력은 할 만한 가치가 있다. A등급을 획득한다면 재생에너지 시스템들이 건물에 통합되어 재생에너지시스템의 생애주기 동안 중추적 역할을 할 거란 점에서 본질적인 가치가 있기 때문이다. 하지만 신축이나 증축되는 건물로 인해 제거되거나 그늘질 수 있는 대부지에 설치되는 재생에너지 시스템들이라면 그렇지 못할 수 있다.

프로젝트의 자원들에 의해 획득되는 최고등급이 그 프로젝트에 사용되는 명칭이 된다. 하지만 더 높은 등급에 속하는 재생에너지 자원들을 통해 더 낮은 등급을 충족하도록 도울 수도 있다. 예를 들어, 프로젝트 건물에 A등급을 위한 넷 제로 에너지 정의에 충족될 만큼의 광전지가 설치되지 않았다면, 부지와 건물에 설치된 광전지들을 합쳐서 B등급을 위한 넷 제로 에너지 정의에 충족할 수도 있다. 이 체계를 보다 상세히 요약하자면 다음과 같다.

## 1.4 넷 제로 에너지에 대한 대안적 접근들

(Alternative Approaches to Net Zero Energy)

### 1.4.1 독립형 넷 제로 에너지 빌딩

(Off-Grid Net Zero Energy Buildings)

독립형 넷 제로 에너지 빌딩은 독자적인 적용기법을 대표하는 만큼 상업건물로서는 달성하기가 어려우며, 실용적이지 못한 경우가 있다. 하지만 일반적인 공공설비를 이용하기 어렵거나 프로젝트 부지까지 끌어오는 비용이 너무 높을 경우에는 독립형 솔루션이 적절할 수 있다. 독립형 넷 제로 에너지 빌딩에서는 화석연료기반 에너지원들의 사용을 금하는데, 재생에너지를 계통에 배출하는 방식으로 에너지 사용량을 상쇄할 수가 없기 때문이다. 이렇게 부지 내 재생에너지에 완전히 의존하는 독립형 넷 제로 에너지 빌딩은 넷 제로 에너지의 네 가지 정의들을 모두 충족함으로써 다양한 등급의 요건들을 능가하는 건물이다.

독립형 넷 제로 에너지 접근법의 어려움은 부지 내 재생에너지 생산이 역동적이고 가변적이기 때문에 재생에너지 생산량이 요구량보다 부족할 때에는 모종의 에너지 저장시설을 필요로 하게 된다. 게다가 독립형 넷 제로 에너지 빌딩에는 피크부하를 처리할 수 있는 추가적인 재생에너지시스템이 필요할 수 있다.

마지막으로, 추가적인 재생에너시스템과 저장시설은 상당한 비용이 유발되므로, 두 시스템의 결합을 주의 깊게 관리해야만 한다.

(이용과 실행이 가능할 경우) 계통을 통해 넷 제로 에너지 빌딩을 운영하는 것은 에너지 수요의 잉여와 부족을 관리하는 측면에서 몇 가지 분명한 이점이 있다. 이 방식은 초기비용을 줄이고, 배터리나 다른 형태의 에너지 저장시설 대한 필요성도, 그에 관한 환경 및 유지보수 차원의 이슈들도 줄여준다. 또한 계통 내에서 재생에너지의 초과생산량을 내보내고 사용할 수도 있으며, 더 많은 넷 제로 에너지 빌딩들이 계통연계 될수록 계통으로 분배되는 가용 재생에너지가 증가하게 된다. 여기에는 에너지 사용량과 피크부하뿐만 아니라 부지 내 재생에너지를 어떻게 관리할지에 대한 측면에서 다른 이점들이 추가될 수 있는 스마트그리드(smart-grid) 적용을 위한 함의도 있다. 궁극적으로 에너지 저장 시설은 보다 정교하고 비용 효과적일 때 계통연계형 건물의 에너지 관리와 비축 에너지에 관하여 핵심적인 역할을 수행할 수 있다.

### 1.4.2 부분적 넷 제로 에너지 빌딩
(Partial Net Zero Energy Buildings)

실제적인 운영목표를 충족시키지는 못하지만 같은 목적들에 의해 운영되고 에너지 사용량이 매우 적으며 재생에너지시스템의 견고한 하부구조를 갖추고 있는 넷 제로 에너지 빌딩의 몇 가지 버전, 혹은 혼합형 버전들이 있다. 부분적 넷 제로 에너지 빌딩은 넷 제로 목표를 완전히 충족하진 않지만 똑같은 통합개발과정을 요하고 수많은 혜택들 역시 갖기 때문에 여전히 주목할 만한 성취 대상이다.

#### 1.4.2.1 근사 넷 제로 에너지 빌딩
(Near Net Zero Energy Buildings)

앞서 언급했듯이, 넷 제로 에너지 목표는 충족하기 어려운 도전 과정이다. 그것은 절대적인 척도이며 인증 받는 데 여러 해가 소요될 수 있다. 제로라는 절대적인 계수로 말하기 때문에 충족될 수도 그렇지 못할 수도 있다. 하지만 넷 제로에 **근접**하기만 해도 엄청난 가치가 있는 것이며, 제로를 달성하지 못한다 해서 실패로 간주해선 안 된다. 매년 그 상태를 달성하는 데 근접하거나 실패하는 건물들이라 하더라도 뛰어난 에너지성능을 가진 건물로 봐야 한다. 업계의 일부는 이런 건물들을 **근사 넷 제로 에너지 빌딩**이라고 부른다.

#### 1.4.2.2 넷 제로 전기 빌딩
(Net Zero Electricicity Building)

넷 제로 에너지의 혼합형 버전의 한 형태가 **넷 제로 전기** 빌딩이다. 이런 유형의 건물은 넷 제로 에너지 빌딩의 자격을 얻지 못하더라도 환경과 비용 면에서 수많은 이점들이 있다. 넷 제로 전기 빌딩에서는 1년간 비재생 전기 사용이 제로이거나 덜하지만, 다른 비재생 에너지 자원들은 재생에너지를 통해 상쇄되지 못한다. 부지 에너지와 자원 에너지, 에너지 배출, 에너지 비용의 다양한 척도들을 사용하여 넷 제로 전기 빌딩의 수준을 정의할 수 있다.

#### 1.4.2.3 넷 제로 에너지-예비 빌딩
(Net Zero Energy-Ready Building)

넷 제로 에너지-예비 빌딩, 혹은 넷 제로 가능(net zero capable) 빌딩은 넷 제로 에너지 프로젝트로서 설계되지만 재생에너지시스템들이 유예되는 건물이며, 프로젝트의 일부로서 설치되지 않는다. 재생에너지시스템의 재정지원과 조달은 이론의 여지없이 건물을 획득하고 기존건물의 리노베이션을 착수하는 과정 전반에 새로운 어려움을 야기한다. 어떤 경우에는 사업성이 떨어질지라도 재생에너지시스템들을 도입하는 것이 바람직 할 수 있다. 그런 경우 향후 재생에너지시스템들의 통합에 대비하여 프로젝트를 설계할 수 있다. 이는 재생에너지 시스템을 설치할 때 넷 제로 에너지의 목적을 충족하도록 계획해야 하고, 그 건물은 전선관과 설비면적, 구조적인 확장성과 같은 필수 인프라를 갖춤으로써 새로운 시스템을 추가하기 쉽도록 설계해야 함을 의미한다. 재생에너지시스템들을 초기에 설치할 수 없다면, 재생에너지를 도입할 수 있도록 프로젝트를 만드는 것이 앞으로도 매우 가치 있는 일일 것이다(그림 1.9 참조).

### 1.4.3 복수의 건물들 · 캠퍼스 · 커뮤니티를 위한 넷 제로 에너지

(Net Zero Energy for Multiple Buildings, Campuses, and Communities)

때때로 넷 제로 에너지를 위한 적정규모는 개별 건물이 아니라 넷 제로 에너지 솔루션을 갖춘 복수의 건물들이다. 이런 규모가 이점이 될 수 있는 다양한 상황들이 존재한다. 모든 건물에는 넷 제로 에너지를 달성하기까지 자체의 장애물과 난관들이 있다. 건물의 에너지사용강도(Energy Use Intensity: EUI)가 높을 수도 있고, 태양광발전(photovoltaic: PV)과 같은 재생에너지시스템을 위한 지붕 및 부지면적이 부족할 수도 있다(그림 1.10 참조). 인접건물들을 그룹화하면 개별적 장애들의 균형을 맞출 수가 있다. 이런 식으로 에너지사용강도가 높은 건물을 낮은 강도의 인접건물들과 그룹화하고, 재생에너지시스템에 활용가능한 면적도 공유할 수가 있다. 이는 더욱 어려운 난관에 직면해 있는 건물들을 넷 제로 에너지 수준으로 만들기 위한 이상적인 전략이 된다. (4장은 에너지사용강도 측정법의 용례를 상세히 기술한다.)

넷 제로 에너지의 목적과 기타 성능 목표들을 위해 여러 건물들을 그룹화하면 추가적인 시너지효과를 볼 수 있다. 복합용도의 프로젝트라면, 여러 용

■ 그림 1.9 콜로라도 주 덴버에 소재하는 이스트사이드 휴먼서비스 빌딩은 넷 제로 에너지- 예비건물로서, 향후 태양광발전시스템 설치를 위한 개방형 지붕공간을 갖춘 저에너지 건물로 설계되었다. 〈*이미지 제공: RNL*〉

도 사이에서 에너지부하와 열 부하의 균형을 맞출 기회들이 있을 수 있다. 여러 건물들에 따른 규모조정은 지구수준(district-level)의 지속가능한 인프라를 보다 효율적이고 경제적으로 실행 가능하게 만들 수도 있다. 종종 프로젝트의 범위가 여러 건물들을 포괄하지 않는 경우도 있다. 그런 조건이라 하더라도 여러 건물들을 고려한 규모조정은 향후 종합기본계획(master planning)에 영향을 주며, 기존 인근건물들을 리노베이션할 기회와 넷 제로 에너지 목표에 포함시킬 가능성을 평가할 좋은 기회일 수 있다.

커뮤니티나 근린지구, 혹은 도시에 대한 종합기본계획과 도시설계 프로젝트들도 넷 제로 에너지 접근법을 활용할 수 있다. 사실 이 규모에서의 에너지 및 재생에너지 계획은 많은 혜택들을 얻을 수 있다. 규모의 경제의 이점을 활용함으로써 계획에 속한 모든 건물은 넷 에너지 상태를 달성할 수 있으며, 하나의 전체적인 넷 제로 에너지 지구가 만들어질 수 있다. 이런 규모에서는 다양한 범위의 전략들이 활용될 수 있다. 중앙발전소나 (열과 전력이 결합된) **열병합발전**(cogeneration) 시스템을 통해 지구별 에너지 서비스를 효율적으로 제공할 수 있다. 냉방용 흡수식 냉동기에 난방과 전력을 더한 **삼중열병합발전**(trigeneration) 시스템도 고려해 볼 수 있다. 넷 제로 에너지의 관점에서, 열병합발전이나 삼중열병합발전 시스템은 대개 천연가스 등의 화석연료로 작동된다는 것이 단점이다. 따라서 이 시스템들은 특히 자원 에너지의 관점에서 상당한 에너지 효율을 제공하지만, 그에 맞게 계획될 필요가 있다. 계획된 개발수요에 따라, 전기보다도 난방수요를 충족하도록 시스템 규모가 조정될 수 있으며 혹은 바이오매스를 이용하는 시스템을 생각해볼 수도 있을 것이다. 태양광발전시설(solar farm)과 풍력발전단지(community wind farm)와 같은 대규모 재생에너지시스템들을 대규모 개발을 위한 주된 기회로 활용해볼 수도 있다(그림 1.11 참조). 그런 후에 재생에너지시스템들은 개발단지 내 건물들에 위치하는 보다 소규모의 시스템들로 분배될 수 있다.

넷 제로 에너지를 커뮤니티 규모에서 바라보면, 더 큰 관점에서 넷 제로 에너지를 바라볼 기회가 생긴다. 예를 들어 건물 운영관련 에너지뿐만 아니라 커뮤니티관련 수송에너지와 지역 인프라와 관련된 에너지, 산업 에너지를 고려해볼 수 있다. 넷 제로 에너지 빌딩을 정의하고 분류하는 작업을 해온 국립재생에너지연구소는 2009년에 출간한 『제로 넷 에너지 커뮤니티의 정의(Definition of a Zero Net Energy Community)』(Nancy Carlisle, Otto van Geet, and Shanti Pless)에서 커뮤니티 내에서의 정의 및 분류 체계를 좀 더 발전시켰다.

## 1.5 넷 제로 에너지 빌딩의 인증
(Certifying Net Zero Energy Buildings)

이 글을 쓸 당시에는 시장에서 인정된 넷 제로 에너지 건물 인증표준이 없었다. 비록 그 측정이 어려운 건 아니지만, 국립재생에너지연구소가 개발한 다양한 정의와 분류는 많은 측정방법들이 있음을 보여준다. 따라서 현재 넷 제로 에너지의 달성은 보통 자체 보고서(self-report) 이거나 자체 홍보(self-promotion)의 형태이다. 안타깝게도 대부분의 자체 보고서상의 주장들은 그 목표의 측정 및 충족 방법들에 관한 세부사항을 상당부분 담고 있지 않다. 따라서 제 3자가 주관하는 넷 제로 에너지 빌딩 달성을 위한 인증 프로그램이 업계에는 필요하다.

현재 미국 내 최고의 에너지관련 건물 표시 및 인증 프로그램은 에너지스타(ENERGY STAR)와 LEED인데, 둘 다 이러한 성능수준을 측정하고 등급화 할 준비가 되어있지 않으며, 이런 목적을 위해 두 프로그램이 개정될 수도 있을 것이다. 국제생태미래연구소(International Living Future Institute)는 2011년 10월에 동종업계 최초로 넷 제로 에너지 인증프로그램을 발표했는데, 이는 본 장의 뒤에서 거론할 리빙빌딩챌린지(Living Building Challenge) 인증프로그램에 기초하고 있었다.

에너지부(DOE)는 저에너지 및 넷 제로 에너지 빌딩 추진에 전념하고 있으며, 이 글을 쓸 당시에는 미국 전역의 건물들을 대상으로 준공시점의 에너지 효율을 평가할 표준방식이 될 한 상업건물 에너지 자산 평가 프로그램을 개발하고 있었다.

미국냉난방공조학회(ASHRAE)는 "건물에너지지수(Building Energy Quotient)" 혹은 "건물 EQ"(www.buildingeq.com)라 불리는 신축건물의 에너지성능 표시 프로그램을 보유하고 있다. 이 프로그램은 공인평가사의 평가와 적용에 기초하여 운영상의 평가등급을 제공하게 되어 있다. 실제적인 표시는 일반 대중이 매우 간단히 이해할 수 있게 되어있고, A+에서 F등급까지 표시한다(그림 1.12 참조). A+등급을 받으려면 넷 제로 에너지 빌딩이어야 하지만 그 간단한 라벨 뒤에는 상세한 인증과 중빙서류가 있어 건물 및 부동산 산업 전반에 가치를 더해준다. 건물 EQ 제도는 자발적으로 행해지는 것이지만, 현재 미국 전역에서 제안되고 영국에서 사용되는 시스템과 유사한 의무적인 건물 에너지 표시 프로그램들에 앞서 설계된 것이다. 엄밀히 말해 건물 EQ는 넷 제로 에너지 인증 프로그램은 아니지만, 그런 특징을 포함하고 있다.

## 1.6 건설 산업의 연구와 동향
(Building Industry Research and Trends)

에너지 및 지속가능한 건물 실행에 대한 현재의 관심과 집중은 대부분 미국그린빌딩위원회(U.S. Green Building Council: USGBC)의 LEED 등급체계가 거둔 성공에서 비롯되었다고 할 수 있다. 오늘날 그린빌딩 시장 및 산업의 전문기술은 매우 정교해지고 있다. 매우 다양한 그린빌딩의 표준 및 프로그램들이 생겨나 지속적으로 성장해왔다. 또한 현재 대부분의 프로그램들이 넷 제로 에너지에 맞춤화되거

■ **그림 1.10** 새크라멘토 전력공사를 위해 계획된 넷 제로 에너지 캠퍼스는 메인 주차장 위에 단일축 추적형 태양광 발전 캐노피를 이용하고 있다. *〈이미지 제공: Stantec Consulting Services Inc.와 RNL〉*

나 초점을 두고 있지는 않지만 소수는 그렇게 하고 있으며, 미래의 모든 길은 넷 제로 에너지로 향할 것으로 보인다.

### 1.6.1 에너지부(Department of Energy)

에너지부와 국립재생에너지연구소는 에너지효율과 재생에너지 기술, 넷 제로 에너지 빌딩 개발에 관해 방대한 자료들을 발전시키며, 광범위한 연구를 수행해왔다. 이 중 많은 자료들이 이 책 전반에 걸쳐 참고자료로 인용되었다. 에너지부 자료들에 대한 일차적인 웹 포털사이트는 에너지효율 및 재생에너지 사무소(Office of Energy Efficiency & Renewable Energy: EERE)(www.eere.energy.gov)를 통해 접속 가능하다. 출판물 데이터베이스를 검색해볼 수 있는 국립재생에너지연구소 웹사이트의 주소는 www.nrel.gov이다. 또 다른 사이트(http://eere.buildinggreen.com)에서 에너지부는 고성능 건물들에 대한 매우 상세한 사례연구들도 제공하고 있으며, 넷 제로 에너지 빌딩들에 대한 온라인 데이터베이스(http://zeb.buildinggreen.com)도 구축하여 관리하고 있다.

### 1.6.2 제로 에너지 상업건물 컨소시엄 (Zero Energy Commercial Buildings Consortium)

제로 에너지 상업건물 컨소시엄(CBC)은 에너지부와 협업하는 공공/민간단체로서, 2030년까지 경제성 있는 넷 제로 에너지 빌딩들을 실현하는 과정에서 업계에 도움을 줄만한 기술과 정책, 실무들을 개발하고 시행한다. 이러한 구상은 2007년 에너지 자립 및 안전보장 법률(Energy Independence and Security Act)에서 진술된 방안들을 뒷받침하고 있다. 2009년에 만들어진 이 상업건물 컨소시엄은 업계 전반의 회원단체들에게 열려있으며, 지난 2011년 부로 500개 이상의 단체들이 가입한 상태이다.

2011년 초에 이 컨소시엄은 넷 제로 에너지 빌딩 실무의 발전을 위한 도전과제와 권고사항에 초점을

■ **그림 1.11** 2007년에 토네이도가 휩쓸고 간 캔자스 주의 그린스버그 시는 LEED Platinum 등급의 건물들과 풍력발전단지로 재건되었다. 신축된 카이오와 카운티 학교의 실내에서는 수평선상의 풍력터빈이 내다보인다. *〈이미지 제공: BNIM / 사진: © 2010, Assassi〉*

맞춘 2편의 주요 보고서를 발표했다. "차세대 기술 장벽과 업계 권고사항(Next Generation Technologies Barriers and Industry Recommendations)", 그리고 "비용 장벽과 비용 외 장벽, 정책적 해결책에 대한 분석(Analysis of Cost & Non-Cost Barriers and Policy Solutions)"이란 표제의 이 보고서들은 모두 이 컨소시엄의 웹사이트(www.zeroenergycbc.org)에서 다운로드하여 볼 수 있으며, 넷 제로 에너지 솔루션들에 대한 기술 장벽과 시장 장벽을 모두 다루고 있다.

### 1.6.3 신축건물연구소(New Buildings Institute)

신축건물연구소(NBI)는 상업건물의 에너지성능 향상을 위한 건설 산업 자료를 제공하고 연구하는데 초점을 두고 있는 비영리기구다. 이 연구소는 미국 시장 내 넷 제로 에너지 빌딩들의 현 상태에 대한 동종업계 최초의 연구논문을 발표했다. "제로 2012 상태 업데이트의 달성: 제로 에너지 상업건물의 비용과 특징에 대한 첫 관찰(Getting to Zero 2012 Status Update: a First Look at the Costs and Features of Zero Energy Commercial Buildings)"이란 표제의 보고서는 신축건물연구소의 웹사이트(www.newbuildings.org)에서 다운로드가 가능하다. 이 연구논문을 위해 NBI는 미국 내 넷 제로 에너지 빌딩들에 대한 합리적 규모의 연구대상 그룹을 조사했으며, 그 결과 분석해야 할 설계와 기술, 측정된 에너지 사용량에 관한 충분한 데이터를 갖고 있는 21개의 사례를 발견했다(그림 1.13과 1.14 참조). 또한 현재 공사 중이거나 최근에 완공되었지만 검토할만한 충분한 데이터가 없는 39개의 신진 혹은 잠재적 넷 제로 에너지 프로젝트 사례들도 파악하였고, 넷 제로에 도달하기 위한 재생에너지 증가를 실질적으로 고려하여 충분히 적은 에너지를 사용하는 또 다른 39개의 건물들도 검토하였다. 이 보고서의 목적상, 이러한 제로 에너지가 가능한(zero energy-capable: ZEC) 건물들은 전체 부지의 EUI(Energy Use Intensity, 에너지 사용 강도)가 (매그니파이 신용조합[Magnify Credit Union]은 제외하고) 문서화된 넷 제로 에너지 빌딩 그룹에서 발견되는 최대치인 35 kBtu/ft²를 넘지 않는 건물들로 정의되었다. 이런 건물들까지 포함하여 신축건물연구소의 전체 데이터는 99개의 건물로 정리되었다.

NBI의 보고서는 넷 제로 에너지 빌딩들에 대한 몇 가지 중요한 경향들을 드러냈다. 보고서에서 두드러지는 경향들 가운데 몇 가지를 꼽아보면 다음과 같다.

- 넷 제로 에너지 빌딩은 미국 내 대부분의 기후대에 건설되었다.
- 초기의 넷 제로 에너지 상업빌딩은 규모가 작고 제한된 범위의 건물유형 내에 있었으나, 더욱 규모가 크고 보다 다양한 건물 유형들로 확장되는 추세이다.
- 태양광발전시스템은 부지 내 재생에너지를 위한 일차적 자원이다. 자연광의 제어는 건물 데이터

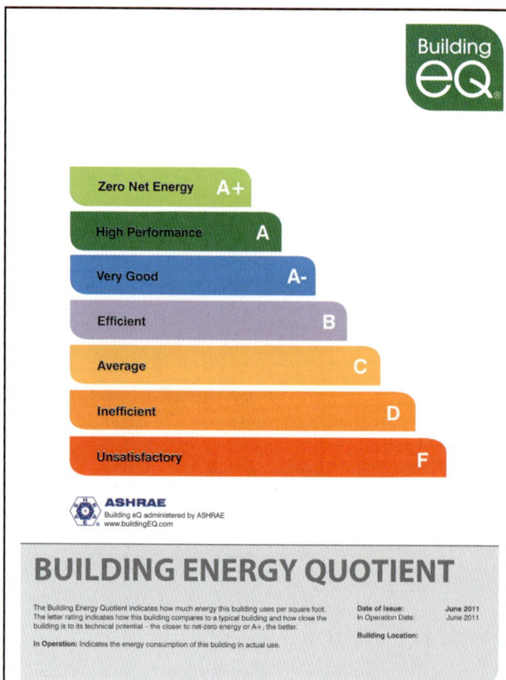


■ 그림 1.12 미국냉난방공조학회 건물에너지지수 프로그램의 일반표시. *〈이미지 제공: ASHRAE〉*

신축건물연구소의 "제로 달성(Getting to Zero)" 보고서에서 조사한 넷 제로 에너지 빌딩들

| | 건물 | 유형 | 위치 | ft² | 구매한 EUI | 총 EUI | 데이터 출처 |
|---|---|---|---|---|---|---|---|
| 2000 | Oberlin College Lewis Center | 고등교육 | Oberlin, OH | 13,600 | 0 | 32.2 | 측정값 |
| 2001 | Environmental Tech. Center Sonoma State | 고등교육 | Rohnert Park, CA | 2,200 | 0 | 2.3 | 측정값 |
| 2002 | Challengers Tennis Club | 레크리에이션 | Los Angeles, CA | 3,500 | 0 | 9.1 | 모델링 |
| | Leslie Shao-Ming Sun Field Station | 고등교육 | Woodside, CA | 13,200 | 3.8* | 9.5* | 측정값 |
| 2003 | Audubon Center at Debs Park | 자료관 | Los Angeles, CA | 5,000 | 0 | 17.1 | 모델링 |
| | Science House | 자료관 | St Paul, MN | 1,530 | 0 | 17.6 | 측정값 |
| 2005 | Hawaii Gateway Energy Center | 사무실, 자료관 | Kailua-Kona, HI | 3,600 | 0 | 27.7 | 측정값 |
| 2007 | Aldo Leopold Legacy Center | 사무실, 자료관 | Baraboo, WI | 11,900 | 0 | 15.6 | 모델링 |
| | IDeAs Z2 | 사무실 | San Jose, CA | 6,600 | 0 | 24.6 | 모델링 |
| 2008 | Camden Friends Meeting House | 집회장 | Camden, DE | 3,000 | 0 | na | 측정값 |
| | Environmental Nature Center | 집회장 | Newport, CA | 8,535 | 0 | 17.6 | 측정값 |
| | Hudson Valley Clean Energy HQ | 창고, 사무실 | Rhinebeck, NY | 4,100 | 0 | 13 | 측정값 |
| 2009 | Chrisney Library | 도서관 | Chrisney, IN | 2,400 | 0 | 15.3 | 측정값 |
| | Living Learning Center (Tyson Research Ctr) | 고등교육 | Eureka, MO | 2,968 | 0 | 24.5 | 측정값 |
| | Omega Center for Sustainable Living | 자료관 | Rhinebeck, NY | 6,246 | 0 | 21 | 측정값 |
| | Pringle Creek Painter's Hall | 집회장 | Salem, OR | 3,600 | 0 | 9.5 | 측정값 |
| | Putney Field House | 레크리에이션 | Putney, VT | 16,800 | 0 | 9.7 | 측정값 |
| 2010 | Energy Lab at Hawaii Preparatory Academy | 교육 | Kamuela, HI | 5,902 | 0 | 11 | 측정값 |
| | Magnify Credit Union | 사무실 | Lakeland, FL | 4,151 | 3.5 | 45 | 측정값 |
| | Richardsville Elementary | 초중등교육 | Bowling Green, KY | 77,000 | 0 | 18 | 모델링 |
| | NREL Research Support Facility | 사무실 | Golden, CO | 222,000 | 35** | 35 | 모델링 |

주(Notes):
EUI 단위는 kBtu/ft²/년임.
총 EUI는 재생에너지와 구매한 에너지를 모두 포함.

■ **그림 1.13** 신축건물연구소(NBI)) 에서 조사한 넷 제로 에너지 빌딩들. *〈데이터 출처: New Buildings Institute, "Getting to Zero 2012 Status Update: A First Look at the Costs and Features of Zero Energy Commercial Buildings," March 2012. 보고서 전 분량은 www.newbuildings.org를 참조.〉*

집합 전반에 걸쳐 사용된 일반적인 기술이었다.

- 넷 제로 에너지 빌딩은 일반적으로 쉽게 이용할 수 있는 기술과 통합된 설계 접근법을 활용한다.
- 현존하는 넷 제로 에너지 빌딩의 수가 제한적이어서 비용과 관련하여 어떤 특수한 경향을 파악하기는 힘들다. 하지만 제한된 데이터 집합에 기준해 볼 때, 전체 건설예산 내에서 교환의 여지들을 만들어내면 초과되는 비용을 최소화할 수 있을 것으로 보인다.

그림 1.13의 표는 신축건물연구소의 "제로 달성" 보고서에 포함된 21개의 넷 제로 에너지 빌딩을 요약한 것이다.

## 1.7 건설 산업 프로그램
(Building Industry Programs)

### 1.7.1 2030 챌린지(The 2030 Challenge)

모두가 넷 제로 에너지로 가는 방향을 추구할 경우, 건설업 내에서 이 목적을 표준 실무로서 달성할 시점은 2030년이 될 것으로 추정된다. Edward Mazria와 그의 비영리기구인 '아키텍처 2030'이 개발한 '2030 챌린지'(www.architecture2030.org)는 그때까지 건축가들이 탄소중립적인 건물을 달성하도록 도전과제를 부여하기 위한 자발적 프로그램이다. 2006년에 시작된 이 2030 챌린지에서는 건설 환경 내의 탄소감축 비율을 높일 것을 요구하고 있다.

2030 챌린지는 건물을 운영하는데 화석연료, 즉 온실가스를 배출하는 에너지를 사용하지 않는 것을 **탄소 중립**(carbon-neutral)이라고 정의하고 있으며, 그 도전은 상당한 에너지효율과 재생에너지의 통합을 설명하는 것이다. 2030 챌린지를 계산하는데 사용될 수 있는 부지 내 재생에너지의 양에는 제한이 없지만, 친환경 전력을 구매하는 경우라면, (연간 기준) 요구되는 감축량 중 20퍼센트까지만 구매할 수 있다.

**2030 챌린지**(2030 Challenge)

신축 건물 및 개발단지, 주요 리노베이션에서 사용하는 화석연료의 감축제안:

- 2009년까지: 50퍼센트 감축
- 2010~2014년: 60퍼센트 감축
- 2015~2019년: 70퍼센트 감축
- 2020~2024년: 80퍼센트 감축
- 2025~2029년: 90퍼센트 감축
- 2030년: 탄소중립(carbon-neutral)

리노베이션으로 구분되는 기존 건물들은 화석연료 에너지 사용량의 60퍼센트 감축을 달성해야 한다.

감축 일정은 건물의 예상완공일자를 기준으로 한다. 화석연료 에너지 사용 감축량은 평가대상 건물유형에 대한 지역 또는 전국 평균 에너지 사용량을 나타낸 기준 값과 비교하여 측정된다. 이 에너지 사용량 기준 값은 2003년 상업건물 에너지소비량 조사(Commercial Building Energy Consumption Survey: CBECS)에서 얻은 에너지 데이터를 활용하여 설정할 수 있다. 이 조사에서 도출된 에너지 데이터에 접근하는 방법은 여러 가지가 있다. 가장 흔한 방법이 에너지스타 목표탐색기(ENERGY STAR Target Finder)를 활용하는 것이다. (4장에서는 2030 챌린지의 기준 값과 목표 값을 설정하고 벤치마킹 도구들을 사용하는 법을 상세하게 안내한다.) 흥미롭게 주목해볼 만한 것은 2003년 상업건물 에너지 소비량 조사 데이터베이스가 중요하고 신뢰성 있는 척도로 인식되어가고 있으며, 향후에도 계속 인식이 확대될 것으로 보인다는 점이다. 아키텍처 2030은 이 데이터베이스의 2003년 버전을 기준값으로 일관되게 유지할 계획이다.

2030 챌린지는 말 그대로 하나의 도전과제다. 그만큼 2030 챌린지는 업계 내에서 한 번에 한 건물씩이 아니라 회사별, 도시별로 변화의 영감을 일으키는 게 목적이다. 따라서 그 도전과제는 프로젝트 수

준이 아닌 조직 수준에서 채택되며, 채택된 조직은 자체적인 모든 프로젝트 도전과제들의 이정표를 세워 이행하는데 전념하게 된다. 2030 챌린지를 위한 어떠한 형식적 평가나 제 3자 인증도 존재하지 않는다. 이런 의미에서 이 프로그램은 건물 등급체계나 표시체계의 엄격함은 없지만, 그 책무를 뒷받침할 정책적 변화들에 대한 자각을 인식을 끌어올리고 주창하는 데에는 효과적이었다. 또한 건축가들과 디자인 커뮤니티, 프로그램 지지자들에게도 독특한 방식으로 영감을 주었다.

### 1.7.2 ASHRAE 비전 2020(ASHRAE vision 2020)

넷 제로 에너지 빌딩의 강력한 지원자인 미국냉난방공조학회(ASHRAE)는 많은 자료들을 개발하며 이 방향으로 산업을 이끌어왔다. 이 학회는 2008년에 "ASHRAE 비전 2020"이란 제목의 보고서를 발간했는데, 이 보고서에서 권고한 몇 가지 개발사항 중에는 등급체계(현재는 건물 EQ), 업계조직들 간의 파트너십, 목표화된 교육, ASHRAE 표준들의 개선, 설계도구들의 개선, 지속가능설계와 NZEB 설계 전문가들의 인증을 포함하고 있다. 이 보고서에서 한 가지 흥미로운 점은 넷 제로 에너지 빌딩에 대한 단일 정의를 도모한다는 점인데, 즉 부지 내에서 측정 시 자체 사용한 만큼의 에너지를 생산하는 건물을 넷 제로 에너지 빌딩으로 보고 있다는 것이다.

## 1.8 건설 산업 법규와 규정

(Building Industry Codes and Regulations)

### 1.8.1 2007년의 에너지 자립 및 안전보장 법률

(Energy Independence and Security Act of 2007)

여러 측면에서 연방정부는 그린빌딩 실례를 초기에 채택한 곳이자 넷 제로 에너지 빌딩의 채택과 시행을 주도하는 입장이다. 2007년에 연방정부는 건물과 차량에 대한 에너지효율을 개선하고 재생에너지의 가용성을 늘림으로써 미국에 더 큰 에너지 자립 및 에너지 안전보장 제공에 목적을 두는 에너지 자립 및 안전보장 법률(EISA)을 통과시켰다. 상업부문과 관련하여 이 법률은 제로 에너지 상업빌딩 구

■ 그림 1.14 하와이 게이트웨이 에너지 센터(Hawaii Gateway Energy Center)는 신축건물연구소의 연구에 포함된 넷 제로 에너지 빌딩 중의 하나다.

상을 확립했는데, 그것은 2025년 이후에 신축되는 상업건물과 기존 건물이 2050년까지 넷 제로 에너지를 달성한다는 국가적 목적을 띤 것이었다. 또한 이 법률은 신축되는 연방건물과 기존 연방건물의 주요 리노베이션에 대해 지극히 높은 에너지성능의 한계점을 설정하기도 했다. 그 한계점은 화석연료 사용의 감축을 요구하며, 시간이 지날수록 요구되는 감축량은 더욱 늘어나게 된다. 그 감축량은 2030년 상업건물에너지조사에 기초하며, 그 필요조건들은 2030 챌린지와 많은 공통점을 갖고 있다.

**에너지 자립 및 안전보장 법률**
(Energy Independence and Security Act)

신축되는 연방건물과 기존 연방건물의 주요 리노베이션에 대한 화석연료 에너지사용 감축제안:

- 2010년: 55퍼센트 감축
- 2015년: 65퍼센트 감축
- 2020년: 80퍼센트 감축
- 2025년: 90퍼센트 감축
- 2030년: 100퍼센트 감축

EISA는 연방부문에서 넷 제로 에너지 빌딩의 필요성을 강조하고 있다. 그리고 화석연료 에너지사용의 100퍼센트 감축을 달성하는 것이 여전히 먼 미래의 일이긴 해도, 그것을 달성하기까지 의미 있는 이정표를 얻게 되는 충분히 합리적인 목적이며, 연방부문의 많은 이들은 그것을 행동으로 옮기기 시작했다.

그 2030년의 목표는 2009년에 주된 목표로 부상했는데, 당시 오바마 대통령이 2030년까지 넷 제로 에너지 필요조건들을 시행할 것을 연방기관들에 요구하는 행정명령 13514호에 서명하면서부터였다.

### 1.8.2 캘리포니아 공공설비위원회
(California Public Utilities Commission)

2010년 9월, 캘리포니아 공공설비위원회(California Public Utilities Commission)는 2020년까지 넷 제로 에너지 주거건물을, 2030년까지는 넷 제로 에너지 상업건물을 요구하는 제로 넷 에너지 행동계획(Zero Net Energy Action Plan)을 발표했다. 다양한 이해관계자들의 네트워크에 영향을 주는 이 행동계획은 넷 제로 에너지를 명령이라기보다는 하나의 공세적이고 필수적인 목적으로서 정의하고 있다. 그 목적을 충족하기 위해, 위원회와 공공/민간부문 파트너들은 캘리포니아 시장을 넷 제로 에너지 빌딩으로 이동시키기 위해 특정 행동 및 전략들을 다양한 세트로 묶어 가동시켰다. 그런 행동들에는 법규와 정책, 재정수단, 인센티브, 통합설계실무 등이 포함되며 "제로로 가는 길(Path to Zero)" 캠페인을 통해 자각을 높이고 교육을 제공하기 위한 계획이 수반된다. 게다가 그 행동계획은 2030년까지 기존 건물의 50퍼센트가 넷 제로 에너지를 달성하게 되는 목적을 개략적으로 말하고 있다.

### 1.8.3 매사추세츠 제로 넷 에너지 빌딩 대책본부
(Massachusetts Zero Net Energy Buildings Task Force)

패트릭 주지사가 이끄는 매사추세츠 주는 2030년까지 상업 및 주거 건물들이 보편적으로 채택할 권고사항들을 개발하기 위한 제로 넷 에너지 빌딩 대책본부(Zero Net Energy Building Task Force)를 구성했다. 이 대책본부는 2009년 3월에 그 최종계획을 발표했다. 그 계획은 넷 제로 에너지의 채택을 가로막는 광범위한 장벽들을 다루고 있으며, 상업과 주거, 주 소유의 건물들에 존재하는 이런 장벽들을 극복하기 위한 구체적인 행동들을 제시하고 있다. 여기에는 건물에 대한 에너지성능 기준과 에너지사용 라벨링의 개발, 재정적, 규제적 장애물의 처리, 교육을 통한 노동 역량의 증대, 주에서 행하는 건설산업 내부의 혁신적 영감 고취 등이 포함된다.

매사추세츠 주는 그 계획의 권고사항들이 채택되도록 이끌 두 그룹을 구성했다. 하나는 주 소속

기관들로 구성된 내부그룹이고, 다른 하나는 민간 산업의 이해관계자들이 대표하는 협의회이다. 매사추세츠 주는 넷 제로 에너지 시범 프로젝트들을 시작하면서 2009년 국제에너지보존법규(International Energy Conservation Code)를 채택하여 건물 에너지 라벨링 프로그램을 개시하는 진전을 이루었다.

### 1.8.4 유럽연합(European Union)

2009년, 유럽의회(European Parliament)는 유럽 건물에너지성능명령(Energy Performance of Buildings Directive: EPBD)의 업데이트된 권고안을 통과시킴으로써, 2019년까지 모든 신축건물들에 대해 넷 제로 에너지를 달성하도록 권고하였다. 이러한 권고는 물론 매우 도전적이지만 중요한 요건으로 여겨졌으며, 연이어 2010년 유럽의회가 채택한 업데이트된 EPBD는 각 유럽연합 회원국이 모든 신축건물들에 대해 2020년까지 넷 제로 에너지에 근접한 성능을 달성해야 하고, 모든 신축 공공건물들은 2018년까지 이 목적을 달성해야 하는 국가적 계획을 개발하는 조항을 포함하고 있다. 비록 그 조항이 **근사 넷 제로 에너지**를 충분히 정의하고 있지는 않지만, 근사 넷 제로 에너지 빌딩의 에너지성능이 매우 높고 부지 내 또는 인근 재생에너지의 공급으로 에너지 수요의 상당부분을 충당해야 함을 명시하고 있다.

몇몇 유럽 국가들은 자기들만의 공격적인 에너지효율 정책과 건물에 대한 탄소감축 정책 및 계획들을 동시에 개발하고 있으며, 대부분 상업건물보다는 주거부문에 초점을 맞추고 있다.

- 영국은 2016년까지 제로 탄소주택을 이룬다는 구상을 갖고 있다. 그것은 제로 탄소 허브(Zero Carbon Hub)라 불리는 공공/민간 파트너십을 포함한다.
- 독일은 매우 대중적인 패시브하우스(Passivhaus) 구상을 추진하고 있다.
- 네덜란드는 자국 건설 산업 대표들과의 합의에 서명했는데, 이는 건물에서의 에너지효율 증대를 위한 목표들을 열거하고 있었다. 그 궁극적인 목표는 2020년까지 모든 신축건물들이 에너지 중립을 이루도록 하는 것이다.
- 프랑스는 2020년까지 에너지-포지티브 건물을 목표로 하고 있다.

### 1.8.5 건축법규(Building Codes)

지역 관할권에서 채택하고 있는 건축법규들은 의무 요건이다. 최근까지 그린빌딩 및 에너지 효율 측면의 필요조건들이 이 법규 안에서 상세히 요구된 바는 없었다. LEED와 기타 그린빌딩 등급 시스템 및 프로그램들의 광범위한 채택으로 보다 총체적이고 의무적인 그린빌딩 법규 요건들이 마련되었으며 건설 시장을 변화시켜왔다.

새로운 그린빌딩 법규 중 일부는 다음과 같다.

- 캘그린(CALGreen): 캘리포니아 친환경건축 표준법규(California Green Building Standards Code)
- 국제법규협의회(International Code Council: ICC)에 의한 국제친환경건설법규(International Green Construction Code: IGCC)
- 표준(Standard) 189: 미국냉난방공조학회(ASHRAE)와 미국그린빌딩위원회(USGBC), 환경지속가능성연구소(IES)의 저층주거건물을 제외한 고성능 그린빌딩의 설계표준

이런 법규들은 보다 엄격한 에너지효율 척도와 함께 그린빌딩의 광범위한 이슈들을 다루고 있다.

ANSI/ASHRAE/IESNA 90.1과 국제법규협의회의 국제에너지보존법규처럼 에너지 관련 특정 법규와 표준들에서 최근 최소성능 기준이 상향 조정되었다.

또한 주(state)와 관할권에 의한 **확대된 법규들**(stretch codes)의 도입 및 채택으로 눈에 띄는 새로운 동향도 있다. 확대된 목표들(stretch goals)은 기

준 법규 이상의 추가요건들이다. 그것은 보통 자발적인 요건들이지만 관할권에서 채택할 수도 있기 때문에 더 높은 기준으로 관할권의 에너지 또는 그린빌딩 법규들을 조정할 수 있지만, 여전히 주 전역에서 채택하는 통상적인 기준 법규를 고수할 수도 있다. 또 하나의 동향은 엄격히 규범적인 방법보다 성능위주 법규준수 방안을 지향하는 경우다. 높은 수준의 에너지 및 그린빌딩 기준들은 규범적인 척도로 강제하는 것이 보다 어려워지고 있기 때문에 성능위주의 접근이 더 잘 충족되는 경향이 있다. 현재 시행 및 제안되고 있는 그린빌딩 법규들은 현 시기에서 넷 제로에 근접한 에너지성능을 요구하고 있지는 않지만, 저에너지 건물을 달성하기 위한 중요한 기초발판이다. 에너지에 대한 최소기준의 제고는 넷 제로 에너지에 필요한 성능수준을 설정하는 과정에서 계속해서 역할을 수행할 것이다. 에너지 및 그린빌딩 법규들은 연이은 버전에서 문턱을 높일 것이고 더욱 높은 기준의 확장된 목표들을 계속해서 진전시킬 것이다. 만약 업계 안에서 현재의 여세가 계속된다면, 앞으로의 법규에서 요구하는 조건들이 넷 제로 에너지 또는 근사 넷 제로를 달성하게 할 수 있을 것이다.

## 1.9 건물 등급 시스템과 에너지 라벨링 시스템 (Building Rating and Energy Labeling Systems)

### 1.9.1 에너지스타(Energy Star)

에너지스타는 환경보호국(Environmental Protection Agency: EPA)과 에너지부의 에너지 라벨링 프로그램이다. 에너지스타는 에너지 효율적인 제품과 주택, 상업건물들에 대한 레벨링을 제공한다. 상업건물을 대상으로 하는 에너지스타 프로그램은 같은 유형과 위치, 기후조건의 동급 건물들과 비교한 실제 에너지성능을 기준으로 시설들의 점수를 매긴다.

에너지스타 성능점수는 1부터 100까지 이며, 100은 최고성능의 건물을 의미한다. 50점은 평균적인 건물성능 나타낸다. 에너지스타 등급을 얻으려면 75점 이상이 필요하다. 에너지스타는 기존 건물들의 라벨링과 배점을 넘어 설계단계의 건물에 대해서도 "에너지스타 획득가능 설계(Designed to Earn ENERGY STAR)" 로 불리는 프로그램으로 그 범위가 확대되어 왔다.

에너지스타 목표탐색기는 건물설계전문가들과 건물소유주들에게 매우 가치 있는 도구다. (4장에서는 특정 프로젝트에 대한 상업건물에너지소비조사(CBECS) 기준을 선정하는 관점에서 이 도구에 대해 기술한다.) 에너지성능의 관점에서 어떤 건물을 동급 건물들과 비교한다는 점이 에너지스타가 눈에 띄는 부분이다. 에너지스타와 그것의 포트폴리오 매니저(Portfolio Manager)도 현재 부지 내 재생에너지의 통합, 특히 태양에너지와 풍력에너지의 통합을 가능케 한다. 에너지스타는 넷 제로 에너지 빌딩을 특정하게 인식하지 않는다. 에너지스타는 자원 에너지에 기초하며, 부지 내 재생에너지 사용량이 자원 에너지의 계산에 주된 영향을 준다. 보통 넷 제로 에너지 빌딩은 에너지스타 프로그램에서도 대부분 90점대 후반이나 100점을 획득하게 되어 매우 좋은 평가를 받는다. 왜냐하면 넷 제로 에너지 빌딩은 자원 에너지를 매우 적게 쓰는 건물이기도 하며, 에너지스타가 측정하는 것이 바로 그 자원 에너지이기 때문이다.

### 1.9.2 LEED

(Leadership in Energy and Environmental Design)

미국 그린빌딩위원회의 LEED 그린빌딩 등급체계는 미국을 비롯한 전 세계의 그린 빌딩에 엄청난 영향을 끼쳐왔다. 이 등급체계는 널리 인정되는 그린빌딩의 표준이기 때문에, 넷 제로 에너지 빌딩이 플래티넘(Platinum)같은 높은 레벨의 LEED 인증을 받으려 하는 건 자연스런 일일 것이다(그림 1.15 참조). LEED의 기준을 준수하게 되면, 개발팀과 건축주가 자원의 효율적인 사용과 실내 환경의 질에 주목하게 되며, 완전한 그린빌딩을 개발하는데 도움이 된다.

LEED는 에너지성능과 부지 내 재생에너지의 사용을 인정하고, 보상하고, 우선시하지만, 넷 제로 에너지 빌딩을 인정할 때에는 수많은 점들을 고려한다. 예를 들어 "신축건물을 위한 LEED 2009 (LEED for New Construction, 2009)" 에 따르면, 신축건물은 ASHRAE 90.1-2007 기준 대비 48퍼센트의 에너지 비용을 감축함으로써 에너지 성능 최적화 크레딧(Optimize Energy Performance Credit; EA Credit 1)에서 점수를 최대화 할 수 있다. 50퍼센트 감축에 도달하면 설계혁신을 통한 모범 크레딧(exemplary credit)에서 추가 점수를 받을 수 있다. 부지 내 재생에너지를 계산하지 않고 ASHRAE 90.1-2007 기준 이상인 50퍼센트 에너지 감축을 충족하는 건물은 상당한 성과일 것이며, 해당 크레딧에서는 부지내 재생에너지를 에너지성능계산의 일부로 포함하는 것이 허용된다. 기준 에너지 사용량이 매우 적고 부지 내 재생에너지를 100퍼센트 활용하는 넷 제로 에너지 빌딩은 그 최고 수준을 훨씬 뛰어넘는 건물이다. 보다 중요한 것은, 부지 내 재생에너지 크레딧(EA Credit 2)은 13% 사용이 최고수준에 불과하며, 에너지 비용은 부지 내 재생에너지로 상계된다는 점이다. 모범성능 크레딧은 15퍼센트 수준에서 달성될 수 있다. 이런 수준들은 넷 제로 에너지 빌딩에서 부지 내 재생에너지가 갖는 성능과 투자에 대한 인식을 갖지 못하게 한다.

이 글을 쓰는 시기에 "건물의 설계 및 시공을 위한 LEED 2012(LEED for Building Design and Construction, 2012)"가 개발되고 있었는데, 공개된 세 번째 안에 따르면 에너지성능 최적화 크레딧과 부지 내 재생에너지 크레딧의 하한 값은 2009년 수준과 비슷했다. 하지만 개발과 성숙화를 거칠수록 LEED는 넷 제로 에너지 빌딩과 더욱 조화를 이룰 것이다.

### 1.9.3 리빙 빌딩 챌린지(Living Building Challenge)

국제생태미래연구소(The International Living Future Institute)의 리빙 빌딩 챌린지(생태건물 도전과제)

■ **그림 1.15** LEED Platinum 등급(61점)의 넷 제로 에너지 빌딩인 알도 레오폴드 레거시 센터(Aldo Leopold Legacy Center). 〈*Kubala Washatko Architects, Inc. / Mark F. Heffron*〉

는 건설 환경에 대한 최고수준의 지속가능성을 진흥하고 정의하는 그린 빌딩 인증프로그램이다. 이 프로그램의 2.0 버전은 총 20개의 가능한 의무사항(혹은 특권)들을 아우르는 7가지 성능영역을 포함하고 있다. LEED와는 대조적으로, 리빙 빌딩 챌린지는 이렇게 "의무사항들(imperatives)"이라 불리는 간단하고도 도전적인 요구전략들의 집합에 기초하는데, 인증을 얻으려면 이 모든 의무사항들을 충족시켜야만 한다. 또한 2.0 버전에서는 프로젝트 유형의 중복을 도입하여 다양한 규모(근린지구, 건물, 조경/기반시설, 리노베이션)의 프로젝트에 20개 중 특정 의무사항을 할당할 수 있도록 하고 있다.

리빙 빌딩 챌린지는 넷 제로 에너지 빌딩의 목표를 포함하고 있다. 그 일곱 번째 의무사항인 넷 제로 에너지(Net Zero Energy)가 프로젝트 유형별로 요구되며, 이것이 최소 요구수준이다. 넷 제로 에너지를 충족하지 못하는 프로젝트는 리빙 빌딩, 즉 생태 건물로 인증 받을 자격을 상실한다(그림 1.16 참조). 의무사항인 넷 제로 에너지는 부지 내 재생에너지를 엄격하게 정의하는데, 태양광발전과 풍력터빈, 수력 마이크로터빈, 직접적인 지열을 허용하되 바이오매스는 배제하고 있으며, 어떤 종류의 연소도 허용하지 않는다. 연료전지는 재생에너지로 생산된 수소로 전력을 얻는 경우에만 사용할 수 있다. 프로젝트는 독립형(off-grid)일 수도, 계통연계형(grid-connected)일 수도 있다.

국제생태미래연구소는 이 넷 제로 에너지 의무사항을 발전시켜 2011년 10월에 업계 최초로 넷 제로 에너지 인증프로그램을 시작하였다. 이 프로그램은 넷 제로 에너지 의무사항을 인증기준으로 활용한다. 하지만 어떤 프로젝트가 넷 제로 에너지 인증을 받으려면 다음의 세 가지 리빙 빌딩 챌린지 책무들 또한 충족해야 한다.

- 에너지에 대한 의무(Energy Imperative): 넷 제로 에너지(Net Zero Energy)
- 부지에 대한 의무(Site Imperative): 성장 제한(Limits to Growth) (부동산 개발과 재개발을 제한하는 대지)
- 기본권에 대한 의무(Equity imperative): 자연에 대한 권리(Rights to Nature) (타인들을 위한 신선한

■ **그림 1.16** 하와이 예비에너지연구소(Hawaii Preparatory Energy Lab)는 생태건물 인증을 받은 넷 제로 에너지 빌딩이다. *〈이미지 제공: Buro Happold and Flansburgh Architects / 사진: Matthew Millman〉*

공기와 햇빛, 천연수로에 대한 접근을 건물들이 막거나 저해해서는 안 된다.)

- 미적 의무(Beauty imperatives): 미 + 정신(Beauty + Spirit), 영감 + 교육(Inspiration + Education)

시장이 이러한 새로운 인증프로그램에 어떻게 반응할지는 시간이 말해줄 것이다. 다양한 리빙 빌딩 챌린지의 책무들을 활용하여 요건들을 추가할 것을 권하고 있는데 그것은 넷 제로 에너지 빌딩이 단순한 고성능 에너지 건물 이상이어야 한다는 간단한 이유에서다. 하지만 모든 부지 내 연소의 배제는 리빙 빌딩 챌린지에 적합한 넷 제로 에너지 빌딩의 일부분만을 국한하므로, 여전히 업계에는 보다 폭넓고 총체적인 인증프로그램이 필요할 것이다.

부지 내 연소에 대한 국제생태미래연구소의 입장에 대해 더 알아보려면, "심각한 질문들—생태건물에서 연소가 행하는 역할: 프로메테우스는 왜 틀렸는가(Burning Questions—The role of Combustion in living Buildings: why Prometheus was wrong)" (『트림탭(Trim Tab)』 매거진 2010년 여름 호에 실린 Jason Mclennan의 글)를 참조하길 바란다.

PC 2장

# 프로젝트의 개념화와 시행 Project Conception and Delivery

## 2.1 넷 제로 에너지 목표

(The Net Zero Energy Objective)

넷 제로 에너지는 건축주의 최종 목표이자 의무이다. 이 의무는 프로젝트 시행의 시작단계와 전 과정, 그리고 건물의 사용단계까지 통틀어 진지하게 표현되어야만 한다. 넷 제로 에너지가 근본적으로 건축주의 관점인 주된 이유는 넷 제로 에너지 빌딩이 매년 실제로 운영되는 중에 측정되기 때문이다. 그렇다고 해서 넷 제로 에너지가 설계와 시공의 중요한 목표가 아니라는 것은 아니다. 그것은 분명히 설계와 시공에서도 중요한 목표다. 건물의 운영은 넷 제로 에너지란 목표와 매우 밀접하게 연결되어 있기 때문에, 계획과 설계, 시공, 사용의 단계들은 하나의 완전히 통합된 시행과정으로 생각하는 것이 가장 좋을 것이다.

최근 건설업계에서는 긍정적인 측면에서 통합과정에 대한 많은 이야기가 있었다. 건물의 성능과 지속가능성에 대한 건축주와 업계의 기대가 늘어나면서, 현재 업계를 지배하고 있는 파편화된 과정으로 건물을 설계, 시공하는 것만으로는 충분하지 않게 되었다. 획득부터 사용에 이르는 전체적인 과정을 프로젝트의 성능 요건 및 목표들과 통합할 필요가 있다(그림 2.1 참조). 통합시행과정(integrated delivery process)이라 명명되는 이 과정은 한 건물의 통합된 설계만이 아니라 건물과 건물성능목표들의 통합된 시행까지 지칭하는 것이다. 통합시행과정은 오늘날의 일반적인 LEED 프로젝트들을 능가할 수 있는 도전과 기회인 동시에 지속가능한 에너지 디자인과 운영의 정점을 대표하기 때문에, 넷 제로 에너지 프로젝트를 위한 절대적인 필수요건이다.

넷 제로 에너지 빌딩의 과정과 여정은 건축주가 넷 제로 에너지를 하나의 핵심목표로 삼고 전념할 때 비로소 시작된다. 따라서 본 장은 목표를 정의하고 그것에 전념하는 건축주의 역할을 살펴본다.

건축주들은 프로젝트를 계획하고 정의하는 초기에 넷 제로 에너지 목표의 함의들을 고려해야 한다. 그 다음에는 프로젝트 시행 팀을 꾸려 그 구성원들이 이러한 헌신적 태도를 공유하며 이 목표에 발을 맞출 필요가 있다. 시행 팀은 총체적이어야 하며, 건물의 설계와 시공, 커미셔닝에 필요한 전문가들로만 구성해서는 안 된다. 건축주와 사용자 집단, 건물 운영자들도 역시 핵심적인 프로젝트 시행 팀의 구성원들이다. 올바른 프로젝트 시행 팀을 선택하고 통합된 시행과정에 전념하려면 그 획득과정뿐만 아니라 팀 구성원들의 다양한 계약관계들의 정의방식에 대해서도 세심한 주의가 필요하다.

### 2.1.1 건축주의 관점(Owner Perspectives)

넷 제로 에너지 빌딩의 시공과 운영에 대한 건축주들의 의무는 소유한 건물의 유형과 건물에 대한 목표, 조직적인 임무와 같은 요인들에 기초한 그들만의 독특한 관점들에서 시작된다. 따라서 건축주의 관점은 상당히 다양하며, 그들이 넷 제로 에너지 프로젝트를 추구하는 이유 역시 다양할 것이다. 넷 제

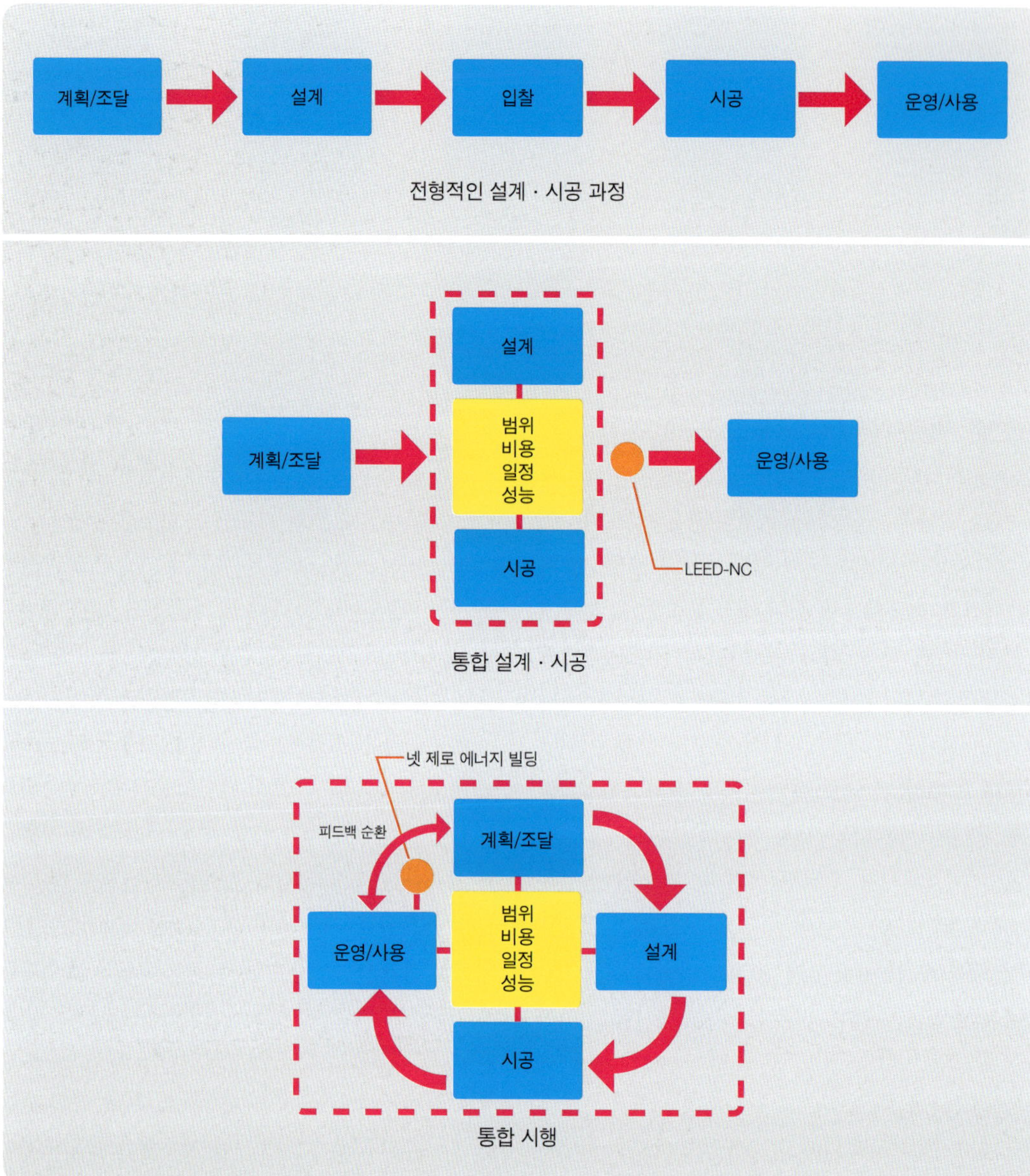


■ **그림 2.1** 시행과정의 비교

> **주**(Note):
> 본 장은 건물조달에 대한 상세한 지침서 역할을 의도하지 않는다. 그보다는 넷 제로 에너지 빌딩을 조달하는 통합된 시행과정으로서의 함의들을 개괄적으로 제시한다. 3장은 이 통합과정에 대한 지침을 제공하며, 10장은 넷 제로 에너지 빌딩의 운영과 사용을 설명한다.

로 에너지 빌딩은 업계에서는 상대적으로 새로운 현상이므로 대부분의 건축주들이 아직 이런 건물 유형에서 직접 근무해본 경험이 없음을 명심해야 한다. 그럼에도 불구하고 넷 제로 에너지 빌딩의 함의를 이해하고 싶어 하는 건축주들의 욕구는 점차 커져가고 있다.

넷 제로 에너지 프로젝트의 성공은 건축주가 그 목표에 얼마나 전념하느냐에 달려있기 때문에, 이러한 전념의 토대가 되는 그들의 기본적인 관점과 더불어 넷 제로 에너지 빌딩이 보다 큰 조직적 임무를 달성하도록 도울 방법을 더욱 깊이 이해하는 게 좋다. 그런 목적을 위해 몇몇 건축주들과 인터뷰를 한 결과, 넷 제로 에너지 빌딩에 대한 그들의 시각, 특히 그 가치에 대한 시각이 깨어있음을 발견하였다. 이 인터뷰 내용을 여기서 간략히 요약하여 제시한다.

CASE STUDY

## 건축주의 관점: 미국 총무청
(UNITED STATES GENERAL SERVICES ADMINISTRATION: GSA)

총무청은 미 정부 연방기관들에 부동산과 건물 설비를 포함하는 전체적인 서비스를 제공한다. 이 기관은 8,600개 이상의 건물들을 리스(lease)하고 있으며, 그 포트폴리오에 속해있는 정부소유 건물의 수는 1,500개가 넘는다.

**인터뷰 대상자**(Interviewee)
도널드 혼(Donald Horn): 미국건축가협회(AIA) 회원, LEED AP(LEED AP), 연방 고성능 그린 빌딩 총무부 어시스턴트 디렉터(Assistant Director of the General Service Administration's Office of Federal High-Performance Green Buildings).

업계가 넷 제로 에너지 빌딩을 지향함에 따라 우리가 맞이하는 가장 큰 과제 중의 하나는 우리의 마음가짐을 변화시키는 일입니다. 사람들은 대부분 언제나 써왔던 방식을 편하게 느끼지요. 간단하면서도 엄청난 변화가 있어야 그게 가능하다고 믿을 겁니다.

– 도널드 혼

### 넷 제로 에너지 빌딩에 대한 가치와 필요성(Value and Need for Net Zero Energy Buildings)

- 연방정부는 행정명령 13514호(Executive Order 13514)와 2007년 에너지 자립 및 안전보장 법률(Energy Independence and Security Act of 2007) 등의 규정들을 갖추고 있다. 에너지 자립 및 안전보장 법률은 연방건물 내의 화석연료 에너지 감축에 대한 단계적인 접근법을 명기하며, 2030년까지 100퍼센트 감축을 목표로 한다. 행정명령 13514호는 2020년부터 계획과정에 들어가는 모든 신축 연방건물 프로젝트에 대해 2030년까지 넷 제로 에너지를 달성토록 설계해야 함을 명기하고 있다.
- 넷 제로 에너지 빌딩은 운영비 감축을 통해 가치를 창출할 것이다. 총무청은 대규모 포트폴리오의 건물들을 관리하기 때문에 이것이 중요하다.
- 넷 제로 에너지 빌딩으로서의 가치를 향상시킬 수 있을 연방건물 유형들이 몇 가지 있다. 외딴 건물 그리고/혹은 중요한 안보 기능을 수행하는 건물은 독립형이거나 부지 내 재생에너지만을 활용하는 데서 잠재적 혜택을 얻을 수 있다. 게다가 부지 내 재생에너지의 사용은 이런 프로젝트들의 패시브한 생존가능성을 높여주는, 말하자면 일반적인 설비가 붕괴 되더라도 그 프로젝트들의 기능을 유지시킬 수 있는 전략이다. 국경주둔지는 넷 제로 에너지를 적용하여 가치를 향상시킬 수 있는 연방건물유형에 속한다.

### 넷 제로 에너지 빌딩에 당면한 도전과제(Challenges Facing Net Zero Energy Buildings)

- 총무청은 연방정부의 건물획득방식에 대한 절차적 규약을 확립해왔다. 통합을 강화하는 성능위주 설계시공일괄방식(design-build)이나 통합프로젝트시행 등의 새로운 조달 · 시행 방식들은 현재의 조달 및 예산집행 절차들과 맞지 않는다. 이런 연방절차들은 복잡한데다 공공재원의 사용에 대해 많은 주요 안전장치들을 요구하기 때문에 채택하는 데 시간이 걸릴 것이다.
- 총무청은 건물 규모의 재생에너지 시스템들을 발전시킬 필요성에 주목하고 있다. 총무청의 건물 포트폴리오는 광범위하고 다양한 건물 유형과 입지를 아우르며, 태양광발전시스템의 효율증대가 공간이 협소한 부지에 엄청난 유연성을 더해줄 것이다. 더 나아가, 향상된 도시풍력발전장치와 에너지저장시스템 등 보다 다양한 기술들이 제공됨으로써 중대한 공백을 채워줄 것이다.
- 총무청이 넷 제로 에너지 빌딩으로 이행해가는 과정에서 직면하게 되는 가장 보편적인 도전과제 중 하나는 거주자의 기대심리(occupant expectation)다. 패시브 전략에 의존하는 넷 제로 에너지 빌딩과 저에너지 빌딩이 보다 폭넓은 실내온도 범위에서 열적 쾌적성을 얻을 수 있음은 널리 알려져 있다. 에너지 절약과 열 쾌적성은 거주자의 행동과 그에 맞는 기대심리를 통해 향상될 수 있다. 예를 들면 기후조건에 맞게 옷을 입고 자연환기를 위해 개폐형 창문과 같은 패시브 전략들을 적극적으로 활용하는 것이다. 이런 거주자의 기대심리가 다른 국가에서는 흔한 반면, 미국은 아직 이런 문화적 변화를 만들어 가야 한다.

### 넷 제로 에너지 빌딩을 향한 새로운 진전 (Current Progress toward Net Zero Energy Buildings)

- 임차인 교육은 넷 제로 에너지 빌딩으로 이행해가기 위한 매우 중대한 요인이다. 이런 필요를 충족하기 위해, 총무청은 임차인들과의 직접적인 협업 속에서 에너지 목표 달성법과 다양한 근무지 교육 및 지침들을 제공할 클라이언트 솔루션(Client Solutions) 그룹을 제도화했다. 일부에서는 이 접근법을 "거주자 권한위임(commissioning the occupants)" 이라고 칭한 바 있다.
- 넷 제로 에너지의 목표를 지향하고 그 방법을 배울 필요가 있음을 인식한 총무청은 매년 적어도 3개의 넷 제로 에너지 지향 프로젝트들을 선정하고 있다.
- 넷 제로 에너지에 주목하게 되면서 총무청의 건물 포트폴리오 관리방식에 영향을 주고 있으며, 에너지성능이 그 과정의 매우 중요한 일부가 되고 있다. 총무청은 모든 기대심리를 가장 잘 충족하는 방향으로 개축할 수 있는 건물들을 파악 중이다. 기존 건물들은 대개 어려우나, 기회들이 있는 경우도 많다. 현재 총무청이 진행 중인 넷 제로 에너지 프로젝트는 콜로라도 주 그랜드 정션의 역사적 건물인 웨인 아스피널 연방사무소 건물과 미 법원(Wayne Aspinall Federal Office Building and U.S. Courthouse)의 리노베이션이다.

### 프로젝트 하이라이트(Project Highlight)

웨인 아스피널 연방건물과 미 법원 건물의 보존과 현대화(Wayne Aspinall Federal Building and U.S. Courthouse Building Preservation & Modernization)(그림 2.2)(콜로라도 주 그랜드 정션 소재)

총무청은 역사적인 웨인 아스피널 연방건물과 법원에 대한 현대화 및 보존 프로젝트를 수행하고 있으며, 이는 현재 미국의 역사적 건물로서는 최초의 넷 제로 에너지 빌딩이 될 전망이다. 이 아스피널 건물은 웨스트레이크 리드 레스코스키와 벡 그룹이 설계를 진행하고 있다. 이 프로젝트의 몇 가지 핵심 에너지 전략들로는 지열 냉난방시스템과 주광제어가 가능한 최신 형광조명시스템, 그리고 태양광제어필름이 부착된 방풍창이 있다. 건물의 전기 수요를 상쇄하기 위해 태양광전지가 기존 구조에 통합 설계되어 있으며 2013년 1월 완공 예정이다.

■ **그림 2.2** 웨인 아스피널 연방건물과 미 법원은 넷 제로 에너지 목표들을 충족하도록 리노베이션되고 있는 역사적 건물이다. *〈이미지 제공: Beck Group and Westlake Reed Leskosky〉*

## 건축주의 관점: 미 육군(United States Army)

CASE STUDY

미 육군은 미국 군대 중 가장 큰 규모를 자랑한다. 전 세계에 퍼져있는 미 육군은 총 158개 지역에 주둔하고 있고 그 건물 면적은 10억 제곱피트를 넘는다. 2010년 미 육군 시설의 연간 에너지비용은 총 12억 달러였다. 같은 해 미 육군은 126개의 재생에너지 프로젝트들을 운영했다.

### 인터뷰 대상자(Interviewee)

리처드 G. 키드 4세(Richard G. Kidd IV), 육군 에너지 · 지속가능성 담당 부차관보(Deputy of Assistant Secretary), 육군기지 · 에너지 · 환경 차관보 사무실(Office of the Assistant Secretary of the Army Installations, Energy & Environment) 소속.

미 육군은 넷 제로 에너지와 관련하여 건설 산업에서 중요한 리더의 역할을 하고 있습니다. 하지만 우리는 그러한 리더로서의 위치와 우리의 구매력을 신중하게 활용합니다. 우리는 우리 스스로를 최첨단기술의 시험대로 보지 않습니다. 우리가 우리의 임무를 충족하기 위해 쓸 수 있는 가장 최선의 그리고 비용 면에서 효율적인 도구들을 활용한다고 봅니다.

— 리처드 키드

## 넷 제로 에너지 빌딩의 가치와 필요성(Value and Need for Net Zero Energy Buildings)

■ 연방법안의 요구조건들이 연방정부 전반에 걸친 지속가능한 건축의 관례에 대한 변화를 이끌고 있다. 행정명령 13514호와 13423호는 모든 신축 연방건물과 주요 리노베이션 프로젝트들이 연방 에너지관리 프로그램의 기본 원칙들을 준수할 것을 요구하며, 기존 건물의 지속가능한 구상들에 관해서도 유사한 지침을 제공하고 있다. 더 나아가, 2015년까지 연방건물목록 중 15퍼센트가 이 기본 원칙들을 준수해야 한다.

지속가능한 신축 및 주요 리노베이션을 위한 기본 원칙들(The Guiding Principles for Sustainable New Construction and Major Renovation)은 다음을 포함한다.

1. 통합설계원칙 활용(Employ integrated design principles.)
2. 에너지성능 최적화(Optimize energy performance.)
3. 물 보호 및 보존(Protect and conserve water.)
4. 실내 환경의 질 향상(Enhance indoor environmental quality.)
5. 재료의 환경 영향 저감(Reduce environmental impact of materials.)

■ 2007년 에너지 자립 및 안전보장 법률은 2030년까지 연방건물 내 화석연료의 사용을 제로로 할 것을 요구한다. 이는 오늘날 넷 제로 에너지 빌딩에 대한 관심을 자극하고 있다.

■ 미 육군이 세계적으로 점유하고 있는 면적과 상당량의 연간 에너지 비용에 비춰볼 때, 고성능 넷 제로 에너지 빌딩에서 얻게 되는 에너지비용의 절감은 강력한 가치를 제안할 수 있게 해준다. 쉽게 말해, 에너지를 절약하는 게 에너지를 구매하는 것보다 더 싼 방법이다.

■ 에너지 안전보장은 미 육군과 국방부의 입장에서 높은 우선순위의 목표이다. 신뢰할 수 있는 에너지 공급체계로의 접근을 보증하는 것이 미 육군의 임무와 작전수요에 핵심이다. 에너지 안전보장을 향한 2단계 조치 중 첫 단계는 수요를 줄이고 에너지효율은 향상시키는 것이다. 두 번째 단계는 기지상의 전력으로 이렇게 줄어든 에너지수요를 충족시키는 것이다. 부지 내 재생에너지 자원들은 에너지 안전보장을 위한 훌륭한 기회들을 제공하며 자연재해와 사고, 공격에 의한 사용불능에 덜 취약하다.

## 넷 제로 에너지 빌딩의 당면 과제(Challenges Facing Net Zero Energy Buildings)

■ 미 육군은 넷 제로 에너지를 추구하는 과정에서 문화적인 어려움에 직면하고 있다. 넷 제로 에너지는 야심찬 목적이므로 그것을 추구하려면 새로운 방식들이 필요하다. 어떤 대규모 조직에서도 변화는 쉽게 오지 않으며, 미 육군도 마찬가지다. 이런 자연스러운 저항을 극복하도록 군대문화를 발전시키는 일은 미 육군의 에너지 사용절감을 위한 중요한 접근법 중 하나다.

■ 현재의 기술과 다양한 건물유형, 입지별 광범위한 기후조건들에 기초해볼 때, 미 육군은 군내 모든 건물을 넷 제로 에너지 빌딩으로 만들 수 없음을 이해하고 있으며, 동시에, 매우 큰 이점도 인식하고 있기 때문에 넷 제로 에너지 캠퍼스와 기지 건설에 집중하고 있다.

■ 업계내의 축적된 기술의 숙지가 넷 제로 에너지를 추구하는데 있어 중요한 요소이지만, 육군에 더 중요한 건 시스템적 접근법의 채택이다. 전체 빌딩 수준이든 캠퍼스 규모이든 간에 시스템적 수준에서 이뤄지는 설계는 협소하게 개별 기술들에 집중하는 것보다 넷 제로 에너지 목표들을 달성하는데 더욱 효과적이다.

## 넷 제로 에너지 빌딩을 향한 최근의 진전(Current Progress toward Net Zero Energy Buildings)

- 미 육군은 자체 건물 에너지 성능 기준을 끌어올리고 있는데, 특히 ASHRAE 90.1에 따른 기준 건물 대비 30퍼센트 에너지 감축인 현재의 기준 이상의 60%로 상향하려 하고 있다. 또한 미 육군은 최근 연방정부에서 가장 높은 그린빌딩 기준인 Standard 189.1 "저층주거건물을 제외한 고성능 그린빌딩 설계를 위한 기준(Standard for the Design of High-Performance Green Buildings Except Low-Rise Residential Buildings)" 도 채택했다.
- 2011년, 미 육군은 주요한 넷 제로 구상을 하나 발표하고 7개의 시범기지들을 선정했다. 이 구상은 개별 건물들이 아닌 캠퍼스나 기지 규모에 초점을 두고 있다. 미 육군은 막사 건설보다 그 임무를 충족하는 기지에 더 관심을 두고 있으며, 더욱 흥미로운 건, 단지 넷 제로 에너지에만 국한되지 않는다는 점이다. 미 육군의 입장에서는 임무를 충족하기 위한 에너지와 물, 땅이 필요하기 때문에, 넷 제로(net zero)는 넷 제로 에너지(net zero energy)와 넷 제로 용수(net zero water), 넷 제로 폐기물(net zero waste)을 의미한다. 그러므로 이런 임무 중심 영역에 집중하는 것과 더불어 미 육군의 넷 제로 전략은 지속가능한 방식으로 천연자원들을 관리하고, 운영비용을 관리하며, 미래의 복원력을 유지하는 방식을 마련하는 것이다. 미 육군은 이러한 넷 제로의 혜택들을 가리켜 "전력승수(force multiplier)" 라고 부른다.

## 기지 하이라이트(Installation Highlight)

콜로라도 주의 포트 카슨(Fort Carson) 기지 (그림 2.3)

포트 카슨 기지는 콜로라도의 프런트산맥을 따라 위치해 있는 육군 주둔지다. LEED 인증건물들이 대규모로 집중되어 있는 이곳은 연방정부와 육군에서 지속가능한 설계 사례를 발전시키기 위한 리더 역할을 해왔다. 이 기지는 2011년 4월에 미 육군으로부터 넷 제로 시범기지로 지정되었는데, 이는 넷 제로 에너지와 용수, 폐기물에 초점을 둔 미 육군 넷 제로 시범프로그램의 일환이었다. 총 18개의 시범기지 중에서 포트 카슨 기지는 세 가지의 넷 제로 구상을 모두 달성하고자 시도한 단 2개의 기지들 중 하나이다.

기본적인 전략으로서, 포트 카슨 기지는 자원 사용절감과 에너지효율에 초점을 맞추고 있다. 이 기지는 이미 2MW 규모의 지반 장착 태양전지판과 같은 재생에너지 프로젝트들을 운영 중이며, 자금과 에너지경제가 준비되는 대로 더 많은 재생에너지 설비들을 도입할 계획이다. 고려중인 추가 기술들로는 태양에너지, 풍력, 지열, 바이오매스 등이 있다. 미 육군의 접근법은 넷 제로 에너지의 목적을 추구할 때 전체 커뮤니티 규모에서 오는 강점과 기회들을 보여주고 있다.

■ **그림 2.3** 2011년 1월 14일, 포트 카슨 기지에 새로 설치된 2MW급 태양전지판의 리본커팅 기념식 *〈사진 제공: U.S. Army / 촬영: Michael J. Pach〉*

CASE STUDY

## 개발업자의 관점: 워싱턴 주 시애틀의 포인트32 (POINT32)

포인트32는 불릿 재단(Bullitt Foundation)의 새로운 불릿 센터 프로젝트를 위한 개발파트너 역할을 하고 있는 시애틀 소재의 부동산 개발업체다. 불릿 재단은 퍼시픽 노스웨스트 내의 책임 있는 인간 활동과 지속가능한 커뮤니티를 진흥함으로써 자연환경을 안전하게 보호하는 게 임무인 영향력 있는 비영리기구다. 이 기구의 웹사이트는 다음과 같이 담대하게 언급하고 있다. 우리 재단은 특별한 차입자본을 활용할 높은 위험, 높은 잠재 수익 기회를 찾습니다. 다양한 문제의 동시적 해결을 약속하는 혁신적인 접근법들을 보여주는 데에 특별한 관심을 두고 있습니다."

포인트32는 불릿 재단을 대신하여 불릿 센터 프로젝트에 대한 부지 선정과 자격심사, 설계 팀 선정, 프로젝트 관리, 재정조달, 공사감독을 주도했다.

### 인터뷰 대상자(Interviewee)

크리스 로저스(Chris Rogers), 포인트32 소속 파트너.

우리는 우리 자산으로 충분하지 않은 프로젝트들을 원한다. 어려울 수 있지만, 지금은 리더십이 필요한 때다.

— 크리스 로저스

### 넷 제로 에너지 빌딩의 가치와 필요성 (Value and Need for Net Zero Energy Buildings)

- 불릿 센터는 공사 중에 있는 임대목적의 상업용 사무소 건물이며, 선도적인 환경관련 비영리기구인 불릿 재단이 부분적으로 사용하게 된다. 불릿 센터의 임무와 목적은 이 프로젝트가 넷 제로 에너지를 추구하도록 하는 감독기능이다. 이 프로젝트는 리빙 빌딩 챌린지의 달성을 추구하고 있으며, 성공한다면 상업용 사무소건물로서는 최초의 리빙 빌딩 챌린지 인증사례가 될 가능성이 높다. 이 재단은 지속가능한 개발에 대한 자체적인 의무 충족에만 관심을 둔 게 아니라, 다른 상업프로젝트들의 본보기가 될 수 있는 국제적인 모범사례를 만들어내는 보다 큰 임무를 실현하고 싶어 했다.

- 리빙 빌딩 챌린지와 넷 제로 에너지는 분명 불릿 재단의 임무에 기초한 혜택들이다. 불릿 센터는 상업용 부동산 자산이기도 하며 넷 제로 에너지 사무소건물들을 위한 하나의 사례를 만들어 시장을 선도하기 위한 노력이기도 하다. 부동산의 관점에서 보면, 이 프로젝트는 세계에서 가장 친환경적인 건물의 위치에 놓일 것이며, 넷 제로 에너지의 목적을 충족하면, 임차인들은 에너지요금을 청구 받지 않게 될 것이다. 이 센터는 넷 제로 에너지 목표에 매력을 느끼고 고성능의 그린빌딩 사무실을 희망하는 임차인들을 초기에 이미 끌어들였다.

- 개발 팀이 고성능 건물 시스템 및 재료에 투자하고 그 비용을 적극적으로 관리하고 있기 때문에, 이 건물은 A급 사무소 시장에서 경쟁력을 가질 수 있다. 하지만 안타깝게도 현재의 경제 상황이 그 재무모델을 매우 어렵게 하고 있다. 넷 제로 에너지 사무소건물은 상업용 부동산 시장에서 매우 새로운 상품이기 때문에 이 시장에서 불릿 센터 프로젝트의 독특한 가치를 이해하는 데에는 다소 시간이 걸릴 수 있다. 한 가지 희망은 건물의 성능만이 아니라 고성능 그린빌딩에서 얻을 수 있는 인체 건강의 혜택들에 대해 증가하고 있는 임차인들의 관심까지 포착하는 것이다.

## 넷 제로 에너지 빌딩의 당면 과제들(Challenges Facing Net Zero Energy Buildings)

- 불릿 센터 프로젝트는 도시적 맥락 속에서 건설되고 있으며, 넷 제로 에너지 목표들과 리빙 빌딩 챌린지의 충족을 어렵게 하는 다양한 규제요건들을 준수해야 한다. 규제 장벽들로는 중수 시스템(graywater system)과 같은 보건관련 규정들, 건물 높이와 태양광발전스템에 필요한 면적을 확보할 수 있는 건물의 높이와 지붕면적 같은 기본적인 조닝의 문제들이 있다. 운 좋게도 이 프로젝트는 시애틀의 새로운 리빙 빌딩 시범 프로그램(Living Building Pilot Program)에 포함되었으며, 더 높은 수준의 지속가능성 기준을 달성할 수 있도록 시애틀 시의 토지이용법규 적용방식에 융통성을 부여하고 있다. 따라서 이 프로젝트는 더 높은 층고와 더 좁은 접지면적이 가능했으며, 이는 자연채광을 비롯한 프로젝트의 패시브 전략들에 도움이 되었다.

- 넷 제로 에너지와 리빙 빌딩 챌린지를 위한 설계는 일반적인 상업용 사무소건물 보다 더 복잡하고 까다로운 과정이다. 불릿 센터는 프로그램과 비용, 미관 등의 다른 모든 핵심 사안들뿐만 아니라 요구되는 많은 고성능수준의 목표들까지 충족하고 있다. 특히 그 에너지모델링에 대한 노력이 방대했다. 하지만 상향되고 앞선 디자인에 대한 투자의 수익은 해가 지날수록 건물 성능을 통해 보상될 것이다.

- 넷 제로 에너지 다중임차사무소 건물이라는 맥락에서 임차인의 행동과 투자는 에너지성능 목표의 달성에 중대한 역할을 한다. 건축주들은 각 임차인마다 자기 범위에서 들일 에너지 예산이 있을 거라는 에너지 예산 접근법을 제안하고 있다. 에너지를 덜 사용하는 임차인들은 예산보다 더 많은 에너지를 필요로 하는 다른 임차인들과 에너지를 교환할 기회가 있을 것이다. 에너지를 절약하는 임차인에게 혜택을 줄 수 있는 일종의 배출권거래제(cap-and-trade) 프로그램 같은 기회 말이다.

## 넷 제로 에너지 빌딩을 향한 최근의 진전(Current Progress toward Net Zero Energy Buildings)

- 불릿 센터는 넷 제로 에너지 개발에 있어 포인트32의 첫 번째 모험이다. 이 회사는 이미 불릿 센터에서 얻은 교훈과 최선의 사례를 다른 프로젝트에 구체화하기 시작했으며, 향후 이 회사는 더 많은 넷 제로 에너지 프로젝트를 진행할 가능성이 높다. 이런 유형의 개발은 경제적인 제약뿐만 아니라 환경적, 사회적 책무들로 다루기 때문에 향후 전망이 긍정적으로 보인다.

### 프로젝트 하이라이트(Project Highlight)
워싱턴 주 시애틀에 소재한 불릿 센터 (그림 2.4)

불릿 센터는 세계에서 가장 친환경적이고 에너지효율적인 상업건물이 되어 시애틀을 그린빌딩 운동의 중심지로 만들 것이다. 50,000 $ft^2$의 6층 규모인 이 건물은 시애틀 시내의 캐피톨 힐과 센트럴 지구가 교차하는 지점에 위치하게 되며, 2012년 완공 예정이다.

불릿 센터의 목적은 장기적인 환경적 성과를 향상시키고 에너지효율과 재생에너지, 기타 노스웨스트의 린 빌딩 기술들의 더욱 광범위한 적용을 증진시킬 수 있도록 건물의 설계 · 시공 · 운영 방식을 변화시키는 데에 있다. 이 건물은 지속가능성에 관한 한 세계에서 가장 엄격한 기준인 리빙 빌딩 챌린지의 야심찬 목표들을 충족하려 한다. 예를 들어 태양전지판은 건물에서 사용되는 만큼의 전기를 생산할 것이고, 빗물역시 사용량만큼의 용수를 공급할 것이며, 모든 폐수는 부지내에서 처리될 것이다. 모든 근무자가 신선한 공

■ **그림 2.4** 워싱턴 주 시애틀에 소재한 불릿 센터의 렌더링 이미지. *〈이미지 제공: Bullitt Foundation, Seattle, Washington, Miller Hull and Point32〉*

기와 자연광을 접하는 구조를 만듦으로써, 불릿 센터는 대부분의 상업건물들보다 더욱 쾌적하고 생산적인 공간이 되는 건강하고 인간중심적인 환경을 제공할 것이다.

## 2.2 프로젝트의 개념화
(Project Conception)

### 2.2.1 프로젝트의 정의(Project Definition)

프로젝트는 건축주가 한 건물의 필요성을 결정할 때부터 시작한다. 개념화부터 조달에 이르기까지 한 건물을 완성하는 데는 상당한 계획이 수반된다. 건축주는 잠재적 시설에 대한 타당성조사와 세심한 사전연구를 수행할 것이다. 또한 건축주는 잠재적 건물을 위한 프로젝트의 정의도 개발할 것이며, 그것은 범위와 예산, 일정, 품질, 목표와 같은 계획의 기본요소들을 포함한다.

이 단계는 프로젝트의 정의와 계획과정에 대한 함의를 갖기 때문에 건축주가 넷 제로 에너지의 목표를 고려하기에 이상적인 시점이다. 넷 제로 에너지를 염두에 두고 프로젝트를 시작하는 것이 유리하지만, 넷 제로 에너지를 목적으로 프로젝트를 최적화하려면 건축주가 철저하고 자세한 프로젝트 정의를 내릴 필요가 있다. 이러한 세부적 수준에 대한 정의는 종종 전문적이기에 건축주가 가진 지식만으로는 해결되지 않을 수 있다. 따라서 건축주가 일단 프로젝트 시행 팀을 구성한 후에 프로젝트 정의 단계가 그대로 완결되는 경우가 적지 않다. 또 다른 대안은 내부 팀의 능력에 외부 자문을 보충하여 프로젝트 정의 단계를 완성하는 것이다. 어떤 경우건 건축주가 이른 시점부터 계속해서 프로젝트에 전념할 때, 넷 제로 에너지의 목표들을 중심으로 프로젝트 시행 팀을 정렬시킬 능력을 건축주가 갖출 때, 그리고 그 목표를 강화하는 분명한 프로젝트 정의가 설 때라야 성공한다.

### 2.2.2 목표의 정의(Defining the Objective)

"묻지 않으면, (답을) 얻지 못한다(If you don' t ask, you don' t get.)"는 스티비 원더의 인용구는 많은 건설 프로젝트에도 해당되는 이야기다. 결국 고성능이란 그냥 생겨나는 게 아니다. 그것은 하나의 분명히 정의되고 진술된 목표에서 시작한다. 나는 생각보다 많은 건축주들이 설계 및 시공 용역 과정에서 자기 건물에 더 훌륭한 성능을 요구하지 않는다는데 적잖이 놀라곤 한다. 통상적으로 두 가지 장애물이 존재한다. 첫째, 건축주들은 주어진 범위(프로그램과 기능)의 프로젝트 조달을 이끌 요인들로서 비용과 일정을 선택한 다음 그런 요인들의 범위 내에서 최고의 품질을 바라는 경향이 있다. 둘째, 많은 건축주들이 한 프로젝트에 대한 성능요건들을 효과적으로 정의하는 방법을 모른다. 이 두 장애물이 서로 어떻게 상승작용을 일으키는지를 이해하기란 어렵지 않다. 그로 인해 많은 프로젝트들은 예산이나 일정과 상관없는 고유의 성능 잠재력을 실현하지 못하게 된다.

이런 딜레마는 건설업계에서 널리 고수되어온 "비용과 품질과 일정 중에서 둘만 고르라(There is cost, quality, and schedule: Pick two)"는 오랜 격언에 부합한다. 사실 이것은 잘못된 선택이며, 때로는 관례적인 지혜가 우리를 잘못된 방향으로 이끌 수 있음을 보여준다. 그 세 가지 목표는 배타적이지 않으며, 상호 의존적임에는 의문의 여지가 없다. 중요한 건 그런 목표들을 포괄적으로 조화시킬 방법을 찾는 일이다. 넷 제로 에너지 빌딩과 고도의 지속가능한 빌딩에서는 네 번째의 목표가 추가되는데 그것은 성능(performance), 특히 에너지성능이다. 그림 2.5의 다이어그램은 일반적인 프로젝트 목표의 "삼각형(triangle)" 모델과 통합된 프로젝트 목표의 "바퀴살-축(spoke and hub)" 모델로 그 개념적 차이를 설명한다. 넷 제로 에너지 빌딩을 조달하고 시행하는 과정에서는 건물 성능을 우선시함으로써 그것을 비용 · 일정 · 품질과 동등한 프로젝트 추진요인들로 삼을 필요가 있다. 네 가지 요인을 모두 충족해야 하며, 프로젝트 결정사항들을 평가할 때에도 네 가지 요인을 모두 고려할 필요가 있다. 이를 달성하기 위해서는 통합된 시행과정이 필요하다.

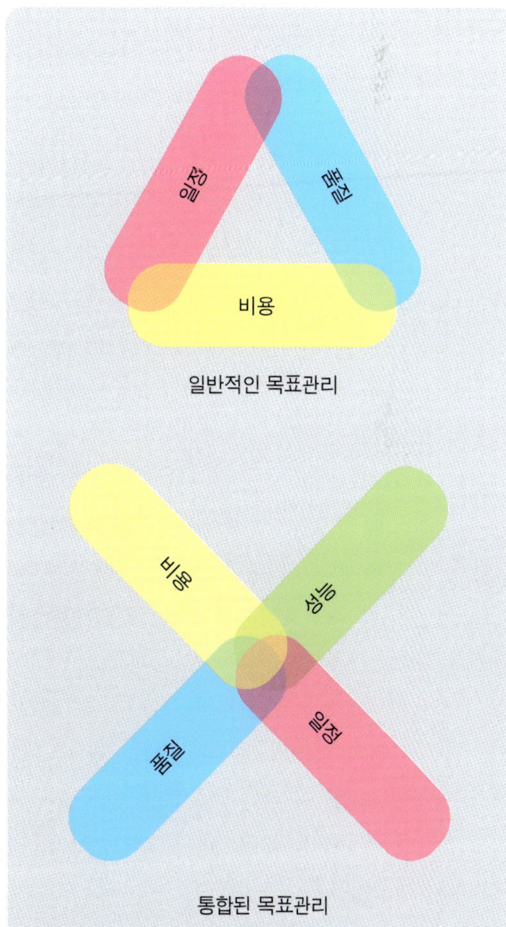


■ **그림 2.5** 프로젝트 목표들의 관리

#### 2.2.2.1 LEED와 넷 제로 에너지성능 목표
(Leed and Net Zero Energy Performance Objectives)

미국그린빌딩위원회의 LEED 시스템은 건축주가 프로젝트에 대한 성능요건들을 정의하고 전일적인 결과를 달성할 수 있도록 긍정적 효과를 끼쳐왔다. LEED가 다양한 성능위주의 기준들에 기초하므로, 건축주는 단순히 원하는 LEED 인증레벨만 선택하면 일반적인 접근법에 비해 더 높은 기준으로 프로젝트를 설계하고 시공할 수 있을 것이다. 어떤 건축주들은 LEED 시스템 내의 각각의 크레딧(Credit)들을 활용하여 원하는 등급을 달성하기 위해 추가적으로 어떤 크레딧을 확보해야하는 지를 명시하기도 한다. 이는 건축주들이 그들에게 가장 중요한 성능기준들이 무엇인지를 결정할 수 있기 때문에 유용한 접근법이다. 또한 특정한 에너지효율 목표를 겨냥하는 것도 가능하다.

LEED를 성능평가를 위한 기준으로 활용해본 업계의 경험에 대해 부연해보건대, 넷 제로 에너지 빌딩은 건축주의 성능요건을 새로운 수준으로 이끈다. 첫째, 에너지법규보다 30퍼센트를 초과달성한다는 식의 에너지효율 목표 설정은 중요한 조치이지만, 충분하지는 않다. 현명한 건축주라면 에너지사용량 목표, 즉 건물이 연간 얼마나 많은 에너지를 사용할 것인가를 명시할 것이며, 이것이 넷 제로 에너지를 달성하는 기초가 된다. 에너지사용량 목표는 실제적인 운영에너지와 직접적인 연관이 있다. 달리 말해 설비계량기는 “에너지법규보다 초과 달성한 퍼센트”를 측정하지는 않는다. 이는 “건물의 설계와 시공을 위한 LEED(LEED for Building Design and Construction)”와는 매우 다른 결과다. 이 LEED 시스템은 설계의 마지막 시점에 에너지를 평가하며, 에너지법규기준 이상의 에너지절약비용을 퍼센트로 나타낸 결과를 보고하는 계획된 에너지모델에 기초하기 때문이다.

#### 2.2.2.2 에너지성능 목표의 설정
(Setting an Energy Performance Objective)

어떤 프로젝트의 목표로 설정되는 연간 에너지사용량은 설계자와 시공자가 매우 직접적으로 이해하고 적용할 수 있는 요소이다. 에너지사용량은 직접적이고, 측정 가능하며, 입증 가능한 결과이기 때문에 에너지효율 퍼센트보다 주요 에너지 목표로서 더욱 의미가 있다. 에너지사용량 목표를 설정하는 실제 과정은 건축주들에게 건물 프로그램과 입지, 최신의 부지 내 재생에너지 기술을 감안한 넷 제로 에너지의 사업타당성 여부도 알려줄 것이다. 에너지사용량 목표의 설정은 건축주의 프로젝트 내부 운영에너지 목표들도 확립시키며, 이런 목표들은 건축주의 조직 전반에 걸친 투자와 헌신을 필요로 한다. 넷 제로 에너지는 궁극적으로 건축주의 목표이며 실제 운영 중에 측정됨을 기억해야 한다.

하지만 넷 제로 에너지 빌딩을 위한 의미 있고 타당한 에너지사용량 목표가 항상 수월하게 설정되는 건 아니다. 효과적인 목표라면 시행 팀의 입장에서 혁신의 박차를 가하기에 충분히 낮은 수치이겠지만, 달성할 수 없을 정도로 지나치게 낮아선 안 될 것이다. 예를 들어 에너지부/국립재생에너지연구소 연구지원시설은 프로젝트 제안요청서(request for proposals: RFP)에서 연간 25 kBtu/ft$^2$의 에너지 목표를 추구했다. 이 목표는 에너지모델링을 통해 점검이 잘 이뤄졌다. (국립재생에너지연구소는 내부적으로 에너지모델링의 능력과 경험이 있다.) 또한 국립재생에너지연구소는 그 에너지 목표에 대한 차등조정척도(sliding scale)도 개발했는데, 최종의 거주자 밀도(final occupancy density)와 데이터센터 부하(final data center load) 같은 몇몇 변수들이 그 최종 목표에 영향을 줄 거라는 인식에서였다.

한 가지 접근법은 프로젝트의 전반적인 목표를 넷 제로 에너지로 설정하고 적절한 에너지사용량 목표의 정의를 시행 팀에 맡기는 것이다. 이 방법의 이점은 건축주의 전문지식이나 쾌적 범위(comfort zone)를 벗어나는 에너지 목표에 대한 기술적 분석을 외주한다는 데에 있다. 또한 프로젝트 시행 팀으로부터 넷 제로 에너지 목표에 대한 초기 투자를 얻는 이점도 있는 반면, 이 접근법을 취하는 건축주는 팀을 선정하거나 설계용역을 진행하기 전까지 자기 프로젝트에 대한 넷 제로 에너지의 사업타당성을 완전히 평가할 수가 없다. 넷 제로 에너지의 목표를 정의하지 않은 상태에서는 설계 팀을 경쟁적으로 선정하고 적절한 용역범위를 협상하기가 어려울 수도 있다.

건축주가 초기 프로젝트 타당성조사 및 정의 단계에서 일부 에너지 전문지식을 내부적으로 개발하거나 적절한 외부 자문가들을 활용하는 게 이로울 수도 있다. 하지만 넷 제로 에너지 프로젝트가 잘 정의되었다 하더라도, 건축주는 최종적으로 선정된 프로젝트 시행 팀과 함께 그 정의와 계획의 가정들을 재검토해야 한다. 이것은 팀의 협력을 확고히 하는 핵심적인 단계이며, 프로젝트의 가정들 내에서 가능한 이슈들을  정리하는데 도움이 된다. (4장은 넷 제로 에너지 프로젝트의 에너지 목표 설정에 대해 상세한 지침을 제공한다.)

### 2.2.3 에너지 목표의 측정

(Measuring the Energy Objective)

넷 제로 에너지 목표는 에너지사용량에 대한 목표 설정에 그치지 않는다. 그 목표를 언제 어떻게 측정할지도, 그리고 그에 대비하여 시행 팀의 평가는 어떻게 할지도 분명히 해야 한다. 에너지 목표에 대비한 설계 팀의 성과를 언제 어떻게 측정할지에 대한 정답이 있는 건 아니지만, 정해진 이정표에 따라 정기적으로 측정할 때 보다 유용한 품질관리 수단이 된다. 게다가, 에너지성능 검사에 따라붙는 성능위주 인센티브 프로그램은 팀의 성과를 자극하는 강력한 요인이 될 수 있다.

넷 제로 에너지는 궁극적으로 실제 운영에너지 사용량에 대한 척도다. 따라서 그 목표의 충족여부를 측정할 이상적인 시점은 건물이 사용되고 운영되는 기간이다. 운영에너지의 측정은 모든 넷 제로 에너지 프로젝트의 몫이지만, 시행 팀의 성과를 이 결과에만 결부시키는 건 문제일 수 있다. 실제로 측정되는 연간 건물 성능을 시행 팀의 평가와 연결시키는 데서 가장 두드러지는 문제점은 보통 시행 팀이 건물이 사용되고 운영되는 동안 주된 역할을 수행하지 않는다는 점, 그리고 최상으로 설계되고 시공된 건물일지라도 결코 의도하지 않은 방식으로 운영되어 기대보다 못한 성능수준을 나타낼 수 있다는 점이다. 이런 예로 흔한 두 가지 사례를 들자면, 개인 전자장비들을 한군데에서 몰아서 사용하거나 야간이나 사람이 없는 시간대에 조명을 켜두는 일과 같은 플러그 부하 관리와 조명 스케줄이다.

많은 문제를 거론하긴 했지만, 넷 제로 에너지 빌딩은 그저 상징적인 건물이 아니다. 그리고 시행팀은 거주 후(postoccupancy) 서비스에 적극적으로 관여하여 건축주가 에너지 목표를 충족하게끔 도와야 한다. 더 나아가, 넷 제로 에너지 빌딩은 상징적인 건물로서 운영할 수는 없으므로, 플러그 및 프로세스 부하, 조명 스케줄을 효율적으로 관리해야 한다. (10장은 넷 제로 에너지 빌딩의 운영과 사용 이면에 있는 전략들을 열거한다.)

건물의 운영기간 동안 이뤄지는 에너지 목표의 측정과 평가뿐만 아니라, 시행과정 중 핵심 이정표가 되는 시점에서 시행 팀의 에너지 모델을 평가하는 것이 넷 제로 에너지 목표를 추구하는데 있어 중요한 단계다.  에너지 모델과 에너지 목표 평가를 위한 시점은 일반적으로 설계 리뷰 시점과 일치한다. 두 가지 중요한 이정표는 설계완료시점의 에너지 모델(as-designed energy model)과 준공시점의 에너지 모델(as-built energy model)이다.

어떤 에너지 목표에 대비하여 설계 에너지 모델을 평가하려면 건축주의 입장에서 추가적인 검토가 필요하기 때문에 설계 에너지 모델에 대해 제3자나 동업자에 의한 평가를 받는 것이 현명한 방법일 수 있다. 에너지 모델은 실제 시공과 건축주가 의도한 운영을 가능한 한 가깝게 재현할 필요가 있다. 에너지 모델에 투입되는 모든 건물 시공 어셈블리 입력변수와 운영 및 사용 스케줄 입력변수들은 실제 데이터를 기준으로 입증되어야 한다.

## 2.3 프로젝트 계획(Project Planning)

주요 성능목표로써 넷 제로 에너지를 정의할 때 건축주의 새로운 프로젝트 계획에 깊은 영향을 미치는 것은 분명하다. 거기에는 많은 계획요소들, 예를 들어 건물의 프로그램과 부지 선정, 예산, 일정 등에 대한 함의가 있다.

또 하나 고려되어야할 중요 사항은 건축주나 사용자 측 팀이 넷 제로 에너지 빌딩에 대한 건축주의 책무를 효과적으로 이행할 수 있도록 조직되어야 한다는 것이다. 사용자 측의 의사결정인력들은 에너지성능을 최우선순위로 유지하면서 에너지의 중요성에 기초한 의사결정을 해야 한다. 넷 제로 에너지 빌딩은 고도로 통합된 솔루션이기 때문에, 프로젝트가 진행되면서 주요한 변화들이라도 일어나면 그 영향이 눈덩이처럼 커질 위험성이 있다. 그리고 대개 그 변화의 시점이 늦을수록 이러한 눈덩이 효과(snowball effect)는 더 커진다. 이른 시기에 좋은 결정들을 하고 지켜가는 것이 넷 제로 에너지 프로젝트의 시행에서 매우 중요하다. 하지만 불가피하게 변화를 이뤄야 할 때에는, 그 변화의 통합된 성격을 자각하는 건축주라야 팀과의 협업 속에서 전반적인 프로젝트 목표들을 유지하면서도 변화들을 성공적으로 통합하기에 더 좋을 것이다.

### 2.3.1 부지 선정(Site Selection)

수많은 요인들이 부지 선정에 영향을 준다. 지속가능 설계의 관점에서 볼 때, LEED 등급 시스템은 부지 선정에 유용한 지침을 제공한다. LEED에서 열거하는 우선순위들뿐만 아니라, 특히 넷 제로 에너지 빌딩에는 몇 가지 다른 요인들을 고려되어야 한다. 일단 부지가 선정되면 프로젝트 설계 팀이 이런 요인들을 분석하게 되지만, 부지 선정 단계에서도 다소 상세한 수준으로 고려하는 게 중요하다. 성공적인 넷 제로 에너지 빌딩의 시공은 대부분 그 부지와 기후에서 가용한 자원을 이용하는 작업임을 명심해야 한다. 프로젝트의 부지는 가능한 한 많은 기회들을 제공해야 한다. (5장은 넷 제로 에너지 빌딩을 위한 부지의 고려사항을 보다 상세하게 제시한다.)

### 2.3.2 프로그램(Program)

건물 프로그램은 그 구조와 의도하는 용도에 대한 일차적 요구사항을 다룬다. 학교가 필요하다면, 프로그램은 학교의 유형과 예상수용인원, 교육적 임무를 충족시키는 데 필요한 공간과 기능의 유형을 정의한다. 제안할 건물이 사용할 대부분의 에너지도 건물 프로그램을 통해 정의됨을 주지하는 게 중요하다. 완전히 유연하진 않을 수 있어도, 프로그램은 여전히 세심한 프로그래밍을 통해 에너지 절감 기회를 찾기에 유용하다.

시작하는 장소는 건물 프로젝트를 시작할 때 당신이 할 수 있는 가장 지속가능한 결정 중 하나를 실현하는 지점이기도 하다. 필요한 것보다 더 많이 짓지 말라. 다목적적인 공간들을 만들 방법을 찾고, 그 다음엔 재시공을 하지 않고도 미래의 변화들을 수용할 수 있도록 그 공간들에 가변성과 확장성을 부여할 방법을 찾아라. 프로그래밍 단계에서는 데이터센터와 상업용 주방, 모종의 프로세스 부하들과 같이 에너지 사용 비중이 큰 공간들을 파악하라. 이런 기능들의 규모를 적절히 할 방법을 찾고, 정당화될 수 있는 가장 효율적인 설비투자계획을 세워라.

건물 프로그램은 공간의 기능요건들뿐만 아니라 에너지 관련 특성들을 정의할 기회이기도 하다. 넷 제로 에너지 빌딩을 위해서는, 에너지 사용 절감을 이끌어낼 수 있는 프로그램 내에서 에너지 특성들을 탐구하는 것이 중요하다.

### 넷 제로 에너지 프로젝트를 위한 부지 선정 지침
(Site Selection Guidelines for Net Zero Energy Projects)

- 태양광 액세스(Solar access): 이것은 태양광발전모듈과 태양열집열판의 배열, 그리고 자연채광과 같은 패시브 전략들의 시행을 위해 중요하다. 매우 더운 기후조건에서는 차양의 적절한 배치가 이로울 수 있지만 그것이 태양에너지 시스템들을 덮어선 안 됨을 명심하라. 건물의 향이 남 · 북쪽의 파사드를 최대화하고 동 · 서쪽의 파사드를 최소화할 수 있는 부지는 태양광 액세스와 제어, 자연채광에 유리하다.
- 재생자원(Renewable resources): 부지에서 태양에너지와 풍력, 소수력발전, 지열발전, 지역의 바이오매스 등의 재생에너지와 패시브 설계자원들을 이용할 수 있는지의 여부를 평가하라. 프로젝트가 어떤 캠퍼스나 복수의 건물 부지에 속한 일부라면, 재생에너지에 대한 지구규모(district-scale)의 해결책들을 찾을 기회를 고려하라.
- 부지규모(Site size): 조닝 규제뿐만 아니라 필지의 규모도 건물의 층수와 매스조형, 잠재적인 주차공간의 구성에 영향을 준다. 태양광전지판이 배열되는 가장 흔한 위치는 건물의 지붕과 주차 공간 위의 차양 캐노피다.
- 기존건물(Existing buildings): 기존 건물에 대한 주된 리노베이션 그리고/혹은 증축 시에도 그 같은 부지 선정 고려사항들을 검토해야 한다. 하지만 그 기존 건물이 많은 변화를 고정시킨다. 기존 건물에 대한 타당성 평가는 에너지효율과 에너지시스템, 건물 외피에 특별히 초점을 맞춰 완료해야 한다. 패시브 에너지 전략들을 활용할 기회를 찾아라. 어떤 건물이 20세기 전반이나 더 이른 시기에 지어졌다면, 본래부터 공기조화 없이 온열 쾌적감을 제공하도록 설계되어 자연채광이 되는 공간들을 제공할 가능성이 높음을 명심하라. 그 본래의 설계 의도를 발전시킬 수 있는가?

여기서 제시하는 프로그램 지침들은 한 건물 프로그램에 통합될 수 있는 공간들에 대한 수많은 에너지 관련 특성들을 명시한다.

잘 기술된 건물 프로그램은 어떤 프로젝트에서건 성공을 이루는 데 중요하다. 넷 제로 에너지 빌딩에서 프로그램의 중요성이 과소평가 되어서는 안된다. 에너지를 중심으로 대부분의 계획이 프로젝트 시작 단계에 일어나고 계획된 부지 내 재생에너지와 에너지사용량 목표 간에는 대개 면밀한 균형이 존재하기 때문에, 그 과정에서 추후에 일어나는 프로그램의 변화들은 넷 제로 에너지 빌딩에 재앙적인 결과를 가져올 수 있다. 넷 제로 에너지 학교 프로젝트에 구내식당을 추가하거나, 설계가 진행 중인 사무소 건물에 데이터 센터를 추가하는 여파가 어떨지 상상해보라. 잘 기술된 건물 프로그램은 프로젝트에 명확성과 확실성을 부여하며 위험요인을 줄여준다. 건물 프로그램이 공간의 용도에 대한 에너지적인 함의들까지 다룰 때 훨씬 더 가치를 지닐 수 있다.

이렇듯 프로그램이 매우 중요하므로, 설계 팀에서 본래의 건물 프로그램을 개발한 경우가 아니라면, 프로그램 검증분석을 시행토록 하는 것이 매우 중요하다.

### 2.3.3 일정(Schedule)

넷 제로 에너지 빌딩을 시행하는데 있어 반드시 일반적인 건물보다 더 오랜 시간이 걸리는 것은 아니다. 넷 제로 에너지 빌딩이 통합된 과정으로 시행된다면 시간이 더 적게 걸릴 수 있다. 어떤 과제들에는 분명 더 많이 시간이 필요하고 다양한 방식으로 시간이 소요된다. 또한 넷 제로 에너지 빌딩은 설계에 대한 선행투자(up-front investment)를 더 많이 필요로 한다. 이것은 모든 유형의 지속가능 설계 프로젝트 시행을 위한 통합설계과정과 공통된 사항이지만, 넷 제로 에너지 디자인의 경우는 특히 그러한 것이 에너지성능을 수행하기 위한 모든 설계관련

**넷 제로 에너지 프로젝트를 위한 프로그램 지침(Program Guidelines for Net Zero Energy Projects)**

- 열적 요건(Thermal requirements): 각 공간에 대한 온도 및 열 쾌적 요건과 기회들을 정의하라.
- 조명과 자연채광 요건(Lighting and daylighting requirements): 각 공간의 자연채광 적용이나 자연채광을 위한 우선순위에 주목하라. 실상 조명이 필요한 공간이라면 어디든 자연채광에서 혜택을 얻을 수 있음을 기억하라. 일반적인 주변광과 한정된 작업영역에 대한 작업면 조명의 관점에서 작업조도의 수준을 결정하라.
- 설비와 플러그부하 요건(Equipment and plug load requirements): 건물 내부의 사용설비를 공간 및 전력 요건뿐만 아니라 에너지의 관점에서도 파악하는 게 중요하다. 플러그부하 관리계획을 시작하라. (10장은 플러그부하 관리를 기술하고 플러그부하 목록에 대한 시행단계들을 개괄한다.)
- 사용요건(Occupancy requirements): 공간을 사용하는 인원수는 환기율과 인체관련 열 획득에 영향을 준다. 게다가 각 공간에 대한 사용 일정이 정의되어야 한다.

결정들이 비용과 일정, 품질뿐만 아니라 에너지까지 고려해야 하기 때문이다. 따라서 저에너지 및 넷 제로 에너지 빌딩을 위한 과정은 혁신적이고 반복적인 경향이 있으며, 사전에 연구와 전략 검증, 솔루션들의 통합을 할 시간이 더 많이 필요하다. 또한 과정 전반에 걸쳐 상세하고 빈번하게 에너지모델링을 수행할 필요도 있다. 올바르게 수행할 경우, 스마트 설계에 대한 이러한 선행투자는 추후 과정의 시간과 자금을 절약할 수 있다. 건물 운영성능의 향상으로 해가 지날수록 투자비용을 보상받는 장기적 혜택은 두말할 필요도 없다.

주지할 사항은 에너지성능의 많은 측면들이, 심지어 건물의 비용 측면까지도 초기 설계 결정 시에 고착화된다는 점이다. 이는 한 프로젝트를 스마트 설계로 초기집중(front-load)하는 아이디어를 더욱 부각시킨다. **초기집중 설계**(front-loading design)는 시공문서작업들을 더 빠르게 진행한다는 의미가 아니다. 그것은 통합되고 입증된 기본설계관련 결정들을 할 시간을 충분히 둠으로써, 한 프로젝트의 프로그램과 비용, 성능요건을 충족하는 데 필요한 설계의도를 분명히 하는 걸 의미한다. 이 프로세스의 일부는 초기 설계가 진정으로 통합되도록 프로세스 초기에 모든 프로젝트 팀 구성원들의 투입을 요청하는 것도 포함한다. (통합과정에 대한 상세한 지침은 3장을 참조할 것.)

분명히 시행과정의 속도는 어떤 건물 프로젝트에서건 그 비용과 품질에 영향을 줄 수 있으며, 넷 제로 에너지 빌딩도 예외는 아니다. 통합과정의 준수는 빠듯한 일정 하에서의 품질유지와 비용제어, 성능수행에 핵심적이다. 그렇기 때문에 그 어느 때보다 더 짧은 시행일정이 표준화된 오늘날의 건설산업에서 통합설계는 필수요인이 되었다. 이런 의미에서 통합된 패스트트랙(fast-track) 프로젝트와 고성능 혹은 넷 제로 에너지 프로젝트 시행 간에는 모종의 시너지가 존재한다. 두 경우 모두 통합시행에 매우 전념할 필요가 있다.

### 2.3.4 예산(Budget)

일반적인 그린 빌딩처럼 넷 제로 에너지 빌딩은 일반적인 고품질의 프로젝트보다 더 많은 비용을 필요로 하지는 않는다. 재생에너지 시스템은 건설비용과 별개의 예산항목을 구성할뿐더러, 이상적인 경우에는 전반적인 시행 팀의 범위에 속할 것이기 때문이다. 그럼에도 넷 제로 에너지 빌딩은 분명 최저의 초기비용이 소요되는 솔루션은 아니다. 그런 건물들은 생애주기 비용이 적은 솔루션들이고, 그것들만의 어려움이 없는 게 아니다. 품질과 성능을 낮추려 한다면 언제라도 더 싸게 지을 수가 있기 때문에, 경고하건대 넷 제로 에너지 빌딩의 비용을 다른 고품질 건물들과 비교하는 건 좋지 않다. 물론

### 넷 제로 에너지 프로젝트를 위한 일정 지침(Schedule Guidelines for Net Zero Energy Projects)

- 초기집중 설계(Front-load design): 통합설계는 비용 효율적이고 통합적인 솔루션들을 도출하기 위해 사전에 설계의 노력을 투자하는 혁신적이고 반복적인 과정을 요한다.
- 팀의 연속성(Team continuity): 초기집중 설계와 더불어, 프로젝트 초기부터 다분야협동적인(multidisciplinary) 시행 팀이 필요하다. 전체적인 시행과정 동안 전체적인 팀 연속성이 유지되어야 프로젝트 완공시점까지 통합된 프로젝트 지식을 보유할 수 있다.
- 에너지모델링(Energy modeling): 에너지모델링은 넷 제로 에너지 프로젝트에서 보다 강하고 반복적인 과정이므로 그렇게 계획되어야 한다. 게다가 에너지모델링은 넷 제로 에너지 목표의 충족을 향한 시행 팀의 진전을 평가할 일차적 수단들 가운데 하나이다. 따라서 에너지 모델링 검토 단계가 일정에 추가되어야 한다.
- 연속적인 설계와 시공(Continuous design and construction): 통합시행과정에서는 설계와 시공이 하나의 유연한 과정이 된다. 이것은 설계활동과 시공활동이 동시적으로 일어날 수 있게 하고, 설계에 더 많은 시간을 허용할 뿐만 아니라 시공도 더 일찍 시작하고 마칠 수 있게해준다.

고성능의 그린 빌딩은 언제나 그 예산 내에서 완공되어야 한다. 분명 그런 건물은 자연광제어나 향상된 외피와 같은 일부 시스템들을 갖추고 있는 경향이 있어서 더 낮은 성능 대안들보다 개별비용이 추가될 수 있지만 전반적인 비용은 시공예산 내에서 관리된다. 게다가 이런 특징들은 완전히 통합시켜 다른 영역에서의 비용을 줄이는 게 가능하다.

통합설계는 단지 복잡한 프로젝트의 일정관리를 돕는 좋은 전략일 뿐만 아니라 강력한 비용제어수단이기도 하다. 통합적(integrative) 설계 전략 및 기술은 부가적(additive) 접근과 분명한 차이가 있다. 부가적 접근법들은 비용의 관점에서도 부가적인 경향을 보인다. 통합적 접근법은 부가적 접근법의 특징이나 기술들을 똑같이 포함할 순 있지만, 그 혜택은 건물 전체에 기여하며 비용에도 통합되기 때문에 예산 전체를 관리하는 동안 비용항목들을 서로 전략적으로 교환할 수 있게 해준다. 그 목표는 부하를 줄이고 기계설비의 규모와 비용을 줄이기 위한

### 넷 제로 에너지 프로젝트를 위한 예산 지침(Budget Guidelines for Net Zero Energy Projects)

- 생애주기 가치(Life-cycle value): 넷 제로 에너지 빌딩은 모두 모범적인 에너지 성능 및 가치에 관한 것임을 염두해 두고, 품질과 성능에 대한 장기적이고 생애주기적인 가치와 예산을 찾아라.
- 선정과 가격산정(Selection and pricing): 프로젝트 팀 선정 및 프로젝트에 사용될 가격산정 방법들은 전반적 비용제어를 위한 예산만큼이나 중요하다. (선정법과 가격산정법의 장단점을 본 장의 후반부에서 다룰 것이다.)
- 연성비용(Soft costs): 부가적인 연성비용들을 위한 예산산정이 중요하다. 연성비용은 설계단계 초기에 요구되는 스마트 설계에 대한 노력과 투자를 포함한다. 스마트 설계에 대한 투자와 더불어 보다 엄격한 에너지모델링 과정에 대한 투자가 이뤄진다. 부가적인 연성비용들은 통합된 프로젝트 시행을 보장하기 위해 모든 프로젝트 시행 팀 구성원들의 참여에도 자금을 제공한다.
- 재생에너지(Renewable energy): 재생에너지 시스템들의 비용을 건설비용과는 별개의 투자로 고려하라. 이 시스템들은 상당한 투자일 수 있으나, 사실상 건물에 향후 필요할 에너지를 미리 사들이는 것이다. 이런 의미에서 그것은 재정적 투자이기도 하며 그렇게 분석되어야 한다. (재생에너지 시스템의 재정적 분석에 대해서는 9장을 참조할 것.)

건축에 투자함으로써 에너지를 줄이고 재생에너지 시스템의 규모와 비용을 줄이는 것이다. (넷 제로 에너지 빌딩의 경제학에 대한 보다 상세한 지침은 9장을 참조할 것.)

## 2.4 프로젝트 팀 선정(Project Team Selection)

모든 건설 프로젝트에는 건설시행을 위해 다양한 전문가들로 구성된 팀이 필요하다. 여기에는 건축가와 엔지니어, 디자이너, 조경건축가, 계획가, 건설업자, 하도급업자, 커미셔닝인력 등이 포함될 수 있다. 또한 넷 제로 에너지 프로젝트에서는, 건축주도 그 시행 팀의 핵심 구성원이어야 함을 명심해야 한다.

넷 제로 에너지 빌딩을 설계하고 만들어낼 팀을 선정하는 방식은 다양하며, 각각의 방법에는 넷 제로 에너지의 목표를 충족시키는 관점에서 저마다 장단점이 있다. 건축주가 시장에 개입하고 시행 팀들에게 요청하기 위해 사용하는 많은 형식적인 도구들도 있는데, 이런 도구들은 건축주의 넷 제로 에너지 성능목표와 일치시켜 통합할 필요가 있다. 고품질의 팀 선정 및 통합된 시행 접근법을 채택하는 건축주의 능력이 넷 제로 에너지 빌딩의 성공에 중요하다. 이런 방법들은 다양한 계약관계들과 더불어 효과를 내기도 하는데, 이에 대해서는 본 장의 다음 섹션인 "시행방법(Delivery Methods)"에서 논의한다.

### 2.4.1 관계위주 선정(Relationship-based Selection)

관계위주 선정은 성공적인 넷 제로 에너지 빌딩에 필요한 팀 문화를 확립하기 위한 강력한 업무관계의 중요성을 강조하는 것이다. 이 선정유형은 종종 기존 업무관계에 기초하는 유일한 자원이기도 하지만, 다른 선정법들과 함께 기준으로 사용될 수 있다. 심지어 이러한 선정방법은 기존에 강한 업무관계가 형성되어 있지 않은 팀에서도 육성될 수 있다.

### 2.4.2 자격위주 선정(Qualifications-based Selection)

자격위주 선정은 넷 제로 에너지 프로젝트를 시행하는 과정에서 전문지식이 갖는 중요성을 강조하는 것이다. 사용되는 선정법이나 선정법들의 혼합이 어떠하든 간에, 그 과정의 기초는 자격사항들이어야 한다. 이러한 선정법에서는 일반적으로 비용과 요금의 협상이 수반된다. 이 선정법은 건축가와 설계 팀이 속해 있는 업계에서는 흔한 방법이지만, 전체적인 시행 팀을 선정할 때도 활용될 수 있다.

#### 관계위주 선정

**장점**

- 확립된 관계가 신뢰와 팀 협력을 촉진한다.
- 신뢰에 기초한 관계는 위험관리를 향상시킬 수 있다.
- 향상된 위험관리는 비용관리에 도움을 줄 수 있다.

**단점**

- 비용 경쟁이 없다.
- 팀의 자격사항들을 강조하지 않는다.

통합과정의 경험이 있고 적절한 수준의 기술적 전문성을 갖춘 전문가들을 찾아라. 명시해야 할 핵심적인 기술적 역할과 특징들을 몇 가지 거론하자

#### 자격위주 선정(Qualifications-based Selection)

**장점(Advantages)**

- 건축주가 프로젝트 예산과 일정, 여타의 프로젝트 정의요소들을 완전히 정의하지 않았을 때 유용하다.
- 숙련된 팀에게는 넷 제로 에너지 시행의 학습곡선이 필요하지 않을 것이다.

**단점(Disadvantages)**

- 비용 경쟁이 없다. 다만, 설계시공일괄방식 시나리오에서는 일부 작업의 경쟁 입찰이 가능하다.
- 넷 제로 에너지의 경험이 있는 팀들을 찾기 어려울 수 있다.

면, 창의적이고 혁신적인 기계설비엔지니어, 고도로 숙련된 에너지 및 자연광 모델러, 패시브 설계전략과 시스템 통합에 익숙한 건축가, 그리고 개념설계 단계에서의 품질비용모델 개발 경험이 있는 건설업자 등이다.

### 2.4.3 가격위주 선정(Price-based Selection)

가격위주 선정은 일반적으로 저가입찰 선정방식과 유사하다. 넷 제로 에너지 프로젝트를 위한 프로젝트 시행 팀을 저가입찰, 즉 가격만을 기준으로 선정하라는 건 잘못된 조언이다. 낮은 가격은 상품구매 시에 적절한 방법일 수 있지만, 넷 제로 에너지 빌딩과 그 시행에 필요한 설비는 매우 전문화된 항목들이어서 상품구매와는 현격한 차이가 있다.

**가격위주 선정**

**장점**

- 비용 경쟁.
- 입찰자들의 사전자격심사가 가능하다.

**단점**

- 입찰 또는 중개 문서의 "완벽한" 세트를 일단 생각한다.
- 초기의 낮은 가격이 종종 설계 변경을 통해 무색해진다.
- 입찰자는 건축주의 프로젝트 목표들에 투자할 입장에 있지 않다.
- 신뢰를 키우거나 팀 협력을 확립하기보다는 적대적 관계들을 만들어낼 수 있다.

### 2.4.4 가치위주 선정(Value-based Selection)

가치위주 선정은 비용과 자격, 관계, 그리고 건축주에게 중요한 여타 요인들의 균형을 맞춰 최상의 가치표현을 시도하는 혼합적 솔루션이다. 보다 총체적인 가치위주 선정을 하는 한 가지 흔한 방법은 고정비용을 설정하고 경쟁자들에게 그 고정비용에 대한 범위와 일정, 품질, 성능의 관점에서 최대가치를 제공할 해결책들을 제시하도록 요청하는 것이다.

**가치위주 선정**

**장점**

- 건축주가 고려하는 우선순위에 따라 비용과 일정, 자격 등의 평가요인들에 가중치를 매길 수 있다.
- 비용 경쟁이 가능하다.
- 최저 생애주기 비용으로 프로젝트의 성능과 범위를 최적화할 기회이다.

**단점**

- 건축주가 팀 선정을 위한 분명한 기준을 설정할 필요가 있다.
- 종종 경쟁을 수반하는데, 경쟁은 그 자체로 장 · 단점들이 있다. (다음의 "프로젝트 팀 선정 도구[Project Team Selection Tools]" 섹션에 나오는 경쟁 관련 논의를 참조.)

### 2.4.5 프로젝트 팀 선정도구 (Project Team Selection Tools)

#### 2.4.5.1 자격요청서(Request for Qualifications)

자격요청서(RFQ)는 건축주의 프로젝트가 제시하는 수요와 요건들에 맞춰 프로젝트 시행 팀들의 자격 목록을 작성해달라고 요청할 때 사용하는 도구다. 이것은 넷 제로 에너지 빌딩의 획득에 매우 유용한 과정인데, 전반적인 과정 속에 자격위주 선정법을 포함하기가 수월하기 때문이다. 자격요청서는 건축주가 자신의 프로젝트에 대해 건축 · 엔지니어링 · 건설(AEC) 시장에 알리는 최초의 공지이기도 하다. 또한 그것은 고성능의 설계와 시공을 위한 자신들의 목표와 보조를 맞출 수 있는 건축주들을 적극적으로 찾는 많은 높은 능력의 사무소들을 끌어들일 것이기 때문에, 넷 제로 에너지 프로젝트의 목표를 표현하는 훌륭한 기회를 제공한다.

### 넷 제로 에너지 프로젝트를 위한 자격요청서 지침(RFQ Guidelines for Net Zero Energy Projects)

- 넷 제로 에너지 빌딩의 목표를 표현하라.
- 의도하는 통합시행 팀의 선정과정과 시행 방법, 선정목적을 표현하라.
- 넷 제로 에너지 빌딩과 기타 고성능 프로젝트들의 성공적 시행과 관련된 프로젝트 경험을 물색하라.
- 구성원들 간에 신뢰적인 관계가 확립되어있는 팀을 물색하라.
- 고도로 통합된 방식으로 성능위주 목표들을 추구한 경험이 있는 구성원들로 이루어진 팀을 물색하라.
- 에너지 설계를 중심으로 설계와 시공에 핵심적 전문성을 지닌 전일적인 팀(holistic team)을 물색하라.
- 설계와 업계에서의 리더십이 증명되고 혁신적인 능력을 갖춘 팀을 물색하라.

### 2.4.5.2 제안요청서(Request for Proposals)

제안요청서 또는 RFP는 아마도 건물의 조달과정에서 가장 널리 사용되는 도구일 것이며 모든 유형의 시행방법과 선정과정에서 발생된다. 제안요청서는 넷 제로 에너지 빌딩의 시행과정을 적절히 확립하기 위한 핵심적인 문서다. 제안요청서와 자격요청서를 함께 이용하여 그 선정 과정과 설계 팀 구성원들에게 의도하는 계약관계, 시행방법, 세밀하게 만들어진 프로젝트 정의를 확립한다. 넷 제로 에너지 프로젝트에 대해 잘 기술한 제안요청서는 성공적 시행에 필요한 요소들을 성공적으로 연결할 것이며, 이 모든 게 하나의 분명한 성능 목표에 이바지한다.

### 넷 제로 에너지 프로젝트를 위한 제안요청서 지침(RFP Guidelines for Net Zero Energy Projects)

- 넷 제로 에너지를 핵심 프로젝트 목표들 중의 하나로 정하라.
- 넷 제로 에너지 목표에 적절한 연간 에너지사용량 목표를 설정하라.
- 부지 내 재생에너지시스템들이 제안요청서의 일부를 이룰 것인지의 여부를 분명히 하라. 어떤 경우건, 그 시스템들이 건물의 설계 및 시공과 조율될 수 있는 방법을 고려하라.
- 넷 제로 에너지의 기회와 난점들을 고려한 세밀한 프로젝트 정의를 제시하라.
- 제안요청서에 앞서 별도의 자격요청서를 사용하지 않을 경우, 앞선 자격요청서 섹션에서 진술한 자격요청서 지침들을 통합하라.
- 프로젝트 목표들에 입장을 같이 하는 구성원들로 구성된, 신뢰에 기초한 통합 시행 팀의 구성에 이바지할 선정 과정과 시행방법을 정하라.

### 2.4.5.3 인터뷰와 참고자료 (Interviews and References)

인터뷰를 실시하고 프로젝트와 개인에 관한 참고자료들을 체크하는 것은 선정과정에서 매우 흔히 이루어지는 과정이다. 이런 작업들은 실제로 프로젝트를 수행할 각각의 팀 구성원들, 그들이 달성했던 결과들, 그들이 이전 프로젝트들을 통해 쌓아온 관계들을 보다 상세히 이해하는데 좋은 방법이다. 궁극적으로 넷 제로 에너지 프로젝트를 위한 통합작업은 개별 각각의 팀 구성원들의 능력과 마음가짐을 통해 이뤄진다.

인터뷰는 프로젝트 시행 팀원 개개인을 평가하는 하나의 효과적인 방법이다. 인터뷰는 각 팀 구성원의 소통 방식과 지식의 깊이를 확신할 수 있도록 프로젝트에 대한 의미 있는 대화의 시간을 충분히 허용해야 한다. 혁신적인 접근법으로 인터뷰에 디자인 샤렛(design charrette)의 형식을 이용하거나 간단한 문제풀이 과제를 포함하는 것이다. 이렇게 하면 팀 구성원들의 순간적인 판단과 협동, 경청, 촉구, 혁신에 대한 능력을 평가하는 것이 가능하다.

참고자료도 역시 중요하다. 그것은 지원자들이 작업해 온 프로젝트들의 실제 에너지성능을 구체적으로 탐구하는 데에 활용할 수 있다. 건축주가 건물에 입주한 후에 시행 팀 구성원들이 에너지와 건물성능을 추적하기 위해 건축주와 연락을 계속 해왔는지의 여부를 알아보라. 그 팀이 얼마나 적극적으로 향후대책을 강구해왔는지 판단해보라.

#### 2.4.5.4 경쟁공모(Competitions)

경쟁공모는 넷 제로 에너지 빌딩의 시행 팀을 선정하는 과정에서 일부 효과적일 수 있다. 안 좋은 점이라면 건축주에게나 경쟁자들에게나 비용이 많이 들 수 있고, 그렇기에 그 비용을 지원할 수 있는 프로젝트들에 대해서만 경쟁공모가 이뤄져야 한다. 건축주는 공모설계기간 동안 팀의 일부가 아니기 때문에, 분명한 프로젝트 정의와 프로젝트 성능 요건 및 목표들을 가진 세밀한 제안요청서를 만들 필요가 있다. 간단히 말해서, 경쟁공모는 총체적인 제안요청서를 만들 역량이 있는 건축주들, 그리고 고도의 혁신적 솔루션들을 요하는 프로젝트들에 가장 적합하다.

경쟁공모의 가장 중요한 혜택 중 하나는 그 과정에서 나타나는 혁신이다. 넷 제로 에너지와 같은 매우 강력한 프로젝트 도전과제는 실로 경쟁자들 사이의 창의성을 자극할 수 있다. 또한 경쟁공모는 건축주로 하여금 프로젝트 팀 선정에 총체적인 가치 위주 접근법을 활용할 기회도 부여한다. 더 나아가 건축주는 잠재적인 프로젝트 팀의 작업방식과 사고방식에 대해 더할 나위 없는 통찰력을 얻게 되며, 최종 건물의 성격을 암시하는 강력한 지표 역할을 한다.

하지만 주지할 사항은 모든 경쟁공모형식들이 적절하진 않단 점이다. 경쟁공모가 효과적이려면 단지 설계만이 아니라 시행의 요소들까지 포함해야 한다. 경쟁공모의 일부로서 비용과 일정에 관한 정보가 주어지지 않는 설계는 성공적인 최종 프로젝트를 보장하는 데 필요한 초기 통합이 이뤄지지 않는다. 더 나아가 그 이면의 비용을 제안하지 않는 설계는 건축주 측의 위험부담을 증폭시킨다.

반면 경쟁공모수준 설계에서 비용을 제안하면 프로젝트 팀의 위험부담이 늘어난다. 경쟁공모환경에서 위험을 관리하는 한 가지 방법은 건축주가 최종가격의 결정에 앞서 당선 팀에게 비용조정과 설계개발 기간을 허용하는 것이다. 이러한 2단계 접근법에는 두 가지의 이점이 있다. 하나는 프로젝트 팀에 설계를 더 발전시키고 비용관련 함의들을 더 잘 이해할 수 있는 귀중한 시간을 부여한다는 점이고, 또 하나는 건축주에게 최종결정에 앞서 설계에 투자하는 가치있는 기간을 부여한다는 점이다. 이런 유형의 2단계 접근법은 에너지부/국립재생에너지연구소의 연구지원시설 프로젝트에 대한 경쟁공모 위험부담을 관리하는 데에 활용되었다.

프로젝트 팀 선정의 기준으로 활용되는 경쟁공모는 자격에 기초한 단계로 시작하게 되며, 선발후보 사무소 명단을 작성해야 한다. 이것이 중요한 이유는 경쟁이 너무 치열할 경우 자격 있는 많은 팀들이 공모에 참여하지 않을 것이기 때문이다. 통상 총 경쟁자 수는 세 팀을 넘지 않도록 한다. 건축주들은 경쟁공모를 통해 경쟁하는 프로젝트 팀들에게 일반적으로 매우 큰 투자가 요구됨을 충분히 자각해야 하며, 공모에 참여하였으나 성공하지 못한 경쟁자들에게 일정금액을 지불할 준비가 되어있어야 한다. 안타깝게도 적절한 금액이 지불되지 않을 경우에는, 많은 이점들에도 불구하고 그 경쟁공모의 선정과정에 오명이 붙기 시작한다.

### 넷 제로 에너지 프로젝트를 위한 경쟁공모 지침(Competition Guidelines for Net Zero Energy Projects)

- 단순한 설계 응답이 아닌 통합된 시행의 응답을 요구하는 경쟁공모를 시행하라. 그로 인한 시행방식은 설계시공 일괄 방식이나 통합프로젝트시행 방식처럼 통합되어야 한다.
- 자격에 기초한 후보명단을 3개 이하로 선정하여 경쟁공모를 실시하라.
- 경쟁단계에서 건축주를 대변할 세밀한 성능위주 제안요청서를 제시하고, 규범적이지 않은 혁신적인 솔루션들을 허용하라.
- 프로젝트 팀을 선정한 이후에는 설계와 비용에 대한 조정기간을 두어 건축주와 프로젝트 팀 모두가 위험부담을 줄일 수 있게하라.
- 떨어진 경쟁자들에게지급할 합리적인 비용 대한 예산을 책정하라.

#### 2.4.5.5 중계문서(Bridging Documents)

중계문서는 대개 가격위주 선정과정을 통해 설계시공일괄방식의 팀을 꾸릴 때 사용하는 도구다. 건축주는 별도의 설계 팀과 계약하여 일단의 중계문서들을 준비하고, 건축주는 이 문서들을 활용하여 설계시공일괄업체들로부터 입찰을 요청한다. 중계문서들은 예비적이거나 기획적인 수준으로 개발되는 설계문서들이며, 건축주가 제시하는 범위와 품질, 성능요건들을 분명하게 표현한다. 그렇게 선정된 설계시공일괄시행 팀은 중계도서를 기초로 프로젝트의 설계와 시공을 완수한다.

중계문서들은 보통 넷 제로 에너지 빌딩의 조달에 부적절한 도구다. 이런 문서들은 시행 팀의 투입 없이 설계 개념을 개발하고 초기의 통합된 비용제어로부터의 혜택이 없기 때문에 통합시행과정의 목적에 위배되며, 이는 시행 팀의 입장에서 투자와 보다 깊은 이해를 가로막는다. 중계문서들의 초기 개발은 성능에 초점을 둘 수 있지만, 그 문서들 자체는 결국 규범적인 성격을 띠게 된다. 규범적인 척도는 시행 팀 측의 혁신과 통합을 제한할 것이다. 게다가 중계문서는 최상의 솔루션조차 규정하지 못할 수가 있다. 최상의 솔루션이란 오로지 진정으로 통합된 시행과정을 통해서만 실현되는 것일 수 있다.

이러한 통합의 간극은 극복하기 어려운 장애물일 수 있으며, 종종 모든 당사자들 사이에서 논쟁으로 이어지곤 한다. 더 나아가 중계문서들이 저가입찰 시나리오에 활용될 경우, 저가입찰 가격결정과 관련한 모든 이슈들이 시행의 어려움을 심화시키고 중계문서 내의 일관되지 못하거나 생략된 부분들과 관련된 문제를 증폭시킬 수 있다.

많은 단점들에도 불구하고, 혁신적인 의미에서 중계문서가 활용될 수도 있다. 이런 경우 후보명단에 오른 자격 있는 몇몇 설계시공일괄 팀 경쟁자들은 일단의 중계문서들로 입찰하되 넷 제로 에너지 프로젝트를 위한 부지내 재생에너지 시스템 비용을 포함하도록 요구받는다. 이 흥미로운 비법은 입찰자들에게 에너지효율과 최저 생애주기 에너지비용에 투자하게끔 유인하기에 충분한 조건을 만들어낸다. 에너지 효율적 설계를 통한 에너지 절약은 대개 같은 양의 에너지 생성에 필요한 재생에너지 시스템 구매에 비해 비용이 적게 든다. 따라서 에너지효율에 투자하는 팀은 보다 작은 규모의 재생에너지 시스템을 구매하여 확실한 저가입찰(low-cost bid)의 경쟁우위를 점할 필요가 있을 것이다. 이러한 혁신적인 저가입찰 접근법은 넷 제로 에너지 솔루션에 대한 비용 혁신을 이끌 수 있지만, 중계문서와 입찰과정에서의 많은 단점들도 함께 수반된다.

## 2.5 시행방법(Delivery Methods)

건설업에는 건물의 획득과 시행에 활용 가능한 몇

가지 방법들, 그리고 그것들을 혼합한 방법들이 있다. 하지만 그런 방법들이 모두 동등하게 만들어지진 않으며, 넷 제로 에너지 빌딩의 시행에 미치는 다양한 장·단점들이 있다. 다행히도 보다 통합되고 성능지향적인 시행방법과 계약관계들을 긍정적으로 보는 경향이 증가하고 있다.

프로젝트 팀의 모든 구성원들을 결합시키는 계약관계들은 넷 제로 에너지 프로젝트의 전체적인 시행과정에 영향을 준다. 그리고 넷 제로 에너지 프로젝트에는 그 시행방법과 관련하여 몇 가지 독특한 요건들이 있기 때문에, 계약관계 설정에 맞는 적절한 방법을 선정하는 게 성공의 열쇠다. 일반적으로 넷 제로 에너지 빌딩에 매우 바람직한 것은 성과를 보상하고 하나의 완전히 통합된 과정을 진흥하며 모든 프로젝트 파트너들을 조화시키는 조달·시행 방법들이다.

시행 메커니즘 또한 프로젝트의 정의, 범위와 비용, 일정, 품질, 성능과 같은 프로젝트 정의와 관련된 계약요건들을 확립한다. 이도 역시 필수사항인데, 넷 제로 에너지 프로젝트에서는 계약언어와 시행방법을 개선하여 성능요건들을 확립하는 게 중요하기 때문이다. 계약에 성능요건들을 포함시키면 그 우선순위가 올라가게 되어, 성능요건들이 비용 및 일정 요건들과 함께 충족될 수 있을 것이다. 또한 이러한 우선 목표를 중심으로 팀 구성원들을 배열하는 과정을 시작하게 한다. 적절한 위험관리와 보상구조에서는 계약 내에서의 성능목표들이 포함되어야 한다.

또 하나의 강력한 도구는 성능요건들을 충족할 경우 성과금을 주는 구조다. 보너스 구조는 매우 유연할 수 있으며, 하나의 최종목표나 다수의 목표 혹은 이정표들의 충족여부, 심지어는 기준 성능수준 대비 향상된 퍼센트를 기준으로 할 수 있다. 인센티브 수여는 시행 팀에 대한 강력한 동기부여 요인일 수 있으며, 성능요건들에 관한 위험을 잠재적으로 상쇄시킬 수 있다.

### 2.5.1 설계시공분리방식(Design-bid-build)

설계시공분리 시행방법은 건축주와 건축가 사이에, 그리고 건축주와 총 도급업자 사이에 별도로 체결하는 계약들로 특징된다. 이 시행방법은 건축주와 건축가, 그리고 설계 팀의 관계를 통해 시작한다. 그 설계는 건축주와 총 도급업자 간의 계약관계 설정에 사용되는 완전한 한 묶음의 시공도서들을 통해 개발된다.

설계시공분리방식은 건설업에서 전통적인 시행방법이다. 그 목적은 주어진 프로젝트 범위에 대해 최저가격을 결정하는 시장 경쟁을 활용하는 것이다. 총 도급업자가 늦게 결정되어 실제 비용도 늦게 결정되는 이 시행방법은 여전히 업계를 병들게 하는 파편화된 과정을 제도화시켜왔고, 종종 핵심 팀 구성원들 간의 적대적인 관계들로 이어지곤 한다.

설계시공분리방식을 이용하면 넷 제로 에너지 프로젝트에 위협적인 난관들이 많이 일어난다. 설계 팀이 초기집중 설계로 통합설계과정을 따른다 하더라도, 총 도급업자가 없는 상태에서는 완전한 통합시행이 불가능하다. 시공도서의 완성으로 이어지는 엄청난 양의 설계 정보와 설계 결정들을 팀이 여러 달에 걸쳐 축적해야 한다. 넷 제로 에너지 빌딩에서는, 이런 설계 결정들이 성능목표의 달성과 연계되고 건물 전체가 하나의 체계로 통합된다. 하지만 시공이 분리되면 그 모든 설계 결정 및 개발 과정에서 프로젝트의 건설주체가 투입하는 비용과 일정, 시공성의 요인들이 빠지게 된다.

총 도급업자에게는 보통 1년에 걸쳐 만들어진 설계정보와 그간의 복잡한 상호작용들의 결과인 설계를 평가하고 이해하는 데 단 몇 주만이 주어진다. 더욱이 짧은 입찰과정에서 넷 제로 에너지 빌딩에 정확한 비용을 할당하기란 매우 어려운 일일 수 있다. 이것이 가치를 방해할 수 있는데, 독특하거나 혁신적인 솔루션을 이해하는 데 시간을 투자하지 못할 경우 실제로 들게 될 비용의 불확실성이 클 수 있기 때문이다. 도급업자나 하도급업자가 위험을 완화하고자 쓰는 방안 중의 하나는 우발요인을 감안하여 입찰액에 더하는 것이다. 또 다른 대안은 프로젝트 낙찰 이후에 설계 변경할 기회들을 찾는 것이다. 보통은 이 두 가지 대안을 결합한 결과가 만들어지는데, 어느 경우건 위험을 관리하고 비용관련 함의들을 혁신적인 솔루션들로 통합하기에 효과적인 방법은 아니다.

설계시공분리방식은 분명히 혁신을 저해하고 프로젝트의 성능 잠재력을 갉아먹을 가능성이 있는 시행방법이다. 프로젝트 시행 팀이 성능목표들을 분명히 충족시키게 할 핵심전략들 가운데 하나는 성능요건들을 계약문구 속에 포함시키는 전략이다. 설계시공분리방식에서 이슈가 되는 것은 프로젝트 시행부문들을 계약하며 이뤄지는 설계와 시공의 분리다. 이때 문제가 되는 건 성능요건들을 어떻게 포함하느냐다. 프로젝트 설계 팀이 시공과정에 통합되지 않는다면 어떻게 그들에게 성능요건들의 충족을 의무화할 수 있을까? 역시 프로젝트 시공 팀이 설계과정에 통합되지 않는다면 어떻게 그들에게 성능요건들의 충족을 의무화할 수 있을까? 이 문제는 성능요건의 위험을 중앙에서 관리하기가 어려운 상황이 발생하게 되며, 성능목표들이 충족되지 않을 때 서로에게 너무 쉽게 책임을 전가하게 만든다.

### 2.5.2 건설관리(Construction Management)

건설관리자의 역할은 과정 전체를 통틀어 건축주에게 시공관리지침을 제공하는 일이다. 이는 특히 설계과정에서 중요하다. 전통적인 설계시공분리방식의 주된 단점들 가운데 하나가 설계과정에서 시공관련 전문성을 통합하지 못하는 것임을 기억하라.

건설관리자가 수행할 수 있는 두 가지의 역할이 있는데, 하나는 **조언자**로서의 역할이고 또 하나는 총 **도급업자**로서의 역할이다.

- **조언자로서의 건설관리자**(Construction manager as adviser): 조언자로서의 건설관리자 시행 방법은 건축주와 별도로 맺는 세 가지의 계약들, 즉 건축주-건축가, 건축주-총 도급업자, 건축주-건설관리자/조언자의 계약들로 특징된다.
- **총 도급업자로서의 건설관리자**(Construction manager as general contractor: CMGC): 총 도급업자로서의 건설관리자 시행법은 건축주와 별도로 맺는 두 가지의 계약들, 즉 건축주-건축가와 건축주-건설관리자/총 도급업자의 계약들로 특징된다.

**용역형 건설관리자**(construction manager at-fee)로도 알려져 있는 조언자로서의 건설관리자는 조언자의 자격으로 단독 고용된다. 조언자로서의 건설관리자 시행법은 다른 시행방법들과 결합하여 과정 전반에 걸친 연속성과 시공지침을 제공하는 효과를 낼 수도 있다. 안타깝게도 이 방법은 넷 제로 에너지 빌딩과 기타 고성능 건물들에서 몇 가지 불리한 점들이 있다. 조언자로서의 건설관리자는 나머지 팀이 경험하는 위험을 공유하지 않으며, 이는 성능지향 통합시행과정에서 필요한 위험관리를 약화시킬 수 있는 불일치요인이다. 게다가 조언자로서의 건설관리자는 프로젝트 건설을 위해 계약된 주체가 아니기 때문에, 지금껏 총 도급업자가 건설관리자를 프로젝트 팀에 초기에 통합할 수 있는 기회는 제한적이었다.

총 도급업자로서의 건설관리자(CMGC)는 **책임형 건설관리자**(construction manager at-risk)로도 알려져 있다. 이 경우 건설관리자는 건설관리조언자의 역할만 하는 게 아니라 건물의 시공도 책임진다. 총 도급업자로서의 건설관리자는 대개 자격사항과 관계, 그리고/혹은 그들의 수수료를 개략한 경쟁공모 제안에 기초하여 선정된다. 시공은 다양한 가격결정 메커니즘들을 통해 완공될 수 있는데, 여기에는 정액계약(fixed price)과 단가계약(unit pricing), 실비정산계약(cost-plus-fee), 최대공사비상한보증계약(guaranteed maximum price) 방식이 포함된다. 이러한 시행법은 고유의 다양한 인센티브들을 포함할 수도 있는데, 예를 들면 비용 및 성능 위험들의 관리를 돕기 위한 절약 및 비용분담 메커니즘 같은 것이다. 궁극적으로 건설비용은 협상을 통해 결정되지만 하도급업자 가격결정에 상당량의 입찰액이 사용될 수 있다. 이 경우 그 과정에 핵심적인 하도급업자들을 통합시켜서, 오로지 가격만을 기준으로 선정되지 않도록 주의를 기울여야 한다. 핵심은 입찰 목적상 상품 가격결정에서 이익이 되는 범위를 분리해내고 고도로 통합된 건설 프로젝트 범위에 대해 협상적인 방식으로 비용을 개발하는 것이다.

총 도급업자로서의 건설관리자 시행방법이 넷 제로 에너지 프로젝트에 대해 갖는 분명한 장점은 시행과정 전체에 걸친 통합시공자가 존재한다는 점이다. 게다가 가치를 더하고 위험은 낮출 수 있는 통합적 접근법을 통해 시공비용의 결정을 관리할 수 있다. 총 도급업자로서의 건설관리자 시행방법의 한 가지 어려움은 설계 팀과 시공 팀에 대해 별도의 계약이 존재한다는 점이다. 이는 설계시공분리구조에 똑같이 내재하는 몇 가지 이슈들을 일으키는데, 특히 계약 안에 성능요건들을 집어넣는 것, 그리고 일이 잘못될 때 일어날 수 있는 적대적 관계들이 그런 이슈들이다.

### 2.5.3 설계시공일괄방식(Design-build)

설계시공일괄시행방식은 프로젝트의 설계와 시공을 단 하나의 계약으로 체결하는 게 특징이다. 따라서 이 시행방법에서는 건축가와 도급업자의 관계가 통합되어 계약적으로 설정된다.

건축주와 설계시공일괄 팀 간에 이루어지는 단 하나의 계약은 설계시공일괄 주체를 조직하는 방식이 하나만 있다는 뜻이 아니다. 사실 그것은 다양한 방식으로 구조화될 수 있다. 종종 설계시공일괄 주체를 설계자나 시공자와 같은 설계시공일괄 파트너들 가운데 한 곳이 주도하곤 한다. 어떤 경우에는 개발업자가 주도하기도 한다. 주도하는 회사는 건축주와의 원도급계약(prime contract)을 맺는 반면, 다른 팀 구성원들과의 관계는 원도급계약 하에서 하도급계약(subcontract)의 형태로 설정된다. 따라서 원도급업자가 프로젝트의 전체시행을 궁극적으로 책임지는데, 대개는 총 도급업자가 채권능력과 시공 및 비용위험 관리경험을 보유하고 있어 그 주도적인 역할을 맡는다. 하지만 설계자가 주도하는 설계시공일괄 프로젝트들도 역시 성공적일 수 있는데, 특히 설계와 품질, 성능이 우선시되는 경우에 그러하다.

설계시공일괄 주체는 합작(joint venture)이나 유사한 사업구조 하에 조직될 수도 있다. 이것은 설계 팀과 시공 팀이 건축주와의 계약을 체결하는 하나의 새로운 주체를 따로 만드는 구조다. 합작계약은 시행 파트너들 간의 공평성을 높여주며, 그 구성원들이 갖는 다른 힘들 간에 균형을 맞추는 데 도움이 될 수 있다.

설계시공일괄방식은 성공적인 넷 제로 에너지 프로젝트의 시행에 필요한 많은 특징들을 갖고 있다. 진정한 통합과 초기의 비용제어, 설계과정의 초기집중, 효과적인 위험관리를 할 수 있는 기회가 존재한다. 하지만 설계시공일괄방식이 꼭 애초부터 성능지향적인 것은 아니다. 사실 전형적인 도급업자 주도의 설계시공일괄시행은 "적기와 예산 맞춤"을 훌륭하게 준수하며 매우 효과적인 비용 및 일정 제어를 할 수 있다. **성능위주 설계시공일괄방식**이라 불리는 새로운 종류의 설계시공일괄방식이 현재 시장에서 진화하는 중이다.

#### 2.5.3.1 성능위주 설계시공일괄방식 (Performance-Based Design-Build)

성능목표와 성능시방, 성능위주 계약언어는 전형적인 설계시공일괄 시행과정의 역학을 변화시킨다. 설계시공일괄방식은 건축주와의 계약과 시행책임 모두 단일한 형태이기 때문에 이런 언어에 잘 들어맞는다. 설계시공일괄 팀들은 이런 시행방법의 고도로 통합적인 구조를 향상시킴으로써, 넷 제로 에너지 목표를 충족하도록 팀의 재능과 자원들을 최적화하는 프로젝트 중심의 팀을 만들 수 있다.

성능위주의 계약이 건축주들에게 그들이 프로젝트에 대한 통제력을 상실할 거라는 느낌을 줄 수도 있다. 사실상 건축주는 특정조건들 하에서 건축주의 모든 프로젝트 목표들을 충족하는 건물을 시행하도록 시행 팀에 통제력을 행사한다. 건축주는 건물이 무엇을 해야 할지를 정의하지, 그것이 어떻게 할 거라든가 어떻게 보일 지를 정의하지는 않는다. 성능위주 목표와 성능시방, 성능위주 인센티브의 설정은 시행 팀 내부의 통합과 혁신을 증진시키기 위해 중요하며, 그들에게 성능목표들을 중심으로 건물을 최적화할 자율성을 부여한다. 건축주는 모든 목표와 성능시방들이 충족되고 있는지를 입증하는 핵심적인 이정표가 되는 시점들마다 시행 팀으로부터 검토와 승인을 위한 문서를 요구함으로써 팀에 통제권을 이양한 데서 오는 위험들을 관리할 수 있다.

### 2.5.4 통합프로젝트시행(Integrated Project Delivery)

통합프로젝트시행(IPD)은 그림 2.6에 나오듯 프로젝트 시행을 목표로 하는 일차적 프로젝트 팀 구성원들로 이루어진 단일조직을 만드는 것이 그 특징이다. 이런 조직은 수많은 방식으로 만들어질 수 있는데, 주요 팀 구성원들 간에 다자간 단일계약을 맺거나, 같은 팀 구성원들로 이루어진 일시적인 특수목적법인을 설립하는 식이다.

통합프로젝트시행은 통합시행과정을 진흥하는 새로운 유형의 계약 메커니즘이다. 이 접근법은 건축주가 다른 주요 팀 구성원들과 함께 프로젝트의 성공적 시행을 목표로 한 하나의 특수법인에 합류한다는 점에서 다른 시행방법들과는 구분된다. 이는 그 과정 속에 건축주의 접촉을 늘리고 다른 시행법들보다 덜 위계적인 조직을 만들어낸다. 통합프로젝트시행은 건물의 시행과정을 위한 사업모델을 중심으로 모든 팀 구성원들의 목표와 보상, 과정들을 일치시키는 일시적인 기업을 만들어낸다. 그것은 그 과정에서 비효율과 낭비를 최소화하고 위험과 우발요인들에 대한 효과적 관리를 가능케 하며, 이 모든 게 엄청난 비용절감혜택을 가져올 수 있다.

통합프로젝트시행의 분명한 의도는 시행과정과 계약관계를 재구조화하여 향상된 통합 작업방식과 고성능 건물을 진흥하는 것이다. 그와 함께, 성공적인 통합과정의 필수적인 특질인 혁신과 협력을 키우는 문화가 나타난다. 하지만 이는 여전히 매우 새롭고 대개는 검증되지 않은 법적체계다. 통합프로젝트시행 방법들은 건설 산업이 더 높은 수준의 통합과 건물 성능을 포용하는 만큼 진화하기 때문에, 미래에 선호될 가능성이 높다. 간단히 말해서, 통합프로젝트시행은 넷 제로 에너지 빌딩과 기타 고성능 건물의 시행을 위한 이상적인 방법으로 보인다.

## 2.6 위험과 보상(Risks and Rewards)

건설 프로젝트는 많은 위험들이 내재하는 매우 복잡한 시도이다. 불확실성이 있는 곳이면 어디든 위험이 있으며, 많은 수준과 유형의 위험들이 존재한다. 가장 심각한 위험들로는 생명안전과 건설안전, 건물의 결함, 건물의 기능쇠퇴 등이 있다. 이런 위험들은 넷 제로 에너지 빌딩에도 존재하지만, 본 섹

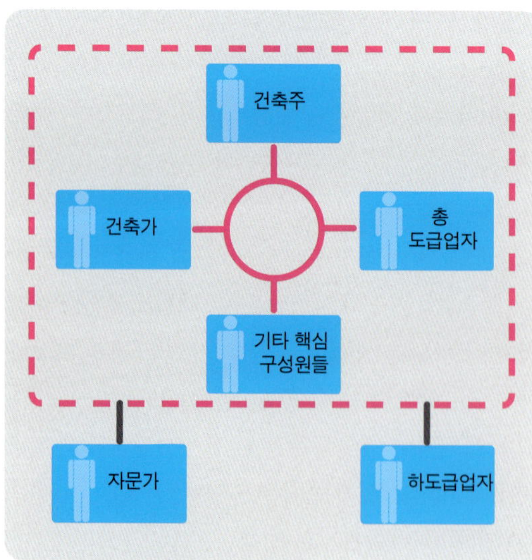


■ 그림 2.6 통합프로젝트시행

선의 초점은 아니다. 게다가 넷 제로 에너지 빌딩은 비용과 일정 초과와 같은 사업 위험들에 영향을 준다. 넷 제로 에너지 빌딩은 프로젝트의 위험요인들을 바꿀 수 있는 동시에, 더 낮은 비용과 더 높은 이익을 이끌어낼 수 있는 향상된 위험관리 기회를 대변하기도 한다.

위험은 기회일 수 있다. 보상의 기회는 분명한 위험도와 함께 나타난다. 그리고 위험이 더 클수록 보상도 더 크다. 전략적 위험을 감수하며 그것을 관리하는 능력은 프로젝트와 모든 팀 구성원들에게 성공을 가져다주는 핵심열쇠다.

### 2.6.1 위험과 넷 제로 에너지 프로젝트
(Risk and Net Zero Energy Projects)

#### 2.6.1.1 성능과 위험(Performance and Risk)

넷 제로 에너지 프로젝트는 건물 프로젝트에 주목할 만한 새로운 성능위험을 부가한다. 그 건물이 실제 운영 중에 넷 제로 에너지의 목표를 달성할까? 그렇지 않다면, 건축주에게 돌아가는 결과는 어떨까? 운영비와 에너지비용은 건물의 생애를 위해 건축주 입장에서 중요한 이슈다. 비용과 일정의 위험들을 관리하는 데 효과적이었던 전형적인 비통합적 시행과정은 건물 성능의 위험을 다루지 않은 채 남겨둔다. 전통적으로 성능위험은 한 번도 적절히 파악되어 이양되고 관리된 적이 없다. 건축주는 성능에 관한 많은 위험을 감수해왔으나 그것을 완화할 능력은 거의 없었다. 성능위험을 관리하지 않고서 넷 제로 에너지 빌딩은 불가능하다. 통합프로젝트 시행 방식 및 계약, 성능위주 인센티브의 활용이 그렇게 중요한 역할을 수행하는 이유가 바로 그것이다.

#### 2.6.1.2 혁신과 위험(Innovation and Risk)

넷 제로 에너지 빌딩의 내재적인 위험 중 일부는 그 목표 자체에 있다. 언급했듯이 넷 제로 에너지 빌딩은 상대적으로 새로운 것이고 완공된 프로젝트가 거의 없는데, 이는 업계에 상당수의 전례가 없음을 의미한다. 새로운 무언가를 시도하는 일은 항상 위험을 증가시킨다. 혁신과 함께하는 위험이 있으나, 혁신은 넷 제로 에너지 수행과정의 중요한 일부다. 그것은 종종 보다 고성능의 결과를 달성하거나 제품 가치를 더하기 위한 새로운 아이디어나 기술, 제품 응용의 통합으로 이어지곤 한다. 검증되지 않은 새로운 어플리케이션 또한 기존에 잘 정착된 통상적인 어플리케이션 보다 더 높은 위험을 나타낸다. 혁신 또한 반복적이고 고도의 노력을 요하는 설계 과정을 필요로 하고, 이는 시행 팀 측에서의 사업위험으로 이어질 수 있다. 특히 설계비가 실제 작업범위에 합당하게 나오지 않을 경우에 그렇다. 요약하자면 혁신은 넷 제로 에너지 빌딩과 같은 고성능 건물의 시행과정에서 핵심적인 역할을 수행하며, 수반되는 위험 때문에 쉽게 간과해서는 안 된다. 반대로, 혁신은 일관되게 접근되어야 하며 그와 연관된 위험들을 적극적으로 파악하고 관리하는 학제적인 방식(interdisciplinary way)으로 시작되어야 한다.

#### 2.6.1.3 비용, 일정, 위험
(Cost, Schedule, and Risk)

넷 제로 에너지 빌딩은 예산과 일정에 압력을 가하기도 하며, 이는 비용과 일정의 위험요인들을 증가시킨다. 고성능 건물은 종종 고품질 시스템 그리고/혹은 추가적인 설계 시간과 노력을 필요로 한다. 이런 비용과 일정상의 영향들은 통합방식으로 관리될 경우 잠재비용을 일으키거나 일정을 초과시킬 수 있다. 일정과 비용은 통합시행방식에서 흔한 다음의 두 가지 특질로부터 긍정적 영향을 받을 수도 있는데, 이는 넷 제로 에너지 프로젝트에도 해당되는 사항이다. 첫째, 통합시행은 설계와 시공활동의 연속적인 중첩을 허용하며 이는 전반적인 프로젝트 시간을 줄일 수 있게 한다. 이런 장점으로 인해 통합시행은 종종 패스트트랙 형태의 프로젝트 일정에, 그리고 일정위험 관리를 돕는 데에도 활용되곤 한다. 둘째, 도급업자가 초기에 관여함으로써 건축주에게는 시행 팀이 계약가격을 일찍 확정할 수 있다는 장점이 생긴다. 이것은 시행 팀이 책임져야 할 최대 위험요인 중의 하나다. 자연스럽게 건축주는 프로젝트 비용을 가능한 한 일찍 계약에 따라 확정하고 싶어 할 것이다. 이는 최종 비용에 영향을 주는 많은 결정들을 관리하고 있는 시행 팀에 비용초과의 위험을 이양하는 것이다. 시행 팀은 가능한 한 늦게, 즉 그들이 가격과 관련하여 정확하고 완전한 프로젝트 정보를 훨씬 더 많이 갖게 될 때 계약가격을 제공함으로써 위험요인을 상당히 줄이려 할 것이다. 이렇게 중요한 위험이양에 대한 간단한 해답은 없지만, 그것은 언제나 건축주의 위험과 시행 팀의 위험 사이에 소통과 신뢰, 적절한 균형을 필요로 한다.

## 2.6.2 위험관리 과정(Risk Management Process)

### 2.6.2.1 위험과 통합시행 (Risks and Integrated Delivery)

통합시행 팀, 특히 건축주가 관여하는 시행 팀은 팀 내에서 일어나는 소통과 신뢰구축의 수준이 향상되기 때문에 위험요인들을 파악하고 관리할 독자적인 기회들이 생긴다. 적극적인 위험관리문화를 만드는 일은 분명 넷 제로 에너지 목표를 추구하는 통합시행 팀을 위한 최고의 실천이다. 통합시행과정이 위험을 배가하는 듯 보이지만, 사실은 시행 팀 전반에 걸쳐 파편화되고 흩어져있던 위험들을 통합한다. 이런 식으로 통합 프로젝트 시행은 이미 존재하던 위험들을 더 파악하고 정량화하기 쉽게 만드는 한편, 시행 팀에 그 위험들을 통합적인 방식으로 관리하는 효과적인 방법을 제공하기도 한다.

앞서 언급했듯이 위험은 종종 우발요인들의 형태로 나타난다. 우발요인들은 많은 형태를 취하지만, 프로젝트 비용에 가장 큰 영향을 미치는 비용관련 우발요인들이 최우선의 관심사이다. 종종 이런 우발요인들은 다수의 팀 구성원들이 하나의 솔루션이나 프로젝트 범위 상에서 결부되는 지점에서 의도치 않게 중첩되고 절충될 것이다. 어떤 위험들은 관리전략의 일부로서 우발성을 담보하지만, 대부분이 직접적이고 열린 방식으로 관리하는데 필요한 소통과 통합의 팀내 결여로 추가적인 우발요인들이 발생한다. 통합시행과 신뢰에 기초한 열린 문화는 불필요한 비용 우발요인들을 제거함으로써 위험관리를 향상시키고 효과적인 비용관리수단의 역할을 할 수 있다.

### 2.6.2.2 위험파악(Risk Identification)

비용과 일정, 성능과 관련된 주된 프로젝트 위험들은 건축주와의 계약관계를 통해 시행 팀에게 이양된다. 시행 팀은 건축주보다 이런 위험들을 파악하고 관리하기에 더 좋은 전술적 입장에 있다. 이것이 통합위험관리 과정 중의 첫 번째 단계다. 그것은 팀 전체가 프로젝트 위험의 완전한 구도를 충분히 평가하고 건축주의 비용과 일정, 성능 요건들에 관한 기본적인 결정들을 내리며 시행과정에 전념할 수 있게 한다. 시행 팀의 다음 단계는 계약상의 위험들이 어떻게 그 팀과 프로젝트 전반의 독특한 위험요인들로 귀결되는지를 이해하는 일이다.

위험을 상세히 파악하고 정량화하는 노력은 프로젝트를 시작할 때 중요한 역할을 하며, 팀의 초기 파트너링 노력과 조기 토론회에서 이뤄져야 한다. 의도하지 않는 이상 초기에 위험을 파악하는 일은 보통 일어나지 않는다. 따라서 위험 파악 및 관리를 전담하는 특별한 팀 워크숍들을 정식으로 인가할 수도 있다. 팀이 자신들의 관심사와 걱정, 프로젝트 위험에 대해 관점들을 공유하는 건 매우 큰 강점이다. 그렇게 한다면 팀 전반의 신뢰와 협력을 빠르게 쌓을 수 있다. 또한 프로젝트의 개발과정에서 팀 전반의 위험을 재해석하는 것도 유용할 수 있으며, 프로젝트에 활용되는 전략과 시스템, 기술들은 프로젝트에 새로운 위험을 가져올 수 있으니 파악토록 한다. 파악되지 않고 관리되지 않는 위험이야말로 가장 큰 위험요인이다.

### 2.6.2.3 위험관리(Risk Management)

위험관리 과정은 프로젝트 위험요인들에 대한 파악과 정량화에서 팀 전반의 위험들에 대한 이양과 분담으로 진행된다. 대부분의 위험들은 하나의 단일 팀 구성원이 보유하지 않는다. 그것들은 적절히 분담될 때 가장 효과적으로 관리된다. 위험요인들의 이양은 그것들을 관리하는 권위가 있을 때, 그리고 신뢰를 기초로 통합된 팀 문화가 뒷받침될 때 일어난다.

위험의 이양과 책임 할당에는 성공적인 위험관리를 위한 적절한 보상이 동반되어야 한다. 물론 위험관리의 일차적 혜택은 불이익이나 추가비용을 피할 수 있단 점이다. 부정적인 결과들도 강력한 동기부여 요인이지만, 보상의 분배를 통한 긍정적 강화가 훨씬 더 동기를 부여할 수 있다.

넷 제로 에너지 프로젝트는 전형적인 비성능위주 프로젝트들에 비해 본질적으로 더 복잡하며, 법과 보험에 관한 적절한 자문가들이 필수적으로 개입되어야 한다. 본서에서 그러한 법이나 보험 관련 자문을 제시할 의도는 없다. 성능위주 계약의 복잡성 때문에 높은 수준의 맞춤화된 법률·보험관련 전문지식이 필요하다. 그리고 넷 제로 에너지 빌딩 달성을 위한 혁신적 과정의 모든 측면들이 그렇듯이, 자신들의 작업에 혁신적인 접근법을 취하고 효과적인 위험관리를 위한 통합시행과정의 힘도 이해하는 법률·보험관련 전문가들을 찾는 것이 중요하다.

IP 3장
# 통합과정 Integrated Process

## 3.1 통합된 시행과 관리
(Integrated Delivery and Mnanagement)

### 3.1.1 통합시행(Integrated Delivery)
시행 팀은 넷 제로 에너지 프로젝트의 성공적 시행을 보증하기 위한 고도의 통합된 과정을 따라야 한다. 통합과정은 업계 전반에서 보다 폭넓게 이해되며 채택되어가고 있으며, 이에 대한 많은 좋은 자료들이 있다. 본 장은 넷 제로 에너지 빌딩에 관한 것인 만큼 이 과정의 중요한 그리고/혹은 독특한 측면들에 초점을 맞춘다. 2장이 건축주의 관점에서 필수적인 계약 기초사항들을 강조하고 넷 제로 에너지 빌딩 프로젝트의 개념화와 조달, 시행 과정에 초점을 맞췄다면, 본 장은 시행 팀의 관점에서 그 과정을 살펴본다.

에너지 목표는 그 통합과정에서 중심을 이룬다. 왜냐면 그것이 건축주의 일차적 성능목표 중 하나를 정의하고 프로젝트 시행 팀에게 중요한 추진력이 되기 때문이다. 시행 팀은 비용과 일정, 품질과 동등한 수준에서 성능을 우선시해야 한다. 이건 통상적인 접근이 아니며, 그런 이유로 성능은 진정한 통합과정을 특징짓는다. 이렇게 성능을 우선시하면 넷 제로 에너지의 달성을 중심으로 이뤄져야 할 프로젝트 관리와 팀 문화에도 영향이 일어난다.

통합과정은 다양한 면들로 이루어지며 대부분의 팀들은 팀별 과정 내에서 통합되고 전통적인 요소들을 혼합적으로 실천한다. 따라서 통합과정은 정의하기 어려울 수 있으나, 전통적인 파편화된 설계·시공 과정들과는 분명히 구분되는 모습을 보인다. 본 장은 부단한 프로젝트 중심 관점으로 특징되고 신뢰와 협력, 투명성, 공평성, 효과적 리더십 위에서 형성된 팀이 수행하는 통합과정의 핵심요소들을 논한다. 매우 높은 성능수준을 달성하려면 건물의 솔루션 자체가 고도로 통합되어야 하므로, 넷 제로 에너지에는 통합과정이 필수적이다.

### 3.1.2 통합시행 팀(The Integrated Delivery Team)

#### 3.1.2.1 프로젝트 중심 팀(Project-Centered Teams)
팀은 건축주가 진술하는 계약의무사항들을 중심으로 조직된다. 2장에서 논한 다양한 시행모형들은 핵심 팀의 기본 조직구조를 정의하고 부가적인 모든 파트너들 사이의 계약관계들에 영향을 미친다. 이런 계약들은 (위험과 보상을 비롯한) 넷 제로 에너지 목표가 전체 팀 네트워크에 분명히 전달될 수 있도록 원도급계약으로서의 통합 프로젝트 시행에 같은 수준의 초점을 유지해야 한다. 통합 프로젝트 시행에 초점을 둔 최신 시행법들로부터 단서를 얻자면, 넷 제로 에너지 프로젝트를 시행할 때는 프로젝트 중심의 팀 조직이 많은 장점들이 있는 것은 분명하다.

분명히 정의된 목표에 중심을 두는 프로젝트 팀들은 일반적인 방법에서보다 통합된 프로젝트 시행에 훨씬 더 성공적으로 접근할 가능성이 높다. 넷 제로 에너지는 매우 중요하고 도전적인 프로젝트 목표이므로, 팀의 통합을 위한 강력한 촉매제 역할을 할 수 있다. 이는 넷 제로 에너지에 대한 전념이 프로젝트 팀의 전반적 성공에 영향력 있는 역할을 한다는 의미이다.

프로젝트 중심 팀에는 계약관계에 기초한 모종의 위계가 있지만, 조직도에 그려진 계약적인 선들이 프로젝트 중심 팀에 대한 소통과 의사결정 권위 수준에 대한 계통까지 나타낸다고 보는 것은 실수이다. 실무에서 프로젝트 중심 팀의 구조는 보다 평탄한 위계를 갖는 경향이 있고, 전형적인 팀 구조보다 더 유연하고 탄력적이다. 그림 3.1에 나오는 전형적인 팀의 사일로(silo)형 위계구조는 프로젝트의 파편화된 관점, 즉 팀 구성원들이 프로젝트와 그것의 성공을 정의하는 게 무엇인지에 대해 자기만의 관점을 갖게 되는 구조다. 그림 3.2에 나오는 집단적인 프로젝트 정의는 프로젝트 중심 구조다. 이 프로젝트 중심 팀은 보다 자기관리적인 경향이 있고 그 팀을 관할하는 "모(母)" 회사들로부터 더욱 자율적인 상태로 운영된다. 프로젝트 중심 팀을 시각화하는 한 가지 방법은 프로젝트 자체에 중심을 둔 네트워크 구조로 표현하는 법이다. 그 목적은 사일로 형태가 아니라 모두가 연결된 상태를 유지하고, 역할 정의를 분명히 하며, 적극적인 협력을 장려함으

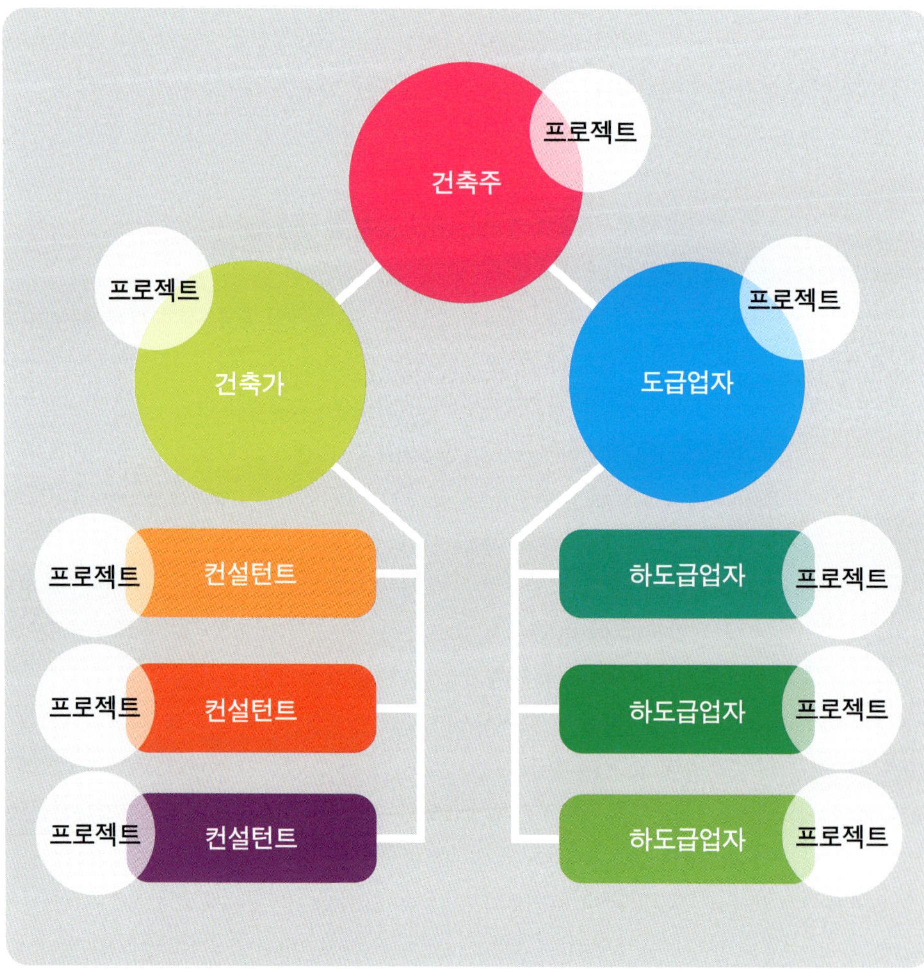


■ **그림 3.1** 전형적인 프로젝트 팀 조직

로써 팀을 효과적으로 유지하는 것이다.

### 3.1.2.2 팀의 정렬(Aligning the Team)

잘 기능하는 프로젝트 중심 팀의 조성작업 중 일부는 그 구성원들을 넷 제로 에너지 목표에 맞게 정렬(align)하는 일이다. 모든 팀 구성원들은 자기 일과 관련하여 자기만의 독특한 의제들을 갖고서 프로젝트에 참여한다. 팀의 모두가 자기만의 의제를 추구한다면 높은 수준의 목표들을 달성하기가 얼마나 어려울지 상상해볼 수 있다. 하지만 이게 바로 전형적인 건설 프로젝트에서 일어나는 일이다.

개별 팀 구성원들과 회사들에 따라 의제가 다양할지라도, 그들은 모두 유사한 근원과 목적, 임무, 위험회피, 보상체계들로 시작한다. 아마도 건축가의 의제라면 강력한 포트폴리오를 만들거나 동료들에게서 인정받기 위한 욕망, 혹은 그저 자신의 기예에 대한 열정에 이끌린 미학일 수 있겠다. 도급업자의 의제는 이윤과 재정적 목표들을 충족시키고, 프로젝트를 예산 내에서 유지하여 건축주를 기쁘게 할, 혹은 위험요인들과 그것들의 깊은 비용관련 함의들을 관리할 책임에 이끌려 비용제어의 동기부여를 받을 수 있다. 우리가 업계에서 엔지니어들을 두는 상황을 생각해보라. 종종 엔지니어에 대한 보상체계는 설계되는 시스템의 시공비용에 포함되곤 한

■ **그림 3.2** 프로젝트 중심 팀 조직

다. 이는 적정규모가 아닌 더 큰 규모의 시스템들에 대한 보상체계이기 때문에 비용효과적인 고성능 건물에 반하는 의제로 이어질 수 있다.

팀 구성원들을 정렬하는 목적은 그들의 의제를 제거하는 데에 있지 않다. 그것은 설령 불가능하진 않다 해도 분명히 비현실적이다. 오히려 그 목적은 모두의 의제에 공통의 목표들을 더하는 것이다. 설계자의 의제가 에너지와 패시브 건축 솔루션 중심의 미학을 포함하는 팀, 또는 도급업자의 의제가 시공예산 내에서의 넷 제로 에너지 성능수행을 포함하는 팀을 상상해보라. 적정규모의 고성능 냉난방공조시스템을 설계한 팀의 기계설비엔지니어에게 보상을 주어 불공평한 위험요인들을 없앨 순 있겠는가?

위험요인과 보상요인을 변경하면 긍정적인 의제들을 가져올 수 있다. (위험관리와 보상 인센티브의 활용은 2장에서 통합설계 및 비용제어의 필수요소들로서 제시되었다.) 시행 팀 전반의 정렬을 일으키는 것도 강력한 방법이다. 종종 넷 제로 에너지 목표에 대한 저항요인은 불확실성이나 위험에 근거한다. 일단 그 위험을 파악하고 팀별로 관리하면, 그런 장벽들은 무너지기 시작한다. 게다가 그 무엇도 성능목표들을 충족하기 위해 팀이 분담하는 인센티브 보상만큼 팀을 정렬시키진 못할 것이다.

통합적이고 협력적인 팀 행동이 표준이 되는 긍정적인 팀 환경을 만드는 건 신뢰, 유연한 정보공유, 모범적인 프로젝트 리더십을 비롯한 많은 변수들로 이루어지는 함수다. 팀 내에 신뢰와 통합된 근무관계를 구축하는 한 가지 해결책은 **파트너링**(partnering)이라 불리는 과정을 거치는 것이다. 이는 프로젝트의 공통목적들을 중심으로 정렬을 이루고 모든 구성원들 사이에 열린 소통을 개시하는 촉진적 의사소통과정(facilitated process)이다. 이 파트너링 과정에서는 대개 프로젝트를 시작할 때 파트너링 워크숍을 연 다음, 파트너링 합의의 후속 유지를 위해 전략적인 시기마다 팀과의 확인절차와 갱신회의들을 갖는다. 파트너링과 기타 팀 역량강화 실무 및 워크숍들은 넷 제로 에너지 프로젝트에 매우 유용하다. 언급했듯이 넷 제로 에너지 목표는 도전적이며, 건축주와 프로젝트 시행 팀이 활용할 수 있는 모범적인 소통 및 위험관리, 목표 정렬 도구들의 통합된 솔루션을 필요로 한다.

신뢰는 팀 내부의 리더십과 팀이 따르는 의사결정과정에 핵심적이다. 팀 리더들은 넷 제로 에너지 목표의 가장 강력한 옹호자들로서 팀 전체를 위한 통합된 행동을 솔선수범할 필요가 있다. 신뢰에 기초한 팀에서는, 리더들이 관계를 발전시키고 육성하되 작은 관리과제들은 피하는 게 중요하다. 이상적인 의사결정 과정은 이해관계자들인 팀 구성원들을 포함시켜 의사를 결정하는 집단적인 과정이다. 리더십은 상부에서 의사 결정하는 입장과는 반대로 집단적인 의사결정 과정들에 토대를 둔다. 리더십이 팀 전반에 투명성을, 즉 프로젝트 재정과 위험, 의제, 소통, 의사결정 과정에 대한 투명성을 만들어내는 게 중요하다.

### 3.1.3 에너지 목표의 관리
(Managing the Energy Objective)

넷 제로 에너지 목표를 갖는 프로젝트의 관리는 높은 우선순위의 목표들, 즉 비용과 일정, 품질, 성능 등의 목표 간에 균형을 유지해야 함을 뜻한다. 모든 프로젝트 결정들은 독특한 항목교환들을 요하고, 이 4가지 목표에 미치는 부정적, 중립적, (그리고 이상적으로는) 긍정적 영향들을 포함한다. 견실한 의사결정 과정은 다수의 프로젝트 목표들을 효과적으로 관리하는 강력한 도구일 수 있다. 또한 프로젝트 관리는 팀 내부의 혁신을 지원하고 다수의 목표들을 동시에 다루는 솔루션들의 개발을 장려해야 한다.

비용과 일정, 품질, 성능이라는 각각의 목표는 프로젝트 결정들을 평가하기 위한 자체적인 과정과 모델을 갖는다. 에너지 성능을 위한 일차적인 평가

과정은 에너지 모델을 활용하며, 이를 뒷받침하는 모든 분석과 모델링을 함께 결합한다. 하지만 명심할 것은, 넷 제로 에너지 성능이라는 목표가 전형적인 프로젝트의 비용과 일정, 품질의 제어에 실제로 영향을 미친다는 점이다. 이런 제어들을 각기 고립된 관리도구로 여기는 건 부적절하다. 그것들은 다수의 목표에 대한 관리도구로서 통합할 필요가 있으며, 그렇게 함으로써 비용과 일정, 품질 제어를 향상시킬 수 있다.

전통적인 프로젝트 시행과정에서는 평가가 너무 뒤늦게 이뤄져 효과적인 의사결정과 목표 최적화를 방해하는 경우가 수두룩하다. 예를 들어, 건물 에너지 성능의 도면화 단계에서 시공도면을 작성하는 마지막 시점에 LEED 인증을 위한 최초의 에너지 모델을 완성하는 건 그 설계과정이나 비용과 에너지 성능의 균형을 맞추려는 노력에 도움이 되지 못한다. 또 하나의 고전적 사례로 설계시공분리방식의 과정인데, 이 과정은 설계가 완료되고 품질과 성능에 관한 모든 결정들이 이루어진 후에야 프로젝트의 진정한 시공비와 공사 일정이 정해진다.

### 3.1.4 품질제어(Quality Control)

시행과정에서의 품질제어는 비용과 시간이 많이 드는 오류들을 줄여주고 더 나은 건물 성능으로 이어지게 할 수 있다. 넷 제로 에너지 목표 충족에 중요한 몇 가지 품질제어 활동들을 프로젝트 품질제어 프로그램에 추가할 수 있다.

종종 설계 도중이나 도면작성이 끝난 후에 품질제어를 위해 계획과 도면을 검토하며 완성도와 정확성, 조정여부를 점검하곤 한다. 이럴 땐 프로젝트의 에너지 관련 특징들도 함께 점검해야 하며 핵심적인 프로젝트 이정표가 되는 시점마다 에너지 모델을 검토해야 한다. 에너지 품질제어 활동은 건물외피 디자인과 설계기준에 기초하여 작성된 기계 · 전기 설비시스템을 프로젝트의 현재 에너지 모델 보고서와 비교해야 한다. 건물외피에 대한 검토는 외부 조립체들 속에서 열교현상이 일어날 가능성을 평가할 뿐만 아니라 가능한 해결책도 파악해야 한다.

완전한 커미셔닝(Commissioning)이 이뤄지는 프로젝트에서, 커미셔닝 에이전트는 도면과 시방서에 대한 가치 있고 독립적인 검토의견을 제출한다. 이는 분명 시공 중인 건물의 기본적인 커미셔닝을 순조롭게 진행시켜줄 것이다. 커미셔닝 에니전트는 건축주를 대리하는 사람이어야 하며, 시행 팀으로부터 독립된 인사여야 한다. 커미셔닝 에니전트의 프로젝트의 품질을 보증하는 중요한 부분이다. 이에 대해서는 10장에서 논한다.

시공 도중에 수행되는 에너지 성능에 대한 품질제어는 단지 커미셔닝 에이전트의 책임에만 속하지 않는다. 모든 공종은 에너지관련 품질제어를 각자의 작업 속에 통합할 필요가 있다. 에너지 설계의도를 보다 폭넓게 이해하는 총 도급업자는 자체적인 프로젝트 품질제어 계획서에서 에너지 이슈들에 대한 조율과 전반적 관점을 세시해야 한다. 적절한 성능의 시스템과 조립체들을 위해서는 세부사항이 중요하다.

### 3.1.5 비용제어(Cost Control)

넷 제로 에너지 프로젝트에는 도전적인 목표들을 충족할 독특하고 혁신적인 해법들이 필요할 수 있다. 하지만 안타깝게도 그런 해법들은 효과적으로 관리되지 않을 경우 더 큰 비용을 초래할 수 있다. 혁신적 해법의 비용을 주도하는 주된 요인은 의도한 해법에 대한 이해 부족과 그에 따른 위험이다. 협력적인 의사결정방식과 결합하여 팀 전반적으로 프로젝트 정보를 공유하면 더 높은 이해수준에 도달하는 데, 특히 복잡하거나 독특한 해법과 전략들을 이해하는 데 도움이 된다. 오해나 잘못된 개념들을 없애고 위험요인들을 적극적으로 관리하는 게 넷 제로 에너지 프로젝트에 중요한 비용제어 기법들이다.

통합시행도 우수한 위험관리법일 수 있는데, 이

는 오랜 과정을 거쳐 프로젝트의 비용을 절감하는 과정이다. 통합시행에는 비용을 낮추고 성능은 높이는 또 하나의 강력한 방식이 있다. 『자연자본주의: 차세대 산업혁명의 창조(Natural Capitalism: Creating the Next Industrial Revolution)』의 저자 Paul Hawkens와 Amory Lovins, L. Hunter Lovins는 이 책에서 이 현상을 "비용장벽 터널의 통과(tunneling through the cost barrier)"라고 부른다. 통합시행과정에서는 몇 가지 일들이 일어난다. 종종 솔루션들이 다수의 문제들을 해결하고, 다각적인 솔루션들 속에서 비용이 절감되곤 한다. 하지만 중요한 혁신은 에너지효율에 대한 투자를 에너지부하의 절감으로 이끌고, 이것이 다시 기계 · 전기설비시스템의 규모를 최소화하는 것이다. 일단 에너지부하를 절감한 다음 에너지 시스템을 적정 규모화하면 상당한 절감효과를 얻을 수 있다. 예를 들어 더 나은 건물외피에 투자하면 냉난방부하를 모두 줄일 수 있고, 이것이 더 작은 시스템들로 귀결된다. 통합과정은 두 가지의 별개 공종 사이에 일어나는 비용 교환을 책임질 수 있다.

비용제어와 비용모델링은 설계과정을 개시할 때 시작되어야 통합시행의 혜택을 완전히 누릴 수 있으며, 시행단계 전반에 걸쳐 연속적이어야 한다. 프로젝트 결정들은 비용과 떼어놓고 이뤄질 수 없으며, 설계 의사결정 과정은 도급업자로부터의 비용관련 피드백이 빠를수록 좋다. 초기비용추정기술이 분명히 존재하고, 설계과정과 완전히 통합된 도급업자는 초기의 설계 개념과 의도에서 예상 시공비용을 뽑아내기에 훨씬 더 나은 입장에 있다. 마찬가지로 건물정보모델링(building information modeling: BIM)을 초기에 채택하면 적산의 속도와 정확성을 높여 설계 과정에서 보다 효과적인 비용 피드백 순환을 이끌어 낼 수 있다.

핵심 공종 파트너들의 초기 관여는 또 하나의 강력한 비용관리도구다. 넷 제로 에너지 프로젝트의 경우, 기계 · 전기설비 도급업자들처럼 작업범위가 에너지에 상당한 영향을 주는 하도급업자들을 초기에 관여시키는 게 종종 필수적인 일이다. 게다가 제조업체와 공급업체를 직접 개입시켜 특정 프로젝트를 위한 제품공급을 맞춤화하고 최적화하는 게 종종 유익하다. 핵심 공종 파트너들의 초기 관여는 보다 정확한 비용에 도달하는 데 도움을 줄 수 있고, 시공성의 향상과 설계의도의 보다 깊은 이해, 위험관리, 우발요인 최소화, 시스템 전반의 최적화를 통한 비용 절감에 유리할 수 있다.

### 3.1.6 일정제어(Schedule Control)

통합시행은 그 어느 때보다 더 짧아진 오늘날의 프로젝트 일정에서 프로젝트 시행에 중요한 도구다. 넷 제로 에너지 빌딩은 일정 목표와 에너지 성능 목표를 모두 능숙하게 관리할 수 있는 통합과정에 깊은 헌신을 요한다. 통합 프로젝트 일정으로 작업하기 위한 한 가지 핵심전략은 활동들을 (그냥 모두 압축하는 게 아니라) 중첩시키는 것인데, 최대가치를 더하는 활동들에 시간을 쏟고 잉여적이거나 비생산적인 활동들은 작업하지 않음으로써 시간을 절약하는 전략이다. 시행과정에서 낭비를 제거한다는 아이디어는 린걸설협회(Lean Construction Institute: LCI)가 개발한 린 프로젝트 시행(Lean Project Delivery)의 주된 목표이다. 절약형 프로젝트 시행은 낭비를 제거하고 가치흐름을 향상시키는 데 초점을 둔다는 점에서 통합시행과정과 많은 시너지 효과를 갖는다.

넷 제로 에너지 목표는 설계일정에 가장 극적인 효과를 준다. 설계과정에서의 시간 관리는 프로젝트를 통합된 방식으로 시작하기 위한 초기집중 과정을 통해 부가되는 가치를 우선시해야 한다. 통합설계과정의 시작은 반복적이며 다양한 설계해법들을 검증할 수 있지만, 나머지 프로젝트 시행단계에서 상당량의 시간을 절감하고 노력을 재설계할 수 있는 것은 고도로 통합되고 잘 검증된 설계개념에 대한 초기의 투자다. 초기의 설계통합은 또 하나의 중요한 비용 관리전략이다. 설계전략들은 초기에 비용 효과적으로 통합될 수 있지만, 변경에 드는 비용은 프로젝트가 진행될수록 증가하는 경향이 있다.

또 하나의 중요한 투자는 시행과정 전반에 걸친 에너지 모델링에 대한 투자다. 에너지 모델링을 활용하기 위한 사전 계획과 그 과정을 특징짓는 피드백 주기의 고려가 중요하다. (에너지 모델링의 효과적 활용은 본 장의 뒷부분에서 거론한다.)

잘 조율된 통합 프로젝트 시행과정의 한 가지 장점은 활동들을 중첩시키고 유휴시간을 최소화할 수 있다는 점이다. 다양한 작업범위에서 이뤄지는 건물의 설계와 도면작성, 시공은 다양한 일정에 따라 진행될 수 있고, 프로젝트의 전체일정을 줄이면서도 어떤 작업범위들은 더 오랫동안 설계할 수 있게 한다(그림 3.3 참조). 예를 들어 건축과 기계설비시스템의 설계를 지속하는 가운데 프로젝트의 부지와 기초, 구조로부터 도면작성과 시공 단계를 시작함으로써 일정에 더 많은 시간을 추가하지 않고도 가치 있는 설계 시간을 확보할 수 있다. 게다가 설계팀과 시공 팀 간의 면밀한 조율은 도면작성 단계에서의 유휴시간을 최소화하고 시공도서 작성에서 제출, 설치에 이르는 과정을 합리화한다.

## 3.2 프로젝트 시행단계
(Project Delivery Phases)

넷 제로 에너지 빌딩의 시행은 일련의 작업 단계들을 따라 일어나는데, 프로젝트 정의로 시작하여 일련의 설계 및 시공 활동들을 거친 후 연간 넷 제로 에너지에 맞춰 운영되는 프로젝트로 귀결된다. 넷

■ 그림 3.3 통합을 통한 패스트트랙(Fast-Track) 일정

제로 에너지는 충족하기에 매우 어려운 프로젝트 성능목표임을 잊지 말라. 따라서 그것은 처음부터 고려되어야 하며, 이후에도 프로젝트가 개발되고, 시행되고, 사용되는 동안 계속적인 지침이 되어야 한다. 그리고 그것은 결국 실제 운영 중에 측정되기 때문에 시행과정의 일부로서 운영 및 사용 단계들을 포함하는 게 중요하다. 게다가, 설계와 시공, 건물의 실제 운영 사이에 전형적으로 존재하는 간극을 연결하는 것이 중요하다.

프로젝트 시행을 별개의 활동단계들로 조직화하는 몇 가지 모델이 있다. 일반적인 모델은 사전설계(predesign)와 기본설계(schematic design), 설계개발(design development), 시공도서(construction documents), 입찰과 협상(bidding and negotiations), 시공(construction)의 단계들을 포함한다. 새로운 통합프로젝트시행(integrated project delivery: IPD) 모델은 이를 재정의하여 새로운 명칭을 부여한 일단의 단계들, 즉 개념화(conceptualization)와 기준설계(criteria design), 상세설계(detailed design), 실시도서(implementation documents), 역할조율(agency coordination), 최종매수(final buyout), 시공(construction), 재고정리(closeout)를 특징으로 한다. 이 프로젝트 시행단계들은 프로젝트 계약서와 시행과정 전반의 요금분석표에 기술되는 구조에도 영향을 받을 것이다.

일을 간단하고 유연하게 하기 위해, 또한 의미론에 사로잡히지 않기 위해 본서에서는 다음의 기본적인 시행단계들을 활용하여 넷 제로 에너지 프로젝트를 위한 핵심활동들을 기술할 것이다.

1. 개념화(Conception)
2. 탐구(Exploration)
3. 설계(Design)
4. 시공(Construction)
5. 사용과 운영(Occupancy and operation)

이 목록상에서 탐구단계가 새롭거나 혹은, 일반적이지 않은 항목으로 부각될 수 있다. 사실 이 단계는 설계의 일부이며, 성공적인 통합 프로젝트에 필요한 사전설계 연구와 프로젝트 설정을 포함한다. 초기집중 프로젝트 시행의 중요성에 초점을 맞추기 위해 탐구가 별도의 단계로 기술된다. 설계 단계도 별도의 도면작성 단계를 명시하는 게 아니라 도면작성활동을 포함한다. 도면작성은 중요하지만 넷 제로 에너지 빌딩 접근에서만 있는 것은 아니다. 통합 프로젝트 시행법에서 이런 활동들은 종종 시공과 더불어 일어날 수 있다. 이 모델에서는 사용과 운영 단계의 중요성이 강조된다. 시공단계를 **실현**(realization)으로, 혹은 재고정리(closeout)를 시행과정의 **결론**(conclusion)으로 고려하는 대부분의 시행과정 모델과는 반대로, 넷 제로 에너지 프로젝트는 넷 제로 에너지의 성공적인 운영을 실현 단계로 다룬다.

이 시행과정들은 유려하게 흐르면서도 상호 연결되어 있어 활동들을 동시적으로 일으킨다. 이를 고려하면 그 단계들을 하나의 원이나 닫힌 고리로 표현할 수 있을 것이며, 여기서 넷 제로 에너지 목표는 시작점인 동시에 끝점으로서 서로에 영향을 주는 피드백 메커니즘으로 작동한다. 전체 과정을 통해 얻어진 피드백은 학습된 교훈으로 활용되고, 건축주 그리고/혹은 시행 팀을 위한 다음번의 건설 프로젝트 주기(혹은 미래의 건물 리노베이션)를 향상시킬 방법으로서 역할을 할 것이다. 그림 3.4는 넷 제로 에너지 통합시행과정의 주기적으로 순환하며 흐르는 특성을 묘사한다.

### 3.2.1 개념화(Conception)

프로젝트는 건축주가 특정집합의 수요들을 충족하도록 추진하기로 결정할 때 시작된다. 넷 제로 에너지 프로젝트는 건축주가 넷 제로 에너지를 원하는 건물의 핵심목표로 만들 때 시작된다. (2장은 프로젝트의 개념화와 정의 단계들에 관한 상세한 지침을 제공했고, 건축주의 관점에서 넷 제로 에너지 프로젝트를 위한 조달과 통합시행과정을 기술했다.) 건축주의 역할은 성능위주 통합시행과정을 위한 계약체계를 이해하고 확립한다는 측면에서 과소평가될 수 없다. 계약의 협상과 서명이 이뤄지면서 시행팀은 하나의 통합과정으로 진입하고, 그 과정은 많은 프로젝트 목표들을 충족시키면서 사용기간 동안 넷 제로 에너지의 상태로 운영되는 건물의 시행을 목적으로 한다.

### 3.2.2 탐구(Exploration)

성공적인 통합 설계 · 시행 과정을 보장하려면, 설계에 앞서 프로젝트의 설계와 시행을 특징지을 요인들을 탐구하는 시간을 가져야 한다. 특히 넷 제로 에너지의 목표를 건축주와 팀이 이해하고 탐구할 필요가 있는데, 그 목표가 프로젝트 요인들의 최종적 정의와 재정의, 그리고/혹은 입증에 영향을 줄 것이기 때문이다.

탐구 단계는 설계를 시작하기 전에 프로젝트기반 연구를 수행하고 다양한 범위의 아이디어들을 탐구하는 시간이다. 또한 이 단계는 팀이 프로젝트

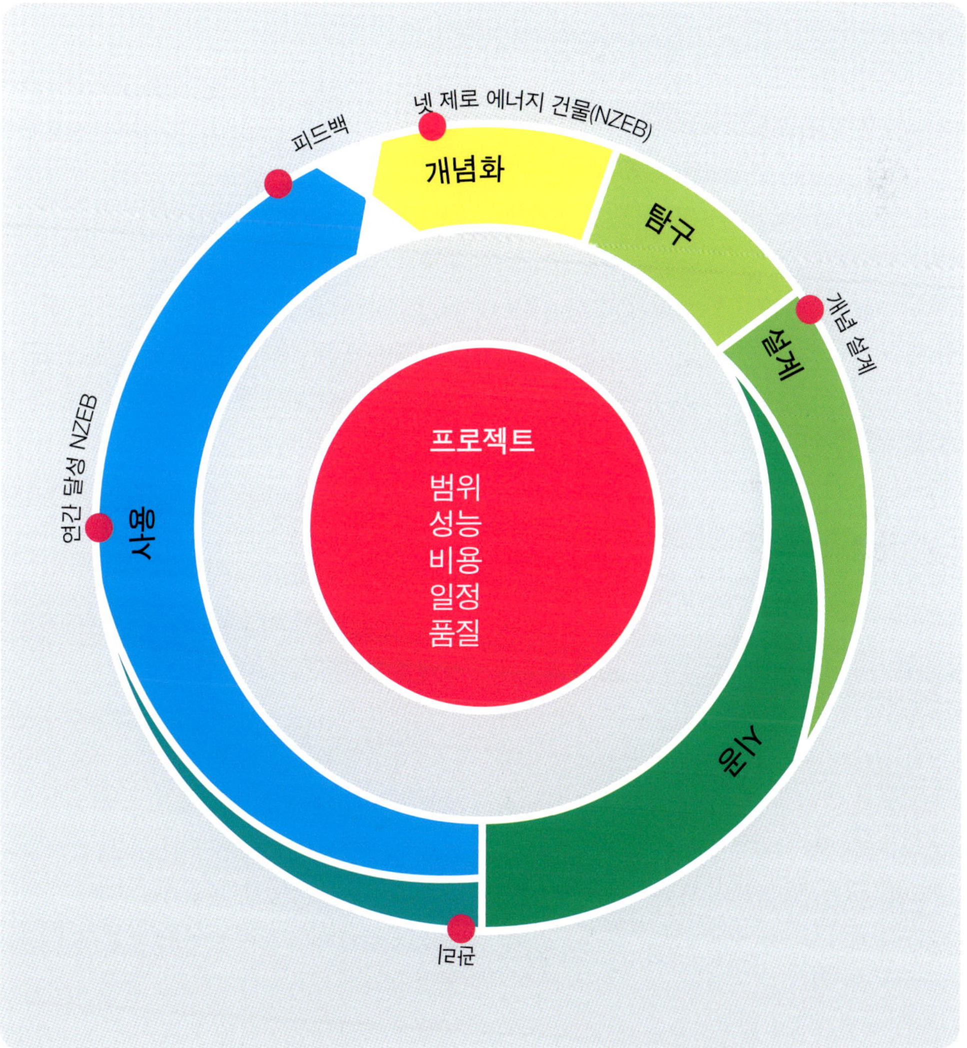


■ **그림 3.4** 넷 제로 에너지 통합시행과정의 단계들

**핵심적인 넷 제로 에너지 탐구활동**(Key Net Zero Energy Exploration Activities)

- 넷 제로 에너지 목표를 진술하고 그것을 어떻게 정의하고 측정할 것인지를 분명히 하라(1장과 11장 참조).
- 기상자료를 수집하여 프로젝트에 대한 기후분석을 완성하라(5장 참조).
- 부지를 분석하여 가용한 자원들과 잠재적 제약들을 파악하라(5장 참조).
- 기준 에너지 사용량을 정하라(4장 참조).
- 넷 제로 에너지 사용량 목표를 정하라(4장 참조).
- 부지내재생에너지 발생목표를 정하라(4장 참조).
- 건물 유형과 기상자료 파일, 간단한 에너지 모형에 기준하여 가능할 법한 에너지 최종용도들과 에너지부하 세부사항들을 정하라(3장과 4장 참조).
- 관계된 사례연구와 전례들을 파악하고 교훈을 얻으라(1장과 4장 참조).
- 잠재적 패시브 디자인과 저에너지 시스템 전략들에 대해 브레인스토밍을 하라(6장과 7장 참조).
- 프로그램과 건물용도, 사용빈도가 에너지사용 및 넷 제로 에너지 목표와 맺는 관계를 탐구하라(2장, 5장, 10장 참조).

에 대한 이해를 보다 깊이 하도록 질문들을 갖는 시간이기도 하다. 이것은 혁신적인 과정의 토대가 된다. 이 단계에서 연구되는 이슈들은 다양하겠지만, 그 목적은 하나의 전일적인 건물 솔루션을 파악하는 것이기 때문에 연구해야 할 에너지 체계에 맞는 특정한 부분들이 존재한다.

### 3.2.3 설계(Design)

통합설계과정은 탐구단계에서 행해지는 집약적이고 결정적인 작업으로부터 명백해진다. 그것은 다양한 설계시나리오에서 교훈을 얻기 위해 다양한 전략들에 대한 많은 빠른 반복과 검증들로 시작한다. 사용될 핵심전략들이 파악되고 나면, 그 과정이 점차적으로 종합되거나 아이디어와 전략들이 하나의 통합된 전체로 수렴한다. 고도의 통합적인 설계는 대개 가능한 한 많은 문제들을 다루는 데 사용되는 단순하고 독특한 해법들을 갖는다. (다음의 "통합설계방법[Integrative Design Method]" 섹션은 넷 제로 에너지 프로젝트의 설계단계에 대해 보다 상세한 지침을 제공한다.)

통합설계과정에서의 이정표들을 고려해보는 게 유용하며, 그 시작은 개념설계다. 개념설계는 초기의 설계반복으로 나타나는 결과들의 종합이며, 그만큼 프로젝트의 비전을 구체화해야 한다. 성공적인 개념설계는 프로젝트의 향후 발전과 진화를 강력하게 이끄는 해당 프로젝트의 DNA라고 볼 수 있다. 이상적인 경우라면, 필수적인 모든 넷 제로 에너지 전략과 개념들이 개념설계 속에 나타난다. 물론 설계가 발전되는 동안 그것에 새로운 전략들을 부가할 순 있지만, 설계가 진행될수록 커다란 새로운 조치를 통합하는 일은 더욱 어려워진다. 많은 면에서 넷 제로 프로젝트를 위한 개념설계 해법은 가장 중요한 단계 중의 하나인데, 그것이 넷 제로 에너지 빌딩으로서 성공하기 위한 프로젝트의 기본 토대를 확립하기 때문이다.

다음 단계는 설계개발인데, 이는 다양한 넷 제로 에너지 전략들이 보다 상세한 설계연구와 계산, 비용분석, 시공성 검토, 에너지 모델링, 기타 성능 시뮬레이션들을 통해 정교해지는 단계다. 이러한 정교화의 과정은 고도로 조율되고 통합된 건물 솔루션으로 이어진다. 중간 중간의 설계 이정표들은 넷 제로 에너지 목표를 달성해가는 과정에서 공식적인 검토와 측정의 기회들을 제공한다. 설계가 발전될수록, 프로젝트의 정보량은 늘어나 더 상세하고 복잡해진다. 이 지점에서 건물정보모델링(BIM)의 활용과 팀 전반에 걸친 모델 및 정보 공유는 더 효과적인 협력과 의사결정에 도움이 될 수 있다.

그림 3.5에 나오는 것처럼 설계 종합과정을 역 피라미드 형태로 보는 게 유용할 수 있는데, 이는 일단 기준면에서 광범위한 대안과 전략들을 고려한 다음 전략들을 수렴시켜가면서 아래쪽의 유일한 해법에 도달하는 형태다. 설계 종합의 역 피라미드와는 달리, 의사결정 과정모델은 정 피라미드 형태로 그려볼 수 있다. 예를 들어 에너지 설계정보의 흐름이 넷 제로 에너지 목표로 시작한 다음 점차 세부화되는 의사결정과정을 통해 이동하면서 프로젝트 에너지 정보의 축적으로 귀결되는 것이다. 프로젝트 정보의 축적을 설계과정 자체와 혼동하지 않는 게 중요하며, 그 초점은 최상의 해법을 달성하기 위한 종합과 수렴에 둘 필요가 있다.

다음 단계는 시공용 설계도서 작성단계다. 이 단계는 말 그대로 시공과정에서 도급업자와 모든 공종이 이용하도록 설계의도를 전달하고자 사용되는 도서들을 개발하는 단계다. 이 과정은 시공단계와 섞일 수 있는데, 통합시행방법은 이제 시공도서에서 시공 상세도(shop drawing)에 이르는 프로젝트 정보흐름을 합리화할 수 있기 때문이다. 더 나아가 통합 팀은 별개의 건물 부재들을 완전히 도면화할 수 있기 때문에, 설계와 동시에 시공활동이 일어날 수 있다. 넷 제로 에너지 프로젝트의 시공도서 단계에서 가장 중요한 활동 가운데 하나는 에너지 성능 설계 시에 개발된 모든 기술 상세들을 확실히 포함시키는 일이다. 또한 시공도서의 발행에 앞서 열교현상에 대해 건물외장의 모든 조립상세들을 검토하고 해결하는 것도 중요하다. 이 단계에서는 프로젝트의 상세와 시방에 일어나는 변화들을 측정할 에너지 모델을 활용해야 한다.

### 3.2.4 시공(Construction)

넷 제로 에너지 프로젝트를 위한 시공단계의 성공은 2가지 요인에 달려있다. 하나는 프로젝트 정보의 효과적 소통이고, 또 하나는 도급업자가 넷 제로 에너지 목표에 완전히 개입하는 것이다. 그렇다면 넷 제로 에너지 프로젝트에 가장 중요한 시공활동

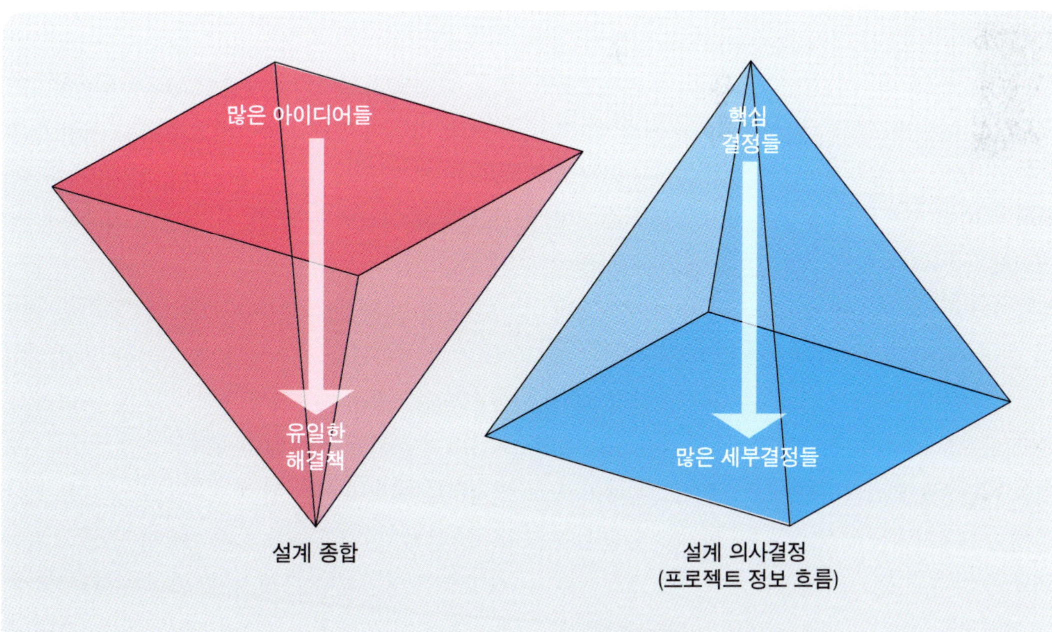


■ **그림 3.5** 설계와 프로젝트 정보의 흐름

가운데 하나는 탐구 및 설계 단계에서 도급업자가 제공하는 예비시공 서비스(preconstruction service)다. 예비시공 서비스는 프로젝트에 대한 도급업자의 이해를 심화시켜줄 수 있고, 시공과정과 모든 공종파트너들과의 향후 소통에 크게 도움을 준다. 예비시공 서비스는 비용모델과 비용제어의 시작이며, 일정준수뿐만 아니라 시공성도 보장할 수 있다.

시공은 복잡한 과정이며, 이 과정에서 시행 팀의 규모가 크게 늘어나 프로젝트에 통합되는 모든 공종과 업자들을 포함하게 된다. 프로젝트 정보흐름을 성공적으로 유지하고 하도급업자와 공급업자, 제조업자들의 인적네트워크가 그것을 분명히 이해하는 것은 디테일을 정확히 시공하고 위험과 비용을 모두 관리하기 위한 핵심사항이다. 시행네트워크 전반에 걸쳐 넷 제로 에너지 목표를 전파하는 게 중요하다. 마찬가지로 핵심공종 파트너들, 즉 넷 제로 에너지 목표에 가장 큰 영향을 미칠 파트너들을 초기에 참여시켜 예비시공 서비스에 관여토록 하는 게 중요하다. 이러한 주요 파트너들로는 설계도서 작성단계에서처럼 기계설비와 전기설비, 조명시스템, 재생에너지시스템, 건물외피시스템이 포함될 수 있고, 시공과정 전반에 걸쳐 디테일을 반드시 포함시켜야 한다. 건물외피는 시공디테일들로 가득한데, 그 모든 게 건물의 에너지성능에 직접적으로 영향을 준다. 침기를 최소화하는 기밀성 구조와 적절한 단열재 설치, 열교현상의 제거는 모두 고품질 외피를 생산하기 위한 기본요소들이다. 적외선열화상기법(thermographic photography)은 건물외피의 열 관련 이슈들을 파악하기에 유용한 도구일 수 있다. 적외선카메라는 가시광선보다 적외선에 민감하게 반응하고 가(假)색상 매핑(false color mapping)으로 표면온도를 묘사하는 열화상을 만들어내기 때문에 건물외피에서 열적으로 취약한 지점들을 감지해낼 수 있다.

에너지부/국립재생에너지연구소 연구지원시설을 시공하며 있었던 한 짧고 뜻 깊은 이야기는 기능공의 솜씨와 모든 공종의 헌신이 중요함을 부각시켜준다. 국립재생에너지연구소 상업건물연구 부문의 수석그룹매니저인 Paul Torcellini는 총 도급업자 헤이즐던 컨스트럭션의 한 그룹과 함께 공사현장을 걷고 있었다. Paul은 걸음을 멈추더니 외벽 개구부의 주 기둥(king stud)에 단열재를 설치하고 있던 기능공에게 무슨 일을 하고 있는지 물었다. Paul이 프로젝트 건축주 팀의 소속인지 몰랐던 기능공은 그의 작업이 얼마나 중요한지, 그리고 그가 그 단열재를 얼마나 세심하게 설치하고 있는지를 설명하기 시작했다. "에너지효율은 건축주에게 정말 중요하다"는 게 기능공의 결론이었다.

모든 공종과 근로자들이 넷 제로 에너지의 임무에 전념하는 게 중요하다. 그 다음엔 그걸 충족시킴으로써 자부심을 얻게 될 것이고, 이것이 작업의 질을 끌어올린다. 다양한 에너지관련 건물시스템들의 디테일과 조정, 통합 또한 넷 제로 에너지 빌딩의 시행에 도움이 된다. 총 도급업자 측에서 추가적인 조정과 헌신적인 프로젝트 엔지니어들이 있을 경우, 품질관리와 복잡한 시스템들의 통합을 촉진하게 된다.

### 3.2.5 사용과 운영(Occupancy and Operation)

넷 제로 에너지 빌딩이 측정되고 결국 그 목표가 충족되는 건 건물의 운영단계에서다. 하지만 대부분의 건물은 최상의 설계의도와 건물의 실제사용 사이에 간극을 경험하게 된다. (10장은 넷 제로 에너지 성능을 위해 그런 간극을 연결하는 지침을 제공한다.) 통합과정에 맞추어 설계 초기에 운영 팀과 사용자들을 참여시켜 시행 팀이 거주 후 서비스 단계까지 꾸준히 관여할 때 주요한 이점들이 있다. 이런 계획적인 연속성은 넷 제로 에너지 목표를 하나의 운영적인 현실로 만드는 데 도움을 줄 핵심 활동과 책임들을 약술하는 넷 제로 에너지 성능계획과 함께 이뤄져야 한다.

## 3.3 통합설계방법
(Integrated Design Methods)

넷 제로 에너지를 위한 통합설계는 업계전문가들이 설계의 방법과 목적을 재고하게 하는 진화 중인 설계접근법의 일부다. 혁신에 기초한 이 새로운 접근법을 통해, 그들은 연구와 데이터중심의 투입요소들에 대한 응답으로 가치와 목적중심의 결과들을 도출하고자 한다. 넷 제로 에너지 빌딩을 설계하려면 예술과 과학이 최적의 균형을 이룰 필요가 있다고 말할 수도 있겠다. 넷 제로 에너지 빌딩은 목적과 의미로 충만한 단순하고 우아한 설계의 기회를 제공하며, 건물이 그 환경과 그곳을 점유하는 사용자들과 주고받는 신중하고 사려 깊은 상호작용을 아름답게 만들고자 한다. 그리고 그 과정은 단일한 자원에 의존하기보다 협력적이기 때문에, 설계 리더십과 더불어 혁신과 통합이 시작된다. 간단히 말해서, 오늘날의 건축 전문가들은 에너지 및 빌딩 사이언스를 설계의 기초로서 재발견할 필요가 있다. 그들은 설계과정을 재발명하여 그것을 모든 학문의 아이디어를 종합하고 통합하기 위한 강력한 도구로 활용할 필요가 있다.

그 과정은 지속가능설계의 전일론적 관점도 포용해야 한다. 통합되고 혁신에 기초한 과정으로서 설계에 접근하기 위한 많은 모델과 방법들이 있으며, 그 중 몇 가지를 본 섹션에서 논하기로 한다.

### 3.3.1 전일론적 설계(Holistic Design)

넷 제로 에너지 빌딩은 모범적인 에너지 사용을 대표하면서도 전체적이거나 완전한 그린빌딩으로도 고려되어야 한다. 그것은 지속가능설계에 대한 전일론적 접근법을 추구하고 있음을 의미한다. 좋은 소식이라면 넷 제로 에너지 달성을 위한 통합적 접근법 역시 매우 다양한 지속가능성 및 프로젝트 목표들을 충족하기 위한 기본적인 방법이란 점이다.

전일론적 설계는 종종 3대 핵심사항(triple bottom line)으로 정의되곤 하는 지속가능성의 3가지 주요 우선순위들, 즉 환경적 · 경제적 · 사회적 사안들을 최적화하고자 노력한다. 달리 말해서, 전일론적 설계는 환경에 미치는 부정적 영향들을 제거하는 건물을 만들고자 노력하는 것이다. 게다가 그것은 그 환경 안에서 재생적인 건물들을 생산하고자 한다. 즉, 그런 건물들은 경제적으로 유리하며, 사람들이 살며 일하기에 건강하고 아름다운 장소다. 넷 제로 에너지 목표들, 가장 대표적인 예로서 에너지사용량 감축과 같은 목표들은 이 모든 3가지 사안들과 견고하게 연결된다. 에너지효율과 재생에너지는 탄소배출량 감축이란 측면에서 중요한 환경적 혜택을 제공한다. 에너지사용량 감축과 넷 제로 에너지 빌딩들의 부가적인 시장가치 모두로부터 경제적 혜택이 발생한다. 게다가 넷 제로 에너지 빌딩은 고품질의 실내 환경을 제공하고 자연채광과 자연환기와 같은 기법들을 시행하여 인간의 안녕과 건강을 향상시킨다는 점에서 전형적으로 훌륭한 "인간 공간(people space)" 이다.

전일론적 건물을 생각하는 또 하나의 방식은 생태 건물(living building) 모델이다. 이 전일론적 접근법에서는 자연이 그 모델이며 건물이나 커뮤니티의 목표는 하나의 생태계, 혹은 자연생태계의 일부로서의 기능이다. 자연환경에서 자연의 에너지 척도는 분명하다. 그것은 재생에너지에 기초하여 순환한다. 이는 철저하게 전일론적인 지속가능성 체계를 위한 신조인 듯하다. 1960년대 말에 건축가 말콤 웰스(Malcolm Wells)는 부지와 건물을 평가하여 그것들을 황무지와 비교하는 단순한 등급체계를 개발했다. 그 평가요인들 중에서 "태양에너지 사용(uses solar energy)" 과 "태양에너지 비축(stores solar energy)" 은 "태양에너지 낭비(wastes solar energy)" 와 "태양에너지 비축 없음(stores no solar energy)" 과 대비되었다. 오늘날 국제생태건물연구소가 도입한 리빙 빌딩 챌린지와 같은 등급체계는 넷 제로 에너지를 하나의 요건으로서 통합한다.

### 3.3.2 시스템적 사고(Systems Thinking)

시스템적 사고는 개별적인 설계요소에 전체적인 시스템적 사고가 미치는 힘을 향상시킨다는 점에서 성공적인 넷 제로 에너지 프로젝트를 만드는 데 필요한 통합설계과정에 매우 중요하다. 시스템 흐름도(system flow diagram)의 개발이 이 과정을 촉진한다. 시스템 흐름도는 전체 시스템을 설계하고 최적화할 수 있는 방식을 탐구하는 설계자에게 도움이 된다.

이런 유형의 사고는 건물과 부지의 어떠한 시스템적 흐름에도 적용할 수 있다. 그림 3.6은 시스템 흐름도의 기본요소들을 묘사한다. 그림에서 보듯이, 모든 시스템에는 **원료**(stock)(에너지 시스템 흐름도를 위한 에너지)와 시스템 평가를 위한 **경계**(boundary), 경계조건에서 유입(in-flow)과 유출(out-flow)이 일어나는 흐름(flows), 변경자(modifiers), 피드백 순환(feedback loops)이 있다.

일반적으로 시스템 흐름도의 경계를 프로젝트 부지로 정의하면 적절한데, 이 경계가 설계와 영향의 범위를 정의하기 때문이다. 동시에 적어도 하나의 시스템이 어떻게 다양한 규모로 흘러가는지를 고려하는 게 유용하고 때로는 필수적이다. 에너지 시스템에서 이러한 규모 변화는 지구범위나 커뮤니티규모의 에너지 솔루션들에 대한 기회를 드러낼 수 있다. 어떤 건물이 넷 제로 에너지를 달성할 수 없다면, 그것을 커뮤니티 규모에서 달성할 수는 있을까? 시스템 규모의 탐구는 인간의 기술시스템이 자연계 및 생태계와 유사한 특징을 갖는 지점이 어딘지를 알려준다. 자연계는 균형을 향하는 경향이 있다. 자연은 적절한 규모에서 폐쇄회로적인 행동을 보여주는데, 예를 들어 전 세계의 물 순환주기는 원료가 유한한 하나의 거대한 폐쇄회로다. 또한 자연계는 폐쇄회로이기 때문에 결과적으로 폐기물을 생산하지 않는다. 한 시스템의 경계가 보다 큰 시스템 내부에서 소규모로 그려진다면, 그 시스템의 행위를 전체로 보기는 어려울 것이다. 폐쇄회로 시스템은 소규모로 관찰하면 하나의 단순한 선형의 입출력 시스템으로 보일 수 있다.

넷 제로 에너지 빌딩에 대한 에너지 시스템 흐름도는 설계 전문가들이 에너지 시스템 흐름도 내부의 많은 세부요소들을 탐구하고, 분석하고, 전달하는 데 도움을 줄 수 있다(그림 3.7 참조). 에너지의

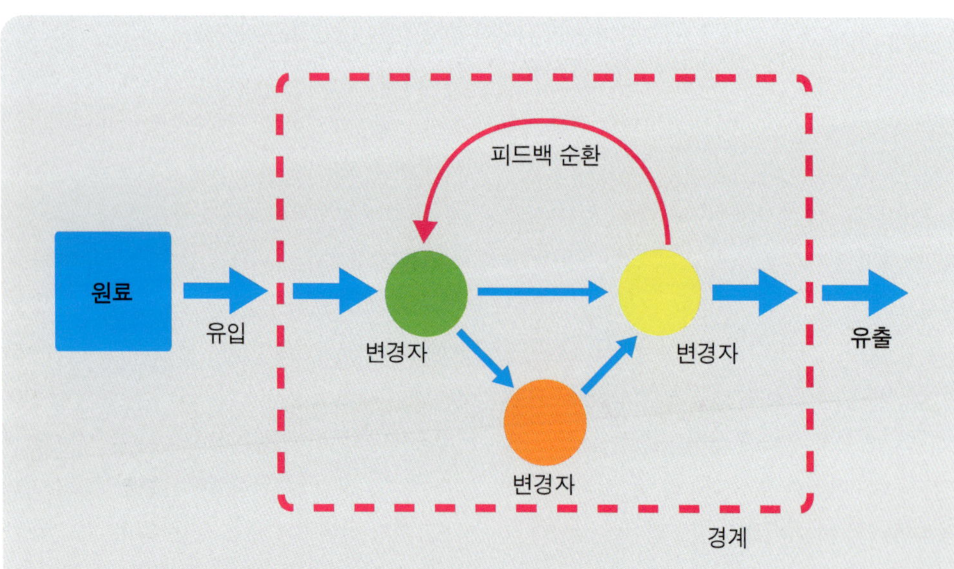


■ **그림 3.6** 시스템 흐름도의 기본요소

흐름은 에너지 시스템 흐름도의 기본 원료이고, 그만큼 한 건물과 부지의 경계를 넘나들며 흐르는 에너지 자원과 패시브 에너지 자원들을 얼마든지 포함할 수 있다. 그 프로젝트 경계 속에는 많은 변경자들, 즉 에너지 원료가 충족할 필요가 있는 부하들이 있다. 이런 부하들은 조명과 난방, 냉방, 환기, 플러그부하 혹은 프로세스부하의 측면에서 범주화가 가능하다. 시스템 전반의 부하와 에너지흐름은 열 쾌적성을 요구하거나 건물사용(조명, 설비 등) 패턴과 일정을 따르는 거주자들의 피드백 순환을 기초로 변경된다. 또한 그 부하들은 날씨 패턴을 따라서도 변경된다. 이러한 피드백 순환은 자동온도조절장치와 센서, 건물관리시스템을 활용하여 실현할 수 있다. 에너지 시스템 흐름도의 목적은 전체적 시스템으로서의 에너지를 먼저 살펴본 다음 설계하도록 하는 것이다. 또한 흐름도는 각각의 개별요소를 볼 때 분명하지 않을 수 있는 잠재적인 설계 솔루션들을 드러내는 데 도움을 줄 수 있다.

### 3.3.3 설계 의사결정(Design Decision Making)

본 장의 앞에서 소개한 국립재생에너지연구소의 Paul Torcellni는 종종 에너지에 대한 이 격언을 인용한다. "모든 설계의 의사결정이 에너지에 영향을 준다."

이 말의 함의는 분명하다. 성공적인 넷 제로 에너지 빌딩을 시행하려면, 각각의 프로젝트 결정이 일으킬 에너지 측면의 결과를 평가하고 조정하는 통합된 방식이 필요하단 것이다. 물론 에너지의 영향은 설계 결정에 따라 상당히 다양할 테지만, 자그마한 결정들조차도 그 영향을 더하기 시작한다. 요점은 에너지의 평가가 일반적으로 의사결정과정에서 사용하기에 훌륭한 선별기준이라는 점이다. 그

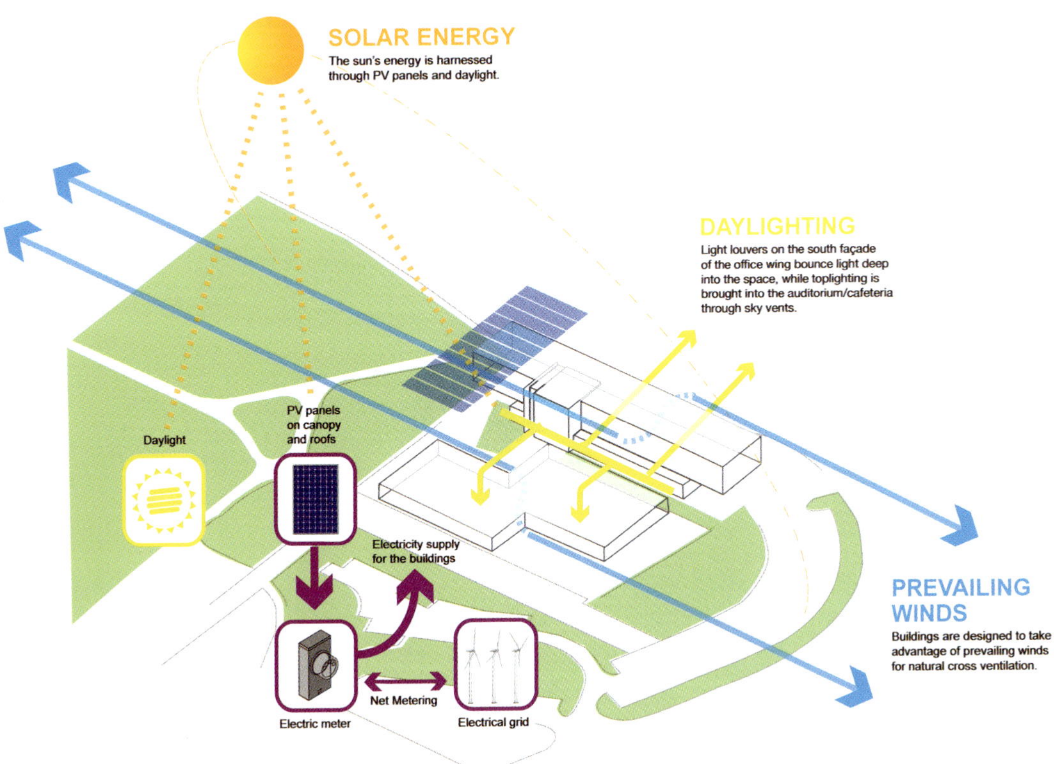


■ 그림 3.7 넷 제로 에너지 경쟁공모를 위한 에너지 시스템 흐름도 〈이미지 제공: RNL〉

것은 넷 제로 에너지 빌딩에 대한 진실 가운데 하나, 즉 디테일이 중요하다는 진실을 예증한다.

성공적인 설계 의사결정 요소들은 팀 조직의 역학관계 속에 있으며, 그런 요소들로는 팀 리더십, 위계, 신뢰, 소통 등이 있다. 에너지에 관해 이뤄지는 결정에서 가장 중요한 건 에너지 성능을 (비용과 일정, 품질과 더불어) 높은 수준의 의사결정 선별기준으로서 덧붙여 그 정보를 에너지 영향평가에 활용할 수 있게 하는 일이다. 에너지 성능을 주된 의사결정 선별기준으로서 덧붙이기란 그리 어렵지 않을 수 있다. 하지만 의사결정에 필요한 적정정보를 적시에 모으기란 어려울 수 있다. 그 이유 중 하나는 어떤 결정이든 고려해야 할 요인들이 많으므로 필요한 정보가 팀 전반에 걸쳐 퍼져있을 가능성이 높기 때문이다. 하지만 설계 결정의 질은 그 결정에 사용되는 정보만큼만 좋다는 걸 명심하라. 이는 협력적이고 비위계적인 의사결정과정의 시행이 중요함을 부각시킨다.

그림 3.8의 다이어그램은 넷 제로 에너지 빌딩의 에너지에 대한 기본적인 의사결정과정을 묘사한다. 그것은 프로젝트를 유일한 솔루션으로 종합하려는 노력 속에서 설계정보의 세부적인 양과 수준이 늘

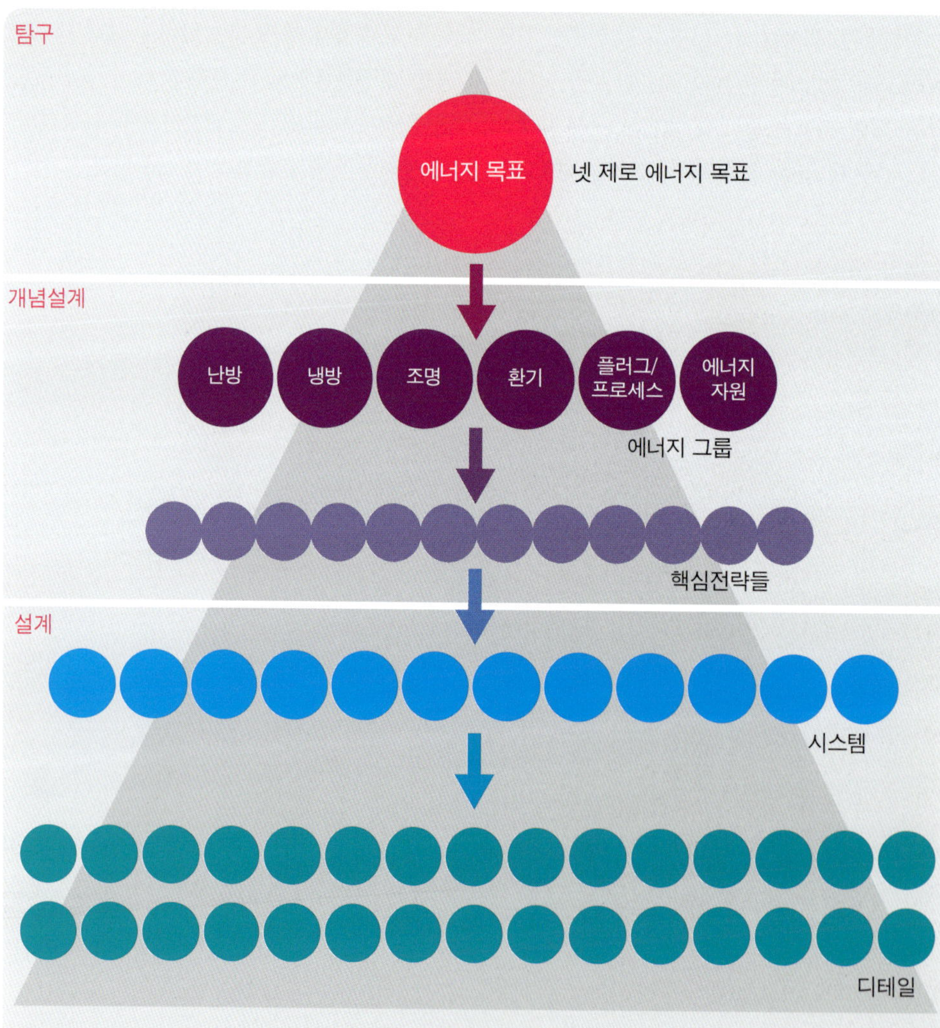


■ **그림 3.8** 에너지설계 의사결정과정

어나는 원리와 일관된다. 간단히 말해 설계는 성공적인 프로젝트 결과를 보장하는 데 필요한 그 많은 결정들을 모두 통합하고 종합하는 과정이다. 기본적인 의사결정 흐름은 프로젝트 착수 시점에 넷 제로 에너지와 에너지 목표로 시작한다. 개념 설계단계에서는 다양한 에너지 최종용도들과 (설비기반 및 부지내재생가능) 에너지 자원들이 핵심 에너지 그룹으로써 고려된다. 또한 각각의 에너지 최종용도 혹은 에너지 자원의 예산은 전반적인 에너지 목표 충족에 기초할 것이다. 각각의 에너지그룹과 개념설계에서의 예산들을 다룰 전략들이 개발된 다음 합의된 전략들을 수행할 시스템들이 설계된다. 설계가 진행될수록 시스템 성능요건들을 충족할 시스템과 조립체들이 충분히 상세화되어 명시된다.

그림 3.9의 다이어그램은 이러한 의사결정과정이 주요 에너지그룹 중 하나(이 경우는 조명)에 대해 어떻게 작용하는지를 상세하게 보여준다. 그것은 필요한 모든 결정을 보여주려는 의도가 아니라 의사결정 흐름의 위계와 상호의존성을 전달하려는 의도다. 또한 이 다이어그램은 설계 종결 시점에 이뤄지는 많은 세부적 결정들이 작거나 고립된 결정으로 보일 수 있을지라도 사실 전반적인 에너지 목표의 맥락 속에서 어떻게 이루어지고 있는지를 보여주기는 역할도 한다. 각각의 세부 결정은 앞선 결정단계에서 확립된 요인들을 따라 이뤄지고, 이는 다시 전반적인 에너지 목표를 따라 개념설계 단계에서 확립된 핵심 설계 전략 및 개념들을 발전시킨다.

넷 제로 에너지 프로젝트를 위한 의사결정과정은 에너지 기준이 이끄는 탄탄한 문제풀이과정으로 뒷받침되어야 한다. 설계단계에서 활용되는 이 문제풀이과정은 종합에 초점을 두며 정의와 분석, 평가, 정교화의 과정을 중심으로 이뤄진다. 그림 3.10은 이러한 기본적인 과정을 묘사한다.

해법과 전략들의 파악은 협업과 경험, 연구를 필요로 한다. 해법들의 분석과 평가는 데이터와 평가기준들을 필요로 한다. 시뮬레이션 도구와 설계연구의 활용은 설계데이터와 검증해법들의 개발에 중요한 수단이다. 특히 에너지 모델은 넷 제로 에너지 프로젝트에서 핵심적인 문제풀이도구여야 한다. 그 평가기준들은 프로젝트 목표들을 충족시키고 뒷받침하는 걸 기초로 한다. 특히 프로젝트 목표들은 잠재적 대안들을 파악하는 데 영향을 줘야 한다. 원하는 결과(프로젝트 목표들)를 이해하고 비교분석을 시행하여 고려되는 모든 대안들 중 최상의 대안을 도출해야 한다. 이 작업은 그 최상의 대안을 더욱 발전시켜야 프로젝트 목표들을 충분히 충족할 수 있음을 보여줄 수도 있다. 해법의 질을 가르는 기준이 되는 팀의 능력은 첫째로 고품질 대안의 파악능력이요, 둘째로는 대안들의 비교분석능력임을 명심하라.

## 3.4 건물 에너지 모델링
(Building Energy Modeling)

### 3.4.1 가상의 넷 제로 에너지 빌딩
(The Virtual Net Zero Energy Building)

넷 제로 에너지의 설계와 시공, 운영은 각 설계단계마다 이뤄지는 건물의 시뮬레이션과 모델링에서 도움을 얻는다. 컴퓨터 기술이 발전할수록, 설계통합과 협력증진, 성능시뮬레이션의 합리화를 통해 프로젝트 생애의 모든 단계에서 건물의 단일한 총체적 가상모델을 활용할 수 있게 되면서 시행과정이 크게 개선될 것이다. 가상건물은 건물정보모델링(BIM)의 기본원리다. 그것은 건물을 실제로 짓기 전에 가상으로 지어본다는 아이디어다. "시험건물(test building)"과 "충돌시험(collision testing)"이 조율과 소통의 이점을 주는 건 분명하며, 이는 오늘날 건물정보모델링을 효과적으로 활용하는 많은 통합 프로젝트 팀들이 실현하고 있다.

그 목표와 기술적인 동향은 성능 및 에너지 시뮬레이션의 처리도 가능한 단일 가상모델을 개발하는

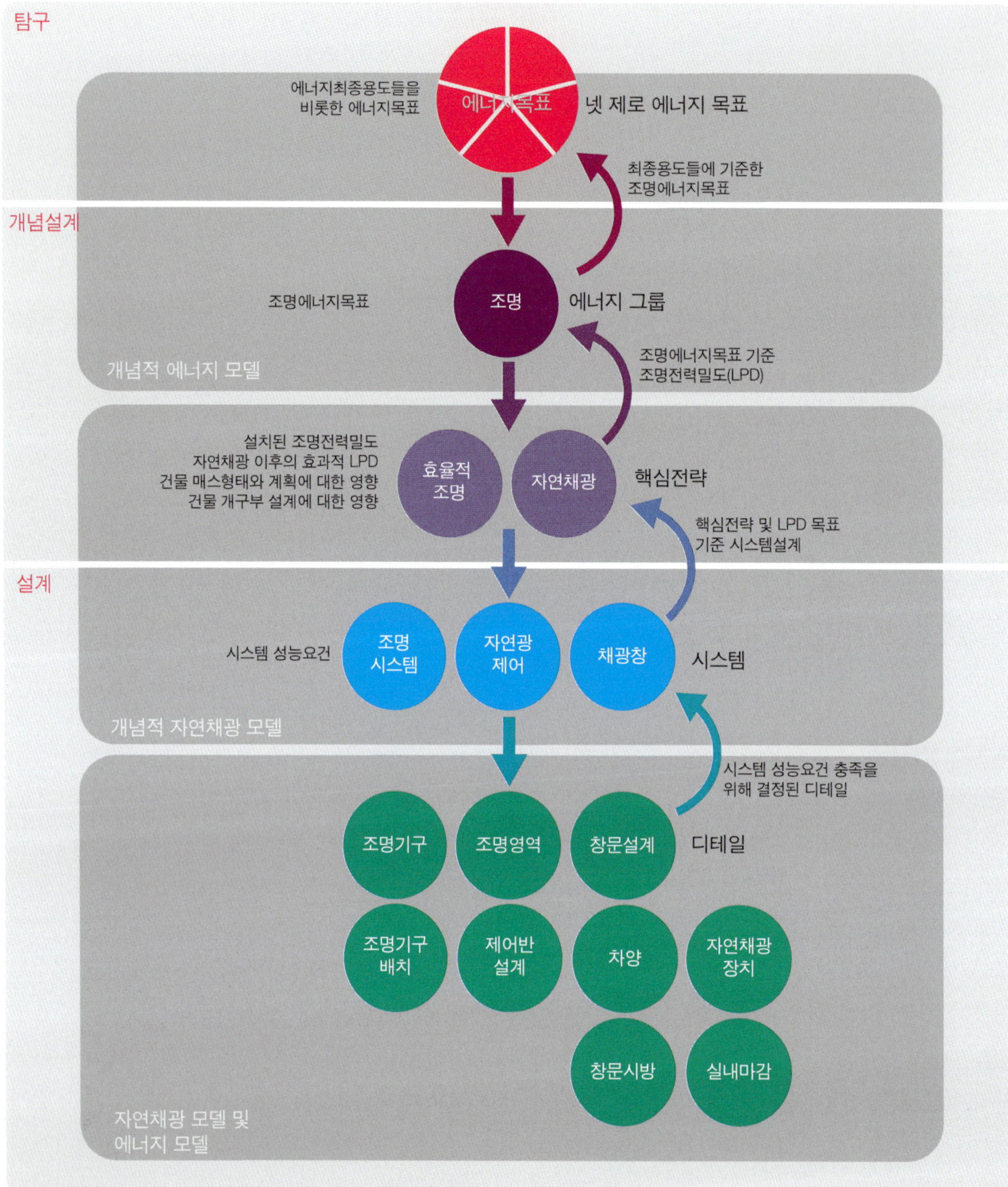


■ **그림 3.9** 에너지설계 의사결정과정 디테일: 조명 사례

것이지만, 현실적으로 대부분의 건물성능 시뮬레이션은 각기 제마다의 모델을 갖는 매우 다양한 어플리케이션을 통해 이뤄지고 있다. 오늘날 가상건물의 모습은 기껏해야 다양한 모델을 혼합하여 건물을 가상적으로 이해하고 소통하는 데 활용하는 정도에 불과하다. 업계는 상호운용성(interoperability)에 초점을 맞추고 있으며, 다양한 모델링 프로그램에서 작동하는 파일 플랫폼과 프로토콜을 개발하는 방향으로 장족의 발전을 이뤄가고 있다.

여기서 **모델**(model)이란 용어가 다소 폭넓은 의미로 사용되는 것에 주목하라. 그 말은 건물이나 건물의 구성요소, 혹은 그 성능을 시뮬레이션 하는 분

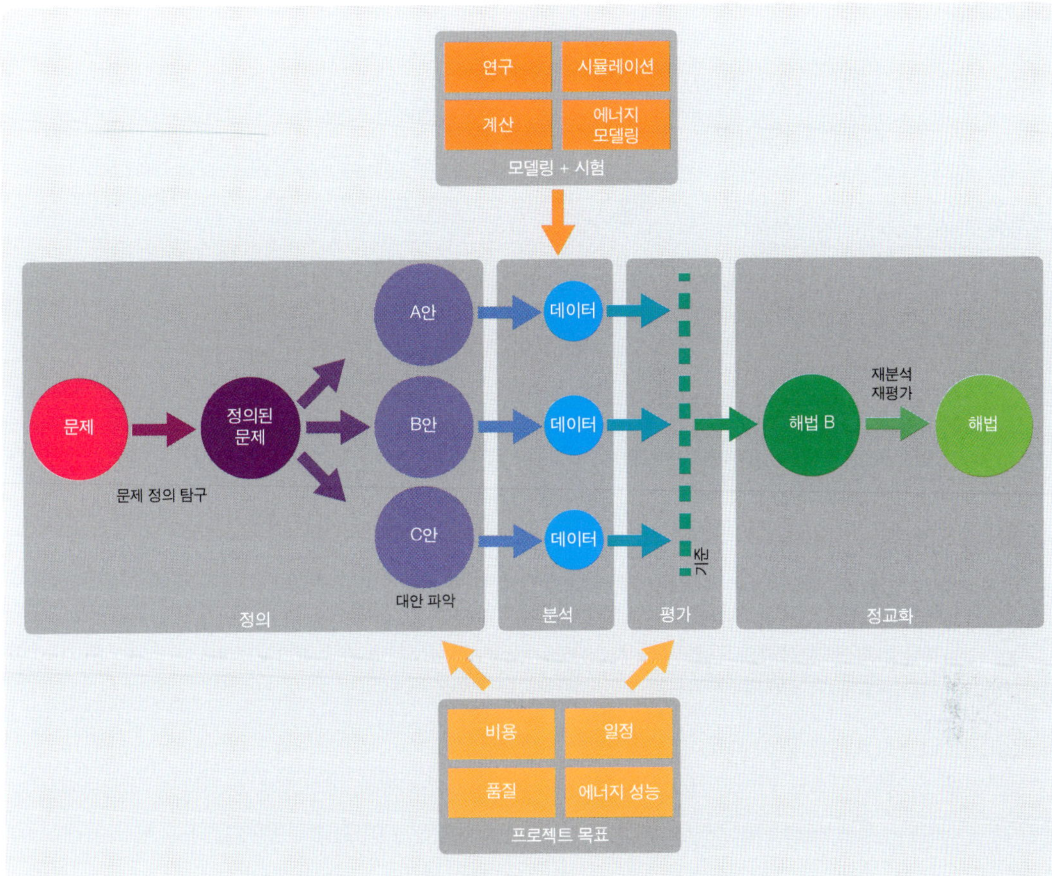


■ **그림 3.10** 에너지설계 문제풀이과정

석 데이터나 정보의 집합을 일컫는다. 모델은 건물의 3차원적 재현일 수도, 에너지 모델일 수도, 자연채광 시뮬레이션일 수도, 심지어는 엑셀 스프레드시트일 수도 있다. 시행과정 전반에 걸쳐 하나의 복합적인 가상 넷 제로 에너지 빌딩 모델을 구성할 수 있는 시뮬레이션 및 개별모델들을 몇 가지 생각해 보자(그림 3.11도 참조).

- 기후 연구모델(Climate study model)
- 매스계획 및 설계 연구모델(Massing and design study models)
- 3차원 시각화 모델(3d visualization model)
- 설계 및 시공 BIM 모델(Design and construction BIM model)
- 에너지 모델(Energy model)
- 자연채광 및 조명 모델(Daylighting and lighting model)
- 자연환기 모델(Natural ventilation model)
- 열전달 및 열교현상 연구모델(thermal transfer and thermal bridging study model)
- 열 쾌적성 모델(Thermal comfort model)
- 비용모델(Cost model)
- 일정모델 및 4차원 모델(Schedule model and 4D model)

### 3.4.2 모델링의 역할(Role of Modeling)

넷 제로 에너지 디자인과정에서 지혜로운 설계결정을 하는 최상의 방법은 그런 결정들이 결과적인 건물에 미칠 영향을 시뮬레이션 하는 것이다. 이 강력

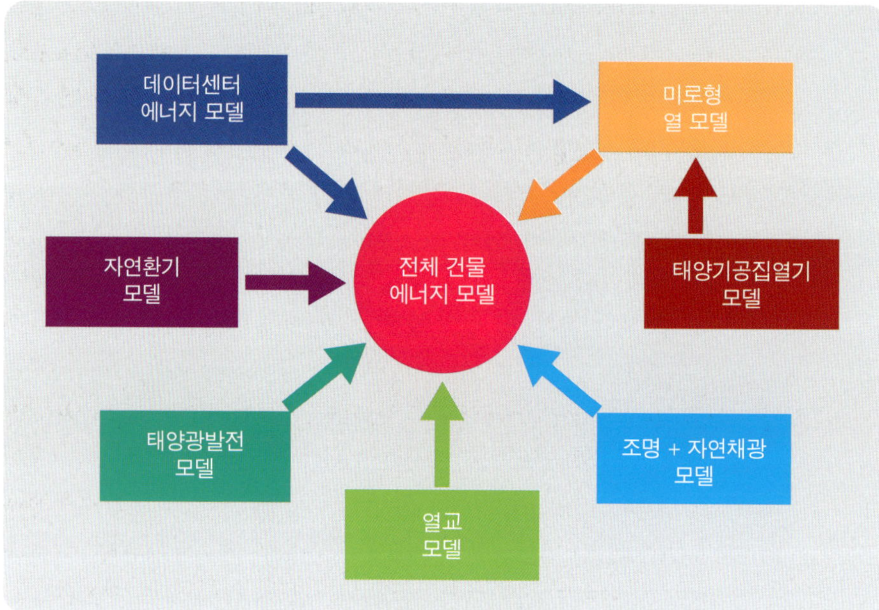


■ **그림 3.11** 복합 에너지 모델(Composite Energy Model): 이 사례는 국립재생에너지연구소 연구지원시설을 위한 기본적인 복합 에너지 모델 구조를 보여준다.

한 접근법을 심지어 설계를 시작하기 전부터 시작해야 하며 그 다음에는 테스트를 추가하든, 디테일을 더하든, 결과를 평가하든 적절한 방식으로 전 과정에 걸쳐 지속해야 한다. 이런 식으로 전체적인 건물 에너지 모델은 넷 제로 에너지 시행과정의 의사결정을 재현하는 중심모델이 된다. (물론 다른 많은 모델이나 시뮬레이션들을 활용하여 특정한 결정들을 돕고 에너지 모델에 기여할 수도 있다.)

건물 에너지 모델과 성능 시뮬레이션은 많은 목적을 수행하지만, 기본적인 목적은 의사결정(decision making)과 검증(verification)이라는 두 가지다. 이 두 활동은 다른 시점에 일어나며 매우 특정한 목표들을 갖는다. 에너지 모델을 의사결정 도구로 활용하는 일은 과정 전반에 걸쳐 일어나지만, 그것은 초기 설계단계에서 가장 중요하고 효과적이다. 탐구 및 초기 설계단계에서는 다양한 모델을 활용하여 더 폭넓고 큰 그림의 전략연구를 할 수 있다. 일차적 에너지 모델이 상당수준의 디테일을 확보하게 되는 설계 후반부에는 그 모델을 활용하여 별도의 부재들이나 부재 집합들을 선정하고 테스트해볼 수 있다. 예를 들어 모델과 별도로 창문의 시방이나 벽의 단열수준을 다양한 설계안들 사이에서 변경시켜 가면서 에너지절감 가능성을 결정할 수 있다. 이렇게 하면 설계안들 간의 비용 차이를 분석할 수 있기 때문에 다양한 안들의 비용 효과성도 이해하게 될 것이다.

건물 에너지 모델을 검증도구로 활용하는 것은 시행과정의 핵심 이정표들에서 중요성을 갖는다. 이 작업은 전체적인 프로젝트가 정해진 에너지 목표를 충족하고 있는지의 여부를 판단하기 위한 기본적인 과정이다. 결국, 그것은 운영 중에 넷 제로 에너지를 충족시킬 가능성을 평가할 수 있게 해준다. 이정표 검증모델들은 넷 제로 에너지 균형(balance)의 계산과 함께 이뤄져야 한다(11장 참조). 이런 의미에서 측정도구로서의 에너지 모델은 실제 건물에 가깝게 재현하고자 하는 예측모델을 의도한다. 건물이 설계 에너지 모델의 예측대로 성능을 내지 못한다는 최근 보고서들의 견지에서는 에너지 모델을 예측도구로 활용하는 게 현명치 못하다고 보일 수 있다. 확실히 에너지 모델 예측에 비해 실제 건물 에너지 사용에 영향을 주는 많은 변수들이 있는데, 예를 들면 거주자 행동과 건물 일정, 날씨, 시공 결함 같은 요인들이다. 하지만 넷 제로 에너지 빌딩의 목표는 실제 건물 운영 중에 충족되며, 이는 그 에너지 모델이 건물에 대한 재생에너지의 설계와 적용을 도우려면 가능한 한 예측적이어야 한다는 뜻이다. 이는 또한 현실과 모델 간에 일어날 수 있는 차이를 줄이거나, 최소한 정량화하기라도, 혹은 그 가정들을 최소화하는 데 더 세심한 주의가 필요하다는 뜻이기도 하다. 결국 그것은 어디서 차이가 일어날 수 있는지를 건축주가 이해하도록 모델의 예측을 관리한다는 뜻이다.

에너지 모델이 충족시켜야 하는 또 하나의 검증 역할은 LEED 등급체계를 준수하고 에너지 성능을 문서화하는 것이다. 전형적인 LEED 준수모델은 "ASHRAE 90.1. 저층주거건물을 제외한 건물 에너지 표준"에 지배되며 그것의 "참고부록(Informative Appendix) G"에 나오는 성능등급산정법을 활용한다. 하지만 안타깝게도 LEED를 위한 에너지 모델링 과정은 넷 제로 에너지 모델링을 위한 과정의 부가물이다. 이 두 모델은 서로 다른 두 기준을 통해 두 개의 다른 목표를 평가한다. ASHRAE 90.1 모델은 하나의 기준 에너지 모델을 비교에 활용하며, 그 척도는 그 기준에 비해 제안되는 설계의 에너지 비용절감이 어느 정도인지에 대한 백분율 값이다. 결과적으로 넷 제로 에너지 모델에는 기준이 없고 단지 절대적인 에너지 목표만이 있다. 그 절대적인 넷 제로 에너지 목표는 에너지 모델링을 위한 새로운 과정과 목적을 대변한다.

### 3.4.3 효과적 모델링(Effective Modeling)

#### 3.4.3.1 에너지 모델러(The Energy Modeler)

일차적인 에너지 모델은 숙련된 에너지 모델러가 확립하고, 유지관리하고, 분석해야 한다. 예술과 과학을 융합하는 이 기술을 숙달하려면 상당량의 경험과 창의성이 요구된다. 재능 있는 에너지 모델러는 다양한 모델링 소프트웨어와 접근법의 장단점들을 이해하고 (복잡한) 설계의도들을 에너지 모델 체계로 효과적으로 변환하는 방법을 알아야 하며, 그런 소프트웨어를 효과적인 모델 분석도구로 활용하여 유용한 결과를 도출할 수 있어야 할 것이다.

에너지 모델러는 건물의 물리학을 깊이 이해하고 에너지 모델을 활용해야 하는데, 첫째로는 올바른 질문을 하기 위해서고 둘째로는 그 결과를 성공적으로 해석한 후 활용하기 위해서다. 건물 에너지 모델링 소프트웨어 기술이 향상될수록 프로젝트의 BIM 플랫폼과 더욱 긴밀하게 통합되고, 어떤 작업들은 더욱 자동화하게 된다. 하지만 그것이 에너지 모델러의 전문성을 대체하는 것은 아니며 그럴 수도 없다. 소프트웨어나 그 도구의 개선은 숙련된 에너지 모델러들이 넷 제로 에너지 프로젝트 팀을 기초로 자신들의 작업을 훨씬 더 효과적으로 하도록 도울 수만 있을 뿐이다.

**에너지 모델러의 인증**
**(Energy Modeler Certification)**

에너지 모델러의 전문적인 인증 프로그램이 최초로 등장한 건 미국냉난방공조학회(ASHRAE)가 건물에너지모델링전문가(Building Energy Modeling Professional: BEMP) 인증을 도입한 2010년 초다. 이 프로그램은 건물 및 시스템 에너지 성능, 경제학, 건물 물리학을 측정하는 에너지 모델링 기법과 소프트웨어 능력을 입증한 에너지 모델링 전문가들을 파악할 수 있게 해준다.

설계와 시공, 사용 중의 결정이란 측면에서 모델을 최신화하고 설계과정이 적시적인 에너지 모델링 결과들로 보충되려면, 프로젝트 정보의 꾸준하고 유연한 흐름을 보장할 에너지 모델러가 팀에 잘 통합되어야 한다. 게다가 기계설비엔지니어(혹은 중요한 설계 및 관리 책임이 있는 다른 팀 구성원들)와 독립적인 에너지 모델러들을 쓰는 게 유익할 수 있다. 에너지 모델러들은 복잡한 에너지 모델링 과정을 이끄는 데 필요한 실무경험을 지닌 전문화된 독립 컨설턴트로서 모델링 과정에 집중할 수 있으며, 그 과정은 설계와 에너지 모델링 사이를 오가는 게 아니라 넷 제로 에너지 프로젝트를 향해가는 폭넓은 과정이다. 모델러는 독립적인 인력으로서 설계와 엔지니어링, 에너지 분석 사이에서 중요한 견제와 균형의 역할을 할 수도 있다.

앞서 언급한 내용은 에너지 모델링이 에너지 모델러만의 영역이란 얘기가 아니다. 비록 에너지 모델러가 일차적 에너지 모델과 그에 대해 조율할 필요가 있는 여타의 에너지 및 시뮬레이션 노력들을 개발하고 관리하는 입장이지만, 기계설비엔지니어와 조명디자이너, 건축가를 비롯한 설계 팀의 다른 인력들도 다양한 설계 시뮬레이션에서 중요한 역할을 수행한다.

### 3.4.3.2 정확성(Accuracy)

"쓰레기를 넣으면, 쓰레기가 나온다(garbage in, garbage out)"는 말은 에너지 모델링에도 해당되는 얘기다. 이건 에너지 모델에 투입되는 요소들이 "완벽한(perfect)" 정보여야 한단 의미가 아니라, 질문 유형에 "맞는(right)" 정보를 사용할 필요가 있단 뜻이다. 게다가 에너지 모델링의 노력을 평가할 때 그 정보의 모든 가정과 한계를 충분히 이해하는 게 중요하다.

모델의 정확성에 대한 이슈는 충족해야 할 구체적 수요에까지 적용된다. 에너지 모델을 의사결정 도구로 사용할 때, 정확성은 종종 그리 중요하지 않다. 게다가 모델을 정확하게 하는 데 필요한 디테일들은 그 가치에 비해 성가신 것일 수 있으며, 심지어는 효과적인 설계 결정들을 지체시키거나 가로막을 수도 있다. 의사결정 시에는 설계 결정에 관한 중요한 변수들을 이해하고 그것들에 관한 시범적 질문을 설정하는 게 중요하다. 어떤 경우에는 어떤 대안이 최상의 에너지 성능을 제공하는지만 알아도, 그리고 에너지 규모의 순서까지만 알아도 설계를 결정하는 데 충분할 수 있을 것이다. 확실한 결정을 내리기 위해 실제 에너지 절감을 매우 정확하게 평가할 필요까진 없는 경우가 많다.

모델의 정확성은 건물의 에너지 성능을 평가하고 예측할 때 훨씬 더 큰 중요성을 갖는다. 그 목적은 설계와 시공 전반에 걸쳐 모델을 더 상세화함으로써 실제 시공과 의도한 운영 단계를 충실하게 재현하는 것이다. 이런 의미에서, 모델은 발전될수록 정확성도 더 커져야 한다. 넷 제로 에너지 프로젝트의 경우, 그 목적은 건물 운영에 사용할 수 있는 예측 모델과 도구를 개발하는 것이다.

하지만 에너지 모델링 소프트웨어는 그 자체만으로는 매우 정확할 수 있다. 모델이 에너지 결과를 얼마나 잘 예측하는지에 가장 큰 영향을 주는 건 입력변수와 그것이 향후 건물 운영을 정확하게 포착하는지의 여부다. 모델이 설계와 시공을 정확하게 재현할 수 있게 할 품질제어조치들이 이뤄져야 한다. 그런 조치들은 건물에 예상되는 사용방식, 예를 들면 프로그램적인 요소들, 설치되는 설비, 건물의 사용일정, 거주자 행동 등에 대한 공통의 이해와 기대가 있음을 보장하는 것이어야 한다.

설계 초기 단계에서는 전체적인 에너지 문제를 이해하기가, 또한 완전하고 예측적인 에너지 모델을 구성하는 모든 디테일들을 파악하기가 어렵다. 이 문제에 대한 해법은 우발요인을 전략적으로 활용하는 것이다. 설계 초기단계에는 에너지 우발요인으로서 여분의 예비 에너지 사용량을 유지해둬야 한다. 에너지 모델이 더 상세화될수록 예비 사용량은 건축주와 팀의 판단 하에 점차 줄여갈 수 있다. 에너지 우발요인의 설정은 넷 제로 에너지 프로젝트에 유용한 도구인데, 에너지사용량 목표와 계획된 부지내 재생에너지시스템이 긴밀한 관계에 있기 때문이다. 어느 쪽이라도 충족하지 못할 경우 그 목표를 충족하지 못하게 되는 것이다.

### 3.4.3.3 시점조율(Timing)

에너지 모델링의 효과성에 영향을 미치는 가장 중요한 요인 중의 하나는 핵심 설계활동과 관련하여 모델링 활동의 시점을 맞추는 일이다. 건물의 기초설계에 영향을 주기에 너무 늦은 시점에 에너지 모델링을 시작하는 경우가 통상적으로 일어난다. 프로그램과 향, 매스계획, 형태, 창면적비(window-to-wall ratio)는 모두 설계초기에 개발되는데, 에너지 모델링의 시점이 이보다 훨씬 후에 있게 되면 주된 문제가 될 수 있다. 모델링 단계들이 설계 결정들, 예를 들어 벽 조립체와 창 선정, 시스템 선정에 영향을 주는 결정들과 일치하지 않을 경우 문제가 된다. 시점조율을 잘 하면 에너지 모델이 넷 제로 에너지 프로젝트의 맥박처럼 여겨지게끔 도움을 줄 수 있으며, 그러한 지속적인 모니터링과 에너지 모델의 사용은 프로젝트의 목표를 향한 계속적인 정진을 가능케 해줄 것이다.

에너지 모델링의 시점은 시행과정 전반에 걸쳐 계획되어야 하며, 넷 제로 에너지 목표에 대비해 점검을 실시할 특정한 이정표들을 포함해야 한다. 몇 가지 핵심적인 이정표들을 들자면, 개념설계, 각 설계단계에 적합한 설계모델들(설계완료시점 모델 포함), 준공시점 에너지 모델, 측정 및 검증 과정과 건물 운영에 사용되는 모델이 있다(그림 3.12 참조).

### 3.4.3.4 조정(Coordination)

팀 전체가 에너지 모델을 접해야 한다. 이는 정확성의 보장을 돕기 위해 모델에 사용되는 투입요인들을 설계에 맞춰 조정하는 작업을 포함한다. 예를 들

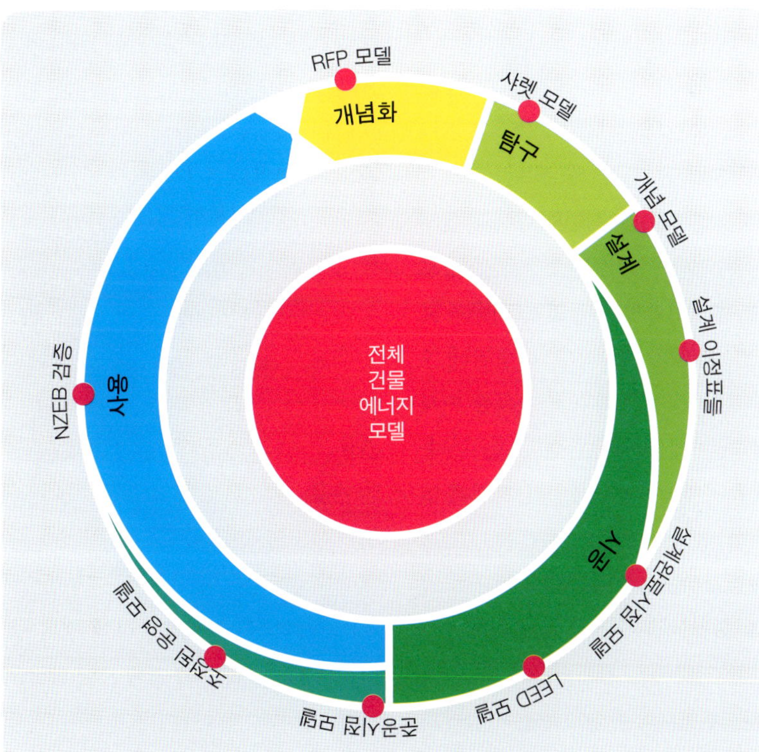


■ 그림 3.12 시행과정의 일부로서의 에너지 모델링

어, 건물외피의 열적 속성들을 단순히 가정할 게 아니라 세심하게 조정해야 한다. 조정되는 다른 투입요인들로는 일정과 부하, 온도설정점, 다양한 시스템의 디테일 등이 있다. 팀은 더 나은 설계 결정들을 돕기 위해 에너지 모델의 입력과 결과들 모두를 중심으로 완전히 통합되어야 한다.

설계와 에너지 모델의 조정은 양호한 의사소통에 기초한다. 몇몇 중요한 정보들은 팀 전반에 걸쳐 분명하게 소통되고 조정되어야 한다. 모델 입력값, 모델의 결과값, 한계와 가정들, 결과분석 등이 그런 정보에 해당한다. 모델의 질은 그 입력값들의 질에 비례하므로, 입력값들이 설계의도와 건축주가 의도하는 사용 및 운영을 대변하는 것이 중요하다. 또한 그런 정보들을 최신으로 유지하고 정기적으로 검토하는 것도 필수적이다. 에너지 모델링 보고서는 이런 목적으로 팀이 사용할 수 있는 필수적인 소통수단이다. 핵심은 팀이 에너지 모델의 구성요소들을 이해하고 모델링의 결과를 발전적으로 활용할 수 있어야 한다는 점이다.

#### 3.4.3.5 비용 효과적 모델링 (Cost-Effective Modeling)

넷 제로 에너지 디자인과정을 위해 여기서 옹호하는 에너지 모델링과 기타 설계 시뮬레이션들의 수준은 LEED 인증을 추구하는 전형적인 그린빌딩 프로젝트들의 범위를 훨씬 뛰어넘는다. 광범위한 모델링은 하나의 투자로서, 프로젝트에 가치를 더하고 건물에 장기적 가치를 더하는 투자로 봐야한다. 이런 투자를 지혜롭게 하려면, 모델링의 과정과 범위를 사전에 측정한 다음 이런 측정치들을 프로젝트의 일정과 프로젝트 용역비, 용역비협상으로 발전시키는 게 중요하다.

다행히도 여기서 기술하는 광범위한 노력은 시간이 갈수록 모델링과 BIM의 통합도구들이 발달하면서 보다 합리화되고 비용 효과적으로 될 것이다. 에너지 모델링 과정에 드는 많은 비용은 사용되는 각각의 시뮬레이션 프로그램을 위한 새 모델들을 만드는 데 드는 비용이다. 장차 앞서 언급한 단일 가상모델로 진화하게 되면, 잠재적인 불일치 요인들을 알려주는 여러 모델들을 생성하는데 드는 시간적인 노고는 최소화될 것이다. 동시에 우리는 모델을 능숙하게 만들고 시뮬레이션니즈(needs)를 설계니즈(needs)에 대응시키는 법을 아는 능숙한 에너지 모델러들에게 의존해야 한다.

### 3.4.4 화이트박스 모델링(White-Box Modeling)

건축가나 엔지니어, 에너지 모델러, 혹은 기타 팀 구성원이 만드는 매우 간단한 에너지 및 자연채광 모델들을 기술하기 위해 나는 화이트박스 모델링이란 용어를 사용한다. 나는 이런 모델 유형을 사용하는 건축가를 열정적으로 환영한다. 화이트박스 모델이란 간단한 의사결정도구이며, 그렇기에 설계문제의 해결을 돕는데 창의적으로 활용되는 설계도구로 봐야한다. 블랙박스와 반대되는 용어인 화이트박스는 들여다볼 수 있는 열린 시스템 혹은 모델을 의미한다. 단순히 입력만 하면 출력이 나오는 박스가 아니다. 화이트박스는 이런 일부 모델연구들의 시각적인 외관을 묘사하기도 하는데, 화이트박스 모델을 만드는 가장 좋은 도구 가운데 하나인 구

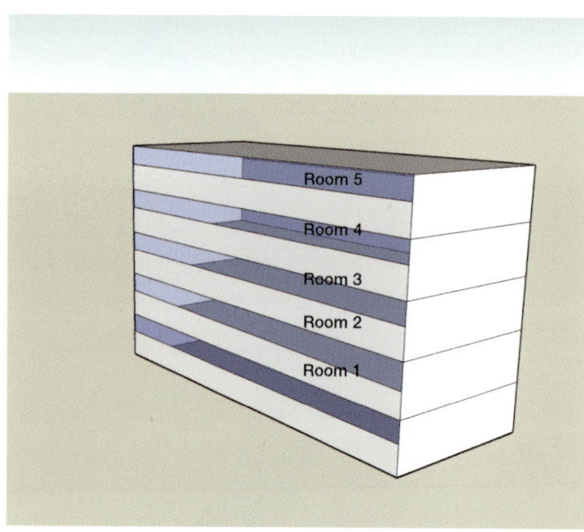

■ 그림 3.13 5층짜리 건물에 대한 간단한 스케치업 기준모델. Room 표시들은 IES VE를 위한 표시다.

글 스케치업(Google SketchUp)에서 오브젝트의 기본색상이 흰색이기 때문이다(그림 3.13 참조).

스케치업 그 자체는 에너지나 자연채광모델링 프로그램은 아니다. 하지만 그것은 차양과 태양광의 이용 스터디를 발전시키기에 유용한 프로그램이다. 현재 에너지 및 기타 시뮬레이션 소프트웨어들을 스케치업과 호환시켜 스케치업에서 그 모델이 생성되게 해주는 새로운 스케치업용 플러그인들이 나와 있다. 일반적으로 에너지 모델링 소프트웨어 프로그램들은 건물 형상을 만들어내는 데 뛰어나지 못하다. 하지만 스케치업은 그게 가능하다. 건축가와 디자이너들이 스케치업을 널리 사용하는 이유 중 하나가 바로 그것이다. (현재 구글에서 스케치업 무료버전을 이용할 수 있다.)

현재 스케치업용 플러그인을 보유한 두 가지의 대표적인 에너지 모델링 프로그램은 IES Virtual Environment(IES VE)와, OpenStudio-Plugin을 겸비한 EnergyPlus다. 에너지부와 국립재생에너지연구소가 개발한 EnergyPlus와 OpenStudio는 무료 다운로드가 가능하다. IES 또한 무료버전과 IES VE-Ware란 플러그인을 만든다. 보다 내실 있고 완전한 기능을 갖춘 버전들은 IES를 통해 유료로 이용할 수 있다.

### 3.4.4.1 화이트박스 모델의 유형과 용도

(Tyoes and Uses of White-Box Models)

넷 제로 에너지 프로젝트는 에너지 기준 값의 정의를 시작하기 위한 간단한 화이트박스 모델로 시작해야 한다. 꼭 기준 값(baseline)이 있어야만 넷 제로 에너지 목표를 정하고 달성할 수 있는 건 아니다. (넷 제로란 절대 값인데다 기준 값과는 궁극적으로 독립된 것이기 때문이다.) 그럼에도 기준 값은 에너지 목표과정에 가치를 더해준다. 기준 모델을 이용하면 상대적인 에너지 최종용도들에 대한 모델을 비교적으로 따져볼 수 있을 뿐만 아니라 건물의 에너지부하에 기여하는 게 무엇인지를 정량화할 수도 있다 (그림 3.14와 3.15 참조). 이 모델 유형이 꼭 총 에너지에 대한 양호한 척도는 아님을 기억하라. 그것은 사실 프로젝트 내에서 에너지 사용을 주도하는 게 무엇인지에 관한 중요한 정보를 전달하려는 의도다. 간단한 기준 모델을 개발하는 한 가지 방법은 최소치인 디폴트 코드 값들로 설정된 기본적인 시공 조립체들과 건물 시스템들을 활용하는 것이다.

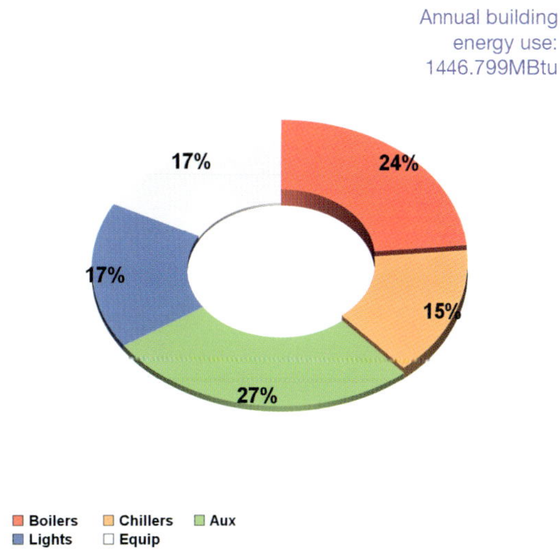


■ 그림 3.14 IES VE 아키텍쳐럴 툴킷(Architectural Toolkit)에서 얻은 에너지 파이차트 보고서(Energy Pie Chart Report)

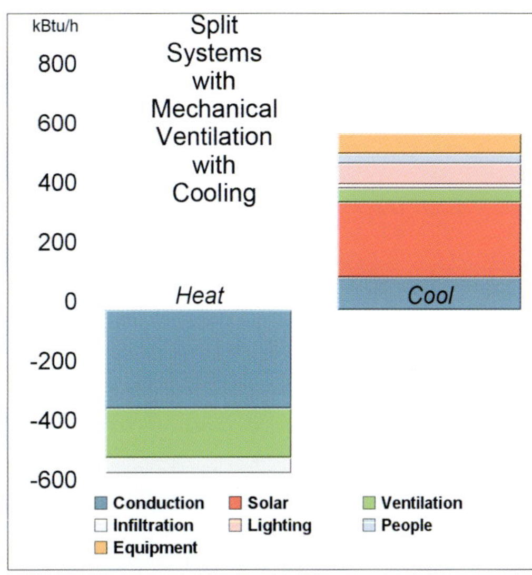


■ 그림 3.15 IES VE 아키텍쳐럴 툴킷(Architectural Toolkit)에서 얻은 냉난방부하 차트 보고서(Heating and Cooling Chart Report)

간단한 모델들을 이용하여 대안적인 매스계획뿐만 아니라 창면적비를 연구하는 것도 가능하다. 게다가 디폴트값이나 모델 파라미터들을 조정하여 다양한 조립체와 시스템들이 건물 성능에 미칠 상대적 영향을 결정할 수도 있다. 화이트박스 모델링은 초기 설계에서 이뤄지는 결정들을 빠르게 평가하는 데 도움을 줄 수 있지만, 이 과정에는 건물의 물리학과 에너지 전략들에 대한 내실 있는 판단이 함께 이뤄져야 한다. 간단한 화이트박스 모델들로부터 얻은 에너지 결과들은 상대적 비교를 할 수 있게 도와주지만, 그것들을 결론적으로 해석해서는 안 된다.

간단하고 효과적인 또 다른 화이트박스 모델 유형은 관심영역이나 설계에서 반복되는 건물구획(building bay)을 연구하는 단위 공간모델인 유닛 모델(unit model)이다. 이런 간소화된 모델 유형은 공간에 특정한 많은 성능인자들, 예를 들어 자연채광과 온도, 열전도, 일사열취득 등을 평가하는 데 활용될 수 있다(그림 3.16과 3.17 참조). 그것은 다양한 창 설계와 차양 솔루션, 창면적비 비율, 건물 조립체, 건축적 형태와 매스를 각기 검증하는 데에 사용할 수도 있다.

결론적으로, 화이트박스 모델들은 사실상 개념모델을 의도할 뿐이다. 그것들은 초기 설계과정의 니즈(needs)를 다루기 위해 빠르고 간단하게 만들어진다. 보다 상세한 모델들은 프로젝트를 진행해가면서 개발해야 할 것이다. 에너지 모델러는 보다 상세한 전체 건물 모델을 개발할 때 화이트박스 모델의 일부를 활용할 수도 있다. 그 목적은 초기 실험과 혁신으로 특징지어진 개념설계의 시너지효과와 시스템들을 넷 제로 에너지의 성공적 설계로 발전시키고 정교화하는 설계과정을 건물 에너지 모델링에 반영시키려는 것이다.

### 3.4.5 에너지 모델러의 관점(Energy Modeler Perspective)

본서에서는 전국적으로 알려져 있고 넷 제로 에너지 빌딩 모델링 경험을 갖춘 매우 숙련된 에너지 모델러 두 명을 인터뷰했다. 다음은 넷 제로 에너지 빌딩의 에너지 모델링에 대한 그들의 관점을 간략하게 요약하여 제시한다. 그들의 관점에는 넷 제로 에너지를 위한 모델링 과정과 그 과정에 영향을 줄 향후 트렌드들에 대한 생각이 담겨있다. 또한 이 에너지 모델러들은 자신들이 가장 좋아하는 분석 툴들을 말하고 그들의 모델링 툴박스도 보여준다.

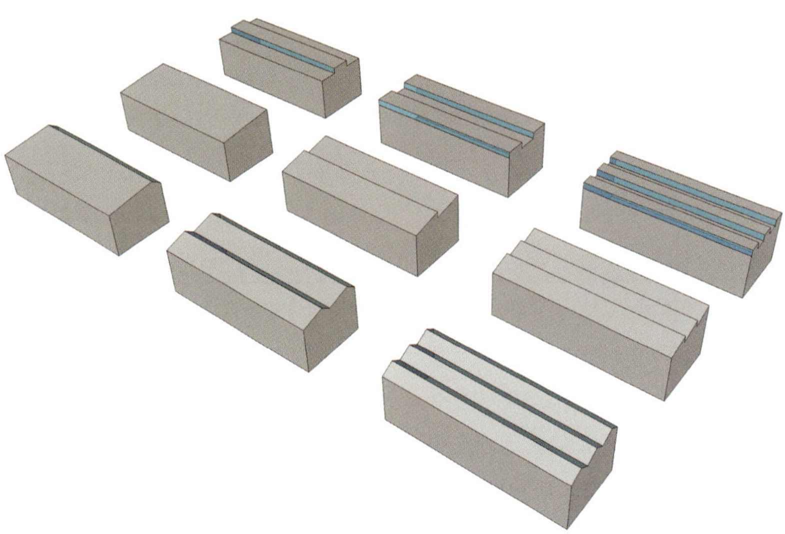

■ **그림 3.16** 스케치업 모델이 전형적인 유지보수 시설구획에 대한 다중 천창채광 전략들을 구체화하고 있다. *〈이미지 제공: RNL〉*

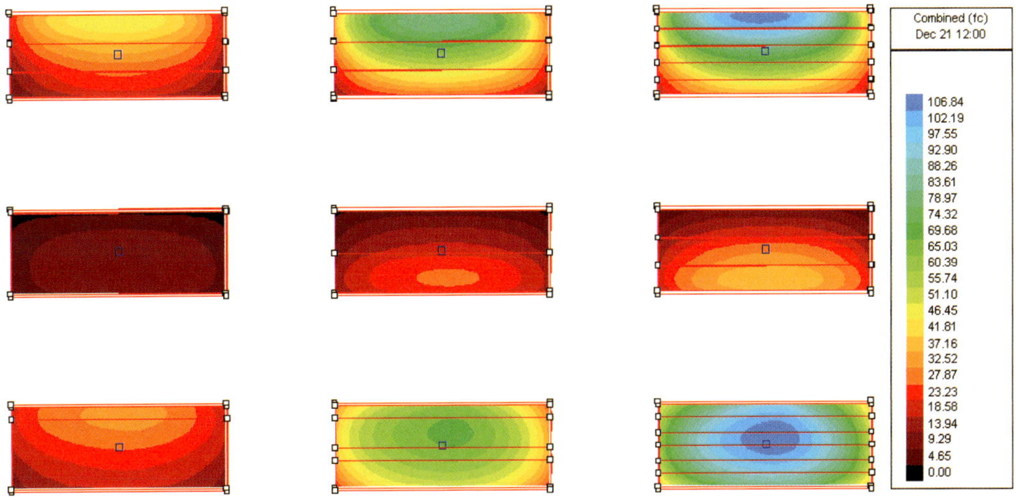


■ **그림 3.17** IES VE의 자연채광모델링으로 12월 21일 정오시각을 기준으로 한 다른 전략들을 비교한 결과 *〈이미지 제공: RNL〉*

CASE STUDY

## 에너지 모델링의 관점(Energy Modeling Perspective)

전국적으로 알려져 있고 넷 제로 에너지 빌딩 모델링의 전문성을 갖춘 매우 숙련된 에너지 모델러 두 명을 인터뷰했다. 다음은 넷 제로에너지 빌딩의 에너지 모델링에 대한 그들의 개별적인 관점들을 간략하게 요약하여 제시한다. 그들은 넷 제로 에너지를 위한 모델링 과정과 그 과정에 영향을 줄 향후 트렌드들을 얘기한다. 또한 그들은 가장 좋아하는 분석 툴들을 말하고 그들의 모델링 툴박스도 보여준다.

### 인터뷰 대상자(Interviewee)

린다 모리슨(Linda Morrison), 프로페셔널 엔지니어(PE), 건물에너지모델링전문가(BEMP), LEED AP, 공인에너지관리사(CEM)

앰비언트 에너지(Ambient Energy) 건물 성능 엔지니어 팀(Building Performance Engineer Team) 리더

### 과정(Process)

하나의 에너지 모델에는 많은 변수와 가정이 반영된다. 그 결과들의 유용성과 정확성을 향상시키려면, 품질제어조치이자 정상성 체크(sanity check)로서의 벤치마킹 과정을 권고한다. 여기에는 하향식(top-down)과 상향식(bottom-up), 간접방식(sideways)의 벤치마킹이 있다. 하향식 벤치마킹은 에너지스타(ENERGY STAR)나 상업건물에너지조사(CBECS)처럼 전체 건물에 대한 벤치마킹이다. 상향식 벤치마킹은 특정한 최종용도를 그동안 보조계량기로 측정된 데이터, 예를 들어 조명이나 프로세스부하, HVAC 등의 데이터와 비교한다. 간접방식은 전형적인 성능과 일련의 모델들 각각에 대한 합리성 비교(기준사례 대 대안 A, 대안 B 등)

에 업계의 척도를 활용한다. 비교형(comparative) 모델(대안 A 대 대안 B, 혹은 설계사례 대 ASHRAE 표준 90.1 법규준수 기준사례) 대신 예측형(predictive) 에너지 모델을 개발하려면, 그 결과들을 민감도와 오류 허용오차로 일괄구분(bracketing)하는 게 중요하다. 프로젝트가 발전되면서 불확실성이 줄어들수록, 일괄구분의 범위도 줄어들 수 있다. 더 나아가 일부 모델 변수들에 대해서는 그것들이 최종 결과에 얼마나 강력한 영향을 주는지를 이해하기 위한 민감도 분석을 실시할 수 있다.

일괄구분은 위험과 불확실성의 관리에 도움을 주면서도, 시행 팀 및 건축주와의 투명성을 위한 과정의 일부여야 한다. 그것은 에너지 모델 중 어떤 요소들을 더 정의할 필요가 있는지, 그리고 적용되는 안전율 수준은 얼마인지를 알려줄 수 있는 기회다. 이러한 의사소통은 전체적인 설계 및 운영 팀들이 모델링 결과들로부터 뭘 기대할 수 있는지, 그들의 결정과 그들이 제공하는 정보가 모델의 정확성을 발전시키는 데 어떻게 도움을 주는지, 그리고 그 모델과 실제 결과들은 얼마나 가깝게 나타날지를 이해하는 데 도움이 될 수 있다.

### 향후 트렌드(Future Trends)

에너지 사용뿐만 아니라 열 쾌적성에 대한 예측도 하나의 중요한 피드백 결과다. 오늘날 IES VE와 같은 일부 성능 모델링 소프트웨어는 이런 작업을 할 수 있다. 이 척도는 향후에 우리가 팀 및 건축주와 함께 에너지 모델 결과들을 더욱 정교하게 보고하며 공유하게 될수록 더 많이 사용될 것이다. 그것은 잠재적인 이슈들을 파악하고 열 쾌적성에 거는 기대에 관하여 건축주 및 사용자들과 대화를 유지하기에 아주 좋은 방법이다.

열 쾌적성 모델링을 활용하면 에너지 모델링을 더욱 혁신적으로 활용할 수 있다. 에너지 모델은 한 건물의 부분적인 부하조건들을 이해하는 데 사용될 수 있고, 이런 조건들은 다시 기계 설비를 적정규모화하기 위한 도구로서 사용될 수 있다. 하지만 적정규모화는 상당한 최초비용 절감과 생애주기 에너지비용 절감으로 이어질 수 있다. 열 쾌적성 분석은 최악사례의 설계부하를 충족시키지 못하는 쾌적성 수준과, 열 쾌적성에 어려움이 있을 수 있는 연간최대시간을 결정할 수 있다. 이런 분석은 비용과 에너지, 쾌적성을 고려하여 설비규모를 현명하게 조정할 수도 있게 해준다.

### 툴박스(Toolbox)

- eQUEST
- Miscellaneous Autodesk tools, as they are available
- Virtual Environment: VE
- Energy Pro
- PVWatts
- Retscreen

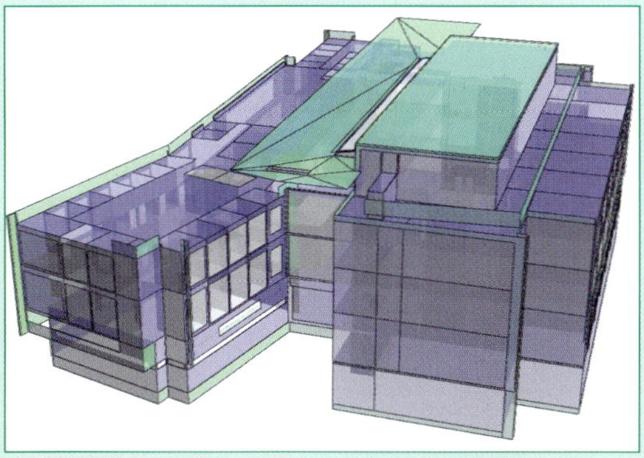

■ **그림 3.18** CSU Engineering II 건물 아트리움에 대한 자연환기 스터디. 레빗에서 IES VE로의 임포트. *〈이미지 제공: Ambient Energy〉*

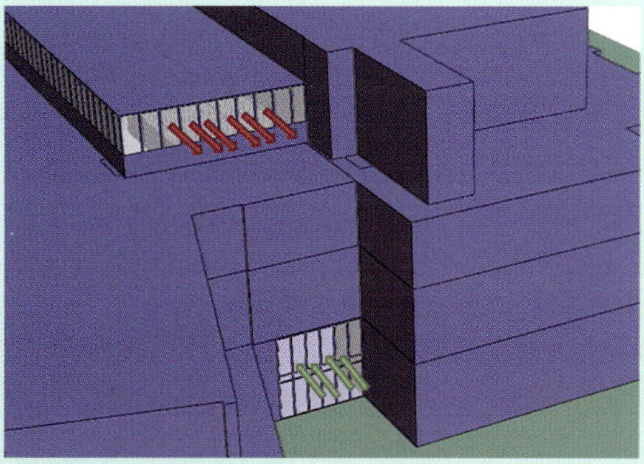

■ **그림 3.19** IES VE 자연환기분석 *〈이미지 제공: Ambient Energy〉*

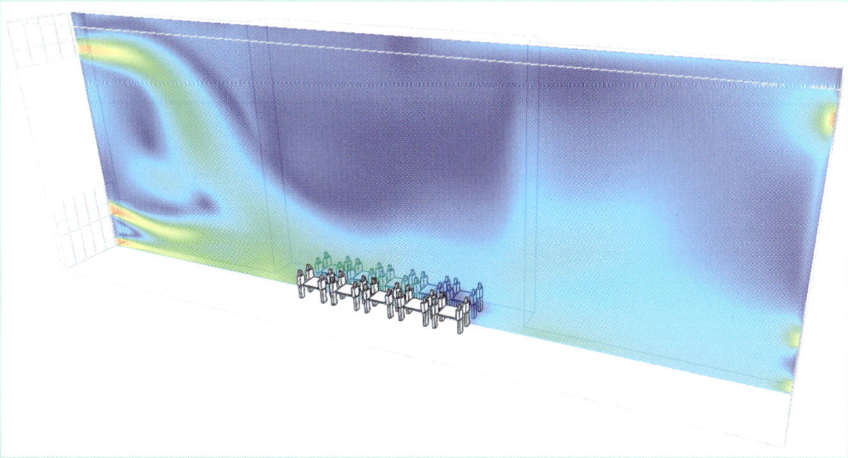

■ **그림 3.20** IES VE에서 얻은 기류 결과들을 보여주는 로비 단면 *〈이미지 제공: Ambient Energy〉*

CASE STUDY

## 에너지 모델링의 관점(Energy Modeling Perspective)

### 인터뷰 대상자(Interviewee)

포러스 샘 앤티아(Porus Sam Antia), LEED AP

스탠텍 빌딩 시뮬레이션(Building simulation) 프로젝트 관리자

### 과정(Process)

넷 제로 에너지 프로젝트는 재생에너지 자원의 정확한 규모산정을 위해 상세한 에너지 모델링을 필요로

한다. 캘리포니아 T-24와 같은 법규를 준수하는 에너지 모델에 비해, 예측형 모델에서는 플러그부하 입력값들이 매우 중요하다. 내부/플러그 부하들은 아마도 정확한 값을 얻기가 가장 어려울 것이며, 지금까지 에너지 모델에서 정확하게 계산된 바가 없었다. 컴퓨터와 모니터 등의 일반적인 사무설비는 사무소 건물의 전체 플러그 부하 중 일부만을 구성할 뿐이다. UPS의 변압기와 원격통신 스위치, 보안설비, 시청각설비, 비상구등 모두가 재생에너지 플랜트의 규모와 비용에 빠르고 현저하게 영향을 준다.

일단 모든 설비를 파악하고 나면, 가장 큰 어려움은 각각의 특정 설비에 대한 운영일정을 이해하는 일이다. 예측형 모델링은 많은 위험부담이 있다. 에너지를 과대평가하게 되면, 건축주 그리고/혹은 설계시공일괄 팀에 태양광발전과 같은 재생에너지 시스템 구축에 더욱 큰 비용을 유발시킬 수 있다. 에너지를 과소평가하게 되면, 프로젝트가 넷 제로 에너지의 목적을 충족하지 못할 수 있다.

**향후 트렌드**(Future Trends)

업계는 에너지 모델링과 건물정보모델링의 자연스러운 통합으로 큰 혜택을 얻게 될 텐데, 이런 역량을 얻기까지는 아직 몇 년이 더 걸릴 것이다. 또한 보다 건실한 에너지 모델링을 통해 보다 다양한 툴 세트를 단일한 소프트웨어 패키지 속에 통합해야 한다. 현재는 풀어야 할 문제에 따라 많은 툴들을 다양하게 활용할 필요가 있다. 하지만 앞으로는 시뮬레이션 속도가 극적으로 증가하는 가장 중요한 발전을 볼 수 있을 것이다. 현재 가장 강력한 효과를 내는 많은 툴들은 통상적인 상업프로젝트 일정과 과정에서 걸리는 실행시간이 너무 길다. 넷 제로 에너지 빌딩과 고성능 건물은 종종 적당히 복잡한 패시브 하이브리드 시스템을 요한다. 완전한 모델링 툴 세트와 빠른 실행시간을 갖춘 건물 형상 및 부재 파라미터를 위한 BIM을 발전시켜 넷 제로 에너지 빌딩 설계를 지원하기까지는 오랜 시간이 걸릴 것이다.

에너지 모델링 소프트웨어 개발자들 사이에서는 건축가와 디자이너들을 겨냥하여 제품을 개발하는 트렌드가 있다. 그들은 그래픽에 기초한 사용자친화적인 인터페이스와 새로운 개념설계 툴 세트들을 통해 에너지 모델링을 보다 폭넓은 시장에 적용시키고 있다. 이렇게 에너지 모델러 그룹의 폭이 넓어지는 데에는 장단점이 있다.

- **장점**(Pros): 업계의 더 많은 사람들을 툴과 프로세스에 친숙하도록 이끌게 되면, 에너지 모델링이 설계과정이 왜 중요한지를 모두가 이해하고 설계 팀이 효과적인 설계 솔루션들을 내는 데에 도움이 될 것이다. 또한 설계자들이 에너지 모델링에 대한 블랙박스적인 인식, 즉 에너지 모델링을 설계과정의 한 부차적인 용역으로 여겨온 인식에서 벗어나는 데에도 도움이 될 것이다.
- **단점**(Cons): 주로 문제가 되는 것 중의 하나는 새로운 인터페이스와 툴의 사용자들이 꼭 그것들을 효과적으로 사용하기에 적절한 지식과 경험을 보유하고 있는 건 아니란 점이다. 에너지 모델링 결과들을 이해하고 정확한 결론을 도출하는 데에는 경험이 필요하며, 이것은 어떤 프로젝트에 대한 아이디어들을 성공적으로 전개하는 데에 핵심적인 문제다.

### 툴박스(Toolbox)

- Weather Maker
- SketchUp
- eQUEST
- Virtual Environment(VE)
- TRNSYS
- THERM
- Window 6.2

### 모델러의 작업화면(Modeler Screenshots)

그림 3.21부터 3.23까지는 에너지부/국립재생에너지연구소 연구지원시설의 설계평가에 스탠텍이 사용한 여러 모델링 소프트웨어들을 보여준다.

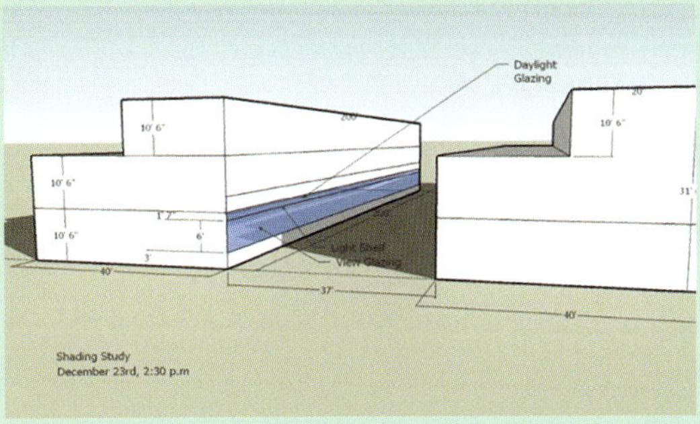


■ **그림 3.21** 에너지부/국립재생에너지연구소 연구지원시설에 대해 스케치업에서 만든 초기 일영 스터디 *〈이미지 제공: Stantec Consulting Services Inc.〉*

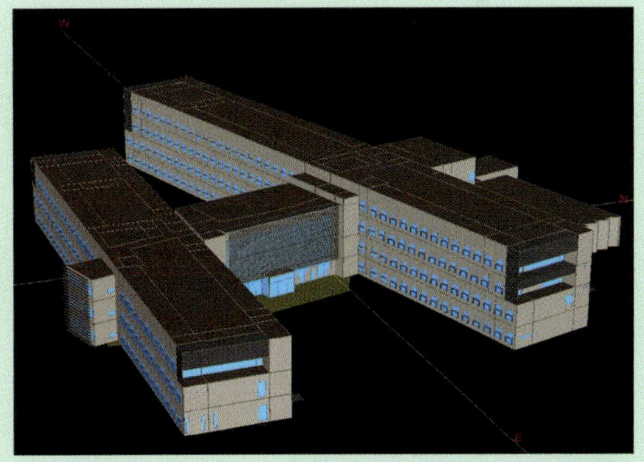

■ **그림 3.22** 에너지부/국립재생에너지연구소 연구지원시설에 대해 이퀘스트(eQuest)에서 만든 중심 에너지 모델 *〈이미지 제공: Stantec Consulting Services Inc.〉*

■ **그림 3.23** 자연환기 스터디에 사용된 IES VE *〈이미지 제공: Stantec Consulting Services Inc.〉*

En 4장
# 에너지 Energy

## 4.1 에너지의 기초(Eergy Basics)

에너지와 건축은 언제나 서로 얽혀있었다. 건축은 언제나 에너지를 기준으로 형성되었고, 세계의 에너지를 매개하고 이용하는 데에 모두 활용되어왔다. 그럼에도 루이스 페르난데스-갈레아노(Luis Fernandez-Galiano)는 건축사에서 에너지의 중요성을 탐구한 몇 안 되는 사람 중 한 명이다. 그는 자신의 책 『불과 기억: 건축과 에너지에 관하여(Fire and Memory: On Architecture and Energy)』에서 에너지와 건축의 2가지 근본적 상호작용, 즉 "구축을 통한 자유에너지의 규제(regulation of free energy through construction)"와 "연소를 통한 축적에너지의 활용(exploitation of accumulated energy through combustion)"에 대해 언급하는데, 이는 간단히 말해 각각 태양과 불을 지칭하는 것이다. 더 나아가 그는 르코르뷔지에가 사용한 브리즈-솔레이유(brise-soleil)를 건축과 태양 사이에 이뤄지는 상호작용의 사례로(그림 4.1 참조), 프랭크 로이드 라이트가 사용한 벽난로를 건축과 불 사이에 이뤄지는 상호작용의 사례로(그림 4.2 참조) 든다.

보다 최근에는 에너지가 일차적으로 엔지니어의 영역이 되었다. 하지만 그게 계속 그들만의 영역으로 남아선 안 된다. 건물을 개발하고 사용하는 모든 이들이 에너지에 일정정도 숙달되어야 한다. 이는 특히 어떤 기후에서도 설계해법을 만들 수 있는 값싼 화석연료 에너지와 기계전기 시스템들이 지배하게 되어 설계상 에너지에 대한 관심이 점차 줄어온 건축가에게 해당되는 사항이다. 넷 제로 에너지 디

■ 그림 4.1 독일 베를린에 있는 르 꼬르뷔제의 집합주거(Unite d'Habitation)

■ 그림 4.2 펜실베니아 밀런에 있는 프랭크 로이트 라이트의 낙수장(Fallingwater)

자인은 건축가에게 건축설계의 기초적인 한 부분에 다시 관여할 기회를 제공하며, 그 기초란 건물과학의 엄밀함과 건축에서 에너지가 갖는 목적 및 의미에 대한 표현을 결합하는 것이다.

### 4.1.1 에너지의 정의(Defining Energy)

에너지의 유형은 2가지로, 운동(kinetic) 에너지와 위치(potential) 에너지가 있다. 운동에너지는 일(work)을 하는 에너지다. 위치에너지는 비축된 에너지다. 이 두 유형에는 각기 몇 가지의 에너지 형태들이 있으며, 그림 4.3에서 보는 바와 같다. 에너지는 형태가 변할 순 있으나, 언제나 보존된다. 또한 유용한 일을 하도록 동력화되고 변환될 수 있다. 예를 들어 태양전지는 태양광을 전기에너지로 변환시킬 뿐만 아니라 폐열에너지도 발생시킨다(그림 4.4 참조).

일과 일률(power)은 에너지의 개념과 관계된다. 일은 에너지의 이동이다. 운동에너지는 역학적인 일이고, 위치에너지는 일을 비축한다. 일($W$)은 어떤 거리(D)에 대해 작용하는 힘(F), 즉 $W = F \times D$로 표현된다. 또한 일은 일정시간($T$)에 대해 작용하는 일률($P$), 즉 $W = P \times T$로도 표현할 수 있다. 일률은 일을 하는 비율, 즉 단위시간당 이동하는 에너지로서 $P = \frac{W}{T}$로도 표현된다.

에너지와 일, 그리고 일률은 단위들로 표현된다. 일과 에너지는 모두 국제단위체계(International System of Units: SI) 단위인 줄(joule: J)로 표현하며, 이는 제임스 프레스콧 줄(James Prescott Joule)의 이름을 딴 것이다. 양조자였던 줄은 산업적 프로세스에서 얻은 자신의 경험을 바탕으로 열에 상당하는 역학적 에너지에 대한 과학적인 탐구실험들을 하기 시작했다. 그의 노력은 에너지보존법칙의 전조가 된다. 1줄은 1미터의 거리에 작용하는 1뉴튼(N)의 힘이다. 1줄은 1초간 작용하는 1와트의 일률이기도

| 위치에너지 | 운동에너지 |
|---|---|
| 역학에너지 | 움직임에너지 |
| 중력에너지 | 열에너지 |
| 핵에너지 | 복사에너지 |
| 화학에너지 | 음에너지 |
| 전기에너지 | |

■ **그림 4.3** 에너지의 형태들

**에너지는 일할 수 있는 능력이다**(Energy is the Capacity to Do Work)

에너지는 생명을 이루는 근본적인 기초다. 우주는 에너지와 물질로 이뤄져 있다. 에너지는 핵분열이나 핵융합을 통해 물질에서 파생될 수 있다. 또한 에너지는 생명체의 성장에 쓰일 수도 있다. 알버트 아인슈타인은 에너지와 물질의 관계를 그 유명한 공식 $E = mc^2$으로 정의했다.

에너지의 본질을 이해하려면, 열역학 제1법칙과 제2법칙을 살펴보는 게 유용하다.

**열역학 제1법칙**(First Law of Thermodynamics)

열역학 제1법칙은 에너지가 생겨나거나 없어질 수 없다는 법칙이다. 우주의 에너지 총량은 언제나 불변상태로 남는다. 이를 에너지 보존의 법칙(law of conservation of energy)이라고도 부른다. 하지만 전체 에너지가 불변상태로 남는다 하더라도, 에너지의 형태는 변할 수 있다.

**열역학 제2법칙**(Second Law of Thermodynamics)

열역학 제2법칙은 시간이 지날수록 폐쇄계들이 더 큰 무질서의 상태로 향해간다는 법칙이다. 이는 엔트로피의 법칙(law of entropy)으로도 알려져 있다. 이 법칙은 열이 뜨거운 물체에서 차가운 물체로 흐른다고도 말하고 있다.

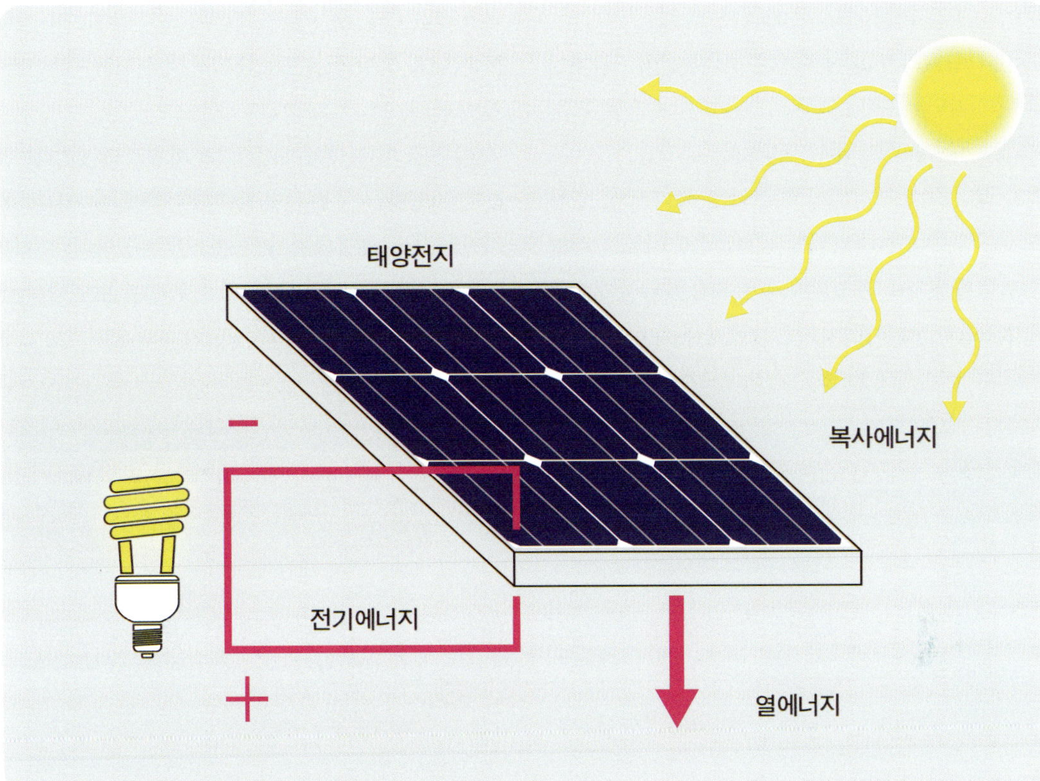


■ **그림 4.4** 태양전지에서 일어나는 에너지형태의 변환사례

하다. 줄의 단위를 개념화해보면, 작은 사과를 1미터 높이만큼 들어 올리는 데 드는 에너지와 대략 같다.

일률은 에너지의 이동률이다. 일률은 에너지를 시간으로 나눈 값이기 때문에, 주어진 시점에 측정하든 주어진 시간 내에 평균을 구하든 즉각 측정되는 값이다. 일률에 대한 국제표준단위는 초당 줄(J/s)과 같은 단위인 와트(watt: W)다. 전구는 일률(출력)과 에너지의 관계를 보여주는 고전적인 사례다. 1와트의 발광소자(light-emitting diode: LED)가 1시간 동안 빛을 내면, 1와트시(watt-hour)의 에너지를 소비한다. 건물의 기계설비와 전기설비의 출력을 정량화하기 위해 출력등급이 사용된다. 전력(electrical power)은 와트로 측정된다. 기계력(mechanical power)의 측정에는 마력(horsepower)과 기타 다양한 단위들이 사용된다.

건물설계에 쓰이는 통상적인 2가지 단위는 Btu(British thermal unit: 영국 열 단위)—혹은 보다 적절히 사용되는 MBtu(million Btu: 백만 Btu)—와 MWh(megawatt-hour: 메가와트시)다. 연료에 따라 특수하게 적용되거나 건물설계 외의 영역에 적용되는 다른 에너지 단위들도 많이 있다. 1Btu는 물 1파운드의 온도를 화씨로 1도 올리는 데 필요한 열에너지와 같다(기본적인 변환은 그림 4.5와 4.6을 참조). 따라서 MBtu는 건물 내의 냉난방에너지와 관련이 있으며, 미국에서 건물의 총 에너지 사용량을 기술하는 데 통상적으로 사용되는 단위이기도 하다. 에너지의 국제표준단위인 메가와트시는 전기에너지와 관련이 있고, 국제표준단위를 채택한 국가들에서 건물의 총 에너지 사용량을 기술할 때 기가줄(GJ)과 더불어 통상적으로 쓰이는 단위다.

### 4.1.2 건설 환경에서의 에너지 측정

(Measuring Energy in the Built Environment)

#### 4.1.2.1 부지 에너지(Site Energy)

부지 에너지는 부지에서 측정되는 에너지다. 상대적으로 수월하게 측정되는 이 에너지 척도는 건물의 설비계량기로 측정되어 공공요금청구서에 기록되기 때문에 대부분의 사람들에게 익숙하고 흔히 사용되는 척도다. 부지 에너지는 건물설계단계에서 에너지 모델링 소프트웨어로 재현되는 에너지이기도 하다.

예를 들어 전력계통에서 100퍼센트의 전기를 받는 전기전용 사무소건물의 경우, 부지 에너지는 전기계량기로 측정되거나 공공요금청구서에 기록되는 에너지사용량과 같다. 이 경우에는 오로지 하나의 에너지 자원과 하나의 계량기밖에 없다. 그 건물

| | Btu | kBtu | MBtu | Wh | kWh | MWh | J | MJ | GJ |
|---|---|---|---|---|---|---|---|---|---|
| 1 Btu | 1 | $1.0 \times 10^{-3}$ | $1.0 \times 10^{-6}$ | 0.293 | $2.93 \times 10^{-4}$ | $2.93 \times 10^{-7}$ | 1,055 | $1.06 \times 10^{-3}$ | $1.06 \times 10^{-6}$ |
| 1 kBtu | 1,000 | 1 | $1.0 \times 10^{-3}$ | 293.1 | 0.293 | $2.93 \times 10^{-4}$ | $1.06 \times 10^{6}$ | 1.055 | $1.06 \times 10^{-3}$ |
| 1 MBtu | $1.0 \times 10^{6}$ | 1,000 | 1 | $2.93 \times 10^{5}$ | 293.1 | 0.293 | $1.06 \times 10^{9}$ | 1,055 | 1.055 |
| 1 Wh | 3.412 | $3.41 \times 10^{-3}$ | $3.41 \times 10^{-6}$ | 1 | $1.0 \times 10^{-3}$ | $1.0 \times 10^{-6}$ | 3,600 | $3.6 \times 10^{-3}$ | $3.6 \times 10^{-6}$ |
| 1 kWh | 3,412 | 3.412 | $3.41 \times 10^{-3}$ | 1,000 | 1 | $1.0 \times 10^{-3}$ | $3.6 \times 10^{6}$ | 3.60 | $3.6 \times 10^{-3}$ |
| 1 MWh | $3.41 \times 10^{6}$ | 3,412 | 3.412 | $1.0 \times 10^{6}$ | 1,000 | 1 | $3.6 \times 10^{9}$ | 3,600 | 3.60 |
| 1 J | $9.48 \times 10^{-4}$ | $9.48 \times 10^{-7}$ | $9.48 \times 10^{-10}$ | $2.78 \times 10^{-4}$ | $2.78 \times 10^{-7}$ | $2.78 \times 10^{-10}$ | 1 | $1.0 \times 10^{-6}$ | $1.0 \times 10^{-9}$ |
| 1 MJ | 947.8 | 0.948 | $9.48 \times 10^{-4}$ | 278 | 0.278 | $2.78 \times 10^{-4}$ | $1.0 \times 10^{6}$ | 1 | $1.0 \times 10^{-3}$ |
| 1 GJ | $9.48 \times 10^{5}$ | 947.8 | 0.948 | $2.78 \times 10^{5}$ | 278 | 0.278 | $1.0 \times 10^{9}$ | 1,000 | 1 |

■ 그림 4.5 기본 에너지단위 변환

| | 단위 | 1 kBtu | 1 kW h | 1 MJ |
|---|---|---|---|---|
| 천연가스 | $ft^3$ | 1.03 | 0.30 | 1.09 |
| | $100ft^3$ | 102.90 | 30.15 | 108.56 |
| | $m^3$ | 36.33 | 10.64 | 38.33 |
| | 섬(Therms) | 100.00 | 29.30 | 105.50 |
| 프로판가스 | $ft^3$ | 2.52 | 0.74 | 2.66 |
| | 갤런 | 91.65 | 26.85 | 96.69 |
| | 리터 | 23.83 | 6.98 | 25.14 |
| 연료유 + 디젤유 | 갤런 | 138.69 | 40.64 | 146.32 |
| | 리터 | 36.03 | 10.57 | 38.04 |
| 석탄(무연탄) | 파운드 | 12.54 | 3.67 | 13.23 |
| 석탄 (연탄) | 파운드 | 12.46 | 3.65 | 13.15 |
| 목재 | 톤 | 15,380.00 | 4,506.34 | 16,225.90 |
| 지역공급(냉수) | 톤 아워(Ton Hours) | 12.00 | 3.52 | 12.66 |
| 지역공급(온수) | 섬(Therms) | 100.00 | 29.30 | 105.50 |
| 지역공급(스팀) | 섬(Therms) | 100.00 | 29.30 | 105.50 |
| | 파운드 | 1.19 | 0.35 | 1.26 |

■ 그림 4.6 연료 및 에너지 사용량 변환

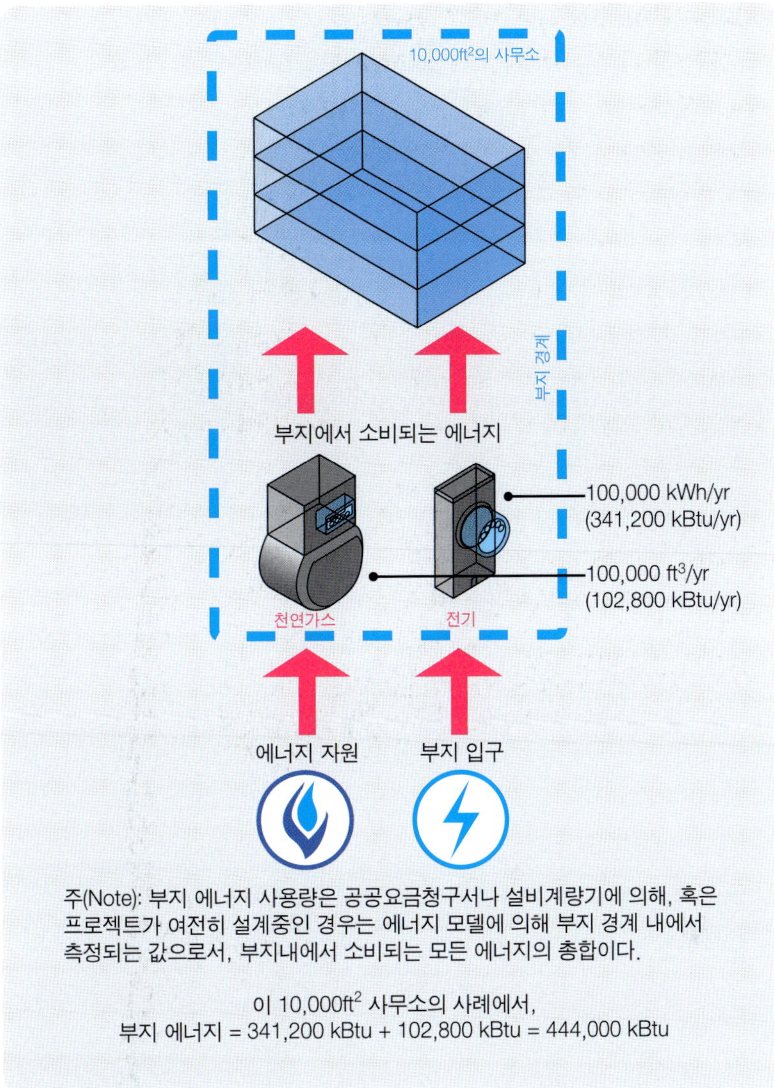


■ **그림 4.7** 부지 에너지 사례

이 천연가스도 사용한다면, 천연가스계량기에 측정되는 값도 역시 부지 에너지를 구성하게 되고 그 값을 전기적 부지 에너지에 합하여 총 대지 에너지를 얻게 된다. 그렇다면 부지 에너지는 부지에서 측정되는 모든 에너지 자원들에서 사용하는 총 에너지이다(그림 4.7 참조).

#### 4.1.2.2 자원 에너지(Sourse Energy)

일차적 에너지(primary energy)라고도 불리는 자원 에너지는 자원에 대해 측정된 에너지다. 자원 에너지는 어떤 부지에 에너지를 조달하는 데 필요한 모든 추가적인 에너지와 에너지 손실을 포함한다. 전기전용 사무소 건물의 사례를 계속 생각해보면, 자원 에너지는 발전소에서 측정될 것이다(그림 4.8 참조). 이 사례에서 자원 에너지는 부지 에너지의 약 3배일 것이다. 사실 2009년 미국에서의 평균 비율은 『2009 미 에너지정보국 연간 에너지 리뷰(U.S. EIA Annual Energy Review, 2009)』에 따르면 3.11배였다. 이 높은 자원 대 부지 전기에너지 비율은 일차적으로 일반적인 화력발전소에서 일어나는 열손

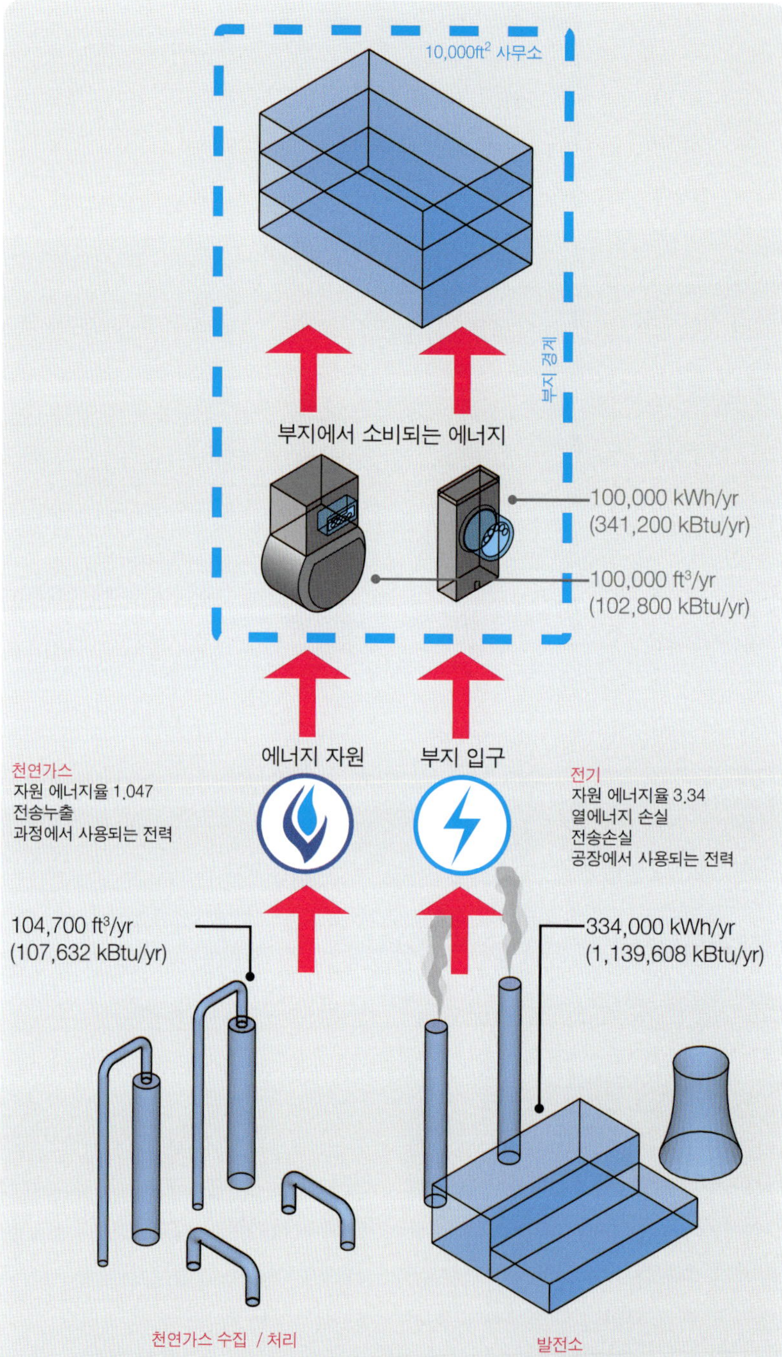


주(Note): 자원 에너지 사용량은 에너지를 기준으로 측정하는 값으로서 부지내에서 소비되는 모든 에너지의 합이며, 부지 에너지를 자원 에너지로 변환할 때 자원 에너지율을 사용한다.

이 10,000ft² 사무소의 사례에서,
자원 에너지 = 1,139,608 kBtu + 107,632 kBtu = 1,247,240 kBtu

■ **그림 4.8** 자원 에너지 사례

실(heat loss)에 기인한다. 또 다시 2009년 미국에서는 이러한 열손실이 생산되는 에너지의 63퍼센트를 차지했다. 반면 전송손실(transmission loss)은 생산되는 에너지의 거의 3퍼센트를 차지했으며, 발전소의 전기사용량은 생산되는 에너지의 2%를 차지했다.

전기는 다양한 일차적 에너지 자원들을 통해 발생되며, 그러한 에너지 자원에는 각각의 자체적인 효율이 있다. 석탄은 열손실이 높지만, 수력발전은 연소가 없고 효율이 높다. 계통전력의 연료혼합은 전기에 대한 자원 대 부지 에너지 비율을 결정하며, 이 비율은 지역에 따라, 심지어는 매일 시시각각 달라진다.

자원 에너지는 한 건물의 총 에너지 사용량을 이해하고 다양한 시스템들의 효율을 비교하는 보다 정확한 방식이다. 또한 자원 에너지는 에너지 자원 선정에 관한 총 자원 소비의 문제를 이해하는 데에도 중요하다. 온실가스배출은 연소자원에서 발생하며, 이것이 꼭 에너지사용의 문제는 아님을 고려해야 한다. 에너지부와 환경보호국(Environmental Protection Agency: EPA)의 에너지스타 프로그램과 같은 많은 에너지측정 프로그램들은 건물 에너지 평가를 위한 토대로서 자원 에너지를 활용한다.

부지에서 계량기를 통해 쉽고 정확하게 측정되는 부지 에너지와는 반대로, 자원 에너지는 정확한 측정이 어렵다. 그것은 부지 에너지를 먼저 측정한 다음 추정해야 한다. 부지 에너지에 **자원 에너지율**(source energy factor)을 적용하여 부지 에너지를 자원 에너지로 변환할 수 있다. 각각의 에너지 자원 유형마다 고유한 자원 에너지율이 있다(그림 4.9 참조). 발전을 위한 연료혼합이 지역마다 다양하므로, 전기 자원 에너지율은 위치와 시각에 따라 상당히 다양할 수 있다. 에너지스타 프로그램은 모든 건물에 대해 전국평균의 전기 자원 에너지율을 사용하기 때문에 미국 전역에 걸쳐 프로젝트들을 일관되게 비교할 수 있다.

어떤 맥락에서는 전기 자원 에너지율에 전국평균을 활용하는 게 적합하다. 하지만 프로젝트 위치에 특정한 자원 에너지율을 결정하면 에너지 사용을 보다 정확하게 추정할 수 있다. 전국의 계통은

| 연료유형 | 자원 에너지율 |
|---|---|
| 전기(계통구매) | 3.340 |
| 전기(부지 태양에너지 혹은 풍력발전 설비) | 1.0 |
| 천연가스 | 1.047 |
| 연료유(1,2,4,5,6급, 디젤유, 등유) | 1.01 |
| 프로판가스 및 액화프로판 | 1.01 |
| 증기 | 1.45 |
| 온수 | 0.35 |
| 냉각수 | 0.05 |
| 목재 | 1.0 |
| 석탄/코크 | 1.0 |
| 기타 | 1.0 |

■ **그림 4.9** EPA의 에너지스타 프로그램을 위한 자원 에너지율 *〈출처: "ENERGY STAR Performance Ratings Methodology for Incorporating Energy Use," Table 1, Source-Site Ratios for All Portfolio Manager Fuels.〉*

세 가지의 주요 계통연계망(grid connection)들로 구분되며, 하와이와 알래스카만 독립적으로 제외되어 있다. 이 3가지, 즉 서부와 텍사스, 동부의 계통연계망은 북미전력안전회사(North American Electric Reliability Corporation)가 관리한다. 그 망들은 8개 광역으로 더 세분되며 캐나다와 멕시코로까지 연장된다. 이런 계통 규모와 광역에 대해 자원 에너지율을 결정할 수 있다.

정확한 자원 에너지율을 얻는 데에 한 가지 어려움은 전기가 주(state)와 주를 자유롭게 이동할 수 있다는 점이다. 그와 동시에 3가지의 주요 계통연계망들은 경계들이 모호하긴 해도 상호교환이 거의 일어나지 않는다. 따라서 전기인입률이 높은 주에서는 계통연계망 수준에서 자원 에너지율을 활용하는 게 보다 적절할 수 있다. 계통전력의 자원 에너지율에 대해서는 그림 4.10과 4.11에 나오는 지도들을 참조하라. 이 값들이 발전에 사용되는 연료의 추출과, 처리, 조달에 쓰일 예연률(precombustion factor)도 포함함을 주목할 것.

자원 에너지의 중요성을 보여주는 고전적인 사례는 전기저항 난방의 효율을 고효율 천연보일러에 비교하는 것이다. 이 이야기는 일부분 기계설비의 정격효율에 관한 것이지만, 에너지 자원 효율을 포함할 때 그 평가가 완성된다. 효율(efficiency)은 입력에너지에 대한 출력에너지의 비율이다. 일부 기계설비의 효율은 성적계수(coefficient of performance: COP)로 표현된다. 성적계수는 소비되는 에너지 단위 당 공간(냉방)에 가감되는 열에너지의 비율이다. 성적계수가 높을수록 설비효율이 더 높은 것이다.

그림 4.12에 나오는 사례는 전형적인 설비기반 에너지 자원들을 활용하는 다양한 난방설비를 비교한다. 여기서는 전력계통의 일부를 이루는 손실효율들이 드러나는데, 심지어 지열원 히트펌프처럼

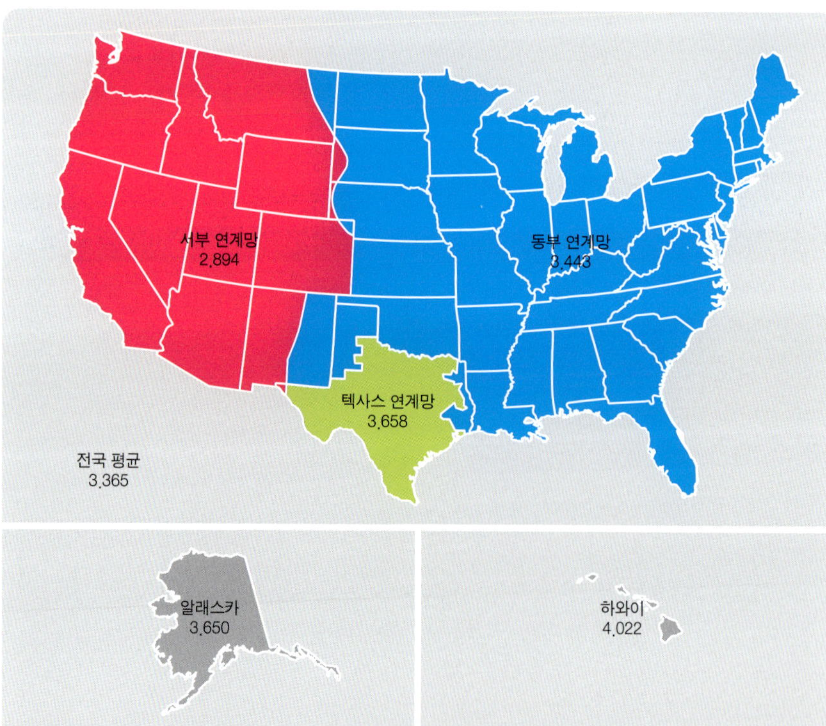


■ **그림 4.10** 계통연계망에 따른 전기 자원 에너지율 (2004). 〈*출처: M. Deru and P. Torcellini, "Source Energy and Emission Factors for Energy Use in Buildings," Table 2; www.ercot.com; www.wecc.biz.*〉

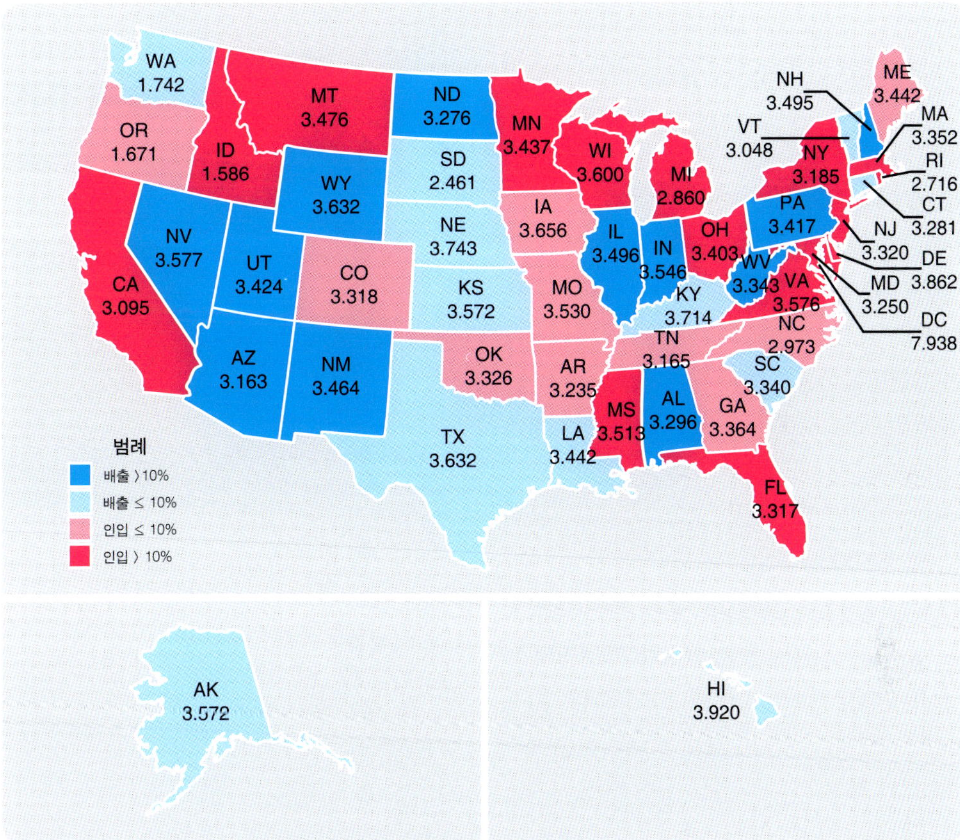


■ **그림 4.11** 주별 전기 자원 에너지율 (2004). 〈*출처: M. Deru and P. Torcellini, "Source Energy and Emission Factors for Energy Use in Buildings," Table B-9 and Table B-7.*〉

| 에너지 자원 | 난방 시스템 | 열에너지 (kBtu) | 효율 혹은 성적계수 | 부지 에너지 (kBtu) | 자원 에너지율 | 자원 에너지 (kBtu) |
|---|---|---|---|---|---|---|
| 천연가스 | 콘덴싱 보일러 | 1,000 | 85% | 1,176 | 1,047 | 1,232 |
| 계통전력 | 전기저항 | 1,000 | 100% | 1,000 | 3,340 | 3,340 |
| 계통전력 | 지열원 히트펌프 | 1,000 | 4.0 (COP) | 250 | 3,340 | 835 |

■ **그림 4.12** 자원 에너지를 통해 전형적인 에너지 자원들의 효율을 이해하는 사례

| 에너지 자원 | 난방 시스템 | 열에너지 (kBtu) | 효율 혹은 성능계수 | 부지 에너지 (kBtu) | 자원 에너지율 | 자원 에너지 (kBtu) |
|---|---|---|---|---|---|---|
| 천연가스 | 콘덴싱 보일러 | 1,000 | 85% | 1,176 | 1,047 | 1,232 |
| 부지재생전력 | 전기저항 | 1,000 | 100% | 1,000 | 1.0 | 1,000 |
| 부지재생전력 | 지열원 히트펌프 | 1,000 | 4.0 (COP) | 250 | 1.0 | 250 |

■ **그림 4.13** 자원 에너지를 통해 부지재생전력의 효율을 이해하는 사례

매우 효율적인 기계시스템들도 자원에 대해 측정했을 때 상업용 천연가스 보일러들보다 겨우 약간 더 효율적일 뿐이다.

그림 4.13의 사례는 부지내재생에너지의 도입이 어떻게 매우 다른 결론들로 이어지는지를 보여준다. 태양전지와 같은 부지내재생에너지에 대한 부지 대 자원 배율이 앞선 사례에 사용된 3.34가 아닌 1.0이기 때문에, 전기기반 지열원 히트펌프의 실제 효율이 실현될 수 있다. 부지 에너지(와 설비효율)의 척도가 두 사례 사이에서 변하지 않음에 주목하라.

### 4.1.3 에너지 자원(Energy Sources)

연료는 에너지 생산을 위해 소비할 수 있는 재료다. 연료는 에너지의 원료일 뿐만 아니라, 에너지의 비축형식 혹은 전달매체이기도 하다. 연료라는 말보다 **에너지 자원**이라는 말은 에너지 생산을 지칭하는 데에 보다 폭넓고 의미 있는 방식이다. 그것은 연료를 포함하며 연료가 아닌 에너지 자원들과 전력 혹은 수소와 같은 이차적 에너지 자원들도 포함한다(그림 4.14 참조). 에너지 자원은 넷 제로 에너지 빌딩에 중요한 고려 사항인데, 넷 제로 에너지를 측정하는 4가지 방법 중 자원 에너지와 에너지 배출, 에너지 비용이라는 3가지에 영향을 주기 때문이다. 간단히 말하자면, 에너지 자원은 넷 제로 에너지의 시행에 중요한 역할을 수행한다. 넷 제로 에너지 빌딩은 본질적으로 넷 제로-비재생에너지 빌딩(또는, 100퍼센트 넷 재생에너지 빌딩)이지만, 적어도 단기적으로는 비재생기반 에너지 자원의 활용을 배제하지 않는다.

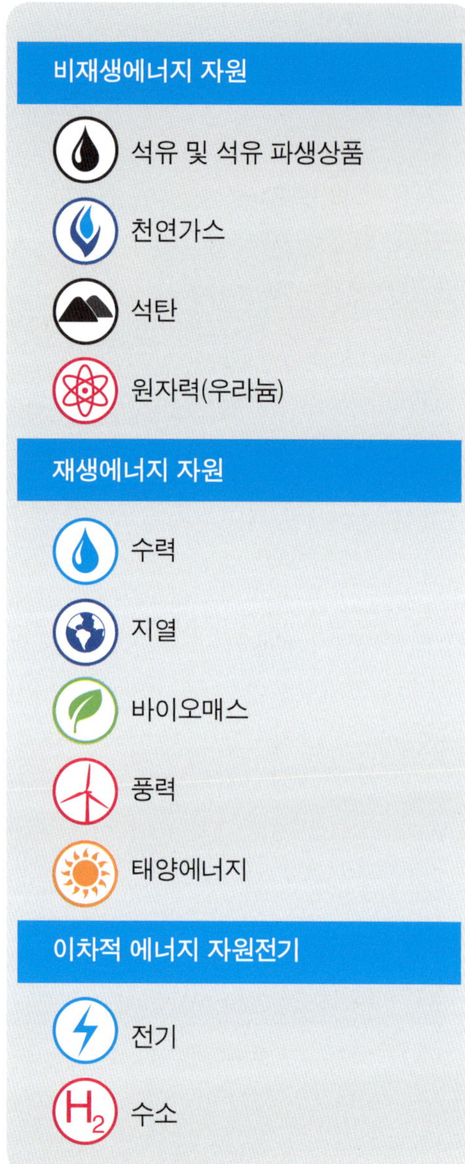

■ 그림 4.14 에너지 자원들

비재생에너지 자원들은 유한하며, 보충이 불가하다. 석탄과 천연가스, 석유와 같은 화석연료들은 비재생적이며, 화석연료는 소비될 때 온실가스를 배출한다. 화석연료 에너지 자원들의 단점은 넷 제로 에너지 빌딩이 우리의 미래에 얼마나 중요한지 이유가 된다. 화석연료는 유한할 뿐만 아니라 지리적으로도 제약되어 있다. 이러한 두 요인이 경제적으로나 지정학적으로 상당한 불안정성을 낳는다. 게다가 화석연료의 추출은 환경에 해로운 영향을 준다. 2010년 봄 3개월간 멕시코 만에서 일어난 심해 원유 유출사고는 화석연료 추출의 환경적 여파를 메인 뉴스로 만들었다. 하지만 화석연료 에너지 이용의 가장 큰 단점은 지구의 기후 변화를 유발한다는 점이다.

원자력에너지 연료인 우라늄도 역시 유한하고 비재생적인 에너지 자원이다. 원자핵분열을 통해 에너지를 발생시키는 데 사용되는 이 금속원소는 직접적으로 온실가스배출을 일으키진 않는다. 원자력의 단점으로는 방사능폐기물의 생산과 발전소에서 원자핵반응이 제어되지 않을 가능성 등이 있다. 세계는 2011년 3월 11일 일본에서 심각한 쓰나미와 지진 이후에 일어난 원자력발전소의 재앙에서 이러한 위험을 예민하게 자각하게 되었다.

태양에너지나 풍력, 수력과 같은 재생에너지 자원들은 연속적으로 보충되는, 혹은 충분히 빠르게 보충되는 자원들이며, 적절히 관리하면 바이오매스처럼 무기한으로 지속될 수 있다. 태양에너지나 풍력 등의 일부 재생에너지 자원들은 시간에 따라 일정하지가 않다. 또한 재생에너지는 불균등하게 분배되고 종종 희박하게 분포하는 경향도 있다. 예를 들어 태양에너지 자원은 연중 시기에 따라서, 하루 중 시각에 따라서(야간엔 활용불가능), 하늘의 구름 정도에 따라서 달라지며, 일반적으로 고도로 농축되지 않는다. 이런 동적인 특성들이 일부 재생에너지 자원들의 활용에 주된 걸림돌을 형성하고 있다. 이런 자원들은 온실가스를 배출하지 않거나, 탄소중립을 이루기 때문에 "청정(Clean)"으로 여겨진다. 심지어는 일부의 경우 적용되는 바이오매스도 탄소중립적으로 여겨질 수 있는데, 연소를 통한 탄소배출이 바이오매스가 성장하며 격리시킨 탄소에 대비하여 균형을 이루기 때문이다. 바이오매스의 진정한 탄소균형은 추가처리와 이송의 이슈들을 고려해야 하며, 생애주기를 기준으로 평가해야 한다. (건설 환경에서의 재생에너지 적용에 대한 상세한 지침은 8장 "재생에너지[Renewable Energy]"를 참조할 것.)

건물을 위한 에너지 자원들은 보통 100퍼센트 전기이거나 전기와 부지내소비 연료를 결합하여 열을 발생시키는 방식이다. 건물 에너지에 사용되는 2가지의 주된 일차연료들로는 (발전에 사용되는) 석탄과 (설비규모에서의 건물난방과 발전에 사용되는) 천연가스다. 전기를 재생적으로 발생된 전기로 대체하고, 화석연료를 재생연료로 대체하는 것은 비재생에너지에서 재생에너지 자원들로 옮겨갈 때의 좋은 시작점이다. 태양광발전시스템은 부지내재생에너지시스템에 대한 가장 융통성 있고 통상적인 접근법이기 때문에, 전기전용 건물들은 에너지 자원의 관점에서 볼 때 상대적으로 수월한 방식으로 넷 제로 에너지 빌딩을 이룬다. 하지만 프로젝트의 부지와 위치에 따라 다양한 재생에너지 자원들이 이용가능하고, 다양한 건물규모에서 재생에너지시스템을 개발할 기회들이 존재한다. 따라서 넷 제로 에너지 빌딩은 종종 넷 제로 에너지 균형을 달성하기 위한 에너지 자원들에 대해 창의적이고 풍부한 사고를 요한다. (8장은 재생에너지 자원들을 상업용 건물에 통합하는 상세한 지침을 제공한다.)

화석연료 사용의 심각한 단점들이 재생에너지기반 사회로의 이행을 필수적으로 만든다는 점은 분명하다. 동시에, 화석연료가 인류 역사에서 수행해온 중요한 역할을 명심하는 것도 중요하다. 이렇게 극히 효과적이고 사용하기 쉬운 연료들은 산업시대를 거쳐 정보의 시대로 나아가도록 우리를 발전시킨 장본인이다. 보다 구체적으로 말하면, 화석연료는 현재 우리 삶의 표준을 만들었고 우리 경제의 기초를 이루고 있다.

앞서 언급했듯이 화석연료는 유한하다. 하지만 각각의 화석연료가 얼마나 많이 남아있는지, 그리고 기존 매장량은 얼마나 오래 지속할지를 예측하기란 어렵다. 석탄과 석유, 천연가스에 대해 입증된 매장량과 현재 연료소비에 대한 최근의 추정치에 따르자면, 석유와 천연가스 모두 반세기가 지나면 고갈될 수 있다(그림 4.15 참조). 반면 미국만 따져보면 몇 세기를 지속하기에 충분한 석탄을 보유하고 있다. 화석연료의 고갈과 재생에너지로의 전환을 고려할 때 작동하는 수많은 복잡한 변수들이 있다. 가변적인 에너지 소비율, 기술과 효율의 변화,

| 연료 | 매장량 | 단위 | 소비량 | 단위 | 잔여연도 |
|---|---|---|---|---|---|
| 석탄(세계) | 930,423 | 백만 쇼트톤 | 7,238 | 백만 쇼트톤 | 129 |
| 석탄(미국) | 263,781 | 백만 쇼트톤 | 1,121 | 백만 쇼트톤 | 235 |
| 원유(세계) | 1,354 | 10억 배럴 s | 31 | 10억 배럴 | 43 |
| 원유(미국) | 19 | 10억 배럴 s | 7 | 10억 배럴 | 3 |
| 천연가스(세계) | 6,609 | 1조세제곱피트 | 110 | 1조세제곱피트 | 60 |
| 천연가스(미국) | 245 | 1조세제곱피트 | 23 | 1조세제곱피트 | 11 |

* 잔여연도는 저자가 매장량을 소비율로 나눈 값에 기초하며, 오로지 지정된 지리적 범위에 대해 매장량과 소비량을 비교하기 위한 의도다.

■ **그림 4.15** 화석연료에 대한 현재 소비량과 매장량의 비율. 〈*데이터 출처: U.S. Energy Information, 2008년 데이터, December 6, 2010년 12월 6일에 입수.*〉

추가적인 매장량의 발견, 재생에너지 기술의 발전 등이 그런 변수들이다. 재생에너지의 경제적 지위는 기술의 발전에 힘입어 계속해서 향상되고 있고, 시장점유율도 증가하고 있다. 아마도 미래에 화석연료에서 벗어나도록 영향을 줄 가장 강력한 힘은 재생에너지 자원이 비재생에너지 자원에 맞먹는 경제적 등가성(parity)을 달성하는 순간일 것이다.

비록 화석연료 사용이 인류사의 맥락에서 우리 문화와 경제, 기술의 급속한 발전에 도움을 주긴 했지만, 화석연료가 지배적으로 사용된 것은 매우 단기간에 불과하다. 우리는 인간사의 대부분을 100퍼센트 재생에너지에 기대어 살아왔고, 연료로 선택했던 건 바이오매스, 혹은 보다 구체적으로는 나무였다. 나무불을 제어하기 시작한 최초의 기록은 79만 년 전이다. 건축사도 역시 에너지 자원을 활용하여 편안함과 쾌적함을 만들어내는 게 특징이었다. 모든 대륙의 고대문화들은 기후에 맞추어 태양에너지를 활용하는 건축형식과 도시형성방식을 발전시켰다. 건물난방에서의 연료 도입과 그것의 진화는 모닥불에서 굴뚝으로, 중앙난로로 이어지면서 건축을 형성해온 주된 요인이다. 난방은 건물 내부에서 연료를 연소시켰고, 이를 위해서는 연소용 공기를 도입하고 연소의 산물들을 배출시킬 필요가 있었다.

재생에너지 자원으로의 회귀는 에너지 자원의 변화, 기술의 발전, 건축형식의 진화를 향한 연속적인 트렌드의 일부다. 다행히도 우리에겐 기후와 태양에너지에 반응하는 건축설계의 오랜 역사적 선례들이 있다. 넷 제로 에너지 빌딩은 오늘날의 관례에 비해 새로운 건축방식을 대표하지만, 사실 그것은 에너지를 건축에 다시 통합시키는 일이다. 그것은 건물시스템 기술의 지속적인 진화와, 재생에너지시스템의 급속한 발전, 그리고 기후에 반응하며 패시브 에너지를 활용하기 위한 건물형식의 재평가 속에 이뤄지는 하나의 발걸음이다.

### 4.1.4 에너지와 탄소(Energy and Carbon)

넷 제로 에너지 빌딩의 주된 혜택 중 하나는 건설 산업과 관련한 온실가스배출량을 줄여준다는 점이다. 건설 산업은 온실가스 배출의 주요원인이다. 온실가스(greenhouse gas: GHG)는 온실효과를 통해 대기중 열 보존의 원인이 되는 가스이다. 교토의정서(Kyoto Protocol)는 재물조사보고를 통해 6가지의 온실가스들을 파악했는데, 그것은 이산화탄소($CO_2$)와 메탄($CH_4$), 일산화질소($N_2O$), 수소화불화탄소(hydrofluorocarbon: HFC), 과불화탄소(perfluorocarbon: PFC), 육불화황(sulfur hexafluoride: $SF_6$)이다(그림 4.16과 4.17 참조).

이 6가지 온실가스 중에서 이산화탄소는 분자단위로 비교해보면 지구온난화의 능력이 상대적으로 약하지만, 배출량에서 다른 온실가스들을 압도하기 때문에 전반적인 지구온난화의 능력도 압도적이다. 이런 이유로 온실가스는 종종 단순하게 **탄소**

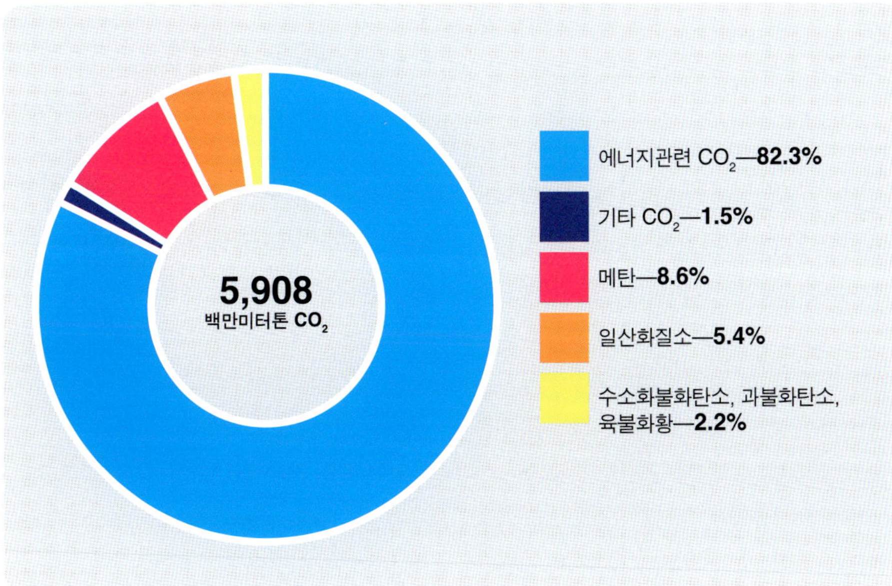


■ **그림 4.16** 미국 온실가스배출량 (2006). 〈*데이터 출처: U.S. Energy Information Administration, 2006.*〉

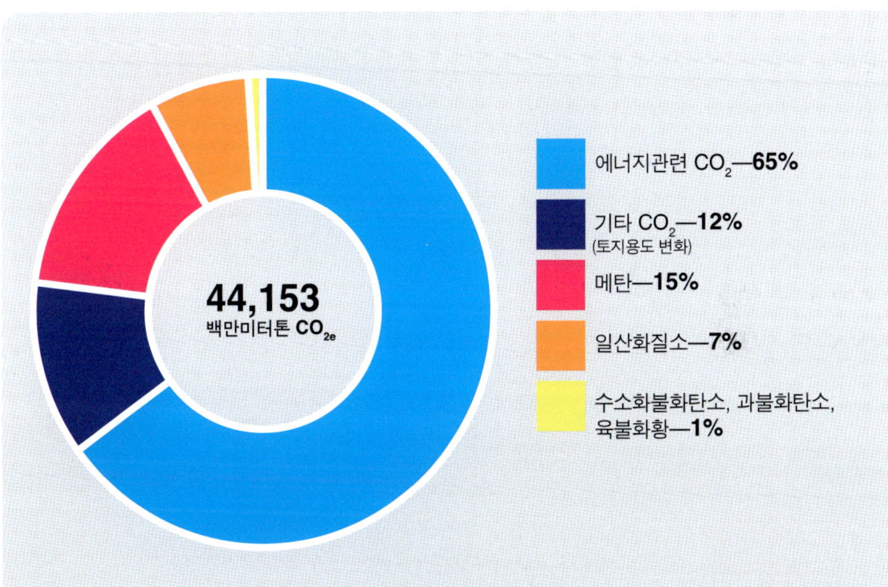


■ **그림 4.17** 세계 온실가스배출량 (2005). 〈*데이터 출처: World Resources Institute; www.wri.org/chart/world-greenhouse-gas-emissions-2005.*〉

배출가스(carbon emissions)로 일컬어지곤 한다. 이런 단순화에 맞춰 한 가지 특별한 표기가 개발되었는데, 이를 **이산화탄소환산량**(equivalent carbon dioxide) 혹은 $CO_{22}$라고 부른다. 이산화탄소환산량은 이산화탄소량의 관점에서 모든 온실가스들의 지구온난화능력을 표현하려는 것이다.

건설 산업은 이제 건물이 탄소배출의 관점에서 행하는 중요한 역할을 자각했다. Edward Mazria의 아키텍처 2030(Architecture 2030)과 같은 그룹들은 업계에 건물의 영향에 관한 교육을 제공하고 있다.

특히 아키텍처 2030은 2030년까지 탄소중립을 달성한다는 목표로 건물의 화석연료배출을 점차적으로 제거하고자 만든 2030 챌린지를 통해 변화에 영감을 불어넣고 있다. 정부통계에서 건설 환경의 전반적 영향을 꼭 산업부문별 탄소배출량의 관점에서 명확히 전달하는 건 아니다. 보통 미국 통계는 주거 및 상업 건물들을 2개의 별개 부문들로 구분한다. 이러한 구성모델은 상업건물을 탄소배출기여가 가장 적은 부문에 위치시키지만, 건설 산업은 상업건물과 주거건물 모두를 구성하고 있다. 그림 4.18에 나오는 이런 부문들을 결합하는 즉시 그 영향은 분명해진다. 게다가 건물들은 재료를 제조하고 이송하는 과정에서 내재탄소(embodied carbon)가 배출된다. 이런 논거를 더 발전시켜보면, 건물과 토지이용계획이 교통 강도 및 패턴의 측면에서 행하는 역할을 지적할 수 있다.

건설 산업이 대부분의 탄소배출량에 책임이 있음에는 의심의 여지가 있을 수 없다. 또한 그 문제를 다루기 위한 우리의 가장 중요한 해법과 기회 가운데 하나를 건설 산업이 제공한다는 점에도 의심의 여지가 없다. 넷 제로 에너지 빌딩은 우리의 건설 환경을 바꾸고 기후변화를 다루기 위한 하나의 체계를 제공한다. 게다가 에너지 배출은 넷 제로 에너지 빌딩을 측정하는 방법을 제시한다. (11장은 넷 제로 에너지 배출과 탄소중립, 탄소배출률, 탄소이력 계산에 관한 지침을 제공한다.)

## 4.2 에너지사용강도(Energy use Intensity)

### 4.2.1 에너지사용강도의 활용과 한계 (Uses and Limitations of Energy Use Intensity)

에너지사용강도(EUI)는 아마도 넷 제로 에너지 빌딩 설계에 활용되는 가장 중요하고 유용한 척도 중의 하나일 것이다. 에너지사용강도는 건물의 연간 총 에너지사용량을 총 연면적으로 나눈 값이다. 이 척도는 부지 에너지나 자원 에너지의 관점에서 표현할 수 있다. 통상적인 에너지사용강도 단위들로는 kBtu/ft², kWh/ft², kWh/m², MJ/m²가 사용된다.

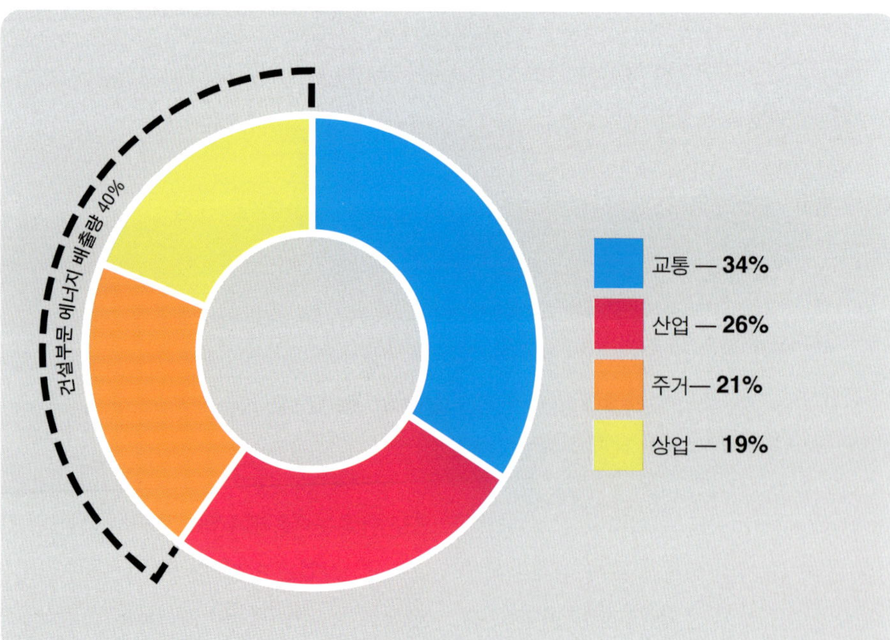


■ 그림 4.18 미국 내 부문별 온실가스 배출량 (2009). *〈데이터 출처: U.S. Energy Information Administration, 2009.〉*

미국에서는 kBtu/ft²가 가장 흔히 사용되는 에너지 사용강도 단위다.

에너지사용강도가 매우 유용한 이유는 그것이 건물들의 에너지성능을 비교하거나 그것을 정해진 기준 값에 비교하는 한 방법이기 때문이다. 에너지 사용강도에 대한 한 가지 좋은 비유는 갤런 당 마일(mpg)로 표현되는 차량연비척도인데, 예외적으로 다른 점은 에너지사용강도에서는 숫자가 낮을수록 건물에 대한 에너지성능이 더 좋다는 것이다(그림 4.19 참조).

하나의 성능척도로서 에너지사용강도는 많은 용도를 갖는다. 건물의 설계단계에서 에너지성능척도로서 에너지사용강도의 목표를 정하고 그 기준치들과 비교할 수 있다. 또한 기존 건물의 에너지성능을 이해하고 정보로서 전달하는 용도로 에너지사용강도를 활용할 수도 있다. 이는 특히 건물 에너지성능 표시와 관련하여 장점이 있다. 환경보호국(EPA)의 에너지스타 점수의 근원에는 에너지사용강도가 있다. 부상하고 있는 미국냉난방공조학회(ASHRAE)의 에너지성능표시인 건물에너지지수(Building Energy Quotient: Building EQ)도 마찬가지로 에너지사용강도를 측정기준으로 활용한다.

에너지사용강도는 계획도구로도 유용하다. 그것은 다양한 건물자산이나 대형 상업건물 포트폴리오에 대한 에너지성능 관리를 도울 수 있다. 이와 유사하게 에너지사용강도는 향후 프로젝트의 종합기본계획에서도 일련의 폭넓은 복합용도와 건물유형들을 통해 예측된 에너지성능과 용도를 정량화하는 방법으로서 가치를 갖는다. 대규모 계획에서 에너지사용강도를 활용하는 아주 좋은 한 사례는 애드리언 스미스 + 고든 길 아키텍처(Adrian Smith + Gordon Gill Architecture)가 완료한 시카고중심지 탄소제거계획(Chicago Central Area Decarbonization Plan)이다. 시카고의 주요상업지구에 대한 이 활성화계획은 다양한 범위의 도시설계척도들에 대한 평가와 전략, 투자에 초점을 두며, 에너지와 탄소절감을 하나의 주된 목적으로 한다(그림 4.20 참조).

에너지사용강도는 상대적 비교를 위한 도구로, 말하자면 건물들 간의 에너지성능을 비교하는 도구로 보는 게 가장 좋다. 그렇지만 그런 비교의 한계를 명심하는 게 중요하다. 다양한 기후나 유형의 건물들을 비교할 때는 에너지사용강도의 유용성이 떨어진다. 기후와 프로그램이 다를수록 에너지사용량도 극히 달라질 수 있다. 따라서 같은 기후에 있

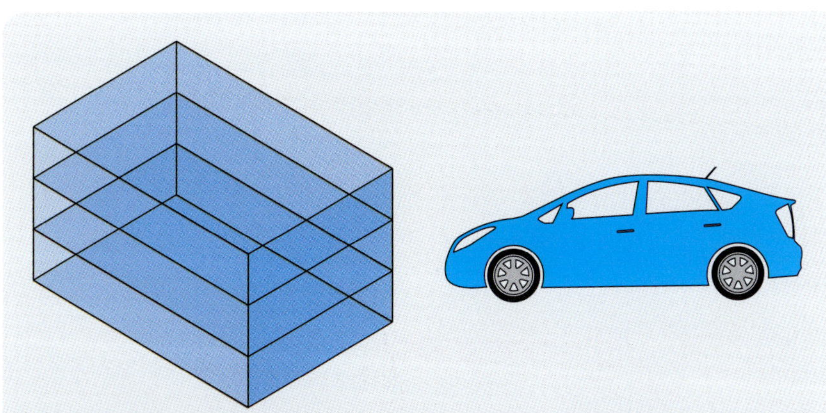


■ 그림 4.19 건물 에너지사용강도와 차량 MPG의 비교

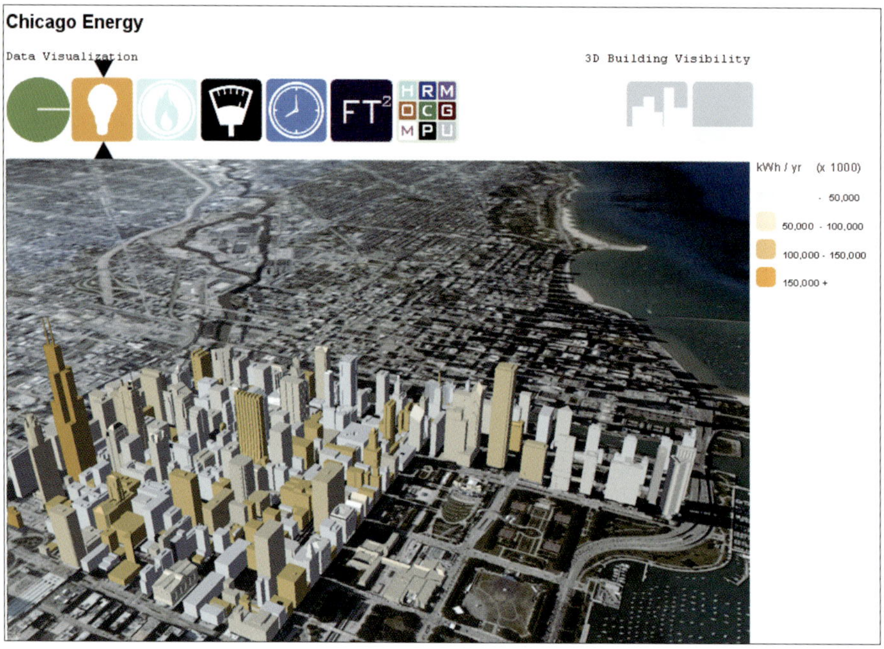


■ 그림 4.20 시카고 주요 상업지구의 파라메트릭 모델은 에너지와 탄소, 기타 도시설계 척도들의 대규모 분석을 가능케 한다. © 2010, Adrian Smith + Gordon Gill Architecture.

는 같은 유형의 건물들을 비교하는 게 더 의미가 있다. 그렇다고 같은 유형과 기후의 건물들 사이에 중요한 차이가 전혀 없을 거란 얘기는 아니다. 같은 도시의 두 사무소 건물들을 생각해보자. 두 건물의 사용밀도가 다르면 에너지사용강도도 다를 것이다. 그런 많은 건물 프로그램 특성들이 모든 유형의 상업건물에서 에너지사용에 영향을 준다. 하지만 이런 미묘한 차이들을 자각한다면 에너지사용강도 값들을 비교하고 이해하는 과정에서 건실한 판단을 할 수 있을 것이다.

명심해야할 에너지사용강도의 또 다른 잠재적 한계는 그것이 건물 연면적에 기초한 척도라는 점이다. ANSI/ASHRAE/IESNA 90.1, "저층주거건물을 제외한 건물의 에너지표준(Energy Standard for Buildings Except Low-rise Residential Buildings)"은 연면적(gross floor area)의 정의를 포함하는데, 이것은 다른 디테일보다도 외벽면적을 고려한다. 건축법규와 기타 건물 및 부동산 표준들에는 연면적 측정법에 대한 자체적인 고유의 정의들이 있다. 연면적 계산 시의 작은 차이들보다 훨씬 더 두드러진 사항은 밀폐된 주차공간과 같은 보조공간들을 포함하거나 배제할 수 있다는 점이다. 에너지사용강도의 계산은 이런 보조공간들의 에너지 그리고/혹은 면적을 포함하느냐 배제하느냐에 따라 똑같은 건물에 대해서도 폭넓은 편차를 나타낼 수 있다. 예를 들어 사무소건물의 에너지사용강도는 부속주차장의 면적이나 에너지를 포함해야 하는가? 대개 주차장의 에너지는 포함하지만 그 면적은 포함하지 않는다. 그 결정은 에너지사용강도의 계산을 어떻게 활용하고 있느냐에 기초해야 하며, 그 목적은 같은 조건끼리의 비교를 유지하는 것이다.

에너지사용강도를 건물의 단위면적당 연간 에너지 사용량의 관점에서 활용하는 방식이 갖는 일부 한계들 때문에, 건설업계 전문가들 사이에서는 에너지 사용량을 각 건물유형에 대한 의미 있는 생산 척도와 비교할 수 있게 하는 건물유형별 에너지사용강도 단위를 탐구하려는 관심이 늘어났다. 예를 들어 사무소건물은 kBtu/ft$^2$/year이란 단위보다

kBtu/사용시간/년의 단위로 측정하거나, 두 단위 모두로 측정할 수도 있다. 대안적인 에너지사용강도 단위들로는 호텔의 경우 kBtu/고객숙박일수/년, 레스토랑의 경우 kBtu/식사건수/년 등이 가능하다. 이런 단위들은 표준적인 에너지사용강도 정의들을 가장 잘 보충해줄 가능성이 높고 에너지 사용량을 최소화하는 동시에 건물의 용도와 혜택은 극대화하는 다양한 방식들의 탐구도 가능케 해줄 것이다.

에너지사용강도의 한계들을 염두에 두더라도, 여전히 그것은 매우 가치 있는 도구일 수 있다. 한 가지 이유는 건물의 벤치마킹에 활용될 에너지사용강도 값들에 대한 데이터베이스가 늘어나고 있기 때문이다. 게다가 업계 내에서도 에너지사용강도의 활용이 늘어나고 있다. 현존하는 미국 내 대부분의 상업건물 에너지사용량 및 에너지사용강도 측정치들의 출처는 기존 건물에 대한 전국단위의 총체적 조사인 상업건물에너지소비조사(Commercial Building Energy Consumption Survey: CBECS)에 기인한다. CBECS에서 도출된 에너지사용강도 값들은 현존하는 건물자원, 즉 2003년 조사에서 표본으로 수집된 5,215개 건물들의 평균 성능을 구성한다. 이 글을 쓰고 있는 시점에 미국 에너지정보국은 2012년 CBECS 버전을 계획하고 있었는데, 이 버전은 2003년 조사 이후 최초의 업데이트 버전이다. 2012년 데이터의 발표시점은 2014년 봄으로 예상된다. 2003년 CBECS는 에너지스타와 2030 챌린지 기준값들에 토대를 이룬다.

### 4.2.2 에너지와 기후(Energy and Climate)

기후는 건물외피에 작용하는 냉난방부하를 지배한다. 건물외피 부하에서의 열에너지 전달은 건물의 전체 에너지사용량 중 대부분을 차지할 수 있으며,

| 지대번호 | 기후대 유형 | 도일기준 |
|---|---|---|
| 1A | 매우 고온습윤 | 9000 < CDD50° F |
| 1B | 매우 고온건조 | 9000 < CDD50° F |
| 2A | 고온습윤 | 6300 < CCD50° F ≤ 9000 |
| 2B | 고온건조 | 6300 < CCD50° F ≤ 9000 |
| 3A | 온난습윤 | 4500 < CDD50° F ≤ 6300 |
| 3B | 온난건조 | 4500 < CDD50° F ≤ 6300 |
| 3C | 온난해양 | HDD65° F ≤ 3600 |
| 4A | 냉온습윤 | CDD50° F ≤ 4500 와 HDD65° F ≤ 5400 |
| 4B | 냉온건조 | CDD50° F ≤ 4500 와 HDD65° F ≤ 5400 |
| 4C | 냉온해양 | 3600 < HDD65° F ≤ 5400 |
| 5 | 냉랭습윤 | 5400 < HDD65° F ≤ 7200 |
| 5B | 냉랭건조 | 5400 < HDD65° F ≤ 7200 |
| 5C | 냉랭해양 | 5400 < HDD65° F ≤ 7200 |
| 6A | 한랭습윤 | 7200 < HDD65° F ≤ 9000 |
| 6B | 한랭건조 | 7200 < HDD65° F ≤ 9000 |
| 7 | 매우 한랭 | 9000 < HDD65° F ≤ 12600 |
| 8 | 준-북극기후 | 12600 < HDD65° F |

■ **그림 4.21** 기후대 정의. *〈데이터 출처: Briggs, R. S., Lucas, R. G., Taylor, Z. T., 2003, Climate Classification for Building Energy Codes and Standards: Part 1. Development Process. Richland, WA (PNNL/DOE).〉*

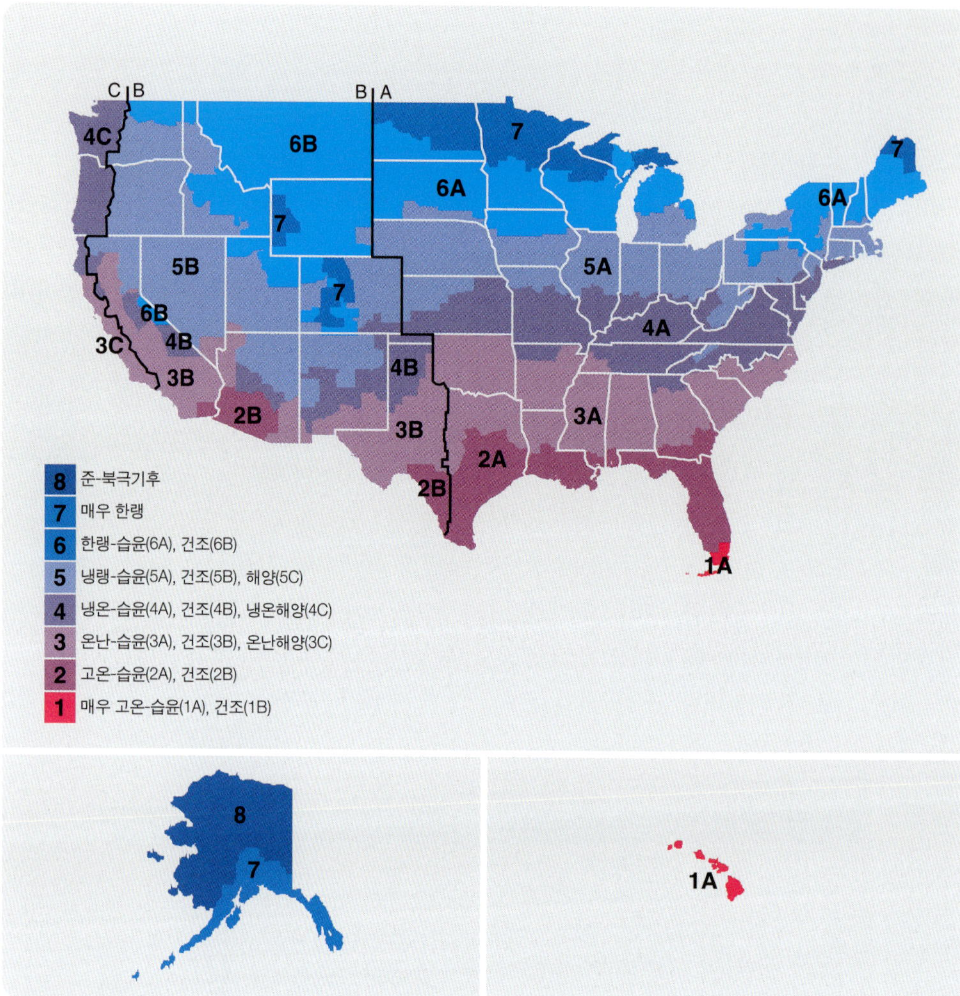


■ **그림 4.22** 미국 기후대 지도. 〈*데이터 출처: DOE, 2005, "Map of DOE's Proposed Climate Zones"; Briggs, R. S., Lucas, R. G., Taylor, Z. T., 2003, Climate Classification for Building Energy Codes and Standards: Part 1.Development Process. Richland, WA (PNNL/DOE).*〉

특히 혹독한 기후에서 그러하다. 프로젝트 장소의 기후에 대한 이해는 그 에너지 문제(들)의 이해를 위한 첫 번째 조치들 가운데 하나다.

에너지부가 확립하고 미국냉난방공조학회(ASHRAE)와 국제법규협의회(ICC)가 사용하는 기후대 정의(Climate Zone Definitions)는 난방도일(heating degree-day: HDD)과 냉방도일(cooling degree-day: CDD)을 기준으로 미국을 8가지 기후대로 나누고 주요 기후유형들을 습윤성(moist, A), 건조성(dry, B), 해양성(marine, C)으로 구분하고 있다.(그림 4.21과 4.22 참조). 난방도일은 평균일일온도가 기준온도(예를 들어 65°F)보다 밑이고 난방이 필요할 때, 그 평균온도와 기준온도 간의 차이를 표시하는 척도이다. 예를 들어 24시간 평균온도가 30°F인 날의 난방도일은 65°F 기준을 활용할 때 35가 될 것이다. 연간 난방도일은 난방도일들을 1년에 걸쳐 합친 값이다. 그 총합은 한 기후와 관련된 난방부하의 지표인 반면, 냉방도일의 총합은 한 기후와 관련된 냉방부하의 지표다. 냉방도일은 평균일일온도가 기준온도(예를 들어 65°F)보다 위이고 냉방이 필요할

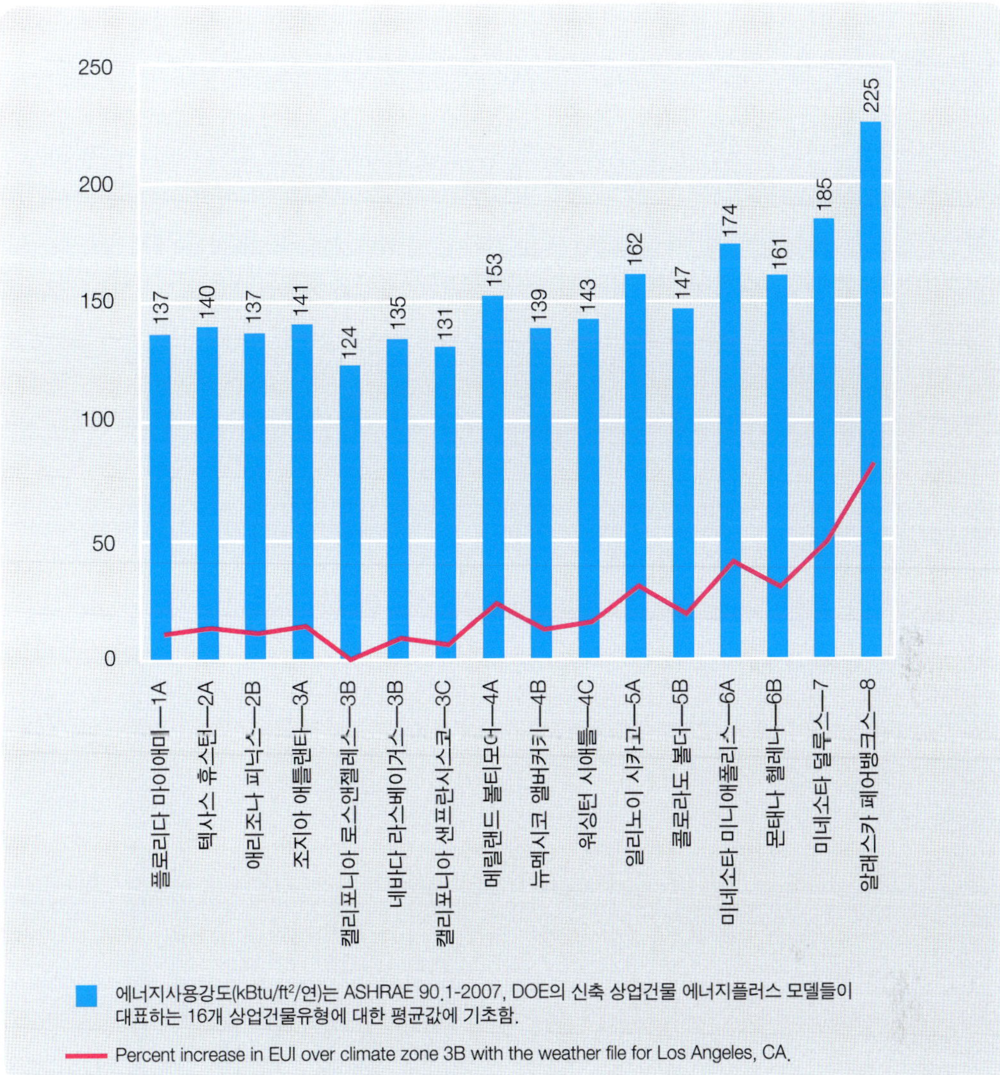


■ **그림 4.23** 다양한 기후의 에너지사용강도 비교

때, 그 평균온도와 기준온도 간의 차이를 측정한다.

에너지사용에 영향을 주는 2가지의 주요 기후관련요인들은 온도와 습도다. 이 두 요인들은 냉방부하와 난방부하의 두 유형들로 변환된다. 현열부하(sensible heat load)는 건구온도, 그리고 건구온도를 변화시킬 때 가감되는 열에너지와 관련된다. 잠열부하(latent heat load)는 습구온도, 그리고 대기 중 습기함량의 상태변화를 일으키는, 즉 대기를 가습하거나 제습할 때 드는 에너지와 관련된다.

건물 내 에너지 사용량에 기후가 미치는 영향에 대한 일반화가 일부 가능하다. 습윤기후는 잠열부하 때문에 건조기후보다 에너지 사용량이 더 높은 경향이 있다. 현열부하가 더 클수록 난방도일이나 냉방도일이 더 커서 결과적인 에너지 사용량이 더 높다는 일반화도 가능하다. 상대적으로 한랭한 기후대인 6A, 7, 8 지대는 에너지사용강도가 가장 높으며, 가장 낮은 에너지사용강도는 온난한 기후대인 3B와 3C 지대에서 나타난다. 그림 4.23에 나오는 기후별 에너지사용강도 비교표는 16개 기상파일들을 활용하여 미국 내 15개 기후대에 분포하는 상업건물들의 에너지사용강도를 분석한 결과를 보여준다. 이 에너지사용강도 값들은 EnergyPlus에서 모델링한 DOE 기준 상업건물들로부터 얻은 것이다. 기준 건물모델로서 각기 다른 16개의 다른 상업건물유형들이 대표되고 있다.

기후는 건물 내 에너지사용에 대한 하나의 요인으로서 건물에 엄청난 자원과 자유에너지의 가능성을 제공한다. 이런 자원들, 그리고 기후가 에너지부하에 미치는 영향들을 파악하는 것이 넷 제로 및 저에너지 설계를 달성하는 핵심열쇠다. (5장과 6장은 저에너지 및 넷 제로 에너지 기후설계에 대한 상세한 지침을 제공한다.)

### 4.2.3 에너지와 건물 유형(Energy and Building type)

기후가 건물외피에서의 에너지부하를 지배하는 것처럼, 건물유형은 실내부하를 지배한다. 건물유형이나 주요 건물활동은 일정과 사용밀도, 플러그 및 프로세스 부하 유형, 옥내설비의 온수 및 냉방 부하, 조명 실내발열량을 결정한다. 이런 부하들은 건물의 에너지사용량에 현저한 영향을 준다. 전반적

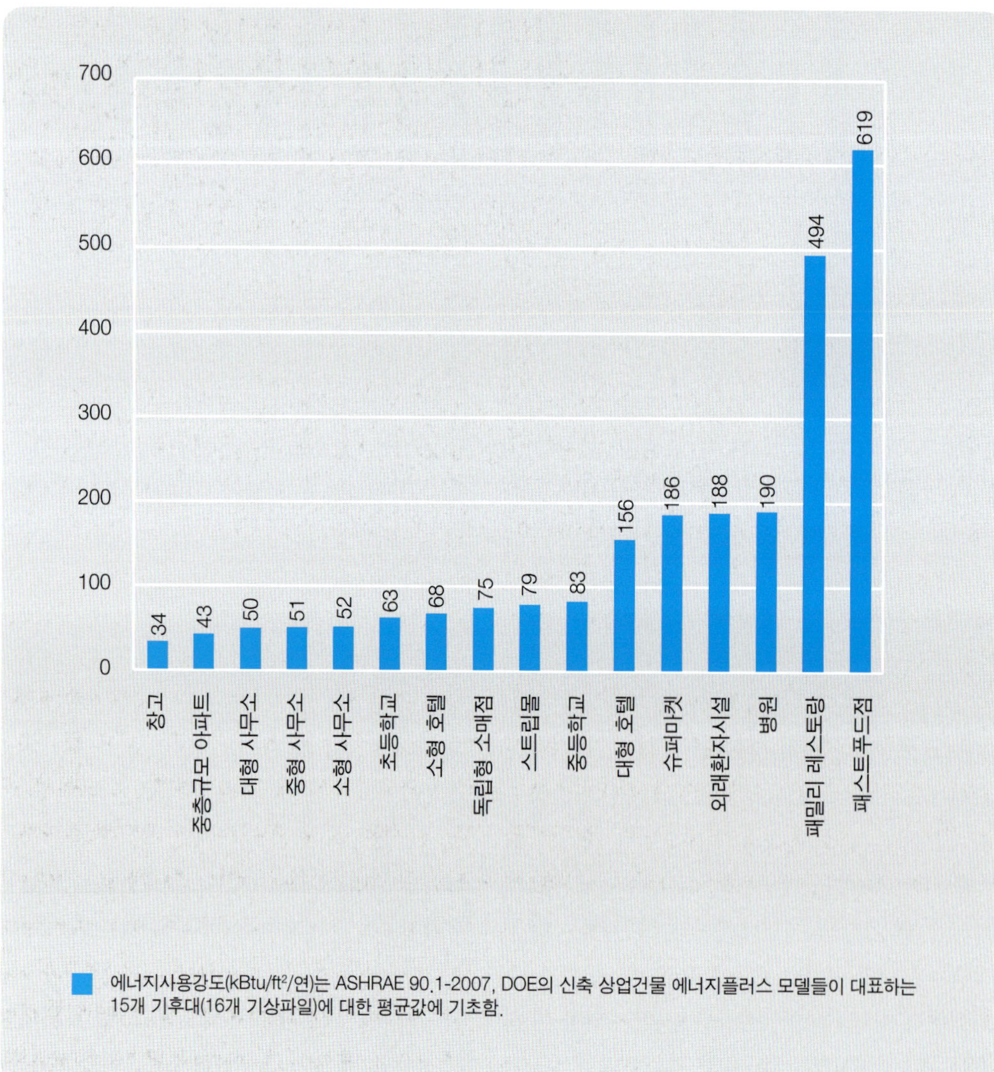


■ **그림 4.24** 다양한 건물유형의 에너지사용강도 비교

으로 건물유형은 에너지사용량에 기후보다 훨씬 더 큰 효과를 미칠 수 있다. 게다가 기후는 일반적으로 외피설계에서 다룰 수 있지만, 건물유형에 관한 부하들은 더욱 문제가 될 수 있다.

그림 4.24에 나오는 건물유형별 에너지사용강도 비교표는 각기 다른 16개의 다른 상업건물유형들을 비교한다. EnergyPlus에서 모델링한 DOE의 기준 상업건물에서 얻은 에너지사용강도 값들은 15개 기후대를 대표하는 16개의 다른 기상파일들에 대해 평균을 낸 것이다. 대다수의 건물유형들은 에너지사용강도가 낮은 범주부터 적당한 범주에 속한다. 대형 호텔과 슈퍼마켓, 병원과 같은 건물유형들은 에너지사용강도가 높은 편이고, 레스토랑의 에너지사용강도는 매우 높다.

건물유형은 넷 제로 에너지 빌딩의 사업타당성과 그에 대한 접근에 수된 영향을 준다. 가장 명백하게 나타나는 건 에너지사용강도의 폭넓은 범위다. 일반적으로 에너지사용강도가 높을수록 넷 제로 에너지 빌딩을 얻기는 더 어려울 것이다. 두드러지게 나타나는 또 다른 영향으로는 건물유형이 종종 기능과 선례에 기초한 전형적인 건축형식과 매스계획을 취한다는 점이다. 예를 들어 슈퍼마켓이나 대형할인점, 창고 등은 통상적으로 건축면적이 큰 단층짜리 건물일 것이다. 이런 유형의 매스형태는 용적률 당 지붕 면적이 크다. 지붕 면적이 크면 지붕에 더 큰 태양전지시스템을 설치할 수 있다는 장점이 있다. 대규모 사무소 건물과 호텔, 병원과 같은 다른 건물 유형들은 여러 층을 갖기 때문에 용적률에 대한 지붕 면적의 비율이 낮은 경향이 있다. (5장은 건물 매스계획과 넷 제로 에너지 디자인의 관계에 대한 상세한 지침을 제공한다.)

## 4.3 에너지 목표(Energy Targets)

### 4.3.1 에너지 기준(Energy Baseline)

에너지사용강도 목표는 저에너지 및 넷 제로 에너지 빌딩 설계를 위한 강력한 도구다. 왜냐면 이런 목표를 설정하는 과정에서 프로젝트 팀과 건축주는 설계과정을 이끌고 계발하는 데에 활용할 수 있는 에너지성능 목표들을 정할 수 있기 때문이다. 넷 제로 에너지 빌딩의 한 가지 독특한 점은 그 목표를 정량화하기 위해 기준 에너지 사용량의 비교에 의존하지 않는다는 점이다. 넷 제로 에너지는 인정된 기준 값보다 "더 높은 퍼센트"라는 통상적 접근과는 반대로 절대적인 에너지 척도다. 그럼에도 불구하고 넷 제로 에너지 프로젝트를 위한 전형적인 에너지 기준의 개발과 해석은 건물의 에너지 효율을 이해하고 정보로서 전달하는 추가적인 방식들을 제공하기에 유익하며, 궁극적으로는 넷 제로 에너지 목표의 성공적인 설정과 달성을 목적으로 한다.

에너지 목표를 설정하는 첫 번째 단계는 프로젝트에 대한 에너지사용강도 기준들을 개발하는 일인데, 이런 조치가 그 기준들에 대비하여 하나의 에너지 목표나 일단의 포괄된 목표들을 개발시킬 수 있기 때문이다. 프로젝트를 위해 개발되는 2가지의 통상적인 에너지 기준은 CBECS와 ASHRAE 90.1이다. (주: ASHRAE 90.1은 LEED를 위한 에너지 참고 표준으로서 상업건물 에너지 법규들에 사용되는 ANSI/ASHRAE/IESNA 90.1 "저층주거건물을 제외한 건물 에너지표준[Energy Standard for Buildings Except Low-rise Residential Buildings]"을 일컫는다.)

CBECS(2003년 기준) 기준은 2030 챌린지와 에너지스타에 사용된다. 그것은 명시된 유형의 평균적인 기존 건물이 갖는 에너지성능 수준을 설정하며 신축건물(혹은 기존건물)의 설계를 기존의 유사한 건물표본과 비교할 수 있게 해준다. 앞선 섹션에서 언급한 것처럼, CBECS의 데이터는 그 기준 값을 위한 토대를 형성한다. 안타깝게도 CBECS 데이터베이스는 매우 대규모이고 그다지 사용자에게 친절하지 않다. 다행인 것은, 그 데이터를 통합하여 표준화하는 몇몇의 발표된 표들을 이용할 수 있단 점이다. CBECS 데이터베이스를 제공할 수 있는 매우 유용하고 자유로운 웹기반 인터페이스들도 있다. 소프트웨어도 이용이 가능한데, 예를 들어 IES 버추얼 인바이런먼트는 (ASHRAE 90.1 기준뿐만 아니라) CBECS 기준을 생성할 수 있다.

ASHRAE 90.1 기준은 고려중인 특정 건물에 대한 법규상 최소성능표준을 확립한다. 그리고 비록 동종의 다른 건물들과 비교한 값을 제시하지는 않지만, 그것은 같은 건물의 다양한 버전들을 비교할 수 있게 해준다. ASHRAE 90.1과 더불어 한 프로젝트의 기준이나 법규상 최소기준의 버전이 에너지 모델링으로 시뮬레이션 된다. 이 기준모델은 단열수준과 기계설비시스템과 같은 법규상 정의되는 기본적인 건물요인들을 포함하며, 건물을 사방으로 회전시키는 효과도 결합한다.

프로젝트를 시작할 때 ASHRAE 90.1 기준을 설정하는 데서 한 가지 어려움은 에너지 모델을 개발할 필요가 있다는 점인데, 이것은 매우 엄밀한 작업이다. 일반적으로 최종 기준모델은 설계가 끝날 때까지 만들어지지 않는다. 하지만 초기 기준을 설정하기 위해 단순화된 모델을 사용할 수도 있을 것이다. ASHRAE 90.1 기준은 규범적이고, 하나의 측정기준으로서 추상적이며, 절대적인 에너지 목표 측정기준과는 근본적으로 다르기 때문에, 절대적 에너지 목표의 설정과정에서는 오로지 제한적인 가치만을 지닐 수 있다. 그럼에도 그것은 에너지 문제를 통찰해볼 수 있는 또 하나의 필터이며, 그만큼 ASHRAE 90.1 측정기준을 사용하는 숙련된 팀에게는 가치를 더해줄 수 있다. 게다가 넷 제로 에너지 과정을 위해 LEED 인증이 추진될 가능성이 높기 때문에, ASHRAE 90.1 기준과 목표의 개발은 어떤 경우든 그 과정의 일부여야 한다.

분명히 CBECS와 ASHRAE 90.1은 에너지 기준 설정에 대한 의미와 가치가 분명히 다르기 때문에, 에너지 기준을 다양한 각도에서 바라보는 게 유익하다. 캘리포니아 프로젝트에 적용되는 타이틀 24(Title 24)처럼 프로젝트에 가치를 더해줄 수 있는 다른 법규비교기준들이 있을 수 있다. CBECS와 법규기반 기준들에 더해, 프로젝트의 에너지 기준을 설정하는 또 하나의 방법은 건물의 전례들을 연구하는 것이다. 여기에는 최고성능을 보이는 동종의 건물들이나 동일 건축주가 기존에 소유하고 있는 일단의 유사한 건물들, 혹은 같은 설계 팀이 완료한 건물들에 대한 에너지성능 데이터의 수집을 포함시킬 수 있다.

#### 4.3.1.1 에너지스타 목표탐색기
(Energy Star Target Finder)

아마도 가장 사용하기 쉬운 최상의 기준과 목표 설정 도구는 웹기반 에너지스타 목표탐색기(www.energystar.gov/targetfinder)일 것이다. 이 에너지스타 프로그램과 웹사이트에는 건설 산업에 중요한 많은 자료들이 있다. 목표탐색기뿐만 아니라, 이 사이트는 포트폴리오 매니저(Portfolio Manager)와 교육프로그램, 포상 및 승인 프로그램, 파트너십 기회, 에너지스타 라벨건물 등의 자료를 제공한다(후자는 이 프로그램의 핵심이다).

단 몇 개의 기본적인 프로젝트 정보와 몇 분의 시간만으로, 이 목표탐색기 웹사이트는 CBECS 기준과 에너지스타 목표, 그리고 탄소배출량과 에너지비용 등 건물 프로젝트에 유용한 에너지사용 정보를 제공할 수 있다. 목표탐색기는 CBECS 데이터를 표준화하여 웹사이트에 입력되는 우편번호와 프로젝트 파라미터마다 하나의 특정한 목표를 생성한다. 하지만 한 가지 경고하자면, 목표탐색기는 제한된 집합의 건물유형과 용도에 대해서만 효과가 있다. 그렇지만 이렇게 사전 정의된 용도 속에서 복합용도 프로젝트를 맞춤화할 수 있으며, 주차장과 수영장 등의 부속공간들을 추가할 수가 있다.

에너지스타의 목표등급산정(Target Rating)이나 에너지절감목표(Energy Reduction Target) 옵션을 선택하는 식으로, 목표탐색기는 에너지 기준과 목표 모두를 결정하는 데 활용될 수 있다. “환경보호국

에너지성능등급산정(EPA Energy Performance Rating)"이라 불리는 이 목표등급산정은 1점부터 100점까지 매겨지는데, 100점은 CBECS 표본 집단의 백분위수, 즉 표본 집단의 최고성능에 해당하는 에너지성능당량을 나타낸다. 50점은 50분위수, 즉 평균적인 건물성능을 나타낸다. CBECS의 에너지사용강도 목표에 해당하는 기준 에너지 목표를 설정하려면, 목표등급산정 값을 50으로 선택하라. 이 목표가 2030 챌린지에도 사용됨을 주지하라. 성능 목표를 더 높게, 즉 95점 이상으로 설정하거나 에너지절감목표를 60퍼센트 이상으로 설정하면 넷 제로 에너지의 에너지사용강도 목표를 정의하는 좋은 시작점이 될 수 있을 것이다. (더 많은 정보는 본 장의 뒤에 나오는 "넷 제로 에너지 목표[Net Zero Energy Target]" 섹션을 참조할 것.)

목표탐색기에는 "추정설계에너지(Estimated Design Energy)"도 입력할 수 있음을 주지하라. 이 단계는 기준이나 에너지 목표를 개발하기 위해 필

**Target Energy Performance Results**

The design **must** achieve a rating of 75 or higher to be eligible for "Designed to Earn the ENERGY STAR".

**View Statement of Energy Design Intent**

NOTE: Assumptions are 45% Electricity - Grid Purchase and 55% Natural Gas. The Target & Average Building energy use for this facility are calculated based on the typical fuel mix in the zip code specified.

**Target Energy Performance Results (estimated)**

| Energy | Design | Target | Average Building |
|---|---|---|---|
| Energy Performance Rating (1-100) | N/A | 50 | 50 |
| Energy Reduction (%) | N/A | 0 | 0 |
| Source Energy Use Intensity (kBtu/Sq. Ft./yr) | N/A | 168 | 168 |
| Site Energy Use Intensity (kBtu/Sq. Ft./yr) | N/A | 81 | 81 |
| Total Annual Source Energy (kBtu) | N/A | 12,585,902 | 12,585,902 |
| Total Annual Site Energy (kBtu) | N/A | 6,054,262 | 6,054,262 |
| Total Annual Energy Cost ($) | N/A | $ 125,011 | $ 125,011 |
| **Pollution Emissions** | | | |
| CO2-eq Emissions (metric tons/year) | N/A | 441 | 441 |
| CO2-eq Emissions Reduction (%) | N/A | 0% | 0% |

**Facility Information** Edit

**Test K-12 School**
Los Angeles, CA 90001
United States

**Facility Characteristics** Edit

| Space Type | Gross Floor Area (Sq. Ft.) |
|---|---|
| K-12 School | 75,000 |
| Total Gross Floor Area | 75,000 |

* The Average Building is equivalent to an EPA Energy Performance Rating of 50.

**Estimated Design Energy** Edit

| Energy Source | Units | Estimated Total Annual Energy Use | Energy Rate ($/Unit) |
|---|---|---|---|
| Electricity - Grid Purchase | kBtu | N/A | $ 0.035/kBtu |
| Natural Gas | kBtu | N/A | $ 0.009/kBtu |

Source: Data adapted from DOE-EIA. See EPA Technical Description.

■ 그림 4.25 로스앤젤레스의 초등학교사례에 대한 에너지스타 목표탐색기의 성능결과 보고서 *〈화면 캡처: ENERGY STAR Target Finder 웹사이트〉*

요한 단계가 아니다. 이 부분을 공란으로 놔두면, 프로그램이 연료유형과 에너지비용을 디폴트값들로 채운다. 이 단계는 설계에너지를 선택한 목표와 비교할 수 있도록 설계에너지 분석결과들을 입력하기 위한 목적이다. 그 다음 이 수치를 활용하여 "에너지설계의도 진술(Statement of Energy Design Intent)"을 하고, 이 진술을 활용하여 환경보호국의 뛰어난 에너지스타획득설계(Designed to Earn ENERGY STAR) 프로그램에 응모할 수 있다. 이 프로그램은 설계 완성단계에서 프로젝트를 인증하여 시공도면상에 특별인증로고를 포함시킬 수 있게 해준다.

그림 4.25는 목표탐색기의 성능결과보고서 중 한 페이지의 샘플이다. 이 보고서는 기준 그리고/혹은 목표 에너지사용강도와 연간 에너지사용량을 비롯하여 연료혼합과 환경보호국 에너지성능등급 산정, 에너지비용, 탄소당량배출 등의 많은 중요 정보들을 제공한다. 또한 이 보고서에는 편집(Edit) 버튼도 있는데, 이 버튼을 클릭하면 프로젝트의 입력화면으로 되돌아가게 되고 원할 경우 입력 값들을 변경할 수 있다. 이 사례는 캘리포니아 로스앤젤레스에 소재한 75,000제곱피트 규모의 한 초등학교에 대한 목표탐색기의 결과들을 보여준다. 이 경우 에너지스타 목표로 50점이 선택되었고, 프로젝트에 대한 CBECS 기준을 결정하는 게 목적이었으므로 추정설계에너지는 입력하지 않았다. 보이는 것처럼, 연간 부지 에너지에 대한 CBECS 기준 에너지사용강도는 81 kBtu/ft$^2$이며, 연간 자원 에너지는 168 kBtu/ft$^2$다.

### 4.3.1.2 에너지아이큐(EnergyIQ)

캘리포니아 주 버클리의 로렌스 버클리 국립연구소(Lawrence Berkeley National Laboratory)는 자체적으로 **행동지향 에너지 벤치마킹**(action-oriented energy benchmarking)이라 부르는 걸 수행하기 위해 에너지아이큐(www.EnergyIQ.lbl.gov)라는 웹기반 에너지 기준 도구를 개발했다. 에너지아이큐는 캘리포니아 상업용목표사용량조사(California Commercial End-Use

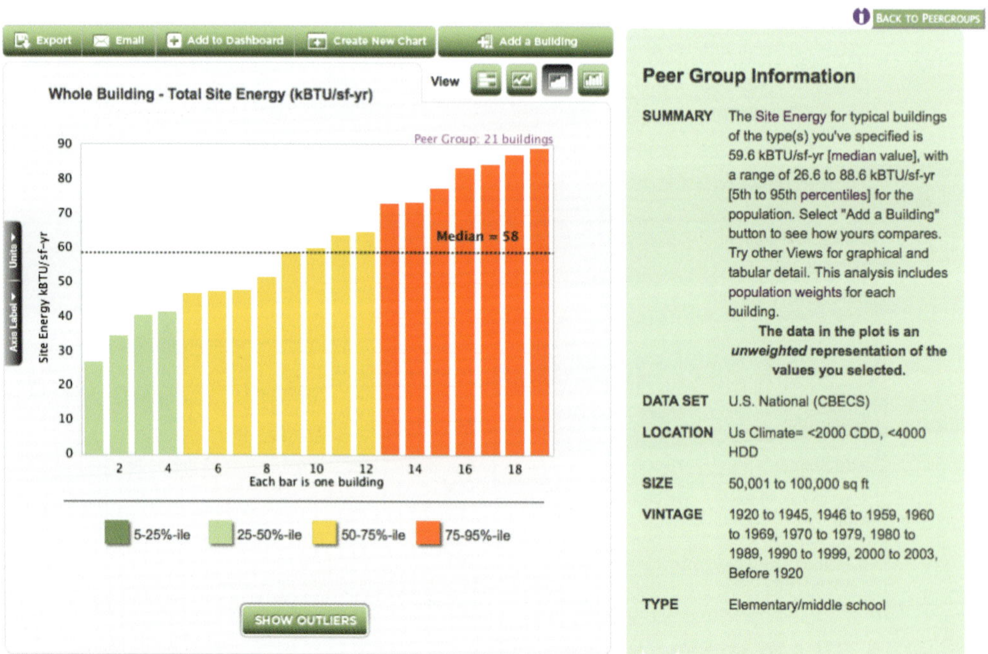


■ **그림 4.26** 로스앤젤레스의 한 초등학교에 대한 에너지아이큐의 성능결과보고서 *〈화면 캡처: EnergyIQ 웹사이트〉*

Survey: CEUS)와 CBECS 2가지의 데이터베이스를 활용한다. CBECS 데이터베이스는 건물유형과 기후대(혹은 기후지역), 건물연식, 건물지역을 비롯하여 상당한 맞춤화를 가능케 한다. CEUS는 캘리포니아 프로젝트들에 대한 광범위한 특징목록을 제공한다. 에너지아이큐가 에너지스타와 구분되는 점은 CBECS 데이터를 직접 활용하여 결과와 작업을 맞춤화하는 능력이다. 에너지아이큐는 총 에너지 사용량과 에너지 목표사용량, 연료유형을 비롯하여 다양한 방식으로 에너지 사용량을 조사할 수 있다. 그 결과는 다양한 단위와 그래프 형식들로 표시할 수 있다.

그림 4.26은 에너지아이큐 보고서의 한 샘플 페이지를 보여준다. 그림 4.25에서 인용한 75,000제곱피트 규모의 초등학교가 똑같이 활용된다. 여기서는 CEUS 대신 앞선 사례와 더 일관되는 (전국) CBECS 데이터를 활용했다. 에너지아이큐는 이 예시 프로젝트를 위해 연간 59.6 kBtu/ft²의 부지 에너지에 대한 에너지사용강도 중앙값을 생성한다. 이 값은 에너지스타의 결과와 다른데, 그 주된 이유는 에너지아이큐가 CBECS 건물의 원 결과들을 바로 활용하는 반면 에너지스타는 위치와 특정 프로젝트 파라미터들에 대해 그 결과들을 표준화하기 때문이다. 에너지아이큐는 선택된 기후대와 규모범위, 연식에 속하는 21개 건물들을 찾아냈다. 흥미로운 건 그 21개 건물들이 보여주는 광범위한 에너지사용강도 값들이다. 에너지아이큐에서는 추가분석을 위해 데이터를 엑셀 형식으로도 내보낼 수 있다.

#### 4.3.1.3 상업건물에너지소비조사기반 기준목록 (Cbecs-Based Baseline Tabels)

CBECS에 기초하여 발표된 에너지 기준 표들의 출처가 몇 가지 있다. 2030 챌린지가 그 중 하나다. 미국 내 상업건물에 대한 2030 챌린지 목표목록은 주거건물 목록 및 캐나다 프로젝트 목록과 함께 아키텍처 2030 웹사이트(www.architecture2030.org)에서 찾아볼 수 있다. 목표탐색기에서 이용할 수 있는 건물유형들의 경우, 목표탐색기에는 2030 챌린지 목표목록이 디폴트값으로 들어간다. 하지만 2030 챌린지 목록을 사용하면 한 가지 두드러진 단점이 있는데, 그 에너지사용강도들이 기후대에 기초하지 않은 전국평균 값들이란 점이다.

에너지부는 전국에 있는 자체 연구소들을 통해 다양한 벤치마크 모델링 도구들을 개발해왔는데, 그 가운데서도 건물유형과 기후대에 따라 CBECS 데이터를 요약하고 분석한 목록들이 발표되어 있다. 이 중에는 에너지부/국립재생에너지연구소가 개발하여 CBECS의 건물 데이터베이스를 재현하는 일단의 에너지플러스 모델들도 있다. 이런 모델들은 에너지플러스에서 분석되고 CBECS 데이터베이스와 비교되었다. 더 중요한 것은, 그 분석을 통해 에너지부가 정의하는 미국 기후대들을 중심으로 CBECS 프로젝트들을 표준화할 수 있단 점이다. 에너지부와 국립재생에너지연구소는 이러한 일단의 모델들을 기초로 ASHRAE 90.1-2004 기준을 개발하기도 했다. 두 연구의 결과는 모두 에너지부/국립재생에너지연구소 기준에너지사용강도(DOE/NREL Baseline Energy Use Intensities) 목록에 정리되었다(그림 4.27 참조).

또 다시 3B 기후대인 로스앤젤레스에 있는 75,000제곱피트 규모의 초등학교를 통해, 에너지부/국립재생에너지연구소 목록으로부터 CBECS 및 ASHRAE 90.1-2004 기준을 도출할 수 있다. 이 프로젝트에 대한 CBECS 에너지사용강도 기준은 연간 부지 에너지 74 kBtu/ft2다. ASHRAE 90.1 예비 에너지사용강도 기준은 41 kBtu/ft2다. 주지할 사항은 각 개별 프로젝트에 특수한 에너지모델링을 통해 ASHRAE 90.1 기준을 개발해야 한단 점이다. 하지만 실제 기준을 모델링하기 전에 이 목록을 하나의 지침으로 활용할 수도 있다. 또한 이 ASHRAE 90.1 기준목록들이 2004년 표준을 활용하여 개발되었고, 그 후속 업데이트들은 성능요건들을 올려놓았다는 점을 주지하라.

| 건물유형 | 기후대 | | | | | | | | | | | | | | | | | | | | | | | | | | | | | |
|---|---|---|---|---|---|---|---|---|---|---|---|---|---|---|---|---|---|---|---|---|---|---|---|---|---|---|---|---|---|---|
| | All | | 1A | | 2A | | 2B | | 3A | | 3B | | 3C | | 4A | | 4B | | 4C | | 5A | | 5B | | 6A | | 6B | | 7 | |
| | CBECS | ASHRAE | CBECS | ASHRAE | CBECS | ASHRAE | CBECS | ASHRAE | CBECS | ASHRAE | CBECS | ASHRAE | CBECS | ASHRAE | CBECS | ASHRAE | CBECS | ASHRAE | CBECS | ASHRAE | CBECS | ASHRAE | CBECS | ASHRAE | CBECS | ASHRAE | CBECS | ASHRAE | CBECS | ASHRAE |
| 전체 | 90 | 71 | 74 | 82 | 72 | 68 | 114 | 73 | 89 | 78 | 70 | 58 | 62 | 62 | 95 | 70 | 108 | 55 | 99 | 56 | 104 | 75 | 87 | 64 | 89 | 76 | 97 | 74 | 71 | 74 |
| 사무소 | 93 | 57 | 42 | 55 | 82 | 61 | 72 | 65 | 88 | 52 | 70 | 46 | 58 | 44 | 97 | 60 | 143 | 58 | 95 | 53 | 107 | 60 | 66 | 48 | 110 | 62 | 114 | 61 | 68 | 68 |
| 교육 | 83 | 52 | 52 | 52 | 73 | 49 | 160 | 57 | 62 | 42 | 74 | 41 | 105 | 54 | 102 | 60 | 38 | 34 | 58 | 43 | 87 | 53 | 79 | 44 | 90 | 60 | 90 | 64 | 84 | 64 |
| 공공집회 | 94 | 62 | 75 | 66 | 60 | 66 | N/A | 66 | 112 | 72 | 48 | 52 | 45 | 52 | 110 | 54 | 44 | 48 | 249 | 77 | 103 | 68 | 97 | 50 | 88 | 66 | 102 | 51 | 97 | 70 |
| 공공질서 및 안전 | 116 | 67 | N/A | 54 | 91 | 54 | N/A | 54 | 160 | 67 | 79 | 67 | N/A | 67 | 129 | 60 | N/A | 60 | N/A | 60 | 108 | 78 | 94 | 78 | 126 | 73 | 148 | 87 | N/A | 87 |
| 종교예배 | 44 | 44 | N/A | 40 | 31 | 40 | N/A | 40 | 28 | 29 | 31 | 29 | N/A | 29 | 47 | 44 | 56 | 59 | N/A | 59 | 52 | 51 | 39 | 35 | 53 | 57 | 34 | 39 | N/A | 44 |
| 서비스 | 77 | 83 | 60 | 83 | 53 | 78 | N/A | 78 | 49 | 60 | 61 | 63 | 27 | 63 | 82 | 79 | 83 | 52 | N/A | 52 | 80 | 92 | 101 | 76 | 88 | 102 | 99 | 86 | 65 | 108 |
| 소매점(몰 제외) | 74 | 68 | 61 | 68 | 63 | 66 | 129 | 66 | 60 | 63 | 50 | 54 | 31 | 54 | 65 | 68 | 100 | 58 | N/A | 58 | 88 | 73 | 80 | 71 | 93 | 76 | 97 | 91 | 102 | 100 |
| 식품판매 | 200 | 181 | N/A | 200 | 166 | 200 | N/A | 200 | 212 | 190 | 183 | 151 | 120 | 151 | 242 | 188 | N/A | 188 | N/A | 188 | 203 | 173 | 147 | 182 | 242 | 208 | N/A | 208 | 199 | 181 |
| 음식서비스 | 258 | 354 | 393 | 354 | 208 | 354 | N/A | 354 | 423 | 380 | 393 | 375 | 82 | 375 | 234 | 368 | N/A | 368 | 260 | 368 | 258 | 336 | 228 | 283 | 203 | 341 | 236 | 341 | 192 | 354 |
| 숙박 | 94 | 55 | 81 | 65 | 91 | 51 | N/A | 51 | 98 | 52 | 57 | 40 | N/A | 40 | 92 | 57 | 264 | 61 | 545 | 61 | 89 | 55 | 65 | 51 | 108 | 60 | 93 | 64 | 68 | 63 |
| 전문요양시설 | 125 | 131 | N/A | 132 | 71 | 132 | N/A | 132 | 84 | 113 | 85 | 102 | N/A | 103 | 148 | 145 | N/A | 145 | N/A | 145 | 148 | 142 | 153 | 106 | 118 | 132 | 134 | 132 | N/A | 132 |
| 입원환자의료시설 | 249 | 111 | 200 | 108 | 246 | 108 | 360 | 108 | 205 | 118 | 257 | 98 | 204 | 97 | 248 | 106 | 163 | 106 | N/A | 106 | 294 | 115 | 245 | 106 | 240 | 113 | 235 | 116 | 256 | 116 |
| 외래환자의료시설 | 95 | 76 | 19 | 76 | 77 | 80 | N/A | 80 | 55 | 64 | 106 | 79 | N/A | 79 | 70 | 66 | 190 | 66 | N/A | 66 | 111 | 90 | 120 | 76 | 112 | 82 | 91 | 78 | 166 | 107 |
| 연구소 | 305 | 323 | N/A | 323 | N/A | 323 | N/A | 323 | 242 | 323 | 170 | 369 | N/A | 369 | 600 | 272 | N/A | 272 | N/A | 272 | 370 | 313 | N/A | 313 | 268 | 323 | 115 | 323 | N/A | 323 |
| 냉동창고 | 99 | 86 | N/A | 86 | N/A | 86 | N/A | 86 | N/A | 86 | N/A | 86 | N/A | 86 | 120 | 88 | N/A | 86 | N/A | 86 | 68 | 85 | 51 | 86 | 62 | 86 | N/A | 86 | N/A | 86 |
| 비냉동창고 | 42 | 41 | 22 | 27 | 16 | 31 | N/A | 31 | 22 | 37 | 21 | 30 | 20 | 30 | 39 | 42 | 29 | 49 | 37 | 30 | 79 | 47 | 60 | 51 | 37 | 50 | 58 | 47 | 33 | 45 |
| 빈 건물 | 21 | 30 | N/A | 30 | 4 | 23 | 47 | 23 | 4 | 30 | 6 | 20 | 0 | 20 | 40 | 41 | 3 | 41 | 60 | 41 | 21 | 21 | 93 | 21 | 22 | 40 | N/A | 40 | 55 | 40 |
| 기타 | 79 | 58 | N/A | 73 | 48 | 73 | N/A | 73 | 100 | 58 | 175 | 58 | N/A | 58 | 71 | 57 | 26 | 57 | N/A | 57 | 94 | 61 | 92 | 61 | 69 | 63 | 85 | 63 | 57 | 63 |

■ (빨강) **2003년 CBECS 가중평균 에너지사용강도** 〈출처: DOE/NREL, B. Griffith, N. Long, P. Torcellini, R. Judkoff, D. Crawley, J. Ryan, Methodology for Modeling Building EnergyPerformance Across the Commercial Sector, March 2008, Table 4-1 (다양한 건물유형 및 기후대 사이에서 CBECS 표본의 크기가 다양함에 주목할 것. N/A는 특정범주에 표본이 없음을 뜻한다.)〉

■ (파랑) **ASHRAE 90.1-2004 최소기준준수 평균 에너지사용강도** 〈출처: DOE/NREL, B. Griffith, N. Long, P. Torcellini, R. Judkoff, D. Crawley, J. Ryan, Assessment of the Technical Potential for Achieving Net Zero-Energy Buildings in the Commercial Sector, December 2007, Table 4-10 (에너지사용강도 값들이 2003년 CBECS 표본들에 대한 에너지플러스 시뮬레이션에서 도출됨에 주목할 것. 많은 범주에서 CBECS 표본들이 5개 미만이며, 그런 경우 인접 기후대를 아우르는 모델링 결과들이 제공된다.)〉

■ **그림 4.27** 기준 에너지사용강도 (단위: kBtu/ft²/년) (DOE/NREL).

#### 4.3.1.4 소프트웨어기반 에너지 기준 (Software-Based Energy Baselines)

에너지부와 국립재생에너지연구소는 EnergyPlus라는 차세대 에너지 모델링 소프트웨어를 개발했으며, OpenStudio라는 구글 스케치업 플러그인을 비롯한 수많은 지원 도구와 자원들을 개발해왔다. 에너지부는 건설 산업용도로 상업건물 EnergyPlus 모델 파일들에 대한 레퍼런스 라이브러리를 만들어왔다.

에너지플러스 모델링 소프트웨어와 에너지부가 발표한 기준 상업건물모델들을 활용하는 건 에너지 기준들을 개발하는 한 방법이다. 이렇게 사전 설정된 EnergyPlus 파일들을 활용하는 방법뿐만 아니라, 에너지부는 에너지플러스 예시파일생성기(EnergyPlus Example File Generator)(http://apps1.eere.Energy.gov/buildings/energyplus/cfm/inputs)라는 웹기반 인터페이스도 개발했다. 국립재생에너지연구소에도 "모델메이커(Model Maker)"라 불리는 에너지플러스 예시파일생성기용 웹 인터페이스(http://modelmaker.nrel.gov)가 있다. 이러한 EnergyPlus 모델링 방식들을 활용한다고 CBECS의 에너지사용강도 기준을 얻는 건 아니지만, 그런 방식들은 초기 설계단계에서 동종의 건물을 보다 구체적으로 정의할 수 있는 기준을 생성하거나 ASHRAE 90.1 기준에 가까워질 수 있다. eQuest와 Autodesk Vasari, IES VE 등의 기타 에너지 모델링 소프트웨어를 활용하여 기준 건물 모델과 사례를 개발할 수도 있다. (에너지/시뮬레이션 도구의 활용에 대해 초기 설계 시뮬레이션에서의 설계자 그리고/혹은 건축가에 초점을 둔 지침은 3장을 다시 참조할 것.)

EnergyPlus 예시파일생성기를 사용하면, 우리의 예시 초등학교 프로젝트는 연간 32.1 kBtu/ft²의 ASHRAE 90.1-2004 기준 값과 연간 30.5 kBtu/ft²의 ASHRAE 90.1-2007 기준 값이 계산될 것이다.

#### 4.3.1.5 동종건물기준(Peer Building Baselines)

유사한 용도와 규모, 기후의 건물 선례들에 대한 연구는 또 다른 유용한 유형의 에너지 기준을 만들어 낼 수 있다. 동종건물기준은 프로젝트의 에너지 잠재력을 이해하는 확실한 비교수단을 제공하며 그에 대한 학습도구의 역할도 할 수 있다. 건축주의 기존시설들을 기초로 설비데이터를 활용하여 동종건물기준을 개발하는 게 유익하고 적절할 수 있다. 게다가 수많은 고성능 건물 데이터베이스들을 통해 고성능의 동종 프로젝트 사례들을 검색할 수 있다. 에너지부의 고성능 건물 데이터베이스가 그러한 도구이며, http://eere.buildinggreen.com에서 찾아볼 수 있다.

에너지부의 건물 데이터베이스를 통해 75,000제곱피트 규모 초등학교에 기준이 되기에 적절한 동종건물을 하나 찾았다. 그 건물은 캘리포니아 주 롱비치에 2004년에 지어진 69,600제곱피트 규모의 초등학교로서, 2007년 공공요금청구서상 에너지사용강도는 연간 33.5 kBtu/ft²다.

#### 4.3.1.6 기준 사례(Baseline Example)

우리는 로스앤젤레스에 소재한 75,000제곱피트 규모의 초등학교 사례에 이번 섹션 전반에 걸쳐 논의한 사례와 기준자료들을 적용하여 적절한 에너지기준들을 결정할 것이다.

CBECS 및 ASHRAE 90.1의 다양한 자료와 기법들은 에너지기준의 다중적인 관점을 얻는데 활용되었다. 다음의 사례분석은 우리의 초등학교 사례에 시행된 에너지기준 연구결과들을 요약한 것이다.

### 4.3.2 목표 설정(Setting Targets)

에너지 목표설정에서 가장 어려운 부분은 아마도 현실적이고 타당한 에너지기준을 설정하는 일일 것이다. 앞서 언급했듯이, CBECS 기준과 ASHRAE 90.1 기준을 모두 개발하고 기준 데이터를 위한 다양한 자료들을 살펴보는 게 좋은 방법이다.

넷 제로 에너지를 위한 에너지 목표와 씨름하기

## 캘리포니아 로스앤젤레스의 75,000제곱피트 규모 초등학교에 대한 CBECS 및 ASHRAE 90.1 기준분석 사례

연구된 모든 범위의 에너지기준들이 에너지문제를 이해하고 넷 제로 에너지 목표를 설정하는 데에 유용하다. 넷 제로 에너지 목표뿐만 아니라, 2030 챌린지와 LEED의 목표와 기준을 프로젝트에 부과할 수도 있다. 여기서 요약된 연구에 기초하면 이 프로젝트는 연간 81 kBtu/ft$^2$의 CBECS(2030 챌린지) 기준을 갖는데, 2030 챌린지가 에너지스타의 결과들을 우선시하기 때문이다. LEED를 위한 예비적인 ASHRAE 90.1 기준은 연간 31 kBtu/ft$^2$가 될 것이다(그림 4.28 참조).

### 에너지스타 목표탐색기에 기초한 CBECS 기준(그림 4.25)

- 연간 81 kBtu/ft$^2$의 부지 에너지 기준
- 연간 168 kBtu/ft$^2$의 자원 에너지 기준

### 에너지아이큐에 기초한 CBECS 기준(그림 4.26)

- 연간 60 kBtu/ft$^2$의 부지 에너지 기준
- 연간 27~89 kBtu/ft$^2$의 범위에 주목할 것.

### DOE/NREL 목록에 기초한 CBECS 기준(그림 4.27)

- 연간 74 kBtu/ft$^2$의 부지 에너지 기준

DOE/NREL 목록에 기초한 ASHRAE 90.1-2004 기준(그림 4.27)

- 연간 41 kBtu/ft$^2$의 부지 에너지 기준

### 에너지플러스 예시파일생성기에 기초한 ASHRAE 90.1-2004 기준

- 연간 32 kBtu/ft2의 부지 에너지 기준

### 에너지플러스 예시파일생성기에 기초한 ASHRAE 90.1-2007 기준

- 연간 31 kBtu/ft$^2$의 부지 에너지 기준

동종건물기준

- 연간 34 kBtu/ft$^2$의 부지 에너지 기준

■ 그림 4.28 예시 프로젝트 기준

전에, 오늘날 미국에서 가장 흔히 쓰이는 2가지 성능 측정기준인 LEED와 2030 챌린지에 기초한 목표설정 방법을 살펴보자. 이런 목표들은 넷 제로 에너지 목표의 평가기준이 될 조율된 척도들을 제공한다.

### 4.3.2.1 2030 챌린지 목표
(2030 Callenge Target)

대개 2030 챌린지 목표는 상대적으로 수월하게 설정할 수 있다. 화석연료소비량에 대한 예정된 퍼센트 감축률을 단순히 프로젝트의 CBECS 기준에 적용하면 된다. 예를 들어 어떤 프로젝트가 2014년 완공예정이라면 적절한 감축률은 60퍼센트일 것이고, 따라서 그 목표는 기준의 40퍼센트가 될 것이다. (2030 챌린지의 세부사항은 1장에서 개괄했다.)

하지만 2030 챌린지 목표 설정에는 잠재적인 문제가 하나 있다. 그 목표는 순 화석연료 에너지 목표로서 소통되고, 무한재생에너지 상세분과 친환경 전력을 20퍼센트까지 통합할 수 있다. 예를 들어 2020년까지의 화석연료 감축은 80퍼센트까지로 예정되어 있다. 기준이 연간 60 kBtu/ft²이라면, 목표는 연간 12 kBtu/ft²일 것이다. 하지만 재생에너지가 그 목표달성을 위해 연간 10 kBtu/ft²을 상쇄시켜 건물의 실제 에너지사용량은 연간 22 kBtu/ft²일 수 있다. 연간 12 kBtu/ft²의 측정기준은 2030 챌린지 목표를 반영하지만, 건물의 실제 에너지 사용목표는 반영하지 않는다. 결국 에너지사용량과 재생에너지발생량에 대한 목표들을 별개로 설정하여, 재생에너지를 포함하는 수준으로 2030 챌린지 목표를 분명히 정의한 다음 새로운 넷 제로 에너지 사용목표를 세우는 방향으로 가는 게 최선이다.

**주(Note)**

주지할 사항은 본서에서 에너지 목표(energy target)를 총 에너지나 에너지사용강도로 대변되는 건물의 에너지사용량으로 정의한다는 점이다. 에너지 목표는 재생에너지의 감축을 포함하지 않는다. 넷 제로 에너지 빌딩은 계속해서 에너지를 사용하므로, 그 에너지 목표는 이를 정확하게 반영해야 한다. 마찬가지로 중요한 사항은 재생에너지를 적용하기 전에 건물성능을 정량화하는 일이다. 재생에너지 목표는 에너지 목표와 별개로 설명된다. 2030 챌린지와 LEED에는 모두 이러한 에너지 목표의 정의를 분명히 해줄 특별한 논거들이 있다.

**2030 챌린지 목표사례**

계속해서 75,000제곱피트 규모의 초등학교 프로젝트를 생각해볼 때, 그림 4.29의 다이어그램은 프로젝트 완공년도를 2012년으로 가정할 때 연간 부지 에너지에 대한 32.4 kBtu/ft²의 2030 챌린지 목표를 보여준다. 그 기준이 에너지스타 목표탐색기에서 도출되었기 때문에, 예비적인 EPA 에너지성능등급(1-100점)도 결정되었다.

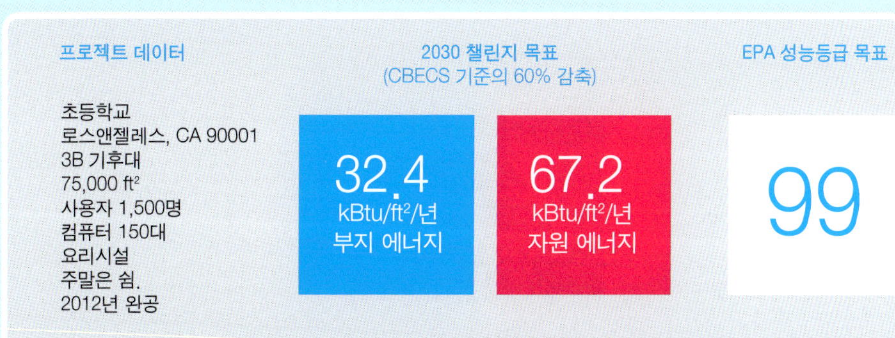


■ 그림 4.29 예시 프로젝트 목표: 챌린지 2030.

#### 4.3.2.2 LEED 목표(LEED Target)

LEED 에너지 목표는 건축주와 설계 팀이 에너지 및 대기, 에너지성능최적화(Energy & atmosphere, Optimize Energy Performance: EAc1) 크레딧(Credits)을 얼마나 추구하는가에 달려있다. LEED EAc1은 ASHRAE 90.1 기준에 대비한 에너지비용절감에 기초한다. 에너지 목표를 설정하는 설계 초기에는 ASHRAE 90.1 기준만이 예비적인 추정 값일 것이다. 더 나아가 에너지비용절감은 기준 측정치로 활용될 것이다. LEED 에너지 목표의 개발을 간단하게 하려면, 에너지사용률(백분율) 단위의 희망하는 에너지 절감 정도를(에너지비용절감 대신) LEED EAc1에 적용하라. (한 건물 안에 다양한 연료가 혼합적으로 사용되기 때문에, 에너지비용절감과 에너지절감이 동일한 경우는 흔치 않다.)

재생에너지는 LEED EAc1에서 특별히 고려될만하다. 그리고 부지내재생에너지발생량은 LEED EAc1을 위한 에너지비용절감 계산 시 핵심에서 제외될 수 있다. 또 다시 2030 챌린지 목표 섹션에서 개괄한 조언을 따르자면, 에너지사용량 목표와 재생에너지발생량 목표를 별개로 설정하는 게 유용하다.

#### 4.3.2.3 넷 제로 에너지 목표 (Net Zero Energy Target)

넷 제로 에너지 빌딩에서도 건물의 2030 챌린지와 LEED 에너지 목표를 설정하고 이해하는 건 여전히 유용하다. 두 시스템은 건물의 넷 제로 에너지 목표에 더해 프로젝트 평가에 공히 활용될 것이다. 이 두 목표들은 유용한 준거점으로서의 역할을 하면서도 넷 제로 에너지 사용량 목표를 확립한다.

에너지 목표의 설정은 넷 제로 목표의 정량화를 돕기 때문에 넷 제로 에너지 빌딩을 시행하는 과정에서 중요한 부분이다. 추구할 만한 현실적인 목표를 잡는 것이 매우 유용하며, 그런 의미에서 이러한 목표 설정은 넷 제로 에너지 달성을 중심으로 프로젝트 팀 전체의 정렬을 도울 수 있다.

**ASHRAE 90.1 목표사례**

이 사례는 넷 제로 에너지 목표가 아닌 LEED 목표의 설정사례임에 주목할 것.

흔히 사용되는 LEED 에너지성능 목표는 ASHRAE 90.1보다 30퍼센트 더 높다. LEED "건물 설계 및 시공(Building Design and Construction), EAc1"에서 신축건물의 30퍼센트 성능향상은 10점의 가치가 있다. 75,000제곱피트 규모의 로스앤젤레스 초등학교 프로젝트의 경우, 30퍼센트의 (에너지비용이 아닌) 에너지를 감축시키면 부지 에너지에 대해 연간 22 kBtu/ft²의 에너지사용강도 목표를 얻을 것이다(그림 4.30 참조). (본 장의 앞부분에서는 ASHRAE 90.1-2007 기준이 연간 31 kBtu/ft²로 정해졌음에 주목할 것.)

프로젝트 데이터

초등학교
로스앤젤레스, CA 90001
3B 기후대
75,000 ft²
사용자 1,500명
컴퓨터 150대
요리시설
주말은 쉼.
2012년 완공

ASHRAE 90.1 목표
(ASHRAE 90.1-2007의 30% 감축)

22
kBtu/ft²/년
대지 에너지

■ **그림 4.30** 예시 프로젝트 목표: ASHRAE 901.

넷 제로 에너지 목표 설정은 한 프로젝트에 타당한 최저 에너지사용 예산을 정하는 것을 목적으로 한다. "타당(feasible)"하다는 말은 기술의 현 상태뿐만 아니라 비용과 예산도 강력히 고려해야 한다는 뜻이다. 이건 까다로운 제안일 수 있지만, 경험이야말로 최고의 지침이 될 것이다. 동종의 고성능 건물 기준들은 이런 노력, 적어도 최상급의 성과를 연구하는 노력에서 매우 가치가 있음을 확인할 수 있다. 또한 프로젝트에 예상되는 에너지 목표사용량에 대해 충분히 알고 있다면, 넷 제로 에너지 목표를 "세우는(build up)" 일도 가능할 것이다. (에너지 목표사용량의 결정은 본 장의 다음 부분에서 논한다.)

제로화한 목표를 위한 또 다른 접근법은 정해진 CBECS 및 ASHRAE 90.1 기준들에 대한 감축비용을 적극 활용하는 것이다. 기본적으로 CBECS 기준의 60퍼센트 이상, 그리고 ASHRAE 90.1-2007의 40퍼센트 이상을 감축해야 적절한 넷 제로 에너지 목표를 대표할 수 있을 것이다. 기후와 건물유형, 프로젝트별 변수들을 기초로 얼마나 낮은 에너지 목표

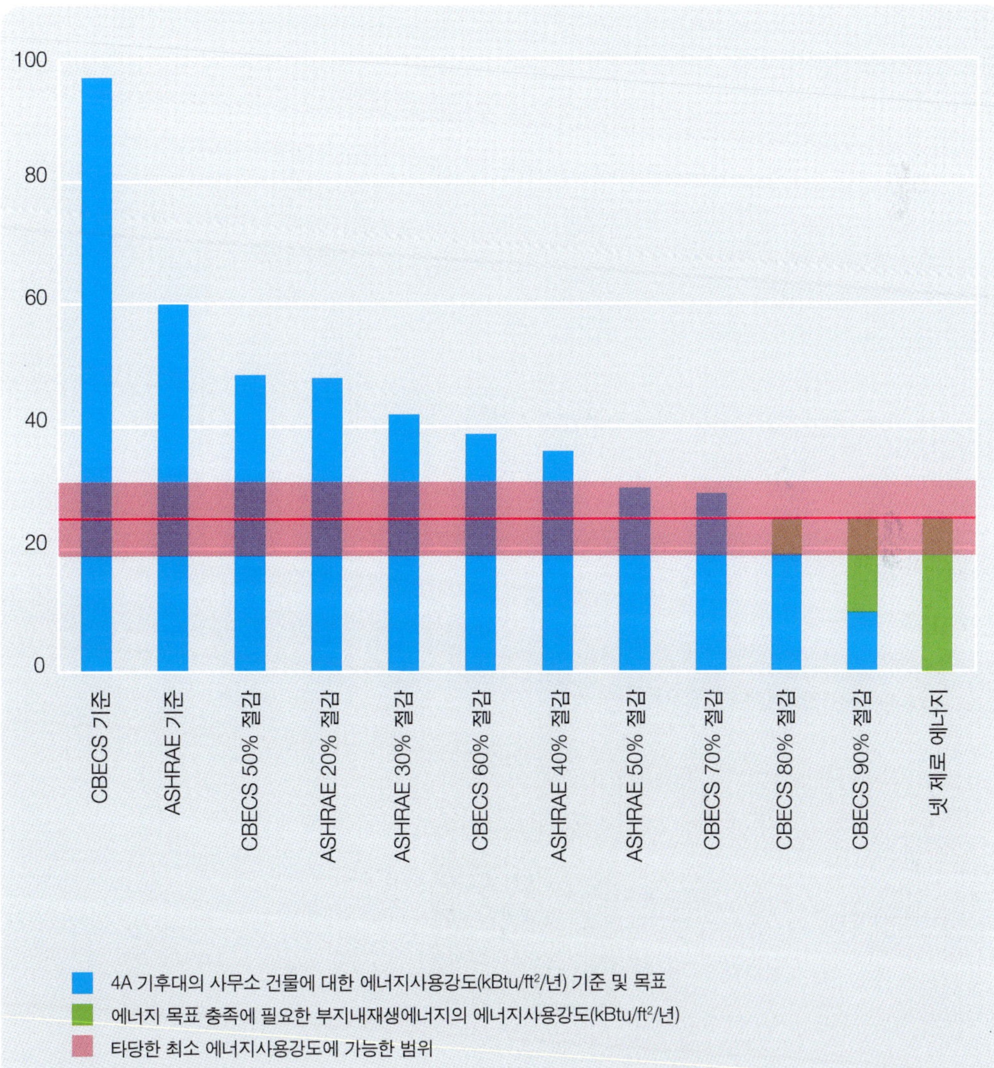


■ **그림 4.31** 에너지사용강도 목표의 비교 (4A 기후대의 전형적인 사무소 기준).

### 넷 제로 에너지 목표사례

넷 제로 에너지 목표의 개발에는 프로젝트에 대해 수집된 에너지 기준데이터에 대해 추가적인 분석이 필요하다. CBECS와 ASHRAE 90.1 기준에서 공격적인 감축율을 적용하는 좋은 시작점이다.

### CBECS 분석

- 연간 81 kBtu/$ft^2$의 65퍼센트는 연간 28 kBtu/$ft^2$다.
- 연간 81 kBtu/$ft^2$의 75퍼센트는 연간 20 kBtu/$ft^2$다.

### ASHRAE 90.1 분석

- 연간 31 kBtu/$ft^2$의 40퍼센트는 연간 19 kBtu/$ft^2$다.
- 연간 31 kBtu/$ft^2$의 50퍼센트는 연간 16 kBtu/$ft^2$다.

동종건물기준을 살펴보는 것도 도움이 된다. 이 경우, 유사한 동종건물은 에너지부의 고성능 건물 데이터베이스(High-Performance Building Database)에서 찾아볼 수 있다. 웹기반 도구인 에너지아이큐를 활용하여 수행한 분석은 CBECS 분석에서의 21개 건물 중에서 최저 에너지 사용량을 보이는 동종건물을 파악할 수 있게 해주는데, 그 값은 연간 27 kBtu/$ft^2$다. 에너지아이큐는 캘리포니아 목표사용량조사(CEUS)에 기초한 개별건물들의 탐구와 동종그룹의 정의에도 활용할 수 있다. 캘리포니아 남쪽 해안에 위치한 25,000~150,000 제곱피트의 초등학교들에 대한 에너지아이큐 쿼리(query) 결과, 5개의 동종건물들이 정의되었다. 최저 동종건물 에너지사용량은 연간 20 kBtu/$ft^2$였고, 최고 사용량은 연간 34 kBtu/$ft^2$였다.

### 동종건물분석

- 에너지부 고성능건물 데이터베이스 동종건물: 연간 34 kBtu/$ft^2$
- 에너지아이큐 CBECS 최저에너지 동종건물: 연간 27 kBtu/$ft^2$
- 에너지아이큐 CEUS 최저에너지 동종건물: 연간 20 kBtu/$ft^2$

이 기준분석에 기초하여 넷 제로 에너지 목표를 설정할 수 있다. 유일한 정답은 없으며, 결론은 그것을 뒷받침할 기준분석을 통한 전문적 판단에 기초함을 주지하라. 최저 동종건물은 연간 20 kBtu/$ft^2$을 달성하는 반면, CBECS와 ASHRAE의 기준 및 목표 분석은 연간 20 kBtu/$ft^2$ 근사값들을 도출시켰다. 이 사례에서 연간 20 kBtu/$ft^2$의 넷 제로 에너지 목표는 합리적인 목표가 될 것이다(그림 4.32 참조).

**프로젝트 데이터**

초등학교
로스앤젤레스, CA 90001
3B 기후대
75,000 $ft^2$
사용자 1,500명
컴퓨터 150대
요리시설
주말은 쉼.
2012년 완공

**넷 제로 에너지 목표**
(ASHRAE 90.1-2004의 50% 이상 감축)

20
kBtu/$ft^2$/년
대지 에너지

■ **그림 4.32** 예시 프로젝트 목표: 넷 제로 에너지.

## 재생에너지 목표사례

75,000제곱피트 학교건물 사례에서 40,000제곱피트의 지붕면적이 태양전지시스템 설치에 쓰일 수 있다고 가정해보자. 태양광발전모듈에는 경사가 없다고 가정하고 모듈의 효율범위를 계획할 때, 프로젝트를 위한 잠재적 재생에너지시스템의 규모와 발전량은 다음처럼 결정될 것이다.

- 18 와트/$ft^2$ × 40,000 $ft^2$의 고효율 모듈은 720 kW의 시스템 규모를 얻을 것이다.
- 15 와트/$ft^2$ × 40,000 $ft^2$의 중효율 모듈은 600 kW의 시스템 규모를 얻을 것이다.
- 12 와트/$ft^2$ × 40,000 $ft^2$의 저효율 모듈은 480 kW의 시스템 규모를 얻을 것이다.
- 로스앤젤레스에 경사 없이 위치하는 모듈들에 대한 성능계수 = 1,293 kWh/kW, 즉 4,412 kBtu/kW다. (PV와츠 웹사이트 http://rredc.nrel.gov/solar/calculators/PVWATTS/Version1/)
- 고효율 모듈의 발전 잠재력은 연간 42 kBtu/$ft^2$이다.
- 중효율 모듈의 발전 잠재력은 연간 35 kBtu/$ft^2$이다.
- 저효율 모듈의 발전 잠재력은 연간 28 kBtu/$ft^2$이다.

연간 28 kBtu/$ft^2$에서 이뤄지는 저효율 모듈의 재생에너지 발전은 넷 제로 에너지 목표인 연간 20 kBtu/$ft^2$을 초과하기 때문에, 이 프로젝트는 넷 제로 에너지 목표를 달성하기에 좋은 완충장치를 각제되면, 따라서 에너지 목표를 약간 느슨히 하거나 좀 더 좋게 하여 더 작은 규모로 재생에너지시스템을 설치할 수도 있다(그림 4.33 참조).

**프로젝트 데이터**

초등학교
로스앤젤레스, CA 90001
태양전지판
40,000 $ft^2$
480 kW
경사 없음
성능률 1293 kWh/kW (PV Watts)

**태양광 발전 시스템**

28
kBtu/$ft^2$/년
대지 에너지

■ **그림 4.33** 예시 프로젝트 재생에너지 목표

를 달성할 수 있는지에 대해서는 실질적인 한계가 있음에 주목하라(그림 4.31 참조).

넷 제로 에너지 목표를 정의하는 또 하나의 방법은 부지내재생에너지 발생가능성을 고려한 다음 이 값에 맞춰 넷 제로 에너지 사용목표의 상한(cap)을 정하는 것이다. 보다 대규모의 재생에너지시스템 구매보다 에너지효율의 증대가 더 비용 효과적임을 명심하라. 따라서 우선적인 목적은 가능한 한 낮은 에너지 사용량 목표를 설정하는 것이다. 그럼에도 재생에너지 목표, 즉 그 상한은 넷 제로 에너지 사용량 목표에 유용한 수단이다. (8장은 재생에너지 수용능력을 추정하는 지침을 제공한다.)

다음 사례는 8장에서 논한 계획기법들을 통해 본장의 전반에 걸쳐 예시 프로젝트로 활용되고 있는 가정된 로스앤젤레스 초등학교 사례에 대한 재생에너지 목표를 결정한다.

이상적인 경우라면, 부지내재생에너지에 대한 추정 잠재력이 추정되는 최소 에너지 사용량 목표를 초과할 것이다. 그 범위의 폭이 넓을수록, 넷 제로 에너지 목표를 충족하는 데 더 많은 대안과 유연성이 생긴다. 최소추정 에너지 사용량 목표가 부지내재생에너지에 대한 추정 잠재력을 초과할 때는, 그 에너지 사용량 목표를 재생에너지 용량에 맞게 낮추거나 추가적인 재생에너지 대안들을 결정하기 위한 추가연구를 수행해야 한다.

### 4.3.3 목표사용량에 따른 에너지(Energy by End Use)

적절한 에너지사용강도 기준과 프로젝트의 넷 제로 에너지 목표를 개발한 후, 다음 단계는 건물 내 에너지사용량에 기여하는 게 무엇인지 파악하는 일이다. **에너지목표사용량(energy end use)**은 에너지사용량에 기여하는 건물의 용도와 프로세스, 기능들의 범위를 기술하는 데 사용되는 용어다. 건물 내 에너지사용량에 어떤 기능들이 기여하는지, 그리고 총 에너지사용량에 대한 각 목표사용량의 비율을 파악하면 에너지사용과 절감을 훨씬 더 효과적으로 관리하게 될 것이다. 에너지 절감에 적절한 전략목표를 설정하려면 에너지목표사용량에 대한 철저한 이해가 핵심적이다. 그리고 넷 제로 에너지 빌딩에서는 모든 목표사용량이 에너지 사용량 절감을 위한 기회가 된다.

대부분의 상업건물은 에너지목표사용량이 유사한 경향을 보이며, 다양한 방식으로 그룹화 될 수 있지만, 다음의 유형들을 포함하고 있다.

- 실내 및 실외 조명
- 공간난방
- 공간냉방
- 환기
- 급탕
- 설비 (사무기기 포함)
- 요리
- 냉장

에너지부는 상업건물 부문 전반에 걸쳐 특정 목표사용량들에 따라 범주화한 에너지사용량 데이터를 추적한다. 그림 4.34의 차트는 상업부문에서 에너지가 통상적으로 어떻게 사용되고 있는지 개괄하

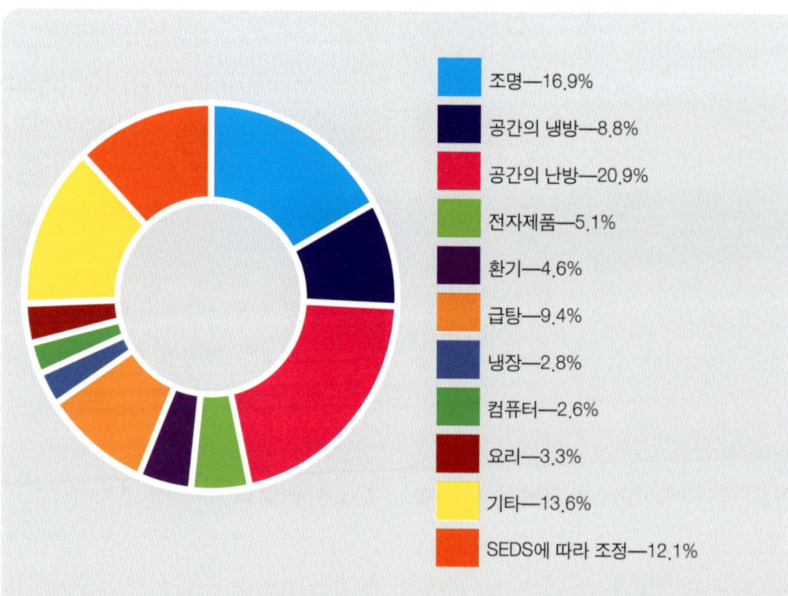


■ **그림 4.34** 상업건물 에너지목표사용량 분포 파이차트(2006). *〈데이터 출처: Department of Energy, 2009 Building Energy Data Book, Table 3.1.4, Site Energy.〉*

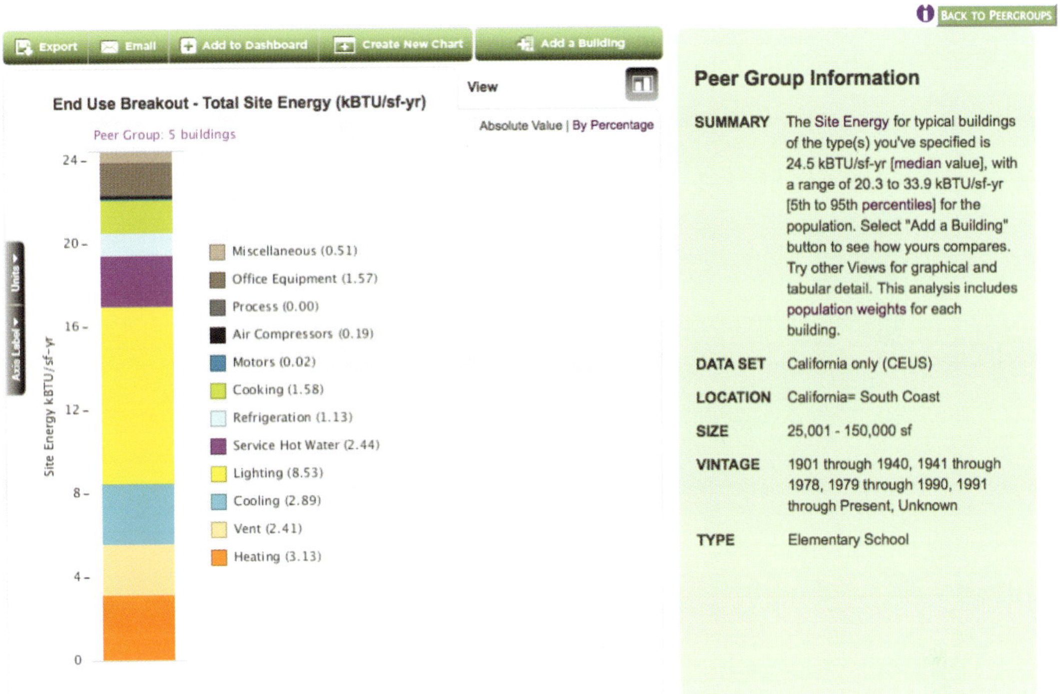


■ **그림 4.35** 가상의 로스앤젤레스 초등학교에 대한 에너지아이큐 에너지목표사용량 보고서 *〈화면 캡처: EnergyIQ 웹사이트〉*

고자 2006년 평균 상업건물 에너지목표사용량 분포를 요약한다.

건물의 주요 활동과 기후 모두가 에너지와 사용량에 영향을 준다. 따라서 에너지목표사용량을 더 상세하게 살펴보는 게 필수적이다. 하지만 이런 작업은 에너지스타와 대부분의 에너지 목표 데이터베이스들의 범위와 능력을 넘어서기 때문에, 일종의 예비 에너지 모델링이나 같은 기후대에 속하는 같은 건물유형에 대한 경험을 필요로 할 것이다. (초기 설계에 에너지모델링을 통합하는 지침은 3장을 다시 참조할 것.) 대안으로써, 웹기반 에너지아이큐 도구가 에너지목표사용량의 관점에서 동종건물그룹을 살펴볼 수 있게 해준다. 이것은 에너지목표사용량 분포에 대한 시작점을 정하는데 빠른 방법이 될 수 있다. 그림 4.35는 본장 전반에 걸쳐 인용된 초등학교사례를 사용하여 에너지아이큐의 캘리포니아 목표사용량조사(CEUS)를 기초로 분석한 에너지목표사용량 분석보고서의 사례를 보여준다.

에너지목표사용량에 관한 기후만의 영향을 설명하기 위해, 또 하나의 다른 예로, 매우 다른 두 기후인 1A와 6A 지대에 있는 25,000제곱피트의 독립형 소매건물의 사례를 살펴보자. 에너지부의 기준 상업건물 에너지플러스 모델 파일을 활용하여 우리는 그림 4.36과 4.37에 각각 나오는 1A와 6A 지대에 대한 극히 다른 결과들을 비교할 수 있으며, 전반적인 에너지 사용량이 6A 기후대의 건물보다 훨씬 더 높음에 주목하라. 또한 퍼센트가 아닌 총 에너지로 측정되는 실내외 조명 및 설비 에너지목표사용량이 두 기후대 모두에서 같음에도 주목하라. 추운 기후인 6A 지대의 건물은 높은 열 부하가 지배적이다.

### 4.3.4 전력밀도(Power Density)

일단 에너지사용강도라는 에너지목표를 설정했고, 건물의 에너지목표사용량을, 그리고 총 에너지사용량에 대한 그것들의 비율을 이해한다면, 다음 단계는 개별목표사용량 중의 에너지 사용강도 또는 전

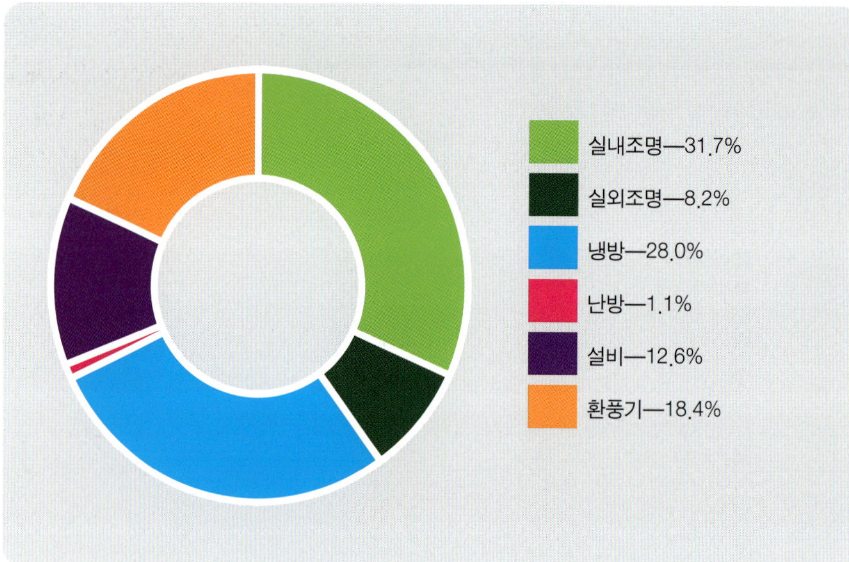


■ **그림 4.36** 1A 기후대의 독립소매점에 대한 에너지목표사용량 분포 파이차트 *〈데이터 출처: 에너지부의 레퍼런스 상업용건물모델 파일에 기초한 에너지플러스 모델링 결과.〉*

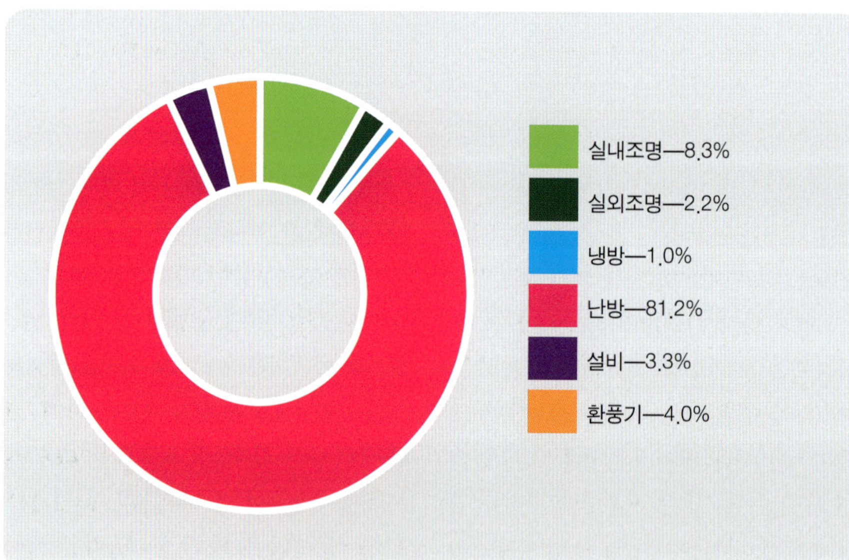


■ **그림 4.37** 6A 기후대의 독립소매점에 대한 에너지목표사용량 분포 파이차트 *〈데이터 출처: 에너지부의 레퍼런스 상업용건물모델 파일에 기초한 에너지플러스 모델링 결과.〉*

력밀도를 살펴보는 일이다.

목표사용량에 결부되는 가장 일반적이고 유용한 측정단위는 설치된 설비와 조명의 전력밀도다. 전력밀도 예산은 설비와 조명에 대한 에너지 절감목표들을 계획하고 관리하는데 도움을 준다.

조명전력밀도는 건설 산업에서 흔히 사용되는 측정 기준이자, 에너지법규 및 ANSI/ASHRAE/IESNA 90.1, "저층주거건물을 제외한 건물 에너지 표준(Energy Standard for Buildings Except Low-rise Residential Buildings)" 에 포함되어 있다. 조명전력밀도는 설치된 조명기구 전력(와트)의 총합을 바닥면적으로 나눈 값이다. 전체 건물에 대한 전반적인 조명전력밀도뿐만 아니라 건물 내의 다양한 공간유형들에 대해 개별적인 조명전력밀도들도 설정하는 게 좋다.

조명전력밀도는 에너지가 아니라 설치된 전력의 표현에 불과하다. 하지만 조명시스템의 에너지효율을 나타내는 지표이기 때문에 조명에 대한 에너지사용강도를 설명하는데 이용될 수 있다. 조명스케줄에 따른 자연광과 재실 센서들을 파악하면, 와트 전력을 와트시의 에너지로 변환할 수가 있다.

건물설계를 위해 조명전력밀도 예산을 개발할 수 있는 것과 마찬가지로, 설비부하밀도 예산들도 플러그부하와 프로세스부하 에너지 절감을 관리하도록 계획할 수 있다. 플러그부하밀도는 상업건물에 대해 설정할 수 있지만, 컴퓨터 및 사무장비가 대량으로 사용되는 사무소 같은 건물유형에서 특히 중요하다. 레스토랑 내의 상업용 주방과 같은 특정 프로세스부하들이 있는 건물유형에 대해서는 프로세스부하밀도 예산을 개발해야 한다. 데이터센터는 매우 에너지 집약적이며 데이터센터 부하밀도 예산을 통해 계획되어야 한다. 여기서 데이터센터에 설치되는 설비전력은 그 층의 절반에 불과함을 명심하라. 전력사용효율성(power usage effectiveness: PUE)이라 불리는 또 하나의 측정기준은 냉방과 전력분배를 비롯한 총 데이터센터 에너지사용량을 데이터센터 설비의 설치된 전력으로 나눈 척도다. (10장은 넷 제로 에너지 빌딩을 위한 플러그 및 프로세스 부하 관리와 운영에 관한 상세한 지침을 제공한다.)

## 4.4 에너지 및 열 쾌적성
(Energy and Thermal Comfort)

### 4.4.1 열 쾌적성 기회들
(Thermal Comfort Opportunities)

건물 에너지사용량의 상당부분은 건물에서 가장 복잡한 상호작용 중 하나인 열 쾌적성이라는 중요기능에 할애된다. 패시브 건축설계와 효율적인 건물시스템들은 에너지 사용량과 열 쾌적성의 질에 매우 큰 영향을 준다. 인간이 쾌적성을 어떻게 느끼는지를 이해하는데 관여하는 복잡한 과학뿐만 아니라, 많은 문화적이고 개인적인 특이성들도 작용한다.

열 쾌적성은 건축에서 종종 간과되는 기회를 제공한다. Lisa Heschong은 그녀의 책 『건축의 열적 환희(Thermal Delight in Architecture)』에서 열적 감각과 경험을 통해 인간이 건축과 맺는 심오한 연관성을 탐구한다. 열적 특성들은 시각이나 청각의 특성들만큼이나 아름답고, 의미 있고, 중요할 수 있다. 그런 특성들의 아름다움 가운데 일부는 균일한 72°F(22°C)의 실내 환경이 아닌 모종의 열적 다양성과 대비로부터 나온다.

**열적 다양성**(thermal diversity)이란 말은 단지 기온만이 아닌 기류와 습도, 복사온도와 같은 열 쾌적성에 영향을 줄 수 있는 광범위한 전략들을 일컫는다. 이런 요인들은 더욱 큰 일교차와 계절차를 허용하면서도 열쾌적성을 달성 가능하도록 할 수 있다. 총무청(GSA)의 "총무청 건물의 에너지 절약 및 성능 획득: 7가지 비용 효과적 전략(Energy Savings and Performance Gains in GSA Buildings: Seven Cost-Effective Strategies)" 이런 연구에서는 여름철에 자동온도조절장치를 화씨 2도만큼 올리면 대부분의 연방시설에서 공조에너지가 4퍼센트까지 절약된다고 추정하고 있다.

인체가 환경에 열적으로 적응하는 놀라운 능력을 갖고 있음을 고려해보라. 하지만, 현대 미국인들은 일정한 72°F 환경에 적응해왔다. 하지만 최근 건물설계에서 적응형 열 쾌적성 모델(adaptive thermal comfort model)을 지향하는 트렌드가 동력을 얻어가고 있다. ASHRAE 표준 55, "거주를 위한 열 환경 조건(Thermal Environmental Conditions for Human Occupancy)" 은 미국의 건물 내 열 쾌적성에 대한 벤치마크다. 이 표준의 2004년 버전은 적응형 열 쾌적성 접근법을 추가로 포함하고 있는데, 이는 거주자들이 보다 광범위한 실내온도에서 편안함을 느낄 수 있도록 열 쾌적성과 자연환기가 그들의 기대치를 변화시킴을 인식하는 것이다.

넷 제로 에너지 빌딩은 적응형 열 쾌적성 설계의 에너지절감 가능성을 활용할 필요가 있다. 적응형 열 쾌적성과 넷 제로 에너지 빌딩 간에는 강력한 시너지가 존재한다. 왜냐면 그것들은 자연환기와 축열체 등의 수많은 패시브 에너지 전략들을 이용하여 설계되는 경향이 있기 때문이며, 이런 전략들은 열 쾌적성의 제공을 도울 뿐만 아니라, 자각을 제고하고 기대를 변화시키며, 거주자들이 각자의 개인적인 열 쾌적성을 통제하고 적응시키는 데 참여할 수 있게 하는 환경도 만들어낸다.

그 주된 목적은 인간이 열적 환경을 경험하는 많은 방식들을 활용함으로써 에너지 사용량을 줄이고 열 쾌적성을 향상시키는 것이다. 이것이 중요한 이유는 열 쾌적성이 사무소 건물에서의 생산성과 크게 연관되어왔기 때문이다. 간단히 말해서, 열 쾌적성은 인간의 성과와 웰빙(Well-being)에 직접적인 영향을 준다. 건축주와 거주자는 적응형 열 쾌적성 접근법을 활용할 때 상담과 교육을 받고 참여되어야 한다. 적응형 열 쾌적성은 장기적이고 점진적인 목표로 볼 수 있다. 사람들은 열 환경에 육체적으로나 정신적으로 모두 적응하는 데에 시간이 걸린다. 예를 들어 여름의 열기와 겨울의 한기에 적응하는 데에 걸리는 시간 등이 그렇다. 따라서 시간이 지날수록 건물 내의 열 쾌적성 기준들을 조정하여, 거주자들을 새로운 열 쾌적성 조건과 전략들로 천천히 적응시킬 수 있다. 아마도 보다 많은 사람들이 열 쾌적성에 대한 새로운 접근법에 노출될수록, 보다 광범위한 목적이 있다면 그것은 건물 내 열 쾌적성의 사회적 기대를 변화시키는 일일 것이다. 이런 접근법들은 사실상 전혀 새로운 게 아니다. 인류가 밀폐된 공조박스의 균일한 실내 환경을 기대하게 된 건 고작 아주 최근에 일어난 일일 뿐이다.

### 4.4.2 열류의 기초(Basics of Heat Flow)

열역학 제2법칙인 엔트로피의 법칙은 열이 높은 온도의 물체에서 낮은 온도의 물체로 흐른다고 말한다. 열 쾌적성과 건물의 냉난방을 지배하는 건 열류에 관한 건물과학이다(그림 4.38 참조).

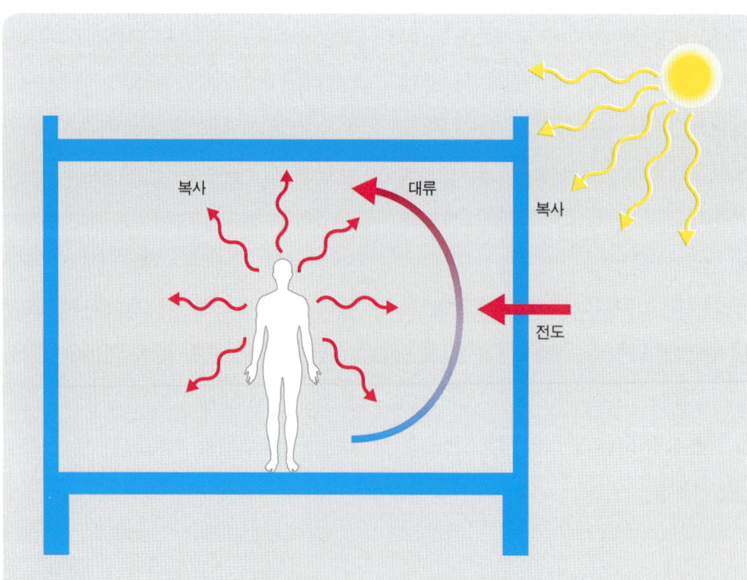


■ **그림 4.38** 건물 내에서의 열류

열은 다음과 같은 세 가지 방식으로 흐른다.

1. 전도(Conduction)
2. 대류(Convection)
3. 복사(Radiation)

전도는 직접적인 접촉으로 물체들의 내부와 물체들 사이에서 전이되는 열류이며, 열에너지는 따뜻한 입자에서 차가운 입자를 향해 이동한다. 예를 들어 외부온도가 내부온도와 다를 때 건물의 벽을 통해 전도에 의한 열류가 일어난다. 따라서 열 저항성이 높은 벽과 지붕은 실내온도를 유지하는 데 도움이 될 수 있다. 대류는 액체와 기체의 이동으로 일어나는 열류이다. 공기는 열전도성이 낮지만, 기류를 통해 열에너지를 전달할 수 있다. 공기가 따뜻해지면서 상승할 때 기류가 향상된다. 복사 또는 복사열류는 액체나 기체의 접촉 혹은 움직임으로 일어나는 것이 아니라, 전자기파를 통해 열이 전이되는 것이다. 두 물체가 서로 직선상의 시야를 공유하는 한, 한 물체는 보다 차가운 물체로 열을 복사할 수 있다. 전자기파는 전 방위적으로 직진하여 움직인다. 태양은 복사에 의한 열류의 대표적인 사례다.

### 4.4.3 인체요소와 열 쾌적성
(Human Factors and Thermal Comfort)

인체요소가 온도를 어떻게 규제하는가에 대한 기초적인 이해는 건물 내의 열 쾌적성에 대한 성공적인 설계의 밑바탕이 된다. 인체의 열적 설계는 37°C(98.6°F)라는 정상중심체온을 유지하게 되어있다. 우리 인간들은 음식으로부터 칼로리를 소비하면서 계속해서 열을 발생시킨다. 수많은 환경적·행위적·개인적 요인들에 의존하여, 우리는 우리 몸에서 일어나는 열손실량을 조절해야 정상체온을 유지할 수 있다.

열손실은 우리의 피부 표면을 통해 일차적으로 조절되며, 피는 몸 전체를 통하는 일차적인 열 전달 매체다. 주변온도가 점차 차가워져 피부를 통해 빠져나가는 열손실을 줄일 필요가 있을수록 피부로 가는 혈류가 줄어든다. 혹은 주변온도가 점차 따뜻해져 보다 많은 열을 배출할 필요가 생길수록 피부로 가는 혈류가 늘어난다. 우리의 체내온도는 협소한 범위에서 움직이지만, 피부온도는 매우 폭넓은 온도범위에서 기능할 수 있다.

인체가 주변 환경과 반응하며 열을 전달할 수 있는 4가지의 방식이 있다(그림 4.39 참조):

1. 전도(Conduction)
2. 대류(Convection)
3. 복사(Radiation)
4. 증발(Evaporation)

전도는 땅과 접촉하는 등 보다 따뜻하거나 차가운 물체와의 접촉을 통해 일어난다. 대류와 복사는 주변온도가 차가울 때 열을 없애는 효과적인 수단이다. 주변온도가 따뜻해지면 땀의 형태로 일어나는 증발이 더 효과를 나타내게 된다. 발한작용(perspiration)은 잠열(latent heat)을 이용하여 피부로부터 열을 빼앗는, 땀의 증발이다. 발한작용을 통한 잠열의 전이는 비록 고온 습윤한 기후에서는 억제될 수도 있으나, 체내의 열을 조절하는 데에 매우 효과적인 방법이다.

#### 4.4.3.1 행위요소(Behavioral Factors)

역시 열 쾌적성에 영향을 주는 3가지의 행위요소들이 있다.

1. 활동수준 혹은 신진대사율(Activity level or metabolic rate)
2. 착의수준(Clothing level)
3. 장소이동(Migration)

우리의 활동수준이 올라갈수록 우리는 더 많은 열을 만들어내는데, 이 열은 열 쾌적성을 유지하기 위해 규제될 필요가 있을 것이다. 대부분의 사람들은 다양한 형태로 이런 현상에 대한 경험을 공유하

■ 그림 4.39 인체로부터의 열전달방법

고 있다. 운동과 힘쓰는 작업은 오로지 땀의 배출만이 열을 내보내는 유일한 효과적 수단이 되는 지점까지 체온을 높일 것이다. 활동수준의 미묘한 변화조차도 열 생성을 일으킬 수 있고 열적 조건에 적응하는 데에 사용될 수 있다. 예를 들어, 오한(shivering)은 차가운 운도에 대한 자연스런 반응이다. 이 반응은 반사적인 근육수축을 통해 열을 생성한다. 인체가 만들어내는 열량은 10배 이상까지 변화할 수 있다. 수면 중인 성인은 시간당 약 245 Btu의 열을 생산할 수 있는 반면, 농구경기처럼 힘쓰는 운동을 할 때의 인체는 시간당 3,000Btu 이상까지 열을 생산할 수 있다(그림 4.40 참조).

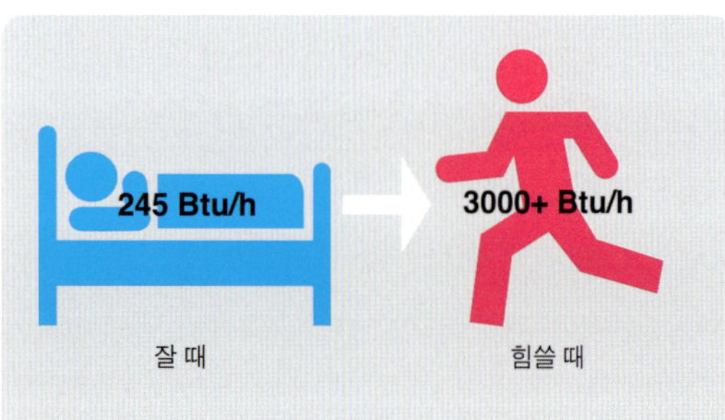


■ 그림 4.40 활동수준별 체열의 적정범위

우리의 "제2의 피부"는 우리가 입는 옷이다. 환경조건에 맞춰 입은 옷은 매우 효과적인 열 적응 전략일 수 있다. 반대로 환경조건에 맞지 않는 옷은 열 쾌적성에 방해가 될 수 있다. 기후와 계절에 맞는 착의는 효과적인 열 쾌적성 전략일 수 있다. 사회적 표준과 트렌드는 사람들의 옷 선택에 주된 역할을 한다. 최근 이런 표준들 가운데 일부는 긍정적인 방식으로 변화해오고 있다. 예를 들어 전통적인 남성 비즈니스 정장인 양복과 넥타이는 여름과 더운 기후에서 열적으로 불쾌하기 때문에 보다 캐주얼한 비즈니스 정장으로 바뀌고 있다. 한 가지 눈에 띄는 사례는 일본의 쿨 비즈(Cool Biz) 캠페인이다. 2005년 일본 정부는 여름철 사무소 건물에서 자동온도조절장치가 28°C(82.4°F)까지 올라갔을 때 강력한 문화적 표준을 풀고 근무자들이 넥타이와 재킷을 집에 두게 하는 새로운 비즈니스 복장규정을 제도화했다. 이 프로그램의 결과 상당한 에너지 및 탄소 배출량 감축을 달성했다. 사실 일본정부는 2011년에 일본 전력의 상당수를 마비시킨 3월 11일 지진 이후로 에너지 수요를 줄이려는 마음으로 이 캠페인을 한 단계 격상시켜 "슈퍼 쿨 비즈(Super Cool Biz)"라 불렀다.

일부 문화에서는 오랜 패션의 전통이 기후에 적합한 의복에 기초하고 있다. 한 가지 좋은 사례는 전통적인 아랍남성의복인 디슈다샤(dishdasha)다. 백색의 무명으로 만든 이 가볍고 헐거운 원피스 드레스 가운은 몸에서 멀리 열을 반사시키고 공기를 순환시켜 추가적으로 온도를 낮추는 효과를 낸다. 겨울철에는 디슈다샤의 색상과 무게, 소재가 변한다. 전통적인 아라비아두건조차도 여름철과 겨울철 온도에 적응하는 열적 변화를 허용한다.

때때로 열 쾌적성을 위한 최상의 행위적 적응은 열적 조건이 보다 좋은 장소로 이동, 혹은 이주하는 것이다. 이것은 동물의 왕국에서 대표적인인 계절별 적응전략이지만 일부의 사람들 또한 이주패턴을 취하곤 한다. 그들은 상대적으로 시원한 기후에서 여름을 보내고 겨울에는 따뜻한 기후로 이동한다. 하지만 대부분의 사람들은 한 곳에서 1년 모두를 보내며 정착해온 생활방식을 유지하고 있다. 그렇지만 모두는 일시적일지라도 이동을 한다. 예를 들어, 여름철에 바깥이 너무 더우면 응달이 있는 곳으로 옮기는 법을 선택할 수 있다. 이런 전략은 건설환경 내에서 시행할 수 있고, 열적 적응의 기회들을 추가로 제공할 다양한 열적 조건들을 갖춘 실내 환경 속에서 효과를 볼 수 있다.

#### 4.4.3.2 환경요소(Environmental Factors)

열 쾌적성에 영향을 주는 4가지의 환경요소들이 있다.

1. 기온(Air temperature)
2. 습도(Humidity)
3. 복사온도(Radiant temperature)
4. 공기이동(Air movement)

**기온**은 열 쾌적성에 영향을 주는 주요 환경요소이다. 대부분의 사람들은 자동온도조절장치 상에 나타나는 온도를 열 쾌적성에 대한 모종의 기대와 연관시킬 수 있다. **습도**는 열 쾌적성에 영향을 주는데, 상대습도(공기의 포화수증기량에 대한 공기 중 수증기량의 비율)가 오를수록 인체의 땀 배출 능력은 현격히 감소하기 때문이다. 습도가 문제가 되는 건 공기로부터 잠열을 제거하여 공기 중의 습기를 응축시키는 데에 상당량의 에너지가 필요하기 때문이다. 1파운드의 물을 1°F에서 데우는 데 드는 현열이 1 Btu다. 이 값을 212°F에서 액체와 기체 사이의 물 1파운드를 상변화시키는 데 필요한 잠열 970 Btu와 비교해보라. 이것이 물을 끓이는 데 필요한 에너지, 즉 기화열(latent heat of vaporization)이다.

종종 실내 환경에서 공기의 이동은 느린 속도로 일어나며, 복사온도는 기온에 비해 차이가 매우 적다. 이런 조건에서 기온과 습도는 열 쾌적성에 영향을 주는 주요 요소들이다. 그럼에도 복사온도는 인체가 경험하는 평균복사온도가 주변기온과 다를 때 열 쾌적성에 주된 영향을 줄 수 있다. 난로의 난방효과나 여름철에 일사획득이 일어나는 인접창문의 원하지 않는 난방효과를 생각해보라. 겨울철에는 유리창의 차가운 실내표면온도가 열 쾌적성측면에서 원치 않는 복사효과를 줄 수 있다.

**공기이동**과 그 속도도 열 쾌적성에 현저한 영향을 줄 수 있다. 공기운동은 대류를 통해 열을 전달하고 증발과 발한 작용을 촉진한다. 분당 50 내지 150피트의 기류속도는 1°F 내지 5°F의 차이와 동등한 시원한 느낌을 제공할 수 있다. 열 쾌적성을 위한 기류속도 활용에 관해 상세한 지침을 제공하는 ASHRAE 표준 55는 기류속도를 분당 160피트까지로 제한하고 거주자가 공기이동을 제어할 수 있을 경우 최대온도를 5.4°F까지 차감한다. 기류속도의 혜택은 평균복사온도와 기온의 관계를 통해 향상된다. 평균복사온도가 기온보다 증가함에 따라, 공기이동은 보다 효과적으로 이루어진다. 공기이동은 냉방이 필요할 때 쾌적성을 극적으로 향상시킬 수 있으나, 차가운 온도에서는 부담요인이 된다. 건물 내부의 콜드 드래프트(Cold draft)와 춥고 바람 부는 기후에서 경험하는 바람의 냉기는 이런 부정적 효과의 사례들이다.

### 4.4.4 습공기선도법(Psychrometry)

습공기선도법은 습한 공기의 열역학적 특성들에 대한 연구다. 습공기선도(psychrometric chart)(그림 4.41)는 열 쾌적성에서 온도와 습도가 하는 역할을 이해하기에 유용한 도구다. 그것은 열 쾌적성을 제공하는 관점에서 설계전략의 효과성을 평가하기에 매우 중요한 설계도구이기도 하다. 습공기선도는 넷 제로 에너지 디자인의 토대여야 할 패시브 설계전략들을 평가하기에 특히 유용하다.

습공기선도는 습한 공기의 열역학과 관련된 많은 변수들을 포함하고 정의할 수 있으며, 이런 변수

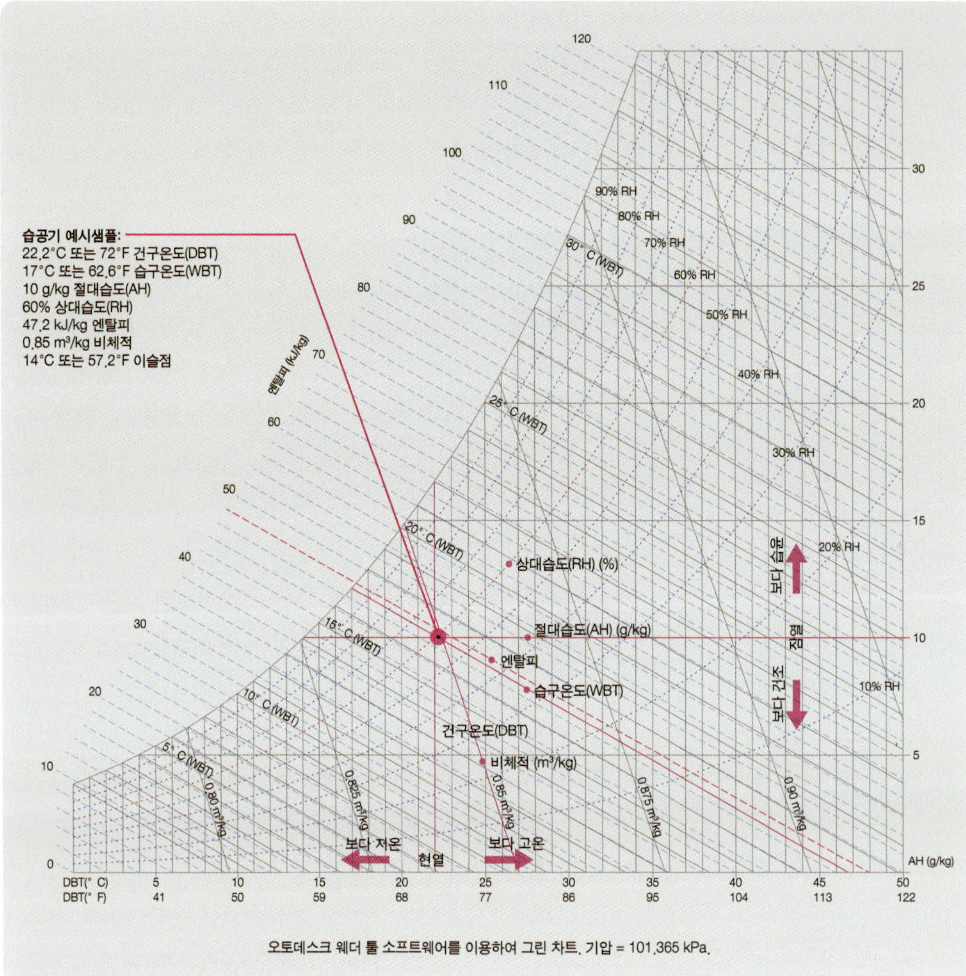


■ **그림 4.41** 습공기선도의 독해

들로는 다음을 포함한다.

- 건구온도(Dry bulb temperature) (수평축)
- 절대습도(Absolute humidity) (수직축)
- 상대습도(Relative humidity)
- 습구온도(Wet bulb temperature)
- 이슬점(Dew point)
- 비체적(Specific volume)
- 현열(Sensible heat)
- 잠열(Latent heat)
- 엔탈피(Enthalpy) (잠열과 현열의 결합)

습공기선도를 활용하는 첫 번째 단계는 열 쾌적성을 정의하는 범위를 표시하는 일이다. 열 쾌적 영역(thermal comfort zone)은 열 쾌적성과 관련한 설계 전략들에 주된 목표가 된다. 다음 단계는 특정 프로젝트 위치에 대한 기후조건들을 매핑하는 일이다. 기상데이터 파일과 웨더 툴(Weather Tool) 같은 습공기선도 분석소프트웨어 툴을 사용하여 이 매핑작업과 후속분석을 빠르게 할 수 있다. 쾌적 영역을 연중기후에서 발견되는 온도 및 습도 레벨의 범위와 비교해보면 열 쾌적성을 조성하기 위한 건물설계에서 부딪히게 되는 이슈들을 찾는데 매우 유익할 수 있다. (5장은 기후와 쾌적성, 패시브 설계전략들에 관한 습공기선도의 활용을 심화 탐구한다.)

### 4.4.5 열 제어 및 적응(Thermal Control and Adaption)

우리 인간들은 열 쾌적성을 유지하기 위해 광범위한 생리적 · 행위적 적응 전략들을 활용하지만, 그럼에도 열 제어와 적응의 일차적인 방법으로서 건설 환경에 의존한다. 건물 사용자들이 열을 제어하는 가장 흔한 방식은 개별적인 열 쾌적성 수요를 충족하도록 조정이 가능한 온도조절장치를 이용하는 것이다. 열 쾌적성을 조정하는 목적은 다양한 열 제어식 적응 전략들을 활용하여 일반적으로 공간을 조절하는데 사용되는 에너지를 줄이려는 것이다. 더욱이 적응 전략들은 거주자들에게 더 많은 제어 옵션들을 줄 수 있다. 열 제어는 열 쾌적성을 제공하는 중요한 변수로서 거주자의 공간적 만족을 키울 수가 있다.

열적 조닝(thermal zoning)은 냉난방공조시스템 설계에서 중요한 개념인데, 건물 내에 위치하는 열적 구역들마다 다양한 열 부하와 외부 노출이 있을 것이기 때문이다. 예를 들어, 한 건물은 사방위(동서남북)를 따라 각각의 외주부(exterior zone)를, 그리고 내주부(interior zone)를 가질 수 있다(그림 4.42 참조).

열적 조닝은 건축평면설계에도 유용할 수 있다. 그것은 건물의 프로그램과 패시브 설계전략들의 활용에도 영향을 줄 수 있다. 이는 특히 패시브 전략들의 활용을 최적화하고자 하는 넷 제로 에너지 빌딩에 중요하다. 건물평면 내부에는 다양한 열적 조건에서 유지되어야 하거나 그럴 수 있는 많은 공간들이 있을 수 있다. 건물의 프로그램을 활용하여, 각 공간에 대한 열적 요건과 기회들을 파악하라. 여기에는 공간의 활동유형과 특별한 열적 부하들, 그리고 공간의 사용스케줄을 포함하라. 이를 건물의 향에 기초한 열적 구역들과 결합하여 공간계획용 열적 조닝전략의 개발을 시작하라.

열적 조닝은 열적 완충 공간(thermal buffer space)과 미기후(microclimate)와 같은 전략들을 포함할 수도 있다. 열적완충공간은 보다 열적으로 제어되는 공간과 외부 사이의 완충지대 역할을 하는, 일반적으로 전이공간이자, 사용되지 않거나 가볍게 사용되는 공간, 혹은 열적으로 유동적인 공간들이다. 아니면 그 공간들은 일광욕실(sunroom)과 같은 인접공간들에 열적 혜택을 제공할 수도 있다. 건물의 외부를 따라 미기후를 만드는 것도 건물 외부의 열 부하들에 직접적인 영향을 주는 한 방법인데, 예를 들면 여름철에는 그늘을 제공하지만 겨울철엔 패시브한 태양에너지를 허용하는 낙엽수 같은 게 가능하다. 열적으로 구획하는 공간계획의 목적은 열 쾌적성을 향상시키면서도 에너지 사용은 줄이기 위함이다. (열적 조닝 전략들은 5장에서 보다 상세하게 탐구한다)

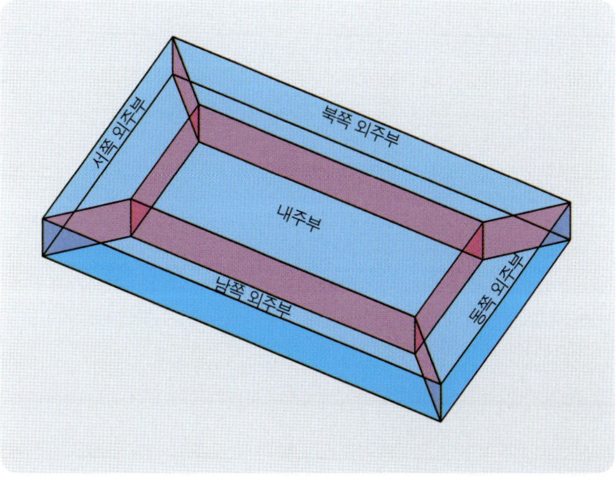


■ 그림 4.42 건물 내의 기본적인 열적 구역들.

DF 5장

# 설계의 기초 Design Fundamentals

## 5.1 에너지 설계조건 (Energy Design Conditions)

3장에서 얘기한 넷 제로 에너지 프로젝트 탐구단계에서 중요한 것은 설계단계를 본격적으로 시작하기 전에 프로젝트의 기초적인 에너지 설계조건들을 설정하는 일이였다. 이는 설계과정에 관련 데이터를 제공하고 넷 제로 에너지 달성을 위한 규칙들의 기초를 쌓는 중요한 연구·평가 활동이다. 에너지 설계조건들로는 프로젝트 기후의 이해, 부지의 자원과 제약들, 건물유형, 매스계획, 방향, 건물 프로그램 및 건물사용 등이 있다.

이런 기초사항들은 실외 에너지부하와 실내 에너지부하, 에너지 자원 활용의 원인이 될 요소들을 명확히 함으로써 어떤 프로젝트에서든 에너지 문제에 대한 설계 조건을 확립할 수 있다. 또한 건물유형의 요소들이 프로젝트와 부지를 통해 에너지 흐름에 어떻게 영향을 주고 그것을 매개하는지 이해하는 것도 중요하다. 건물의 매스계획과 방향을 에너지 관점에서 탐구함으로써 에너지 설계연구를 설계 제안들로 전환시키는 첫 작업을 할 수 있다.

기후와 부지, 매스계획, 프로그램이라는 에너지 설계조건 혹은 설계기초사항들은 6장에서 논하는 패시브 디자인을 발전시키기 위한 기초다.

이 설계조건들은 7장에서 다루는 에너지 효율적 건물시스템의 설계와 8장에서 다루는 부지 내 재생에너지시스템 계획을 위한 기초이기도 하다.

## 5.2 기후평가(Climate Assessment)

기후는 넷 제로 에너지 프로젝트 디자인에서 중요한 변수이다. 기후는 프로젝트의 실외 열 부하에 영향을 주며, 자유에너지의 근원이기도 하다. 이러한 자유에너지의 혜택은 어떤 기후에서도 다양한 형태와 양으로 이용이 가능하다. 간단히 말해서, 넷 제로 에너지 프로젝트는 기후에 반응해야 한다. 열 부하들을 패시브하게 완화하면서도 기후와 부지의 모든 자유에너지를 활용할 수 있어야 한다.

기후가 에너지 사용량에 상당한 영향을 주긴 하지만, 그것이 꼭 넷 제로 에너지의 달성에 지배적인 요인은 아니며, 종종 건물 프로그램 유형과 프로그램이 이런 목표를 충족하는 데에 더 깊은 영향을 준다. 넷 제로 에너지 빌딩은 어떤 기후에서도 가능하지만, 모든 건물 유형에 대한 넷 제로 에너지 달성은 훨씬 더 어려운 과제다.

### 5.2.1 기후정의(Climate Definitions)

마크 트웨인은 "기후는 우리가 기대하는 것이고, 날씨는 우리가 얻는 것이다."라고 기후와 날씨를 구분하는 핵심에 대하여 언급한 바 있다. 기후는 오랜 기간에 걸쳐 한 장소에 대표적인 날씨조건들의 평균으로 정의된다. 기후는 자연과 인간의 반응으로 봤을 때 장소의 특질과 특징을 정의하는 과정에서 날씨 이상으로 주요한 투입요소이며, 이는 대부분의 건축(풍토건축)과 도시계획, 장소의 생태계에 분명히 드러난다. 기후가 한 장소의 생태계를 정의

하는 데에 중요한 역할을 하고 한 장소에서 일어나는 삶의 형식에 영향을 준다면, 기후는 건축형식을 이끄는 근본적인 요인이라고 말할 수 있을 것이다.

기후가 한 장소의 특성에 영향을 주는 것만큼, 그 장소, 혹은 보다 구체적으로 말해서 지구상의 그 위치(위도와 경도)는 다시 기후에 직접적으로 영향을 준다. 위도 상 적도에서 멀어질수록 태양 고도각이 줄어들면서 일사량이 줄어든다. 높은 고도로 올라갈수록 기압이 떨어지고 그와 함께 기온도 떨어진다. 지리적인 특징들, 예를 들어 지형과 산지, 수계(특히 해양) 등은 기후에 역동적인 영향을 준다. 전 지구적으로 기후패턴과 해류의 상호작용은 일반적인 기후특성들을 결정하는 주된 역할을 한다.

전 지구적인 맥락에서 기후를 이해하려면, 기후분류체계를 참조하는 것이 도움이 된다. 가장 흔한 체계 중 하나는 쾨펜 기후분류(Köppen climate classification system)이다(그림 5.1 참조). 1918년에 처음 발표된 이 체계는 시간이 지나며 개선되어왔고, 오늘날까지 사용되고 있다. 이 체계는 5가지의 주

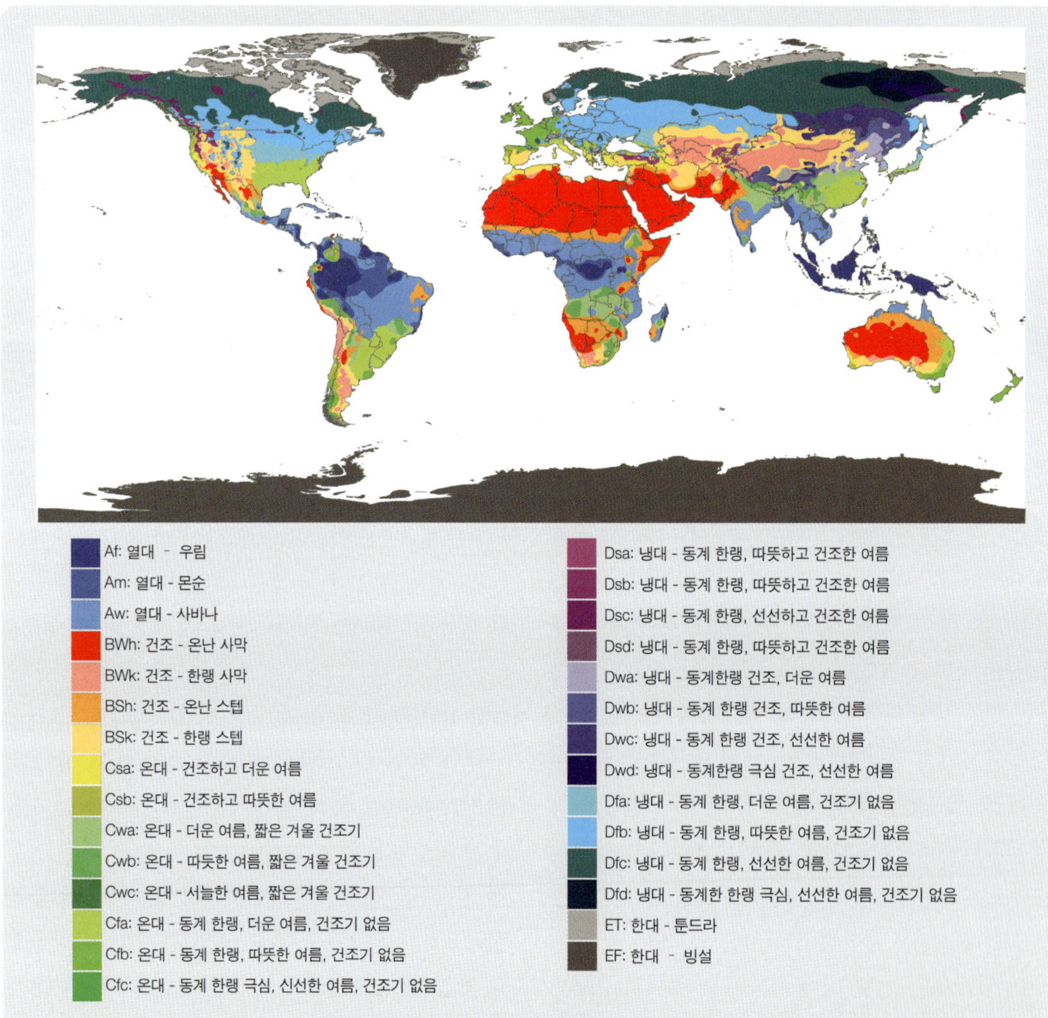


■ **그림 5.1** 쾨펜 기후분류도. *〈지도 그래픽 및 데이터 출처: Peel, M. C., Finlayson, B. L., and McMahon, T. A., 2007, Updated world map of the Koppen-Geiger climate classification, Hydrology and Earth System Sciences, 11, 1633-1644.〉*

요 기후대(대문자 A부터 E까지로 표기)에 기초하며, 이 기후대(class)들은 다시 유형(type)과 하위유형(subtype)으로 나뉜다(소문자로 표기). 6번째 주요 기후대인 H는 산악지역의 고산기후(highland climate)를 말하는데 쾨펜 체계의 일부 버전에서도 사용되며, 고산대의 분류는 때때로 E 기후유형으로 사용되어 EH로 표기되기도 한다. 5가지 주요 기후대는 다음과 같다.

A: 열대(Tropical)
B: 건조(Arid)
C: 온대(Temperate)
D: 냉대(Cold)
E: 한대(Polar)

## 기후분류와 설계 대응(Climate Classifications and Design Responses)

쾨펜 기후분류의 5가지 주요 기후대와 전형적인 패시브 및 저에너지 설계요소들을 아래와 같이 간략하게 요약할 수 있다. 기후분류기준에 대한 상세한 정보는 “Updated World Map of the Koppen-Geiger Climate Classification, Hydrology and Earth System Sciences, 11, 1633-1644”(Peel, M.C., Finlayson, B. L. And McMahon, T. A., 2007)을 참조할 것.

## 기후분류 A: 열대기후(Climate Classification A: Tropical)

### 기후특성(Climate Characteristics)

열대기후는 연중 고온의 습한 날씨로 특징되며 상당한 강우량과 습도를 갖고 있다. 열대기후는 적도를 따라 위치하고, (일부의 경우 계절별 강수량이 변하는 것 말고는) 계절에 따른 변화가 없어 경험이 제한적이다.

사례 입지: 미국 플로리다 마이애미 (열대몬순기후, 그림 5.2 참조)

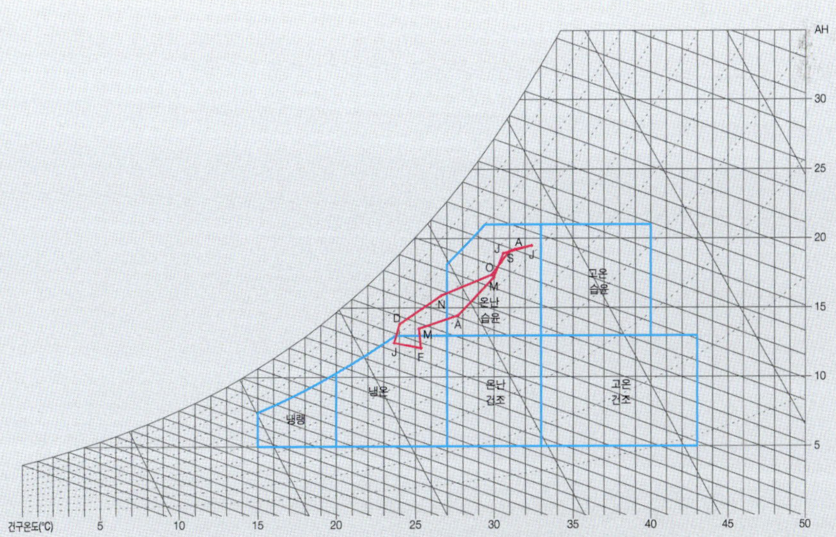


차트는 Autodesk weather tool 소프트웨어를 통해 작성됨. 기압 = 101.365 kPa.

■ 그림 5.2 습공기선도 기후분류 A: 열대기후 사례, 플로리다 마이애미.

## 패시브 설계 대응(Passive Design Responses)

- 1차적 과제는 100%의 차양을 통해 일사량을 최소화하고 외피를 통해 열전도를 줄이며 조명 및 설비 부하절감을 통해 실내 열 취득을 낮추는 등의 패시브 전략들로 냉방부하를 줄이는 것이다. 위치가 적도 근처이므로 높은 태양고도는 지붕을 차양장치로 만들어주어 잠재적으로 좋은 전략이 된다.
- 물이 풍부하여 식생이 연중 성장하므로 건물 외부나 내부에 식생을 통한 그늘요소들을 통합하면 효과적인 일사 차폐수단을 제공할 수 있다.
- 외부 표면에 밝은 색을 사용하여 일사를 흡수하기보다 반사하도록 한다. 1년 내내 태양고도가 높기 때문에, 특히 지붕에서 큰 효과를 볼 수 있다.
- 자연환기는 어떤 기계설비시스템을 적용하느냐에 따라 일부 열대기후에서, 그리고 하루나 1년 중 특정 시기에 유용할 수 있다.
- 자연채광은 조명 에너지 사용량과 실내 열 취득을 낮춰준다. 자연채광은 차양전략과 함께 세심하게 조율되어야 한다.
- 패시브한 건조 탈수를 통해 실내습도를 제어하고, 증발냉각(evaporative cooling)과 같은 냉매 없는 냉방으로 공기를 냉각할 수 있다.

## 기후분류 B: 건조기후(Climate Classification B: Arid)

### 기후특성(Climate Characteristics)

건조기후의 특징은 강우량이 적다는 점이다. 건조기후와 반(半)건조기후는 냉랭할 수도 고온일 수도 있다.

사례 위치: 이집트 카이로 (건조사막고온기후, 그림 5.3 참조)

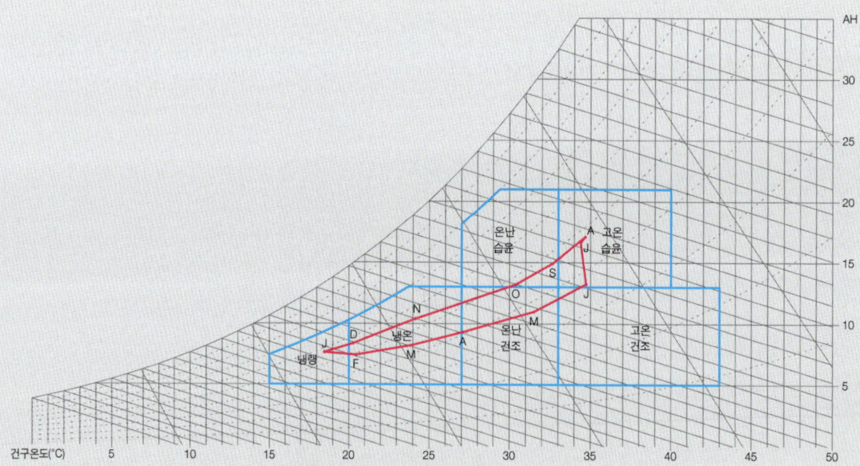


차트는 Autodesk weather tool 소프트웨어를 통해 작성됨. 기압 = 101.365 kPa.

■ **그림 5.3** 습공기선도 기후분류 B: 건조기후 사례, 이집트 카이로.

## 패시브 설계 대응(Passive Design Responses)

- 고온건조기후는 냉방이 지배적일 것이고, 냉랭건조기후는 난방이 지배적일 것이다.
- 낮 시간이 길므로 야간배기(night flush)와 병행하여 축열체(thermal mass)를 효과적으로 활용할 수 있다.
- 야간배기 없이 축열체만으로도 냉방에 효과적일 수 있다.
- 냉방기에는 일사차폐를 계획한다.
- 냉방기에는 자연환기를 계획한다.
- 일반적으로 습도가 낮기 때문에, 증발냉각과 같은 비전형적 냉방이 가능하다.
- 난방기 중의 패시브 솔라 전략: 난방기간 동안의 일사취득으로 지나친 난방이 되지 않도록 주의한다.
- 자연채광은 조명에너지 사용량과 실내 열 취득을 낮춰준다.
- 단열이 잘되는 건물외피로 열전도를 줄인다.

## 기후분류 C: 온대기후(Climate Classification C: Temperate)

### 기후특성(Climate Characteristics)

온대기후는 (다른 분류에 비해) 온화한 온도부터 매우 온화한 온도까지 있으며, 온난 하계와 냉랭 동계를 포함한다. 이 기후는 상당한 범위의 강우량과 습도를 갖고 있다. 온대기후의 많은 지역들이 해양의 기후온난화효과로부터 영향을 받는다.

사례 위치: 미국 캘리포니아 샌프란시스코 (온난하계건조기후, 그림 5.4 참조)

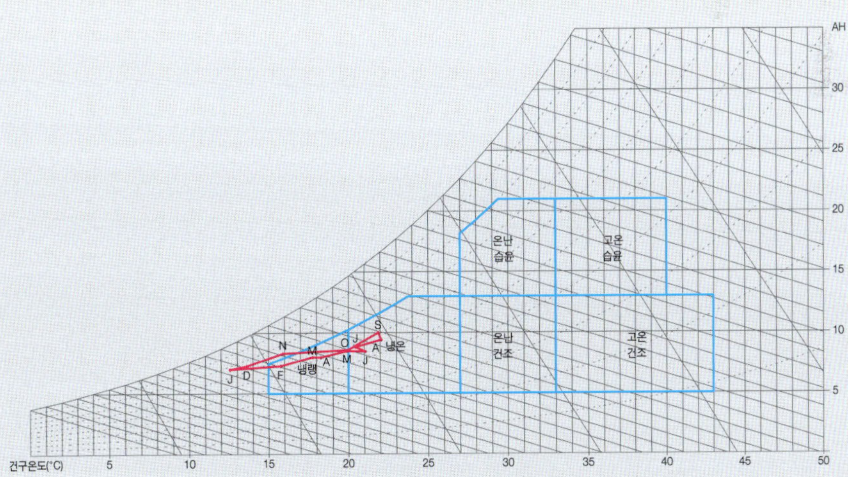


차트는 Autodesk weather tool 소프트웨어를 통해 작성됨. 기압 = 101.365 kPa.

■ **그림 5.4** 습공기선도 기후분류 C: 온대기후 사례, 캘리포니아 샌프란시스코.

## 패시브 설계 대응(Passive Design Responses)

- 온대기후는 상당히 다양하다. 비록 매우 덥거나 추운 기간은 없다 할지라도, 보통 냉방과 난방시즌이 모두 있다. 습도수준은 다양하며 고온하계기후에서 높을 수 있다.
- 낮 시간이 길기 때문에 야간배기와 병행하여 축열체를 효과적으로 활용할 수 있다.
- 야간배기 없이 축열체만으로도 적당한 냉방에 효과적일 수 있다.
- 냉방기에 일사차폐를 계획한다.
- 냉방기에 자연환기를 계획한다.
- 난방기 중의 패시브 솔라 전략: 난방기간 동안의 일사획득으로 지나친 난방이 되지 않도록 주의한다.
- 자연채광은 조명에너지 사용량과 실내 열 획득을 낮춰준다.
- 단열이 잘되는 건물외피로 열전도를 줄인다.

## 기후분류 D: 냉대기후(Climate Classification D: Cold)

### 기후특성(Climate Characteristics)

냉대기후는 광범위한 계절별 온도를 나타내지만 눈이 내리는 냉랭동계의 특징을 갖고 있다. 냉대기후 지역은 종종 대륙의 내륙에 있다.

사례 위치: 미국 알래스카 앵커리지 (냉랭하계연중습윤기후, 그림 5.5 참조)

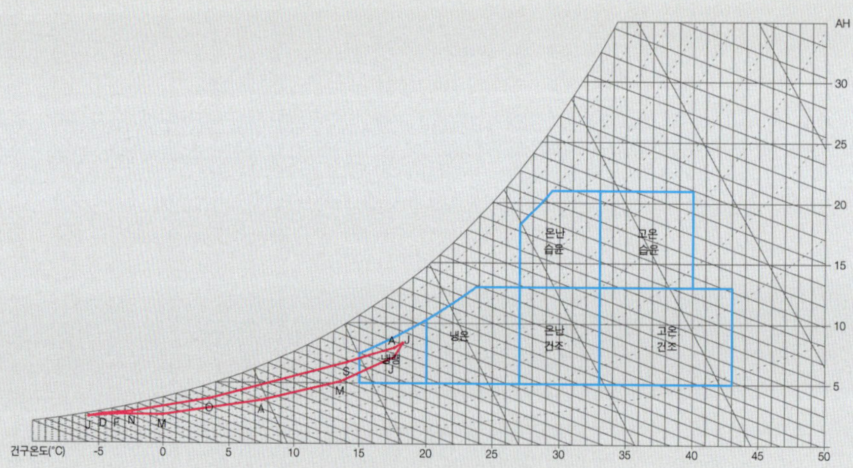


차트는 Autodesk weather tool 소프트웨어를 통해 작성됨. 기압 = 101.365 kPa.

■ **그림 5.5** 습공기선도 기후분류 D: 냉대기후 사례, 알래스카 앵커리지.

## 패시브 설계 대응(Passive Design Responses)

- 냉랭하계의 냉대기후는 난방이 매우 지배적이다.
- 습도수준은 다양하지만 고온하계기후에서 높을 수 있다.

- 단열이 잘되는 건물외피로 열전도를 줄인다.
- 낮 시간이 길기 때문에 따뜻하거나 더운 여름철의 냉방 시에는 야간배기와 병행하여 축열체를 효과적으로 활용할 수 있다.
- 고온의 여름철에는 냉방기 중에 일사차폐를 계획한다.
- 냉방기에 자연환기를 계획한다.
- 난방기 중의 패시브 솔라 전략: 축열체를 통해 획득한 열을 저장할 수 있다. 일사획득으로 지나친 난방이 되지 않도록 주의한다.
- 자연채광은 조명에너지 사용량과 실내 열 획득을 낮춰준다. 북향의 입지는 연간 일조시간이 극단적으로 줄어들게 된다.

## 기후분류 E: 한대기후(Climate Classification E: Polar)

### 기후특성(Climate Characteristics)

한대기후는 극단적으로 차가운 기온 특성을 갖으며, 종종 여름이 없고 나무가 자라지 못한다.

사례 위치: 북극 (Nanisivik 공항) (한대툰드라기후, 그림 5.6 참조)

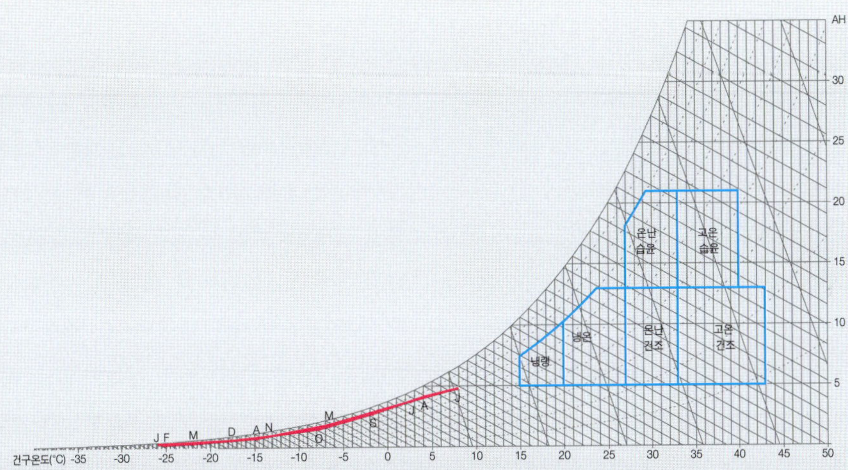


차트는 Autodesk weather tool 소프트웨어를 통해 작성됨. 기압 = 101.365 kPa.

■ **그림 5.6** 습공기선도 기후분류 E: 한대기후 사례, Nanisivik 공항.

### 패시브 설계 대응(Passive Design Responses)

- 한대기후는 극히 냉랭하며 인구도 매우 희박하다. 단열이 잘되는 건물외피로 전도를 통한 열 손실을 줄이는 데 초점을 맞춘다.

쾨펜 기후분류는 오늘날 미국에서 사용되고 있는 기후대 분류에 많은 영감과 영향을 주었다. 4장에서는 세부사항과 더불어, 에너지부(DOE)가 지정하고 미국냉난방공조학회(ASHRAE)와 국제법규협의회(ICC)가 사용하는 기후대 정의들에 기초한 미국 기후대 지도를 제시하였다. 이런 정의들은 에너지법규들과 에너지부(DOE)가 제공하는 다양한 건물 에너지효율관련 자료에서 중요하게 사용된다. 에너지부(DOE)의 기후대 정의에 나오는 17개의 기후대는 쾨펜 체계와 관계가 있으며, 이런 자료 중 일부는 미국 외부의 프로젝트 맥락에서 활용될 수 있다(그림 5.7 참조).

| 기후대 번호 | 기후대 유형 | Köppen 분류 |
|---|---|---|
| 1A | 매우 고온습윤 | Aw |
| 1B | 매우 고온건조 | BWh |
| 2A | 고온습윤 | Cfa |
| 2B | 고온건조 | BWh |
| 3A | 온난습윤 | Cfa |
| 3B | 온난건조 | BSk/BWh/H |
| 3C | 온난해양 | Cs |
| 4A | 냉온습윤 | Cfa/Dfa |
| 4B | 냉온건조 | BSk/BWh/H |
| 4C | 냉온해양 | Cb |
| 5 | 냉랭습윤 | Dfa |
| 5B | 냉랭건조 | BSk/H |
| 5C | 냉랭해양 | Cfb |
| 6A | 한랭습윤 | Dfa/Dfb |
| 6B | 한랭건조 | BSk/H |
| 7 | 매우 한랭 | Dfb |
| 8 | 준-북극기후 | Dfc |

■ **그림 5.7** 기후대 정의와 쾨펜 분류. *〈데이터 출처: Briggs, R. S., Lucas, R. G., Taylor, Z. T., 2003, Climate Classification for Building Energy Codes and Standards: Part 1—Development Process. Richland, WA (PNNL/DOE).〉*

기후대별 프로젝트 입지 분류는 프로젝트의 기후에 대해 알아보고 넷 제로 에너지 빌딩의 연구를 시작하기에 유용한 첫 번째 단계다. 보다 폭넓은 기후대와 그 특징들을 이해하면 유사기후의 다른 입지에 있는 건물 사례들을 파악하는 데에 도움이 될 수 있다.

### 5.2.2 기후 데이터(Climate Data)

한 프로젝트의 일반 기후분류에 대한 이해와 더불어, 보다 심도 있는 연구를 통해 프로젝트의 총체적인 기후데이터 셋(Set)을 개발하고 기후 대응 설계를 발전시키는 것이 중요하다.

기후 및 날씨의 정의를 구성하는 많은 요인들이 있다. 기후데이터에 가장 좋은 자료는 에너지 모델링에 사용되는 기상데이터 파일들이다. 통상적인 기상파일 포맷들로는 CZ와 CZ2, WYEC, WYEC2, TMY, TMY2, TMY3, EPW가 있다. '에너지계산을 위한 기상년(Weather Year for Energy Calculations)'의 약자인 WYEC는 미국냉난방공조학회(ASHRAE)가 개발한 기상데이터이다. CZ는 캘리포니아기반 표준 기상데이터이다. 표준기상년(Typical Meteorological Year)의 약자인 TMY는 몇 십 년에 걸친 총 기상데이터를 이용하여 시간당 기상데이터 중에서 "대표적인" 연도를 결정한다. EPW는 에너지부의 에너지플러스 소프트웨어에 사용되는 기상파일 포맷이다. 이 포맷은 폭넓게 호환이 가능하며, 기후분석 소프트웨어와 에너지 모델링 소프트웨어를 통해 포맷변환도 가능하다. 에너지부의 에너지플러스 웹사이트는 좋은 기상파일 자료의 출처가 된다. 이 사이트에는 무료다운로드가 가능한 전 세계 2,100개 지역의 데이터가 담겨 있다. EPW 기상파일과 더불어, 각 관측소(station)에는 요약 데이터인 STAT 파일이 하나씩 있다.

기후연구와 기상데이터 분석을 시작하려면 기상파일 포맷을 읽고 접속과 컴파일, 시각적 디스플레이, 기상데이터 연구를 하기 위한 인터페이스를 제공하는 소프트웨어 프로그램이 필요할 것이다. 기상파일 데이터 셋(Set)에 유용한 인터페이스들을 자랑하는 몇몇 프로그램들이 이용 가능하다.

- Climate Consultant는 UCLA(캘리포니아대학교 로스앤젤레스캠퍼스)에서 이용 가능한 윈도우

## 날씨 도구 및 데이터 링크

- Climate Consultant: www.energy-design-tools.aud.ucla.edu
- Autodesk Ecotect Weather Tool : http://usa.autodesk.com
- METEONORM : www.METEONORM.com
- EnergyPlus Weather Files : http://apps1.eere.energy.gov/buildings/EnergyPlus /cfm/weather_data.cfm

및 매킨토시용 무료프로그램으로, UCLA 에너지 설계도구 그룹(Energy Design Tools Group)에서 개발했다.

- 상업적으로 이용 가능한 기후분석 소프트웨어로는 대표적으로 Autodesk사의 Ecotect Weather Tool과 Meteotest의 METEONORM이 있다.

기후연구 및 에너지 모델 개발에 사용되는 기상파일들은 전 세계의 기상관측소에서 수집된다. 종종 이런 기상관측소들은 공항에 위치하곤 한다. 대체적으로 인근 관측소에서 얻은 기상정보가 실제 프로젝트 부지에서 사용되는 날씨와 거의 같다고 보는 게 적절할 것이다. 주어진 도시나 입지에 대한 기상파일을 그 지역의 변함없는 일반적 날씨 조건으로 생각해보라. 다행히도 대부분의 도시에서 기상파일들이 이용 가능하다. 하지만 프로젝트 부지의 기상파일을 인근 기상관측소에서 얻을 수 없는 경우에는 기후 및 에너지 분석을 시행하기가 어려울 수 있다. 어떤 경우에는 가능한 한 가장 가까운 기상관측소 정보를 활용하거나 인근 기상관측소의 자료들로부터 추정하는 게 적절할 수 있다.

### 5.2.2.1 METEONORM

METEONORM은 전 세계 곳곳의 기후학적 데이터에 대한 광범위한 데이터베이스를 보유하고 있다. METEONORM의 가장 유용한 특징 가운데 하나는 지구상의 어느 곳에 대해서도 인근 기상관측소들의 자료로부터 자동으로 맞춤화된 기상파일을 생성할

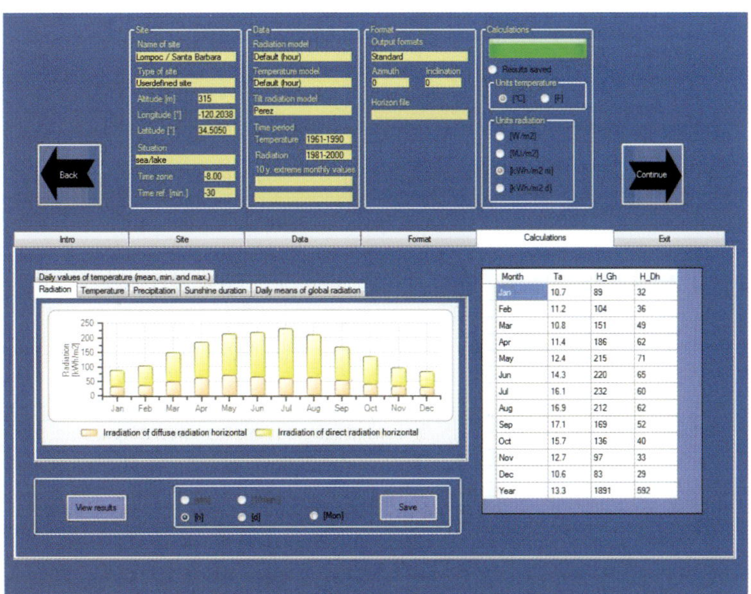


| Month | Ta | H_Gh | H_Dh |
|---|---|---|---|
| Jan | 10.7 | 89 | 32 |
| Feb | 11.2 | 104 | 36 |
| Mar | 10.8 | 151 | 49 |
| Apr | 11.4 | 186 | 62 |
| May | 12.4 | 215 | 71 |
| Jun | 14.3 | 220 | 65 |
| Jul | 16.1 | 232 | 60 |
| Aug | 16.9 | 212 | 62 |
| Sep | 17.1 | 169 | 52 |
| Oct | 15.7 | 136 | 40 |
| Nov | 12.7 | 97 | 33 |
| Dec | 10.6 | 83 | 29 |
| Year | 13.3 | 1891 | 592 |

■ 그림 5.8 METEONORM 사례: 전형적인 결과화면.

수 있다는 점이다. METEONORM의 결과파일들은 다른 프로그램들을 통해 추가적인 기후 및 에너지 분석에 활용되어질 수 있다. 이 프로그램은 자체적으로 시각적인 결과들을 나타낼 수 있으며, 몇 가지 간단한 기상데이터 그래프를 보여준다(그림 5.8 참조). 그 핵심적인 능력 중 또 다른 하나는 지구상의 어디든 임의적인 방향의 지면에 대해 일사량을 계산할 수 있다는 점이다.

두드러진 지형적 특징이나 수(水) 공간이 인근에 위치하는 부지들은 그곳에서 멀리 떨어진 기상관측소에 비해 기상데이터의 차이가 발생할 수 있다. 또한 밀집된 도시지역에 위치한 부지는 인근의 건물들에 영향을 받는다. 풍력과 태양열의 이용은 매우 변화적이다. 이런 특징을 가진 부지들은 패시브 설계전략들에 대한 영향평가를 위해 부지에 맞는 분석이 추가로 필요할 수 있다. METEONORM은 부지의 지형인자들을 정의하고 맞춤화된 대지수평선을 설정하여 건물 스카이라인이나 두드러진 지형적 특징들을 설명해 줄 수 있다(그림 5.9 참조).

### 5.2.3 기후변화(Climate Change)

기후변화가 미래의 기상데이터에 미치는 영향에 대한 평가, 그리고 미래의 기후가 건물 내 에너지 사용에 어떻게 영향을 줄 수 있을지에 대한 관심이 커져가고 있다. 예를 들어 냉방시스템이나 재생에너지시스템, 혹은 다른 에너지관련 시스템들의 규모를 줄이는 데서 오는 리스크를 고려하려면, 기후변화가 일반적인 기상연도에 줄 수 있는 영향을 판단할 필요가 있다. 게다가 지속가능한 건물의 사례로서 넷 제로 에너지 빌딩은 오랜 사용수명을 갖고 있기 때문에 건물이 존속하는 동안에는 기후변화의 현실에 직면하게 될 것이다. 미래의 기상파일들은 향후 몇 십 년간의 자료를 만들어 낼 수 있다. 영국의 몇몇 대학교들은 기후변화 모델을 활용하여 미래의 기상데이터 들을 형태화하는 연구에서 선두를 달리고 있다. 예를들어, 엑서터 대학교는 영국 내 지역별 미래 기상데이터 파일들을 제공하며, 사우스햄튼 대학교는 기후변화에 관한 정부간 패널(Intergovernmental Panel on Climate Change: IPCC) 데이터유통센터(Data Distribution Center: DDC)의 해들리(Hadley) CM3 기후시나리오데이터를 활용하여 현재의 기상파일들을 미래의 기상파일들로 변환하는 도구들을 개발했다. 그림 5.10의 습공기선도는 현재 런던의 날씨에 대한 기후분류를 기후변화시나

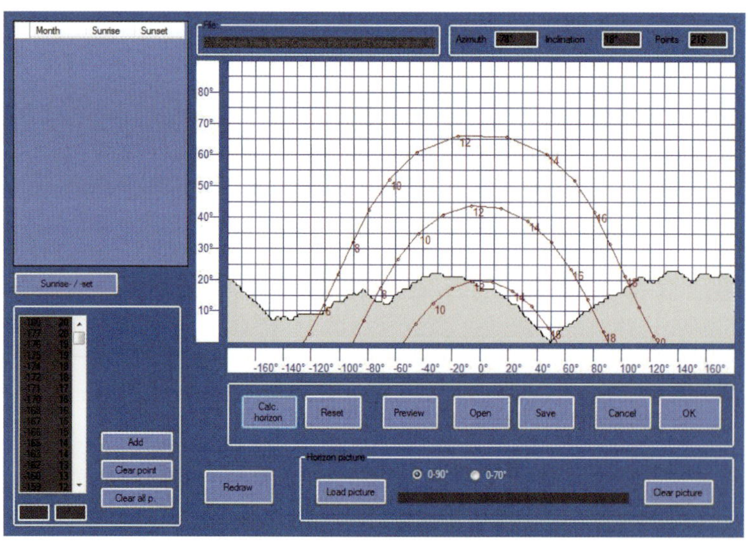


■ **그림 5.9** METEONORM 사례: 대지수평선을 보여주는 화면.

리오 중의 2가지, 2050년 및 2080년 기후와 비교하여 보여준다.

METEONORM도 전 세계 곳곳의 미래 기상파일들을 생성할 수 있다. 이 소프트웨어는 해들리 CM3 모델을 사용하며, 데이터 생성을 위해 평상시의 시나리오를 활용한다. 2010년부터 2100년까지 10년 단위로 나눈 참고년도들은 분석에 활용되어 질 수 있다.

넷 제로 에너지 빌딩을 위한 에너지 모델링의 목표는 예측 가능한 것이어야 한다. 하지만, 건물의 일차적 에너지 시뮬레이션에 미래 기상파일들을 활용하는 것이 문제가 될 수 있다. 미래 기상파일들은 역사적 데이터보다 모델링된 예측 값들에 기초하며, 이는 형태화된 미래 기상파일들을 사용할 때 상당량의 불확실성이 존재할 수 있다는 의미이다. 게다가 미래 기상파일들은 현재와 가까운 미래의 에너지 사용량을 추정하기에 적절하지 않을 수 있다. 불확실한 미래의 기후를 감당하기 위하여 기계설비 및 에너지관련 시스템들의 규모 확장을 정당화하기가 어려울 수 있으며, 이는 설비의 적정규모 산정이 특별히 중요한 경우에 더욱 그렇다. 건물의 기계설비 및 에너지 시스템들은 시간이 지날수록 업그레이드와 보완을 필요로 하며, 이는 개별 시스템들의 기대 사용수명을 기초로 규모조정을 할 수 있고, 향후 업그레이드 시에 시스템 규모를 향상할 기회를 제공할 수 있다.

미래 기상파일의 활용은 여전히 건설업계에서 새로운 현상이며, 따라서 미래 기후변화에 대비한 가장 효과적인 설계방식에 아직 도달하지 못하고 있다. 가장 좋은 것은 시간이 지날수록 기후변화의 잠재적 영향이 갖는 심각성을 이해하기 위해 현재의 기상파일과 많은 미래 기상파일을 비교하는 에너지 및 기후 연구를 수행하는 것이다. 기후변화에 대한 대응으로 패시브 전략들이 어떻게 변할 수 있는지를 추정하는 것도 중요할 것이다. 그 전략들이 일반적으로 건축의 일부분임을 감안하면 패시브 전략들은 업그레이드하기가 쉽지 않을 수 있으며, 패시브 전략들을 개발할 때에는 광범위한 기상시나리오들을 고려하는 것이 탄력적인 설계접근법일 수 있을 것이다.

또 다른 탄력적인 설계접근법은 향후 업그레이드에 맞춤화된 설계와 필요시에는 규모 확장을 통

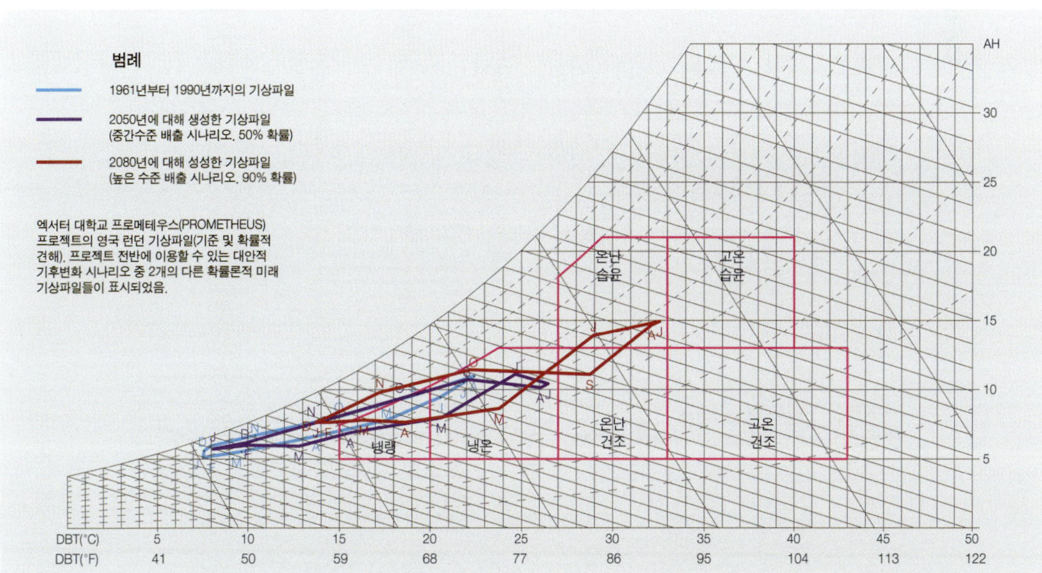


■ 그림 5.10 영국 런던의 미래날씨에 대한 확률론적 평가

해 미래의 건물 시스템 업그레이드에 대비하는 것이다. 기후변화란 예측이 불가능하며 실제 날씨에서는 극단성과 심각성이 더 크게 나타날 가능성이 높음을 깨닫는 것이야말로 기후변화를 수용하는 설계에 가장 중요한 탄력적인 전략들 가운데 하나일 것이다. 생존가능성을 위한 패시브 설계(designing for passive survivability)는 한 건물이 악천후와 그에 수반되는 어떠한 정전 및 공공설비의 가동중단도 견뎌낼 만큼 충분히 융통성 있고 탄력적이라는 아이디어에서 시작 한다. 패시브 에너지 전략과 재생에너지시스템을 독특하게 융합하는 넷 제로 에너지 빌딩은 본질적으로 패시브한 생존가능성에 적합하며, 사실 많은 면에서 넷 제로 에너지 빌딩은 건설산업이 기후변화에 대응하는 최종적인 방법중 하나이다.

### 5.2.4 기후분석(Climate Analysis)

일단 적절한 기상데이터 파일을 얻고 나면, 그것을 활용하여 프로젝트의 기후분석을 수행할 수 있다. 기후분석은 프로젝트 부지에 대한 기후인자들의 총괄집합을 만든 다음, 패시브 디자인 및 재생에너지 전략들을 수립하고 테스트하는 작업을 포함한다. 기후 반응성(climate responsiveness)은 넷 제로 에너지 빌딩설계에서 핵심적이며, 이것은 건물의 에너지부하를 줄이는 가장 효과적인 방법 중 하나이기 때문이다. 기상데이터 파일은 모든 에너지 및 주광 시뮬레이션에도 활용할 수 있다. Climate Consultant, Weather Tool, 또는 기타 기후분석 소프트웨어들을 사용하여 다양한 기후인자들에 대한 시각적인 연구결과들을 만들어낼 수 있다.

#### 5.2.4.1 Climate Consultant

UCLA Energy Design Tools Group의 Climate Consultant는 프로젝트의 기상데이터 목록을 작성하는 간단하고도 빠른 수단이다. 먼저 EPW 파일포맷의 기상데이터 파일을 준비한 다음 영국단위나 국제표준단위 중 하나를 선택한다. EPW 날씨파일을 불러오면, 첫 화면에 월별 평균에 기초한 기후인자들의 주된 개요를 보여준다. 그림 5.11의 사례에서는 오레곤 포틀랜드의 기상파일이 사용되었다.

Climate Consultant에서 다음 화면으로 진행한 다음, 분석용 열 쾌적성 모델을 선택한다. 선택대상들로는 캘리포니아 에너지법규 쾌적성 모델(California Energy Code Comfort Model)과 ASHRAE 기초 핸드북 쾌적성 모델(ASHRAE Handbook of Fundamentals Comfort Model), ASHRAE 표준 55 PMV 모델(ASHRAE Standard 55 PMV Model), ASHRAE 표준 55 적응형 쾌적성 모델(ASHRAE

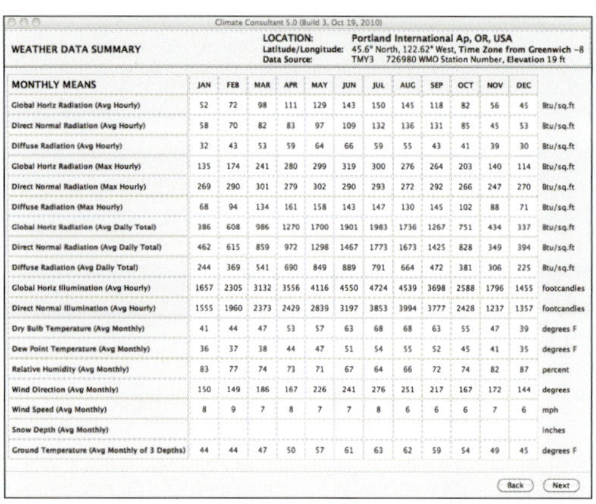

Climate Consultant 5.0 (Build 3, Oct 19, 2010)

WEATHER DATA SUMMARY — LOCATION: Portland International Ap, OR, USA; Latitude/Longitude: 45.6° North, 122.62° West, Time Zone from Greenwich -8; Data Source: TMY3 726980 WMO Station Number, Elevation 19 ft

| MONTHLY MEANS | JAN | FEB | MAR | APR | MAY | JUN | JUL | AUG | SEP | OCT | NOV | DEC | |
|---|---|---|---|---|---|---|---|---|---|---|---|---|---|
| Global Horiz Radiation (Avg Hourly) | 52 | 72 | 98 | 111 | 129 | 143 | 150 | 145 | 118 | 82 | 56 | 45 | Btu/sq.ft |
| Direct Normal Radiation (Avg Hourly) | 58 | 70 | 82 | 83 | 97 | 109 | 132 | 136 | 131 | 85 | 45 | 53 | Btu/sq.ft |
| Diffuse Radiation (Avg Hourly) | 32 | 43 | 53 | 59 | 64 | 66 | 59 | 55 | 43 | 41 | 39 | 30 | Btu/sq.ft |
| Global Horiz Radiation (Max Hourly) | 135 | 174 | 241 | 280 | 299 | 319 | 300 | 276 | 264 | 203 | 140 | 114 | Btu/sq.ft |
| Direct Normal Radiation (Max Hourly) | 269 | 290 | 301 | 279 | 302 | 290 | 293 | 272 | 292 | 266 | 247 | 270 | Btu/sq.ft |
| Diffuse Radiation (Max Hourly) | 68 | 94 | 134 | 161 | 158 | 143 | 147 | 130 | 145 | 102 | 88 | 71 | Btu/sq.ft |
| Global Horiz Radiation (Avg Daily Total) | 386 | 608 | 986 | 1270 | 1700 | 1901 | 1983 | 1736 | 1267 | 751 | 434 | 337 | Btu/sq.ft |
| Direct Normal Radiation (Avg Daily Total) | 462 | 615 | 859 | 972 | 1298 | 1467 | 1773 | 1673 | 1425 | 828 | 349 | 394 | Btu/sq.ft |
| Diffuse Radiation (Avg Daily Total) | 244 | 369 | 541 | 690 | 849 | 889 | 791 | 664 | 472 | 381 | 306 | 225 | Btu/sq.ft |
| Global Horiz Illumination (Avg Hourly) | 1657 | 2305 | 3132 | 3556 | 4116 | 4550 | 4724 | 4539 | 3698 | 2588 | 1796 | 1455 | footcandles |
| Direct Normal Illumination (Avg Hourly) | 1555 | 1960 | 2373 | 2429 | 2839 | 3197 | 3853 | 3994 | 3777 | 2428 | 1237 | 1357 | footcandles |
| Dry Bulb Temperature (Avg Monthly) | 41 | 44 | 47 | 53 | 57 | 63 | 68 | 68 | 63 | 55 | 47 | 39 | degrees F |
| Dew Point Temperature (Avg Monthly) | 36 | 37 | 38 | 44 | 47 | 51 | 54 | 55 | 52 | 45 | 41 | 35 | degrees F |
| Relative Humidity (Avg Monthly) | 83 | 77 | 74 | 73 | 71 | 67 | 64 | 66 | 72 | 74 | 82 | 87 | percent |
| Wind Direction (Avg Monthly) | 150 | 149 | 186 | 167 | 226 | 241 | 276 | 251 | 217 | 167 | 172 | 144 | degrees |
| Wind Speed (Avg Monthly) | 8 | 9 | 7 | 8 | 7 | 7 | 8 | 6 | 6 | 6 | 7 | 6 | mph |
| Snow Depth (Avg Monthly) | | | | | | | | | | | | | inches |
| Ground Temperature (Avg Monthly of 3 Depths) | 44 | 44 | 47 | 50 | 57 | 61 | 63 | 62 | 59 | 54 | 49 | 45 | degrees F |

Back Next

■ **그림 5.11** Climate Consultant 사용 예: 오레곤 포틀랜드의 날씨데이터 요약.

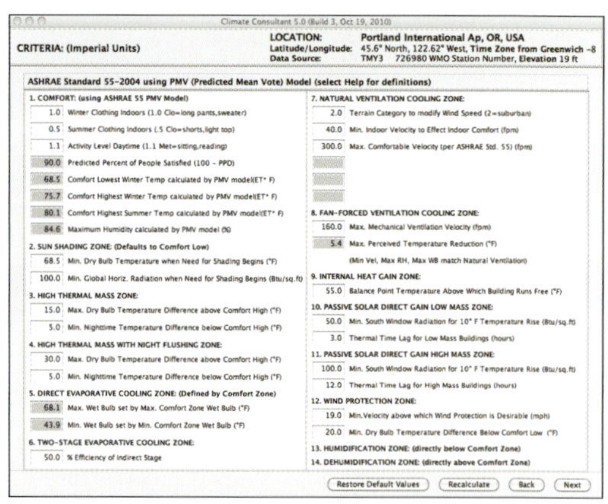


■ **그림 5.12** Climate Consultant 사용 예: 포틀랜드의 열 쾌적성 기준, ASHRAE 55 PMV.

Standard 55 Adaptive Comfort Model)이 있다. 프로젝트 설계에 적합한 열 쾌적성 모델을 선택하면, Climate Consultant가 특정한 쾌적성 기준들을 중첩시켜 기후분석을 하며, 기후분석의 설계기준을 정의하는 다음 화면을 미리 만들어 놓는다(그림 5.12 참조). Climate Consultant의 사용자 도움말(User Help) 부분은 그 기준들의 변수에 대한 유용한 정보를 제공하며, 그래프 차트들을 어떻게 활용하고 해석해야 하는지를 설명해준다. 실내 열 취득(internal heat gain) 기준이 실제로 건물유형에 따라 달라지는 함수임에 주목하라. 실외온도균형점(outdoor temperature balance point)은 실내 열 취득이 쾌적성을 제공할 수 있는 추정 외기온도이거나, 난방이 불필요해진 최저외기온도를 나타낸다. 사람들과 각종 장비에서 발생되는 실내 열 취득이 더 높은 건물에서는 실외온도균형점을 낮출 수 있으며, 실내 열 취득이 더 낮은 건물에서는 실외온도균형점을 높여야 한다. 균형점 온도 역시 건물의 매스와 외피의 열적 성능에 따라 달라지는 함수이다.

열 쾌적성 모델과 기후설계기준을 선택하면, Climate Consultant는 아주 다양한 기상데이터의 그래픽 결과들을 만들어낼 수 있다. Climate Consultant에서 그래프화 할 수 있는 데이터 유형의 사례로서 그림 5.13을 참조할 것.

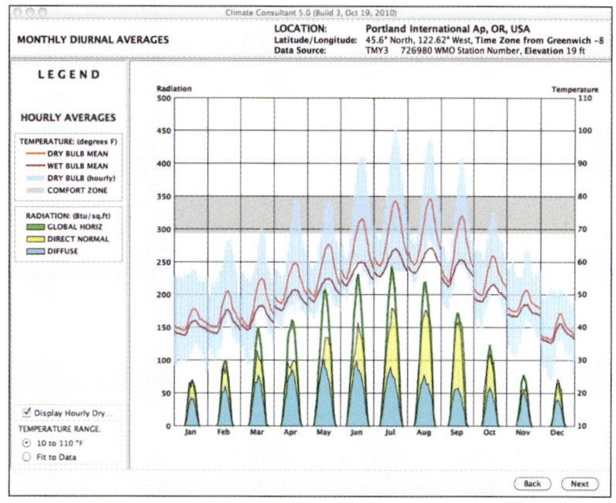


■ 그림 5.13 Climate Consultant 사용 예: 포틀랜드의 월별 주간평균.

### 5.2.4.2 Weather Tool

기상데이터의 그래프 생성에 유용한 또 다른 도구는 Autodesk사의 Ecotect Weather Tool이다. Weather Tool 고유의 기상파일 포맷은 WEA다. 하지만 Weather Tool은 EPW 파일을 변환해서 연 다음 WEA 파일로 저장하여 사용할 수가 있다. Weather Tool에서 기상파일을 열면 대상 지역 전반

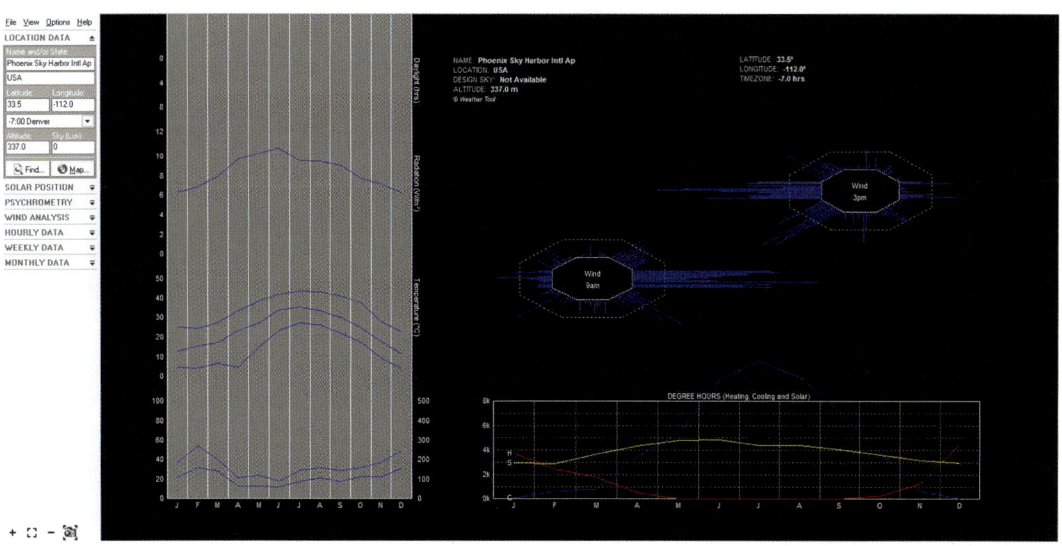


■ 그림 5.14 Weather Tool 사용 예: 애리조나 피닉스의 날씨 요약.

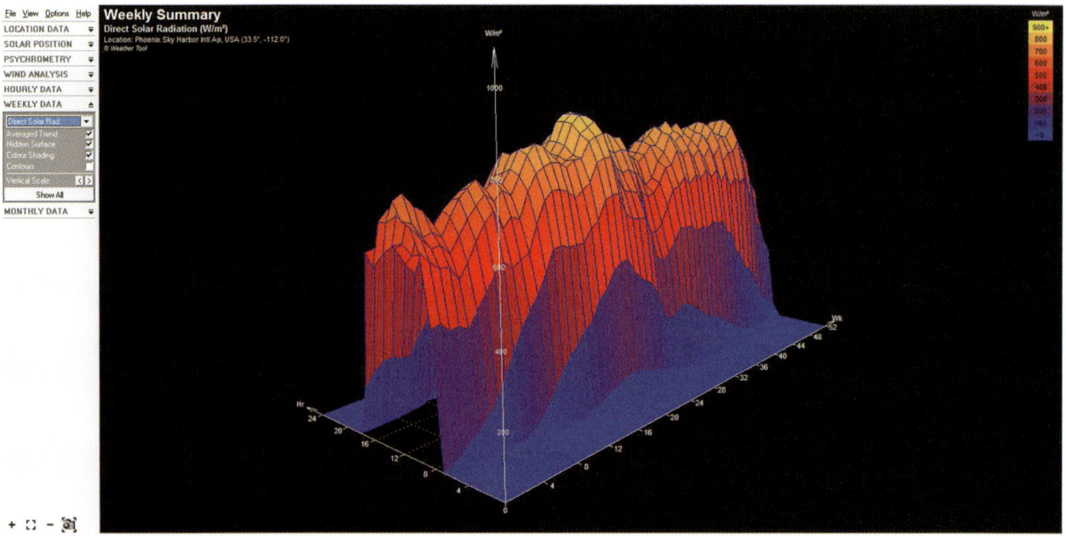


■ 그림 5.15 Weather Tool 사용 예: 3차원 시간구도로 나타낸 피닉스의 직달일사량.

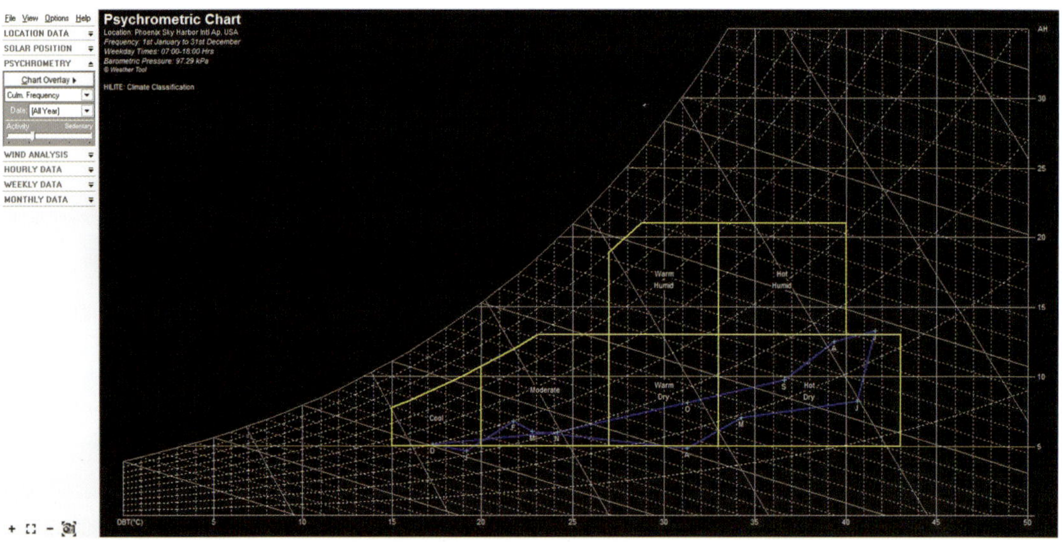


■ 그림 5.16 Weather Tool 사용 예: 습공기선도상에 표시한 피닉스의 기후분류.

에 걸친 주광시간과 일사량, 온도, 강우량, 난방/냉방/일사 도일, 풍력을 간단한 차트들로 나타내는 요약 페이지가 생성된다. 불러오기 한 기상파일에서 어떤 요약 데이터가 빠져있을 경우에는 월별 데이터 탭을 통해 월별데이터를 직접 입력할 수도 있다. Weather Tool에서는 미터단위를 사용한다. 그림 5.14의 사례에서는 애리조나 피닉스에 대한 기상파일이 사용되었다.

Weather Tool은 기상데이터에 대한 수많은 그래픽 분석 옵션들을 제공한다. Weather Tool의 한 가지 장점은 결과를 PDF 파일로 출력하면 그 파일이 벡터 정보를 담기 때문에 그래픽과 프레젠테이션의 광범위한 사용에 맞춤화하기가 아주 좋다는 점이다. 분석 옵션들은 창의 왼쪽에 있는 메뉴에 배열되어 있으며, 각 메뉴 옵션은 맞춤화된 데이터를 제공한다. 그림 5.15는 Weather Tool로 가능한 그래픽

기후분석 유형의 한 사례다.

Weather Tool에서는 Climate Consultant에서처럼 열 쾌적성 모델의 조정이 불가능하지만, Weather Tool은 월별 열 중립성(thermal neutrality) 범위 모델을 사용한다. (열 중립성이란 한 특정 부지에 대한 월별 평균 외기온도를 기준으로 쾌적성에 요구되는 실내온도다.) 다양한 지역에서 프리 러닝(free-running)되는 건물들의 체감 쾌적성에 관한 연구들에 기초하는 열 중립성 모델은 패시브 전략의 효과성을 고려하기에 유용하다.

습공기선도 탭에 속한 옵션들은 여러 달(month) 및 계절에 걸친 시간별 기상데이터를 기준으로 패시브 전략들을 분석할 수 있게 해준다. Weather Tool에서 습공기선도 분석을 실시할 때는 사용자의 다음과 같은 추가적인 입력들이 필요로 한다.

- 차트의 기본 설정 값들을 조정할 수 있으며, (해발고도에 기준한) 기압의 기본값은 입지별로 변경이 가능하다.
- 패시브 설계분석을 활용하여, 언제나 기본값으로부터 일정에 맞게 적절한 운영시간을 설정할 수 있다.
- 슬라이딩 스케일(sliding scale)에서 거주자의 일반적인 활동수준을 조정할 수 있다.

Weather Tool의 습공기선도 기능은 습공기선도에 패시브 전략들의 효과범위를 표시하거나 각 패시브 전략에 대한 쾌적성 백분율을 막대차트로 만들어 해당 년의 월별 쾌적성에 대한 패시브 디자인 효과를 보여줄 수 있다. 또한 월별 평균조건들을 간단히 표시하는 방식으로 습공기선도를 작성하여 기후분류를 할 수도 있다(그림 5.16 참조).

### 5.2.5 기후평가(Climate Evaluation)

기상데이터의 연구는 패시브 전략들의 설계를 발전시키고 평가하는 데에 도움을 주며, 재생에너지 자원 및 시스템들에 대한 계획을 세우는데 도움을 줄 수 있다. 이 과정을 위해 수집하고 평가해야 할 일차적인 기상데이터 항목들이 있으며, 다음의 지침은 어떻게 넷 제로 에너지 프로젝트를 위한 전체적인 기후평가를 실시하고 패시브 디자인과 효율적 건물시스템, 재생에너지시스템을 위한 패시브 전략 권고사항들을 얻을 것인지를 항목별로 열거한다.

#### 기후데이터집합(Climate Data Sets)

**온도(Temperature)**

관련용어

- **건구온도**(Dry bulb temperature): 직달 일사나 습기에 노출되지 않은 채 표준 온도계로 측정한 기온
- **일일온도폭**(Diurnal temperature swing): 24시간동안의 온도폭(주기)
- **난방도일**(Heating degree-days: HDD): 일일평균온도가 난방이 필요치 않은 기준온도(예를 들어 18.3°C[65°F])보다 낮을 때 평균온도와 기준온도 간의 차이에 대한 척도. 연간난방도일은 일일난방도일의 총합이다.
- **냉방도일**(Cooling degree-days: CDD): 일일평균온도가 냉방이 필요치 않은 기준온도(예를 들어 10°C[50°F])보다 높을 때 평균온도와 기준온도 간의 차이에 대한 척도. 연간냉방도일은 일일냉방도일의 총합이다.

단계(Steps)

1. 그래프 상에 다음의 데이터를 수집하고 표시한다.

- 쾌적 온도범위
- 건구온도—월별 최고, 최저, 평균
- 건구온도—월별 일일평균들
- 일별 및 월별 건구온도의 시각
- 부지의 기후대에 대한 난방도일과 냉방도일

2. 분석을 실시한다.
   A. 대지 기후의 열적 조건들을 전반적으로 이해한다(그림 5.17 참조).
   B. 열 쾌적 범위와 연간 온도범위의 관계를 비교한다(그림 5.17 참조).
   C. 일일온도폭의 크기를 평가한다. 진폭의 심도가 깊을 경우, 특히 8.3°C(15°F)를 초과할 경우에는 축열체를 사용하는 것이 좋을 수 있다. 여름철 밤에 일일온도폭이 열 쾌적 범위 밑으로 내려가는 경우에는 축열체를 통한 야간배기(night purging)를 활용하는 것이 좋을 수 있다(그림 5.17 참조).

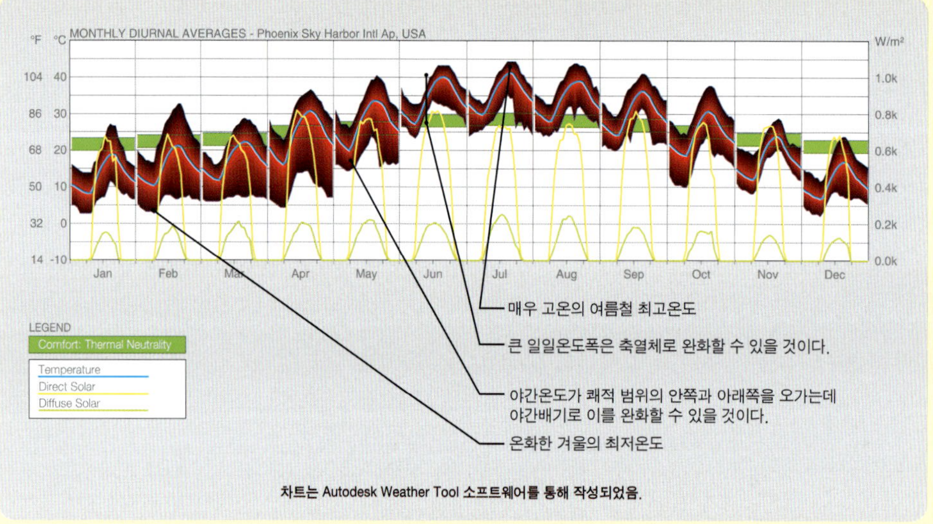


■ **그림 5.17** 기상데이터 집합—온도(월별 일일 평균온도).

### 습도(Humidity)

관련용어

- **상대습도**(Relative humidity): 주어진 온도에서 공기가 포집할 수 있는 수분의 최대량과 비교하여 공기 중 수분이 차지하는 백분율
- **습구온도**(Wet bulb temperature): 습구온도계(습구를 젖은 천으로 감싸 수분을 자유 증발시키는 온도계)로 측정한 온도. 습구온도는 증발이나 증발냉각의 효과를 통해 최저기온을 표시한다.
- **건습구온도차**(Wet bulb depression): 건구온도와 습구온도의 차이

### 단계(Steps)

1. 그래프 상에 다음의 데이터를 수집하고 표시한다.
   - 일일 및 월별 상대습도 수준의 시각

■ 일일 및 월별 건습구온도차의 시각
■ 일일 및 월별 습구온도의 시각

2. 분석을 실시한다.
 A. 부지 기후의 일반적인 상대습도 수준들을 전반적으로 이해한다.
 B. 습도와 온도의 관계를 평가하여 습도가 열 쾌적성 및 잠재적 에너지와 관련이 있는지의 여부를 판별한다.
 C. 건습구온도차를 평가하고 그래프로 표시한다. 냉방시즌동안 건습구온도차가 크다면 증발냉각을 활용하는 게 좋을 수 있다(그림 5.18 참조).

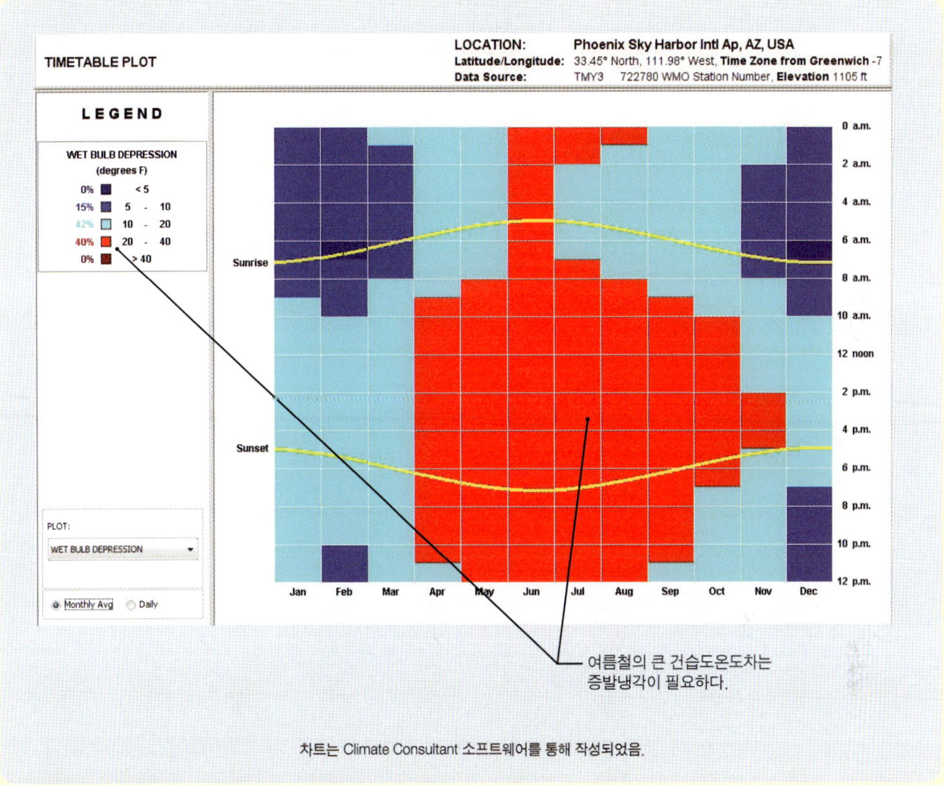


■ **그림 5.18** 기상데이터 집합—건습구온도차.

## 풍배도(Wind Rose)

관련용어

■ **풍배도**(Wind Rose): 특정 기간에 대해 풍속과 풍향, 풍빈도(wind frequency)과 같은 풍력 데이터의 특징을 기록하는 그래프. 풍배도는 바람이 불어오는 방향을 표시한다.

### 단계(Steps)

1. 그래프 상에 다음의 데이터를 수집하고 표시한다.
 ■ 풍속과 풍향, 풍빈도을 포함하는 계절별 풍배도(시각에 따른 차이가 있을 경우 함께 표시)

2. 분석을 실시한다.

A. 1년에 걸쳐 특징적으로 나타나는 풍향과 풍속을 전반적으로 이해한다.

B. (주 · 야간) 자연환기를 통한 패시브 냉방기간 동안의 풍향과 풍속을 평가한다(그림 5.19 참조).

C. 방풍이 필요한 시기(바람이 강할 때 그리고/혹은 온도가 낮을 때)의 풍향과 풍속을 평가한다.

D. 당해 전반에 걸쳐 부지나 건물에 통합된 풍력터빈으로 재생전력을 발생시킬 가능성이 있는 풍속을 평가한다. (재생에너지 발생량의 추정과 계획은 8장에서 논한다.)

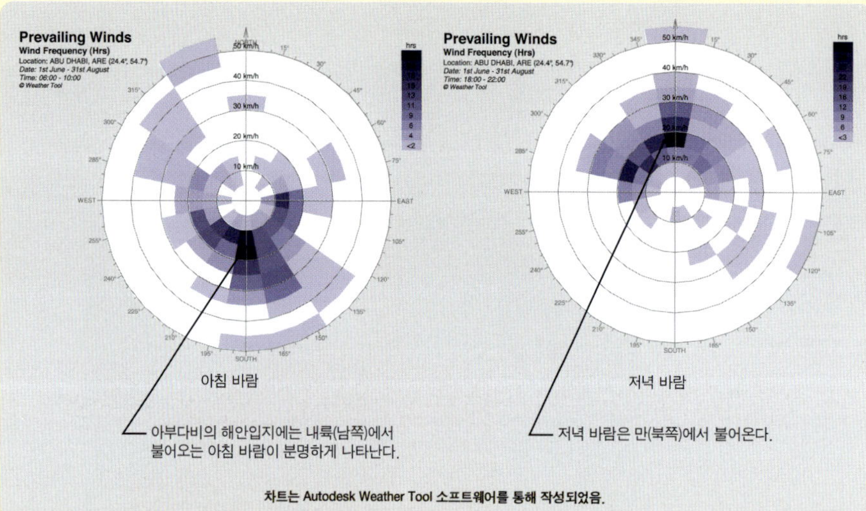


■ **그림 5.19** 기상데이터 집합—풍력.

## 지온(Ground Temperature)

### 용어설명(Terminology)

- **지온**(ground temperature): 특정 깊이의 토양온도

### 단계(Steps)

1. 그래프 상에 다음의 데이터를 수집하고 표시한다.
   - 1년에 걸쳐 다양한 깊이에서 측정한 월별평균지온

2. 분석을 실시한다.

A. 다양한 깊이에 대한 온도폭과 온도범위를 평가한다. 지온폭이 상대적으로 적어지는 깊이를 판별한다(그림 5.20 참조). 이 조건은 여름철과 겨울철에 더 큰 지온과 외기온도의 차이를 보인다.

B. 1년에 걸쳐 지온을 외기온도와 비교한다. 냉방시즌과 난방시즌 간의 온도차가 상당할 경우 지중매설관(earth tube)과 복토(earth sheltering), 지열원 히트펌프 등의 지반결합전략들을 활용하는 게 좋을 수 있다.

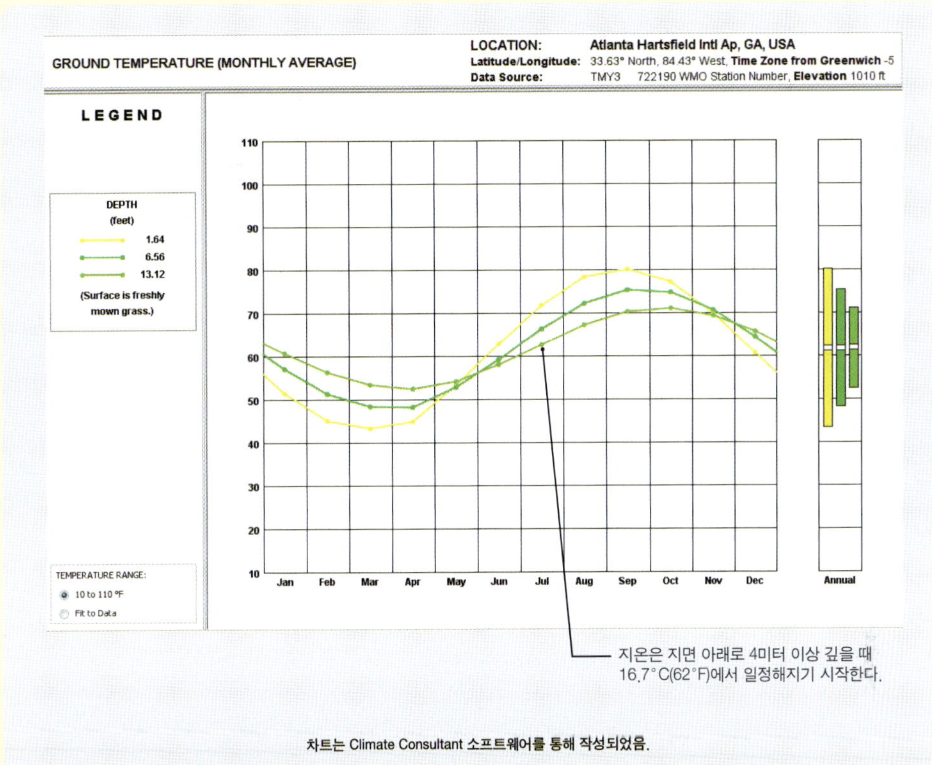


■ **그림 5.20** 기상데이터 집합—지온.

## 일사(Solar Radiation)

관련용어

- **법선면 직달일사량**(Direct normal solar radiation): 직사광선과 수직을 이루는 법면에서 측정한 직달일사량
- **수평면 전일사량**(Global horizontal solar radiation): 수평면에서 측정한 직달일사량과 산란일사량의 합
- **산란일사량**(Diffuse radiation): 직사광선의 복사가 반사되고 산란되어 나타나는 일사량
- **입사면 전일사량**(Global incident solar radiation): 경사면에서 측정한 직달일사량과 산란일사량의 합. 입사각(angle of incident)은 표면경사각과 태양광선의 법선이 이루는 각도다.
- **일사율**(Irradiance): W/m²나 Btu/h · ft²로 일사를 측정하는 단위면적당 일률(전력) 척도.
- **일사량**(Insolation): Wh/m²나 J/m², Btu/ft²로 일사를 측정하는 단위면적당 에너지 척도. 이 값들은 종종 일간이나 연간 단위로도 표현된다.

## 단계(Steps)

1. 그래프 상에 다음의 데이터를 수집하고 표시한다.
   - 월간 및 연간 시간당 평균 법선면 직달일사량
   - 월간 및 연간 시간당 평균 수평면 전일사량
   - 월간 및 연간 시간당 평균 산란일사량
   - 핵심적인 건물이나 태양광 기술상의 향에 대한 월간 및 연간 시간당 평균 입사면 전일사량

2. 분석을 실시한다.

A. 1년에 걸친 일사수준을 전반적으로 이해한다.

B. 1년에 걸친 수평면 전일사량과 법선면 직달일사량, 산란일사량을 비교하여, 산란일사와 직달일사의 상대적 기여도를 판별한다.

C. 1년에 걸쳐 수평면 전일사량을 외기온도와 비교하여, 냉방시즌의 일사부하를 측정하고 난방시즌의 일사량 값을 추정한다.

D. 주된 건물의 방위에 대해 월간 및 연간 입사면 전일사량을 평가하여, 일사취득 및 유리창 설계에 미치는 영향을 판별한다(그림 5.21 참조).

E. 태양광발전 및 태양열 등의 재생에너지 전략들을 위한 월간 및 연간 입사면 전일사량을 평가한다. (재생에너지 발생량의 추정과 계획은 8장에서 논한다.)

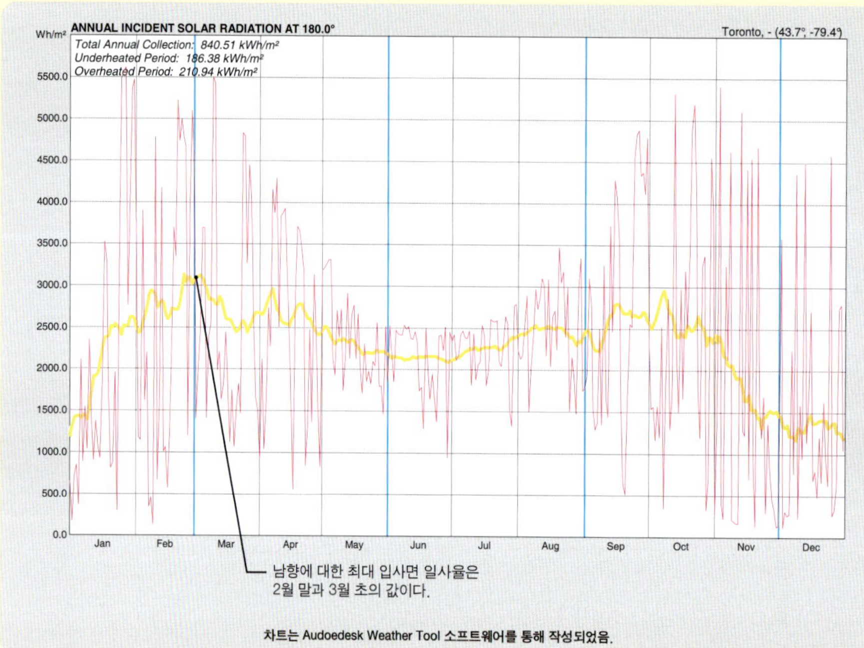


■ **그림 5.21** 기상데이터 집합—일사.

## 태양기하학(Solar Geometry)

관련용어

- **태양방위각**(Solar azimuth): 태양의 직사광선이 북쪽이나 남쪽 방향과 이루는 수평각도
- **태양고도**(Solar altitude): 태양의 직사광선이 수평선과 이루는 수직각도
- **설계차양일시**(Design solar shading dates): 모든 방향의 유리창 차양설계가 기준으로 하는 일자와 시각. 이 일시는 유리창의 모든 차양이 건물 내의 일사획득을 제한할 때 중요하게 고려되는 일 년 동안의 최초 및 최종 일시다. 설계일시 상에는 일일 최초시각과 최종시각을 포함한다.
- **차양차폐각도**(Solar shading cutoff angles): 건물의 유리창으로부터 그늘을 이루는 태양고도 및 태양방위각. 차양차폐각도들은 각 입면의 차양깊이와 그 형상에 대한 설계지침이 된다.

**단계**(Steps)

1. 그래프 상에 다음의 데이터를 수집하고 표시한다.
   - 당해에 매월 시간별로 측정되는 태양방위각(수평각도)과 태양고도(수직각도)를 나타내는 태양궤적도(sun path diagram)
   - 태양궤적도를 활용한 당해 전반의 (월별 및 시간별) 일사량 비교
   - 태양궤적도를 활용한 당해 전반의 (월별 및 시간별) 온도 비교

2. 분석을 실시한다.
   A. 당해 전반의 태양경로를 전반적으로 이해하고, 특히 계절별 차이와 극단범위들을 파악한다(그림 5.22 참조).
   B. 건물 내 열 취득의 제한에 유리창의 완전한 일사차폐가 중요하게 고려되는 최초 및 최종 일시를 기준으로 설계차양일시를 판별한다. 설계차양일시 중 일사차폐를 제공해야 하는 시간대를 정하라.
   C. 태양궤적도를 활용하여 설계차양일시 동안의 각 입면에 대한 차양차폐각도들을 판별한다.
   D. 차양차폐각도들을 활용하여 입면마다 각 유리창에 필요한 차양 형상을 결정한다. 설계차양일시는 일반적으로 차양 장치에 요구되는 깊이에 영향을 주는 반면, 차양일시의 최초 및 최종 시각은 수평 차양 장치의 길이나 수직 차양 장치의 종류에 크게 영향을 준다.
   E. Autodesk Ecotect와 같은 컴퓨터 시뮬레이션 소프트웨어의 활용은 효과적인 차양설계를 위한 건물 형상과 태양기하학을 해결하는 데 도움이 될 수 있다.

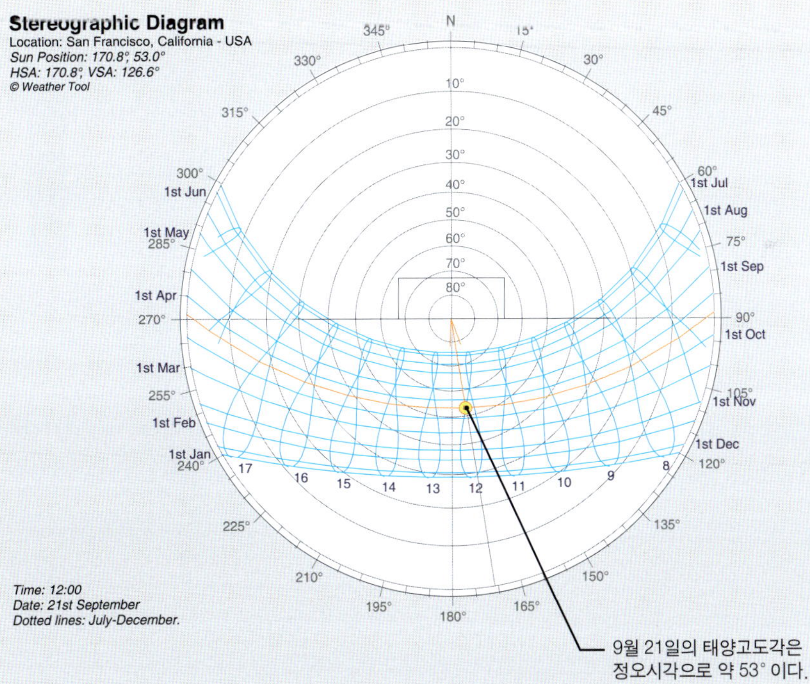


차트는 Autodesk Weather Tool 소프트웨어를 통해 작성되었음.

■ **그림 5.22** 기상데이터 집합—태양기하학.

## 운량(Sky Cover)

관련용어

- CIE: 국제조명위원회(International Commission on Illumination)
- **청천공**(Clear sky): 구름이 전혀 없는 하늘
- **담천공**(Overcast sky): 구름으로 완전히 덮인 하늘. 하늘의 조도는 천정(天頂, zenith, *천구의 정점)에서 가장 높고 수평선에서 가장 낮다.
- **중간천공**(Intermediate sky): 청천공에 대기의 안개가 더해진 상태
- **균일천공**(Uniform sky): 천구 전반에 걸쳐 균일한 조도로 정의되는 이론적인 천구 조건

## 단계(Steps)

1. 그래프 상에 다음의 데이터를 수집하고 표시한다.
   - 1년에 걸친 운량 백분율
2. 분석을 실시한다.

A. 1년에 걸친 운량 조건을 전반적으로 이해한다. 일별 혹은 계절별 특징이 발견되는지 주목할 것(그림 5.23 참조).

B. CIE에 의한 청천공, 담천공, 중간천공의 정의들을 기초로 자연채광 분석에서 사용할 천구 조건(들)을 판별한다.
주(Note): CIE의 담천공 정의는 최악의 자연채광 조건을 대표하며, 주광률 분석에 활용된다. 하지만 담천공 조건도 역시 청천공 기후에서는 적절치 않을 수 있으므로 매우 다양한 자연채광 전략들을 필요로 한다.

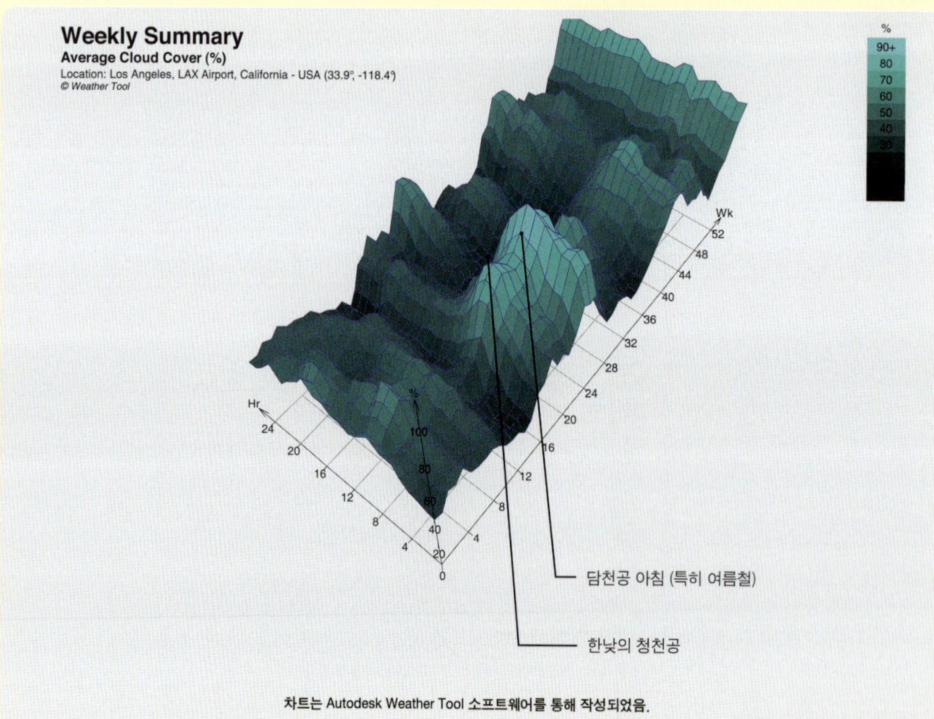


■ **그림 5.23** 기상데이터 집합—운량.

### 조도(Illumination)

관련용어

- **법선면 직사조도**(Direct normal illumination): 직사광선에 수직인 표면에서 측정한 실외직사조도. 단위는 촉광(footcandle)(제곱피트 당 루멘, $lm/ft^2$)이나 럭스(lux)(제곱미터 당 루멘, $lm/m^2$)를 사용한다.
- **수평면 전반조도**(Global horizontal illumination): 수평면에서 측정한 전반적인 실외 직사 및 산란광 조도. 단위는 촉광이나 럭스를 사용한다.
- **주광률**(Daylight factor): 건물 내의 어느 특정지점에서 해당 시각 및 천구조건의 실외 조도수준에 대한 실내조도의 백분율

### 단계(Steps)

1. 그래프 상에 다음의 데이터를 수집하고 표시한다.
   - 월간 및 연간 시간당 평균 법선면 직사조도
   - 월간 및 연간 시간당 평균 수평면 전반조도
2. 분석을 실시한다.
   A. 일년에 걸친 실외조도 수준들을 전반적으로 이해하고, 계절별 차이에 주목할 것(그림 5.24 참조).
   B. 일년에 걸쳐 수평면 전반조도 수준들을 법선면 직사조도와 비교하여, 산란조도와 직사조도의 상대적 기여도를 확인한다.

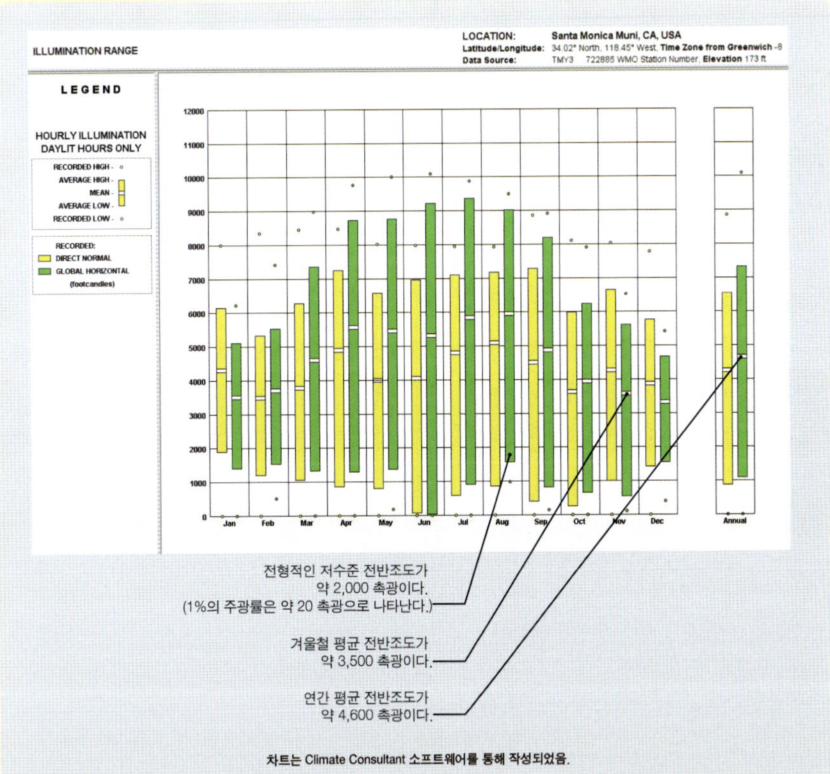


■ **그림 5.24** 기상데이터 집합—조도.

C. 운량 조건과 실외조도 수준들을 상관지어 최악과 최선, 전형적 사례의 설계천공조건들을 이해하고 천공조건이 계절에 따라 어떻게 변하는지를 이해한다.

D. 원하는 실내조도 수준이나 요건들을 최악의 담천공 실외조도 수준으로 나누어 설계주광률을 추정한다. (6장은 주광률과 자연채광에 관한 지침을 제공한다.)

E. 월별 혹은 계절별 주광시간을 평가하여 자연채광 적용수준을 판별한다.

## 습공기선도(Psychrometric Chart)

관련용어

- **습공기선도**(Psychrometry): 습한 공기의 열역학적 특징들에 대한 연구

### 단계(Steps)

1. 그래프 상에 다음의 데이터를 수집하고 표시한다.
   - 습공기선도는 프로젝트의 날씨데이터에 기초한 기후에 대해 연간 시간당 열역학적 공기 속성들을 표시하며, 프로젝트의 열 쾌적성 기준에 기초한 열 쾌적 조건들도 표시해야 한다.
   - 패시브 설계전략들에 기초한 열 쾌적 범위의 확장. 예를 들면 다음과 같다.
     - 창문의 차양

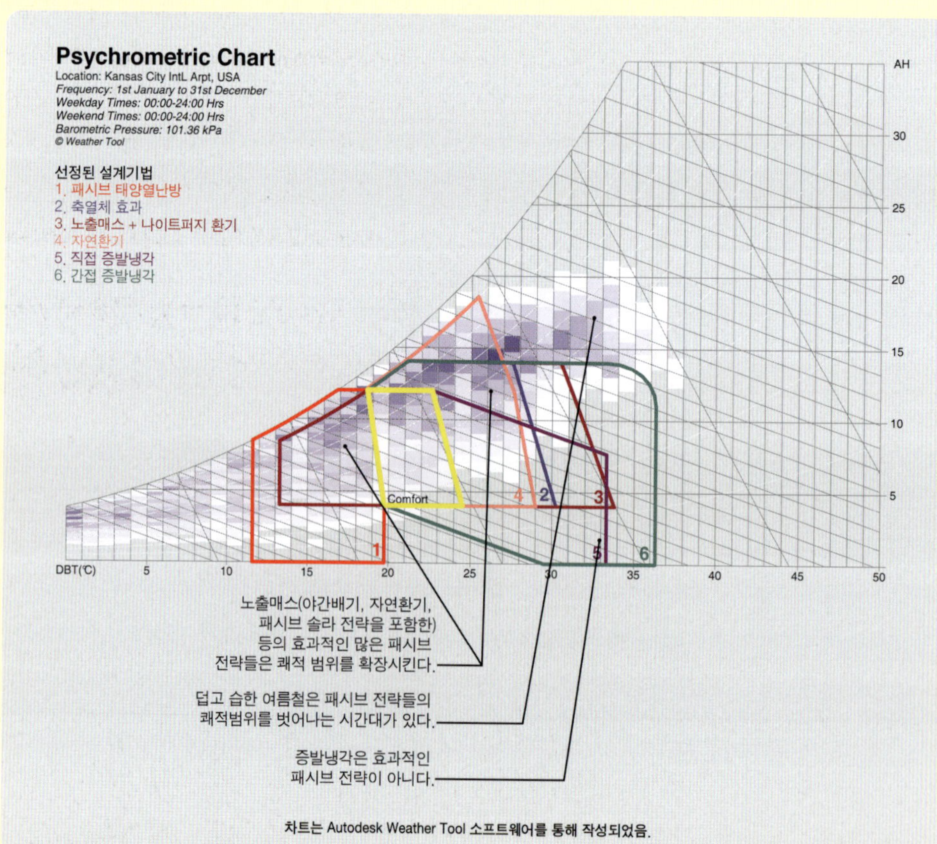


■ **그림 5.25** 기상데이터 집합—습공기선도.

- 고성능 축열체
- 야간배기를 겸한 고성능 축열체
- 직접 증발냉각
- 간접 증발냉각
- 자연환기
- 실내 열 획득
- 패시브 직달 일사 획득
- 방풍림
- 계절별 변화를 제외한 공기의 열역학적 속성들의 계절별 그리고/혹은 월별 평균들

2. 분석을 실시한다.
   A. 해당기후의 공기조건들에 대한 1년간의 시간별 표시를 기준으로 해당 프로젝트의 기후를 전반적으로 이해한다.
   B. 월별 혹은 계절별 평균들을 시간별로 표시하여 공기조건들의 계절별 변화를 시각화한다.
   C. 패시브 설계전략들을 적용한 다음 열 쾌적 범위 내의 잠재적 증가를 측정하여 어떤 패시브 설계전략들이 해당 프로젝트에 가장 적절한지를 판별한다(그림 5.25 참조).

#### 5.2.5.1 계절별 사고(Thinking in Seasons)

계절별로 기상데이터를 작성하면 데이터의 구조화와 분석, 소통에 유용한 방법이 될 수 있다. 계절별 작성은 기초적인 난방이나 냉방, (난방과 냉방 사이의 전이기간인) 봄 · 가을 시즌(shoulder season)을 구분하여, 월별 데이터를 의미 있는 시간단위들로 구체화할 수 있으며, 이 방법은 넷 제로 에너지 프로젝트의 설계에 대한 사고과정을 계절의 관점에서 시작할 수 있다. 계절별 구분은 기후에 대한 대응전략을 개발하는데 도움이 될 수 있는 주목할 만한 계절별 특징들을 파악할 수도 있게 하며, 패시브 설계전략과 재생에너지시스템의 합리적인 통합 계획을 시작할 수 있다. 그림 5.26을 참조할 것.

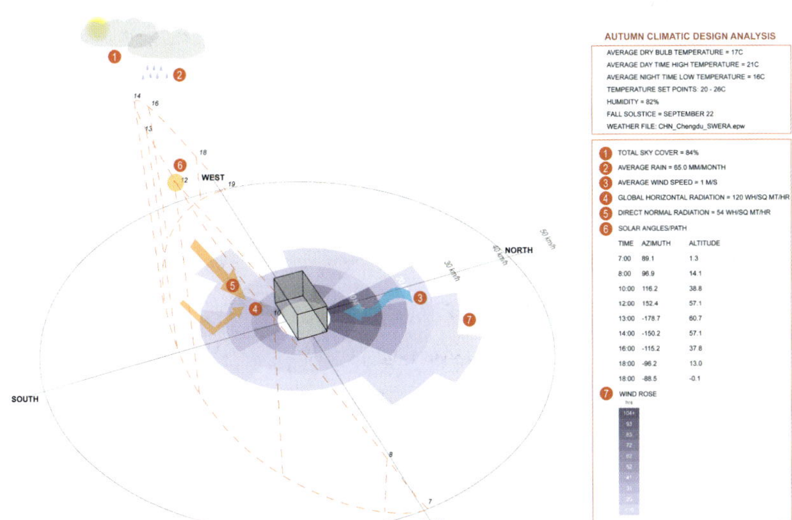


■ **그림 5.26** 중국 청두의 가을철에 대한 계절 요약도 *〈이미지 제공: RNL〉*

## 5.3 부지평가(SITE ASSESSMENT)

넷 제로 에너지 프로젝트를 위한 부지평가는 기후분석단계에서 수집한 정보를 기초로 이루어지며,종종 기후 인자들은 부지의 특수성을 고려하여 보다 상세히 분석할 필요가 있다. 사실 건물의 부지는 고유의 미기후를 가질 수도 있고, 그에 맞게 설계될 수도 있다. 또한 부지는 그 위에서 일어나는 에너지의 사용과 흐름에 관계되기 때문에, 부지를 평가하여 제약과 기회를 모두 발견할 필요가 있으며, 그 목적은 설계에 통합할 수 있는 자유에너지의 유형과 흐름을 평가하는 것이다. 부지평가는 대지 내에 건물을 어떻게 앉힐 수 있을지에 대한 이해로 이어진다. 부지평가를 위해 개발한 인자들 속에서 방향과 매스계획의 이슈들을 분석해야 한다.

건물 프로그램의 총괄적인 조직과 개발은 기후반응적 건물을 계획할 때 기후 및 부지 자료를 활용할 수 있는 더 많은 기회를 제공하며, 넷 제로 에너지 건축설계를 발전시키기 위해서는 부지와 건물의 계획과정에 기상데이터와 재생에너지 데이터를 적용하는 것이 필수적이다.

### 5.3.1 기회와 제약(Opportunities and Constraints)

모든 프로젝트 부지에는 자체적인 일단의 기회와 제약들이 있다. 분석해야 할 기회 및 제약 유형들은 프로젝트 목표에 따라 다르다. 그 유형들은 경제적 이슈와 부동산, 토지이용의 이슈부터 다양한 지속가능설계인자들, 예를 들어 탄소나 에너지, 물, 재료, 폐기물, 서식지 등의 인자들까지 아우른다. 이 모든 것이 성공적인 넷 제로 에너지 빌딩에 필수적이지만, 넷 제로 에너지 건축의 개발에 핵심이 되는 것은 에너지의 분석이다. 따라서 본 섹션은 이에 초점을 맞추도록 한다.

#### 5.3.1.1. 목록(Inventory)

에너지설계에 영향을 줄 수 있는 부지 특성들의 목록에서부터 부지 에너지 분석을 시작하라. 이 목록화 과정은 배치도와 컴퓨터 대지모델, 사진, 다이어그램, 데이터 목록의 개발을 포함한다. 에너지관련 목록은 보통 전체적인 부지평가인 부지의 목록화 과정과 결합되거나 그 일부로서 이루어진다.

**에너지 및 기후 설계를 위한 부지 목록**
(Site Inventory for Energy and Climate Design)

- 부지경계선(Site boundary/property line)
- 지형(Topography)
- 조경/지리/주변단지(Landscaping/geography/surrounding development)
- 인접건물(Adjacent buildings)
- 전형적인 에너지 자원/설비(Conventional energy sources/utilities)
- 기후데이터 집합/평가(Climate data sets/evaluation)

부지경계선을 파악하는 것이 중요한데, 그것이 작업한계를 본질적으로 구획하는 요인이기 때문이다. 하지만 부지경계선 이상으로 부지의 목록화와 분석을 하는 것 역시 중요하다. 에너지와 기후의 관점에서, 주변의 많은 특징들이 부지에 영향을 준다.

한 부지의 지형은 기본적인 특징이지만, 그 수평선상의 지형 또한 부지의 일조에 중요하다. 주변의 조경과 지형은 부지의 미기후에 영향을 줄 수 있다. 주변단지의 두드러진 특징과 특성들, 예를 들어 물줄기나 대규모의 조경영역 등도 기록해야 한다. 인근의 공원이나 조경영역에서 부지로 불어오는 미풍이 냉각혜택을 줄 수도 있지만, 인근의 대형 아스팔트 주차장이나 주요도로는 부담요인이 될 수 있다. 주변건물들은 일조권에 직접적으로 영향을 줄뿐만 아니라, 부지를 관통하는 고유의 바람 패턴을 만들기도 한다.

부지목록의 관점에서, 지역설비를 통한 전형적인 에너지 자원들의 적용가능성도 판별해야 한다. 또한 중앙의 플랜트나 지역공급 에너지시스템을 통한 에너지 자원 이용이 가능한지, 사용할 수 있는 다른 자원이 있는지의 여부도 확인하고, 일반적인 에너지 자원을 부지에 끌어들이는 비용을 추정해야 한다. 넷 제로 에너지 빌딩은 계통에서 독립될 필요가 없으며, 부지내에서 발생하는 재생에너지의 역동적인 적용가능성에 균형을 맞추는 방법으로서 일반적인 에너지를 사용할 수 있다. 요금상계가 가능한 계통전력의 이용은 넷 제로 에너지 빌딩을 위한 효과적인 전략이다.

### 5.3.1.2 부지분석(Site Analysis)

배치도와 부지목록, 기후데이터를 활용하여 부지를 분석할 수 있고, 에너지 흐름과 관련한 기회와 제약요인들을 평가할 수 있다. 이 과정을 통해 프로젝트에 특수한 기후분석이 이루어지고 부지 및 건물 수준에서 기후인자들의 평가가 이루어진다. 또한 이 과정은 패시브 에너지 및 재생에너지 전략들도 발전시킨다. 패시브 디자인 및 재생에너지의 관점에서, 일사와 풍력이 제공하는 기회와 제약에 대한 부지분석은 다수의 일차적 설계인자들을 정의한다.

부지분석은 다른 재생에너지 전략들의 평가도 포함하는데, 이에 대해서는 8장에서 논의하기로 한다. 한 프로젝트가 초소수력이나 소수력 발전(micro or small hydropower)에 적절한 수로를 이용할 수 있거나 지열 혹은 바이오매스 자원들이 있는 지역에 있다면, 이런 기회들을 연구하고 발전시켜야 한다.

#### 부지의 기회 및 제약 분석(Site Opportunities and Constraints Analysis)

#### 일사와 주광(Solar and Daylight)

##### 다이어그램과 모델(Diagram and Model)

- 배치도상에 계절별 태양궤적를 표시하라.
- 평사도법(stereography)으로 그려진 태양궤적도상에 부지의 지평선을 구성하는 지형과 건물, 기타 장애물들을 표시하라. 원형의 어안렌즈로 찍은 부지의 하늘 사진을 태양궤적도상에 중첩하는 방법은 지평선상의 장애물들을 표시하는 효과적인 방법이다. 부지 지평선의 다양한 지점들에서 지평선과 이루는 (수평)방위각과 (수직)고도를 측정하여 지평선상에 직접 표시할 수도 있다.
- 인접건물이나 두드러진 특징들로부터 연간 음영 분석을 실시하라.
- 동지(연중 태양고도가 가장 낮은 날로 보통 12월 21일이나 22일)날 오전 9시부터 오후 3시까지의 부지내 일조를 표시하라.
- 부지의 지표면, 그리고 잠정적 위치의 간단한 건물 형태 및 화이트박스 모델 상에 계절별 일사량을 표시하라.
- 부지의 지표면, 그리고 잠정적 위치의 간단한 건물 형태 및 화이트박스 모델 상에 계절별 표면온도를 표시하라. 이에 해당하는 계절별 기온들에 주목할 것.
- 일사제어와 주광을 위한 최적의 향을 부지상에 표시하고 부지의 특수한 향 관련 이슈들을 파악하라.

#### 기회와 제약의 평가(Opportunities and Constraints Assessment)

##### 자연채광(Daylighting)

- 부지의 수평선이 일중 혹은 연중의 일정 시간동안 일조권을 제한하는가? 이 때문에 계절마다, 연마다 가용 일조시간이 변화하는가? 부지의 계절별 일조시간들은 얼마인가?
- 계절별 평균조건과 연간 평균조건, 최악의 주광설계시나리오를 나타내는 천공조건과 실외 수평면 전반조도는 어떻게 되는가?

- 부지내에서 혹은 인접 건물과 기타 부지의 특징들로 인해 그늘지는 부분은 부지의 어느 영역들인가? 그런 음영들이 나타나는 건 연중 어느 시기인가?

### 일사제어 및 패시브 솔라(Solar Control and Passive Solar)

- 난방이 과도할 가능성이 높은 때는 연중 어느 시기들이며, 차양은 언제 활용해야 하는가? 이런 시기에 기존의 차양은 혜택을 제공하는가?
- 난방이 필요하고 패시브 솔라 전략이 도움이 될 수 있는 때는 연중 어느 시기들인가?
- 난방이 필요한 시기에 부지의 어느 영역들이 일조권을 갖는가?

### 태양 재생에너지(Solar Renewable Energy)

- 동짓날 오전 9시부터 오후 3시까지 부지의 얼마나 많은 부분이 일조권을 갖는가?(이는 태양열패널과 태양광전지판의 위치를 결정하는 지침이 된다.)
- 부지의 연간 제곱피트 당 일사량과 태양에너지의 활용타당성을 판별하라.

## 풍력(Wind)

### 다이어그램과 모델(Diagram and Model)

- 배치도상에 풍배도 데이터를 표시하라. 계절별 풍배도를, 심지어 중요한 바람 패턴이 나타난다면 주간 및 야간 풍배도까지 포함하라.
- 좋은 풍향과 풍빈도, 풍속을 판별하라. 좋은 바람은 따뜻하거나 더운 시기에 건물의 자연환기에 활용되거나 실외 공간에서의 보행을 쾌적하게 할 수 있다.
- 시원하거나 추운 기간 중 불쾌한 바람으로 정의되는 나쁜 풍향과 풍빈도, 풍속을 판별하라.
- 잠재적인 풍력변화요인들(도시나 자연의 지형과 특징들)을 다이어그램으로 표시하라.
- 자연환기에 최적인 풍력활용방향 혹은 그 범위를 표시하라.
- 난방기간 동안 바람을 막아야 할 향들을 표시하라.

## 기회와 제약의 평가(Opportunities and Constraints Assessment)

### 자연환기(Natural Ventilation)

- 자연환기를 통한 냉방이 프로젝트(건물 및 부지)에 도움을 줄 때는 연중 어느 시기들인가?
- 여름철에 야간배기가 유익한 전략이 될 폭넓은 일일온도폭이 나타나는가? 야간배기는 낮에도 효과적인 자연환기를 하기 때문에 주간온도가 지나치게 높은 여름철의 가장 더운날 에도 유용한 전략이다.
- 냉방기간(주간 그리고/혹은 야간) 동안의 풍향과 풍빈도, 풍속이 어떠한가?

### 방풍(Wind Protection)

- 프로젝트에 방풍계획이 필요한 때는 연중 어느 시기들인가? 시원하거나 차가운 온도, 고속의 바람이나 광풍처럼 일 년 내내 인체의 쾌적성에 부담이 될 바람들을 파악하라.
- 난방기간 동안의 풍향과 풍빈도, 풍속이 어떠한가?

## 풍력 재생에너지(Wind Renewable Energy)

- 연간 평균 풍속은 얼마인가? 일 년 동안 걸쳐 풍속에는 얼마나 큰 변화가 나타나는가?
- 인접 건물이나 부지의 특징들이 부지영역 내에 난류를 일으킬 가능성이 있는가?

## 일반사항(General)

- 인접 지형이나 물줄기가 부지에 부는 바람의 움직임이나 온도에 영향을 주는가?
- 인접 단지가 부지에 부는 바람의 움직임이나 온도에 영향을 주는가?

그림 5.27부터 5.29까지는 3가지의 프로젝트 부지 및 날씨 분석들을 보여주는데, 먼저 배치도상에 핵심적인 기상 데이터를 도식화한 다음 일사효과와 풍력효과를 각각 정량화한 분석들이다.

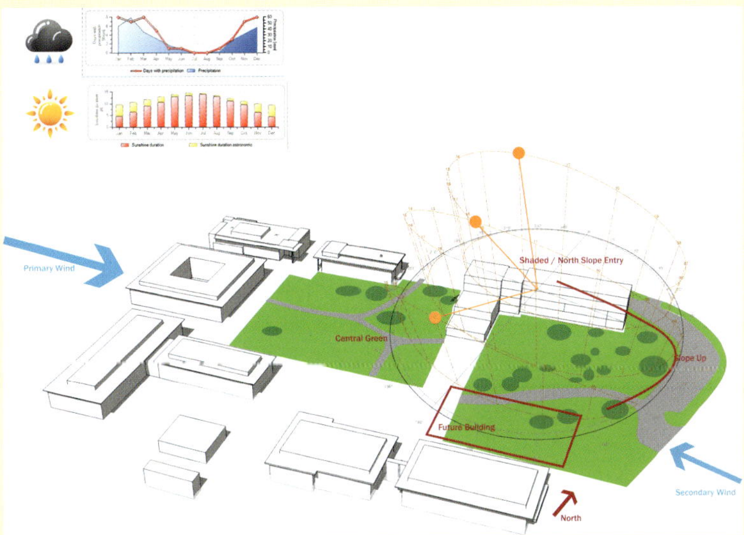


■ **그림 5.27** 사례 프로젝트 부지 기후 다이어그램. *〈이미지 제공: RNL〉*

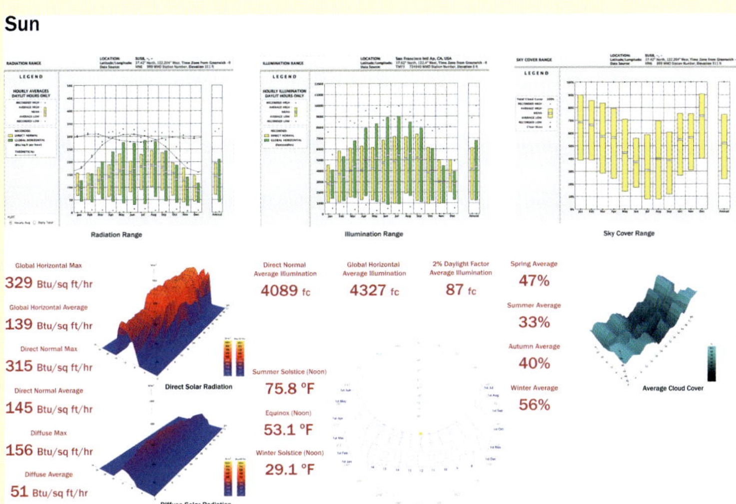


■ **그림 5.28** 사례 프로젝트 부지 일사 및 주광 분석. *〈이미지제공: RNL〉*

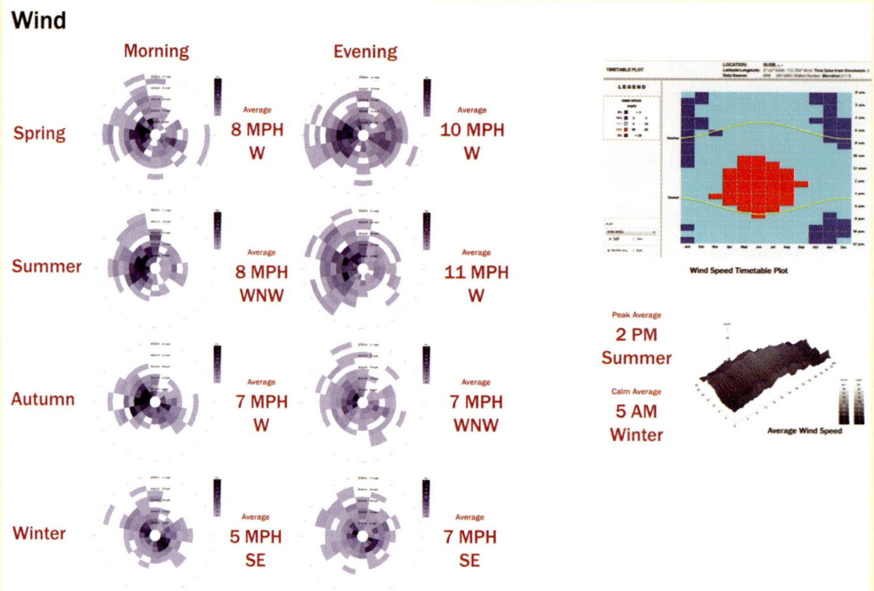


■ 그림 5.29 사례 프로젝트 부지 풍력 분석. *〈이미지제공: RNL〉*

### 5.3.2 미기후(Microclimate)

기상데이터 파일에서 도출된 기후데이터는 한 부지에 대한 일반적인 평가 또는 기준 기상조건에 대한 중요하고도 유용한 평가를 가능하게 한다. 하지만 실제 기후조건들은 특정 장소의 특성들에 따라 다양함을 명심하라. 미기후는 특정 장소의 특징들에 기초하여 지역화된 기후인자들을 기술하는 데 사용되는 용어이다. 부지의 분석은 미기후에 영향을 줄 수 있는 많은 특징들, 예를 들면 일조와 바람 패턴, 온도에 영향을 주는 자연적이거나 인공적인 특징 등을 나타낸다. 부지분석의 한 가지 목적은 부지의 기존 미기후들을 정의하는 것이며, 또 다른 목적은 프로젝트 내에서 개발하고 설계과정에서 탐구할 수 있는 잠재적인 미기후 설계전략들을 파악하는 것이다.

최적화되거나 조율된 미기후의 개발은 조경요소와 건물요소의 설계 및 형상화에 적합한 일사와 풍력의 제어를 포함한다. 부지의 미기후에 대한 한 가지 간단하고 효과적인 사례는 도시열섬효과를 줄이는 전략들을 시행하는 경우이다. 도시지역과 고도개발지역은 종종 아스팔트도로와 아스팔트주차장, 검정색 지붕처럼 일사를 흡수하는 수많은 표면들로 특징되어되곤 하며, 이런 일사흡수영역들은 도시지역의 기온을 높이기 때문에 부지분석 시에 고려를 해야 한다. 고반사율 포장과 조경, 녹음수, 녹화지붕, 냉지붕(cool roof)의 통합은 도시열섬효과를 일으키는 일사흡수와 온도증가를 막아준다.

한 부지의 미기후 설계는 건축과 조경건축, 도시설계의 효과적인 통합을 포함한다. 그것은 자유에너지를 위한 기회들을 만들어내고, 부지와 건물의 패시브 열 쾌적성을 크게 향상시킬 수 있다. 또한 건물의 열 부하를 감소시켜 에너지 사용량도 줄일 수 있다. 부지의 미기후 설계는 부지와 건물에 대한 계절별 기후 분석과 그 프로그램에 기반해야 한다. 미기후는 개방된 부지부터 밀폐된 중정, 심지어는 건물외피에 이르기까지 수많은 구성과 다양한 규모로 만들어질 수 있다. 미기후 설계를 할 때는 부지를, 고유의 전략들을 갖는 미기후 지대들로 나누어 부지 전반의 혜택을 최적화하는 것이 유용할 수 있다.

### 5.3.2.1 냉각 미기후(Cooling Microclimates)

날씨가 따뜻하거나 더운 기간에는 냉각 미기후를 만드는 것이 부지와 건물에 이로울 수 있다. 일사차폐와 일사반사, 시원한 미풍, 수(水) 공간, 식물의 증발산에 대한 계획은 모두 냉각 미기후에 기여할 수 있으며, 냉각 미기후는 여름철 보행이 많은 중정과 광장 등에 계획할 수 있다(그림 5.30 참조). 이런 실외영역들은 건물을 냉각하며 열 부하를 줄여주고 건물 내부에 미풍을 불어넣는 데에 활용될 수 있다. 냉각 미기후를 개발하기 위한 수많은 기법들이 있으며, 종종 그 대안들을 제약하는 것은 해법에 적용되는 창의성의 정도뿐이다.

그늘을 제공하는 것도 하나의 기본적인 전략이다. 온도가 너무 따뜻할 때 그늘이 있을 경우 온도를 낮추고 열 쾌적성을 높일 수 있다는 점은 손쉽게 경험할 수 있는 분명한 사실이다. 냉각 미기후의 한 전략으로서 그늘은 그것을 제공하는 건물 형태를 통해, 그리고 외부공간에 그늘 요소들을 부가하는 계획을 통해 적용될 수 있으며, 전략적으로 배치한 나무들과 같은 그늘 구조물 들이 이런 목적에 부합할 수 있다. 하지만 여기서 한 가지 명심해야 할 점은, 그늘이 자연채광 전략을 방해하지 않고 모든 태양전지판에 일조를 유지해야 한다는 점이다.

건물과 인공요소의 외부 표면들이 흡수하는 일사량을 줄이면 주변온도도 낮아진다. 일사반사율이 높은 표면들을 사용하는 것은 일사흡수를 최소화하는 통상적인 방법이다. LEED 등급체계에는 지붕영역과 인공요소영역 모두에 유용한 일사반사관련 지침들이 있다.

미풍을 끌어들이면 외부영역의 보행 쾌적성에 극적인 효과를 주고, 보다 시원한 미기후를 만들어 낼 수 있으며, 건물의 형태계획과 방위를 활용하여 원하는 영역에 느린 바람을 제공할 수도 있다. 바람은 매우 복잡한 거동을 함에도 불구하고 과학으로 이해할 수 있는 요소이다. 대략적인 조건들에 대한 경험적인 규칙들을 작용할 수 있고, 풍력 전문가들의 상세한 분석을 통해 상세한 설계 전략들을 개발하고 보행 쾌적성이 기대되는 결과들을 도출 해 낼

■ **그림 5.30** 중정 내의 미기후 조성은 중동과 같은 더운 기후에서 실외와 실내의 쾌적성을 향상시킬 수 있다. *〈이미지 제공: RNL〉*

수 있다. 쾌적한 미풍을 활용한 실외 미기후로 인접 건물에 자연환기를 제공할 수도 있을 것이다.

수목은 그늘보다 더 많은 것을 제공한다. 수목과 기타 식생은 적극적인 증발산작용을 통해 공기 중으로 습기를 배출하여 냉각효과를 일으키는데, 특히 건조한 기후일수록 증발은 효과적인 냉방수단이 된다(그림 5.31 참조). 조경설계는 성공적인 미기후 설계에 가장 중요한 요소들 중 하나인데, 식생이 일사반사와 그늘, 증발산작용에 영향을 주기 때문이다. 조경설계는 자연적 또는 인공적인 수 공간들을 포함할 수도 있다. 물은 수많은 방식으로 냉각 미기후를 만드는 데 활용할 수 있으며, 부지 내 수 공간을 계획할 때는 언제나 지역 수자원과 물 보존을 고려해야 한다.

외피를 설계할 때는 건물외피 바로 옆에 특수화된 미기후를 만들어낼 수 있는 이차적 장치들을 포함시킬 수 있다. 이러한 전략들은 좋은 패시브 건물 설계전략들이며, 이러한 장치들이 건물에 바로 인접한 기후를 바꾸는 데 효과적일 수 있음을 이해하는 것이 중요하므로, 그 전략들을 여기에 요약하고자 한다.

건물에 바로 인접한 미기후를 만든다는 생각은 냉방이나 난방의 문제에 대해 창의적인 해법을 만 제시할 수 있다. 부지 규모에서 성공적인 냉각 미기후를 만드는 데 적용할 수 있는 기법들을 건물에도 활용할 수 있다. 외부차양 구조들은 창문영역에서만 일사차폐를 하는 게 아니며, 보다 대규모의 실외 차양 구조들은 건물 외부표면 전체에 그늘을 제공하여 표면온도를 낮추고 외피의 일사부하와 전도부하 모두를 낮출 수 있다. 이런 유형의 초고성능차양 전략은 연중 내내 냉각이 필요한 더운 기후에 보다 적절하다. 반사율 및 일사반사율이 높은 표면들도 긍정적인 냉각효과를 가져오고 전도냉각부하를 낮출 수 있다. 식생과 수 공간을 활용하여 외벽과 지붕표면에 미기후를 만들어낼 수도 있으며, 지붕녹화(green roofs)와 지붕연못(roof ponds)들은 식생과 수공간을 활용한 일반적인 사례들 중에 하나이다. 싱가포르의 BCA 아카데미는 기존 건물

■ **그림 5.31** 뉴욕에 소재한 뉴욕 타임즈 건물의 조경화된 중정. 렌조 피아노 빌딩 워크샵 설계.

을 넷 제로 에너지 빌딩으로 리모델링했는데, 이 새로워진 건물에 적용된 에너지절감 전략들 가운데 하나가 벽면녹화와 건물일체형 태양광발전시스템(BIPV)이 장착된 차양루버들을 건물입면에 설치하여 냉각 미기후를 조성하는 전략이었다(그림 5.32 참조).

#### 5.3.2.2 온난 미기후(Warming Microclimates)

날씨가 시원하거나 추운 기간에는 온난 미기후를 만드는 것이 부지와 건물에 효과적일 수 있다. 일조와 일사흡수, 방풍의 제공은 모두 온난 미기후에 기여한다. 대부분의 겨울철 온난화 전략들은 여름철의 냉각화 전략과 조화를 이루지 않기 때문에, 미기후와 외부 공간의 일차적 설계를 고려할 때 주의가 필요하다. 물론 예외는 있다. 낙엽수는 여름철에 그늘을 제공하고 겨울철에는 따뜻한 일조를 제공하며 미기후를 만드는 훌륭한 전략이지만, 자연채광을 위한 창문들에는 연중 그늘이 지지 않도록 주의를 기울여야 한다. 겨울철 바람은 여름철 바람과 다른 방향에서 불어온다. 이러한 경우에는 그 매스계획과 건물의 향이 여름철 미풍은 받아들이되 겨울철 바람은 차단하도록 설계되어져야 한다. 이에 대한 효과적 방안으로 방풍림을 들 수 있으며, 방풍림은 보행자에게 쾌적함을 줄 뿐만 아니라, 기압이 변할 때 건물외피의 틈새를 통해 일어나는 침기를 통한 열손실도 최소화해준다.

■ **그림 5.32** 싱가포르 BCA 아카데미의 입면에 설치된 벽면녹화와 건물일체형 태양광발전시스템 차양루버를 근접 촬영한 사진. 〈사진: *Patrick M. McKelvey*〉

## 5.4 건물의 형태계획과 형상 (Building Massing and Geometry)

한 프로젝트에 적용가능한 패시브 전략들은 기후분석을 통해 윤곽이 잡힌다. 부지분석과 설계는 그 기후를 최대한 활용하는 데 도움을 줄 수 있다. 그 다음 단계는 건물의 형태계획과 형상을 발전시켜 패시브 전략들을 최적화하는 일이다. 패시브 전략이 다양할수록 건물의 형태계획과 형상이 다양하게 변화될 수 있다.

### 5.4.1 방위(Orientation)

건물의 방위는 대부분의 넷 제로 에너지 빌딩에서 가장 중요한 결정사항 중 하나인데, 패시브 전략과 재생에너지는 기후를 어떻게 활용하고 제어하느냐에 좌우되기 때문이다. 건물의 방위는 시야와 부지경계선, 조닝규제, 접근성, 지형, 건축적 · 도시적 맥락, 부지의 기존 특성, 기존 건물과의 조화 등 다른 도시설계 및 부지 인자들에도 크게 영향을 받는다. 경제성을 고려해 볼 때, 넷 제로 에너지 프로젝트의 건물 방위 문제를 해결하는 일은 극히 어려울 수 있으나, 반드시 풀어야 하는 과제이다.

#### 5.4.1.1 일사(Solar)

기후적인 관점에서, 건물의 방위는 일사와 풍력에 모두 영향을 받는다. 바람은 가변적이되 그 변화의 트렌드를 예측할 수 있는 반면, 태양은 그 경로를 확실히 알 수 있기 때문에, 일사에 적합한 설계를 추정하여 찾아내기 용이하다. 일사방향은 우선적으로 고려해야 할 사안인데, 태양광발전 혹은 태양열 시스템을 위한 자연광과 일사제어, 일조권 모두가 에너지부하를 낮추고 넷 제로 에너지 프로젝트에 매우 중요한 패시브 및 재생에너지 전략들을 최적화시킬 수 있는 주요 전략들이기 때문이다.

북반구에서는 남쪽하늘의 태양이 계절에 따라 동에서 서로 광범위한 경로를 그리며 움직인다(그림 5.33 참조). 태양고도각은 여름철에 가장 높고 겨울철에 가장 낮으며, 수평면과 수직면에 도달하는 일사량에 직접 영향을 준다(그림 5.34 참조). 낮은 태양각도는 수직면에 일사를 집중시키지만, 높은 태양각도는 수평면에 일사를 집중시킨다.

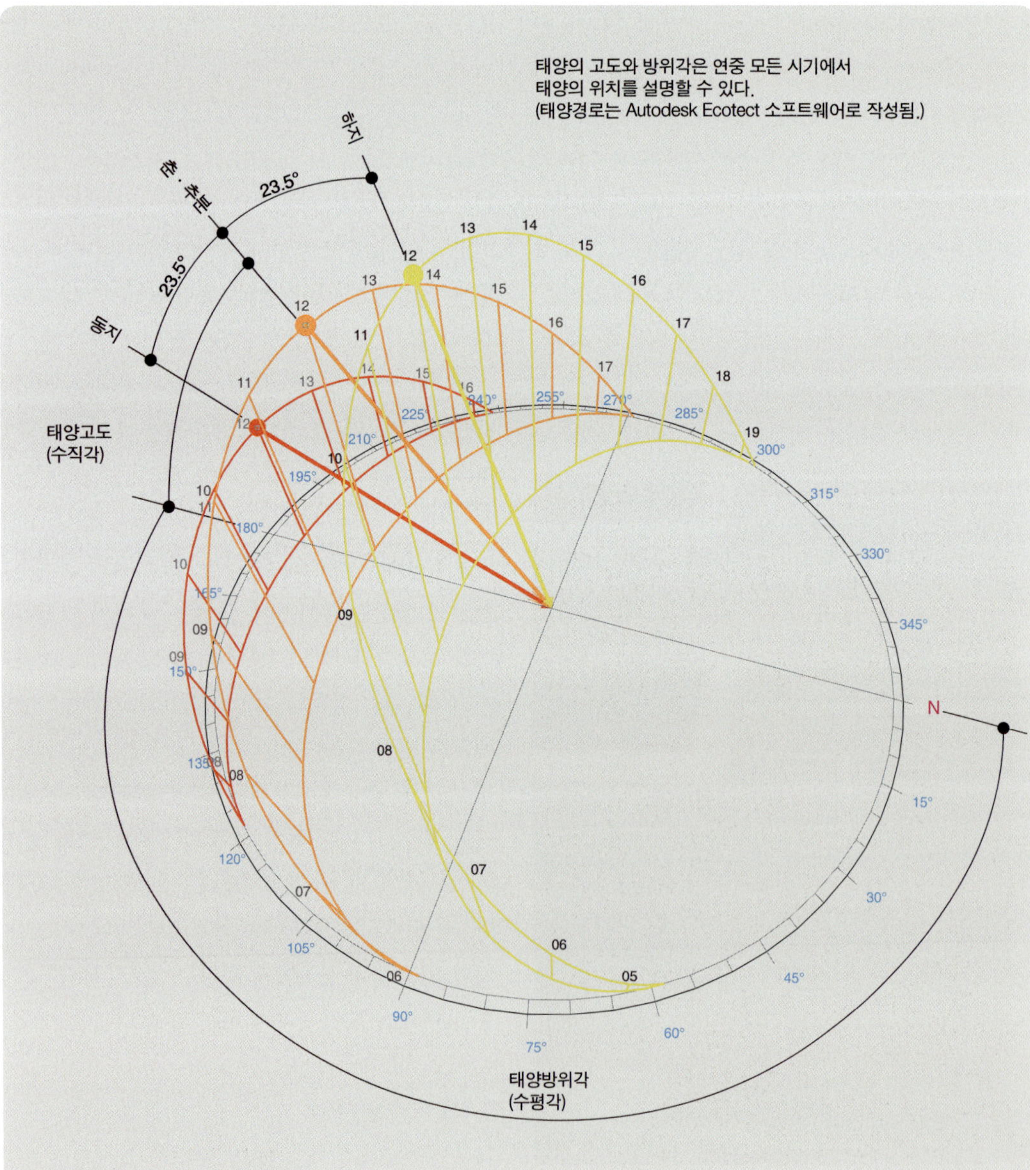


■ **그림 5.33** 기본 태양기하학

대부분의 건물 적용사례에서는 건물의 형태가 동서축으로 길게 늘어져 남북의 입면들이 극대화되어 일사제어에 용이하다. 남쪽 하늘의 태양은 동쪽의 떠오르는 태양과 서쪽의 지는 태양에 비해 제어하기가 더 쉽다. 서쪽 하늘의 태양이 가장 문제가 되는데, 하루 중 외기온도가 가장 높을 때 서쪽에서 입사하는 일사가 상당히 큰 태양열을 부가할 수 있기 때문이다. 태양의 고도가 가장 높은 여름은 남향의 일사를 차양하여야 하며, 북향은 (이른 아침과 늦은 저녁에) 대부분의 경우 일사 제어를 필요로 하지 않는다.

### 5.4.1.2 풍력(Wind)

풍력에 대한 건물의 방위를 결정하는 일은 먼저 좋은 바람과 나쁜 바람이 부는 시간과 장소를 확인하는 것이다. 자연환기가 건물과 기후에 효과적인 전략이 될지 여부와, 쾌적한 실외 공간과 미기후들을 개발하고 건물을 보호하기 위해 풍력제어가 필요한지의 여부를 고려하여야 한다. 풍배도 분석을 통해 건물의 형태계획과 방위, 형상을 연구하여 바람을 하나의 자원으로서 최적화할 수 있다. 건물 과학 및 풍력 전문가들은 풍력 시뮬레이션 소프트웨어와 풍동실험을 활용하여 건물의 형태계획 및 방위와 풍력 사이에 이루어지는 상호작용을 보다 상세하게 평가할 수 있다(그림 5.35 참조).

풍속과 풍향은 가변적일 수 있지만, 앞서 언급했듯이 어느 정도 일반적인 트랜드의 예측이 가능하다. 자연환기가 되도록 설계하려면, 건물의 좁은 단면을 통해 맞통풍(cross ventilation)이 이루어지도록, 건물의 긴 입면이 바람불어오는 쪽을 향하게 해야

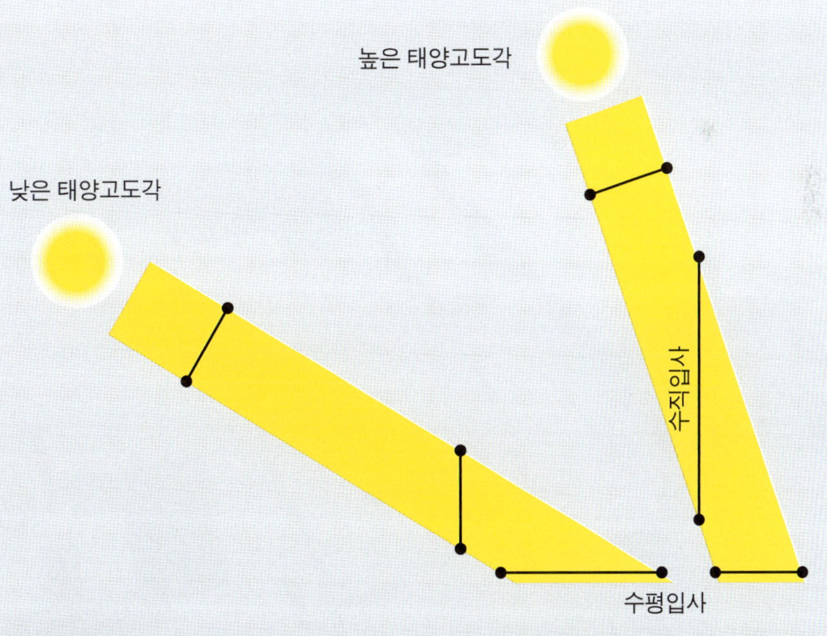


일사는 태양각도와 표면의 방향에 따라 달라진다. 높은 태양각도에서는 수직면보다 수평면에 일사가 더 집중되며, 낮은 태양각도에서는 수평면보다 수직면에 더 집중된다. 하지만 낮은 각도의 일사는 더 긴 대기를 통과하면서 일사량이 감소한다.

■ **그림 5.34** 일사와 태양각도

한다. 맞통풍은 압력차를 통해 공기를 이동시키는 원리이며, 바람을 받아들이는 쪽의 입면에는 양(+)의 풍압을, 바람이 불어나가는 쪽의 입면에는 음(-)의 풍압을 발생시킨다(그림 5.36 참조). 건물의 방위가 바람과 직각을 이룰 필요는 없으나, 약 30도까지는 유지할 수 있어야 한다. 또한 입면의 수직 핀들을 활용하여 미풍을 개폐식 창 쪽으로 유도하는 방법도 있으나, 자연환기 설계에 있어서 인접건물이나 부지의 특성에 인한 난기류(air turbulence)의 근원들을 고려하는 것도 중요하다.

연돌환기(stack ventilation)는 자연환기에 효과적인 또 다른 방법 중 하나이다. 이 방식은 온도 차이를 통해 공기를 이동시킨다(그림 5.37 참조). 건물 내부에서 따뜻해진 공기는 위로 올라간다. 건물의 형태계획과 단면 설계에 수직 환기경로들을 계획하여 효과적인 연돌환기를 가능하게 할 수 있다. 자연환기는 압력차와 기온차 모두를 활용할 수 있으며, 여기에 기계식 환풍기들을 보충적으로 설치할 수도 있다. 건물을 통과하는 자연환기에 대한 상세한 분석은 전산유체역학(computational fluid dynamics: CFD) 모델링 소프트웨어를 통해 이루어질 수 있다(그림 5.38 참조).

### 5.4.2 바닥면적에 대한 외벽 비율

(Exterior Wall to Floor Area Ratio)

에너지와 건물 외피의 관계에 관한 두 가지 개념들이 존재한다. 첫 번째 개념은 외피를 통한 열전도를 줄이기 위해 밀폐된 내부공간의 용적에 대한 외부 표면적 비율을 줄이는 것이다. 두 번째 개념은 패시브 설계전략들의 적용가능면적을 늘려 최대한의 실내공간면적에 대해 열 · 환기 · 조명 조건들을 충족시키기 위하여 밀폐된 내부공간의 용적에 대한 외

■ **그림 5.35** HOK가 Virtualwind를 통해 건물 형태를 검토하고 바람의 흐름과 자연환기를 최적화하여 설계한 킹압둘라 과학기술대학교(KAUST)에 대한 RWDI의 풍력분석. *〈이미지 제공: RWDI〉*

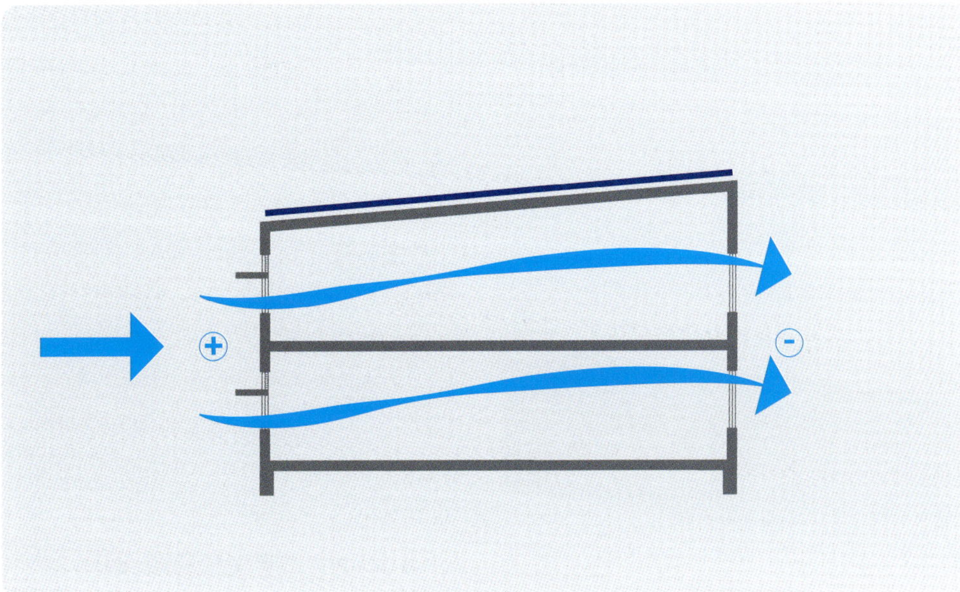


■ **그림 5.36** 맞통풍의 원리

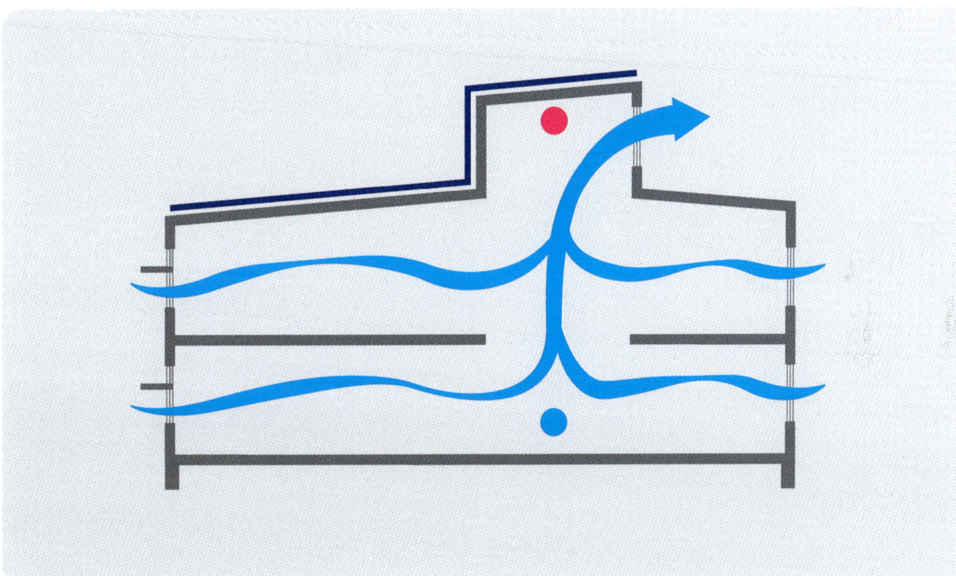

■ **그림 5.37** 연돌환기의 원리

부표면적 비율을 늘이는 것이다. 외피를 줄이면 에너지를 보존할 수 있는 반면, 외피를 늘리면 자유에너지를 극대화할 수 있다. 자유에너지의 극대화는 많은 장점을 가지므로 외피를 늘리는 접근법이 넷제로 에너지 프로젝트의 시작점이 되어야 한다. 그 핵심은 외피를 중립화하거나 침기와 전도, 복사에 의한 열 부하들을 최소화하여 넓은 표면적의 부담을 최소화하는 것이다.

표면적비(surface area to volume ratio, S/V)는 한 건물의 상대적 조밀도(compactness)를 나타내는 척도이며, 단위는 일반적으로 국제표준단위인 $m^2/m^3$ 쓴다. 이 비율의 단위를 $ft2/ft^3$에서 $m^2/m^3$로 바꾸려

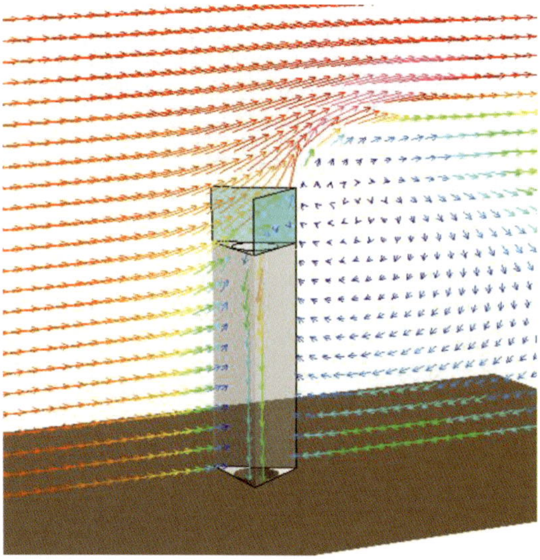

■ **그림 5.38** RWDI에 의한 Wind Tower의 전산유체역학(CFD) 분석. *〈이미지 제공: RWDI〉*

면 3.28 ft/m을 곱하기만 하면 된다. S/V의 범위는 다양할 수 있는데, 보통은 0.10에서 0.60 사이의 값을 가지며, 낮은 S/V 비율은 보다 조밀한 설계가 이루어 졌음을 의미하고, 보다 높은 S/V 비율은 패시브 전략을 활용할 수 있는 외부표면이 더 많다는 것을 의미한다. 하지만 이 비율은 패시브 전략들의 활용을 위해 건물 형태를 정량화하는 용도에는 적합하지 못하다. 정사각형 건물은 조밀하고, 장방향 건물보다 S/V 비율이 더 낮지만, 층수는 S/V 비율에 큰 영향을 미친다. 이는 층수가 더 높아질수록 S/V가 더 낮아지며, 단층 또는 저층의 건물의 S/V에 있어서는 넓은 지붕 및 1층 바닥 면적이 고려되기 때문에 패시브 전략에 최적임을 의미한다.

패시브 건물에서는 보통 지붕보다 외벽을 활용하는 것이 패시브 전략에 더 유용하다. 게다가 지붕면적의 최소화는 열의 손실과 획득에 도움을 주며, 높은 층수의 건물은 이에 대한 혜택이 있을 수 있다. (지붕면적은 태양에너지 활용에 중요한 요소가 다.) 아마도 패시브 전략을 위한 건물 형상을 평가하는 더 좋은 척도는 연면적에 대한 외벽면적(노출된 벽 면적) 비율, 혹은 간단히 바닥면적에 대한 외벽 비율(exterior wall to floor ratio: EW/F)을 활용하는 것이다. 이 비율은 영국단위와 국제표준단위가 모두 같다는 이점도 있다. 그림 5.39의 행렬은 25,000 제곱피트 건물의 광범위한 매스계획안들에 대한 매스계획척도들을 비교하고 있다. 이 사례에서 4층의 세장형 매스는 가장 높은 EW/F 비율을 가져 패시브 전략에 최적화되면서도 행렬 중 가장 조밀한(S/V 비율이 가장 낮은) 축에 속하게 될 것이다. 하지만 이 매스의 주된 단점은 지붕 면적에 대한 바닥비율(floor to roof area ratio: F/R)이 높아 지붕장착 태양광발전시스템의 잠재적 규모가 제한될 수 있다는 점이다.

### 5.4.3 문자형 건물(Letter Buildings)

베를린(그림 5.40 참조)이나 파리와 같은 역사적인 도시에서는 건물 형태계획이나 도시설계가 주광과 자연환기를 최적화하는 형태로 설계되었음을 볼 수 있다. 어떤 이들은 그 건물들의 계획형상을 문자 형태로 기술했다. 건물의 평면이 L자, 혹은 H자나 E자로 형성되었을 뿐만 아니라, 건물들 사이공간의 모양도 이런 문자 형태를 취하고 있다. 이것은 세장형의 바닥판들에 손가락처럼 덧붙인 부속 건물들과 중정공간들을 만들어 자연광과 자연환기를 가능케 하는 계획이다. 이런 요소들은 전기조명과 공기조화에 앞서 건물에 공통되는 설계특성들이다. 이런 건물은 바닥면적에 대한 외벽 비율이 높아 패시브 전략을 위한 좋은 형상과 형태를 취한다. 중요한 사항은 이런 유형의 기존 건물이 넷 제로 에너지 빌딩으로 개선하기에 좋은 후보가 될 수 있다는 점이다.

### 5.4.4 패시브 전략을 위한 형태계획과 형상 (Massing and Geometry for Passive Strategies)

우린 이미 몇 가지 핵심적인 형태계획 전략들을 확립했는데, 특히 기후의 자유에너지와의 연관성을 확대하기 위한 적절한 방위 선택과 바닥면적에 대한 외벽 비율 증가와 같은 전략들이었다. 자연채광

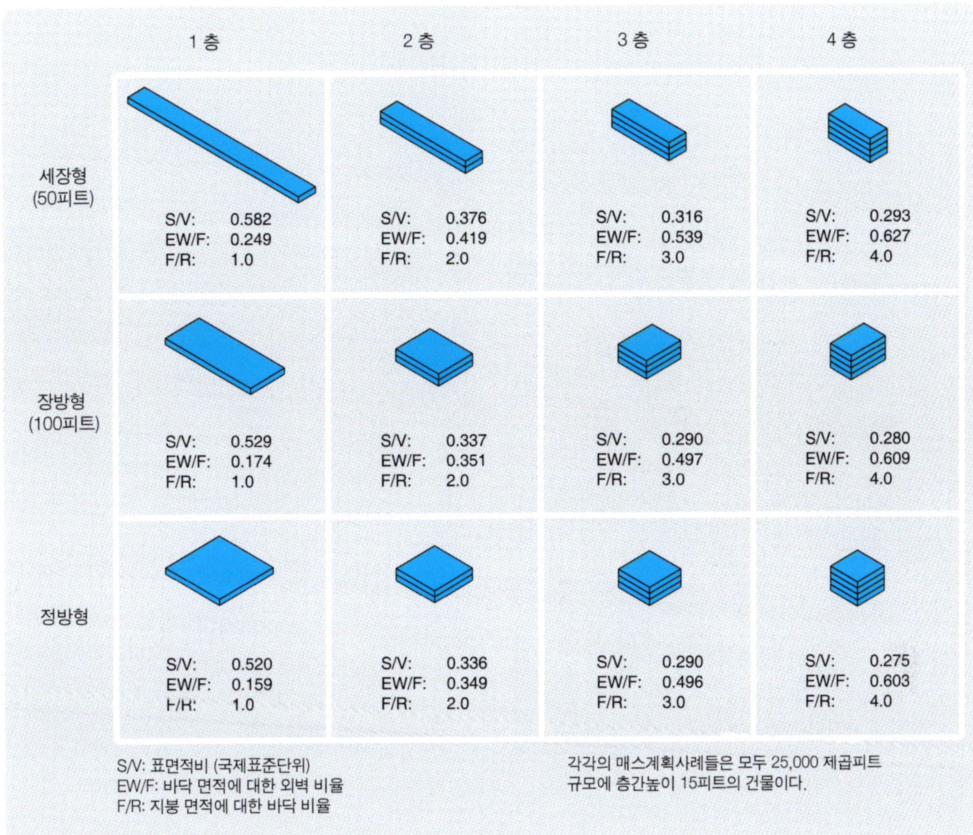


■ **그림 5.39** 매스계획척도 행렬

과 자연환기 등의 많은 패시브 전략들은 외부경계에 가까울수록 효과적이지만, 자연광은 공간의 아주 깊은 안쪽으로도 침투할 수 있다.

건물이나 바닥판의 깊이는 넷 제로 에너지 빌딩에 있어서 중요한 또 하나의 고려사항이다. 세장형 건물들은 패시브 전략에 다양한 이점이 있으며, 부지와 프로그램 등의 변수들에 좌우되는 다양한 방식으로 세장형 건물을 설계할 수 있다. 가장 기본적인 패시브 건물의 형태는 적절한 방위를 가지고, 그 형상이 단순하고, 길며, 세장한 직사각형이다. 사실 그것은 패시브 디자인을 위한 가장 일반적인 형태이며, 그로부터 다른 대부분의 형태들이 도출되었다. 보다 큰 건물들에는 하나의 중심축으로 연결되는 동서 방향의 길고 세장한 여러 부속날개들이 필요할 수 있다. 부지 및 건물 프로그램들의 수만큼 이에 대한 변이들이 존재한다. 이는 위에서 논한 문자형 건물 형태들이거나, 다양한 유형이 혼합될 수도 있다. 문자형 건물들은 빛과 공기, 시야를 얻기 위한 날개 사이의 중정들을 계획할 때 나타나며, 유리한 미기후를 개발하는 효과적인 방식이기도 하다(그림 5.41 참조).

미기후의 중정을 설계한다는 아이디어는 또 다른 패시브 지향 형식인 아트리움 건물로 이어질 수 있다(그림 5.42 참조). 아트리움은 본질적으로 밀폐된 중정이다. 아트리움은 공간에 자연광이나 자연환기를 불어넣는 용도로 사용될 수 있으며, 건물의 깊숙한 공간을 분리하는데 효과적인 방식일 수 있다.

아트리움은 중정과 같은 패시브 디자인 기능을 가질 수 있는 반면, 밀폐된 공간이기에 분명히 중정

■ **그림 5.40** 독일 베를린의 항공조감사진에서 유럽도시에 전형적인 많은 문자형 건물들을 볼수 있다.

■ **그림 5.41** 에너지부/국립재생에너지연구소 연구지원시설의 중정. *〈이미지 제공: RNL / 사진: Frank Ooms〉.*

과는 다르다. 이로써 매우 다양한 설계 관련사항들이 추가로 필요하다. 먼저, 밀폐된 공간으로서의 아트리움은 추가 비용을 초래할 수 있으며, 건물 프로그램의 일부일 수도 있고 아닐 수도 있는 건물 면적을 늘리기도 한다. 아트리움 공간들의 공조방식에 따라, 에너지관련 문제들이 일어날 수 있다. 설계가 허술하게 된 아트리움은 상당한 일사획득을 야기할 수 있으며, 이로 인해 많은 부피의 공조 공간을 만들 수도 있지만, 의도하는 용도에 따라 일반적인 점유공간이 될 수도 있다.

아트리움의 장점으로는 밀폐되어 있기 때문에 인접공간이나 건물전체 시스템에 시너지를 제공할 특수화된 미기후를 만들어낼 수 있는 기회들을 제공한다는 점이다. 또한 건물 사용자들에게 독특한 용도와 공간들을 체험할 기회도 제공할 수 있다.

아트리움 건물의 한 가지 특징은 비거주구역 혹은 반거주구역(semioccupied zone)을 활용하여 건축면적 전반에 걸친 자연광과 자연환기를 제공한다는 것이다. 건물 속에 광정(light well)과 자연환기 통로를 전략적으로 배치할 수 있지만, 광정은 주의해야 할 설계상 난점들이 있기 때문에 세심하게 계획하여야 한다. 해결해야 할 문제는 수직용적과 제한된 수평면적을 활용하여 적절한 자연광량을 효과적으로 끌어들이는 방법을 결정하는 일이다. 계획되어질 광정의 깊이 및 층수 역시 또 하나의 주요한 해결문제 중 하나이다. 빛의 이동뿐만 아니라, 외기에 면한 창문들을 통해 건물에 진입하는 외기를 이동시키는데 환기통로로 활용할 수 있으며, 수직통로는 공기의 움직임에 긍정적인 연돌효과를 줄 수 있다.

광정과 환기통로는 건물 전체에 적용되는 주요 설계개념일 수 있다. 포스터 앤 파트너스가 설계한 런던 소재 30 세인트 메리 엑스 건물이 그 사례 중 하나인데, 이 건물은 여섯 개의 나선형 광정 및 통

■ **그림 5.42** 포스터 앤 파트너스가 설계한 베를린 소재 독일 연방의회 의사당의 아트리움과 유리 돔은 거울들을 통해 아래의 의회공간으로 자연광을 전달한다. *〈사진: Tania Salgado〉*

■ **그림 5.43** 포스터 앤 파트너스가 설계한 30 세인트 메리 엑스의 외부경관. 나선형으로 감아 도는 광정들이 분명하게 보인다.

풍 공간들을 활용하여 사무소 타워의 자연채광과 자연환기를 보조한다(그림 5.43 참조). 광정이나 환기통로는 보편적인 전략이기보다는 패시브 전략의 적용이 어려운 평면들에 전략적으로 적용할 수 있다.

## 5.4.5 재생에너지를 위한 형태계획과 형상

(Massing and Geometry for Renewable Energy)

재생에너지시스템의 몇 가지 유형들, 예를 들어 태양광전지판과 태양열집열판, 건물장착 풍력터빈 등을 넷 제로 에너지 빌딩에 설치하거나 통합할 수 있다. 통합된 재생에너지시스템은 건물의 형상 및 매스계획과 더불어 에너지 시스템의 성공적인 적용과 최적화에 핵심이다.

### 5.4.5.1 일사(Solar)

태양광발전모듈과 태양열집열판 모두 태양에너지를 필요로 한다. 태양경로는 매우 역동적이지만 예측 가능한 변수이기 때문에, 태양에너지 분석이 태양전지판의 배치를 최적화하는데 도움이 될 수 있다. (태양에너지 시스템 계획에 관한 상세한 논의는 8장에서 제시한다.) 먼저 결정해야 할 사안은 프로젝트의 넷 제로 에너지 균형을 충족하는 데에 필요한 태양광전지판과 태양열집열판의 규모이다. 태양에너지를 주요 재생에너지시스템으로서 활용하는 건물은 대개 넓은 태양광전지판들의 면적을 필요로 하고, 패널 위치에 대한 계획은 형태계획과 함께 시작된다.

지붕면적에 대한 바닥 비율은 태양에너지를 활용하는 넷 제로 에너지 빌딩의 형태계획에서 중요한 결정요인이며, 보통 상대적으로 저층인 건물형태로 계획된다. 각각의 프로젝트는 건물의 에너지 사용강도(EUI)와 태양광전지판들의 효율에 따라 자체적인 최저값을 갖도록 계획된다. 대부분의 기후에서 사무소 건물은 지붕에 설치된 태양광전지들이 건물의 유일한 재생에너지 자원일 경우, 최고층수가 3층 이하가 될 수 있다. 패널의 효율이 향상되고 건물의 에너지사용량이 줄어들수록, 지붕면적에 대한 바닥 비율이 늘어나면서, 더 높은 층수의 넷 제로 에너지를 달성하는 건물이 가능해질 것이다. 지붕장착 태양광발전을 극대화하기 위한 지붕면적에 대한 바닥 비율과 앞서 바닥면적에 대한 외벽 비율 섹션에서 거론한 다층 건물의 이점들 간에는 분명한 모순점이 존재한다. 이런 모순되는 대상들의 균형을 맞추는 일이 넷 제로 에너지 빌딩 설계의 핵심을 이룬다.

방위 역시 일사에 관한 중요한 형태계획 결정 요소 중 하나이다. 고정된 태양전지판들은 보통 해당 부지의 (북반구에서의) 위도와 동등한 경사로 남향을 취함으로써 연중 전력 생산에 최적화된다. 북쪽 입지들의 경우, 최적의 경사는 달성할 수 없다 하더라도 일부의 경사는 가치 있는 혜택을 제공할 수 있다. 각각의 프로젝트에는 자체적인 제약들이 있고, 태양전지판들의 경사는 프로젝트별 기준에 따라 분석해야 한다. 지붕이 경사를 제공하고 있기 때문에 태양전지판들의 계단식 시스템으로 경사를 낼 경우에는, 건물의 방위를 통해 경사진 패널들이 남향을 취하게 해야 한다. 패널들에 경사가 없을 경우에는 건물의 방위는 문제가 되지 않으며, 그늘짐이 없이 지붕표면에 일조가 이뤄지도록 건물을 배치하는 것 역시 중요하다.

태양전지판에 톱니패턴을 활용하면 평지붕에서 유리 할 수 있다. 이것은 경사지붕이 아닐 때 패널당 에너지생산량을 최적화할 수 있는 좋은 방법이다. 하지만 톱니형 태양에너지 패널설치는 수평 패널설치에 비해 주어진 지붕면적의 총 에너지 생산량을 최적화할 가능성이 낮다. 톱니형 설치의 경우, 패널의 각 열을 적절한 간격을 두고 배치해야 뒤쪽의 다음 열에 그늘이 지지 않기 때문에, 경사도가 높을수록 그 간격도 더 키울 필요가 있다. (이런 이슈의 분석에 대해서는 8장을 참조할 것.)

제안되는 태양전지판 설치계획에 대한 음영 스터디를 실시해야 한다. 난간의 높이와 지붕이 있는 매스, 혹은 지붕에 그늘을 줄 수 있는 형태를 신중히 고려하는 것이 중요하다. 지붕 위에 놓이는 기계설비가 주된 이슈인데, 그것이 지붕의 대부분에 그늘을 만들 수 있기 때문에, 이러한 건물 매스계획 평가단계에서 기계설비시스템에 대한 논의가 있어야 한다. 이런 논의는 설계팀이 지붕 위에 기계설비를 배치하지 않기로 약속할 좋은 기회일 수도 있다. 설계팀이 이런 약속을 지킬 수 없다면, 기계설비의 위치와 추정 규모를 결정하는데 있어 세심한 계획이 이루어져야 한다.

넷 제로 에너지 빌딩을 설계하려면 에너지 균형을 충족하기 위해 부지장착 태양전지판을 활용할 필요가 있을 수도 있다. 이는 지붕면적에 대한 바닥 비율이 더 높은 (혹은 가용지붕면적을 제한할 수 있는 기타 상황 속에 있는) 건물들이 넷 제로 에너지 목표를 충족할 수 있게 하는 데 유리한 방법이다. 부지장착 태양전지판에 대해서도 같은 유형의 분석을 시행하여 최적화된 방위과 원하는 경사를 분명히 하고 건물이나 기타 요소들이 그늘지지 않도록 해야 한다.

#### 5.4.5.2 풍력(Wind)

건물장착 풍력터빈의 활용은 최근 들어 관심이 상승하고 있지만 여전히 적용하기 어려운 재생에너지시스템이다 (그림 5.44 참조). 건물장착 풍력터빈을 건물에 적용하는 것을 둘러싸고 상당한 논쟁이 있는데, 이것은 많은 단점들을 가지고 있으며, 대개 이런 터빈들로 발생시킨 에너지는 건물의 에너지 수요 중 아주 작은 일부만을 충족시킬 수 있기 때문이다. 건물의 구조에 관한, 또한 건물과 인근 건물이 바람에 미칠 수 있는 영향에 관한 기술적인 이슈들도 있다. 풍력터빈은 건물 사용자들의 불만을 야기할 수 있는 많은 소음을 일으킬 수도 있다. 게다가 풍속은 높이가 높은 곳일수록 양호하다는 사실은, 이것은 이미 부지장착 터빈들의 높이에서 명백히 검증되었다.

■ **그림 5.44** 애리조나 주립대학교의 건물장착 소형풍력터빈.

■ **그림 5.45** 앳킨스(Atkins)가 바레인 세계무역센터에 적용한 3개의 29미터 풍력터빈들

아마도 이런 기술적인 이슈들은 이 분야가 발전할수록 해결될 수 있을 것이다. 한 가지 흥미로운 해법은 통합풍력터빈이다. 이 해법의 사례들로는 바레인 세계무역센터(Bahrain World Trade Center)(그림 5.45 참조)와 펄 리버 타워(Pearl River Tower)(그림 5.46 참조)가 있다. 그 아이디어는 풍력터빈들을 건물에 통합하여 그 터빈들로 향하는 바람의 흐름을 향상시키도록 건물의 형태를 설계하는 것이다. 이러한 형태통합적인 방법은 타워나 고층건물에 더 타당적일 수 있지만, 여전히 대형 건물의 총 에너지 수요 중 일부만을 충족시킬 수 있다.

건물의 형태계획과 인근의 건물 및 지세, 터빈들의 잠재적 위치를 고려하라. 건물 주위에서 바람이 이동하는 원리들을 활용하면 건물에 풍력터빈을 적용하는 몇 가지 기준을 만들 수 있다. 풍력설계 전문가라면 프로젝트의 건물장착 혹은 부지장착 풍력터빈 설계가 너무 과도해지기 전에, 보다 엄밀한 분

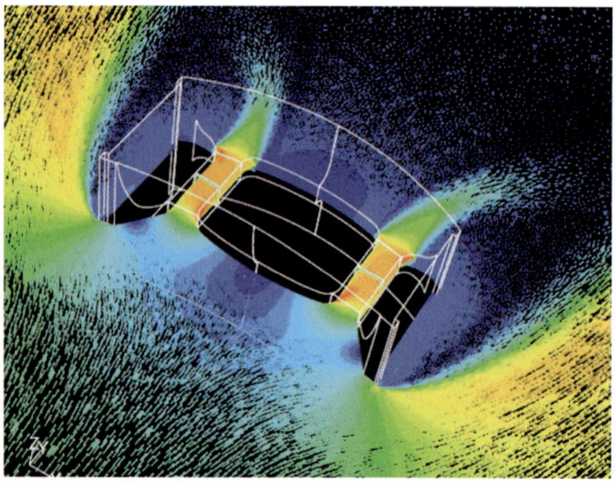

■ 그림 5.46 SOM이 설계한 중국 광저우 소재 펄 리버 타워의 통합풍력터빈에 대한 RWDI의 풍력분석. *〈이미지 제공: RWDI〉*

석을 해야 한다. (8장은 부지장착 터빈 및 타워에 초점을 두고 넷 제로 에너지 빌딩을 위한 풍력 적용에 관한 보다 상세한 논의를 제공한다.)

## 5.5 건축형식과 조닝(Building Type and Zoning)

### 5.5.1 건축형식(Building type)

모든 건축형식은 프로그램과 법규, 조닝 규제들에 의해 특유의 형태계획 특성들을 가지게 된다. 이러한 형태계획 특성은 에너지부하와 패시브 전략, 재생에너지에 영향을 주기 때문에, 건물의 넷 제로 에너지 목표에 상당한 영향을 주기도 한다. 형태계획과 관련한 스터디를 통해 한 프로젝트의 프로그램 요건들을 효과적으로 충족시킬 방법을 연구하는 한편, 본 장에서 논하는 에너지 및 기후와 관련한 기초사항들도 연구해야 한다. 이것은 프로그램 요건들과 초기 설계개념, 에너지 전략들을 하나의 해법으로 통합하는 효과적인 방법이다.

건물의 형식과 프로그램을 충족하는 형태계획, 형상 조건들을 기준으로 건물의 형태계획을 바닥면적에 대한 외벽 비율과 지붕면적에 대한 바닥 비율 모두의 관점에서 평가함으로써, 건축물을 넷 제로 에너지 중심으로 발전시킬 수 있는 기회와 제약 모두가 드러나게 된다. 이상적인 해법은 개념적인 건물형태가 패시브 전략들과 재생에너지 생산, 그리고 프로그램 요건들을 동시에 최적화하기 시작할 때 발생하며, 사실 이렇게 형태를 기능과 에너지, 미관을 중심으로 통합하는 것은 넷 제로 에너지 빌딩설계의 핵심이다. 그것은 프로젝트의 기후와 부지, 프로그램, 에너지에 대한 탐구와 연구의 축적이자, 그 결과로 나타나는 하나의 독특한 해법으로서의 건축적 표현이다.

많은 건물 형식들에는 공통되는 건물 형태계획에 대한 관례들이 있고, 이런 관례들은 지붕장착 태양광전지판들을 적용한 넷 제로 에너지 빌딩을 완성하는 데 필요한 형태계획에 상대적으로 쉽게 적용할 수 있다. 사실 국립재생에너지연구소는 현재 적용 가능한 기술 및 설계 기법들을 활용하여 넷 제로 에너지를 달성할 수 있는 기술적 잠재력을 가진 상업건물의 비율이 62퍼센트임을 확인했다. 많은 상업건물들의 형식은 저층이고 에너지사용강도는 상대적으로 낮아서 넷 제로 에너지의 달성은 문제가 되지 않을 것으로 보고 있다. 이 범주에 속하는 건물 형식들로는 저층 및 중층 다세대주택, 저층 사무소, 학교, 독립형 소매점 및 상가 소매점, 저층 호텔과 창고 등이 있다. 반면 대형 호텔과 병원은 에너지사용강도도 높고 층수도 높은 경향이 있어서 목표를 달성하기가 매우 어렵다. 마찬가지로 레스토랑과 음식점, 수퍼마켓도 단층의 독립형 건물이지만 에너지사용강도가 극히 높은 편이기 때문에 매우 까다로운 유형들 중의 하나이다.

### 5.5.2 열적 조닝(Thermal Zoning)

건물 내부의 열적 조닝이란 공간들의 열적 시너지와 그 특징들, 그리고 그것들이 다른 공간들과 맺는 관계를 활용하도록 공간들을 전략적으로 배치하는 것을 의미한다. 실외 미기후를 만들어 실외 혹은 심지어 실내에도 쾌적성을 줄 수 있는 것처럼, 열적 요건과 실내 · 외공간과의 열적 관계에 기초하여 실

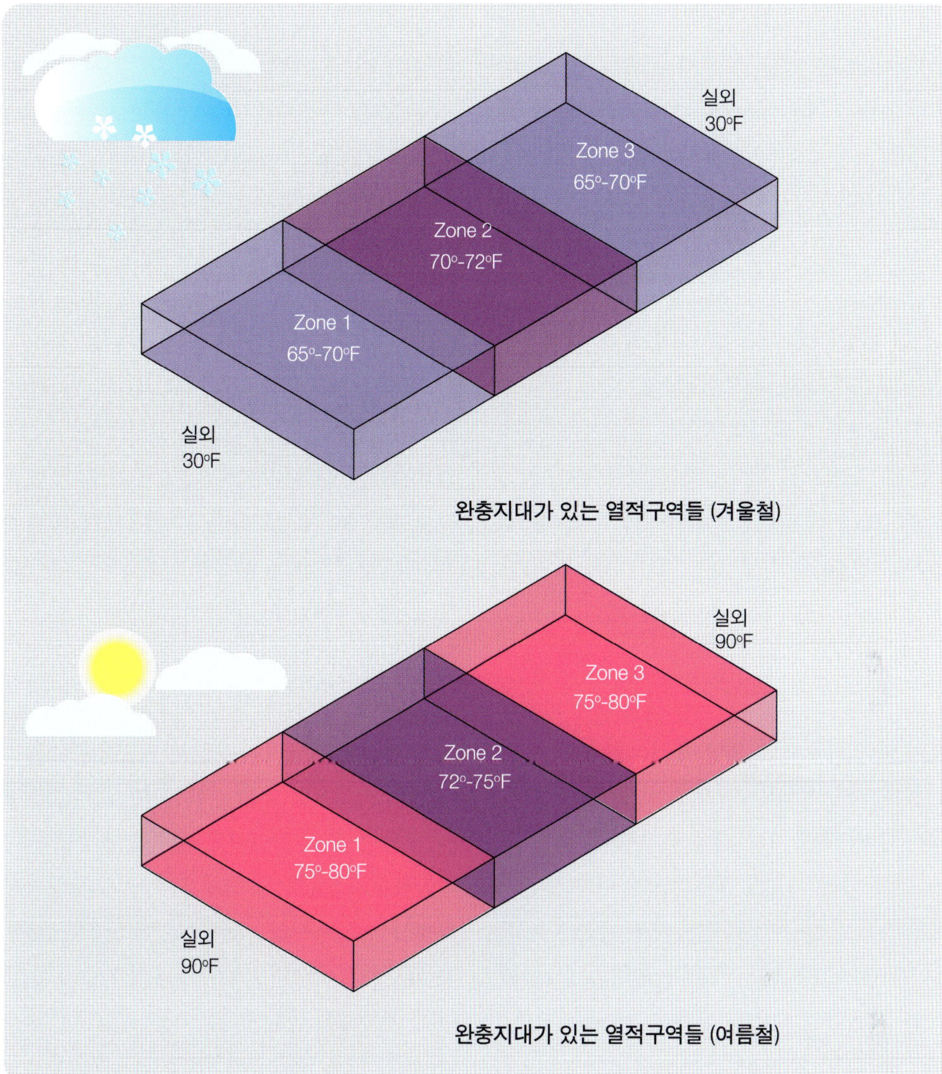


■ **그림 5.47** 열적구역과 열적 완충지대

내 공간이나 열적 구역(thermal zones)들을 배치할 수도 있다. 열적 구역(thermal zones)을 계획하는 데에는 2가지의 기본적인 접근법이 있다. 첫 번째는 실외와의 관계 속에서 한 공간의 열적 요건들을 고려하는 것이다. 두 번째는 다른 실내 공간들과의 관계 속에서 한 공간의 열적 요건들을 고려하는 것이다.

건물 프로그램을 기초로, 각 공간의 열적 조건들에 기대하거나 허용 가능한 범위를 파악하라. 또한 공간의 용도를 기초로 그 공간의 열 부하들을 파악하라. 기후분석에 기초하여, 계절별 온도범위와 일사량을 파악하라. 이런 열적 조건들을 연구함으로써 최적의 열적 조닝을 결정하고, 열전달을 줄이는 데 도움을 줄 수 있으며, 열적 완충지대들을 만들고, 유리한 열전달 혹은 축열을 가능하게 할 수 있다. 이러한 건물의 계획과 형태가 갖는 열적 효율성은 열 부하의 감축을 통해 에너지 사용량을 줄일 수 있는 효과적인 패시브 수단이다. 공간계획을 위한, 프로그램 공간들 간의 인접성을 개발하기 위한 추가적인 고려사항들이 많이 있으며, 그 중 하나로서 열적 조닝을 포함시켜야 한다. 또한 적용되는 다른 패시브 설계전략들(예를 들어, 건물 외부에 인접해 있는 공간들에 크게 좌우되는 자연채광이나 자연환기 등의 전략)과 상충되지 않게 하는 것도 중요하다.

열 쾌적성의 적응성과 공간용도의 다양성으로 인해, 다양한 실내공간들의 열적 조건과 기온 설정들이 변할 수 있다. 일시적으로 사용되는 공간이나 동선공간들 처럼 보다 폭넓은 범위의 열 쾌적성을 제공할 수 있고 폭넓은 온도범위를 가질 수 있는 실들은, 보다 극단적인 외기온도들과 보다 엄격한 열 쾌적성 요건 및 협소한 온도설정 범위를 갖는 실내공간들 사이에서 열적 완충지대의 역할을 할 수 있다(그림 5.47 참조).

일부 공간들은 컴퓨터 서버 룸과 데이터 센터, 기계설비실, 상업용 주방처럼 높은 실내 열 취득을 가진다. 난방이 지배적인 일부 기후에서는 이렇게 열 취득이 높은 공간들을 보다 패시브한 냉각이 가능한 건물의 외주부(perimeter)(특히 북쪽 외주부)에 위치시킬 수 있다. 이런 높은 열 취득을 가지는 실들은 난방부하를 갖는 공간들에게는 하나의 열원이 될 수 있다. 건물 내에 적절한 축열 공간을 설계할 경우 그 열을 축적할 수도 있다. 축열 공간은 별도의 축열체 구역이 사용되지 않을 때 열(또는 냉기)을 저장하고, 이 열(또는 냉기)를 건물의 다른 구역에서 주간이나 야간의 다양한 시간에 사용할 수 있게 할 때 가장 효과적이다.

난방이 지배적인 기후에서는 썬룸(sunroom)과 썬스페이스(sunspace)을 활용하여 인접공간들에 패시브한 난방수단을 제공할 수 있다. 이 기법을 적용하려면 열 획득이 높은 공간을 의도적으로 만들어야 하며, 이 열을 사용하는 공간에 열을 저장할 축열체를 통합시키는 것이 보다 효과적이며, 썬스페이스와 열을 필요로 하는 인접 공간 사이에 열전달을 제어하고 조정할 필요가 있다(그림 5.49 참조). 썬룸에는 건물 내 난방이 필요하지 않을 때 일사획득을 차단할 수단도 있어야 한다. 썬룸공간이 효과적이려면 세심하게 설계하고 적절하게 제어할 필요가 있으며, 냉방시즌동안 열적 부담요인들이 되지 않게 할 필요가 있다(그림 5.50와 5.51 참조).

건물 평면적으로 열 흐름을 최적화하기 위한 열적 조닝은 기계설비시스템의 조닝의 기틀을 형성하는 데에도 도움을 준다. 왜냐하면 열적 조닝의 과정이 유사한 열 취득 및 열 쾌적성 요건들로 공간을 그룹화 하고, 건물의 실내·외 열 부하들과의 관계 속에서 공간배치를 고려하기 때문이다. 열적 조닝과 건물외피 중립화(6장에서 논한다.)의 결합은 에너지 사용량을 줄이며 높은 질의 열 쾌적성을 가져다줄 수 있다.

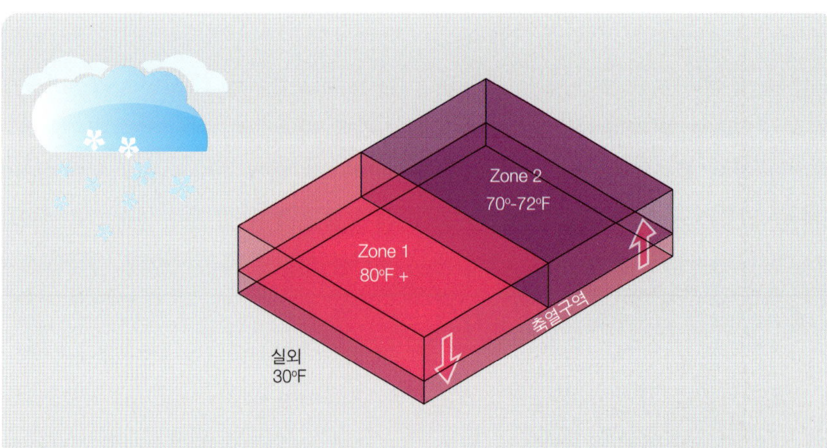


■ **그림 5.48** 실내 열 취득이 높고 축열이 가능한 구역(겨울철).

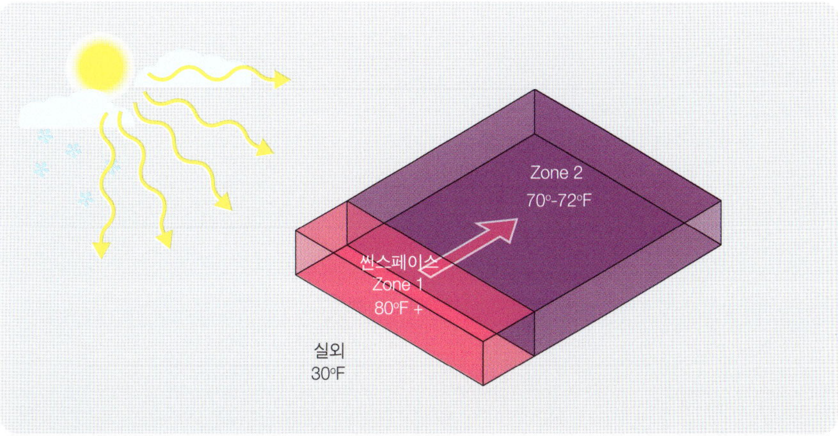


■ **그림 5.49** 썬스페이스가 있는 열적구역(겨울철).

■ **그림 5.50** 넷 제로 에너지 빌딩인 알도 레오폴드 레거시 센터의 열속(thermal flux) 공간. 구획용 문들이 닫혀있는 모습. 〈*The Kubala Washatko Architects, Inc./Mark F. Heffron.*〉

■ **그림 5.51** 알도 레오폴드 레거시 센터의 열속 공간. 구획용 문들이 열려있는 모습. 〈*The Kubala Washatko Architects, Inc./Mark F. Heffron.*〉

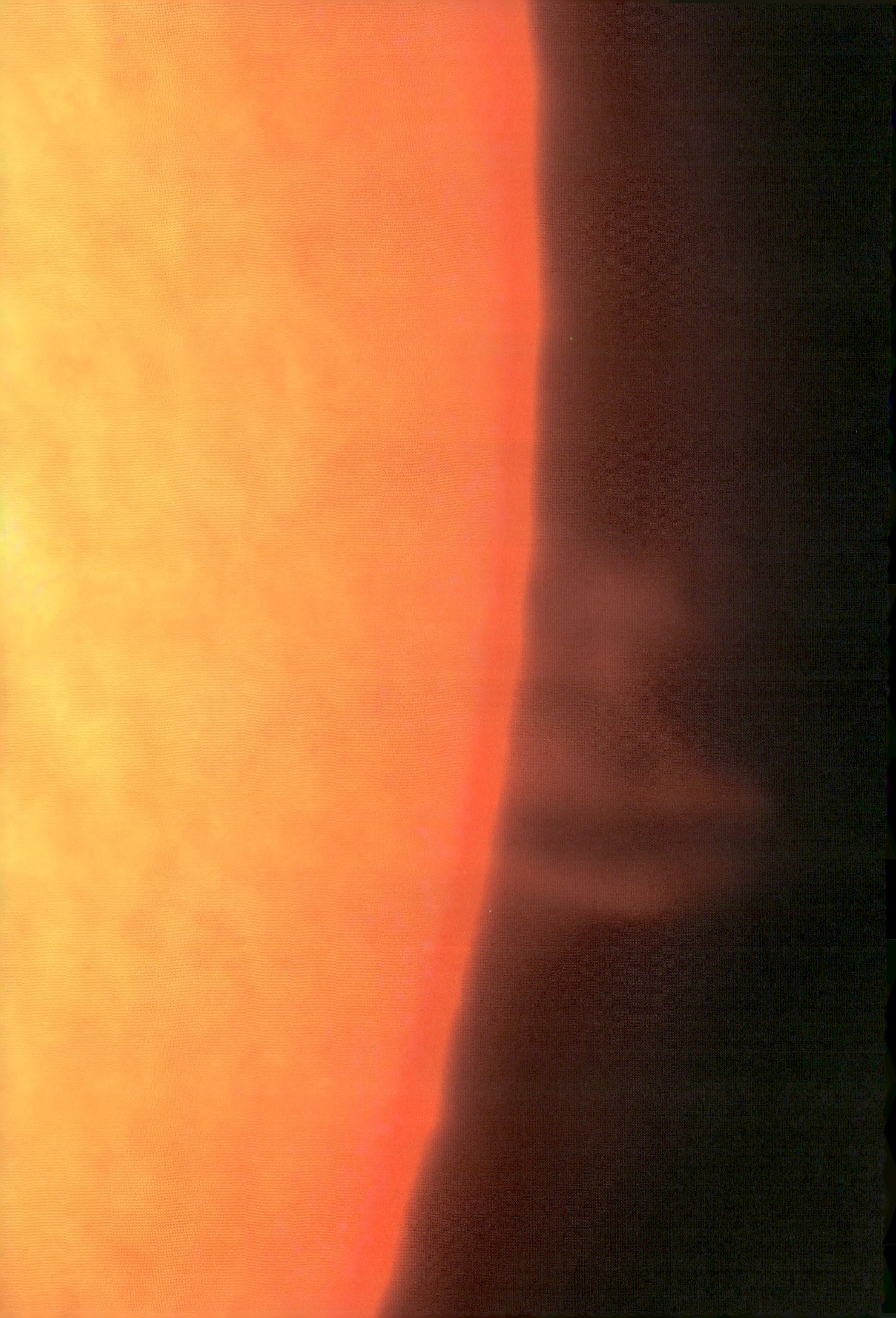

![PA]

6장
# 패시브 건축 Passive Architecture

## 6.1 패시브 디자인(Passive Design)

### 6.1.1 새로운 건축(A New Architecture)

패시브 건축은 넷 제로 에너지 빌딩을 위한 근본적인 선결조건이며 건물의 외피와 뼈대에 에너지 효율성을 강화하는 중요한 기회를 제공한다. 패시브 디자인은 건축의 형태와 디테일에 강력한 영향을 미치며, 패시브 전략들은 기후와 미기후, 부지, 프로그램처럼 프로젝트에 매우 특수한 인자들에 대한 응답이다. 이런 의미에서 패시브 디자인은 에너지측면의 기회일 뿐만 아니라 건축적인 기회이기도 하다. 그것은 에너지를 장소와 프로그램에 연결하는 법을 표현하는 기회이자, 그런 연결을 아름답고, 기능적이며, 의미 있게 만들 기회이기도 하다. 이는 넷 제로 에너지 빌딩의 두드러진 특징 중의 하나이다.

현 시대에서 건물의 에너지 효율성 강조는, 기후변화에서 건축의 역할에 대한, 혁신을 위한 강력한 힘이 된다. 오늘날 가장 찬사를 받는 건물들은 성공적인 패시브 디자인 전략들을 채택하고 있으며, 그 과정에서 패시브 디자인 접근법에 투자한 회사들은 업계의 리더가 되어가고 있다. 오늘날 에너지 효율적 건물에 대한 요청에 부응하는 과정에서 저에너지 패시브 디자인 해법을 제공하고 있는 소수의 앞서가는 사무소들은 업계를 변화의 임계점으로 이끌어가고 있다(그림 6.1 참조). 이러한 임계점은 넷 제로 에너지 빌딩 접근법이 주류적으로 채택되기 위한 핵심사항으로서, 새로운 건축의 형성을 신호하는 것이다.

■ 그림 6.1 포스터 앤 파트너스가 설계한 런던시청은 파격적으로 설계된 건물 형태를 통해 건물 외피에 도달하는 일사량을 최소화한다.

### 6.1.2 역사적 맥락(Historical Context)

패시브 전략은 전 세계적인 건축의 기본적 특성으로서, 사실 대부분의 패시브 전략은 수천 년은 아닐지라도 수백 년간 건축에 통상적으로 활용되어왔다. 이런 의미에서 건축사는 패시브 디자인의 역사이기도 하다. 20세기 전반에 걸쳐 꾸준히 공기조화를 채택하며 저렴한 에너지를 손쉽게 공급할 수 있었던 건축은 더 이상 기후적인 제약들을 다룰 필요가 없었다. 건물의 실내 환경을 정확한 기준에 맞춰 인공적으로 제어하는 능력은 사실상 어떠한 건축적 해법도 가능하게 했다. 물론 이는 형태와 물성에 대한 새로운 건축적 탐구들로 이어졌으며, 그것은 에너지와 패시브 디자인에 대한 건축의 지식과 과정이 사라지는 결과로도 이어졌다. 또한 실내 환경의 제어와 조건들에 관한 건물 사용자들의 기대변화를 촉진하기도 했다. 사람들은 연중 인공적으로 균일화된 온도와 조명수준에 익숙해져왔다. 아마도 패시브 디자인과 넷 제로 에너지의 재발견은 차세대 건축 트렌드에 영향을 줄 것이다.

패시브 디자인으로 열 쾌적성을 다루는 매우 단순하고 훌륭한 접근법을 종종 고대문화의 건축유적에서 찾아볼 수 있는데, 예를 들어 콜로라도 주 메사버드(Mesa Verde)에 있는 아나사지(Anasazi) 절벽 주거에서 열쾌적을 다루는 패시브 디자인을 찾아볼 수 있다(그림 6.2 참조). 서기 약 1100년부터 1300년까지 지어지고 사용된 이 절벽주거들은 절벽 면에 자연적으로 형성된 벽감(alcove) 공간들 속에 사암으로 지어진 실들과 구조들로 구성된다. 캐노피처럼 내물린 절벽은 여름철에 그늘을 제공하여 주거환경을 시원하게 유지할 뿐만 아니라 겨울철에는 일사투과를 허용하여 온도를 따뜻하게 유지시킨다. 이 절벽의 내물림과 벽감은 비바람과 눈을 막아준다. 석재 벽감과 석재 구조들은 온도변화 속도를 줄여주는 축열체의 역할을 하고, 겨울철 일사를 흡수하여 온기를 주거 내부로 다시 복사시키는 중요한 기능을 수행한다. 주거공간의 벽들은 개구부와 통로들로 뚫려있어 기류가 실들을 전반적으로 통과하도록 촉진한다. 이러한 주거가 어떻게 겨울철 실외온도보다 상당히 따뜻하고 여름철 실외온도보다 상당히 시원한 미기후를 제공하게 되었는지는 어렵지 않게 상상해볼 수 있다. 이는 모든 건축가들이 배움을 얻을 수 있는 단순한 교훈이다.

■ 그림 6.2 메사버드의 스프루스 트리하우스(Spruce Tree House)

■ 그림 6.3 이란 야즈드의 중정과 바람 탑

풍토건축은 그 지역의 기후에 적합한 방식으로 건축하는 법에 대해 실마리들을 제공할 수도 있다. 풍토건축에 활용되는 기법들의 연구는 새로운 프로젝트 지역적 특성에 대해 학습하거나 이미 작업 중인 프로젝트의 지역적 특성들을 다시 살펴보는 것 역시 효과적인 방식일 수 있다. 이러한 사례는 모든 지역권에서 찾아볼 수 있다. 온도가 지나치게 뜨거워질 수 있는 중동에서는 일사차폐를 극대화하고 기류를 최적화하는 건축의 오랜 역사가 있다. 중정과 조밀한 간격의 건물들은 자연환기를 허용하면서도 그늘진 미기후와 건물 표면들을 만들어낸다. 환기는 지붕 위에서 불어오는 미풍을 포획하여 방향을 조정하는 고층의 바람 탑(wind tower)들을 통해 향상된다(그림 6.3 참조). 축열체 역할을 하는 건물 재료들은 주간 최고온도에 대비한 완충작용을 돕는다.

넷 제로 에너지 빌딩은 과거에 이용된 최고의 전략들을 재발견하여 통합할 훌륭한 기회를 제공한다. 화석연료 에너지를 이용할 수 없어서 모든 건물이 넷 제로 에너지 빌딩으로 되는 일이 멀지 않았음을 명심해라. 물론 넷 제로 에너지 빌딩의 의도는 과거의 건물들을 그대로 복제하자는 것이 아니다. 건축에 대한 현대적 아이디어들은 계속해서 진화해왔으며, 게다가 이러한 과거의 건물들은 패시브 디자인을 활용했음에도 꼭 최적의 실내 환경 특성을 가졌던 것은 아니다. 특히, 오늘날의 실내 환경에 비하면 확실히 그렇지 못했다. 넷 제로 에너지 빌딩은 시간이 검증해준 최고의 패시브 전략들과 오늘날 최고의 기술을 적용하여 에너지 면에서 안전한 우리의 미래를 보장할 뿐만 아니라 편안함과 쾌적함, 건물의 가치에 대한 새로운 표준을 설정할 기회도 제공한다.

### 6.1.3 패시브 디자인의 정의(Passive Design Defined)

패시브 디자인 건물은 재실자에게 난방과 냉방, 환기, 조명을 제공하기 위한 건축과 기후의 활용으로 정의된다. 패시브 디자인을 정의하는 또 하나의 방식은 환경에서 자유에너지(일에 이용할 수 있는 에너지)를 얻기 위한 건축의 활용이라는 정의다. 패시브 디자인은 저에너지 요건들과 결합하여 실내에 높은 질의 환경을 제공할 수 있게 해준다. 패시브 시스템의 고전적 혹은 기술적 정의는 운영(난방, 냉방, 환기, 조명)을 위해 액티브 시스템을 투입하거나 전형적인 에너지를 부가할 필요가 없는 전략을 말한다.

패시브 넷 제로 에너지 빌딩의 목적은 건물의 용도와 날씨조건들에 따라 타당한 시기에 언제나 **자유 순환**(free-rolling)이 이뤄지게 하는 것이다. 자유순환이란 전통적인 액티브 시스템들을 활용하지 않고 패시브 전략들만으로도 건물 사용자들의 에너지 수요를 충분히 충족시키는 것을 의미한다. 하지만 패시브 전략들은 본질적으로 역동적이기 때문에 일반적으로 냉난방 및 환기, 그리고/혹은 조명 수요들을 항시 충족시킬 전략으로는 기대할 수 없다. 따라서 건물에는 여전히 패시브 시스템을 활용할 수 없을 때 패시브 시스템을 보완하거나 건물을 공조할 액티브 시스템이 필요할 때가 많을 것이다. 패시브 전략은 일반적으로 액티브 건물 시스템을 대체하지 못하지만, 연간 대부분의 시기에 액티브 전략을 대신하거나 그와 더불어 작동하곤 한다. 이러한 액티브와 패시브의 혼성적 해법은 **혼합모드 건물**(mixed-mode building)을 등장시킨다. 혼합모드 건물들은 패시브 전략들을 최적화하는 다양한 방식들로 작동하게끔 설계된다. 기본적인 방식으로는 패시브 방식(자유 순환)과 액티브 방식, 혹은 패시브 및 액티브 방식의 혼합이 있다.

실제로 좋은 저에너지 패시브 디자인에서는 패시브 시스템과 액티브 시스템의 경계가 항상 불분명하다. 본장에서 논하는 패시브 디자인 전략들은 대부분의 경우 액티브 시스템과의 통합을 포함한다. 다시 건축이 기후에 반응하며 냉난방과 환기, 조명을 제공하도록 요하는 패시브 디자인의 정의에 의존하도록 한다. 그런 일부의 혼성전략들을 패시브 혹은 액티브한 전략으로 정의하기가 어려울 경우에는, 그런 구분이 그리 중요하지는 않다. 성공적인 넷 제로 에너지 빌딩이라면 패시브 시스템과 액티브 시스템 간의 불가분한, 그리고 때로는 구분이 불가한 통합이 이루어질 것이기 때문이다.

오직 액티브 시스템만을 활용하는 전형적인 건물설계는 패시브와 액티브 시스템 모두를 활용하는 혼합모드 건물설계에 비하여 분명 수월하다. 그 이유는 오늘날 건축업계에 패시브 및 혼합방식 설계에 대한 제도적인 지식이 부족해서이기도 하다. 이런 패시브 디자인 관련 지식의 결여는 100퍼센트 액티브 건물설계의 익숙함 및 계획의 편의성과 결합하여 확실히 패시브 및 혼성 건물들의 채택을 가로막는 주된 장벽들 가운데 하나이지만, 우리가 극복해야 하는 장벽이다. 우리에겐 건물의 질과 효율성을 극적으로 향상시킬 가치 있는 기회가 있기 때문이다.

패시브 건축의 가장 중요하고 강력한 특징 중의 하나는 그것이 예술과 과학을 자연스럽게 융합한다는 점이다. 사실 이것이 건축설계의 기초여야 한다. 패시브 디자인실무가 발전하려면 건축설계과학 분야를 건축의 한 토대로서 재구축하는 것이 중요하다.

본 장은 패시브 전략을 위한 토대로서 설계과학의 기초를 제시하고자 한다. 그 초점은 기후 반응적 패시브 전략들을 위한 일차적 건축 장치인 건물외피에 있다. 그리고 패시브 전략의 실행에 관해서는 이미 상당량의 좋은 문헌들이 있으므로, 본장은 넷 제로 에너지 빌딩의 개발에서 패시브 전략들이 갖는 함의에 주목하며 설계과학 개념들의 체계 확립을 돕고자 한다.

패시브 디자인을 위한 읽을거리의 예로는 G. Z. Brown과 Mark DeKay가 저술한 『태양, 바람, 빛: 건축설계전략(Sun, Wind & Light: Architectural Design Strategies)』과 Norbert Lechner가 저술한 『난방, 냉방, 조명: 건축가를 위한 지속가능설계방법(Heating, Cooling, Lighting: Sustainable Design Methods for Architects)』을 추천한다.

## 6.2 설계과학(Design Science)

### 6.2.1 열에너지 설계과학 (Thermal Energy Design Science)

건물 내의 열 흐름을 지배하는 기본적인 인자들과 공식들에 대한 이해는 넷 제로 에너지 빌딩에 패시브 전략과 저에너지 시스템을 적용하기 위한 기초를 이룬다. 가장 중요한 것은 이런 정보가 에너지 모델링과 건물시스템 설계 단계에 작용할 모든 변수들의 폭넓은 배경을 설계자에게 제공한다는 점이다. 이런 개념들과 단순한 계산들을 통해 다양한 설계결정들, 특히 건물외피와 관련된 결정들을 신속하게 검증할 수 있다. 또한 그것들을 활용하여 다양한 시점에 다양하게 형성되는 건물 내 열 흐름들의 상대적 규모를 알아내고 기본적인 열에너지 설계기준들을 열거할 수도 있다.

열전달과 일사, 침기, 환기, 실내 열 획득을 통해 일어나는 열류를 결합하여 특정 시점의 총 열 획득이나 열 손실을 판별할 수 있다. 대개 이는 설계온도나 극한에 가까운 여름철 및 겨울철 온도를 고려하여 계산하게 되지만, 어떤 관심온도에 대해서도 계산할 수가 있다. 설계온도와 그에 관련된 열류들을 아는 것이 중요한데, 그런 수치들이 최대부하를 대표하고 시스템 규모에 영향을 주기 때문이다. 겨울철 최대 열손실은 좀 더 간단하게 추정되는데, 최저온도를 기록하는 시기에는 일사량이 시스템 부하에 영향을 주지 않는 것으로 보기 때문이다. 하지만 겨울철의 전반적인 열류는 일사량에 영향을 받을 것이다. 일사량은 1년 내내 열류에 영향을 미치기에 여름철 설계온도에서는 주된 요인이며, 간단한 계산을 통해 추정하기가 어렵다. 어떤 표면에 도달하는 태양복사는 매우 역동적이다. 그것은 표면의 방위와 일중 시각에 따라 달라진다.

일사에 원인이 되는 열류(Heat Flow)를 추정하는 몇 가지 계산법들 중에 본서에서 논하는 간단한 방법들과 더불어 몇 가지가 더 개발 되었는데, 상당외기온도법(sol-air temperature method)이 그 예다. 미국냉난방공조학회는 상당외기온도법에 대한 대안으로서 전달함수법(transfer function method)과 냉방부하온도차(cooling load temperature difference: CLTD)법을 개발했다. 다행히도 에너지 모델링 및 부하계산 소프트웨어를 통해 보다 쉽게 열류의 역동적인 성격을 설명하고 최대 열 부하와 연간 추정 에너지사용량 모두 더 정확하게 계산할 수 있게 되었다.

#### 6.2.1.1 열에너지 부하(Thermal Energy Loads)

어떤 건물에서든 열에너지 부하는 실외 열 조건과 실내 열 조건이 복잡하게 조합된 결과이며, 건물외피는 두 조건을 완화하는 역할을 한다(그림 6.4 참조). 실외환경은 모든 열전달방식—전도, 대류, 복사—을 통해 건물 내에 열에너지 부하들을 만들어낼 수 있다. 건물외피를 통한 열전달, 유리창을 통한 일사획득, 침기는 모두 건물의 외주부에서 열 부하를 만들어낸다. 외주부 부하들과는 별도로, 실내의 주요 열원은 사람들과 조명, 장비에서 발생하는 실내 열 획득이다. 열에너지 설계는 실외환경에 따른 외주부의 열 부하와 실내 열 획득 부하를 제어하는 작업이다.

### 6.2.1.2 열전달(Thermal Transmission)

외피를 통한 열류는 건물의 전반적인 에너지 사용에 있어 주된 요인이다. 이는 특히 난방을 하는 날의 수나 냉방을 하는 날의 수가 높은 입지, 즉 실내온도와 실외온도 간의 차이가 많이 나는 곳에 있는 건물들에서 외피를 통한 열류가 높아 건물의 전반적인 에너지 사용이 증가한다. 건물외피를 통한 열전달은 전도 · 대류 · 복사에 의한 영향들을 포함하지만, 이 속성에는 유리창을 통한 일사와 침기를 통한 대류의 영향이 배제됨에 유의하라. 그런 영향들은 별개로 정량화된다.

열전달을 주도하는 것은 건물외피 재료들을 통해 이루어지는 전도와 대류, 복사다. 실외가 실내보다 더 따뜻할 경우, 전도를 통한 열전달은 건물외피 재료들을 통해 바깥에서 안쪽을 향해 이루어져 열 획득을 일으킬 것이다. 실내가 실외보다 따뜻할 경우, 열전달은 건물외피를 통해 전도가 일어나는 열 손실의 형태가 된다. 대류는 건물외피 내의 공기 막과 중공을 통해 열류를 일으킨다. 일사는 실외표면 온도를 인접실외온도보다 훨씬 높일 수 있기 때문에, 외피를 통한 열전달도 늘릴 수 있다. **상당외기온도**(sol-air temperature)라는 개념은 외부표면상에 도달하는 일사 부가효과에 상당하는 당량을 대변하는 외기온도로서, 외피를 관통하는 열류를 이해하기 위한 개념이다.

열전달에 영향을 주는 일차요인들은 건물외피의 실내외 표면 간 온도차, 그리고 열에너지 흐름에 저항하는 건물외피의 능력이다. 재료와 조립체를 통한 열의 저항과 전달은 열전도계수(thermal conductance)와 열저항(thermal resistance), 열관류율(thermal transmittance)이라는 3가지의 상관요인들을 통해 정의되고 정량화된다.

#### 재료의 열류속성(Heat Flow Properties of Materials)

- **열전도계수**(C-factor)(Thermal conductance: C-factor): 재료의 두 표면 간에 측정된 두께와 1°F의 온도차에서 해당재료의 1 $ft^2$를 통해 전해지는 시간당 Btu 값의 열류를 표시한 척도. C-factor는

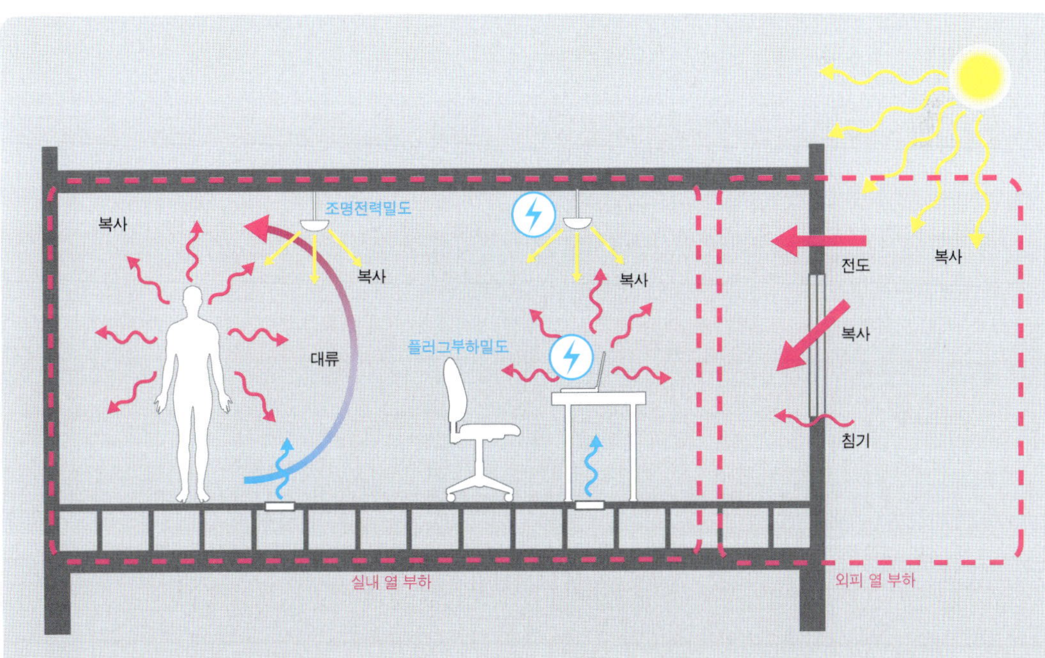


■ **그림 6.4** 건물 내의 열에너지 부하

Btu/h · $ft^2$ · °F 단위로 측정되는 시간당 Btu의 열에너지 척도이며, 국제표준단위로는 W/$m^2$ · °K로 측정된다(그림 6.5 참조).

- 열저항(R-factor)(Thermal resistance: R-value): C-factor의 역수로서, 측정된 두께와 1°F의 온도차에서 1 ft2의 재료를 통해 1 Btu의 열을 전달하는 데에 필요한 시간에 대한 척도. R-factor의 단위는 h · $ft^2$ · °F/Btu이며, 국제표준단위로는 $m^2$ · °K/W이다(그림 6.5 참조).
- 열관류율(U-factor)(Thermal transmittance: U-factor): 재료들의 조립체(조립체 양면의 공기 막들을 포함)를 통해 이뤄지는 시간당 Btu의 열에너지 관류량. U-factor는 C-factor와 단위가 같고, 1°F의 온도차에서 1 $ft^2$의 시공 조립체를 통과하는 값으로 측정된다. U-factor는 조립체에 대한 R-factor들의 합에 역수를 취하여 계산한다. 이는 U-factor들의 합과는 같지 않으며 조립체에 대한 부정확한 값을 낳게 됨을 주의할 것.

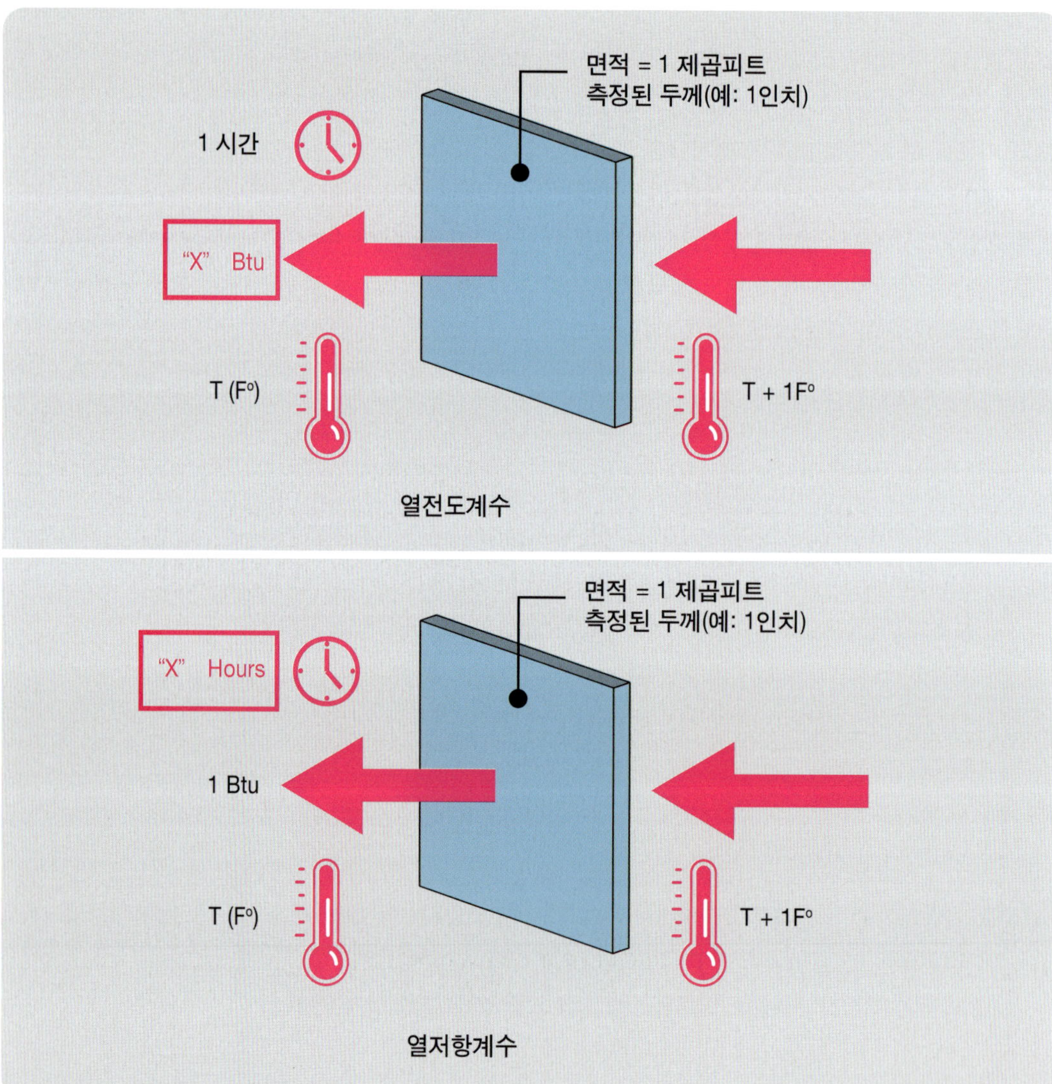


■ 그림 6.5 재료의 열류속성들

U-factor는 실내외 표면들 간의 온도차가 1°F인 조립체 1 $ft^2$를 통해 이뤄지는 시간당 Btu의 관류량이므로, 다음의 기본 등식을 통해 건물외피의 한 조립체나 부재를 통과하는 열 획득이나 열 손실을 정량화할 수 있다. 이 등식에서 Q는 시간당 Btu 단위의 열 손실 혹은 획득, U는 $Btu/h \cdot ft^2 \cdot °F$ 단위의 조립체에 대한 열관류율(U-factor), A는 $ft^2$로 나타낸 조립체의 면적, ⊿T는 화씨온도로 나타낸 실내외 온도차다. 상당외기온도를 알고 있다면, 그것을 실외온도로 활용할 수 있다.

$$Q = U \times A \times \Delta T$$

그림 6.6의 예는 R-factor가 10.0인 건물외피 1 $ft^2$에 대해 열전달을 통해 일어나는 열손실을 설명한다. 그 설계온도는 콜로라도 주 덴버의 겨울철 온도를 기준으로 한다. 『ASHRAE 기초 핸드북(ASHRAE Handbook Fundamentals)』은 다양한 입지에 대한 설계온도를 참고할 수 있는 자료다. 이 사례는 벽에 대한 것이지만, 지붕도 같은 계산과정을 따를 것이다.

온도차는 어떤 조건을 연구하더라도 그것을 반영할 수 있다. 그것은 최대 냉방/난방 부하를 제공할 설계 냉방 가동 일수 및 난방 가동 일수 일 수 있다. 게다가 냉방 가동 시간(cooling degree-hours)이나 난방 가동 시간(heating degree-hours)를 활용하여 연간 냉방/난방 에너지를 정량화할 수도 있다. 공조기 가동 시간을 추정하려면, 지역의 연간 공조기 가동 일 수에 24시간을 곱해야 하며, 프로젝트의 균형점온도와 관련된 기준온도를 반드시 활용해야 한다. 냉방 가동 시간은 상당외기온도의 영향을 반영하지 않으므로 주의 깊게 활용해야 한다.

$$Q = U \times A \times DH$$

냉 · 난방 가동 일은 수많은 자료에서 찾아볼 수 있는데, 그 중 두 가지만 들자면 『ASHRAE 기초 핸드북』과 온라인 사이트인 www.degreedays.net가 있다. 이 온라인 사이트에서는 다양한 기준온도를 활용하여 냉난방 공조기 가동 일수를 계산할 수 있다.

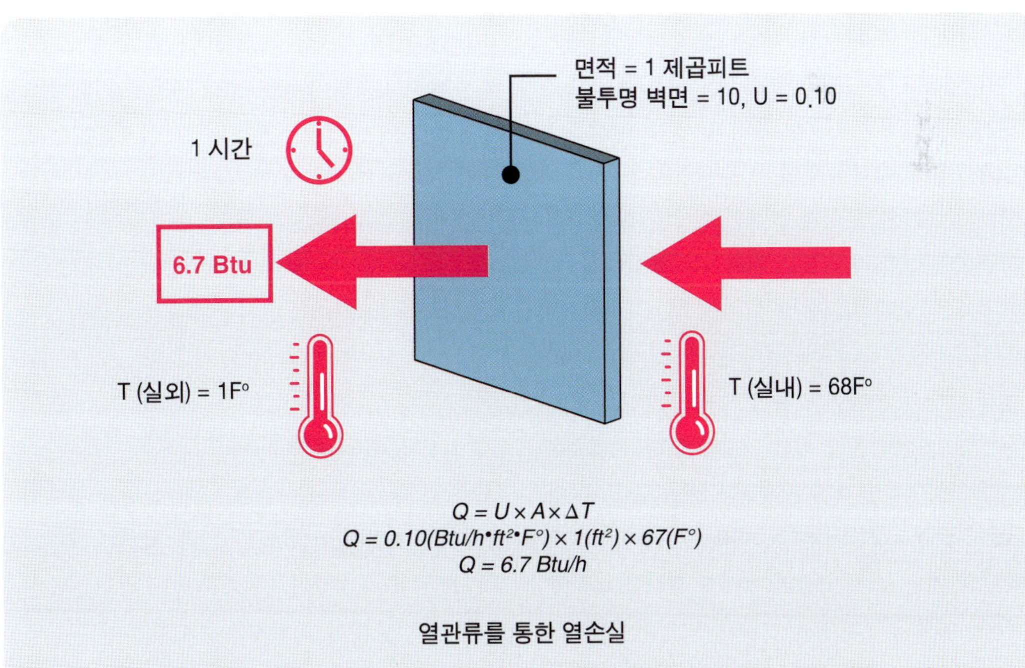


■ 그림 6.6 열관류 사례

#### 6.2.1.3 침기와 환기
(Infiltration and Ventilation)

사용중인 모든 건물은 사용자에게 신선한 공기를 공급해야 하며, 이를 위해서는 실내공기를 외기로 치환시켜야 한다. 외기는 침기와 환기를 통해 건물에 들어온다. 환기는 외기를 제어하며 도입하는 방식이고, 침기는 건물외피를 통해 제어되지 않은 외기가 도입되는 현상이다. 어느 경우든 건물에 들어온 외기는 외기 온도와 실내 설정 온도에 차이가 존재할 경우, 열에너지부하가 될 수 있다.

그렇다면 침기를 최소화하고, 신선한 공기조건에 최적화된 환기를 하는 것이 저에너지 및 넷 제로 에너지 빌딩에 중요한 전략이다. 환기는 외기 제어가 가능하기 때문에 환기관련 열 부하를 줄일 기회가 많다. 먼저 외기 비율을 건강하고 편안한 실내 환경을 유지하는 수준에서 최소한으로 줄일 수 있다. 실내 환경의 질을 높이기 위해 환기율을 늘릴수록 에너지사용량이 늘어나기 때문에, 프로젝트 별로 세심한 밸런스 관리가 필요하다. 수요제어식 환기(demand-controlled ventilation)는 공간내의 이산화탄소량에 기준하여 환기율을 조정하는 전략이다. 에너지를 더욱 효과적으로 절감하는 방식으로는 패시브 냉난방을 이용한 환기 및 열 교환 시스템을 이용한 환기 방식이 있다.

침기와 환기의 또 다른 중요한 영향은 습한 외기가 공간에 진입할 때 건물로 전해지는 잠열이다. 특정 기후와 계절에서는 습한 외기의 침기가 에너지부하를 가중시킬 수 있다. 제어되지 않은 외기진입의 형태인 침기는 제습이 불가능하다. 반면 제어되는 환기는 열 쾌적성을 위한 필요한 만큼의 제습이 가능하여 공간에 가해지는 잠열의 양을 줄일 수 있다. 환기용 공기가 건물의 일차적 냉난방시스템과 분리되면, 매우 높은 수준의 에너지 절감을 달성할 수 있다. 이런 접근법으로는 외기 시스템(dedicated outside air system: DOAS)을 활용하는 사례가 있다. 외기 시스템은 공간을 냉난방할 수 있는 규모의 일반적인 공조시스템보다 환기에 필요한 공기량이 훨씬 적어 잠열이 적고, 환기용 공기를 냉난방 공급온도의 극한 값에 이르도록 공조할 필요가 없어 현열이 적다. (이러한 저에너지 개념은 7장에서 더 자세히 논의한다.)

환기율은 건물 전체 용적에 대한 ACH(air changes per hour: 시간당 환기횟수)로, 혹은 면적(제곱피트) 당 CFM(cubic feet per minute: 분당 세제곱피트의 공기량)이나 1인당 CFM으로 정량화할 수 있다. 침기율은 외피면적(제곱피트) 당 CFM으로 정량화된다. 다음의 기본 등식은 환기나 침기를 통한 열 손실이나 획득의 비율을 정량화하는데, 여기서 Q는 시간당 Btu의 열 손실률이나 획득률이고, 1.08은 평균조건에 있는 공기의 열용량(volumetric heat capacity: VHC)(0.018)에 시간당 60분을 곱하여 Btu · min/h · ft³ · °F로 나타낸 계수이다. CFM은 단위체적내의 분당 환기량 또는 침기량을 의미한다(제곱피트 당 CFM 비율에 면적을 곱한 값). ΔT는 내 · 외부 온도차를 화씨로 표현한 값이다.

$$Q = 1.08 \times CFM \times \Delta T$$

그림 6.7의 사례는 1제곱피트의 건물외피에서 외피 제곱피트 당 0.40 CFM의 비율로 이뤄지는 침기를 통한 열 손실을 설명한다. 그 설계온도는 콜로라도 주 덴버의 겨울철 기준온도다.

이 등식을 시간당 환기횟수를 기준으로 도출할 수도 있다. 시간당 환기횟수와 공기량(체적)의 곱이 시간당 세제곱피트로 표현됨에 주목하라.

$$Q = 0.018 \times ACH \times V \times \Delta T$$

#### 6.2.1.4 일사(Solar Radiation)

유리창을 통한 일사는 건물 내부로 전달되는 열에너지의 중요한 원인이 될 수 있다. 복사는 상당외기효과를 통해 투명하거나 불투명한 구조체들을 비롯한 모든 건물외피 조립체들을 관통하여 열관류를 일으킬 수 있으며, 일사는 유리창을 통한 복사전달로부터 일어난다. 유리창시스템을 통한 일사는 실

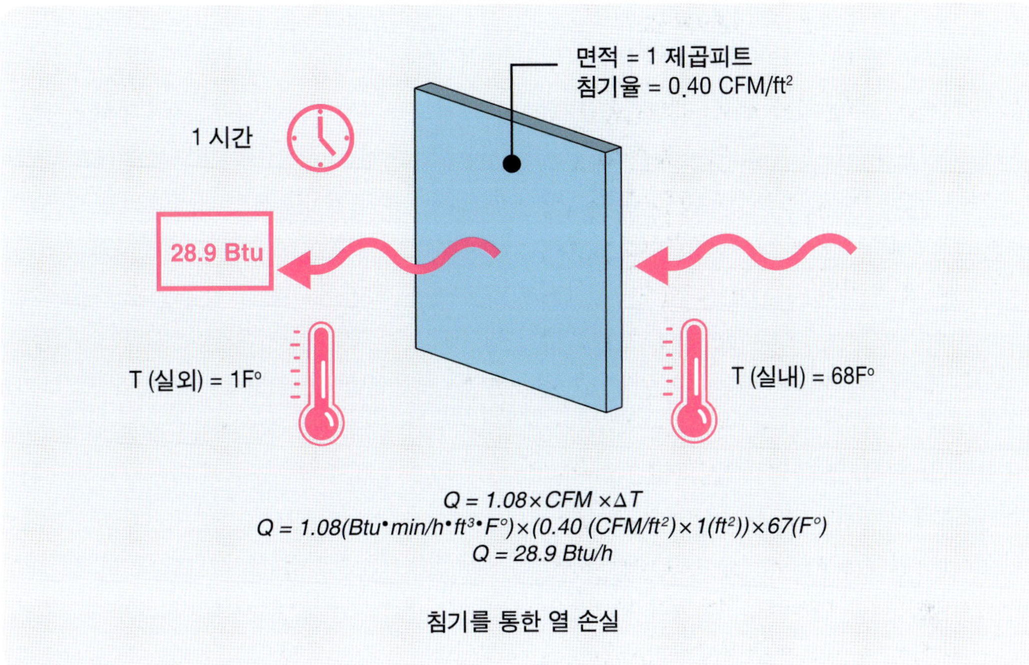


■ **그림 6.7** 침기의 사례

내외 온도차와는 상관없이 실내에 열 획득을 일으킨다. 건물이 냉방모드일 때 일사는 냉방부하를 증가시킨다. 건물이 난방모드일 때 일사는 유익할 수 있지만 주의 깊게 설계하여 과열을 방지해야 한다.

유리는 일사전달을 가능하게 하고, 유리창 유닛들은 복사전달을 줄이도록 설계할 수 있다. 유리창을 통한 일사획득에 영향을 주는 1차요인들은 유리창 표면에 도달하는 일사량과 유리창 유닛들의 물리적 속성, 특히 유리창 유닛의 일사열취득계수(SHGC)이다. 일사열취득계수는 유리창을 통해 전달되는 입사면 일사량의 백분율을 소수로 바꾼 것이다. (유리창 설계는 본 장의 "건물외피(Building Envelope)" 부분에서 더 상세하게 논한다.)

일사전달을 줄이기 위해서는 유리창 유닛에 적용할 수 있는 색상과 코팅뿐만 아니라, 유리창의 차양 장치도 직달일사획득을 줄이거나 제거할 수 있으며, 유리창 유닛이 총 일사획득을 줄이는 데 어떤 성능을 발휘할 것인지를 결정하려면, 유리창 일사열취득계수의 효과와 함께 차양 장치의 효과들을 고려할 필요가 있다.

다음의 기본 등식을 통해 창문을 통한 일사획득을 정량화할 수 있다. Q는 시간당 Btu의 열 획득률이고, G는 Btu/h · ft²로 나타낸 유리창 표면에서의 입사면 전일사율, A는 유리창의 면적이다.

$$Q = G \times A \times SHGC$$

그림 6.8의 사례는 일사열취득계수가 0.30인 건물외피 1 제곱피트의 유리창을 통해 얻어지는 일사획득을 설명한다. 그 입사면 전일사량은 콜로라도주 덴버에서 8월에 남향 수직 창에 대해 측정한 값이다. 국립재생에너지연구소는 건물일사데이터매뉴얼(Solar Radiation Data Manual for Buildings)에 창문들의 일사 값들을 기입한 표들을 실었으며, 이 매뉴얼은 http://rredc.nrel.gov/solar/pubs/blue book/ bluebookindex.html에서 무료로 이용해볼 수 있다. 또한 메테오놈과 에코텍트 웨더 툴과 같은 기후분석 소프트웨어도 다양한 향에 대해 일사 값들을 생성해낼 수 있다.

#### 6.2.1.5 실내 열 부하(Iinternal Heat Loads)

건물의 에너지 프로그램은 사용자와 조명 및 설비에서 발생하는 실내 열 획득 요인들에 영향을 준다. 이러한 실내 열 부하들은 각기 다른 방식으로 추정할 수 있으며, 그것들을 결합하여 총 열 획득을 정량화할 수도 있다. 조명부하와 설비부하는 열 부하뿐만 아니라 전기 부하로도 이어지며, 이 두 가지 부하를 줄이는 노력에서 중요한 에너지 절감 혜택이 있다는 점에 주목하라.

**● 재실자 열 획득(Occupant Heat Gain)**

재실자로부터 발생하는 열 획득은 재실자의 수나 재실밀도(occupancy density), 그리고 신체활동의 특성과 관련이 있다. 재실자들은 실내에 현열과 잠열을 모두 증가시킨다. 현열과 잠열이 결합하여 총 열 획득에 기여하지만, 증발냉각과 복사냉각 등의 패시브 전략 및 일부 저에너지 전략들은 발생한 현열만 제거한다.

재실자 열 획득은 건물 프로그램과 직접 관련이 있으며, 대개 열획득을 줄이거나 제어할 수 있는 기회가 주어지지 않는다. 왜냐하면 보다 크게 봤을 때 재실밀도를 줄이면 같은 프로그램에 같은 인원수를 수용하기 위해 더 큰 건물이 필요하게 되고, 따라서 전반적인 자원 이용에 훨씬 더 부정적인 영향을 주게 되기 때문이다.

다음의 세 가지 기본 등식들은 재실자들로부터 발생하는 열 획득을 정량화한다. $Q_{os}$ 는 주어진 수의 총 재실자들로부터 발생하는 현열획득, SHG는 재실자 당 현열획득, $O$는 재실자 수를 말한다. $Q_{ol}$은 주어진 수의 총 재실자들에 대한 잠열획득, LHG는 재실자 당 잠열획득, $Q_{ot}$ 는 주어진 재실자 수에 대한 현열획득과 잠열획득을 합한 총 열 획득이다. 재실자 수를 모르면 예상되는 사용밀도에 그 면적을 곱하여 추정할 수도 있다. 게다가 이 등식들에 $O$로 표기되는 재실밀도(제곱피트 당 재실인원수)를 활용하여 제곱피트 당 재실자 열 획득을 결정할 수도 있다.

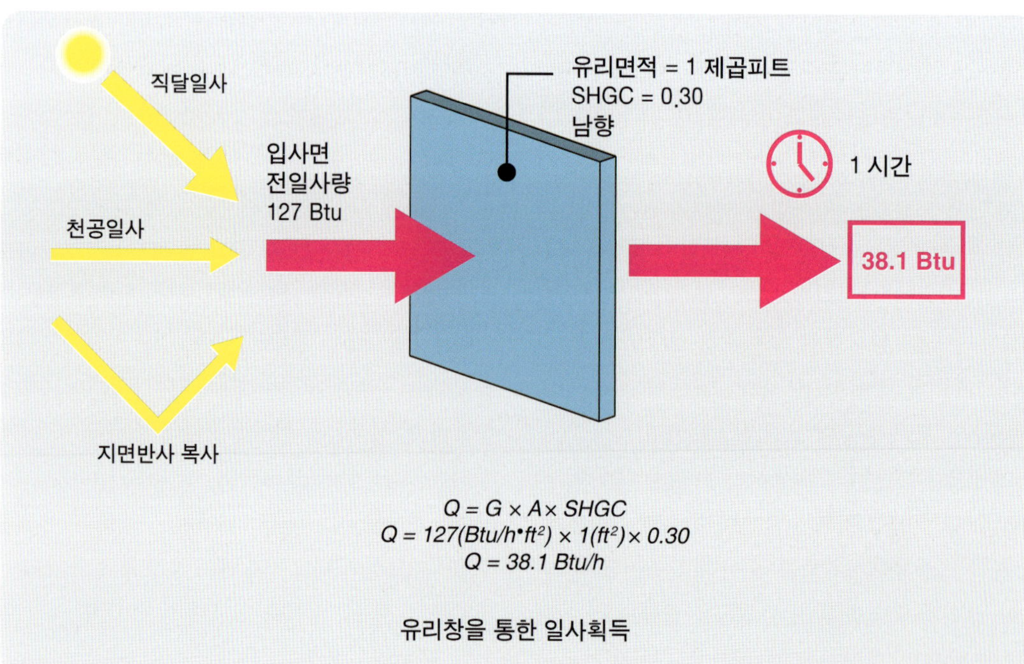


■ 그림 6.8 일사의 사례

$$Q_{os} = SHG \times O$$
$$Q_{ol} = LHG \times O$$
$$Q_{ot} = Q_{os} + Q_{ol}$$

그림 6.9의 사례는 1 제곱피트의 공간에 대해 사람들이 발생시키는 실내 열 획득을 설명한다. 이 사례는 사무소 유형의 재실밀도와 재실자들이 앉아서 가벼운 작업을 하는 경우를 가정한다. 사람들의 활동수준에 따른 현열획득과 잠열획득은 『ASHRAE 기초 핸드북』에서 찾아볼 수 있으며, Walter T. Grondzik와 Alison G. Kwok, Benjamin Stein, John S. Reynolds가 쓴 『건물의 기계전기설비(Mechanical and Electrical Equipment for Buildings)』에도 실려 있다.

● **조명 열 획득**(Lighting Heat Gain)

조명은 주요한 실내 열 획득원이며, 설치 조명의 전력밀도와 실내 열 획득 간에는 직접적인 상관관계가 있다. 조명 열 획득은 보다 효율적인 조명기구들의 설치로 설치조명의 전력밀도를 낮춰 크게 줄일 수 있다. 게다가 자연광의 이용이나 재실여부에 따라 조명을 꺼두거나 조광하는 제어전략들을 통해 열 획득을 줄일 수도 있다. 간단히 말해서, 조명에너지를 줄이는 전략 또한 실내 열 획득을 줄여준다.

실내의 조명 열 획득을 정량화하려면, 다음 등식과 같이 대상 건물이나 공간에 설치된 조명의 와트를 시간당 Btu로 변환하기만 하면 된다. 이렇게 하면 총 조명전력밀도에 대한 열 획득이 계산됨에 주목하라. 특히 이 값을 더 오랜 기간에 걸쳐 관찰할 때는 그 값에 적절한 백분율을 적용하여 조명 스케줄과 제어범위를 감안할 수 있다. $Q_l$은 시간당 Btu로 표시한 조명 열 획득률이고, LPD는 와트로 표시한 제곱피트 당 조명 전력밀도이며, A는 제곱피트로 표시되는 면적이다.

$$Q_l = 3.412 \times LPD \times A$$

그림 6.10의 사례는 전형적인 사무소 건물의 조명수준에서 발생하는 실내의 조명 열 획득을 설명한다.

● **장비 열 획득**(Equipment Heat Gain)

건물 내 설치된 장비는 실내 열 획득을 발생시킨다. 일반적인 사례로 사무소 건물 내의 컴퓨터와 서버 등의 장비가 있다. 조명 전력밀도 절감에 대한 똑같은 논리를 장비에도 적용할 수 있다. 에너지 효율적인 장비와 장치를 선택하고 사용하지 않을 때 전원장치로부터 분리해두는 방식으로 플러그부하와 프

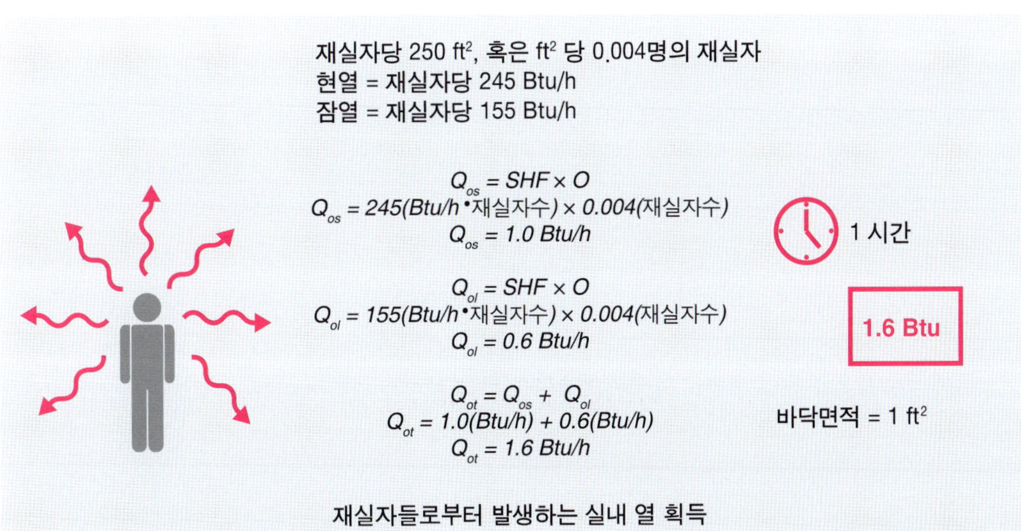


■ 그림 6.9 재실자에 의한 실내 열 획득 사례

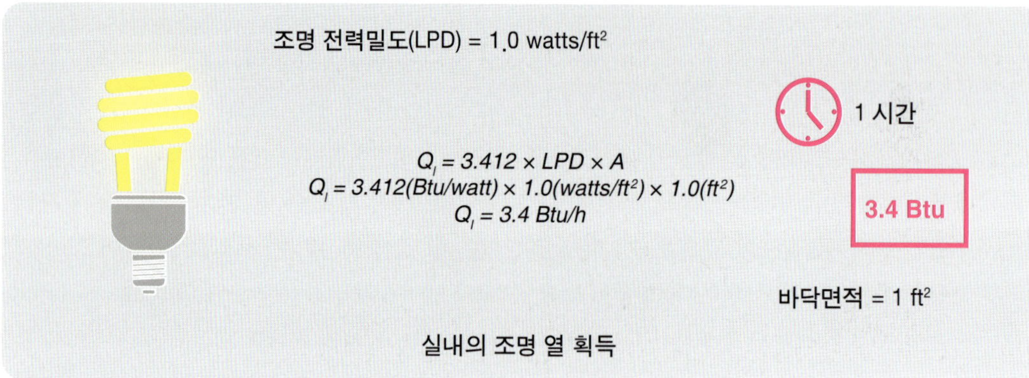


■ **그림 6.10** 실내의 조명 열 획득 사례

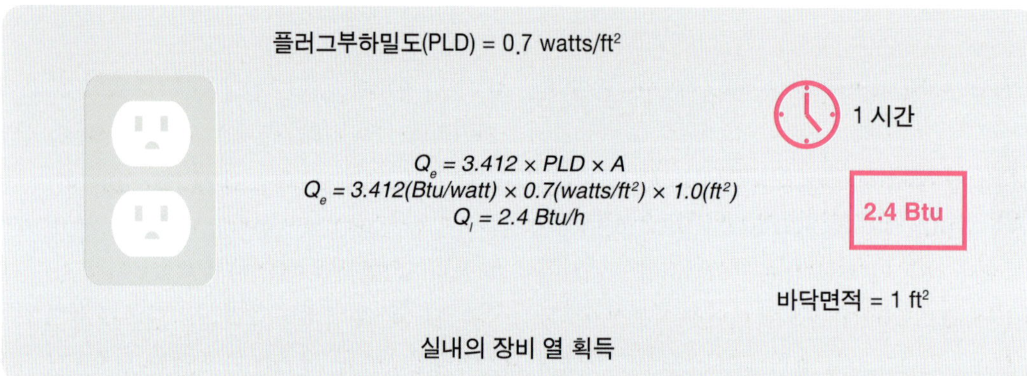


■ **그림 6.11** 실내의 장비 열 획득 사례

로세스부하를 줄이면 실내 열 획득이 줄어들 것이다. 장비와 장치에 대한 열 획득 계산은 조명에 대한 계산방식과 동일하며, 이를 계산할 때는 설치된 장비의 와트를 정량화하고 그 사용스케줄을 추정할 필요가 있다. 그 부하는 플러그부하밀도나 총 설치 장비/장치 부하로 정량화한다. 다음 등식에서 $Q_e$는 시간당 Btu로 나타낸 장비 및 조명 열 획득률을, PLD는 와트로 나타낸 제곱피트 당 플러그부하밀도를, A는 제곱피트 단위의 면적을 나타낸다.

$$Q_e = 3.412 \times PLD \times A$$

그림 6.11의 사례는 전형적인 사무소 건물의 플러그부하밀도를 활용한 실내의 장비 열 획득 계산을 설명한다.

**●총 실내 열 획득**(Total Internal Heat Gain)

사람과 조명, 장비, 장치에 대한 총 실내 열 획득 ($Q_i$)은 다음처럼 합한다.

$$Q_i = Q_{os} + Q_l + Q_e$$

그림 6.12 참조.

한 건물 내의 다양한 열 획득 및 손실 원인들의 상대적 영향을 비교해보는 것이 유용할 수 있다. 앞선 사례들에서 각각의 열 획득이나 손실마다 다양한 영역에 기초했음을 주목하라. 예를 들면, 불투명한 벽 면적과 유리창 면적을 비교하는 것이다. 각각의 면적을 알고 있다면, 건물 바닥면적에 대해 다양한 열 획득 및 손실을 표준화할 수 있다. 게다가 이런 사례들은 아마도 최대 부하 시간(peak load time)들에 초점을 맞출 것이다. 실제로 연간 에너지를 계산할 때에는 더 많은 변수들이 포함된다. 이 간단한 수준의 계산 값은 개념적인 수준에서 한 건물에 대한 에너지 문제를 이해하고 다양한 열류의 상대적 중요성을 비교하려는 것이다. 이런 아이디어는 한

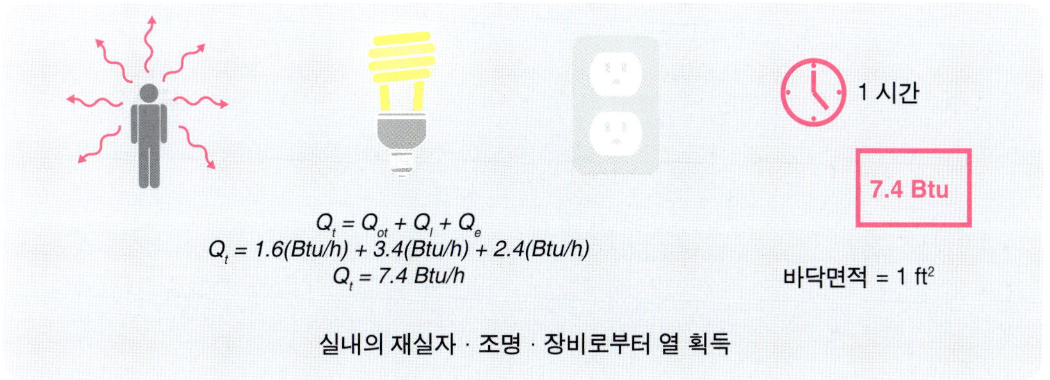


■ 그림 6.12 총 실내 열 획득 사례

건물의 균형점온도를 고려할 때 더 중요해질 수 있다.

#### 6.2.1.5 균형점(Balance Point)

균형점온도란 건물이 난방모드에서 냉방모드로, 혹은 그 역으로 전환할 때의 외기온도다. 외기온도가 균형점 밑으로 내려가면, 건물은 난방모드로 바뀌며, 반대로 외기온도가 균형점 위로 올라갈수록, 건물은 냉방모드로 바뀔 것이다. 다른 식으로 말하자면, 균형점온도는 건물에 냉난방을 할 필요가 없는 시기의 조건이다.

균형점온도의 한 가지 흥미로운 요소는 기본적으로 기후와 건축만을 고려한단 점이다. 따라서 균형점온도는 건축가와 설계자가 설계과정 초기에 고려하기에 유용한 개념일 수 있는데, 기후와 프로그램, 건축의 열적 상호작용들을 정의하는 데 균형점온도가 도움이 되기 때문이다. 이 모든 요인들은 한 건물 내의 열에너지 흐름에 영향을 준다. 그리고 건물의 사용과 날씨와 같은 많은 요인들은 가변적이어서 균형점온도도 똑같이 유지되지 않는다. 균형점온도는 이런 변수들과 함께 변할 뿐만 아니라, 열적 균형의 개념이기 때문에 다양한 날씨 및 건물 사용 시나리오들에 따라 매스계획과 건물외피의 대안들을 시험하는 데 활용되어질 수 있다.

균형점온도는 G. Z. Brown과 Mark DeKay가 쓴 『태양, 바람, 빛: 건축설계전략(Sun, Wind & Light: Architectural Design Strategies)』에서, 또한 1987년에 위스콘신-밀워키대학교의 Michael Utzinger와 James Wasley가 쓴 논문인 "건물 균형점(Building Balance Point)"에서 보다 상세하게 다루고 있다. 이 논문은 캘리포니아 버클리대학교의 바이탈 사인(Vital Signs) 시리즈의 일부로 출판되었다.

### 6.2.2 빛에너지 설계과학
(Luminous Energy Design Science)

열에너지뿐만 아니라 빛에너지, 혹은 빛도 건물 설계과학에 핵심을 이룬다. 빛의 기본적 속성들을 이해하는 것이 자연채광전략을 적용하고 에너지 효율적인 조명시스템을 구현하기 위한 밑바탕이 된다. 기본적인 광학적 지식만이 아니라 빛에 대한, 특히 건축 환경에서의 자연광에 대한 기본 척도와 측정 기준들을 이해하는 것이 중요하다.

#### 6.2.2.1 빛의 속성(Properties of Light)

빛은 에너지이며, 가시적인 전자기복사 스펙트럼이다. 그것은 전체 전자기파 스펙트럼에서 일부를 차지하는 협소한 띠로서, 대략 400~700 나노미터 사이의 파장들로 구성된다(그림 6.13 참조). 이 범위 내에서 빛의 모든 색들이 구현된다. 모든 가시광선 파장들이 합쳐지면 흰색으로 보이지만, 가시광선

파장들이 없으면 검은색으로 보인다. 상대적으로 균일한 색상의 자연광 스펙트럼은 무지개의 어떤 색깔도 표현할 수 있는 고품질의(올 컬러) 백색광으로 나타난다.

빛의 색상과 파장은 표면색의 정확한 표현 이상으로 중요하며, 에너지 제어에도 필수적이다. 색상은 한 표면이 특정한 파장이나 색상을 반사할 때 시각적으로 인식되고, 반사되지 않는 파장들은 그 표면에 흡수된다.

백색표면은 대부분의 빛을 반사한다. 반사광의 파장범위가 클수록, 반사되는 열에너지의 양도 많아진다. 검은 표면들의 경우는 그 반대다. 검은색 표면은 대부분의 빛을 흡수하기 때문에 더 많은 열에너지를 흡수한다. 이러한 원리가 건물 외피의 열부하와 관련하여 중요한 역할을 하게 된다. 반사율이 높은 색들은 자연광을 분산시키는 역할도 한다.

빛은 다양한 방식으로 정량화되어 표면 및 재료들과 상호작용한다. 표면도달입사광량에 대한 표면반사광량의 비율을 **반사율**(reflectance 혹은 reflectance factor)이라 부르며, 이 값은 0 내지 1, 혹은 0 내지 100퍼센트 사이이며, 반사되지 않는 빛은 흡수된다. 빛은 표면에 도달할 때 입사각과 같은 각도로 반사한다. 하지만 그 반사 자체는 정반사이거나 난반사된다. 혹은 그 둘의 조합일 수도 있다(그림 6.14 참조). 거칠거나 무광의 표면재질은 표면각의 작은 변화가 많기 때문에 빛을 난반사하는 반면,

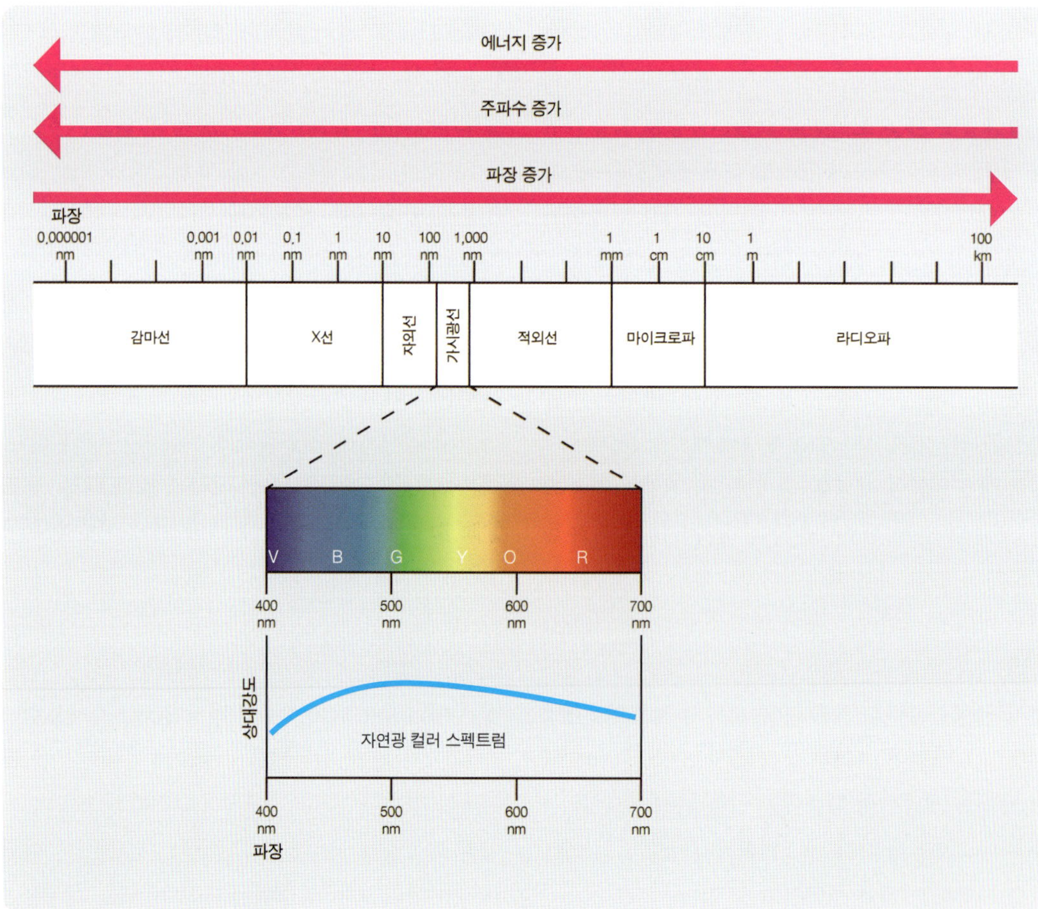


■ **그림 6.13** 전자기파 스펙트럼

완전히 매끄러운 유광 표면은 정반사를 일으킨다.

재료는 빛을 반사하고 흡수할 수 있지만, 깨끗하고 반투명한 재료들은 빛을 투과할 수도 있다. **투과율**(transmittance 혹은 transmittance factor)은 어떠한 재료표면에 도달하는 입사광량에 대한 그 재료를 투과하는 광량의 비율이다. 반투과성 재료는 빛이 그것을 투과할 때 빛을 산란시키기 때문에, 재료를 투시하기 어렵게 하기도 한다.

빛의 색상과 거동에 대한 정의 말고도 또 중요한 건 광량의 정의다. 광량(luminous energy)은 시각적으로 인식되는 복사에너지, 즉 루멘초(lumen-second: lm · s)로 측정되는 광량이다. 광량의 시간속도, 즉 광량의 흐름은 초당 루멘초(lm · s/s)로 측정되거나 단순히 루멘(lm)으로만 측정되기도 하는 광속(luminous flux)이다. 광속은 전력의 척도이지만, 방사속(radiant flux)(와트로 측정되는 전자기복사전력)과는 다르다. 광속은 인간의 눈이 지각하는 빛에너지 전력의 척도이며 파장에 기초하고 있다. 예를 들어, 555나노미터의 파장에서 683루멘은 1와트와 같다. 광원의 **효율**(efficacy)은 입력전력에 대한 출력광속의 비율을 와트(W)나 와트 당 루멘(lm/W)으로 나타내는 비율이다. 광도(luminous intensity)는 일정 방향을 기준으로 한 광속밀도의 측정값이다. 광원들은 빛(루멘)을 보다 큰 밀도로 좁게 분산(국부조명)하거나 보다 적은 밀도로 넓게 분산(투광조명)할 수 있다. 광도의 단위는 스테라디안(steradian: 입체각) 당 루멘에 해당하는 칸델라(candela)다(그림 6.15 참조).

앞서 기술한 개념들은 한 광원에서 방출되는 빛을 정량화한 것이다. 건축조명설계에서는 표면위의 빛의 측정이 주된 관심사다. 조도(illuminance)는 표면적 당 루멘으로 나타내는 척도이다. 럭스(lux)는 1 $lm/m^2$이고, 촉광(fc)은 1 $lm/ft^2$이다. 1 촉광은 10.76 럭스와 같다. 우리는 작업표면상의 촉광을 측정할 수 있지만, 눈을 향해 반사되는 빛은 휘도(luminance)로 측정된다. 휘도는 우리가 느끼는 빛의 수준이며, 단위면적 당 광도로 표시되는 척도다(그림 6.15 참조).

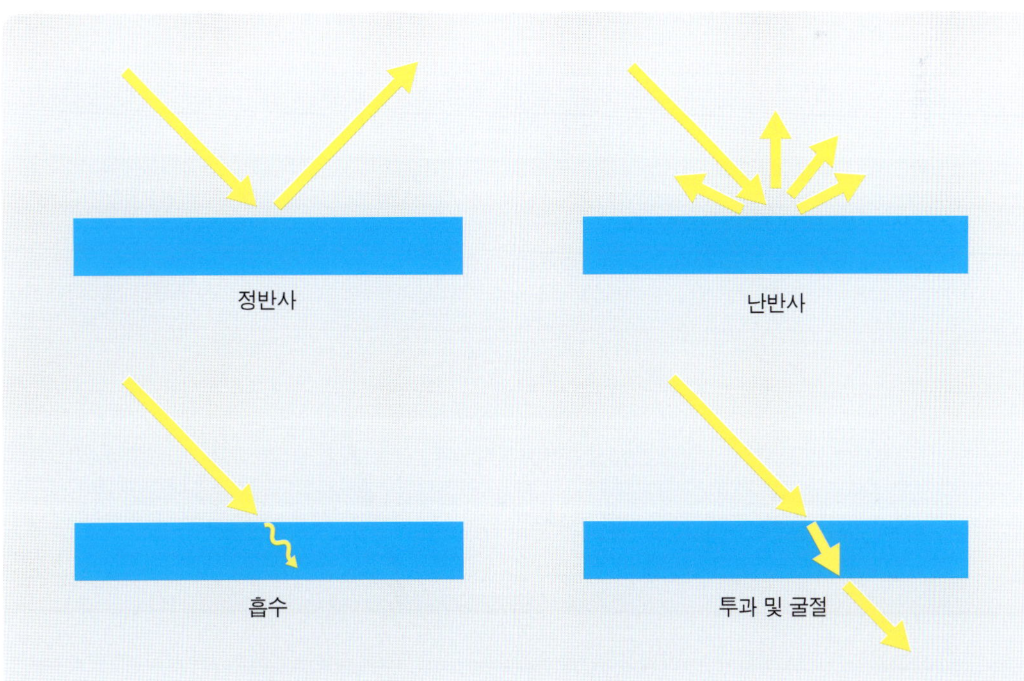


■ **그림 6.14** 빛과 표면의 상호작용

**빛의 측정단위**(Photometric units)

- 광량(Luminous energy): 루멘초(lm · s)
- 광속(Luminous flux): 루멘(lumen, lm)
- 효율(Efficacy): 와트 당 루멘(lumen/watt, lm/W)
- 광도(Luminous intensity): 칸델라(candela, cd)
  = 스테라디안 당 루멘(lumen/steradian, lm/st)
- 조도(Illuminance): 제곱피트 당 루멘($lm/ft^2$)
  = 촉광(footcandle, fc) 혹은 제곱미터 당 루멘($lm/m^2$)
  = 럭스(lux)
- 휘도(Luminance): 제곱피트 당 칸델라($cd/ft^2$) 혹은 제곱미터 당 칸델라($cd/m^2$)

### 6.2.2.2 자연광수준(Daylighting Levels)

자연채광설계는 자연광이 드는 공간의 조명수요를 이해하는 것으로부터 시작한다. 촉광(fc)이나 럭스(국제표준단위) 단위의 조도는 조명수준의 한 척도다. 조도 조건은 공간과 그 안에서 일어나는 활동유형에 따라 다양할 수 있다. 조도 조건은 주관적이기도 하며, 연령과 기타 개인적 요인들에 따라 다양할 수 있다. 대비(contrast)와 휘도(glare: 눈부심)와 같은 기타 요인들도 역시 성공적인 자연채광설계를 위해 중요하게 고려되어야 할 사항들이다.

많은 공간들에 중요한 한 가지 설계전략은 전반조명과 작업조명에 대한 조도조건을 구분하는 것이다. 사무소와 같은 곳에서는 전반조명의 조도가 작업용 책상에 요구되는 조도수준보다 약할 수 있다. 따라서 책상에서 근무하는 사용자들의 수요를 되도록 개별제어식 작업조명으로 해결하면 전반적인 조도수준은 낮추면서 에너지를 절약할 기회가 생긴다.

공간사용과 활동을 바탕으로 조도수준의 목표를 정할 때는 조도가 매우 주관적이어서 다양한 범위의 조도들로 표현될 수 있다. 자연채광은 매우 변화가 커서 시간마다, 날마다 변할 것이다. 또한 매우 높은 조도는 불필요하다. 높은 조도는 특별한 조명수요가 있는 영역에만 갖춰져야 한다. 개별공간의

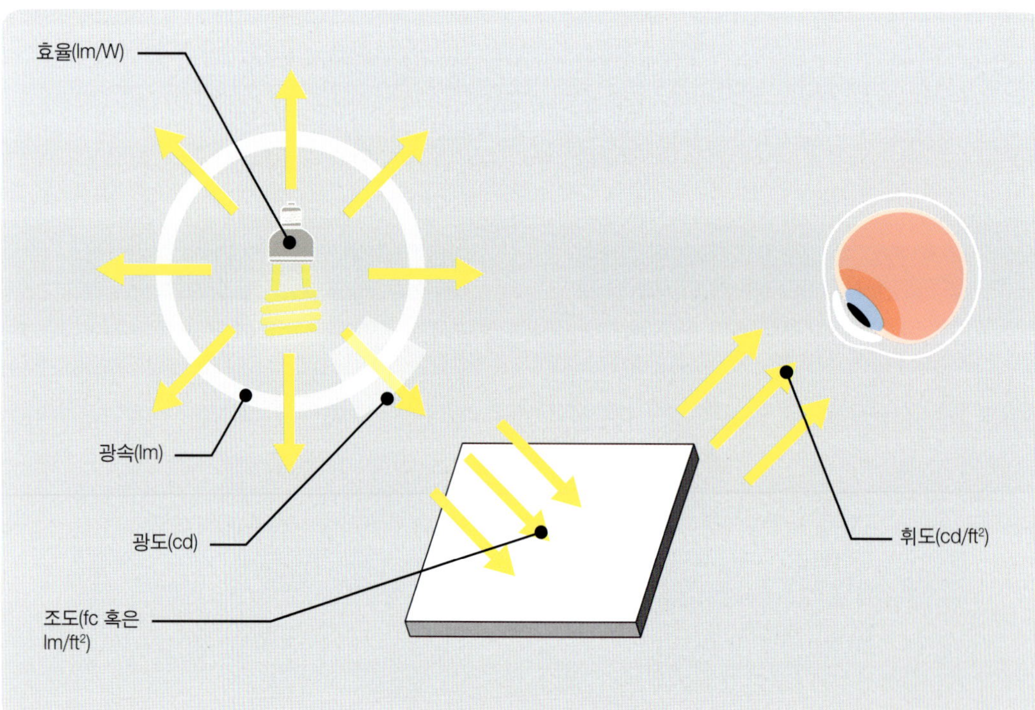


■ **그림 6.15** Photometric Units.

조도요건과 설계표준에 대한 가장 좋은 자료 중 하나는 북미조명학회(Illuminating Engineering Society of North America: IESNA 혹은 간단히 IES)의 자료다. 그림 6.16은 활동별 간략히 조도범위 권고기준들을 나열한 것이다.

LEED 2009 IEQ 크레딧 8.1의 자연채광 득점요건들은 종종 자연채광공간들에 대한 설계요건으로 활용된다. LEED 2009는 보통수준으로 사용되는 공간들에 대해 9월 21일 오전 9시부터 오후 3시까지 청천공 조건 하에서 최소 10촉광과 최대 500 촉광의 도달할 것을 요구한다. 미국그린빌딩위원회(USGBC)가 겨우 최근에야 기존요건이었던 25촉광 대신 10촉광의 최소기준을 활용함을 유념해야 한다. 25촉광의 실내조도 수준은 사무소와 기타 유사한 공간유형에 있어 좋은 설계목표다. 궁극적으로 자연채광설계는 주어진 어떤 공간에도 필요한 조명 수준을 제공해야 한다.

자연광의 양과 더불어 그 질은 또 다른 중요한 설계요건이다. 너무 많거나 제어되지 않은 자연광을 받게 되면 대비와 휘도가 높은 공간이 될 수 있다. 높은 휘도는 컴퓨터 모니터 화면이 보이지 않을 정도의 반사를 일으키기 때문에 특히 문제가 된다. 따라서, 모든 자연채광 전략은 그 일부로서 휘도 제어전략을 포함해야 한다.

### 6.2.2.3 실외조도(Exterios Illuminations)

건물의 지리적 및 기하학적 위치를 특징짓는 실외조도와 천공조건의 범위는 자연채광을 활용할 수 있는 기회와 전략에 영향을 줄 것이다. 실외조도는 매우 가변적이며, 천공조건과 연중시기, 일일시간대에 따라 달라진다. 또한 위도와 태양각도(고도와 방위각)에 따라서도 달라진다. 맑고 화창한 날의 실외조도는 몇 천 촉광에서 천만 촉광까지 다양할 수 있다. 청천공의 가장 밝은 영역은 자연스럽게 태양에 가까운 쪽이어서, 지평선이 천정(zenith)에 비해 3:1의 비율로 더 밝다. 반대로 담천공에서는 천정이 약 3:1의 비율로 천공에서 가장 밝다. 담천공에서의 실내조도범위는 몇 백 촉광에서 몇 천 촉광에 이른다.

5장에서 거론한 클라이밋 컨설턴트(Climate Consultant)와 같은 기후분석 소프트웨어는 주어진 대지와 기후에 대해 실외조도범위를 결정하는 간편한 방식이다. 운량 범위 역시 일반적으로 기상데이터 파일에서 얻을 수 있다. 천공조건과 실외조도의 범위를 이해하면 최악의 경우를 고려한 천공을 설계하는 데 도움이 되고 다양한 천공조건들을 다루는 자연채광전략들을 생각해낼 수 있을 것이다. 자연광모델링 소프트웨어를 활용하면 어떤 시뮬레이션을 하더라도 그에 맞는 설계 천공조건들을 선택할 수 있을 것이다.

### 6.2.2.4 주광률(Daylight Factor)

주광률(DF)은 담천공에서의 실외조도 대비 건물의 한 실내 지점에서 측정한 조도의 비율이다. 다음 등식에서 $DF$는 주광률을, $E_i$는 주어진 한 점에서의 실내수평조도를, $E_o$는 담천공에서의 실외수평조도를 뜻한다.

| 활동 | 촉광 범위 |
|---|---|
| 오리엔테이션(orientation)/제한적 디테일/ 가끔씩 사용 | 3–10 fc |
| 기초적인 시각적 작업/ 적당한 디테일/규칙적 사용 | 20–30 fc |
| 기초적인 시각적 작업/고도의 디테일/규칙적 사용 | 50 fc |
| 특별한 시각적 작업/초고도의 디테일 | 100–200 fc |

■ 그림 6.16 실내조도 권고수준

$$DF = \frac{E_i}{E_o} \times 100\%$$

예를 들어, 교실의 한 책상에서 5퍼센트의 주광률이 측정되고 담천공에서의 실외조도가 1,000 촉광이라면 그 책상의 조도는 50 촉광일 것이다. 이 비율은 건물 내의 한 지점에서 측정하거나 전체 공간에 대한 평균으로 표현한 값일 수 있다. 주광률은 한 공간의 자연광 설계성능을 정량화 할 수 있기 때문에 유용한 설계측정기준이다. 담천공 조도는 시간에 따라 변화할 테지만, 주광률은 고정적이다. 따라서 원하는 실내조명수준과 최악의 경우를 고려한 담천공 실외조도를 알면, 주광률의 설계목표를 결정하고 이를 통해 설계 대안들을 검증할 수 있다.

주광률은 천공요소와 실외반사요소, 실내반사요소의 합이다. Grondzik 등이 지은 『건물을 위한 기계전기설비(Mechanical and Electrical Equipment for Buildings)』와 같은 많은 훌륭한 책들이 자연채광설계에 초점을 맞추어 주광률을 계산하고 추정하는 방법들을 제시하고 있다. 자연광모델링 소프트웨

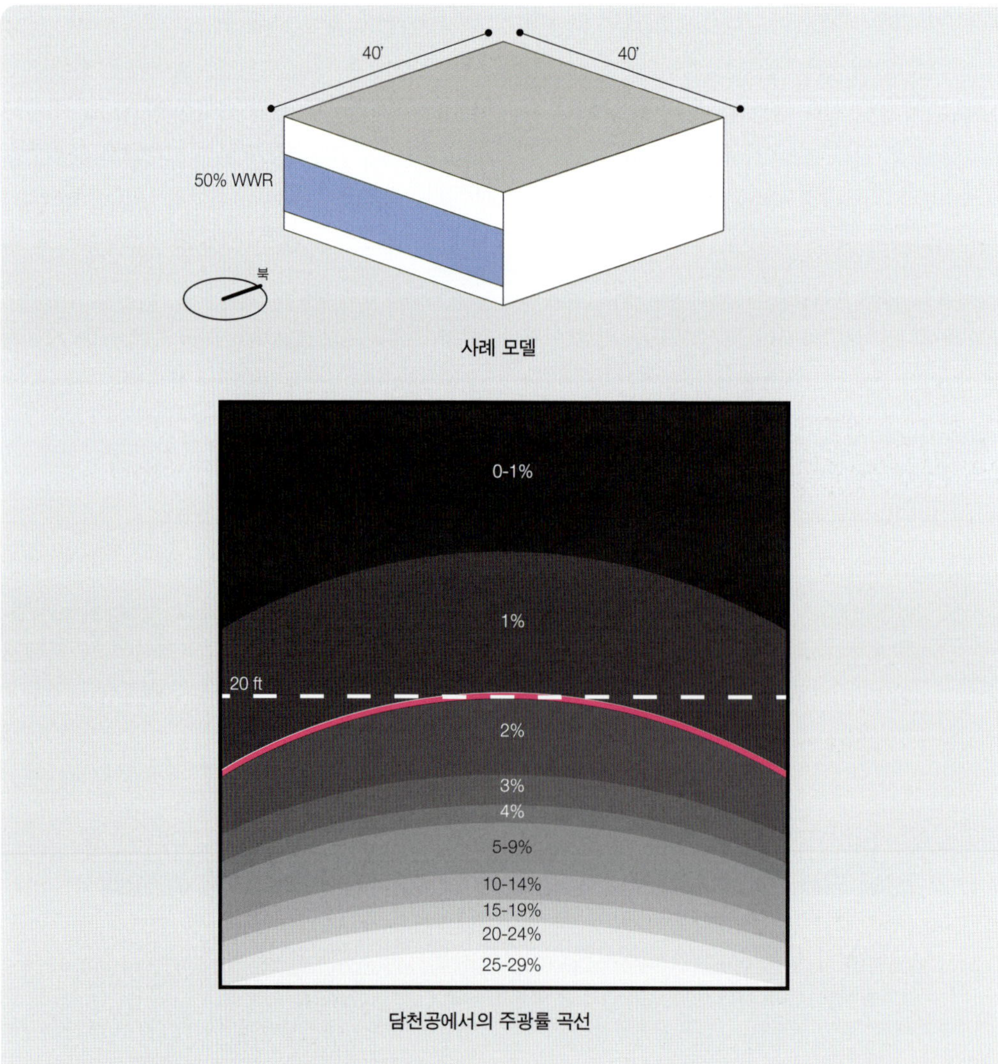


■ 그림 6.17 주광률 사례

어의 활용은 주광률의 결정뿐만 아니라 조도와 휘도 분석, 기타 자연광 속성들을 결정하는 일반적인 방법이 되어가고 있으며, 이러한 자연광모델링 소프트웨어를 통해 계산되는 주광률의 사례가 6.17에 나와 있다.

주광률의 주된 단점들 가운데 하나는 청천공이나 직접적으로 제어되는 주광을 활용하여 자연채광 전략들을 수치적으로 정량화하지는 않는다는 점이다. 낮은 태양고도와 겨울철의 담천공 조건은 주광수준이 가장 좋지 않은 천공조건을 대변할 것이고, 청천공 조건과 직달일사 투과시기는 휘도와 시각적 쾌적성이 가장 좋지 않은 시나리오를 대변할 것이다. 설계 성능의 측정기준으로서 주광률에만 의존하다보면 지나친 조명 사용과 휘도에서 문제가 발생할 수 있다.

### 6.2.2.5 동적주광성능 (Dynamic Daylight Performance)

주광성능에 직접 영향을 주는 동적 변수들이 많은데, 예를 들면 변화하는 태양각도와 천공조건, 사용패턴, 개폐식 창문차양의 사용패턴 등을 들 수 있다. 주광률은 시간의 변화와 상관없이 정적인 측정기준을 제공하지만, 시간에 따른 주광성능을 고려하는 것이 중요하다. 이러한 자연광의 매우 동적인 성격 때문에, 컴퓨터 시뮬레이션이 설계 해법들을 검증하고 성능을 평가하는 1차적 수단이 되어왔다.

한 공간에 대한 자연채광의 연간성능을 평가하는 일반적인 접근법은 계절별 조건들을 검증하는 것이다. 그렇게 함으로써 설계자는 한 디자인에 대해 연간 주광성능 변화들을 이해할 수 있게 된다. 계절별 변화들은 일반적으로 하지와 동지, 춘분과 추분에 대해 검증한다. 이러한 계절별 시기들은 담천공과 청천공 조건 모두에 대해 검증해야 한다. 또한 오전(오전 9시)과 정오, 그리고 오후(오후 3시) 조건들을 살펴보는 것이 유용하다.

### 6.2.2.6 주광 자율도(Daylight Autonomy(DA))

언급했듯이 주광률은 주광성능을 측정하는 정적인 척도다. 하지만 주광성능과 시간에 따른 에너지절감을 보다 깊이 이해할 수 있게 하는 동적인 주광성능 척도인 DA가 있다.

DA는 공간의 조도가 자연광으로만 충족되는 시간의 백분율을 측정하는 척도이다. 이 척도는 공간의 한 지점을 대상으로 하지만, 다양한 지점들을 합쳐서 전체적인 공간에 대한 척도로도 나타낼 수 있다. 보통 이 척도에서 고려되는 시간들은 하루 24시간이 아니라 재실자가 점유하는 주광시간대이며, 이때 고려되는 시간대는 특정한 프로젝트 수요에 맞게 변경이 가능하다.

DA 척도의 기본적인 요소를 변경한 유용한 방법 중의 하나는 공간의 조도가 자연채광만으로 충족되는 시간대들을 할당함으로써 실내의 모든 주광(단, 설계조도수준 하에 있는 주광)을 감안하는 것이다. **연속주광자율도**(continuous daylight autonomy)이라고 알려져 있는 이 척도는 "지속가능한 건축물 설계를 위한 동적주광성능척도(Dynamic Daylighting Performance Metrics for sustainable Building Design)"의 공동저자인 Zack Rogers가 2006년에 개발했다. 또 하나의 유용한 방법은 최대 DA값을 고려하는 것이다. 이 경우, 한 공간 내에 원하는 최고조도수준을 기준으로 최대설계조도한계가 평가된다. 이 척도는 주광이 최대설계조도를 초과할 때 이 초과하는 시간을  백분율 단위로 계산하여 휘도와 직사광선에 대해 나타낸 지표이다. LEED 2009는 500촉광을 최대치로 설정하였으며, John Mardaljevic과 Azza Nabil과 같은 다른 전문가들은 낮은 수준인 2000럭스(약 200촉광)를 최대한계로 제안하였다. 최대조명수준한계를 설정하는 또 다른 접근법은 원하는 대비율, 예를 들면 1:10과 같은 비율을 활용하는 것이다. 이러한 경우의 설계조도가 25촉광이라면 최대치는 250촉광이 될 것이다.

## 6.3 건물외피(Building Envelope)

건물외피는 건물이 실외 환경 및 기후와 만나는 최전선이다. 이 말은 외피가 패시브 전략의 실행에 중요한 역할을 한다는 뜻이며, 따라서 향과 매스계획, 기계 · 전기설비시스템 설계를 결정할 때 외피에 대한 고려를 함께 해야 한다. 건물외피는 기후가 실내에 스며들 필요가 있는 자연채광과 자연환기 등의 패시브 전략들에 대한 요구가 열에너지 관점에서의 완전성 및 성능에 대한 요구와 균형을 이루게 해야 한다. 건물외피는 모든 건물의 에너지 성능에 핵심을 이루지만, 넷 제로 에너지 빌딩의 성능에는 절대적으로 중요한 요소다.

### 6.3.1 외피를 중립화하라(Neutralize the Envelope)

외피를 중립화한다는 개념은 외피의 열 부하를 중립화한다는 의미다. 이것은 넷 제로 에너지 빌딩에 대한 패시브 디자인적 접근의 한 핵심요소다. 건물외피의 설계는 열전달과 일사, 침기와 관련되는 열에너지의 전도 · 대류 · 복사 부하들을 컨트롤하고 중립화할 필요가 있다.

넷 제로 에너지 빌딩에서 외피의 중립화를 해결하기 위한 기술적 이슈들은 현기증이 날 정도로 많으며, 기술적 이슈들을 해결할 수 있는 기술과 신진기술의 수는 훨씬 더 많다. 한 가지 일반적인 지침은 건물외피의 중립화설계를 최대한 간단하고 직접적인 방식으로 설계 하는 것이다. 총체적이면서도 디테일을 놓치지 않는 것이 중요하다. 경제적이고 통합적인 솔루션들에 초점을 맞춰 다양한 기술을 선택적으로 활용해야 한다. 이런저런 기술들을 무작정 건물에 덧붙이는 폭력적인 방법을 사용하다가는 지나치게 복잡한 건물이 되어 시공비용이 상승하고 문제가 생길 우려도 높아지며 유지관리도 어려워질 것이다. 이 말은 혁신을 자제하라는 얘기가 아니다. 혁신은 기술 그 자체가 아니라 기술들을 어떻게 적용하고 통합하는가에 달려있는 것이다.

외피의 중립화는 건물의 매스계획과 방위를 최적화하는 작업으로부터 시작한다. 부지의 일사조건과 풍력조건은 향과 외피 규모, 부지 장애물들에 기초하여 일사차폐를 하거나 바람의 관통을 막는 식으로 건물의 열에너지 부하들에 영향을 줄 것이다. 유리창을 차폐하는 능력 역시 건물의 향에서 직접적인 영향을 받는다. 게다가 상당외기효과는 일사수준이 높은 더운 기후에서 표면상에 극적으로 나타날 수 있다. 사실 태양고도마저 높은 입지에서는 지붕상의 상당외기온도가 극도로 높을 수 있기 때문에, 지붕 면적이 큰 상업용 건물에서 주요 열 획득원이 될 수 있다. 냉지붕과 녹화지붕, 차양지붕의 활용은 상당외기온도를 낮추고 열 획득을 감소시키는 효과를 낼 것이다(그림 6.18 참조).

적절한 건물의 향과 매스계획, 그리고 부지 계획은 열에너지 부하들을 좀 더 극복하기 쉽게 만들 수 있다. 건물의 향과 매스계획이 잘 설계되고 상세화된 건물외피와 짝을 이루면, 그 부하들이 외피를 성공적으로 중립화하는 데 핵심역할을 할 수 있다. 열관류율(U-factor)을 낮추려면 벽을 초단열(superinsulate)하는 방식으로 외피를 설계하라. 이때는 R-value가 높은 단열재들을 사용할 뿐만 아니라 열교현상도 없애야 한다. 지붕은 건물외피 중에서 R-value가 가장 높아야 하는데, 추운 지방에서는 열손실이 주로 일어나는 위치이기 때문이며, 또한 지붕은 일사의 상당외기온도효과와 관련되기 때문에 더운 지방의 기후에서는 열 획득이 주로 일어나는 위치이기 때문이다.

대류도 건물외피를 통해 열의 손실과 획득에 기여한다. 건물외피 중의 틈새로 이뤄지는 침기는 건물과 외부 사이의 열 누출을 일으키고, 냉방시즌동안 열 획득을, 난방시즌동안 열 손실을 일으킨다. 내 · 외부 간의 풍력차와 압력차가 침기로 인한 손실들을 주도할 수 있다. 기밀한 건물외피를 만드는 것이 열 대류부하들을 제어하는 주된 접근법이다.

건물외피에서 가장 중요한 설계사항 중 하나는 유리창의 개구부다. 열적으로 봤을 때, 유리창은 건물외피에서 가장 약한 연결부위다. 유리창과 창틀은 건물 조립체 안에 있는 거의 모든 재료 가운데서도 열 저항이 최저에 가깝다. 유리창은 그 투명성으로 인해서도 일사를 통한 열 획득을 일으키는 데다가, 창문과 창문 개구부들은 건물외피에서 공기가 새는 주된 지점이다. 동시에 유리창은 건물에서 가장 중요한 설계요소 중 하나이기도 하며, 건축과 프로그램, 성능에 관한 많은 혜택들을 제공한다. 따라서 유리창을 최대한 활용하면서도 그것에 연관된 열적 부담요인들을 최소화하는 작업은 외피의 중립화를 위한 필수사항이다.

유리창을 다루기 위한 다양한 전략들을 본장에서 기술한다. 그 중 핵심은 유리창시스템의 에너지 성능목표들을 최적화하는 전략이다. 창면적비(window to wall ratio: WWR)는 열적 부담들을 줄일 수 있는, 예를 들어 자연광과 시야 등의 장점들과 균형을 이루게 도와주는 중요한 척도다. 수많은 일사차폐 전략과 자연광향상장치, 창문부착물들을 활용하여 단열과 일사차폐, 휘도제어를 향상시킬 수 있다. 전반적인 창문 설계는 향과 기후, 건물 사용 프로그램에 지배되며, 능동적인 건물들은 종종 각 창문 위치의 특정수요를 다루기 위해 매우 다양한 유리창과 차양 솔루션들을 통합할 것이다(그림 6.19 참조).

외피의 중립화는 외주부 냉난방부하들을 감소시키며, 몇 가지 시스템과 열 쾌적성의 혜택을 줄 수 있다. 중립화는 건물에 전형적인 외주부 냉난방 수요를 제거할 수 있을 뿐만 아니라, 외주부 부하가 최소화되어 복사 냉·난방과 같은 고도의 저에너지 기계설비시스템 솔루션들을 가능하게 하기도 한다. 파사드의 중립화는 열 쾌적성도 향상시키는데,

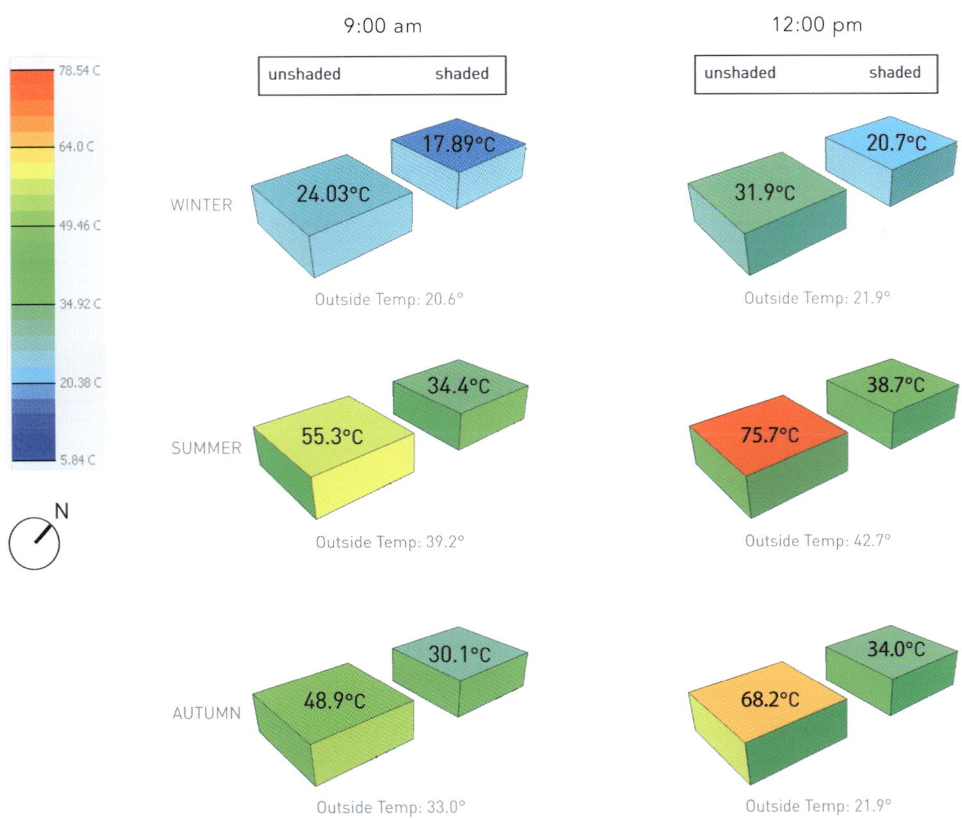


■ **그림 6.18** 아부다비의 한 프로젝트에서 차양이 지붕온도에 미치는 영향을 결정하기 위해 오픈스튜디오를 활용하여 표면상에 표시한 표면온도들. *〈이미지 제공: RNL.〉*

■ **그림 6.19** 미주리 천연자원부의 루이스 앤 클락 오피스 빌딩은 유리창에 일사제어장치를 성공적으로 통합시켰다. *〈이미지 제공: BNIM / 사진: © 2006, Assassi.〉*

고성능 유리창 시스템들이 겨울철에는 유리창 실내 표면온도를 낮춰 쾌적성을 높이고 여름철에는 일사 획득을 줄여 쾌적성을 높이기 때문이다.

패시브 디자인의 최적화에 관한 다음 섹션에서 논하겠지만, 외피의 중립화는 패시브 디자인 전략을 최대화하기 위해 바닥면적에 대한 외벽 비율을 높이는 넷 제로 에너지 빌딩에서 매우 중요한 요소이다. 이런 접근법은 건물의 열적 부담을 제한하며, 넷 제로 에너지 빌딩을 패시브 디자인에 최적화하는 과정의 일부를 구성한다.

### 6.3.1.1 패시브 디자인의 최적화 (Passive Design Optimization)

넷 제로 에너지 및 패시브 에너지 건물들을 설계하고 최적화할 때는 몇 가지 이분법들을 다루어야 한다. 첫째, 건물 매스계획의 관점에서 조밀한 매스계획은 외피 부하들이 감소하므로 액티브 기계설비 시스템을 적용하기에 최적이다. 세장하게 늘어지는 매스계획은 바닥면적에 대하여 상당량의 외피 혹은 외벽 비율을 갖기 때문에 열 부하가 추가될 수 있다. 하지만 외피가 추가되는 만큼 자연채광과 자연환기와 같은 패시브 디자인 전략들을 활용하기가 좋아진다. 소규모 건물은 상대적으로 조밀한 매스들을 유지하면서도 주광에 접근하기 쉽고 환기도 자연스럽게 된다. 대규모 상업건물들은 보다 어려움이 많은데, 매스를 조밀하게 계획할 경우 대개는 심도가 깊어 자연채광과 자연환기를 할 수 없게 되기 때문이다. 따라서 상업건물에 대한 성공적인 패시브 디자인은 세장한 매스계획을 통합하면서도 건물외피를 중립화하여 세장한 매스계획이 가져오는 부담을 제한하는 방법을 찾는 것이다.

다음으로 다룰 주된 이분법은 밀폐된 외피와 개방적 혹은 다공적인 외피 사이에 나타나는 차이다. 고단열의 기밀한 설계는 액티브 기계설비 시스템을 설계하기에 최적이다. 하지만, 기계설비 시스템 대신 패시브 전략을 활용할 때 밀폐된 건물은 오히려 환경과의 유익한 교류를 방해할 수 있다. 개폐식의 고품질 유리창을 기밀한 초단열 외피와 함께 사용한다면 보다 나은 접근법이 될 수 있다. 또한 동적인 파사드 요소들을 활용하여 건물외피가 패시브한 방식으로 적절한 타이밍에 개방되었다가 적절한 타이밍에 다시 밀폐되고 닫히는 능력은 패시브 디자인 효과를 향상시킬 수도 있다.

그림 6.20은 넷 제로 에너지 빌딩을 패시브 에너지 전략들에 최적화하고 더 나아가 저에너지의 액티브시스템과 재생에너지시스템을 통합하는 기초단계들을 보여준다. 각 단계마다 측면의 에너지 파이차트 다이어그램에서는 에너지 절감이 점차 늘어가면서 마지막으로 결국 재생에너지가 건물에 추가되기까지의 과정이 개념화되어 있다.

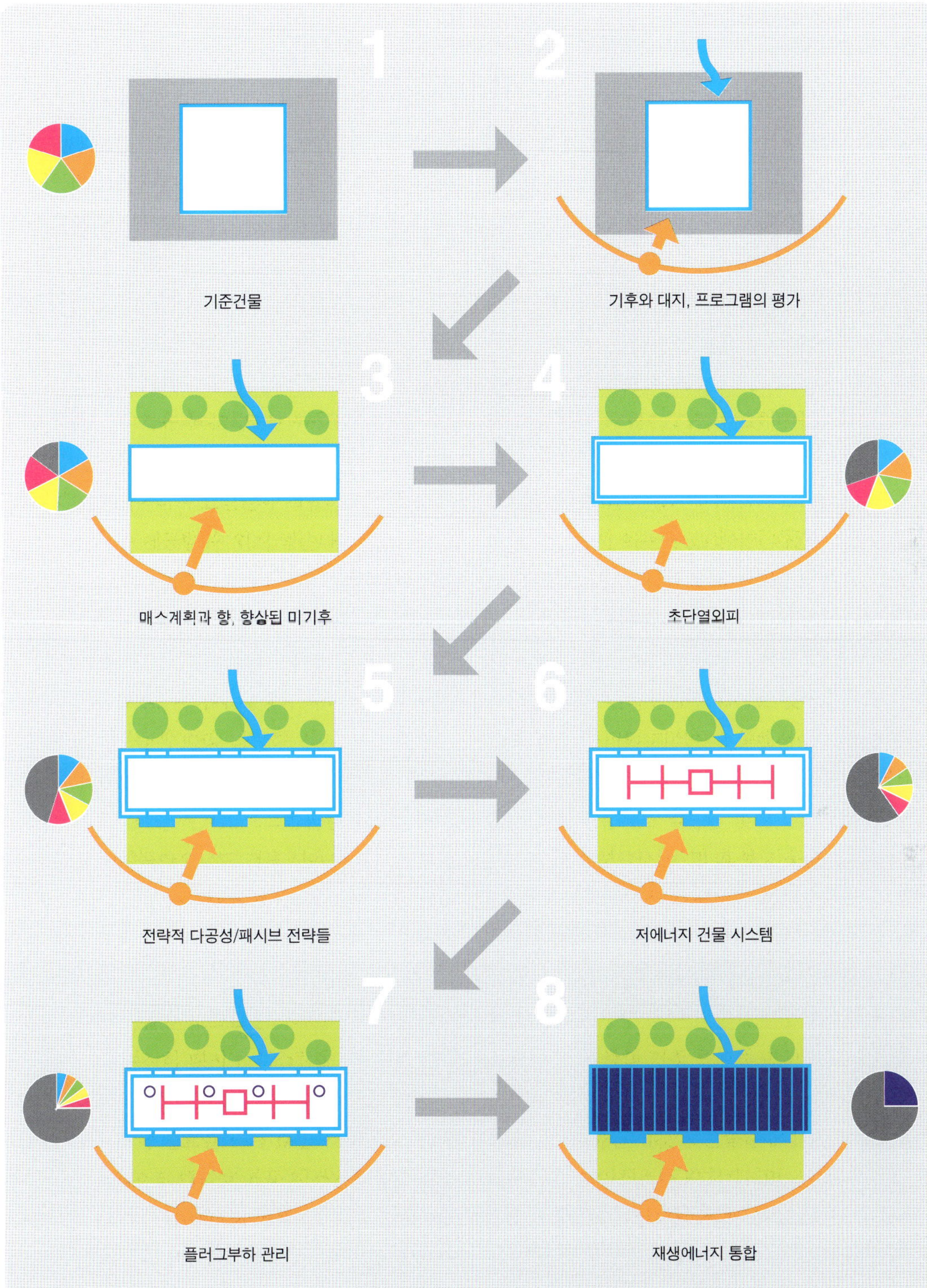


■ **그림 6.20** 건물을 패시브 전략과 저에너지 통합, 넷 제로 에너지에 최적화하는 기초단계들

### 6.3.2 건물외피설계(Building Envelope Design)

#### 6.3.2.1 열 관류율(Thermal Transmittance)

건물외피 내의 다양한 조립체들에 대한 열 관류율, 즉 U-factor은 넷 제로 에너지 빌딩에 있어서 중요한 설계고려사항이다. 건물외피는 U-factor가 낮은 벽 조립체, 기초 벽 조립체, 지붕 조립체, 바닥 및 슬라브 조립체, 유리창 조립체, 문 및 기타 개구부를 활용하여 설계되고 시공되어야 한다. 본장의 앞부분에 있던 "6.2 설계과학(Design Science)" 섹션은 이번 섹션의 건물외피설계관련 지침에 대한 건물과학적인 토대를 두려는 의도였다. 앞서 말했듯이, 조립체의 U-factor들은 하나의 조립체를 통해 이뤄지는 열의 획득이나 손실을 결정한다.

건물 내의 단열수준이 점점 높아지는 경향이 있는데, 그것이 열에너지 부하를 줄이고 외피를 중립화하는 가장 경제적인 수단이기 때문이다. 이런 경향은 종종 **초단열건물**(superinsulated buildings)이라 불리는 전략으로 나타나고 있다. 패시브 주택 표준은 적어도 주택시장에서는 이런 전략에 가장 먼저 박차를 가한 시도 중의 하나이며, 패시브 주택 표준은 상업용 건물을 위한 지침으로도 활용할 수 있다. 예를 들어 전형적인 패시브 주택 벽면의 R-value는 40을 넘을 것이며, 지붕은 그보다도 상당히 더 높아 R-value가 60을 넘을 것이다. 상업용 에너지법규들은 비록 패시브 주택 표준의 매우 높은 요건들에 필적하진 못해도 건물외피의 열 관류율을 중심으로 시범적인 척도들을 상승시키고 있다. ASHRAE 표준 90.1은 기후대를 기준으로 지붕과 벽, 바닥, 슬라브, 문, 유리창, 천창에 대한 최소한의 건물외피요건들을 열거함으로써 상업건물 설계자들에게 중요한 지침을 제공한다. 열교현상을 줄이기 위한 연속단열에 대한 강조도 늘어가고 있는데, 이것은 다양한 벽 조립체들을 통하여 달성할 수가 있다. 넷 제로 에너지 프로젝트의 경우, 이런 값들은 건물외피의 에너지성능을 확립하기 위한 시작점들로 봐야한다.

구조체의 열관류 속성과 더불어, 건물외피의 디테일작업과 열교현상의 제거 또한 외피를 통한 열류를 줄이는 데 중요한 역할들을 수행한다. 열교(thermal bridge)란 한 조립체의 단열층을 단절시키며 실내·외의 열 환경들을 연결하는 열전도 현상이다. 일반적인 열교로는 금속 창틀, 전형적인 솜단열 벽 내의 강재 스터드, 단열되지 않은 난간벽, 외부에 노출된 콘크리트 슬래브 모서리나 구조 등이 있다. 외장 조립체 내에서 열교가 일어나면 그 조립체의 전반적인 R-value가 눈에 띄게 떨어져 열관류율을 더 높이거나 R-value를 낮출 수 있다. 심지어 의도가 좋은 높은 단열수준의 조립체들이라 하더라도 디테일작업과 시공과정에서 열교현상을 제거하는 데 세심한 주의를 기울이지 않으면 성능이 나쁜 조립체가 될 수 있다.

한 건물 조립체에 대한 진정한 U-factor나 총 R-value를 계산하는 작업은 단순히 재료들의 다양한 개별 R-value들을 합하는 작업보다 훨씬 더 복잡하다는 것을 인지하는 게 중요하다. 그림 6.21에 나오듯이 스틸 스터드 프레임의 벽들은 열교현상을 일으키며, 이 현상은 기본적인 벽 조립체의 R-값을 극적으로 떨어뜨릴 수 있다. 이 사례는 스틸 스터드 프레임 벽에 대한 깨끗한 벽체의 R-값들을 결정하기 위해 오크리지 국립연구소(Oak Ridge National Laboratory)가 만든 온라인 수정영역법(Modified Zone Method) 계산법을 활용했다.

전반적으로 벽체는 창호 개구부와 모퉁이, 벽체 내에 삽입된 구조부재들이 벽체 속에 함몰부위를 만들 경우 급격하게 영향을 받고 더 나아가 등급이 떨어진다. 이런 프레임 속 부재들이 일으키는 등급저하에 일반적인 스터드의 디테일이 더 추가되어 조립체의 등급을 더 저하시킬 수 있다. 창문들은 대개 상대적으로 넓은 영역과 전형적으로 낮은 열적 성능 때문에 외피의 열적 등급저하를 일으키는 가장 중요한 요인이다. 지붕의 천창도 이와 유사한 부담요인이다.

외장금속벽체 스터드처럼 계속해서 반복되는 디테일과 창호처럼 프레임 지어지는 개구부들은 그 스케일이 크기 때문에 가장 우선순위를 두고 다뤄야 한다. 하지만 외벽을 관통하는 전선관처럼 작은 디테일도 고려를 해야 한다. 대개는 외피 조립체 상세도를 살펴보면 문제가 되는 열교를 찾아낼 수 있고, 각각의 조건을 다룰 해법들을 바로 개발할 수 있다(그림 6.22 참조).

로렌스 버클리 국립연구소(Lawrence Berkeley National Laboratory)가 개발한 THERM과 같은 열적 시뮬레이션 소프트웨어를 활용하면 외장 조립체 설계에 내포된 속성과 열교 부위들을 정량화하고 해법을 시험할 수 있다. 그 정량화의 결과를 통해 외장 조립체들의 U-factor에 대한 정확한 값을 결정할 수 있다. 그림 6.23은 THERM을 통한 열교 파악분석의 결과를 보여준다.

#### 6.3.2.2 침기(Air Infiltration)

상대적으로 최근까지 상업건물에서의 침기는 상당한 주목을 받지 못했었다. 미 국립표준기술연구소(National Institute of Standards and Technology)의 2005년 보고서인 “상업건물외피의 기밀성이 HVAC 에너지 사용에 미치는 영향의 고찰(Investigation of the Impact of Commercial Buildings Envelope Airtightness on HVAC Energy Use)” (Steven Emmerich,

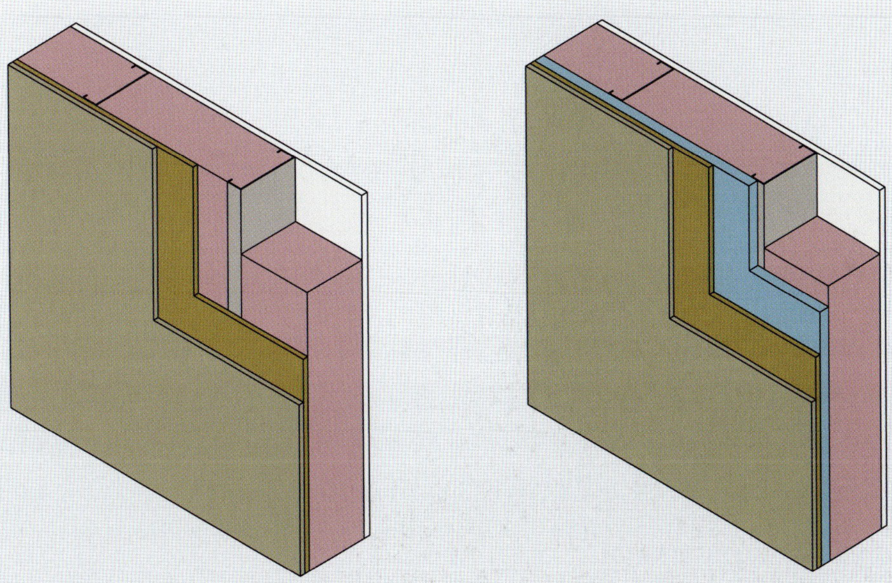


■ **그림 6.21** 스틸 스터드 벽체의 R-값 비교

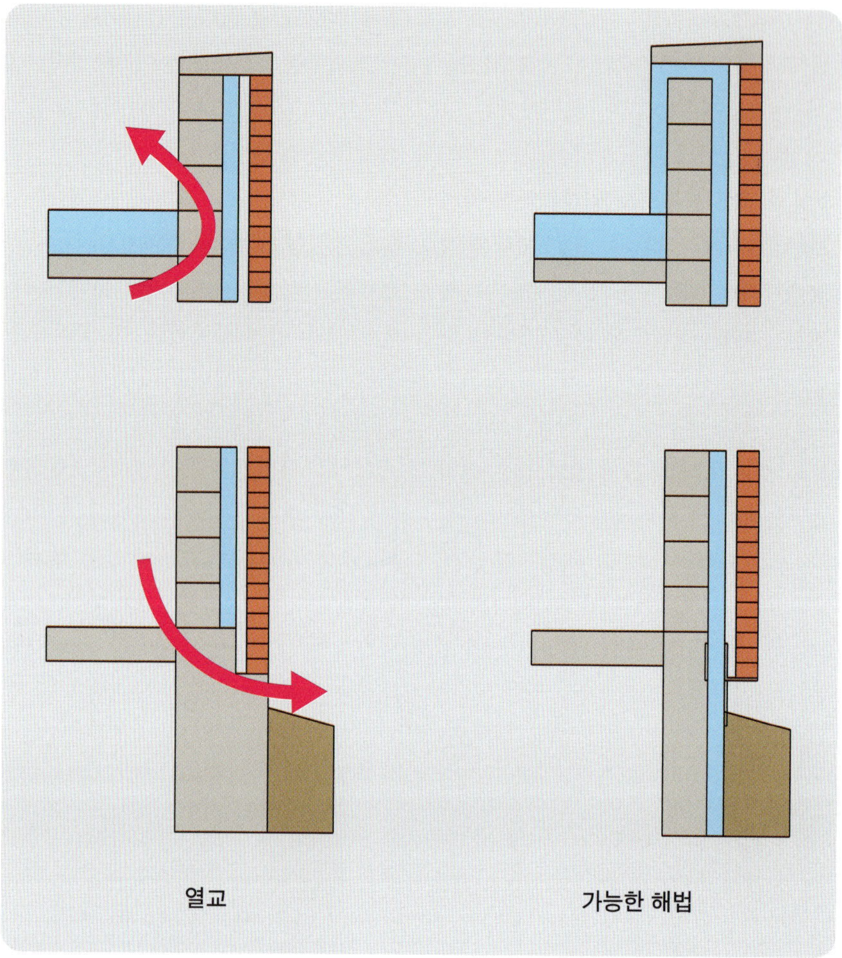


■ **그림 6.22** 흔한 열교현상과 가능한 해법의 사례

Timothy McDowell, and Wagdy Anis)은 통상적으로 상업건물이 기밀하지 않으며 적절한 디테일작업은 냉난방에 드는 에너지비용을 최고 36퍼센트까지 절감시킬 수 있음을 나타냈다. 침기를 통한 습기와 잠열의 제어되지 않은 진입은 습한 여름철에 문제가 된다.

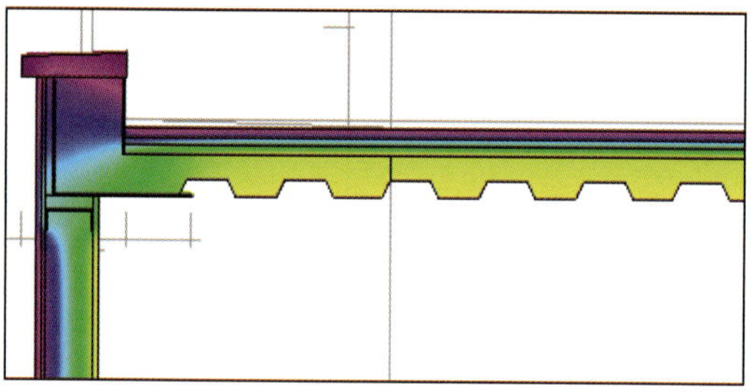

■ **그림 6.23** THERM을 이용하여 열교를 분석하는 건물외피 스터디. *〈이미지 제공: Stantec Consulting Services Inc.〉*

침기는 열교처럼 기본적으로 건물외피에 있는 열적 틈새들이다. 침기의 경우, 외피 내의 작은 틈새들을 통해 실내외 환경 사이에 공기가 이동함으로써 열의 획득이나 손실이 일어날 수 있다. 외피를 통한 공기이동은 기류를 주도하는 압력차에 의해 일어난다. 압력차는 바람과 굴뚝효과, 기계설비시스템, 혹은 이런 효과들의 조합에 의해 일어날 수 있다.

기밀성을 위한 디테일작업과 세심한 시공은 침기의 부정적 영향을 극적으로 최소화할 수 있다. 공기막이(air barrier)는 전체 외피범위 이상의 완전하고 연속적인 시스템으로 설계하고 시공해야만 한다. 벽과 지붕이 만나는 곳이나 벽에 뚫린 창호 개구부 등 다양한 외피 조립체들이 만나는 접합지점들마다 특별한 주의를 기울여야 한다. 왜냐하면 이런 접점들은 보다 복잡한데다가 다양한 공기막이 제품들을 포함할 수 있기 때문이다. 일반적으로 모든 공기막이 이음새들은 내구적이고 유연하며 기밀할 필요가 있다. 공기막이 재료들은 ASTM E2178에 따른 시험을 실시하여 0.3수인치(inch of water)나 75Pa의 압력차에서 외장영역의 최대 공기투과율(air permeability)이 0.004 CFM/ft²을 나타내야 한다. 건물외피의 다양한 조립체들과 그것들이 주요 공기막이시스템과 연결되는 부위는 ASTM E2357을 준수해야 하며 0.3수인치나 75Pa의 압력차에서 외장영역의 최대 공기투과율이 0.04 CFM/ft²이어야 한다.

열전달과 관련해서는 창문과 천창, 문 등도 침기가 일어날 수 있는 부담요인들이다. 각 개구부 주위의 공기막이 이음새뿐만 아니라, 부재 자체도 기밀하게 설계되어야 한다. 모든 창문과 문에 대해 공기누출에 관한 시방을 고려해야 한다. 문은 침기의 주된 원인일 수 있으며, 특히 자주 사용할 경우엔 더욱 그렇다. 전실과 회전문을 도입하면 침기를 제한할 수 있는 열적 완충지대를 만들 수가 있다.

전체적인 공기막이시스템에 대해 ASTM E779에 따른 가압시험(fan pressurization)을 실시하여 공기누출검사를 해야 한다. 상업건물의 통상적인 표준은 0.3수인치나 75Pa의 압력차에서 외장영역의 최대 침기율 0.4 CFM/ft²이다. 전형적인 상업건물에 대한 기준은 약 1.8 CFM/ft²으로 여겨진다. 하지만 미 육군 공병대의 침기표준은 0.25 CFM/ft²인데, 이것은 모든 상업건물에서 성능을 향상시킬 여지가 많음을 의미한다(그림 6.24 참조).

건물의 공기누출 및 가압시험에 대한 설계표준들을 준수할 때 높은 수준의 기밀성을 보장할 수 있다. 에너지 모델에서도 설계 침기율을 고려할 수 있다. 또한 침기를 통한 열 획득 및 열 손실의 기초적인 계산은 본 장의 앞부분에 나온 "설계과학" 섹션을 참조하라. 높은 수준의 기밀성은 효과적인 환기시스템의 설계와 더불어 이뤄져야만 실내 공기의 질이 높은 건강한 건물을 보장할 수 있다.

### 6.3.2.3 유리창시스템(Glazing Systems)

유리창시스템은 훌륭한 건축에 절대적인 필수요소이고 넷 제로 에너지 빌딩에서도 매우 중요한 역할을 수행하는데, 자연채광과 자연환기, 패시브 솔라와 같은 많은 패시브 전략들에 핵심을 이루기 때문이다. 게다가 유리창시스템은 건물일체형 태양광발전시스템과 같은 에너지발전시스템들과도 통합될 수 있다. 이번 섹션은 기초적인 유리창시스템 디자인을 요약하고 유리창의 에너지성능을 논한다. 여기서 주된 초점은 측면 유리창에 맞춰지지만 그 원리들은 천창에도 똑같이 적용할 수 있다.

유리창시스템 디자인은 건축에서의 본질적인 아름다움과 표현성뿐만 아니라 통합적인 방식으로 유리창의 기능적이고 패시브한 성능까지 고려해야 한다. 유리창시스템에는 자연채광과 자연환기, 패시브 태양열, 시야, 프라이버시, 보안, 습기제어, 음향 등 수많은 기능적 요소들이 있을 수 있다. 향과 건물 프로그램에 기초하여 이런 각각의 기능들을 별개로 다루는 것이 실용적이다. 사실 좋은 유리창 디자인은 이런 각각의 기능들을 한 건물의 유리창시스템으로 통합하고 최적화하는 디자인이다.

유리창시스템은 대개 유리와 금속과 같은 전도성 재료들, 즉 본질적으로 열전달도가 높은 재료들로 조립된다. 하지만 이중창이나 삼중창으로 유리창 유닛 내부에 공극을 형성하면 U-factor가 크게 감소될 수 있다. 유리창유닛의 모서리는 또 다른 이야기다. 유리창유닛의 모서리는 대개 알루미늄으로 만든 모서리 공간들로 밀봉되어 구조적으로 안정성을 갖게 만들어진다. 하지만 모서리 공간들은 한 유리창유닛의 주변경계 근처에 열적으로 취약한 구역을 많이 만들어낸다. 역시 마찬가지로 알루미

늠으로 대개 제작되는 창틀은 주변경계에 형성되는 이 열적 취약구역을 확장시킨다. 유리창유닛이 작을수록, 모서리의 열적 조건은 전반적인 창문 성능에 더 많은 영향을 준다. 유리창은 대개 유리의 중심부분에서 U-factor를 측정하기 때문에 모서리와 창틀의 효과는 배제된다. 창문 전체에 대한 전반적인 U-factor가 실제 창문성능을 훨씬 더 잘 나타내주는 지표다.

유리의 투명한 특성은 가시광선의 도입을 허용할 뿐만 아니라, 열에너지가 일사의 형태로 건물에 진입할 수 있게도 한다. 일사는 에너지와 열 쾌적성에 미치는 영향이 최소화 할 수 있도록 세심하게 제어되어야 한다. 동시에 일사는 패시브 태양열난방 전략의 일부로 활용할 수도 있다. 가시광선투과율은 자연광설계에 중요한 요인이다. 빛과 일사의 선택적인 제어는 유리창시스템 설계의 어려운 과제 중 하나다.

## 유리창 에너지성능속성
(Glazing Energy Performance Properties)

- **가시광선투과율**(Visible light transmittance: VLT or VT): 유리창을 통해 투과되는 가시광선의 백분율.
- **일사획득계수**(Solar heat gain coefficient: SHGC): 유리창을 통해 투과되는 입사면 일사량 백분율의 소수표현.
- **일사획득에 대한 광량 비율**(Light to solar gain ratio: LSG): 일사획득계수에 대한 가시광선 투과율 비율(LSG = VLT/ SHGC). 이 비율은 유리창 성능의 한 표현인데, 이 속성들은 서로와 관련하

■ 그림 6.24 콜로라도 주 포트카손의 한 상업건물에 대해 실시 중인 공기누출시험.
*〈제공: Nicholas K. Alexander, U.S. Army Corps of Engineers.〉*

여 최적화하기가 어렵기 때문이다. 보통 일사획득계수가 최소화될 때 가시광선투과율이 최대화된다. 일사획득에 대한 광량 비율이 높을수록, 일사획득 단위당 가시광선투과율이 더 커진다. 이 성능비율은 특히 자연채광에 중요하다.

- 열관류율(Thermal transmittance: U-factor): 유리창 조립체를 통과하는 시간당 Btu의 열에너지 관류율은 조립체 양면의 공기 막들을 포함한다. U-factor는 $Btu/h \cdot ft^2 \cdot {}^\circ F$나 국제표준단위인 $W/m2 \cdot {}^\circ K$를 단위로 하고, $1^\circ F$의 온도차에서 1 제곱피트의 유리창 조립체를 통해 측정된다. U-factor는 유리의 중심에서 측정(모서리나 창틀의 효과는 배제)하여 측정할 수도 있고, 모서리와 창틀의 열 손실을 포함하여 창문 전체나 전반적인 U-factor를 측정할 수도 있다. 총 R-값은 U-factor의 역수다.
- 여름철 U-factor(U-factor summer): 일사를 비롯한 여름철 조건에서의 열관류율 척도.
- 겨울철 U-factor(U-factor winter): 풍속이 보다 높고 일사가 없는 (야간) 겨울철 조건에서의 열관류율 척도.

---

"설계과학" 섹션은 건물 조립체들을 통한 일사획득 및 손실을 계산하는 간단한 식들을 제시한다. 유리창의 에너지성능속성들을 활용하여 유리창의 다양한 선택부위들에서 나타나는 에너지 결과들을 비교할 수 있다. 유리창의 에너지 관계는 복잡하다. 다행히도 로렌스 버클리 국립연구소는 상업용 창문의 에너지 상호작용들을 분석하기 위한 컴펜(COMFEN)이란 이름의 무료프로그램을 개발했다.

컴펜은 한 프로젝트의 창문설계시나리오들을 정량화하고 비교하는 강력한 도구다(그림 6.25 참조). 유리창 및 창틀 유형, 창문의 크기와 위치, 차양 장치, 창문 차양과 같은 창문설계의 많은 변수들을 시험할 수 있다. 컴펜은 주어지는 모든 설계시나리오 분석에 에너지플러스를 활용하며, 선택할 만한 창문부품 라이브러리가 충실할 뿐만 아니라 맞춤형 창문 부품 및 조립체들을 만들어낼 수도 있다. 컴펜 4.0의 에너지 분석은 어떤 계획이 주어지더라도 그에 대한 에너지사용량과 최대부하, 열 획득, 열 쾌적성, 시각적 쾌적성, 자연채광에 대한 피드백을 제공하며, 4개의 시나리오들까지 나란히 비교할 수 있는 차트들을 생성해낸다. 컴펜은 http://windows.lbl.gov에서 다운로드받을 수 있다.

유리창시스템 설계의 핵심요인 중 하나는 건물에 대한 창면적비(window to wall ratio: WWR)와 건물의 다양한 향이다. 그림 6.25에 나오는 컴펜 프로그램에서 이를 보여주고 있다. 창면적비는 필요한 자연채광 및 자연환기 수준을 제공하는 정도를 넘어서면 안 된다. 또한 그 비율은 질 좋은 시야확보와 야외와의 연계를 고려하여 설계되어야 한다. 많은 고성능 건물들의 창면적비가 25 내지 38 퍼센트 수준이다. 결국 건물에서 그 비율을 낮추는 주된 요인은 기후다. 또한 동쪽과 서쪽 면의 유리창들은 창면적비에 민감한데, 아침과 저녁의 태양각도가 낮아 일사제어가 더 어렵기 때문이다. 게다가 동향과 서향은 여름철의 남향보다 일사량이 더 높을 수 있다. 북향 유리창은 일사획득에 가장 덜 민감하지만 열관류율에는 더 민감하다. 그리고 일부 기후에서는 북향에서 창면적비를 더 높여도 괜찮을 수 있다. 북향의 창문들이 커질수록 주광성능이 향상된다. 남향의 창문들은 채광창(daylighting window)의 주된 위치이며, 조망창(view window)에는 효과적인 차양 설치도 할 수 있다. 남향 창문들의 경우 창면적비는 보통 주광의 최적화와 일사감소를 목적으로 결정된다.

창면적비가 낮으면 공조기 운영 일수가 수치가 큰 기후와 일사수준이 높은 기후에서 에너지 부하를 완화하는 데 도움이 된다. 게다가 유리창시스템과 관련하여 침기가 일어나는 등 전형적으로 좋지 않은 창문의 열적 성능을 완화하는 데에도 도움이 된다. 거기에 또 덧붙이자면, 창면적비가 낮다는 것은 총 창문면적이 더 낮으므로 시공비용을 낮출 수 있다는 의미로 해석할 수 있다. 이러한 비용절감은 다시 유리창시스템에 활용하여 그 열적 성능을 향상시킴으로써 결국 HVAC 비용을 낮출 수 있다.

유리의 면적이 넓고 창문 대 벽 비율이 높은 경우 유리창시스템의 설계는 그 중요성과 복잡성, 비용이 훨씬 더 높다. 넓은 유리창면적에 대한 설계목표는 창이 없는 벽과 유사한 열적 속성들을 확립하는 것인데, 이는 일사획득을 제거하고 U-factor가 매우 낮은 조립체를 개발해야 한다는 뜻이다. 넓은 유리창면적을 중립화하는 한 가지 전략은 이중외피 파사드를 활용하는 것이다(그림 6.26과 6.27 참조). 이 전략의 장점은 안쪽 유리창 벽과 바깥쪽 유리창 벽 사이의 공극이 일사제어를 용이하게 하고 열 저항을 높일 수 있단 점이다. 일사제어는 차양 장치와 햇빛가리개, 자동화된 차양 등을 비롯한 다양한 대안들을 통해 완전한 일사차폐를 제공할 수 있다. 유리창 벽들 사이의 큰 공기층은 좋은 단열재 역할을 하는데, 일사에 노출될 때 공기가 따뜻해질 수 있을 뿐만 아니라 그 조립체를 통과하는 열류에도 저항할 수 있기 때문이다.

유리창 및 창틀 기술은 보다 높은 성능표준들과 결합하여 빠르게 진화하고 있다. 단열유닛들은 이중창에서 삼중창, 혹은 심지어 사중창 유닛들로 옮겨가고 있다. 그 창들은 유리나 박막의 층들을 추가하여 만들 수 있으며, 이런 식으로 유닛의 크기와 중량을 낮춰준다. 로이(low-E) 코팅은 보다 폭넓은 파장범위에 걸쳐 스펙트럼을 선별할 수 있게끔, 또한 가시광선투과율은 높이되 자외선 및 적외선 복사는 제한하고 유리창의 U-factor와 일사획득계수를 향상할 수 있게끔 개선 중이다. 에지 스페이서와 창틀의 재료 및 시공 또한 열적 성능의 관점에서 향상되고 있다. 웜 에지 스페이서(warm edge spacer)는 전형적인 알루미늄 바(bar)보다 전도성 재료를 덜

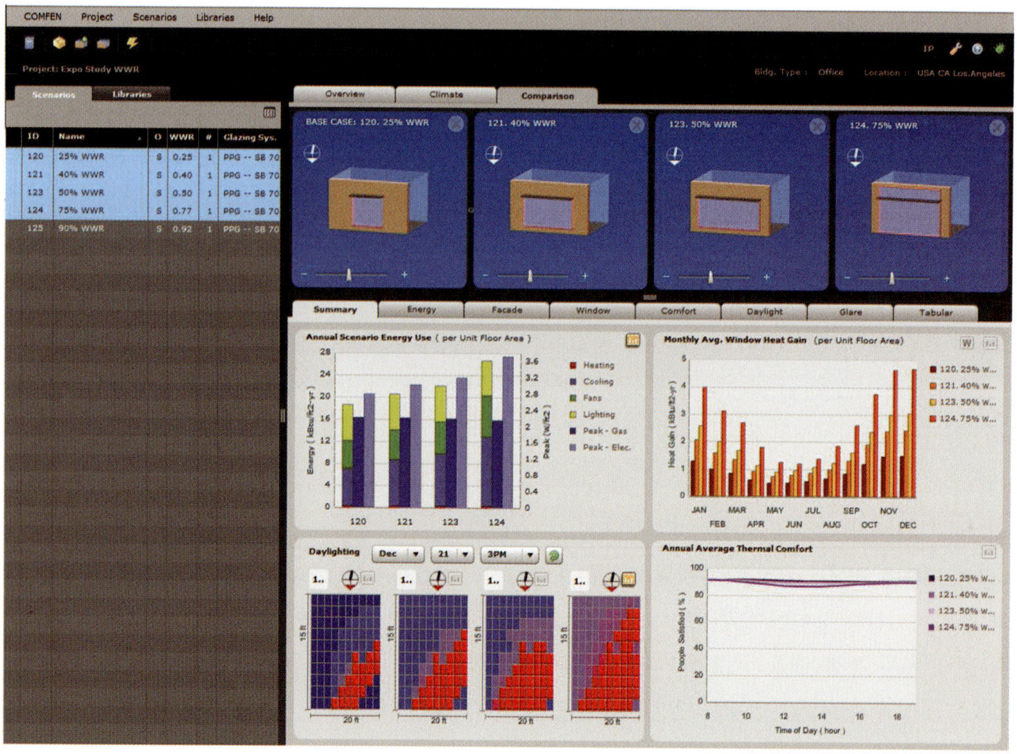


■ 그림 6.25 이 컴펜 화면캡처 사진은 로스앤젤레스의 한 남향 파사드에 대한 4가지의 다른 창면적비들을 분석하고 비교하는 예를 보여준다.

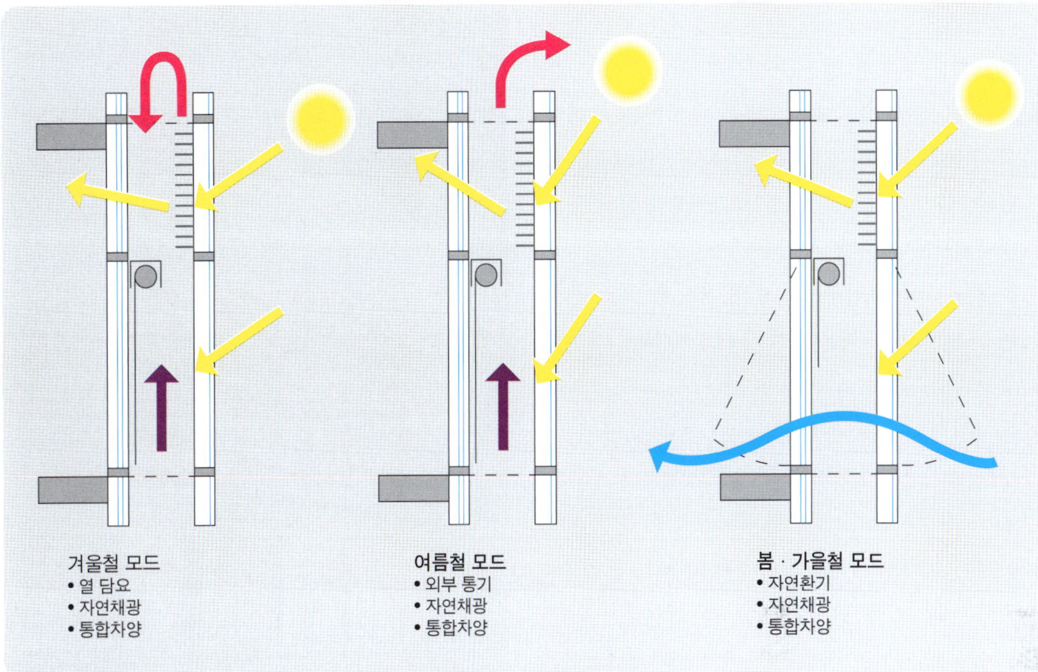


■ 그림 6.26 계절별 운영방식을 보여주는 이중외피 파사드 개념

사용하는 차세대 스페이서다. 상업건물에 매우 흔히 사용되는 알루미늄 창틀은 향상된 단열성능을 선보이기 시작하고 있다. 섬유유리처럼 열적인 이점들이 두드러지는 전도성이 덜한 재료들의 사용도 점차 흔해지고 있다.

이렇게 에너지성능의 속성이 상당하게 향상되고 있을 뿐만 아니라, 유리창의 전반적 성능과 기능을 본격적으로 향상시키는 수많은 신기술이 발전해 가고 있다. 이런 많은 기술들은 유리창의 열 부담을 줄여주기 때문에 건물외피에 유리창을 활용할 기회를 늘려줄 수 있다.

## 향상된 유리창기술(Enhanced Glazing Technologies)

- 변색유리(Chromogenic glass): 스마트글라스(smart glass)로도 알려져 있는 변색유리는 환경적인 자극에 따라 속성을 변화시킬 수 있다. 변색유리창은 전기변색(electrochromic)과 가스변색(gasochromic), 열변색(thermochromic), 광변색(photochromic) 유형이 있다.

■ **그림 6.27** 이중외피 파사드를 기존 건물에 통합하여 에너지성능을 높이고 새로운 건축적 표현을 할 수 있다. 〈사진: *Tania Salgado*〉

- **에어로젤**(Aerogel): 에어로젤은 빛의 투과를 허용하면서도 우수한 열관류 성능을 제공할 수 있는 차세대 단열재다. 에어로젤을 유리창유닛 내부 공기층에 적용하면 반투명유리를 만들어낼 수 있다. 현재 U-factor가 0.05 (R-20)에 달하는 유리창유닛들을 이용할 수 있다.
- **축열체**(Thermal mass): 유리창 유닛에 반투명 상변화 재료들을 사용하여 유리창시스템 내부에 축열체의 장점을 부가할 수 있다.
- **동적차양장치**(Dynamic shading): 유리창 유닛 내부나 유리창시스템의 실내외 표면에 자동 (및 수동) 차양 장치들을 포함할 수 있다. 이런 장치들은 필요할 때 완전한 일사차폐효과를 제공하고 필요치 않을 때에는 상대적으로 시야를 열어주는 중요한 이점을 제공한다(그림 6.28 참조).
- **자연채광장치**(Daylighting devices): 유리창 유닛 내부나 유리창시스템 실내외 표면에 수많은 광반사 장치들을 통합할 수 있다. 가장 새로운 세대의 자연채광 장치는 포물면형 반사루버시스템(reflective parabolic-shaped louver system)이다(그림 6.29 참조).
- **프리즘글레이징**(Prismatic glazing): (표면에 골이 지거나 톱니형인) 유리나 플라스틱으로 이루어진 프리즘 창들을 유닛에 덧붙여 햇빛의 방향을 바꿀 수 있다. 프리즘 글레이징은 자연채광을 향상시키기 위해 빛의 방향을 바꿔 공간 깊숙이 빛이 들게 하는 용도로 오랜 기간 사용되어왔다. 또한 여름철 높은 고도의 일사는 반사시키되 낮은 고도의 일사는 받아들여 일사제어능력을 높이는 용도로 프리즘 글레이징을 재구성할 수도 있다.
- **통합태양광발전**(Integrated photovoltaics): 결정질 패널과 박막을 비롯한 수많은 태양광발전 기술들을 유리창시스템들로 통합할 수 있다. 일사차폐와 시야요건들에 따라 투명성이나 불투명성을 다양한 수준으로 조정할 수 있다.

**그림 6.28** 니클 앤 파트너가 설계한 독일 스트라우빙 과학센터에 있는 유리창 전면의 동적 차양. *〈이미지 제공: the Colt Group〉*

**그림 6.29** 라이트루버(LightLouver) 자연채광 장치는 빛을 반사하여 천장에 도달시킴으로써 자연광 투과효과를 향상시킬 수 있다. *〈이미지 제공: LightLouver LLC.〉*

## 6.4 패시브 전략(Passve Strategies)

### 6.4.1 적용(Application)

패시브 디자인은 넷 제로 에너지 빌딩의 시행과정 전반에 걸쳐 상당한 기술적 통합과 조율을 필요로 한다. 게다가 패시브 디자인 전략은 건축설계 초기에 이뤄지는 다양한 기술적 결정들과 결부되기 때문에, 건물의 적절한 매스계획과 향을 위해 초반의 기후 및 프로그램 관련 에너지연구에 투자하는 초기집중 시행과정이 필수적이다. 뒤늦은 시점에 디자인 전략을 재고하는 방식으로는 패시브 디자인을 효과적으로 통합할 수 없다. 그것은 건물의 외형 자체를 향상시켜야 한다. 따라서 패시브 디자인 전략을 다루는 기계설비 및 조명설비 시스템들을 혼합적으로 고려하여 하이브리드 건물제어시스템으로 통합하는 것이 필수적이다. 패시브 빌딩의 시공은 상세한 주의를 요하는데, 건물외피의 특성과 관련해서는 더욱 그렇다. 결국 패시브 디자인 전략들이 효과를 보려면, 건물의 운영자와 사용자들이 다양한 패시브 전략들을 이해할 필요가 있다. 이런 이유에 따라, 복잡한 제어시스템과 부담스러운 사용자 컨트롤 요구보다 기능의 활용성과 단순성을 우선시하면 패시브 전략의 성공적인 적용을 보장할 수 있다.

패시브 디자인 전략들을 적용하는 데 주된 어려움 중 하나는 주로 해당 기후에서 가용한 자유에너지가 매우 유동적이라는 사실이다. 날씨패턴이 매일 혹은 심지어 매 시각마다 변화할 수 있는 것처럼, 기후의 계절적 변화도 상당히 클 수가 있다. 적정한 온도의 기후에서는 기후에 응답하여 패시브 디자인 전략들을 최적화시킬 수 있지만 적정한 온도를 유지하지 못하는 기후에서는 패시브 전략을 설계하려면, 기후의 다양한 역동적 성격을 이해하는 것이 핵심이다. 패시브 전략은 그러한 양면 모두에 대한 전략이라고 생각하는 것도 중요하다. 기후의 부정적 영향들을 최소화하는 동시에 기후의 긍정적 효과들을 활용하는 것이 패시브 전략이다.

한 프로젝트에 적절한 패시브 디자인 전략들을 개발하려면 기후와 부지부터 시작해서 다양한 요소들을 평가하여 패시브 전략들을 적절히 활용해야 한다. 가용한 전략들을 프로젝트에 예상되는 각각의 에너지목표사용량에 맞춰 대응시켜야 한다. 또한 기후와 부지의 조건들에 따라 전략이 필요한 시점과 가용한 시점을 결정하는 것이 중요하다.

건물의 성능요건들은 열 쾌적성과 환기요건, 조명수준 등 다양한 관점에서 이해되어져야 하며, 이러한 성능요건들이 다양한 건물 프로그램들 사이에서 어떻게 달라질 수 있을까라는 관점에서도 이해해야 한다. 패시브 디자인 전략들은 액티브 전략과 마찬가지로 이런 성능요건들을 충족하도록 설계할 필요가 있다. 하지만 패시브 전략은 역동적이기 때문에, 파악된 최소수준과 최대수준 이내의 수용 가능한 범위로 성능요건들을 정량화하는 것이 제일 좋다.

언급했듯이 패시브 전략은 처음부터 설계과정에 통합되며, 결정들이 빨리 이루어지는 와중에 종종 폭넓은 함의를 갖는 경우에는 간단하고 효과적인 경험법칙들을 상기시켜 설계발전단계에서 적절한 도구들을 사용하는 것이 좋다. 매우 중요한 것은 그런 초기의 설계결정들을 효과적으로 발전시킬 수 있으려면 건축가가 패시브 디자인의 기본 원리들에 친숙해져야 한다는 점이다. 패시브 전략들의 분석은 설계가 진행될수록, 특히 액티브 시스템들에 비해 전략이 완전히 개발되고 에너지 모델이 정교화될수록 구체화된다.

### 6.4.2 패시브 전략유형(Passive Strategy Types)

일반적인 디자인들로부터 도출되는 수많은 전략의 변형과 혼합들뿐만 아니라 가용한 패시브 전략들이 많이 있다. 일반적으로 패시브 전략은 건물의 기본적인 4가지 설비분야인 난방, 냉방, 환기, 조명 중 한 분야에 적용하는 데, 그림 6.30의 매트릭스는 세계적으로 가장 흔하게 사용되는 일부 패시브 전략

■ **그림 6.30** 패시브 디자인 매트릭스(Passive Design Matrix)

들을 보여주며, 각 전략들을 조명 · 환기 · 냉방 · 난방 설비들과의 관계로 분류하였다. 이것은 완벽한 목록이 아니고, 모든 기후에 일반적으로 적용할 수 있는 목록도 아니다. 가능한 패시브 디자인 전략들을 평가하기 전에 각 프로젝트의 기후와 대지 조건을 연구해야 한다.

## 6.4.3 냉난방과 환기(Heating, Cooling, and Ventilation)

### 6.4.3.1 축열체

축열 성능이 있는 재료들은 밀도가 높고 비열용량이 크다. 콘크리트와 석재, 벽돌, 물과 같은 재료들은 열을 비축할 뿐

**패시브 디자인의 적용**(Passive Design Application)

1. 가용한 패시브 자원들에 대해 기후와 부지를 평가한다.
2. 건물수요와 성능요건/측정기준을 결정한다.
3. 패시브 전략 대안들을 연구한다.
4. 성능요건들에 맞춰 쓸 수 있는 패시브 자원들을 평가한다.
5. 패시브 디자인을 적용하기 위한 건물 프로그램과 조닝, 매스계획, 향에 대한 접근법들을 시험하고 정교하게 발전시킨다.
6. 패시브 디자인을 적용하기 위한 건물외피 접근법들을 시험하고 정교하게 발전시킨다.
7. 프로젝트에 특수한 패시브 디자인 전략들을 개발하고, 정량화하고, 통합한다.
8. 패시브 전략과 액티브 전략을 통합한다.
9. 사용자와 상호작용하며 제어가 가능하게 계획한다.

만 아니라 주변온도가 냉각되면 다시 그 환경으로 열을 방출하는 능력이 있다. 이런 단기적인 축열장치는 패시브 냉난방에 적용되는 사례가 많고, 본장에서 설명하는 다른 몇 가지 패시브 전략들의 일부로서 시행된다.

축열체의 주요 혜택 중 하나는 실내 환경에서 하루 중에 나타나는 온도 변화를 평균에 가깝게 완화할 수 있다는 점이다. 축열체가 실내온도를 효과적으로 규제하려면, 매스를 실내 환경에 노출할 필요가 있다. 더운 기후에서는 외피를 통한 온도진폭의 범위를 낮추는 수단으로서 축열체를 외피에 사용할 수도 있다.

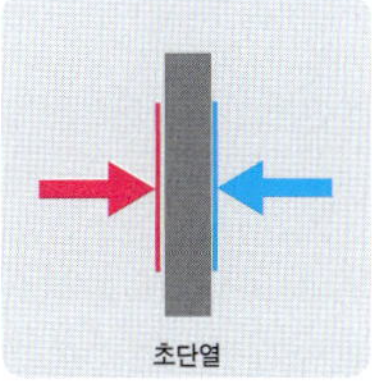


### 6.4.3.2 초단열

외피설계를 이용하여 건물외피를 통해 이뤄지는 열의 획득과 손실을 상당히 줄일 수 있다. 초단열에 대한 주된 접근법은 R-value가 매우 높은 조립체들을 개발하는 것이지만, 완결성이 높은 연속적인 건물외피를 만들기 위해 외피요소들의 통합과 조율 하는 방법도 중요하다. 열교현상을 줄이는 것 또한 R-value가 높은 부재들과 조립체들의 디테일작업만큼이나 중요하다. 외피의 초단열은 난방에너지 수요가 높은 추운 기후에 필수적이다. 초단열은 보다 온화한 기후에서도 일부 역할을 담당하는데, 이것이 환경과의 열적 교류를 제어하고 건물의 균형점온도를 조정하기 때문이다. (본 장의 앞부분에 있는 "건물외피[Building Envelope]" 섹션은 건물의 열관류율과 초단열에 대한 지침을 제공한다.)

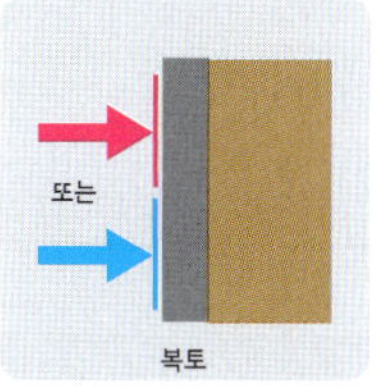


### 6.4.3.3 복토

땅은 연중 일관된 온도를 유지하기 위해 활용할 수 있는 거대한 열 흡수체다. 사실 지온은 여름철에 기온보다 낮고 겨울철에는 기온보다 높다. 지온은 지표면 밑 토양깊이에 비례하여 안정되기 시작한다. 어느 정도 깊이에 도달하면 지온은 연중 일관적이고 해당 입지의 연간 평균기온과 대략 같아질 것이다. 연간 최대 및 최소 실외온도들은 토양과 지표면의 특성과 함께 지온에 영향을 미친다.

건물을 땅에 묻어 제방을 만드는 복토(earth-coupling 혹은 earth-sheltering)는 실내·외의 완화된 온도차를 건물에 활용할 수 있게 해준다. 이것은 건물에 진입하는 열전달을 줄이는 전략의 일부일 수 있으며, 복토를 활용하여 공간을 냉각할 수도 있다. 긴 매입토관을 만드는 식으로 이뤄지는 원격복토

(remote earth-coupling)는 지온을 활용하여 건물에 진입하는 공기를 사전에 냉각하는 또 다른 방식이다. 이와 동시에 물과 습기, 구조적 이슈, 라돈가스의 도입 등 복토 시 일어날 수 있는 부담요인들도 주의 깊게 다루어야 한다.

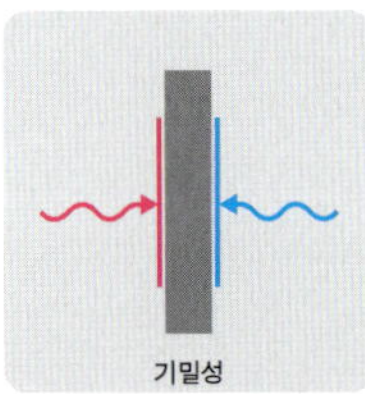


#### 6.4.3.4 기밀성

기밀성은 건물외피를 초단열할 때 동시에 달성된다. 실외 환경과의 제어되지 않은 공기 교환을 제거하는 것이 파사드 중립화의 핵심부분이다. (본장의 "건물외피[Building Envelope]" 섹션에서도 기밀성에 대한 지침을 제공한다.)

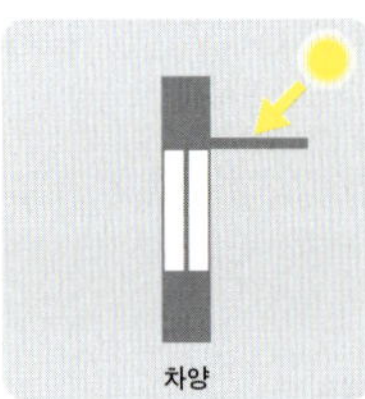


#### 6.4.3.5 차양

차양은 존재하는 패시브 냉방 전략 중 가장 기초적이고 오랜 세월동안 효과가 입증된 전략이다. 열을 피하는 것이 언제나 냉방의 최우선순위가 되어야 하며, 차양은 기후와 건물에 따라 매우 달라지는데, 이는 차양설계가 한 건물의 계절별 냉방수요와 건물의 향, 그리고 연중 태양경로에 응답해야 하기 때문이다. 창문은 일사획득에 가장 크게 기여하는 요인이기 때문에 유리창시스템에는 기본적으로 차양이 설계된다. 하지만 차양도 자연채광 등의 다른 많은 패시브 전략들이 통합되며, 자연채광 기법들이 연중 언제나 기능을 발휘할 수 있도록 일사차폐가 이루어져야 한다.

건물의 일사차폐와 부지의 미기후 요소로서의 그늘 또한 중요한 패시브 냉방전략들이다. 건물의 일사차폐는 매우 다양한 방식으로 달성할 수 있으며, 선택된 접근법은 종종 최종 건축표현의 일부가 되기도 한다.

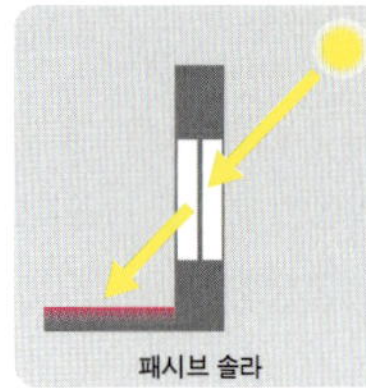


#### 6.4.3.6 패시브 솔라

태양을 활용하면 건물에 전력과 빛과 열을 제공할 수 있다. 패시브 전략으로 얻는 태양열은 지속가능한 주거에 흔히 사용되지만, 상업용 프로젝트에는 종종 적용되지 않는다. 그 이유는 상업건물들이 대규모에 실내부하가 지배적이고 연중 대부분 냉방을 하는 경향이 있기 때문이다. 그럼에도 바닥면적에 대한 외벽 비율이 높고 실내부하를 줄이는 패시브 건축은 외피부하가 지배적이고 실내 열 획득이 적당한 건물이 될 수 있으며, 어떤 기후에서는 난방시즌이 상당기간에 이를 수 있다.

패시브 솔라 기법들의 통합은 과열을 방지할 수 있도록 특별한 주의를 요하며, 열적 조닝 전략들과 주의 깊게 조율해야 한다. 공간에는 축열공간이 필요하며, 축열체는 패시브 솔라 전략의 중요한 일부분이다. 패시브 솔라는 공간의 직접난방에 활용할 수도 있고, 공간 내에 축열벽(Trombe wall)을 세우는 간접난방방식을 활용할 수도 있다. 온실이나 열미로(thermal labyrinth)와 같은 원격 축열장치를 통합하여 건물의 다른 부분들에 제어식으로 분산할 수 있는 열을 비축하는 것도 가능할 것이다.

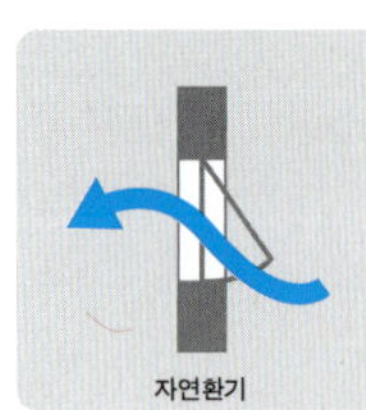


#### 6.4.3.7 자연환기

자연환기는 건물 사용자들에게 냉방과 신선한 외기를 제공하는 단순하고 효과적인 수단이다. 개폐식 창문들은 상업건물에 한때 흔했었지만, 지금은 꽤 흔치 않다. 오늘날의 상업건물들은 일반적으로 환경이 완전하게 엔지니어링 되며, 개폐식 창문들은 통상적으로 많은 공기식 HVAC 시스템들의 운용을 방해하는 요소이다. 그럼에도 자연환기는 증발냉각과 복사냉각, 분리환기시스템과 같은 많은 저에너지 HVAC 전략들을 활용할 수 있다.

자연환기는 건물이 냉방모드이고 외기온도가 공간에 열 획득을 부가하지 않을 만큼 충분히 낮을 때 효과적인 냉방전략이다. 자연환기가 이루어지려면 사용자들에게 쾌적한 환기를 제공하거나 건물 구조에 야간배기를 하는 냉방효과가 일어날 수 있도록 공기가 건물을 통과하여 움직여야 한다. 이러한 자연환기를 달성하기 위해서는 풍압과 기온의 차이에 따라 공기가 이동하는 맞통풍과 굴뚝환기 등의 기법들을 활용하여 적절한 환기경로를 마련하는 세심한 건물설계가 요구된다. 개폐식 창문은 가장 흔히 사용되는 기법이지만, 통풍구와 구조화된 바람 탑, 솔라 침니 등의 다른 전략들도 활용이 가능하다. 자연환기는 사용자들에게 중요한 열 쾌적성 요인으로서, 사용자들에게 신선한 공기를 제공하고 그들이 직접 환경을 제어할 수 있도록 한다.

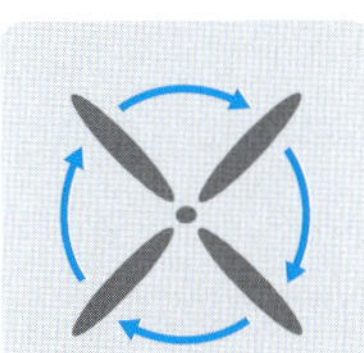
환풍

### 6.4.3.8 환풍

환풍이 효과를 내려면 에너지의 투입이 필요하긴 하지만, 그것은 쾌적성을 만들어내고 자연환기기법들을 보충하는 매우 저에너지적인 방식이다. 자연환기와 야간배기에 적절한 풍속을 언제나 활용할 수 있는 것은 아니기 때문에, 이런 전략들을 더욱 효과적으로 하기 위하여 환풍기를 사용할 수 있다. 환풍기는 공기의 움직임을 제어하고 유지하는 데 도움을 주며, 증발을 늘려 냉각효과를 제공한다. 또한 환풍기를 활용하여 수직높이가 큰 공간에서 층진 공기를 순환시킬 수 있고, 가열된 공기가 천장에서 빠르게 층을 이루어 순환공기시스템을 통해 배기되지 않게 함으로써 난방을 도울 수 있다.

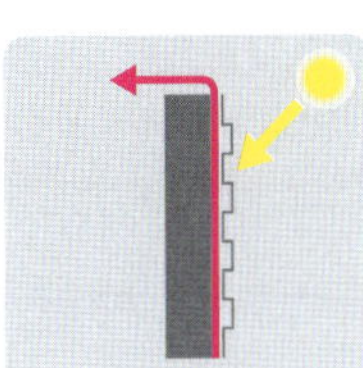
태양열집열기

### 6.4.3.9 태양열집열기

태양기공집열기(Transpired solar collector)는 건물의 환기나 난방 시스템에 사용할 외기를 패시브 방식으로 예열하는 비용 효과적인 기법이다. 태양기공집열기는 작은 기공들이 나있는 짙은 색의 골진 금속패널로 이루어진다. 그것은 전형적으로 일사획득을 최적화하기 위해 남향을 취하며 금속패널들은 건물 일차외벽과의 사이에 공기층을 두고 설치된다. 공기는 그 작은 기공들로 들어와서 일사에 의해 가열되고, 예열된 공기는 환기용 공기를 가열하는 데 사용할 수 있다. 가열된 공기는 집열기 내에서 상승하므로, 건물의 옥상에서 그 공기를 수집하는 게 통상적이다. 하지만 환풍기를 통해 그 공기를 어느 수집지점으로 밀어내는 것도 가능하다. 냉방기간에는 태양기공집열기를 통해 옥상 바깥으로 통기가 이뤄진다.

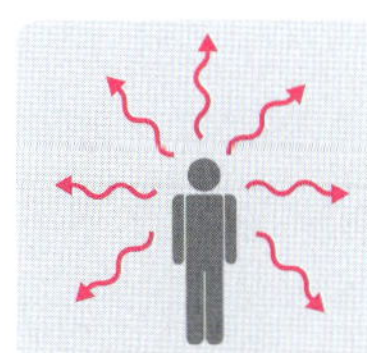
실내 열 획득

### 6.4.3.10 실내 열 획득

모든 건물에는 사람과 조명, 장비에서 발생하는 실내 열 획득이 있다. 종종 이런 열 획득은 냉방부하가 된다. 하지만 실내 열 획득이 언제나 부담요인인 것만은 아니다. 건물이 난방모드일 때 실내 열 획득은 패시브 난방에 유용한 전략일 수 있으며, 특히 초단열 및 기밀성 건물외피들과 결합하여 열 획득을 보유하면 유용할 수 있다. 건물외피의 품질이 좋다면 난방부하는 매우 작을 것이므로, 그런 부하는 대개 건물의 실내 열 획득을 통해 다루어질 수 있다. 이런 기법은 열 회수 환기시스템을 통해 순환공기의 열을 회수하는 식으로 향상될 수 있다. 물론, 일단은 모든 폐열을 유익하게 사용한다는 목표로 조명부하와 장비부하부터 공세적으로 줄여야 한다.

증발냉각

### 6.4.3.11 증발냉각

증발냉각은 건습구온도차가 큰 고온건조기후에서 효과적이다. 물이 증발하여 외기에 수분을 공급하고, 공기 중에 수분이 흡수되는 과정에서 공기 중의 현열은 잠열로 전환된다. 현열이 적어지면 온도가 낮아진다. (그 온도는 습구온도에 근접할 수 있다.) 잠열이 많아지면 공기 중의 습도가 높아진다.

증발냉각은 (7장에서 논하는) 기계적 냉방에 대한 저에너지 접근법일 수 있다. 또한 이를 활용한 냉각탑(옥상의 통풍구에서 외기에 수분을 도입하는 탑)을 통해 공간을 패시브하게 냉각할 수도 있다. 냉각된 공기는 다시 아래 공간으로 내려온다.

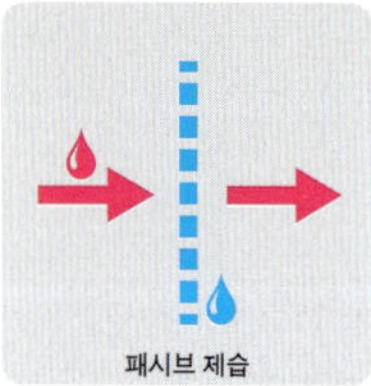


#### 6.4.3.12 패시브 제습

습도가 높은 기후에서는 습도 그 자체가 열 쾌적성을 방해하기 때문에 더 많은 에너지를 다룰 필요가 있다. 물을 증발시켜 가습하는 패시브한 방식으로 뜨겁고 건조한 공기를 냉방할 수 있는 것처럼, 습기제거제를 활용하여 공기 중의 수분을 패시브하게 제거할 수도 있다. 습기의 제거는 현열을 늘리고 잠열은 줄이기 때문에, 습도가 낮아질수록 기온이 상승한다. 실리카겔은 다양한 수분흡수전략에 흔하게 사용되는 습기제거제다. 하지만 이 건조제는 제습의 각 주기가 끝날 때마다 말려야 한다(이상적으로는 태양열이나 폐열을 활용하는 과정을 통해 말려야 한다). 건조제를 통한 패시브 제습은 여전히 상대적으로 사용이 흔치 않으나, 이런 기법에 대한 관심은 늘어가는 중이다.

### 6.4.4 자연채광(Daylighting)

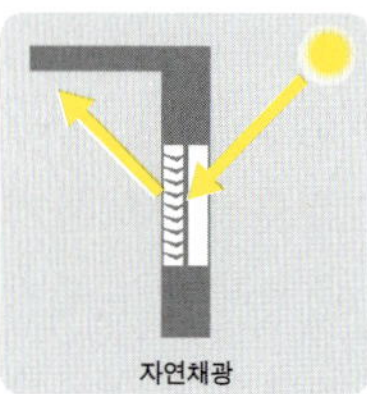


#### 6.4.4.1 빛과 넷 제로 에너지 건축

빛, 특히 자연광은 많은 건축의 거장들에게 영감의 원천이었다. 예를 들어 알바 알토와 루이스 칸(그림 6.31 참조)은 빛과 건축의 상호작용을 마스터하는 데 그들의 건축일생을 바쳤다. 햇빛의 특성은 지구상의 각 지역마다 다르며, 그 독보적이고 역동적인 속성들 속에서 시각적인 아름다움과 복잡성을 건축에 더해준다.

자연광은 넷 제로 에너지 건축의 건축형태를 주도하는 강력한 요인이다. 그것은 시적인 목적을 수행하며 건축형태를 아름답게 표현하는 동시에, 고품질의 빛을 제공하여 건축의 기능적 수요를 충족시킨다. 아름다움과 유용함을 모두 만족시키려면 건물의 향과 매스계획, 색상, 외피, 실내계획 그 모두가 자연광에 세심하게 응답하여야 한다. 건물의 설계는 부지와 프로그램에 대한 응답만큼이나 기후에 대한 응답을 통해서도 영감을 얻어야 한다. 건축은 공간을 형성하는 작업이므로 자연광에 최적화된다. 그 목표는 태양과 하늘, 반사표면들로부터 발생하는 실외조도를 (그 모든 변화무쌍한 성격에도 불구하고) 활용하여 가장 유리한 실내공간조도를 만들어내는 것이다. 건축은 자연채광자원과 조명수요가 만나는 접점이다. 이렇게 건축은 개구부가 되고, 필터가 되고, 반사판이 되고, 빛을 조각하는 도구가 된다.

넷 제로 에너지 건축은 그저 아름다움과 유용함을 위해서만 자연광을 제어하는 게 아니다. 그것은 에너지를 위해 자연광을 활용한다. 넷 제로 에너지 빌딩은 이른 아침의 첫 햇빛이 건물에 도달할 때 생명을 향해 콧노래를 부른다. 태양의 에너지는 빛 이상의 것을 제공한다. 그것은 전기와 유용한 열을 만들어낼 수도 있다. 자연채광은 그저 자유에너지에 그치지 않는다. 그것은 넷 제로 에너지 빌딩에서 에너지사용을 절감하기 위한 기본적인 초석이다. 이는 넷 제로 에너지 빌딩에 대한 한 가지 중요한 요점이다. 넷 제로 에너지 빌딩은 핵심적인 에너지절감전략으로서 자연채광을 활용하도록 설계해야 한다. 자연광이 드는 대부분의 건물에서 자연채광전략들이 에너지절감으로 이어지지 않는 게 현실인데, 그것은 건축과 조명시스템 · 제어장치에 그런 전략들이 성공적으로 통합되지 않았기 때문이다.

자연채광은 넷 제로 에너지 빌딩에 가장 중요한 전략 중 하나인데, 정확하게 시행된다면 상당한 에너지를 절감시킬 수 있기 때문이다. 자연채광을 적절히 활용하면 인공조명을 끄거나 약하게 틀어도 되는 경우가 많아진다. 또한 적절한 자연채광전략은 주광을 측정하고 그에 따라 인공조명수준을 제어하기 위한 제어시스템도 포함한다.

자연채광에는 많은 단계적인 혜택들도 있다. 조명을 줄이거나 끌 때 많은 양의 조명에너지가 절약될 것이다. 게다가 정확하게 계획된 자연광은 인공조명에 비해 시원한 빛을 제공하기 때문에, 인공조명 대신 자연광을 효과적으로 활용할 경우 공간의 실내 열 획득과 그에 대한 냉방에너지를 모두 줄일 수가 있다. 대략 3/4의 열과 1/4의 빛을 발생시키는 형광조명과 비교해볼 때, 자연채광은 1/4의 열과 3/4의 빛을 만들어낼 수 있다.

■ 그림 6.31 루이스 칸의 킴벨미술관

에너지부의 『2009 빌딩 에너지 데이터 북(2009 Building Energy Data Book)』에 따르면, 미국 전역의 상업건물들에 대한 에너지목표사용량이 조명의 경우 2번째로 높으며 평균적으로 총 건물 에너지사용량의 16.9퍼센트를 차지한다. 조명의 목표사용량은 전반적인 상업건물유형과 기후대에서 일관적이다. 사실상 모든 기후대의 모든 건물들이 조명을 사용하기 때문에, 자연채광은 대부분의 모든 프로젝트에서 고려할 수 있다.

### 6.4.4.2 측창채광(Sidelighting)

측창채광은 외벽의 개구부들을 통해 공간에 자연광을 들이는 기법이다. 이 기법은 조망창도 제공하기 때문에 흔히 사용되는 전략이며, 건물 내의 많은 공간들은 외벽 창문에 접할 수 있다. 대부분의 적용사례에서 측광은 천장으로 반사되거나 분산되어야 눈부심과 직사광선 투과를 막을 수 있다(그림 6.32 참조). 측창채광전략들은 일사획득을 줄이면서도 자연광의 질은 최적화하는 법을 찾아야 한다.

건물의 향은 측창채광의 기법과 성공적인 적용에 크게 영향을 준다. 동향과 서향은 가장 까다로운 향인데, 아침과 저녁의 태양각도를 제어하기가 어렵기 때문이다. 서향은 저녁시간대에 원치 않는 열획득에 기여할 수 있다. 남향과 북향은 측창채광을 적용하기에 이상적인 향이다. (북반구의 경우) 북향은 양질의 분산된 빛을 제공한다(그림 6.33 참조). 전형적으로 북향에는 추가적인 차양이나 제어장치가 필요 없다. 남향은 제어할 수 있는 직사광선을 제공한다. 남쪽 하늘에서 오는 일사는 차양과 광반사 장치들을 설치하여 효과적으로 조작할 수 있다. 남향 측창채광을 적용할 때는 일사획득을 막는 차양이 설치된 조망창과 항상 자연광을 받아들여 천장을 향해 반사시키는 채광창으로 창문을 나누는 것이 가장 좋다. 채광창은 벽의 높은 곳에 위치시켜 빛의 방향을 천장으로 돌리고 눈부심을 막을 필요

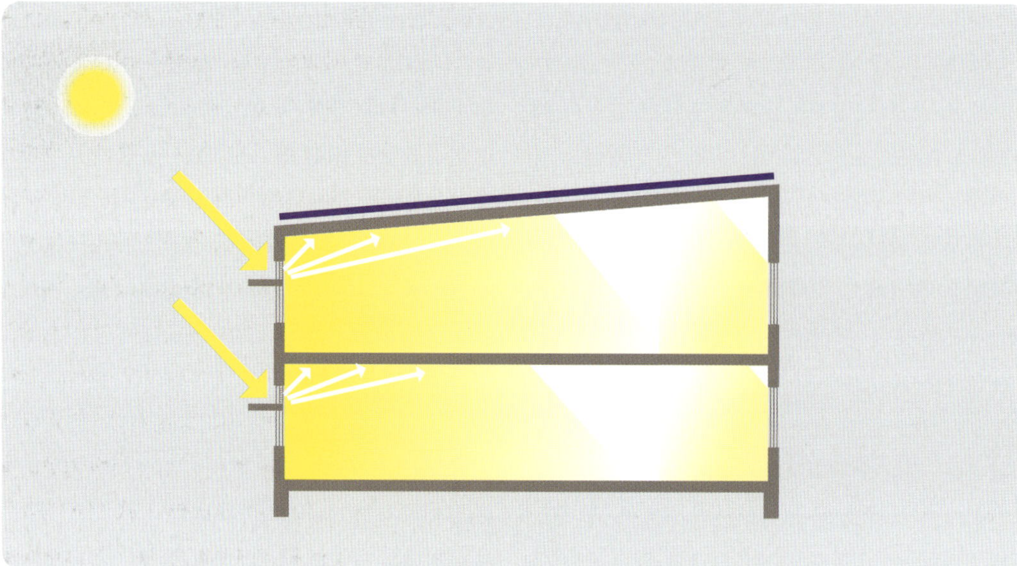

■ **그림 6.32** 자연채광—측창채광

가 있다. 높은 천장과 개방형 실내공간들은 측창채광의 적용에 도움을 준다.

■ **그림 6.33** 에너지부/국립재생에너지연구소 연구지원 시설의 북쪽구역(North Zone)에 설치된 측창. *〈이미지 제공: RNL / 사진: Ron Pollard〉*

### 6.4.4.3 천창채광(Toplighting)

천창채광은 지붕의 개구부를 통해 공간에 자연광을 들이는 기법이다. 이 기법은 지붕 바로 밑에 있는 공간들에 효과적이지만, 아트리움이나 광정, 그리고 기타 장치들을 활용하면 더 낮은 바닥높이에도 적용되어질 수가 있다. 천창채광은 자연광을 연중 고르게 분산시킬 수 있고, 특히 깊숙한 바닥판들에 효과적이다(그림 6.34와 6.35 참조).

천창채광은 수평이나 수직, 혹은 경사면 형태의 창 유닛들을 포함할 수 있다. 전형적인 기법으로는 천창(skylight)과 튜브장치(tubular device), 솟을지붕(roof monitor), 고측창(clerestory) 등이 있다. 천창채광을 적용할 때는 직사광선과 일사획득의 제어가 특히 중요하다. 천창과 튜브장치, 수평창은 일반적으로 향에 따른 특수사항이 없지만, 경사창이나 수평창은 앞서 기술한 측창채광 적용 시의 고려사항들에 따라 향을 정해야 한다. 수평창이나 경사창 시스템은 여름철의 높은 태양고도로 인해 강렬한 직사광선이 투과될 수 있기 때문에 분명히 문제가 될 수 있다. 천창채광 장치들은 종종 반투명한 단열유리창으로 된 유닛이나 천창을 활용하여 자연광을

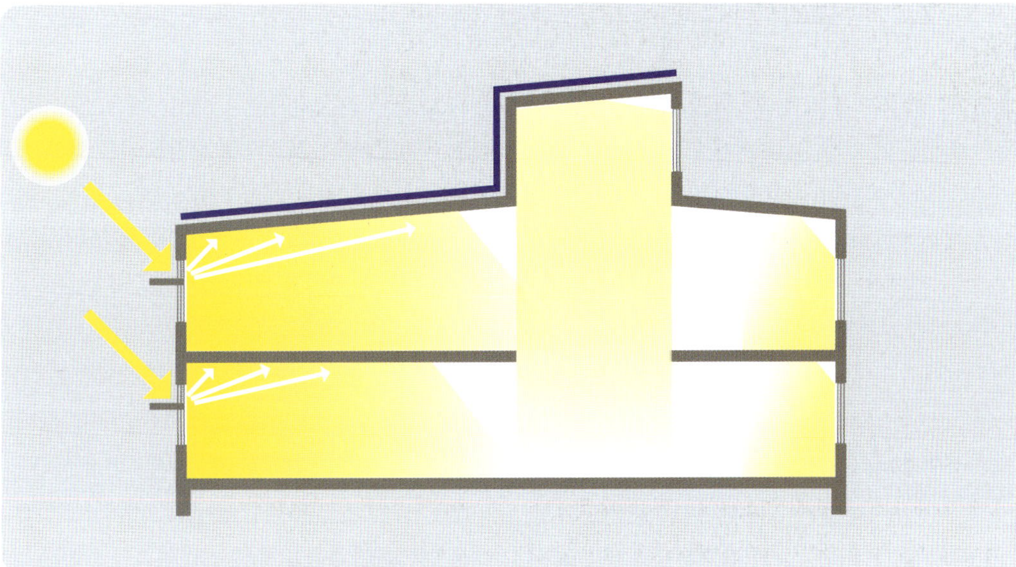

■ **그림 6.34** 자연채광—측창채광을 겸한 천창채광

분산하고 열 손실을 방지한다. 밝은 유리창을 적용할 경우는 일사를 제어하고 빛을 분산하기 위한 반사요소와 차양요소를 통합할 수 있다. 담천공이 지배적인 기후에서는 천창(특히 수평요소가 있는 천창)이 효과적일 수 있는데, 실외의 빛은 이미 산란광이고 천공의 정점에서 가장 밝기 때문이다.

■ **그림 6.35** 그린스버그의 카이오와 카운티 스쿨에 있는 실내체육관의 천창. *〈이미지 제공: BNIM / 사진: © 2010, Assassi.〉*

### 6.4.4.4 자연채광장치(Datlight Devices)

오늘날에는 상업건물에서 전형적으로 맞닥뜨리는 자연채광의 많은 어려움들을 해결하기 위한 자연채광장치들이 점차 더 폭넓은 범위로 시판되고 있다. 자연채광장치는 자연광의 전달을 조작하고 제어하여 그 성능을 향상시키고 특정한 공간에 특정한 방식으로 자연광을 분산시키는 장치다.

일부 자연채광장치들은 단순히 유입되는 자연광을 한 공간으로 반사하거나 재분배한다. 예를 들어, 광선반(light shelf)은 유입되는 빛을 천장에 반사시키는 방식으로 사용 중인 공간에 직사광선이 관통하지 못하게 하는 용도로 흔히 사용된다. 채광창의 전체 창틀이나 창 유닛에 반사루버장치를 설치하여 광선반의 성능을 향상시킬 수 있다. 그 루버는 포물면의 형태를 취해 정반사를 하기 때문에 공간 깊숙이 빛을 반사시킬 수 있으며, 그 루버 블레이드들의 간격은 직사광선의 투과를 차단한다.

자연채광장치는 빛을 건물의 더 깊숙한 곳이나 다양한 공간들에 들이는 용도로도 사용할 수 있다. 거울식반사광 파이프와 덕트, 튜브는 빛을 적당한 거리만큼 전파할 수 있고, 관내에서 빛의 방향을 꺾을 수도 있다. 광 튜브의 끝에는 빛을 분산하고 눈부심을 제한하기 위한 렌즈나 고정 장치가 장착된다. 튜브 자연채광장치는 가장 흔한 장치 중 하나이며, 지붕 위에 설치하는 작은 원형 천창들을 특징으로 한다.

자연광은 광섬유(fiber optic)를 통해서도 전파할 수 있다. 이 경우 태양광은 외부의 수신기에서 수집되어 광섬유 케이블로 분산되고, 이 케이블은 특수한 조명기구들에 빛을 공급한다. 광섬유 케이블들은 작고 유연하며 사실상 건물 내 어디에도 설치가 가능하다.

#### 6.4.4.5 자연채광조닝(Daylight Zoning)

자연채광조닝은 다양한 향과 매스계획, 외피 대안들을 평가할 때 유용한 개념이다. 자연채광구역들, 예를 들어 조명수준구역과 제어구역, 자연광적용구역 혹은 전략구역 등을 활용하여 광범위한 자연채광설계요인들을 계획할 수 있다. 구역들은 완전채광(fully daylit)과 부분채광(partially daylit), 무채광(nondaylit) 구역들로 범주화할 수 있다. 자연채광을 넷 제로 에너지 프로젝트에 성공적으로 통합하려면 설계단계 초기에 자연채광구역의 관점에서 생각해 보는 게 중요하다.

공간유형과 프로그램화된 활동들에 기초하여 건물 프로그램의 조명요건들을 분석할 수 있으며, 프로그램 요소들을 유사한 조명수준요건들로 묶어 분류하는 것이 도움이 될 수 있다. 일부 작업조명 기능들은 자연광으로 충족시키기가 더 어려우므로, 반드시 전반적인 조도와 주변광에 일차적인 초점을 둬야 한다. 또한 각 공간이 자연광의 활용에 적절한지를 고려하라. 일부 공간 유형 및 용도들은 특별하게 다룰 필요가 있을 것이며, 높은 제어도가 필요하거나 공간을 어둡게 할 필요가 있을 수 있다. 정기적으로 사용하는 공간의 자연채광이 우선시되는 이유는 인간의 건강혜택뿐만 아니라 하루 중 대부분 빛을 필요로 하는 사용수준 때문이기도 하다. 비정기적으로 사용되는 많은 공간들, 예를 들어 창고와 화장실 등에도 자연채광을 할 수 있다. 하지만 이런 공간들은 사용빈도를 제어하여 에너지를 절약할 수 있고, 조명은 대부분의 시간동안 꺼둘 수 있다. 건물 내에 자연채광하기 어려운 구역들이 있을 때, 자연광이 들지 않거나 제한적인 구역에는 비정기적으로 사용하는 이런 공간유형들을 배치해야 한다.

건물 내에 자연채광이 완전히 가능한 구역이 많아질수록 자연채광을 통한 에너지절감 가능성은 더 커진다. 이를 염두에 두고 모든 구역에 완전한 자연채광을 하려는 목표로 설계를 시작하는 것이 좋다(그림 6.36 참조). 자연채광구역들을 활용하여 건물의 매스계획과 공간들을 설계할 때는 다양한 자연채광전략들이 실제구역들에 어떤 영향을 끼치는지, 혹은 어떻게 그런 구역들을 만들어내는지를 고려하는 것이 좋다. 자연광모델링은 다양한 자연채광 전략들을 시험하고 건물 내의 효과적 조닝을 결정하는 이상적인 방식이다. 자연광모델링은 기본적인 매스계획 아이디어들을 연구하는 식으로 매우 단순하게 시작한 다음, 창의 크기와 유형을 보다 상세히 연구하며 전략의 디테일을 결정할 수 있다.

궁극적으로 자연채광분석은 그 구역들을 정의하고 정량화할 것이다. 하지만 측창채광과 천창채광을 적용하여 자연채광구역들을 설정할 때 따라야 할 몇 가지 경험적인 법칙들이 있다.

측창채광구역은 외부 창문에서 공간의 깊은 곳까지 자연광을 끌어오기가 어렵기 때문에 보통 그다지 깊지가 않다. 전형적인 남향구역들이 가장 깊은데, 보통 15피트에서 20피트 범위에 있다. 연중시간대와 날씨조건에 따라 반사루버장치와 같은 효과적인 자연채광장치들을 활용할 때 남향구역의 깊이는 크게 늘어날 수 있다. 전형적인 북향구역은 깊이가 얕고 10피트에서 15피트 범위에 있다(그림 6.37 참조). 담천공 조건에서 그 구역들은 향과 상관없이 일반적으로 균일하다.

천창채광은 채광장치 바로 아래에 구역이 설정될 경우 매우 유연하게 이루어지며 어떤 깊이의 구역도 만들어낼 수가 있다. 아트리움과 광정은 그 밑에 실내채광구역들을 만들 수 있다. 아트리움은 수평으로 인접한 공간들을 자연채광하는 데에도 활용할 수는 있지만, 이런 채광구역의 범위는 협소하다. 왜냐하면 아트리움 바닥에 반사된 빛이 더욱 산란되어 인접공간들로 전해지기가 더 어렵기 때문이다.

자연채광구역의 깊이에 영향을 주는 많은 건물 설계변수들이 있는데, 자연채광창문의 크기와 유리창의 가시광선투과율, 창문의 위치, 천장높이, 실내외표면들의 색상과 반사율 등이 그 예다. 벽과 높은 파티션을 도입하여 자연채광구역들의 깊이를 제한할 수도 있다. 측창채광을 적용할 경우, 외벽을 따라 위치하는 일련의 개인사무실들 너머로 자연채광구역을 확장하기가 매우 어려울 수 있다. 전체나 부분이 창으로 된 사무실 벽들이 이런 목표를 달성하는 데 도움이 될 수 있다. 북향의 측창구역은 대개 가장 좁은 구역이기 때문에 개인사무실들을 두기에 이상적이며, 남향구역은 자연채광장치를 사용하여 자연채광구역을 확장하고 내부 파티션들로부터 방해받지 않는 열린 영역에 이상적이다.

### 6.4.4.6 제어장치와 센서(Controls and Sensors)

자연채광으로 에너지를 보존하려면 자연광이 들어올 때 인공조명을 끄거나 약하게 할 준비를 갖추어야 한다. 자연광제어의 핵심은 센서의 활용에 있다. 이런 장치들은 제어되는 공간 속에 두거나, 가용한 자연광을 측정하는 전역실외센서에 연결할 수도 있다. 센서의 조도수준과 그에 대한 제어장치 설정에 따라 자연광 제어장치들은 조명기구들을 켜거나 끌 것이고, 밝기를 조절하거나 희미하게 할 것이다. 보

■ 그림 6.36 측창채광구역과 천창채광구역이 있는 넷 제로 에너지 빌딩인 하와이 예비에너지연구소에 자연광이 비추는 내부모습. *〈이미지 제공: Buro Happold and Flansburgh Architects / 사진: Matthew Millman.〉*

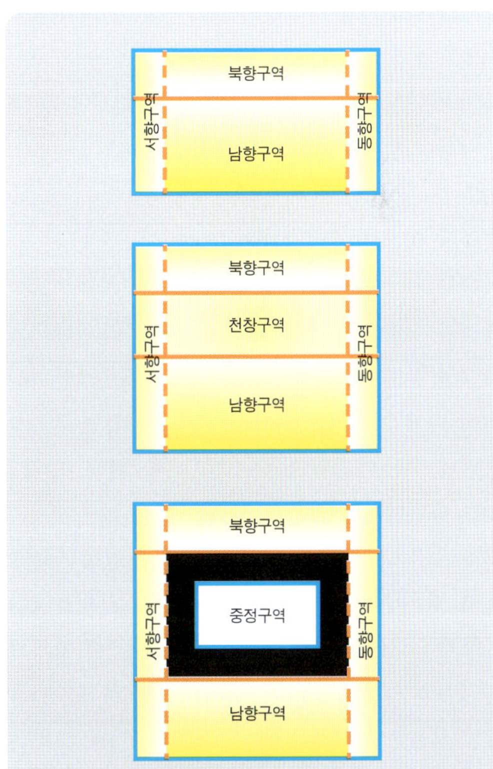


■ 그림 6.37 전형적인 자연채광구역전략

통 남향 측창채광장치들에 바로 인접해있는 등 자연채광이 잘 되는 구역들 내의 조명에는 단순한 스위치나 단계적 제어장치(stepping control)들만 필요할 수도 있다. 자연광의 변화가 더 큰 구역들에는 연속조절이 가능한 디밍 제어장치(dimming control)를 활용하는 것이 더 나을 수 있다.

자연광 제어장치와 센서는 조명구역에 대한 전반적인 자연광 제어장치에 통합하여 부재센서(vacancy sensor)와 조명일정 등의 다른 기능들과 조율해야 한다. 자연광 센서와 제어장치는 그 신뢰도와 사용자친화성, 비용효과성의 측면에서 급속하게 발전하고 있다. 모든 자연채광구역들을 조명제어시스템과 통합하여 효과적인 에너지절감전략을 계획할 필요가 있다.

조명제어구역들을 조직할 때는 조명수준과 사용률, 프로그램, 자연채광전략이 유사한 구역들을 선택하는 것이 좋다. 자연광 제어장치는 자연광센서에서 입력되는 값들에 기초하기 때문에, 유사한 자연채광조건들은 강력한 시너지를 일으킬 수 있으나, 자연채광조건이 다른 공간들로 제어구역들을 조직하면 효과적인 제어가 어렵게 된다.

### 6.4.5 미래의 동향(Future trends)

미래의 패시브 디자인에서는 동적 파사드와 지붕이 발전할 것이다. 건물이 날씨변화에 따라 역동적으로 적응할 수 있다는 잠재력은 보다 고정적인 접근법에 비해 기후의 자유에너지를 활용하는 건축의 방법에 주된 발전이 있을 것임을 예고한다. 일일까지는 아니더라도, 계절별 날씨 조건은 매우 역동적이다. 동적 파사드와 지붕은 차양과 투명성, 열전도계수, 환기구 등의 요소들을 조정하는 식으로 외피가 기후와 상호작용하는 방식을 제어할 수 있게 해줄 것이다. 게다가 동적 파사드와 지붕은 태양을 따라 적응하는 추적시스템들을 통합하여 에너지발생량을 크게 늘리는 액티브 태양광발전시스템들도 가능하게 할 수 있다(그림 6.38 참조).

동적 파사드와 지붕을 통합하는 데 걸림돌이 되는 두 가지는 이런 유형의 기술에 필요할 수 있는 시스템제어와 장기유지보수다. 시스템제어는 매우 간단하게, 즉 사용자들 스스로가 환경이나 어떤 다른 형태의 사용자 피드백 디스플레이에 반응하여 수동으로 할 수도 있다. 상대적으로 정적인 많은 패시브 기술들이 창문과 차양, 혹은 셔터를 개폐하는 식의 간단한 사용자 제어장치들을 활용한다. 이런 아이디어는 파사드의 내부나 외부에 미닫이나 여닫이 방식의 패널을 덧붙이는 방식으로 이루어질 수 있다. 더 나아가 그 운영을 전동화하는 동시에 사용자들의 직접적인 제어도 가능하게 할 수 있다. 하지만 날씨와 건물자동화시스템의 데이터에 따라 시스템이 실시간으로 변화할 수 있기 때문에, 시스템제어장치를 전산화하는 것이 최상의 최적화방법이다. 완전한 자동화는 사용자들에게 가장 편리하지만, 자신의 수요에 따라 건물을 맞춤화할 수 있는 여지를 주기도 한다.

■ **그림 6.38** ASP 아키텍텐이 독일 올덴부르크에 설계한 EWE 실내경기장의 동적 BIPV 벽체는 30분마다 7.5도씩 움직이면서 태양을 추적한다. *〈이미지 제공: the Colt Group〉*

하지만 자동화의 증가는 부수적으로 복잡성의 증가를 불러온다. 따라서 자동화가 늘어나면 중요한 장점들도 있지만, 더 많은 시스템상의 문제와 유지보수 관련 이슈들을 일으킬 수 있다는 단점이 있다. 동적 파사드와 지붕이 보다 상용화되고 신뢰도를 갖출수록 뛰어넘어야할 기술적인 장애물이 있다(그림 6.39와 6.40 참조). 게다가 동적 파사드 및 지붕 요소들이 건물 내 기계장비의 필요성을 낮출 수 있게 될수록, 건물에 대한 전반적인 요지보수 요구가 하락하는 결과가 나타날 수 있을 것이다.

이미 상변화재료와 속성변화기술을 활용한 차세대의 기후 반응적 재료들과 구성요소들이 개발되고 있다. 이런 기술유형은 스마트 글레이징에 적용되어 환경적 투입요인에 대한 반응으로 속성변화를 일으킬 수 있는 전기변색, 가스변색, 광변색, 열변색 유리를 만들어내고 있다.

전기변색유리는 지금까지 건설재료시장에 선보인 변색유리 기술 가운데 가장 발전된 기술이다. 전기변색유리는 저압의 전기부하를 통해 리튬이나 수소 이온들의 상태를 변화시켜 그것들을 저장층에서 전기변색층(산화텅스텐 등)으로 옮김으로써 유리의 색상과 빛깔을 바꾼다(그림 6.41 참조). 그 전하는 모두 그 창 유닛 내부에서 두 개의 대립적이고 투명한 전도층들을 통해 전도된다. 이것은 사용자들이 그 전하를 스위치로 켜고 끌 수 있는 액티브한 기술이다. 또한 그 전하가 조도수준센서를 통해 발사되도록 설정함으로써 실외온도나 조도수준에 직접 반응하여 패시브하게 기능하도록 할 수도 있다. 전기변색유리 제조업체에 따르면, 그 일사획득계수는 투명한 유리일 때 0.48이며 색 유리일 때는 0.09 정도라고 한다. 그 유닛들은 이중창이나 삼중창 단열유닛의 형태로 이용할 수 있다.

**변색유리**(Chromogenic Glass)

- 전기변색유리(Electrochromic Glass)
  - 액티브(Active)
  - 저압전하
- 가스변색유리(Gasochromic Glass)
  - 액티브(Active)
  - 수소가스의 흐름에 반응
- 광변색유리(Photochromic Glass)
  - 패시브(Passive)
  - 실외조도에 반응
- 열변색유리(Thermochromic Glass)
  - 패시브(Passive)
  - 유리의 실외온도에 반응

상변화물질들은 건식벽과 플라스터, 콘크리트 블록, 창과 같은 통상적인 건물재료들에 통합되고 있다. 건물 조립체 내부에 적용할 수 있는 상변화물질들로 감싼 특수 막 재료들도 있다. 이 기술은 매우 유망한 기술인데, 콘크리트와 조적, 석재 등의 전통적인 중량재료가 아닌 통상적인 건물재료로도 중요한 패시브 디자인 전략인 축열체의 혜택들을 가져다주기 때문이다. 보통 밀랍과 염분에 기초하는 상변화물질들은 열에너지를 흡수한 다음 나중에 다시 방출할 수 있다. 이런 재료들은 상변화를 일으킬 때 잠열을 흡수하지만 그 온도는 그대로 유지된다. 물은 일반적인 상변화물질로서 얼음으로 얼거나 물로 녹는 동안에도 녹는점 0°C(32°F)에서 온도를 유지한다. 건물에 이상적인 상변화물질들은 실내의 쾌적성 범위 중 상부 온도와 유사한 녹는점을 갖는다.

■ **그림 6.39** 아틀리에 외르크 뤼게메르(Atelier Jörg Rügemer)가 독일 보콜트의 그뤼네 발트에 설계한 동적 글라스루버 파사드의 폐쇄된 모습. *〈이미지 제공: the Colt Group〉*

■ **그림 6.40** 아틀리에 외르크 뤼게메르(Atelier Jörg Rügemer)가 독일 보콜트의 그뤼네 발트에 설계한 동적 글라스루버 파사드의 개방된 모습. *〈이미지 제공: the Colt Group〉*

■ **그림 6.41** 에너지부/국립재생에너지연구소 연구지원시설에 설치된 세이지(Sage) 전기변색유리가 유색에서 투명하게 변하는 모습. *〈이미지 출처: RNL / 사진: Frank Ooms.〉*

EE 7장

# 에너지 효율적 건물시스템 Energy-Efficient Building Systems

## 7.1 액티브 시스템(Active Systems)

넷 제로 에너지 프로젝트를 위한 에너지 효율적 건물시스템이나 액티브시스템의 설계는 5장과 6장에서 논한 것처럼 패시브 디자인 전략 및 기후 반응형 건축과 결합함으로써 완성된다. 패시브 전략들은 프로젝트의 냉·난방과 환기 및 조명을 위한 에너지 시스템의 기초 역할을 한다. 액티브시스템은 8장에서 논할 부지내 재생에너지시스템의 설계와도 통합된다.

대부분의 상업건물에 패시브 전략만으로 실내의 조명과 쾌적성, 공기의 질, 온수 기능들을 충족시키는 기후 반응형 건축을 기대하기는 어렵다. 패시브 전략들만으로 불충분할 때는 이런 기능들을 제공할 액티브시스템들이 필요하다.

이런 액티브시스템을 통한 에너지사용은 **규제에너지 사용**(regulated energy use)이라는 용어로 정의할 수 있으며, 이러한 규제 에너지 사용은 건물 내에 사용되는 에너지의 50 내지 75퍼센트를 차지한다. 나머지 에너지사용은 **플러그부하에너지**(plug load energy)나 **프로세스에너지**(process energy)라고 부른다. (이에 대해서는 10장에서 다룬다.) 규제에너지 사용이란 단어는 이런 액티브시스템들이 역사적으로 전기·기계설비·배관·방화·에너지·건축 관련법규들을 통해 규제되어왔다는 사실에 기인하는 반면, 플러그부하와 프로세스 에너지는 규제적인 법규와 허가과정의 범위에서 제외되어 왔었다.

넷 제로 에너지 프로젝트를 위해서는 액티브시스템 에너지사용량의 많은 부분을 줄여야 하며, 경제적인 넷 제로 에너지 프로젝트를 위해서는 전형적인 기존의 관습이나 상업건물에너지소비조사(CBECS) 기준건물에 비해 규제에너지 사용량을 40 내지 60퍼센트 절감을 목표로 해야 한다. 이러한 에너지사용량 절감을 달성하는 지침을 제공하기 위해, 본 장은 저에너지 액티브시스템을 위한 일반적인 개념들과 유망한 설계전략들 및 고려해야할 위험요인들을 제시하였다.

### 7.1.1 패시브 건축과의 통합 (Integration with Passive Architecture)

#### 7.1.1.1 재활용의 비유(The Cycling Analogy)

자전거를 타고 이쪽 언덕에서 저쪽 언덕으로 가는 모습을 생각해보자. 첫 번째 언덕을 타고 내려오는 자전거 운전자는 본능적으로 경제적인 자세를 취하여 속도를 내는데 방해가 되는 공기의 저항을 최소화할 것이다. 자전거 운전자는 두 번째 언덕을 바라보며 이렇게 생각할 것이다. "저 경사면을 얼마나 올라가서 페달을 밟아야하지?" 운전자는 언덕의 밑바닥에서 최대속도에 이르고 두 번째 언덕을 향해 올라갈 때는 속도가 줄기 시작한다. 자전거는 여전히 편안한 페달속도로 움직이되 운전자는 먼저 고단기어로 페달을 밟은 다음 점차 보다 낮은 기어로 바꿔가며 정상에 도달할 것이다.

이렇게 자전거를 타면서 중력을 최대한 활용하는 운전자처럼, 에너지 절감을 위한 액티브시스템도 패시브시스템에 부차적인 요소로서 통합할 필요가 있다. 요점은 에너지를 소비하는 시스템의 사용시간과 사용전력을 줄이는 것이다.

자전거 운전자는 스스로 에너지 사용을 최소화하는 방식으로 자신의 액티브한 활동을 효과적으로 통합하는 것이 자연스럽지만, 건물을 설계할 때 이런 통합이 이루어지려면 추가적인 주의가 요구된다. 숙련된 자전거 운전자라면 브레이크를 건드리지도 않고 내리막길을 타겠지만, 건물의 경우는 안보다 바깥이 더 추운 상황에서도 일사와 실내 열 획득에 의한 실내온도증가를 기계냉방으로 대처하는 경우가 흔하다. 마찬가지로 내리막을 타는 자전거 운전자가 광적으로 페달을 밟아 최고속도로 달리는 것이 무의미한 일처럼, 건물에서는 실내공간에 주광이 많이 유입되어도 조명을 켜두는 경우가 빈번하다. 건물시스템에서는 "언제 페달을 밟기 시작할 것이냐"를 아는 것이 가장 어려운 과제일 것이다.

### 7.1.1.2 패시브시스템과 액티브시스템의 관계
(Relationship of Passive abd Active Systems)

패시브 디자인 전략의 일차적인 역할은 부하방지, 즉 차양을 설치하여 냉방부하를 줄이거나 건물외피를 단열하여 난방부하를 줄이는 등의 역할에 있다. 하지만 패시브 전략은 해당지역의 자유에너지를 활용하여 패시브 냉방과 난방, 환기 및 조명에 필요한 에너지 서비스들을 제공하기도 한다. 사례들로는 자연채광과 축열체, 자연환기 등이 있다. 진정 통합된 관점에서 보자면, 건물체계의 패시브 성능에는 건물시스템의 최초 운영모드가 고려되어야 하고, 액티브 전략들은 패시브 전략들을 활용하며 보충되어져야 한다. 6장에서 거론했듯이, 이러한 패시브 시스템과 액티브시스템의 융합은 저에너지 건물과 넷 제로 에너지 빌딩에 적용하는 전형적인 시스템이며, 이러한 융합된 형태의 전략들은 하나의 하이브리드 건물시스템으로 이어진다. 혼합모드(mixed-mode) 건물은 하이브리드 시스템 접근법을 활용하는 좋은 사례이며, 하이브리드시스템은 자연환기와 액티브 냉방 및 환기 모두를 활용한다(그림 7.1 참

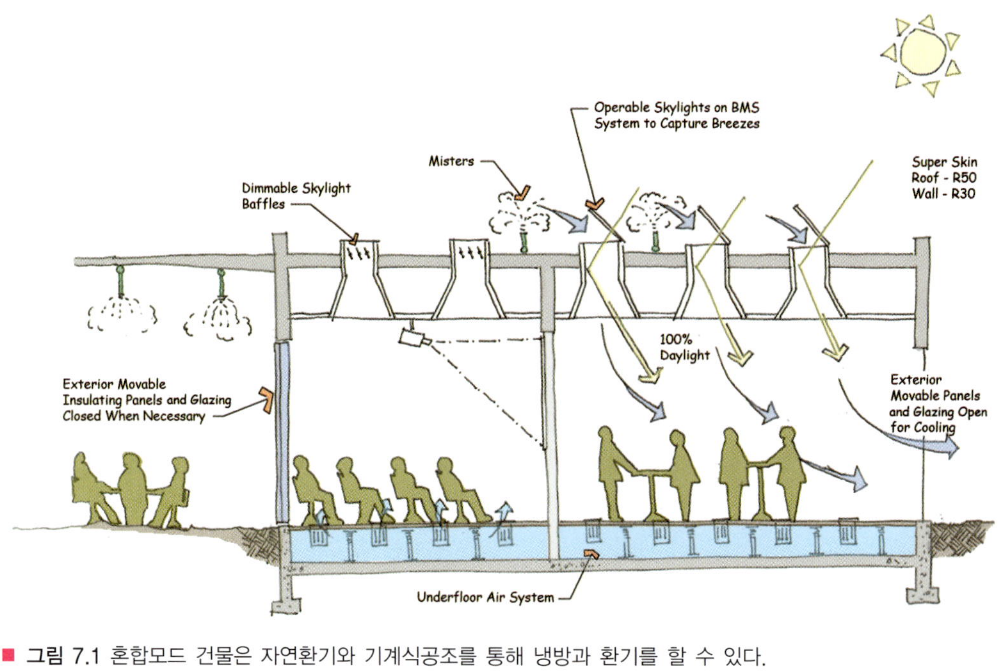


■ **그림 7.1** 혼합모드 건물은 자연환기와 기계식공조를 통해 냉방과 환기를 할 수 있다.
*〈이미지 제공: Stantec Consulting Services Inc., / 도면: Jim Burns.〉*

조).

패시브 디자인 전략의 성공적인 도입은 건물설계에 있어 많은 의미를 갖는다. 패시브 디자인은 매스계획과 건물깊이, 향, 외피설계에 영향을 줄 수 있는데, 그것은 실내부하가 지배하던 건물에서 외피부하가 지배하는 건물의 형태로 변해간다는 의미이다. 건물의 균형점온도 역시 이동할 수 있으며, 이 과정에서 분명히 열 부하는 상당히 줄어들 것이다. 요컨대 패시브 디자인은 건물의 열적 거동방식을 변화시킨다. 이는 패시브 시스템과 융합되는 액티브 시스템을 새로 변하는 열적 환경에 적합하게 설계하여 보다 혁신적이고 저에너지적인 해법을 제공해야함을 의미한다.

아마도 액티브시스템을 패시브시스템에 통합하여 얻어지는 가장 큰 혜택은 통합 결과로 감소한 에너지 부하가 액티브 시스템에 보다 효율적인 대안을 제공할 수 있다는 점일 것이다. 대표적인 사례는 복사냉난방의 활용이다. 복사시스템은 매우 에너지 효율적이며, 열적으로도 효과적이다. 하지만 복사시스템은 반응이 느리고 열 부하가 높을 때는 어려움이 많을 수 있으므로 고성능 외피와 실내 축열체, 실내 열 획득 제어장치를 도입하여야 완벽히 맞춤화된 복사시스템을 만들 수 있다. (복사시스템은 본장의 뒷부분에서 더 자세히 논한다.)

## 7.1.2 재생에너지와의 통합
(Integration with Renewable Energy)

### 7.1.2.1 기계설비시스템 통합
(Mechanical System Integration)

넷 제로 에너지 빌딩에 재생에너지시스템 전략을 통합하면 건물의 액티브시스템 설계와 선택에 영향을 줄 수 있다. 한 가지 주된 이슈는 기계설비시스템과 연료 및 에너지 자원 시스템을 조율하는 문제이다. 아주 기본적인 두 가지 접근법이 있는데, 하나는 전기에너지 전용 건물이고 다른 하나는 전기에너지와 부지내 연소용 연료에서 얻어지는 에너지를 함께 이용하여 난방하는 건물이다. 전기에너지와 부지내 연소에 이용할 수 있는 재생에너지 및 비재생에너지 자원들은 다양하다. 이것의 한 사례로 태양열 난방에너지의 활용을 들 수 있다. 태양열 난방에너지 그 자체는 연료의 부지내 연소를 필요로 하지 않는다. 5장에서 이미 거론했고 8장에서 자세히 논의하겠지만, 중요한 건 한 프로젝트 입지조건에 이용할 수 있는 에너지자원들에 대한 연구다.

건물의 난방시스템과 옥내용수 및 공수용수를 위한 온수시스템은 부지내 연소용 연료와의 조율을 고려하여 선택할 필요가 있다. 선택한 설비는 계획된 연료자원들과 문제없이 운영되어야 한다. 예를 들어 바이오매스 연료를 이용할 수 있지만 이를 보충하기 위한 용도로 천연가스도 계획하는 경우라면, 설비를 선택하고 시스템을 설계하는 과정에서 다양한 연료들을 수용해야 한다. 천연가스와 같은 비재생에너지 자원들을 부지내 연소시키는 경우, 그 건물에서 순수하게 재생에너지 자원 발생장치에서만 얻어지는 에너지와 상충되어야만 넷 제로 에너지의 균형을 유지할 수 있을 것이다.

전기적인 면에서는 재생에너지를 기계설비시스템과 조율시켜 통합하기가 상대적으로 쉽다. 기계설비는 재생전력과 계통전력을 구분하지 않는다. 그렇지만 재생전력은 4장에서 개괄한 바와 같이 기계설비시스템의 선정과 관련된 자원 에너지 척도에 영향을 끼친다. 자원 에너지의 관점에서 볼 때, 부지내 재생전력은 부지내 연소전력보다 전력기반 난방시스템을 보다 효율적으로 만들 수 있다. 지열교환시스템(geoexchange system), 즉 지열원 히트펌프 시스템(ground-source heat pump system)은 성적계수(coefficient of performance: COP)가 매우 높은 전기전용 시스템이지만, 지열원 히트펌프 시스템은 부지에 특수한 토양조건 연구를 필요로 한다. (이런 펌프에 대해서는 본 장의 뒷부분에서 보다 자세히 논한다.)

때로는 액티브 시스템 및 설비의 선정이 부지내 재생에너지시스템에 간접적으로 효과를 미칠 수도 있다. 이에 대한 매우 중요한 한 사례는 지붕에 거치되는 여러 공조 설비들과 지붕설치형 태양에너지(태양광 및 태양열) 시스템 간에 존재하는 에너지 갈등이다. 지붕에 거치되는 공조 설비는 지붕공간의 많은 면적에 그늘을 드리우기 때문에 지붕으로 도달하는 일조량을 감소시킬 수 있다. 게다가 그림자는 역동적이어서, 지붕설치형 설비 기준으로 그림자는 하루 동안 서쪽에서 남쪽으로, 다시 동쪽으로 이동한다. 동짓날 태양고도가 낮아서 생기는 깊은 그림자는 설비의 높이보다 훨씬 더 길게 나타날 수 있다. 또 다른 문제로 흔히 이용되는 결정질 태양광발전은 패널의 내부배선문제로 패널 위치가 제한적이며 이러한 제한적 위치로 인해 이런 그림자가 지는 영역보다 더 넓은 영역에 패널들이 설치되지 못하는 일이 자주 발생할 수 있다. 이런 문제를 다루는 최상의 방법은 지붕을 설비 없이 가능한 한 단순한 상태로 유지하는 것이다. 지붕에 설비가 장착될 경우에는 그 위치를 최적화하기 위한 세심한 음영 연구도 수행해야 한다.

### 7.1.2.2 전기설비시스템 통합
(Electrical System Integration)

부지내에서 이용할 수 있는 재생에너지시스템은 건물의 발전시스템에 많은 영향과 기회를 부여한다. 그 중 가장 분명하게 영향을 미치는 한 가지는 인버터 및 연결 차단기와 같은 부가적인 전기설비다. 계량기 측정, 특히 재생에너지시스템을 모니터링하기 위한 요금상계(net metering)와 보조계량(submetering)은 넷 제로 에너지 빌딩을 설계할 때 조율을 잘 해야 한다. (주: 건물의 발전시스템에 대한 설계지침은 본서의 범위를 벗어나지만, 다양한 범위의 재생에너지시스템들에 대한 기본적인 시스템 구성요소들은 8장에서 논의된다.)

넷 제로 에너지 빌딩의 한 가지 특징은 조명사용을 줄이고 플러그부하를 효과적으로 관리하여 전기부하를 최대로 줄이는 데에 있다. 이러한 건물에서 전체적인 부하절감은 건물의 전력수요들을 경감시켜 전기설비와 변압기의 규모를 전기설비법규의 한계 내에서 줄일 수가 있다. 넷 제로 에너지 빌딩의 전기설비요소들을 평가할 때 염두에 두어야 할 한 가지는 고효율변압기를 주의 깊게 선택해야 건물 전체의 전기에너지 사용량을 계량기상에서 (몇 퍼센트만큼) 측정 가능하게 줄일 수 있다는 점이다. 역시 전기설비법규의 한계 내에서 변압기의 규모를 키우지 않도록 주의를 기울일 때 효율(efficiency)이 향상된다.

넷 제로 에너지 빌딩에 재생에너지시스템들을 통합하면 몇 가지 전력관련 기회들이 생겨나는데, 이에 대한 업계의 관심이 늘어가고 있는 중이다. 가장 유망한 개념 중의 하나는 교류전력을 보충하기 위한 직류마이크로그리드(DC microgrid)를 넷 제로 에너지 빌딩에 통합하는 개념이다. 이 방법은 상당한 양의 에너지절감을 가져올 수 있는데 그 이유는 다음과 같다. 첫째, 태양광발전시스템들은 직류전력을 생산하며 이러한 직류전력은 보통 인버터를 통해 교류로 변환되고 있다. 둘째, 상업건물 내의 수많은 장치들이 직류기준으로 설계되어 있어 어댑터로 교류를 직류로 변환하며 사용되고 있다. 그러므로 건물 내의 모든 전선들마다 얼마나 많고 다양한 교류어댑터들이 붙어있는지 생각해보면, 이런 변환과정에서도 에너지 손실이 발생할 수  밖에 없다. 향후 가장 큰 혁신이 일어날 수 있는 분야는 직류기반 조명시스템이다. 예를 들어 발광소자(LED) 기술은 직류기반인데, 현재 교류를 직류로 변환하는 드라이버들이 발광소자 시스템 비용의 대부분을 차지하여 그 효율을 줄이고 있기 때문이다.

직류마이크로그리드가 개별 건물이나 소규모 건물그룹에 미치는 영향은 적지만, 하나의 전기배전계통 위에 쌍방향통신을 통합하는 대규모 스마트그리드의 개발은 넷 제로 에너지 빌딩과 그것을 위한 전력하부구조에 영향을 줄 것이다. 통신기술의 통합으로 다양한 범위의 에너지관리가 이루어질 수 있는데, 예를 들면 자동화된 수요응답과 다양하게 분산되어 있는 재생에너지시스템들의 관리가 가능하다. 건물의 에너지관련 시스템들이 스마트그리드와 연결되려면, 건물과 계통의 수요에 반응하여 설비를 모니터링하고 제어할 수 있는 수많은 장치들이 필요할 것이다. 부지내 재생에너지시스템과 분산된 에너지의 비축장치, 스마트그리드와 마이크로그리드의 개발로 인해 건물의 전기에너지환경은 넷 제로 에너지 빌딩에 더 큰 효율성과 추가적인 최적화 능력을 부여하는 방향으로 변화할 것이다.

## 7.2 기본개념(Basic Concepts)

### 7.2.1 에너지 파이를 파악하라 (Know Your Energy Pie)

넷 제로 에너지 빌딩을 경험해보면 에너지효율을 달성하는 데에 전략적인 묘책은 없음을 알게 된다. 건물 내의 모든 에너지 사용을 샅샅이 뒤져 줄여나가야 하지만, 어디서부터 시작할 것인가? 이 과정의 첫 번째 단계는 건물 내에서 에너지를 어떻게 사용할지를 결정하는 일이다. 3장과 4장에서 논한 것처럼, 에너지최종용도들을 분석하여 프로젝트의 에너지 문제에 대한 이해도를 높이는 것이 에너지목표 사용량을 달성하기 위한 통합과정의 시작이다. 에너지최종용도들의 분석, 즉 에너지파이차트는 저에너지 건물 시스템의 설계초기에도 유용하고, 에너지와 관련된 이슈들을 폭넓게 바라보기에 유용하다. 냉방이나 난방, 조명 등의 다양한 에너지최종용도들이 갖는 상대적 중요성을 먼저 이해한 다음 그것들을 전략적으로 다룰 필요가 있다. 에너지 최종용도를 설계과정 초기에 다루려면 가장 비중이 큰 에너지용도들에 특별히 초점을 둬야 한다. 그림 7.2의 도표는 한 사무소 건물에 사용되는 에너지를 최종용도별로 분류한 사례를 보여준다.

그림 7.2에 사용된 범주들은 대부분의 건물에 공통되는 범주들이지만, 주어진 프로젝트별로 특수한 범주나 하위범주들을 추가하는 것이 합리적일 것이다. 예를 들어 주방과 그 하위공간들을 특정한 프로그램 요소들에 대한 별개의 에너지를 별개로 분류하는 것이 합리적일 수 있다. 한 가지 방식을 추천

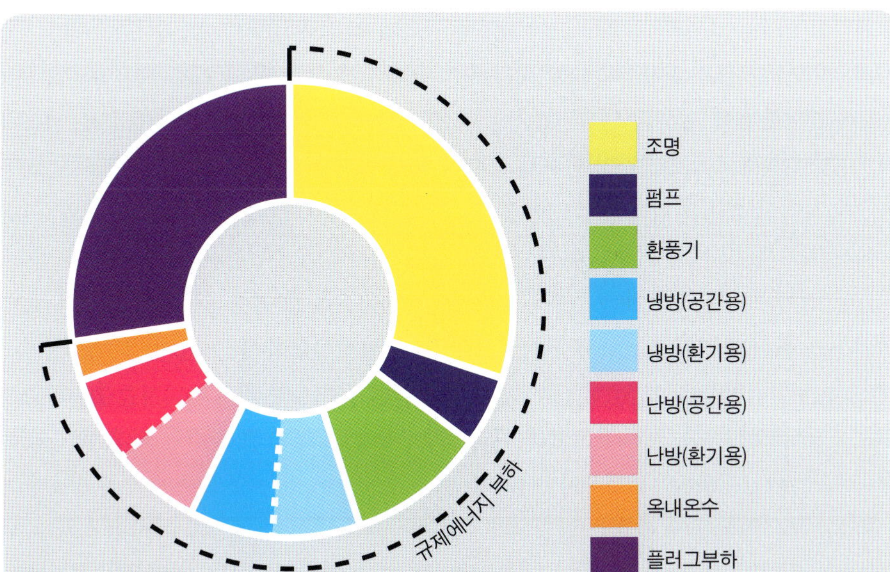


■ 그림 7.2 전형적인 상업용 사무소건물의 에너지파이차트

하자면 도표에 나오듯이 냉난방 에너지용도들을 환기용과 공간용의 하위범주들로 분류하는 것이다. 일차 냉난방설비의 실제적인 에너지 절감은 건물 내에 진입하는 외기의 공조와 사용되는 공간 자체의 온도유지와 관련하여 각기 다른 전략들을 필요로 하기 때문에 이런 정보들은 분리하는 것이 유용하다. 사무소 건물의 경우 환기용 및 공간용 냉난방은 꽤 균형을 이루는 편이다. 병원과 연구소, 음식서비스 시설들의 경우는, 환기용 냉난방이 지배적인 편이나, 반대로 주거용 설비에서는 공간용 냉난방이 지배적인 편이다.

어떠한 두 건물을 비교한다 하더라도 똑같은 비율의 에너지파이차트를 볼 수 없을 것이다. 건물의 일반용도와 특정 프로그램, 지역기후, 부지의 제약들 각각이 건물의 에너지사용량과 에너지 최종용도들의 상대적 분포에 영향을 주기 때문이다. 이런 최종용도들 가운데, 설계 팀은 옥내온수와 난방, 냉방, 환풍기, 펌프, 조명 에너지 등의 규제에너지 사용량을 상당히 제어할 수 있다. 그러므로 건축주와 설계자 모두는 잡다한 설비 범주에서부터 플러그부하 범주에 이르기까지 에너지사용에 책임을 갖는다. 따라서 넷 제로 에너지를 이루려면 설계 팀이 그 "규제" 에너지 사용을 가능한 한 많이 줄여야할 뿐만 아니라, 건축주가 플러그부하에 의한 에너지를 절약하도록 도와야 한다.

에너지파이차트는 프로젝트의 다양한 이해관계자들이 자신의 작업이 건물 전체에 어떤 영향을 주는지를 이해시키고 에너지사용을 줄이겠다는 공통의 목표의식을 심어주는 데 효과적인 시각적 수단이다. 프로젝트가 보다 분명하게 정의되거나, 점점 더 진행될 수록 에너지파이차트를 업데이트하는 게 좋다. 그것은 프로젝트의 모든 이해관계자들이 전체적인 설계와 각자의 개별분야들에 대한 각자의 에너지관련 안건을 유지할 수 있게 하는 방법이다.

### 7.2.2 절약하라, 재사용하라, 재생하라
(Reduce, Reuse, Renewable)

"절약하라, 재사용하라, 재생하라" 라는 슬로건은 통상적인 재활용 모토인 "절약하라, 재사용하라, 재활용하라(reduce, reuse, recycle)" 에 각운을 맞춘 문구이다. 이 모토는 소비방식을 다루는 것이 더 우선적이며 이를 어떻게 달성할 것인지를 상기시킨다. 또한 그것은 프로젝트의 넷 제로 에너지 균형을 달성하는 과정에서 다음과 같이 중요한 위계를 제시하는 것이기도 하다.

- 일단 절약(이상적으로는 부하의 절감이나 방지)부터 한 후에 효율성 척도들이 뒤따라야 한다.
- 다음으로 재사용을 하되, 창조적인 방식으로 시스템 내의 폐에너지를 다시 유익하게 사용하는 데에 초점을 둔다.

부지내 재생에너지발전으로 상쇄된 저에너지 솔루션들은 이러한 2 단계에 포함된다. 에너지소비예산을 설정할 때는 넷 제로 에너지 빌딩의 재생에너지 발전 장비가 예산에 포함되는 것을 명심하는 것이 중요하다.

에너지소비량 = 에너지발생량

넷 제로 에너지 빌딩은 단순히 어떤 건물에 재생에너지시스템들을 부가하기만 한다고 달성되어지는 것이 아니다. 경제적인 넷 제로 에너지 빌딩을 위해서는 공간의 제약 속에서 에너지소비량을 재생에너지발생량보다 낮아지는 지점까지 낮춰야 한다. 경제적인 측면에서, 많은 에너지 절약 및 재사용 전략들은 재생에너지 발생을 부가하는 것 이상의 투자전략들이 될 수 있다.

액티브시스템 내의 에너지를 절약하고 재사용하는 것이 본 장의 초점이다. 이 목표에 접근하는 많은 방식들이 있는데 그 중 일부를 다음 섹션들에서 제시한다. 마치 조각가가 자신의 작품을 여러 방향에서 살펴보고 조금씩 깎아내며 최종적인 형태를 완성하듯이, 이 아이디어들은 건물 내의 시스템들을 바라보는 다양한 관점과 같다고 보면 된다.

### 7.2.3 하류에서 시작하여 상류로 올라가라

(Start Downstream and Work Upstream)

에너지가 액티브시스템으로 흘러들어가 그 시스템을 통과하는 과정에는 많은 단계들이 있으며, 각 단계마다 에너지의 형식이 바뀌면서 발생되는 폐에너지는 각 단계에 내재된 손실효율(inefficiency)과 연관된다. 예를 들어 그림 7.3의 다이어그램을 생각해 보자.

이 다이어그램에서 화석에너지(여기서는 석탄의 형태)는 연소되어 증기를 만들고, 증기는 터빈을 돌리며, 터빈은 발전기를 회전시킨다. 발전기는 전기를 만들고, 전기는 건물로 분배되며, 건물은 의 변압기에서 전압이 "강하" 된다. 변압기는 전동기에 전력을 주고, 전동기는 환풍기를 회전시키며, 환풍기는 시원한 공기를 분배하여 공간을 공조시킨다. 각 단계에서 손실효율들이 누적된 결과, 260와트의 화석에너지는 건물 내에서 공조를 공급하는데 50와트의 에너지만 쓸 수 있다.

어떤 단계에서도 폐에너지를 절감할 수 있다는 것은 이전의 모든 단계에서 전력이 덜 필요하다는 뜻이므로 모든 이전단계 설비가 소비하는 전력을 절감시킬 수 있다. 예를 들어 만약 환풍기의 효율을 60에서 70퍼센트로 올리면, 모든 상류단계 설비를 통과하는 전력요건은 27퍼센트만큼 낮아질 수 있다. 그러나 모든 효율이 똑같이 하류단계로 흐르진 않는다. 만약 변압기의 효율이 3퍼센트 더 높아진다면, 변압기 이전의 전기시스템 상류단계에서의 전력량은 줄어들지만 환풍기 전력량에는 아무런 효과를 미치지 못한다. 따라서 에너지효율을 다루는 가장 효과적인 접근법은 원하는 기능에 초점을 두어 가능한 한 최대한 하류단계에서 시작한 다음, 보조설비를 거쳐 에너지원에 이르는 상향식 작업을

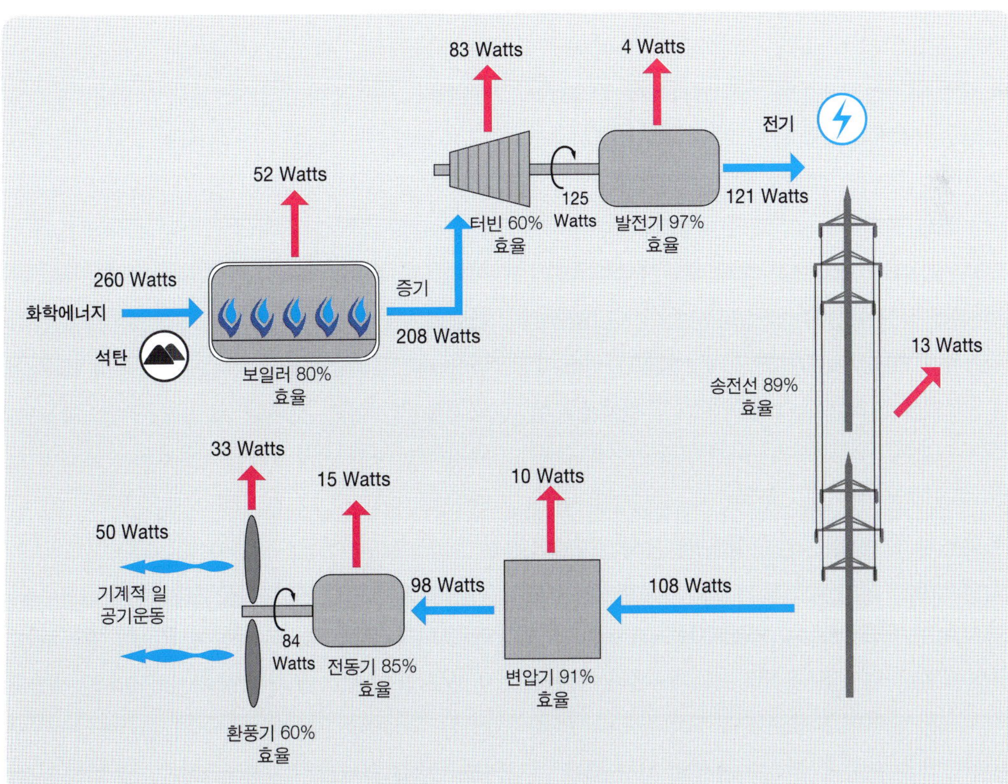


■ 그림 7.3 에너지의 흐름을 이해하기 위한 상향식 작업

하는 것이다.

### 7.2.4 요건들을 심도 있게 체크하라
(Check Deep into Requirements)

대답해야 할 가장 마지막 단계의 질문은 이것이다. 이 시스템은 무엇을 하기 위한 것인가? 폐에너지는 때때로 잘못된 문제를 풀기 때문에 발생한다. 에너지는 우리가 항상 사용하지만 거의 보지 못하는 것이어서, 우리가 하는 모든 결정들에 에너지적인 의미가 있음을 잊기가 쉽다. 따라서 (명료하지 않은 기대와 형식적인 설계기준에 의해 생겨나는) 문제들이 일어나면 대개 어쩔 수 없이 폐에너지로 되기 십상이다.

따라서 설계기준이 넷 제로 에너지 빌딩에 적합한지를 조사하는 것이 프로젝트의 에너지를 절감하는 가장 경제적인 방법이며, 가능한 한 초기에 이루어져야만 분명하게 넷 제로 에너지 프로젝트를 추진할 수 있다. 종종 미묘한 조건들이 중요한 결정을 내리는 요소가 될 수 있다. 예를 들어 기온뿐만 아니라 국소적인 공기운동에 의한 쾌적성까지 고려할 경우, 이런 요건이 압축펌프기반 냉방의 필요여부를 결정하는 요소가 될 수도 있다는 뜻이다.

프로젝트 요건들의 조사는 건축주가 설계기준을 실무적으로 더 잘 해석하는 데에 일부 도움이 될 수 있다. 예를 들어 1퍼센트의 실외설계조건에 따르는 설계란 연중 평균 88시간이 그 시스템의 능력을 벗어날 수 있음을 의미한다. 2퍼센트의 설계조건에 따르는 설계는 연중 88시간 이상이 설비능력을 벗어날 수 있다는 의미일 것이다. 수용 가능한 범위 내에 있는가? 또 다른 사례를 들자면, 복사시스템이나 실내에 많이 노출되는 축열체를 사용할 경우 복사 공조와 쾌적한 기온의 결합효과를 건축주가 인식하도록 도울 수 있을 것이다. 하지만 아마도 가장 좋은 사례는 설비의 온도조건에 대한 조사다. 현재 건설업계 표준 온도와 습도는 일상에 비해 훨씬 더 폭넓은 범위의 온도와 습도를 다룬다. 따라서 이런 폭넓은 온도조건에 대해서는 공기절약장치와 절수장치 등의 에너지 전략들이 상당량의 에너지를 절약할 수 있다.

프로젝트 요건조사의 또 다른 측면은 시설의 사양과 향후 활용방식에 대한 이해다. 이 문제의 훌륭한 한 사례는 실내의 쾌적성 요건이다. 실내 설계 온도설정점은 에너지의 용도와 요구되는 시스템 유형에도 상당한 차이를 일으킬 수 있다.

건물 내의 다양한 공간들의 용도와 기능에 대한 이해는 언제나 중요하지만 넷 제로 에너지 빌딩에서는 훨씬 더 중요하다. 다양한 사용 패턴들뿐만 아니라 열적 요건 및 조건들을 활용하여 액티브 · 패시브 전략 및 시스템들을 계획할 수 있다. 특정한 공간이 건물의 나머지 공간과는 분명히 구분되는 시간에 이용될 경우에 그 공간이 사용되지 않을 경우 시스템을 꺼두어 에너지를 효율적으로 관리할 수 있을 것이다. 건물의 큼직한 구역들마다 열적 요건과 환기 요건이 매우 다를 경우에는 그런 구역들을 별개의 시스템들로 처리하는 것이 더 효과적일 수 있다.

마지막으로 중요한 점을 말하자면, 건축주에게 이렇게 물어볼 수 있어야 한다. “정말로 그것을 원하십니까?” 넷 제로 에너지 빌딩에 관여하는 모든 이해관계자들은 적을수록 더 좋다는 철학을 수용할 필요가 있다. 여기서 요점은 사람들이 필요로 하는 것을 빼는 것이 아니라, 그들이 필요로 하지 않을 요소를 제거하는 것이다. 불필요한 설비와 기능을 제거하면 상향식 에너지절약의 도미노 효과가 일어난다.

### 7.2.5 시스템의 적정규모화(Right-Sizing Systems)

방금 거론한 것처럼 실제 설계요건을 심도 있게 확인하고 불필요한 요건을 줄이거나 없애는 것이 시스템의 적정규모를 결정하는데 필수적이다. 시스템의 적정규모화는 두 가지 목적을 추구한다. 하나는 (특히 부분부하[part load]로 운영되는) 에너지효율의 최적화다. 다른 하나는 설비규모와 비용의 감축이다. 현재 건설업계에서는 적정규모화의 개념이 재구성되고 있는데, 그것이 규모와 효율의 균형을 이루는 데 중요하기 때문이다. 그러나 적정규모화가 항상 최소의 시스템규모를 선택하는 것은 아니다.

시스템의 적정규모화는 그 규모를 줄이는 데서부터 시작한다. 프로젝트에서 시스템의 규모축소는 (패시브 디자인 전략들과 고성능 건물외피, 실내부하의 절감과 더불어) 불필요한 부하를 없애고 부하 절감을 통하여 에너지를 절약할 수 없다. 설비의 규모조정은 전반적인 에너지사용량 절감 보다는 최대부하(전력) 절감에 초점을 두는데, 시스템의 규모가 최대부하, 혹은 설계조건부하를 충족시키도록 설계되기 때문이다. 따라서 한 프로젝트에 대한 에너지절감 전략을 개발할 때는 최대부하를 줄이는 전략의 고려도 중요하다.

부하절감 전략을 통합하는 것뿐만 아니라, 비현실적인 최대부하 산정과 안전율도 문제시해야 한다. 이것은 액티브시스템으로 충족되는 프로젝트 요건들을 세심하게 정의하는 과정의 일부이다. 역시 최대부하들을 결정하는 일반적인 방식들, 말하자면 동시에 발생할 수 없는 부하들이 결합된 부하량에 의문을 제기하는 것이 바람직하다. 사실 자연채광이 잘 되는 건물에서 최대 인공조명부하가 최대 일사획득부하와 동시적으로 일어나는 일은 결코 없을 것이다. 최대 일사획득에 충분한 자연채광이 이루어질 때 인공조명들을 완전히 켜두는 경우는 없기 때문이다. 최대부하를 정의할 때는 전략적이기도 해야 하지만, 합리적인 안전율을 사용하고 예측 부하량 산정이나 불확실한 요소들을 최소화하도록 노력하는 것이 중요하다.

적정 규모의 시스템은 보다 소규모의 시스템들을 만듦으로써 시스템 비용을 낮출 수 있다. 적정규모화는 넷 제로 에너지 프로젝트의 시공예산을 전반적으로 관리하는 일부 수단이다. 절감한 비용은 다른 패시브 전략들에 대한 투자비용을 상쇄하는 데 활용하거나, 해당 시스템에 재투자하여 보다 고효율의 업그레이드된 시스템을 사용함과 동시에 최초비용을 관리할 수가 있다.

시스템의 적정규모화가 갖는 한 가지 중요한 측면은 최대부하에서의 효율성에 대비한 설계이다. 특히 일반적인 시스템들은 종종 절반이나 그 이하의 부하에 대한 범위 내에서 운영되며, 일부 시스템 구성요소들은 부분부하에서 효율적으로 작동하지 않을 수 있다. 다행히도 효율은 전체부하나 부분부하에서 효율적으로 작동하도록 조정이 가능한 스피드 드라이브(speed drive)와 병렬식 유닛(parallel unit)들을 활용하여 향상시킬 수 있다. 변속 펌프 및 환풍기들은 유사관계법칙(affinity laws)이라 불리는 유량·압력·전력 간의 관계들을 최대로 활용한다. 이 법칙들에 따르면 펌프나 환풍기의 전력은 세제곱된 유량이나 유속의 함수이며, 이는 유량이 줄어들 때 전력은 기하급수적으로 줄어든다는 뜻이다. 다음 식에 나오는 관계에서 P1과 P2는 유량(F1이나 F2)이나 유속(S1이나 S2)에 기초한 두 개의 다른 펌프/환풍기들의 전력을 나타낸다.

$$\frac{P_1}{P_2} = \left(\frac{F_1}{F_2}\right)^3 = \left(\frac{S_1}{S_2}\right)^3$$

적정규모화의 마지막 단계는 어떠한 부분의 규모를 확대할지를 알아내는 일이다. 덕트와 같은 분배요소들과 냉각 탑 및 복사 패널과 같은 열전달 요소들은 일반적으로 규모가 커질수록 시스템의 효율을 향상시킨다. 궁극적으로 적정규모화란 효율과 비용의 균형이며, 이런 균형은 프로젝트별로 다뤄져야 한다.

### 7.2.6 에너지 재사용(Energy Reuse)

에너지의 재사용은 에너지 절감의 하위집합으로 볼 수 있다. 재사용을 통한 에너지 절감은 한 시스템의

"폐" 에너지를 활용하여 또 다른 시스템에 필요한 에너지를 생산하는 방식으로 이루어진다. 이런 기법들로는 열교환기와 히트펌프, 폐열공기 이용(공간난방이나 환기예열에 폐열을 활용하는) 등이 있다.

에너지의 사용과 재사용을 고려할 때, 이상적인 것은 건물 내에 하나의 에너지 생태계를 만드는 것이다. 생물생태계에서는 에너지가 햇빛의 형태로 진입하여 들어와 식물들 속에서 화학에너지로 변환된다. 식물들은 초식동물에게 먹히고, 초식동물들은 살아가면서 포식자들에게 에너지를 제공한다. 결국 모든 생명체들은 청소동물(scavenger)과 분해자(decomposer)들에게 에너지원이 되며, 그것들 또한 생태계 내에서 그 고유의 생명체적인 기능들을 수행한다. 안정적인 생물생태계에서는 햇빛의 형태로 진입하는 에너지의 양과 빠져나가는 에너지의 양이 같다. 따라서 생태계 사이에서 햇빛의 형태로 들어온 에너지는 수많은 기능들에 사용된다. 건물에서는 에너지가 햇빛과 전기, 난방 연료 등의 형태로 들어온다. 에너지는 불가피하게 열의 형태로 그 시스템을 빠져나가지만, 이 열이 빠져나가기 전에 그것을 더 활용할 수 있는 가능성이 있다.

또 하나 고려해야 할 점은 에너지가 양뿐만 아니라 질이나 유용성을 갖는다는 점이다. 이것은 열역학 제2법칙의 핵심이다. 예를 들어, 열교환기에서 160°F의 물 100갤런을 활용하여 50°F의 물 100갤런을 90°F까지 가열할 수 있다. 이 과정에서는 4,000 Btu의 열에너지가 그 50°F의 찬물로 전달되고, 160°F의 물은 120°F까지 냉각될 것이다. 열은 보다 고온(더 높은 질)의 열원에서 보다 저온(더 낮은 질)의 열원으로 자연스럽게 흐른다. 160°F의 물 100갤런을 200°F까지 가열하는 데에는 같은 양(4,000 Btu)의 열에너지가 들 테지만, 이 열을 단순히 50°F의 물에서 얻을 수는 없다. 에너지를 재사용할 때 우리는 일단 최고품질의 수요에 대해 최고품질의 에너지원을 사용하고 싶어 하고, 다음으로 높은 질의 용도에 최고 품질 다음의 에너지를 재사용하고 싶어 한다.

예를 들어 에너지부/국립재생에너지연구소 연구지원시설에서는 전기(최고품질의 전기)를 활용하여 데이터센터 장비에 전원을 공급한다. 그리고 열역학 제1법칙에 따라 열(더 낮은 질의 에너지)이 데이터센터 장비에서 약 95°F의 뜨거운 공기 형태로 같은 양 방출된다. 이 열은 환기용 공기를 약 55°F(최저품질)로까지 데우는 데 사용된다.

건물 내에서의 에너지 재사용법에 대한 고려는 프로젝트에 대한 가장 창조적인 작업의 일부일 수 있으며, 통합적인 설계접근법의 예가 된다. (보다 구체적인 에너지 재사용 전략들—열교환기, 히트펌프, 폐열공기이용—은 본장의 뒷부분에서 논한다.)

## 7.3 냉난방공조의 개요(Hvac Overview)

### 7.3.1 열 쾌적성과 공기의 질 (Thermal Comfort and Air Quality)

HVAC 시스템의 목적은 공간 내에 쾌적하고 신선한 공기를 적절히 공급하는데 있다. 열 쾌적성과 공기의 질은 모두 주관적인 문제임을 인식하는 것이 중요하다. 문화적 기준 및 선호도와 개개인의 생리 및 열적 민감도와 관련된 개인적 선호도와의 복잡한 관계 때문에 열 쾌적성과 공기의 질을 보편적으로 만족시키려는 시도가 매우 어려워질 수 있다. 게다가 현재의 설계표준들은 이런 복잡성을 적절히 다루지 않는다. 결국, 설계 표준들은 보편적인 표준을 만족시키기 위해 종종 협소하거나 단순한 범위를 한정짓는다.

실내 환경의 건강효과에 대한 전문가인 Povl Ole Fanger의 연구는 정상상태조건에 있는 개인의 전반적인 열적 균형과 각각의 주관적인 쾌적성 간의 관계에 초점을 두었다. 그의 연구로부터 쾌적성에 대한 북미업계표준인 ASHRAE 표준 55가 도출되었으며, 도출된 다음의 조건들은 개인의 쾌적성과 관련이 있다.

- 신진대사율(Metabolic rate)
- 착의수준(Clothing level)
- 기온(Air temperature)
- 주위표면(복사)온도(Surrounding surface (radiant) temperature)
- 습도(Humidity)
- 공기속도(Air velocity)
- (제어가 불가하여 대개 간과되는) 심리(Psychology)

게다가 이 표준은 차가운 외기와 **복사불균형**(radiant asymmetry)—한 개인의 몸에서 양쪽 표면 온도가 상당히 다른 경우—에 대한 한계를 정의하며, 어떤 조건에 불만족하는 사람들의 수를 수용 가능한 범위 내로(대개 20퍼센트로) 제한하는 데에도 초점을 둔다.

지난 몇 십 년간 쾌적성에 대한 정의가 확장되면서 환경조건에 대한 인간의 생리적 반응을 보다 정확하게 대변하는 UC 버클리 열 쾌적성 모델과 같은 열 쾌적성에 대한 새로운 모델들이 출현했다. 이런 새로운 모델들은 실생활에서 꽤 흔하게 나타나는 일시적(정상상태가 아닌) 조건들을 고려할 뿐더러, 몸의 각 부분의 쾌적성이(국소적 쾌적성) 전반적인 쾌적성 경험에 어떻게 영향을 주는지도 고려할 수 있다. 또한 한 공간 내의 불균일한 조건들을 보다 정확하게 설명할 수도 있다. 이것은 특히 상대적으로 복잡한 열적 형상을 띄는 창문 근처에서의 쾌적성을 고려하기에 유용하다.

2004년에는 사용자가 개폐식 창문들을 제어하며 얻는 생리적 혜택을 감안하기 위하여 많은 조항이 ASHRAE 55에 추가되었다. 이 추가조항은 **적응형 쾌적성 모델**(adaptive comfort model)로 알려져 있다. 이 조항은 비교적 제한된 조건의 자연환기 건물에 적용되며, 자연환기와 기계냉방의 조합을 활용하는 혼합모드 건물에는 적용할 수가 없다. 이 새로운 적응형 쾌적성 모델이 열적 쾌적성을 구현하기 위한 모든 조건들이나 복잡한 요소들을 다루진 못하더라도, 보다 정교하고 다양한 접근을 향해 올바른 길을 내딛는 하나의 발걸음이 될 수 있다.

건물 내 환기와 공기 질에 대한 표준들은 아마도 열 쾌적성에 대한 표준보다 훨씬 더 구식이고 임의적일 것이다. 공기의 질을 위해 개발된 표준들은 사용자의 건강을 위하는 이슈보다는 불쾌한 취기(체취)에 대한 불만을 감소시키는데 집중되었다. ASHRAE 표준 62는 비록 국제법규에서 진술하는 요건들과는 다소 다르지만, 북미 상업건물들의 환

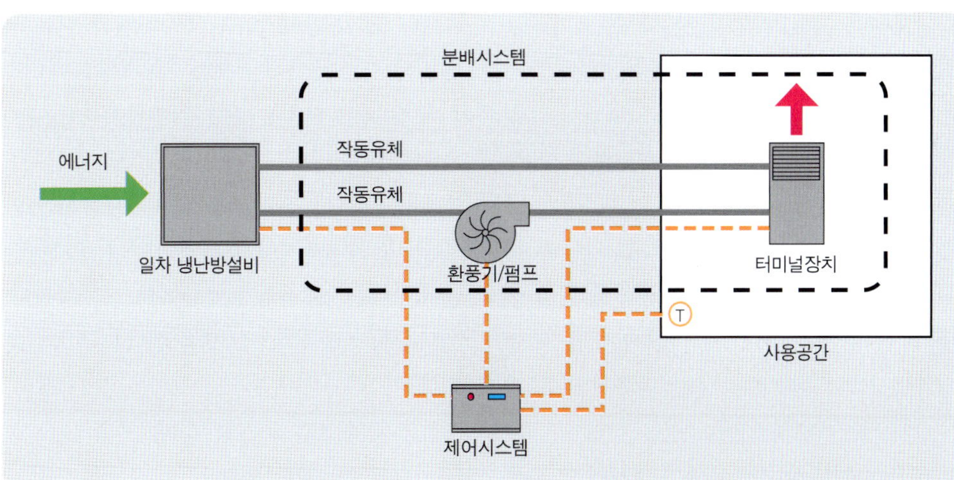


■ **그림 7.4** 기본 구성요소들로 단순화한 HVAC 시스템

기기준에는 가장 일차적인 표준이다.

일반적으로 이런 기본적인 이슈들을 연구하려면 넓은 연구 범위와 높은 비용이 요구되며, 현재의 표준들은 이미 행해져온 연구들을 최대한 활용하여 공간에서 발생할 수 있지만 측정하기 어려운 조건들과 인체의 주관적 반응들 사이에 존재하는 간극을 메우려 노력하고 있다. 넷 제로 에너지를 목표로 하는 건물에서는 그 표준들이 해당 프로젝트에 실제로 무엇을 의미하는지를 해석하는 것이 중요하다. 올바른 표준(즉, 법규기준치에 대비한 ASHRAE)을 추구하고 건물 내 특정 위치에서의 쾌적성을 보다 정교하게 계산할 필요가 있을 것이다.

### 7.3.2 냉난방공조시스템의 기초

(HVAC System Basics)

쾌적한 공기 질에 대한 수요를 만족시키기 위해 지난 100여 년간 갖가지 구성요소와 시스템들이 고안되어왔다. 다양한 시스템들이 저마다 다른 장점을 갖고 있으며, 일부는 특정한 기후와 건물유형, 건물규모, 해당 부지를 위해 고안되었을 것이다. 하지만 이 모든 시스템들은 공간을 공조하기 위한 똑같은 기본 "체계(architecture)"를 따른다. HVAC 시스템에 대한 이러한 상위수준의 시각이 그림 7.4에 나와 있다.

하류단계부터 살펴보면, 공조되고 있는 사용공간이 있다. 에너지의 관점에서 볼 때 공간의 공조는 공간에 들어온 열량과 공간을 나가는 열량이 같음을 의미한다. 그 공간이 열을 얻는 속도보다 더 빠르게 열을 주변 환경으로 잃는다면, 그 시스템은 더 많은 열을 공급하여 공간의 온도저하를 막아야 한다. 그 공간이 실외 환경에 의해 잃는 열보다 더 많은 열을 내부 열원과 외부 열원(일사획득 등)에서 얻고 있다면, HVAC 시스템은 그 공간에서 열을 제거해야 한다. 공간 내의 열적 균형을 맞춘다는 이 원리는 HVAC 요소 및 시스템들의 규모를 조정하는 토대인 부하계산의 기초가 된다.

공간의 열적 균형을 제어하려면, 쾌적성 조건들을 측정할 필요가 있다. 온도센서나 자동온도조절장치가 필요하며, 어떤 상황에서는 자동습도조절장치도 필요하다. 이런 조절장치들은 작동을 지배하는 제어시스템의 일부분에 포함된다.

사용공간의 상류에는 터미널장치가 있다. 터미널장치는 시스템에서 열을 얻어 사용되는 공간으로 분배시킨다. 터미널장치로는 가변풍량장치(variable air volume box)와 핀 튜브 방열기(fin tube radiator), 방열판, 냉각보, 분산형 히트펌프 등이 있을 수 있다.

터미널장치의 상류에는 작동유체가 있다. 이것은 사용공간으로 열이 서로 오가게 하는 매체다. 통상적인 작동유체들은 공기와 물이다. 냉매유량가변형(variable refrigerant flow) 시스템에서는 압축펌프가 유체의 순환을 추진한다. 증기시스템에서는 보일러에서 물이 증기의 형태로 확장하면서 분배가 일어난다. 물의 회수는 중력을 통해 회수되거나 펌프에 의해 될 수도 있다.

유체와 그 순환기의 상류에는 일차 냉난방설비가 있다. 냉난방은 일반적으로 보일러와 냉각기, 그리고 기타 연관설비를 의미한다. 이런 구성요소들은 버너와 직접팽창냉방(direct expansion cooling)의 형태로 패키지형 공기처리설비에 통합되는 것이 보통이다. 일차설비는 HVAC 시스템과 연료자원 혹은 실외 환경 사이에서 에너지를 전달한다.

공간 내에 환기를 위한 적정공기량을 유지시키는 데에도 이와 비슷한 기본시스템 구성요소들이 사용된다. 어떤 경우에는 환기에 사용되는 공기가 냉난방용 작동유체를 겸하기도 한다. 하지만 또 어떤 경우에는 본 장의 뒷부분에서 거론하겠지만 환기용 공기가 별개로 시스템화 된다.

### 7.3.3 저에너지 시스템 설계

(Low-Energy System Design)

방금 기술한 기본적인 HVAC 시스템 체계는 HVAC

설계에 대한 혁신적이고 저에너지적인 접근일 뿐만 아니라 일반적인 접근을 위한 기초이기도 하다. 넷 제로 에너지 빌딩을 위한 저에너지 기계설비시스템들의 설계는 진정 창의적이고 혁신적인 설계 시도이다. 그 과정은 기계설비들을 하나의 고효율 기계설비시스템이 아닌 전체적인 시스템으로서 기계설비들을 설계하는 과정이다. (설계방법과 시스템설계 사고법에 대해서는 3장을 참조.)

넷 제로 에너지 프로젝트를 위한 기계설비시스템을 선정하고 설계할 때는 일반적이지 않은 구성요소와 시스템들이 포함될 가능성이 매우 높을 것이다. 쉽게 말해 오늘날 널리 사용되는 대부분의 일반적인 기계설비시스템들의 효율은 넷 제로 에너지 빌딩에 충분치 않으므로 본 장에서는 일반적인 기계설비시스템보다 효율이 높은 많은 대안들을 제시한다. 이런 많은 대안적 시스템들이 미국 시장에서만 일반적이지 않을 뿐, 유럽과 일본에서는 흔하다는 점을 명심하라.

재차 강조하는데 시스템의 선정만큼이나 중요한 것이 전체적인 시스템의 설계다. 사실, 시스템적 사고는 보다 통합되고 향상된 시스템을 선정하는 데 도움을 줄 수 있다. 본 장의 초반부에서 논하는 저에너지 액티브시스템 적용원리들은 HVAC 시스템 설계에도 적용할 수 있다.

게다가 저에너지 HVAC 시스템 방법은 두 가지의 주요 접근법들로 나눠볼 수 있는데, 하나는 분배시스템을 통해 에너지를 절감하는 방법이고 또 하나는 일차설비를 통해 에너지를 절감하는 방법이다. 다음 섹션에서는 제로 에너지 빌딩에 에너지 혜택을 제공할 가능성이 높은 구성요소 및 시스템들의 사례를 제시한다.

## 7.4 저에너지 분배(Low-Energy Distribution)

### 7.4.1 개념과 지침(Concepts and Guidelines)

HVAC—난방, 냉방, 환기—설비들은 건물 내의 각 공간에 효과적으로 전달될 필요가 있다. 효과적으로 전달하는 방법의 수는 거의 셀 수가 없을 정도인데, 사실 여기서 그 각각의 장점과 한계를 완전히 논하기는 불가능하다. 정말 너무도 많다. 따라서 이번 섹션에서는 대부분의 상업건물에서 효과적으로 HVAC 시스템을 운용하는 방법들에 초점을 둔다.

**저에너지 분배전략(Low-Energy Distribution Strategies)**

- 열 분배 시에는 공기로 전달하지 마라.
- 환기와 온도제어를 분리하라.
- 적정온도를 활용하라.
- 재가열 에너지를 최소화하라.

#### 7.4.1.1 열 분배 시에는 공기로 전달하지 마라 (Avoid Air for Heat Distribution)

저에너지 건물을 위해서는 설계과정에서 열 분배시스템의 에너지 효율성을 근본적으로 고려해야 한다. 이는 건물에서 물과 공기에 기초한 열에너지 전달을 비교하는 작업을 의미한다. 물의 체적열용량은 4.1796 J/cm³ · K이고, 공기의 체적열용량은 0.0012 J/cm³ · K이다. 이것은 같은 체적에 대해 물이 공기보다 거의 3,500배 더 많은 열에너지를 지닐 수 있다는 얘기다. 따라서 더 작은 배관으로 훨씬 더 큰 덕트와 같은 양의 열을 분배할 수 있다. 더 적은 양의 물을 펌프질하지만 더 많은 양의 공기를 불어넣을 때보다 에너지를 덜 소비한다. 따라서 공기보다 물을 통해 분배하는 방법을 우선적으로 고려하는 것이 매우 합리적이다.

#### 7.4.1.2 환기와 온도제어를 분리하라 (Decouple Ventilation and Temperature Control)

물은 에너지를 전달하기에 좋지만, 공간의 환기나 제습에는 도움을 주지 못한다. 따라서 여전히 공기를 제공할 필요가 있다. 하지만 공기전용 HVAC 시스템보다는 훨씬 적게 제공될 것이다. 환기와 제습을 위한 공기를 온도제어를 위한 물과 분리시켜, 공기를 시설 전반적으로 제어하여 에너지와 열 쾌적성, 공기 질의 혜택들을 얻을 수가 있다(그림 7.5 참조).

Kiel Moe는 그의 책 『건축에서의 열 활성표면(Thermally Active Surfaces in Architecture)』에서 인체를 건물에 비교하였다. 그는 체내에서 공기(호흡) 시스템과 열(순환) 시스템이 매우 효과적으로 분리되어있음을 지적하며, 건물설계도 인체로부터 효과적인 전략들을 배울 수 있다고 서술하고 있다.

이러한 권고는 환기 및 배기 요건들보다 냉난방 요건들이 지배적인 건물에 유효한 권고다. 공간의 냉난방보다 환기와 배기에 더 많은 기류가 필요한 경우라면, 냉난방에 공기를 활용하여도 좋다.

#### 7.4.1.3 적정온도를 활용하라
(Use Modest Temperatures)

전형적인 HVAC 시스템들은 작동유체에 꽤 극단적인 온도를 활용한다. 통상적인 급기온도는 냉방 시 55°F, 난방 시 90°F이다. 공기의 냉난방에 종종 사용되는 냉각수와 온수는 훨씬 더 높거나 낮아야 한다. 냉각수는 보통 약 45°F일 필요가 있고, 난방용 온수는 160°F에서 200°F 사이다. 냉방에 더 따뜻한 물을 사용하고 난방에 더 시원한 물을 사용하면 천연자원들에 의존한 냉난방을 더 많이 할 수 밖에 없고 일차 설비는 작동 중에 많은 일을 할 필요가 없어진다.

덜 극단적인 온도를 활용한다는 것은 같은 열량을 분배하는 데 더 많은 열전달유체가 필요하다는 의미이고, 펌프/환풍기 에너지가 증가할 것이다. 이러한 추가적인 에너지는 열전달유체로서 공기를 이용하는 방식을 최소화하여, 냉난방에 자유에너지를 더 많이 활용할 수 있도록 유도해야 한다. 프로젝트의 특수한 제약들 때문에 자유로운 냉난방 자원들을 이용할 수 없다면, 그 "적정온도" 개념을 완전히 뒤집어 순환수식 시스템 내의 온도차들을 최대화하여 펌프출력이 최소화되도록 하는 것이 합리적이다.

■ **그림 7.5** 에너지부/국립재생에너지연구소 연구지원시설의 이중바닥 공기분배시스템은 환기용 공기를 전달하는 용도이며 복사냉난방 시스템과는 분리되어 있다. 그 바닥은 이중바닥의 내부 배선들을 보여주게끔 유리로 제작된 몇몇 "진위확인용" 바닥패널들을 특징으로 한다. *〈이미지 제공: RNL / 사진: Ron Pollard〉*

#### 7.4.1.4 재가열 에너지를 최소화하라
(Minimize Reheat Energy)

비논리적으로 들릴 수 있겠지만, 상업건물 내의 가장 큰 에너지 소비요인은 이미 냉각된 난방용 공기이다. 이러한 공기는 대부분의 공기기반 냉난방공조시스템들을 작동시킬 때 쓰인다. 적정한 분배온도를 활용하고 환기를 온도제어와 분리하면 재가열에 에너지를 낭비할 가능성을 최소화하거나 완전히 방지할 수가 있다.

### 7.4.2 시스템과 전략(Systems and Strategies)

#### 7.4.2.1 외기시스템을 겸한 복사냉난방

(Radiant Heating and Cooling with a Dedicated Oytside Air System)

복사냉난방은 공간 내에 노출된 표면들을 통해 열과 냉기를 전달한다. 대개는 천장이나 바닥을 열 교환 표면으로 활용한다. 바닥은 난방에, 천장은 냉방에 더 적합한 편이다. 그것은 아래에서 올라오는 온기를 선호하는 인체생리의 자연스런 반응과, 자연적인 대류현상 때문이다. 이러한 조건들이 이상적이지만, 어떠한 경우에는 이상적이지 못한 접근방향이 더 나을 수도 있다. 예를 들어 배관 비용을 추가할 수 없다면, 천장을 통해 냉난방을 모두 제공하는 것이 더 나을 것이다(그림 7.6 참조).

신축 시에는 구조 자체를 복사표면으로 활용하는 것이 일반적으로 더 경제적이다. 콘크리트 바닥이나 천장에서는 그 슬래브 자체가 표면과 작동유체 사이에 이뤄지는 열전달의 핵심요소가 된다. 이는 열전달유체가 슬래브를 통과함과 동시에 공간으로 열을 전달하는 역할을 한다. 이런 의미에서 복사슬래브는 급격한 온도변화가 없는 공간에 가장 적합하며, 노출 슬래브는 야간 냉방 및 패시브 난방과 같은 패시브 전략들과 자연스럽게 통합될 수 있다.

■ 그림 7.6 복사 냉난방 슬래브를 위한 순환수식 배관. *〈이미지 제공: RNL〉*

또 다른 접근법은 구조물 아래에 매다는 금속 복사패널들이다. 패널을 설치하면 제곱피트 당 설치 비용이 증가하지만, 패널이 슬래브보다 훨씬 빠르게 반응하며 사용부하와 기타 냉방부하들이 큰 폭으로 변할 수 있는 장치와 공간에 적합하다. 어떤 접근을 하더라도, 공간을 이용하지 않을 때에는 모든 환풍기를 끄거나 공간의 냉난방 온도를 제어할 수 있다. 이는 특히 난방이 지배적인 기후에서 유용한 방식이다.

복사시스템이 냉난방을 다루므로, 공기시스템은 환기와 습도제어를 전담할 수 있다. 이 시스템은 보통 건물 내에 공기를 재순환시키지 않고 외기만을 다룬다. 따라서 그것은 **외기시스템**(dedicated outside air system: DOAS)이라 불린다. 외기시스템은 일반적인 공기공조시스템보다 훨씬 더 소규모이며 환풍기 전력을 적게 소비한다.

복사 접근법의 주된 제약은 복사표면들이 교환할 수 있는 열의 양이다. 냉방 중인 바닥은 한 공간에서 13 Btuh/ft$^2$를, 천장은 활성표면 중 약 25 Btuh/ft$^2$를 제거할 수 있을 뿐이다. 다행히도 양질의 저에너지 설계와 건축적 부하, 조명부하, 플러그부하의 감축을 통해 이런 제한된 능력들을 적절한 수준으로 맞출 수가 있다.

복사 접근법의 또 다른 제약은 습도다. 냉방능력은 공간 내의 습도에 기준하여 제한해야만 패널상의 응결을 방지할 수 있다. 실내습도에 영향을 끼치는 요소가 많은 공간(예: 사용수준이 높은 회의실)의 경우, 복사냉방을 없애고, 매우 건조한 공기 공급이 필요할 수 있다.

#### 7.4.2.2 외주부 난방을 겸한 치환환기

(Displacement Ventilarion with Perimeter Heat)

치환환기시스템은 1970년대 스웨덴에서 개발된 공간의 냉방 및 환기 접근법이다. 전형적인 미국식 공기시스템이 급기와 실내의 공기를 철저히 혼합하여 균일한 조건을 만들고 공중의 오염물질을 희석하려고 시도하는 것과는 반대로, 치환환기는 사람들이 있는 실의 바닥에 실내 공기 보다 시원하고 깨끗한 공기층을 만든다는 개념이다. 이렇게 하면 실내의 따뜻한 공기가 높은 영역으로 상승되고 오염물질들도 이 영역으로 옮겨지게 되면서 제거된다(그림 7.7

참조).

치환환기를 할 때 공기는 약 68°F에서 분당 40피트 이하의 속도로 실내에 도입된다. 이 공기는 바닥으로 가라앉아 넓게 퍼진다. 사람과 장비 등의 열원들은 연돌(thermal plumes)로 묘사되는 굴뚝효과를 일으키는데, 이 효과는 시원하고 깨끗한 공기를 호흡영역으로 끌어올리고 그 공기가 더 따뜻해져 상승하게 된다. 환기요건과 실내열원이 이루는 균형에 따라 치환환기시스템은 전체 공기혼합 시스템에 의한 환기보다 보통 1.2배 내지 2.5배 효과적이다. 이는 외기를 15 내지 60퍼센트 절약하고도 똑같은 공기 질을 제공할 수 있다는 뜻이다. 이런 방법은 외기의 공조로 사용되는 에너지가 많은 여름철과 겨울철에 매우 유리하다. 치환환기시스템은 아주 온화한 온도의 공기를 공급하기 때문에 보다 저에너지적인 접근법들을 통해 달성할 수 있다.

치환환기시스템은 깨끗한 공기를 만들어내는 데에 자연적인 부력을 활용하므로 난방에는 효과적이지 않다. 사실 치환방식에서 온기를 제공하면 혼합 시스템보다 환기 효과성이 30퍼센트 나빠질 것이다. 이런 점 때문에 치환환기시스템은 순환수식 외주부 난방과 결합하여 사용하는 것이 좋다. 외주부 난방은 복사 패널이나 핀 튜브 "방열기" 등 많은 형태를 취할 수 있다. 복사/외기시스템 접근법처럼 야간난방은 공기시스템을 완전히 꺼둔 채로 할 수가 있다.

치환환기시스템의 단점 가운데 하나는 열전달유체를 냉각하는 데에 공기를 활용한다는 점이며, 사실 대부분의 경우 일반적인 혼합공기시스템보다 약간 더 많은 공기를 활용한다. 세심하게만 설계한다면 외기요건과 에너지 냉난방 자원의 절감 혜택은 환풍기 에너지를 조금 넘을 수도 있다.

### 7.4.2.3 냉각보(Chilled Beams)

냉각보는 복사/외기시스템의 혜택 중 일부를 제공할 수 있는 전략이지만, 그 비용은 대개 더 낮다. 냉각보는 패시브와 액티브의 두 가지 범주로 나뉘어 적용된다.

패시브 냉각보는 난방용 핀 튜브 "방열기"(이 "방열기"들은 실제로 대류를 활용한다)를 위아래

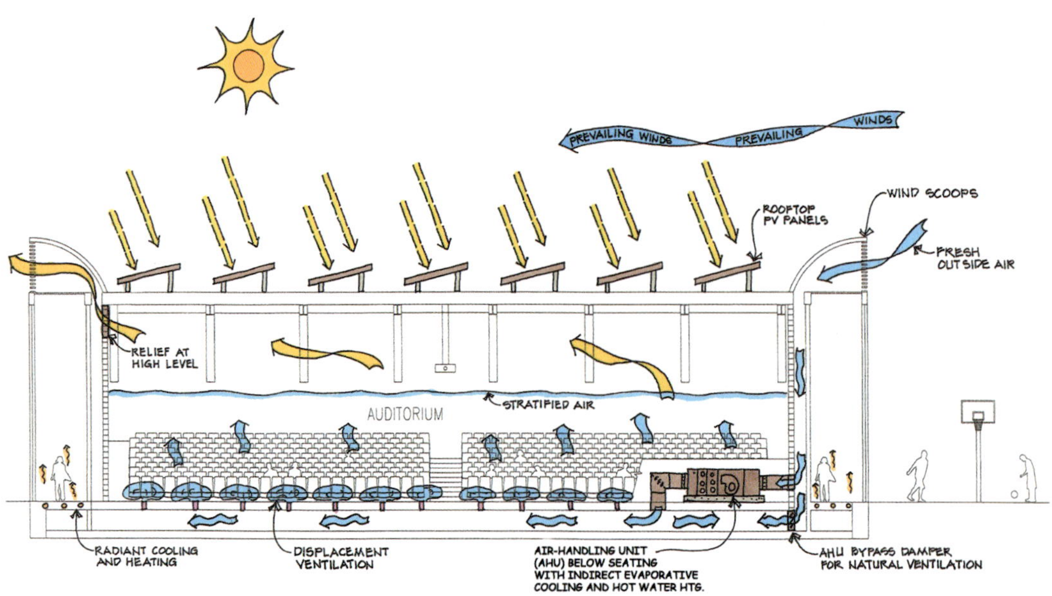


■ **그림 7.7** 캘리포니아 주 애서턴에 소재한 세이커드 하트 스쿨의 과학센터 및 학생회관 건물 강당에 대한 치환환기 다이어그램. *〈이미지 제공: Stantec Consulting Services, Inc.〉*

로 뒤집은 식이다. 패시브 냉각보는 공간 내에 높이 매달리는 순환수식 배관으로 이루어지며, 효과적으로 대류현상을 만들어 내기 위하여 금속 핀들이 보의 길이 방향으로 배열된다. 이 보는 주변공기를 냉각시켜 자연스럽게 대류현상을 유도하면서 사용공간으로 찬 공기를 하강시킨다. 하지만 따뜻한 공기는 실의 위쪽으로 상승시키기 때문에, 난방에 대해서는 효과적이지 못하다. 하지만 난방이 필요하지 않은 공간에는 효과적이다. 복사 패널과 유사하게, 패시브 냉각보에는 환기와 제습을 위한 외기시스템이 필요하다.

액티브 냉각보는 환기용 공기를 활용하여 핀 튜브의 출력을 향상시킨다. 보 내부의 노즐들이 핀 튜브로 공기를 쏘아 열전달을 증대시킨다. 이런 시스템들은 상대적으로 환기요건이 일정한 공간들에 적당하나. 액티브 냉각보는 강제대류를 하기 때문에 냉난방에 모두 사용할 수 있지만, 일과시간 후에 공기시스템의 작동이 요구된다. 냉각보 시스템의 한 가지 결점은 보 내부의 노즐들이 환기시스템 내에 압력강하를 추가적으로 일으킬 수 있다는 점이며, 이것은 환풍기 전력을 추가하여 극복해야 한다.

#### 7.4.2.4 냉매유량가변형(Variable Refrigerant Flow)

냉매유량가변형(VRF)(혹은 냉매체적가변형[variable refrigerant volume]) 시스템은 아시아에서 흔한 시스템으로서 현재 북미에 전해지고 있는 상대적으로 새로운 접근법이다. 냉매유량가변형 시스템은 (전통적으로 다른 HVAC 접근법들에서는 일차설비에만 국한되는) 냉각주기가 있으며 건물 전반에 걸쳐 그 주기를 확장한다. 냉매 자체가 건물을 위한 열전달유체가 되고, 이 냉각주기는 냉방이나 난방을 제공할 수 있는 히트펌프시스템에서 결정된다. 시설 전반에 분산되는 히트펌프 터미널들은 순환냉매로부터 열을 끌어오거나 순환냉매로 가는 열을 막는 식으로 냉방이나 난방을 할 수 있다(그림 7.8 참조). 이렇게 그 시설을 중심으로 열이 과잉된 곳에서 수요가 있는 곳으로 이동한다. 하나 이상의 실외 히트펌프 유닛들을 통해 외부에서 냉방이나 난방의 순수하게 과잉된 에너지만 유입한다. 특히 냉매유량가변형 시스템은 공간에 따라 냉방과 난방을

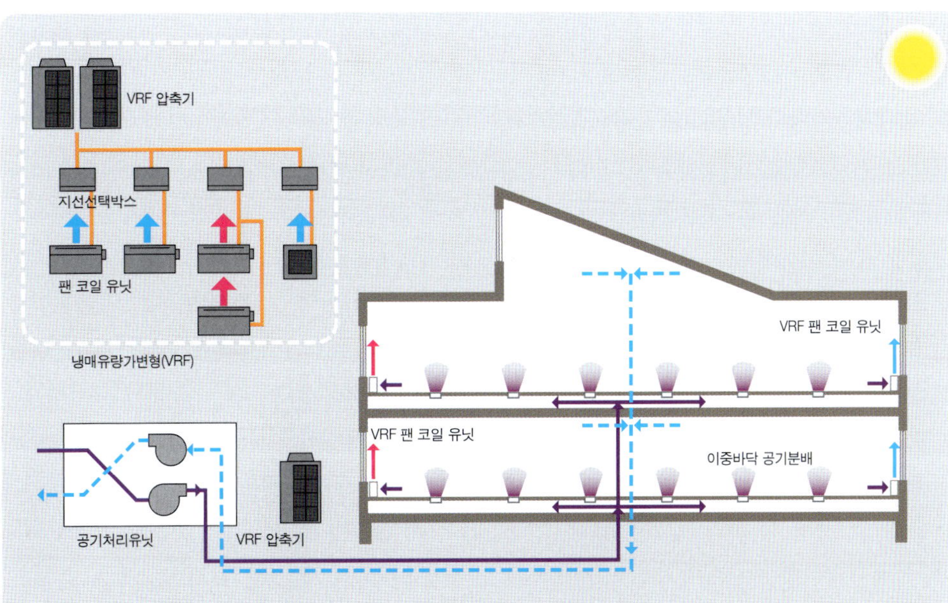


■ **그림 7.8** 이스트사이드 휴먼서비스 건물에 대한 냉매유량가변형 시스템 다이어그램. ⟨*이미지 제공: RNL and MKK Consulting Engineers*⟩

선택적으로 적용할 때가 많은 경우에 적합하다. 앞서 기술한 일부 시스템들처럼 환기를 제공하기 위한 외기시스템이 필요하다.

냉매유량가변형 시스템의 한계는 다량의 냉매가 필요하다는 점이다. 냉매유량가변형 시스템을 설계할 때는 통상적인 에너지 분석 소프트웨어가 이러한 시스템의 성능을 계산하지 못한다는 것이 걸림돌이다. 다행히도 현재 미국 시장에서는 프로그램에 대한 늘어난 관심을 반영하여 설계 도구와 자료뿐만 아니라 이런 시스템들에 대한 교육까지 급속히 발전하고 있는 중이다.

## 7.5 저에너지 일차설비

(Low-Energy Primary Equipment)

방금 기술한 전략들은 냉난방 및 환기가 일차설비에서 사용공간으로 분배되는 방식을 다룸으로써 저에너지를 가능하게 하는 해법들이다. 시스템에 사용되는 열전달매체는 그 분배시스템의 온도와 유량이 시스템 효율에 주된 역할을 한다.

저에너지 HVAC 시스템에 대한 또 다 른 중요한 기회는 일차설비가 냉난방에너지를 어떻게 발생시키는지를 다루는 것이다. 저에너지 일차설비를 위한 시작점은 추가적인 냉난방에너지를 발생시키지 않거나, 제한적으로만 제공하거나, 자유에너지를 활용할 수 있는 시스템들을 설계하는 것이다. 즉, 기후나 해당지역의 자유에너지를 활용하여 쾌적성을 제공할 수 있느냐의 여부다. 또 다른 자유에너지 자원은 폐에너지에 있다. HVAC 시스템은 폐열의 형태로 폐에너지를 보유한다. 여기에서의 문제는 이런 폐에너지의 흐름을 시스템에 다시 적용하여 유익한 용도로 쓸 수 있는지의 여부이며, 폐열을 활용하는 데 일반적인 장애물은 그것이 그 특정한 생산 시간이나 장소에서 쉽게 사용할 수 없다는 점이다. 향후에 폐에너지를 사용하기 위하여 에너지를 저장하는 방식으로서 열에너지 비축장치를 개발할 수 있을까? 축열장치 개념은 폐열에너지를 포착하기 위한 것일 뿐만 아니라, 해당 기후와 부지에서 자유에너지의 기회들을 활용하는 중요한 수단이 될 수 있다.

다음의 전략들은 저에너지 일차설비 개념들에 초점을 맞춘다. 저에너지 일차설비 전략 및 시스템들은 저에너지 분배시스템과 연결할 기회들이 많다. 사실 많은 저에너지 및 넷 제로 에너지 빌딩들이 프로젝트의 개별수요를 충족시키도록 맞춤화된 저에너지 및 자유에너지 전략들을 혼합하고 있다.

### 7.5.1 시스템과 전략(Systems and Strategies)

#### 7.5.1.1 절약장치(Economizer)

자유냉각(free cooling)으로도 알려져 있는 절약장치의 운용은 많은 기후대에서 적용될 수 있는 훌륭한 전략이다. 이것은 외기가 상당한 냉각혜택—아마도 압축기에 기초한 냉방설비를 켜지 않아도 되는 냉각—을 줄만큼 충분히 시원한 시간대가 연중 존재한다는 가정에서 비롯된다. 미국의 많은 지역에서는 절약장치에 대한 의무설비를 법으로 제정하여 따르도록 하고 있다.

가장 흔하고 또 효과적인 절약장치 접근법은 기변절약장치(air-side economizer)다. 기변절약장치에서는 시스템 내의 순환공기보다 외기의 온도와 습도가 더 쾌적한 적정조건에서 추가적인 외기가 공조기 유닛 속으로 유입된다. 기변절약장치는 치환환기시스템의 따뜻한 공급온도를 활용할 경우 (특히 상대적으로 건조한 기후에서) 절약장치의 운용시간이 더 많아지기 때문에 치환환기시스템과 함께 운용하는 것이 좋다.

수변절약장치(water-side economizer)는 외기온도가 양호할 때 냉난방공조시스템에 냉각수를 제공한다. 이는 대개 수냉식 냉각기(water-cooled chiller)와 냉각탑이 있는 시스템 속에 냉각수를 제공하고 시설에 필요한 용량과 온도의 냉각수를 냉각탑만으로 제공할 수 있을 때에는 냉각기를 우회한다. 수변절약장치는 냉각수가 덜 시원해도 무방한 복사냉각 및 냉각보 시스템에 특히 잘 맞는다. 이런 점은 그 시스템이 절약장치를 활용할 수 있는 연중 시간을 크게 늘려준다.

절약장치가 가장 잘 활용될 수 있는 곳은 데이터실과 서버실처럼 IT설비가 많은 공간이다. 데이터센터 냉방에 대한 과거의 접근법들은 매우 차가운 공기를 분배하여 IT설비가 공중으로 방출하는 따뜻한 공기와 섞는 냉각설비에 크게 의존해왔다. IT 공간의 냉방에 활용되는 현재의 에너지절감 전략들은 따뜻한 공기가 실내의 시원한 공기와 섞이지 않게 막음으로써 급기온도가 덜 시원하더라도 공간을 적절히 냉방할 수 있게 하는 열복도 봉쇄전략(hot aisle containment)에 의존한다. 인텔과 휴렛팩커드, 마이크로소프트와 같은 회사들의 연구에 따르면 현대의 IT 장비는 IT 및 HVAC 업계에서 기존에서 생각하던 것보다 높은 온도와 습도, 공중부유입자들에 훨씬 더 취약하다고 한다.

### 7.5.1.2 열 회수(Heat Recovery)

열 회수는 넷 제로 에너지 빌딩에서 환기용 냉난방 부하들을 줄이는 데 특히 중요한 전략이다. 열 회수의 경우, 건물을 들어왔다 나가는 공기들 사이의 자연스러운 열교환으로 예열과 예냉을 가능하게 한다(그림 7.9 참조). 사용되는 열교환기의 유형과 열 회수장치를 통과하는 공기의 속도들에 따라, 에너지의 50 내지 80퍼센트가 한 기류에서 다른 기류로 전달될 수 있다. 열 회수장치의 단점들로는 이런 구성요소들이 공기시스템에 추가적으로 가하는 압력, 공조장치 규모의 증가, 덕트의 복잡성 증가 등이 있다.

열 회수를 달성하는 수많은 설비유형들이 있다. 성능을 증대시키는 순서로 나열해보자면, 통상적인 유형들은 순환루프(run-around loop)와 직교류식 열교환기(cross-flow heat exchanger), 히트파이프(heat pipe), 그리고 히트휠(heat wheel)이다. 이런 유형들은 열 교환 효과수준이 다양하지만, 배출기류와 유입기류 간의 혼합가능성을 높이기도 흔다.

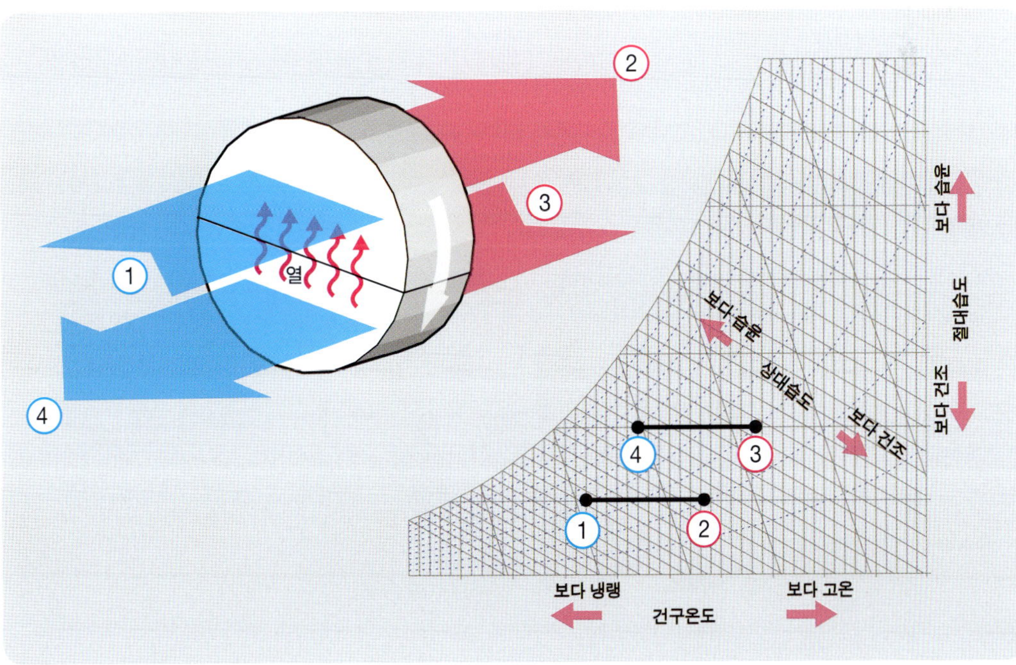


■ 그림 7.9 열 회수

방금 기술한 에너지 회수전략들은 "현열", 즉 수분이 없는 열을 전달한다. 엔탈피 휠(enthalpy wheel)은 건조제 (흡수) 코팅을 활용하여 기류들 간에 열뿐만 아니라 수분도 전달함으로써 공기를 사전에 가습하고 제습하고자 하는 히트휠의 변형된 방식이다. 이런 접근법은 춥고 건조한 기후와 덥고 습한 기후에 모두 유익할 수 있다.

배기류와 순환류에서 포착된 열을 활용하는 것은 일반적이지만(그림 7.10 참조), 다른 유체 흐름들로부터 열을 회수할 수도 있다. 심지어 주방배기 마저도 효과적인 열 회수 장치로 활용될 수 있다.

### 7.5.1.3 증발냉각(Evaporative Cooling)

사람들이 땀을 흘리며 자기 몸을 식히는 것처럼, 건물도 물이 공기 중의 습기(수증기)로 증발할 때 주변의 열을 흡수하여 자연스럽게 냉각되는 효과를 활용할 수 있다. 증발냉각은 HVAC 산업에 전혀 새로운 개념이 아니다. 사실 그것은 모든 냉각탑이 운용되는 기초적인 원리다.

증발냉각의 가장 단순한 형태는 직접증발냉각이라고 불린다(그림 7.11 참조). 이 접근법에서는 건물에 공급되는 공기에 수분이 가해져 기류를 냉각시키고 더 습하게 만든다. 이 과정은 외기가 습할수록 효과가 제한적이기 때문에, 건조기후에서는 좋은 전략이지만 습윤기후에서는 거의 소용이 없다.

증발냉각의 한 변형인 간접증발냉각은 건물에 진입하는 공기와는 별도로 "청소(scavenger)" 기류를 가습한다(그림 7.12 참조). 이러한 소기(掃氣)는 시원하게 가습된 후 현열교환기를 통과하면서 실외공기의 열을 제거하여 건물에 환기용으로 공급한다. 이런 식으로 실외공기는 가습을 하지 않은 채 냉각된다. 열교환기의 효과가 제한적이고 그에 따른 압력강하가 발생하기 때문에 간접냉방은 실외온도를 낮추는 능력이 보다 제한적이며, 직접증발냉각에 비해 환풍기 에너지를 더 많이 소모하는 단점이 있다.

간접증발냉각과정에 대한 흥미로운 변형은 쿨러라도(Coolerado)란 이름의 한 회사가 제공했다. 쿨러라도가 개발한 증발냉각매체에서는 간접증발냉각의 많은 단계들이 차례로 일어난다. 이런 과정을 통해 전형적인 간접증발냉각장비를 사용할 때보다 더 나은 성능을 달성할 수가 있다.

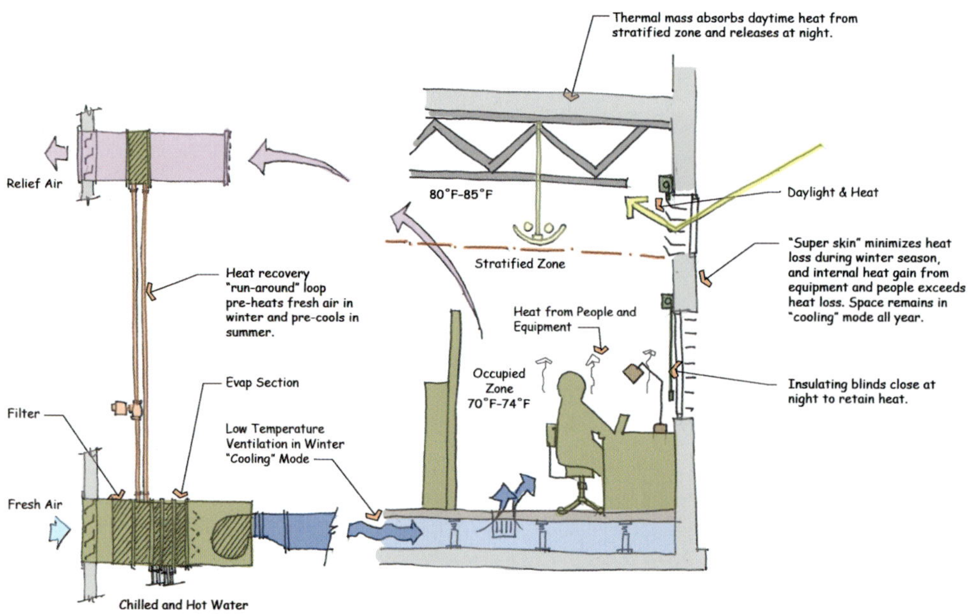


■ 그림 7.10 순환 기류의 열 회수. *〈이미지 제공: Stantec Consulting Services Inc. / 드로잉: Jim Burns〉*

증발냉각을 위해 공기를 가습하는 수많은 방식들이 있다. 가장 통상적인 접근법은 설비 내 흐르는 공기에 수분을 가하는 것이다. 초음파진동이나 미세노즐을 통해 미세분무나 안개 형태의 수분을 기류에 직접 가하는 방식으로 가습할 수도 있다.

증발냉각은 건물에 공기를 공급하는 용도 말고도 유용하게 활용할 수 있다. 어떤 경우에는 하강기류(downdraft) 냉각탑처럼 공간에 증발냉각을 직접 적용하는 것이 합리적일 수 있다. 또 어떤 경우는 원치 않는 외부 열기를 막는 공랭식 공조시스템의

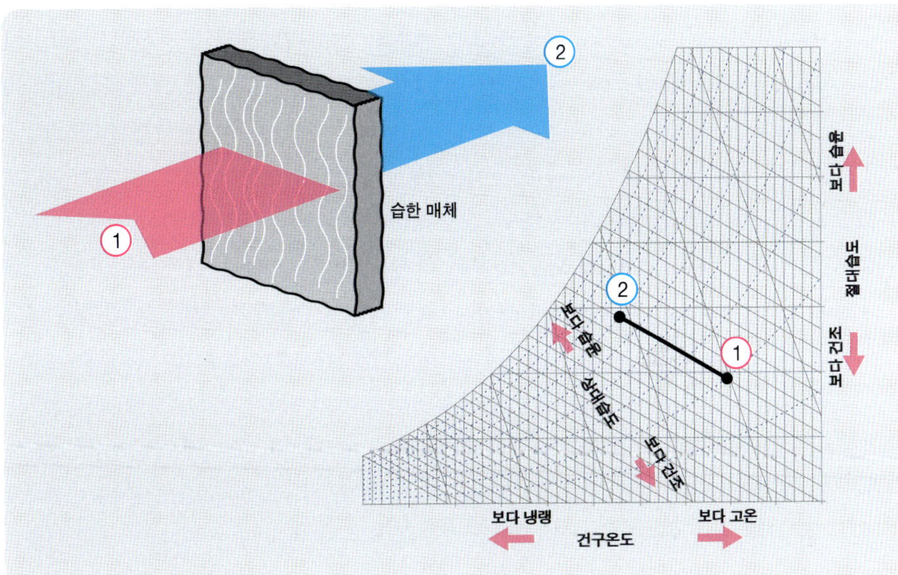


■ 그림 7.11 직접증발냉각

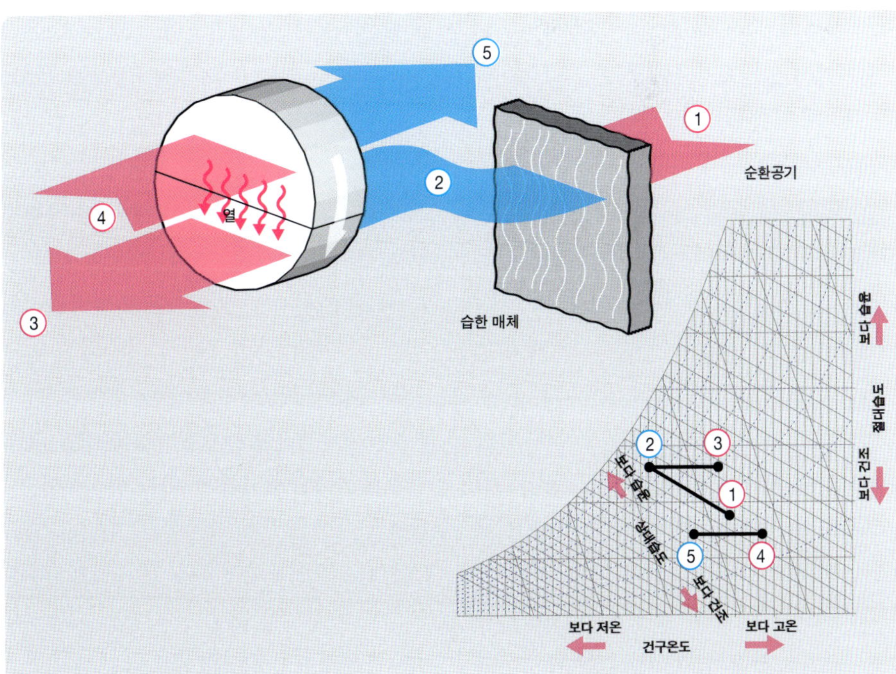


■ 그림 7.12 간접증발냉각

일부인 응축기(condenser)에 증발냉각을 바로 적용할 수도 있다.

### 7.5.1.4 건조제 제습(Desiccant Dehumidification)

증발냉각과 절약장치 시스템의 운용은 건조기후에서 효과가 좋다. 하지만 습윤기후에서 에너지를 절약하려면 뭘 할 수 있을까? 습한 기후에서는 공간의 온도제어보다 공기의 습기를 빼내는 데 더 많은 냉방에너지가 사용된다. 습윤기후에 효과적인 한 가지 저에너지 접근법은 건조제를 이용한 제습이다.

건조제 제습은 앞서 얘기한 엔탈피 휠과 유사한 효과를 갖는다. 이 과정의 핵심은 제습물질을 활용하여 주변 기류의 온도를 기초로 습기를 흡수하고 방출하는 과정에 있다. 실외기류 속에 둔 건조제는 습기를 흡수한다. 그리고서 그 습기는 보다 따뜻한 기류에 노출됨으로써 "재생되고", 건조제의 이 습기는 그 기류에 흡수된다. 따라서 전통적인 냉매주기와는 반대로 제습시스템은 냉방이 아닌 난방을 활용하여 공기 중의 습기를 빼앗는 것이다. 난방을 활용하는 주된 장점 하나는 제습이 필요할 때 "자유로운" 난방자원들이 더 많다는 점이다. 태양에너지와 냉방설비에서 방출된 열은 풍부한 자유열원들이며, 이를 건조제 제습에 활용할 수 있다.

### 7.5.1.5 패시브 환기 예열 및 예냉
(Passive Preheat and Precool of Ventilation)

앞서, 에너지파이차트의 논의에서 설명했듯이, 상당량의 냉난방에너지가 대부분의 상업건물에서 외기를 공조하는 데 사용된다. 따라서 이런 공기를 공짜로 냉난방하는 방법들을 찾는 것이 좋은데, 다양한 프로젝트들마다 독특한 가능성들이 존재하기 때문이다. 예열은 건물 내의 폐자원들로부터 포집되는 열의 형태로 나타날 수 있으므로, 먼저 실내 열을 일관되게 발생시키는 건물 내부 공간들이나 과정들을 찾도록 한다. 주요 변압기가 있는 데이터센터와 서버실, IT관련 수납실, 전기실 등은 열을 "발굴할" 수 있는 공간의 사례들이다.

예열은 건물로 필요한 공기가 들어올 때 건물 외피와 통합하여 도출할 수도 있는데, 그럴 경우 (공기식 태양열집열기를 활용하는) 외피가 태양에너지를 흡수하여 그 열을 공급되는 공기에 전달하는 방식이 된다. 난방수요의 시간대와 가용한 직접일사자원, 열 수집 및 발전 사이의 균형에 따라 집열기가 위치할 최적의 향이 달라질 것이다. 건물일체형 공기식 태양열 예열장치는 1960년대 프랑스에서 **Félix Trombe**란 이름의 엔지니어가 개발한 트롬브 월(Trombe wall, 축열벽)이란 개념이다. 또 다른 사례는 태양기공집열기(transpired solar collector)의 활용이다. (12장의 사례연구는 환기용 공기를 예열하기 위한 태양기공집열기의 운용을 논한다.)

냉방의 패시브 접근법은 자연적인 일일온도진폭을 활용하는 것이다. 사용공간에 노출되는 축열체와 더불어 야간배기전략을 활용하는 것이 일일진폭을 활용하는 한 방법이다. 혹은 건물의 공기진입 시에 도입되는 "원격(remote)" 축열체를 활용하면 야간의 냉기를 비축했다가 다음 날 공기를 예냉하는 데 쓸 수 있다. 그림 7.13에 나오는 이스트 산호세 카네기 도서관(East San Jose Carnegie Library) 증축 건물은 건물에 진입할 공기를 사전에 냉각하기 위해 건물 밑의 좁은 공간을 축열 공간으로 사용한다.

지반은 외기보다 온도가 훨씬 더 안정적이기 때문에, 환기용 공기의 예열과 예냉에 모두 좋은 자원일 수 있다. 원격 축열 공간은 일일온도진폭과 더불어 복토를 활용할 수 있다. 지반의 단열되지 않은 덕트나 배관을 통해 공기를 끌어오는 어스튜브(earth tube) 개념은 적당한 지반온도를 활용하여 공기를 사전에 공조하는 또 다른 방식이다. 상업적 규모에서 이런 전략을 활용할 때 어려운 점은 다음과 같다. (1) 공기흡입구부터 공기조화설비까지 이르는 배관의 루트설정에 관한 수많은 실무적 문제들이 수반된다. (2) 지반과 접촉하는 배관의 표면적이 충분해야 한다. (3) 어스튜브를 통해 공기를 끌어오

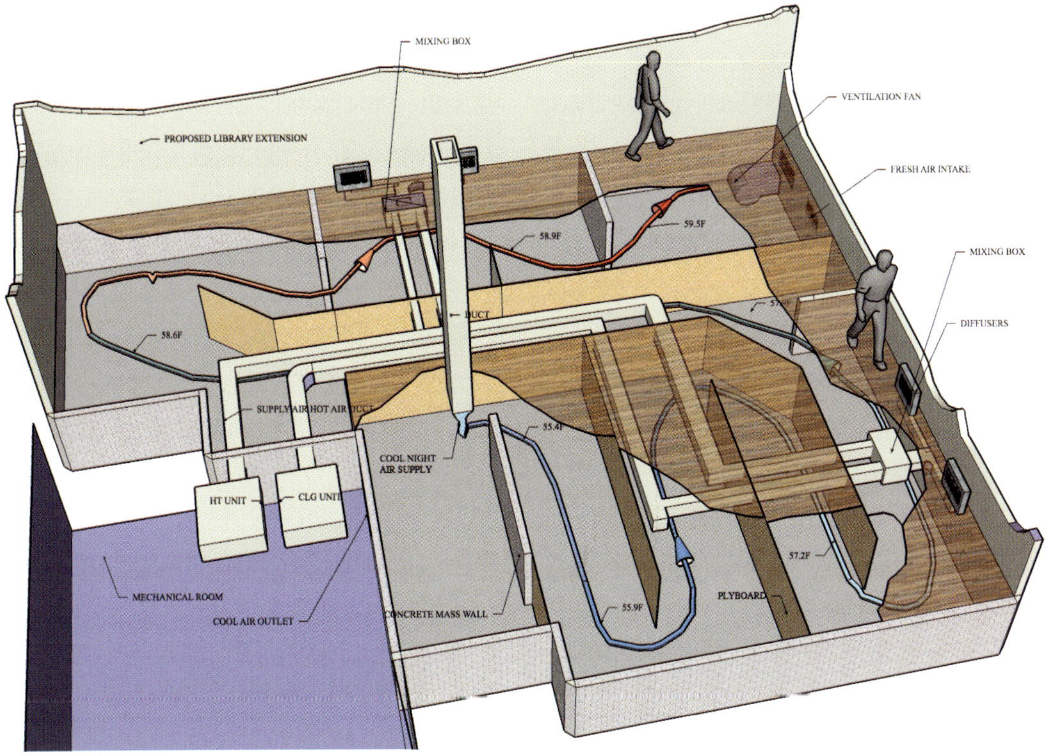


■ **그림 7.13** 이스트 산호세 카네기 도서관 증축 건물은 환기용 공기를 예냉하기 위해 외딴 축열체를 활용한다.
*〈이미지 제공: Stantec Consulting Services Inc. / 이미지: Porus Antia〉*

는 데 필요한 추가적인 환풍기 에너지가 최소화되도록 기류의 균형을 맞춰야 한다. (4) 응결을 처리해야 한다. (5) 해충의 진입을 막아야 한다. 특히, 이러한 복토 전략들은 연중 온도진폭이 큰 기후에서 유리하다.

### 7.5.1.6 히트펌프(Heat Pumps)

히트펌프는 표준적인 냉각설비와 같은 원리들로 작동하지만, 열을 생산하기 위해 반대 방식으로 작동할 수도 있다. 그 기능이 냉방이든 난방이든, 이러한 증기 압축식 냉동사이클은 차가운 열원의 열을 모으고 보다 따뜻한 온도에서는 열을 방출한다(그림 7.14 참조). 이 과정에서 냉동사이클을 추진하기 위한 에너지가 사용된다.

냉동사이클의 냉방용량은 증발기로 인입되는 열량과 같다. 냉동사이클의 난방용량은 응축기에서 방출된 열로서, 이 값은 증발기의 열에 압축기의 에너지를 더한 값과 같다. 다른 말로 하면, 히트펌프는 적은 전기를 투자하여 낮은 질의 열을 높은 질의 열로 변환한다.

압축기에 에너지로서 들어가는 열보다 히트펌프에서 나오는 열이 더 많기 때문에, 열효율은 100퍼센트를 초과한다. 효율은 성적계수(COP)로 측정되는데, 성적계수 1은 100퍼센트의 효율을 뜻한다. 냉동시스템에 전형적인 성적계수 값들은 3 내지 6의 범위다.

히트펌프의 장점 중 하나는 그 유연성에 있다. 히트펌프는 다양한 열원에서 열을 끌어오는데, 예를 들면 외기, 혹은 냉방이 필요한 실내 공간의 공기, 물탱크, 외부의 물줄기 등이다. 응축기와 증발기 사이의 온도차가 적을수록 히트펌프는 더 효율적으로 작동한다. 따라서 히트펌프는 물줄기와 지반 등의 열 흡수체 및 열원들의 온도를 완화시키기에 특히 적합하다(그림 7.15 참조). 마찬가지로 히트펌프는 복사시스템과 치환환기에 요구되는 온도 등 실내 온도를 완화하기에도 적합하다.

히트펌프에 대해 한 가지 고려할 사항은 그것이 천연가스와 같은 화석연료의 부지내 연소로부터 전기에너지 이용까지의 과정을 거친다는 점이다. 발전 및 배전 과정에서 많은 단계들을 거치기 때문에, 1 kW의 전력이 송전될 때의 자원 에너지와 배출량은 부지내에서 1 kW 만큼의 화석연료가 연소될 때의 배출량보다 훨씬 더 높을 수 있다. 히트펌프는 전기에너지와 가스에너지의 자원 에너지 소비량을

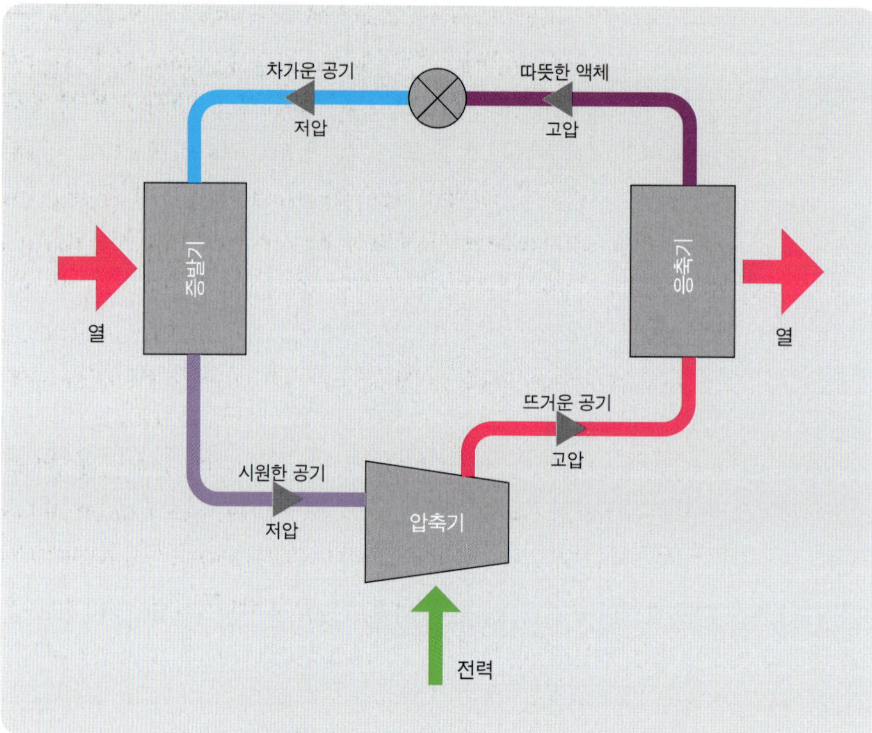


■ 그림 7.14 전형적인 냉동사이클

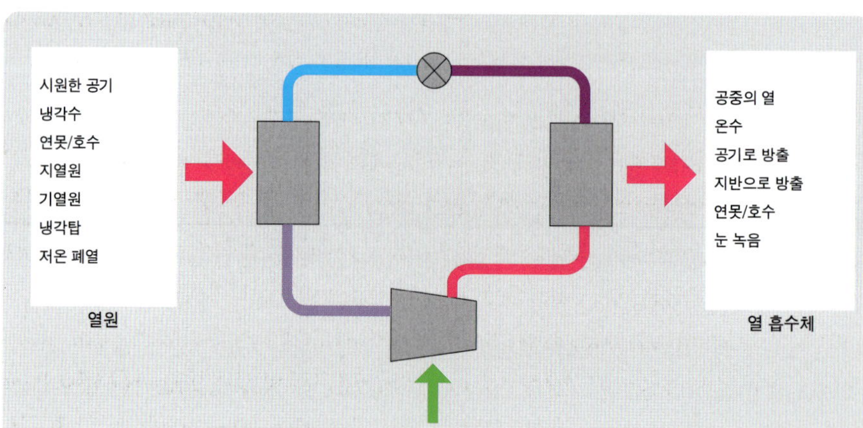


■ 그림 7.15 히트펌프의 에너지 자원과 에너지 흡수체

구분하지 않는 부지 에너지의 관점에서 볼 때 가장 유리하다. (4장에서 자세히 살펴본) 이 개념은 히트펌프와 같은 전력기반 일차설비에서 발생되는 자원 에너지 패널티(penalty)와 배출량들을 제거하는 수단으로서 부지내 재생전력의 발생으로 인한 효과를 강조한다. 일반적인 건물에서는 이런 연료의 전환이 적거나 심지어는 부정적인 효과를 만들어내는 상황이 많지만, 부지내 재생전력이 발생되는 넷 제로 에너지 빌딩에서는 하나의 쟁점이 될 수 있다.

### 7.5.1.7 지열원 축열장치

(Ground-Source Thermal Storage)

본 장의 앞부분에서는 지열원 히트펌프와 복토를 통한 패시브 환기예열을 땅의 자연적인 축열능력을 활용하는 두 가지 방법으로 소개했다. 지반의 축열능력으로 인해 지온은 기온보다 훨씬 더 안정적이며, 약 30피트 깊이 밑으로는 기본적으로 일정한 온도를 유지하고 있다.

지열원 히트펌프(ground-source heat pump, 때로는 geothermal heat pump)는 열전달과 축열의 원리들이 갖는 장점을 취해 하나의 저에너지 시스템 대안을 이룬다. 이 경우 지반은 연중 냉난방에 활용할 수 있는 패시브 방식의 열에너지 비축장치이며, 기본적으로 열전달의 과정의 원리이다. 즉 땅의 열을 옮겨와 건물 내부를 난방하고, 반대로 건물의 열을 땅으로 옮겨 건물 내부를 냉방하는 과정인 것이다.

이런 열에너지의 교환을 달성하기 위한 지열교환 시스템에는 지열원 루프(ground-source loop)와 히트펌프, 건물분배시스템이라는 3가지의 기본요소가 있다. 지열원 루프는 그 설계가 부지의 조건에 따라 특수하게 이루어지기 때문에 아마도 지열원 히트펌프를 적용할 때 가장 제한적인 요인일 것이다.

토양의 열전도율이나 열전달속성들을 판단하기 위하여 지질공학적 연구를 수행해야 한다. 열전도율이 높으면 지열원 루프에 필요한 규모가 줄어들 것이다. 게다가 각 부지는 지열원 루프의 설치에 이용할 수 있는 면적과 관련하여 제약들이 있을 것이다. 지열원 루프에 필요한 설치 규모와 유형은 지열원 히트펌프 시스템 비용에 가장 큰 영향을 준다.

지열원 루프의 유형은 주로 수평형과 수직형의 두 가지가 있으며, 각 유형은 특정 부지에 따라 저마다의 독특한 장단점들이 있다. 수직형 루프는 매우 흔한 유형인데, 매우 깊은 배관 심정을 뚫어 복토를 하는 용도로서 상대적으로 좁은 부지 면적만을 요하기 때문에 많이 이용되는 유형이다. 심정의 드릴천공, 특히 암반토양에서의 천공은 시스템의 전체비용에 영향을 주는 중요한 요인이다. 반면 수평형 루프는 넓은 설치 표면적을 요하되 루프가 지표면에 상대적으로 가깝게 설치되기 때문에 드릴천공을 할 필요가 없다. 지온은 지표면에 가까워질수록 안정적이지 못하기 때문에, 수평형 루프는 수직형 심정보다 복토배관의 길이가 더 길어질 수밖에 없다. 따라서 수평형 루프는 종종 "얇은(slinky)" 유형의 루프로 설치된다. 부지에 적절한 크기의 연못이나 호수가 있을 경우, 수평형 루프를 그 수 공간 속에 설치하여 수원 루프(water-source loop) 시스템을 만들 수도 있다. 물은 흙보다 전도율이 더 좋으며, 지열원 루프에 필요한 굴착과 드릴천공 작업보다는 연못이나 호수에 수평형 루프를 설치하는 것이 더 용이하다.

지반 계절축열장치(Ground seasonal storage)는 지열원 축열장치를 적용하는 또 하나의 좋은 접근법이다. 아마도 그것은 지반을 열전지로 활용하는 가장 순수한 사례일 것이다. 지반 계절축열장치는 태양에너지가 최대치일 때(그리고 난방이 불필요할 때) 그 열에너지를 포착하여 난방이 필요해지는 겨울철까지 비축해두기 위한 기법에서 시작되었다. 물을 활용하는 태양열집열판이 태양에너지를 흡수하여 물을 데우면, 데워진 물이 지표면 깊숙이 배열된 파이프들을 통해 펌프질되어 일정부피의 지반 그 자체를 데운다. 이 열 중 일부는 난방시즌이 오기 전에 흩어질 테지만, 대부분의 열은 남기 때문에 난방시즌 내내 지관을 삽입하여 물을 건물로 순환시키는 방식으로 열을 수집한다. 캐나다 알베르타 오크토스에 있는 52가구 규모의 근린지구인 드레이크스 랜딩(Drake' s Landing)에서는 이런 유형의 지반 계절축열시스템이 운영된다. 2007년에 시공된 이 시추공 열에너지 비축시스템은 176°F(80°C)에 가까운 운용온도까지 "충전하는" 데에 5년의 과정을 필요로 했다.

#### 7.5.1.8 온수축열장치(water Thermal Storage)

물은 수없이 많은 속성들을 지니는데, 그 중 하나는 비열용량이 매우 높다는 점이다. 물의 비열용량은 공기보다 훨씬 더 높을 뿐만 아니라, 다른 종류의 어떠한 물질보다도 더 높다. 이것은 주어진 부피의 물을 활용하면 다른 물질보다도 더 많은 열을 비축할 수 있다는 뜻이며, 이는 특정한 온도변화로 나타난다. 열에너지를 비축하는 용도로 물을 사용하는 보다 통상적인 접근법 중의 하나는 냉각탑이나 밤시간대의 복사를 통해 야간에 냉각수를 만든 다음, 비축한 냉각수를 다음날 내내 사용하여 공간을 냉방하는 방법이다. 이러한 방열적 접근법들은 일일 온도진폭과 더불어 건구온도 밑으로 물을 냉각하는 능력을 활용한다. 비축된 물을 최대한 활용하는 이러한 접근법은 급수온도가 높은 복사냉각과 함께 사용하는 것이 바람직하다.

물 비축장치를 고려할 때는, 냉방요건을 최소화하였더라도, 상당히 많은 양의 비축용적을 예상해야 한다. 탱크의 폭에 대한 높이의 비율을 증가시키는 등 탱크 내부에 층화된 조건을 만드는 식으로 탱크의 비축용적을 최대화할 수 있다. 이런 비축시스템의 용량을 실외환경이 제공할 수 있는 용량 이상으로 끌어올리기 위해 히트펌프를 활용할 수도 있다.

#### 7.5.1.9 빙축열장치(Ice Thermal Storage)

물이 액체 상태에서 고체 상태로 변할 때는 액체 상태에서 온도가 변할 때보다 훨씬 더 많은 열을 흡수한다. 모든 상태변화가 그렇듯이, 물이 얼고 얼음이 녹는 과정에서도 에너지는 일정한 온도를 유지하며 흡수된다. 얼음은 냉기를 비축하기에 매우 효과적인 방식이다. 상대적으로 흔한 방법은 야간에 냉각기를 돌려 물을 얼리고 다음날 그 얼음으로 순환되는 냉각수를 냉각하는 것이다.

빙축열장치에는 잠재적인 장점이 많은데, 기본적인 예를 하나 들자면 최대수요 부하와 부담요인을 줄이고 저비용의 야간 전력을 활용하는 방법이라는 점이다. 여름철 낮에 자체적인 부지내 재생에너지를 만드는 넷 제로 에너지 빌딩에서는 이런 것이 특별히 중요하지 않을 수도 있다. 하지만 야간기온이 더 시원하면 냉각기가 더 효율적으로 작동할 수 있고, 따라서 냉방설비의 규모를 줄이는 것이 가능할 수 있다.

## 7.6 옥내온수(DOMESTIC HOT WATER)

배관시스템에서 상당량의 에너지는 옥내온수에 사용된다. 전형적인 사무소 건물에서 온수제공에 사용되는 에너지는 총 건물 에너지 중에서 작은 일부만을 차지할 수 있지만 체육시설과 레크리에이션 시설, 음식점, 호텔 등에서는 옥내온수가 상당히 많은 양의 에너지를 소비할 수 있다.

### 7.6.1 저에너지 온수(Low-Energy Hot Water)

다음의 개념들은 온수생산에 사용되는 에너지를 절약하는 데 도움을 줄 수 있다.

#### 7.6.1.1 물 소비를 최소화하라 (Mimimize Water Consumption)

온수사용의 최소화는 에너지사용량 절감과 물 절약에 대한 최고의 "하류단계" 접근법이다. 절약형 온수 기구 및 장치들을 설치하는 게 물 소비량을 줄이는 좋은 방법이다. 세면대의 수도꼭지에는 0.5 GPM의 폭기장치(aerator)가 있어야 하고, 샤워헤드는 유속이 1 ~ 1.5 GPM인 "내충격성" 디자인이어야 한다.

### 7.6.1.2 온수 대기시간을 줄여라
(Reduce Wait Time for Hot Water)

사람들이 온수를 쓰려고 너무 오래 기다려야 한다면, 절약형 폭기장치와 샤워헤드를 끌 것이다. 이를 방지하려면 다음을 고려하는 것이 중요하다.

$$\text{대기시간} = \frac{\text{급수라인 내의 냉수용량(갤런)}}{\text{유속}}$$

이것은 유속을 줄일 때 대기시간이 더 길어지므로 대기시간이 합리적으로 되게끔 급수라인 내의 냉수용량을 비례적으로 줄여야함을 의미한다. 급수라인 내의 물 용적은 재순환 루프에서부터 수도꼭지까지 이어지는 지관의 길이와 배관의 사이즈에 기초한다. 따라서 배관 사이즈와 지관 길이는 최소화시켜야 한다.

지관의 길이를 줄이는 다양한 방법이 있는데, 각각의 방식에는 실질적인 장단점들이 있다.

- 히터를 싱크 가까이에 위치시키고, 부지내 급탕 방식을 활용한다.
- 사용현장에 가까이 연결된 온수 재순환 루프를 활용한다.
- 온수꼭지들을 히터와 가까운 위치에 모아놓는다.

한 가지 흥미로운 전략은 구조화 배관(structured plumbing), 혹은 주문형 물 순환(on-demand water circulation)이라는 전략이다. 이것은 필요시에 (인체감지센서나 버튼동작을 기초로) 재순환 펌프가 빠른 유속으로 작동하여 물을 수도꼭지까지 빠르게 이동시키는 일반적이지 않은 온수 재순환 접근법이다.

## 7.6.2 온수원(Hot Water Source)

태양열 온수는 저에너지 및 제로 에너지 빌딩을 위한 확실한 옥내온수 제공법이다(그림 7.16 참조). 태양열 온수는 대개 난방요건의 일부를 구성하지만 전체를 구성하지는 않는다. 태양의존률(solar fraction), 즉 태양에너지로 충족되는 총 급탕부하의 비

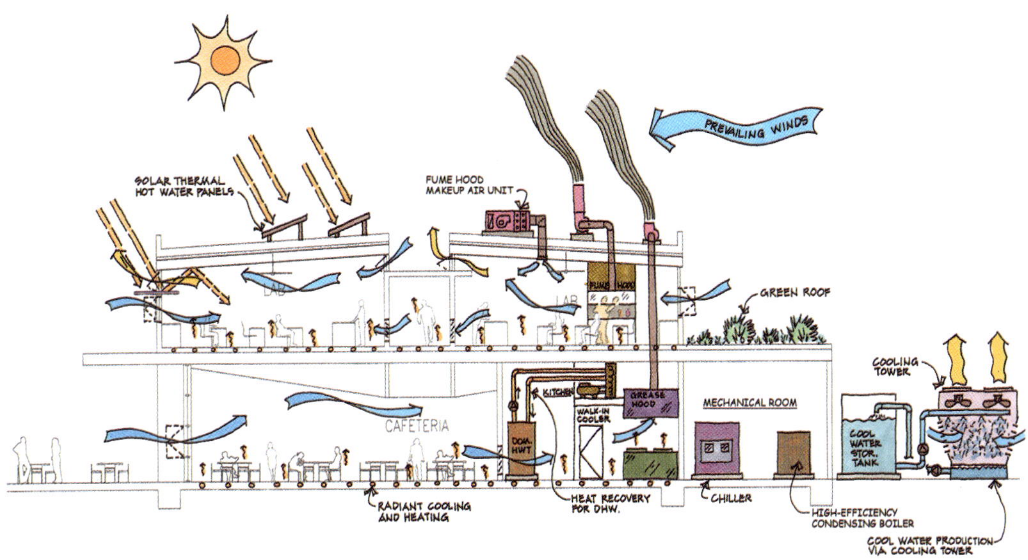


■ **그림 7.16** 캘리포니아 주 애서턴에 소재한 세이커드 하트 스쿨의 과학센터 및 학생회관 건물에서는 출입형 냉각장치를 통해 태양열과 열을 회수함으로써 저에너지의 온수를 제공한다. 〈*이미지 제공: Stantec Consulting Services, Inc.*〉

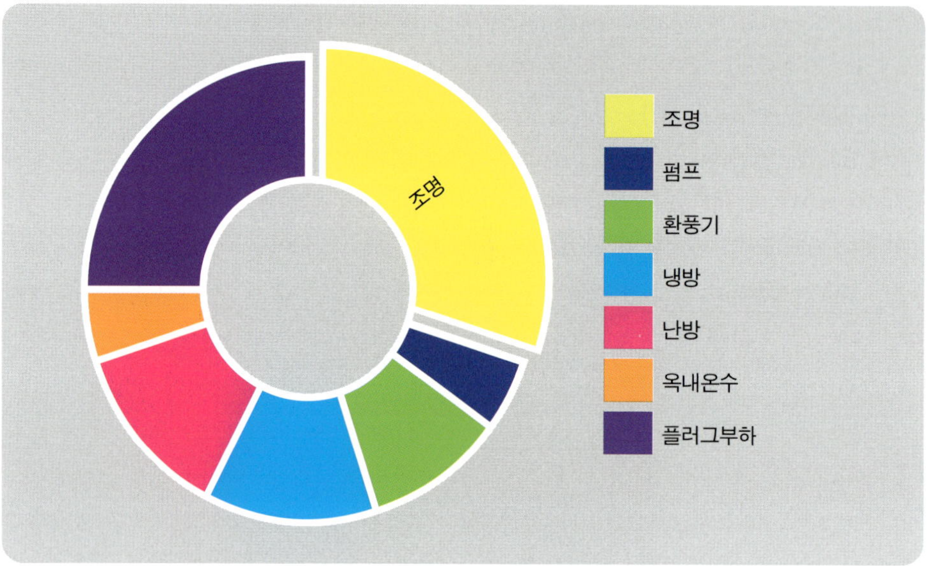


■ 그림 7.17 조명이 상업건물의 에너지파이에서 가장 큰 비율을 차지한다.

율(0.0부터 1.0까지)은 대개 다음과 같은 세 가지 이유로 인해 제한적이다. (1) 고온에서는 태양열집열판의 효율이 떨어진다. (2) 과열이 더 큰 문제가 된다. (3) 비축요건이 증대된다. 나머지 에너지는 천연가스나 전기급탕기와 같은 보조자원으로부터 만들어진다.

히트펌프는 풍부한 옥내온수원이 될 수 있다. 그것은 공간난방에 사용되는 히트펌프와 결합할 수도 있는데, 여기서 과열은 과열제지기(desuperheater)를 통해 물을 예열하는 데 활용된다. 옥내온수 생산을 전담으로 하는 별도의 히트펌프 온탕기를 마련하는 것이 가장 단순하고 효과적인 접근법일 수 있다. 이런 유닛들은 태양광발전이나 기타 부지내 에너지 발전과 결합할 때 태양열에 상응하는 효율을 제공한다. 게다가 조금만 세심하게 설계하면 온수를 생산할 때 필요한 공간에 냉방을 제공할 수도 있다. 마찬가지로 냉방시스템의 폐열로부터 회수한 열을 급탕에 활용할 수도 있다(그림 7.16 참조).

## 7.7 조명(Lighting)

### 7.7.1 기본개념(Basic Concepts)

조명은 거의 모든 상업건물 유형에서, 가장 많은 사용량을 차지한다(그림 7.17 참조). 저에너지 조명환경 시스템을 위한 액티브 시스템 접근법은 일반적인 저에너지 액티브 시스템에 적용되는 개념들과 유사하다.

조명을 건축에 부가되는 부품들로 볼 게 아니라 전체적인 건축설계과정의 한 일부로 보는 것이 중요하다. 좋은 조명설계는 자연채광 장치들과 자연스럽게 융화되며 건축사가 의도하는 프로그램의 기능적 요소들을 잘 수행할 수 있도록 설계된 것이라 할 수 있다. 그 목적은 시각적 환경에 성능과 질, 아름다움, 그리고 에너지효율을 제공하는 것이다.

조명은 개별공간에서 조명성능에 대한 이해와 더불어 시작한다. (6장의 "빛에너지 설계과학[Luminous Energy Design Science]" 섹션에서는 자연채광성능의 지침으로서 조도요건들을 활용하기 위한 기본 체계를 다졌다.) 조명에 대한 한 가지 저에너지 접근법은 조명을 자연광의 보조 요소로서 설계하는 것이다. 이렇게 할 경우, 주간에는 자연광이 드는 공간에 조명을 꺼두거나 디밍하여 켜두고 야간에는 자연채광이 안 되는 곳까지 조명을 완전히 켜게 된다. 또 인간은 생물학적으로 야간의 낮은 조도수준에도 적응할 수 있기 때문에, 야간조명의 설계조도수준을 낮출 수가 있다.

효율적인 에너지 기술과 광원들을 선정하는 것만으로는 저에너지 조명을 달성하기에 충분하지 않다. 첫 번째 단계는 자연채광의 활용과 조명수준의 정확한 정의를 통해 인공조명에 대한 수요를 낮추는 일이다. 그 다음 단계는 제어장치와 조닝을 통해 필요한 때와 장소에만 조명을 제공하는 것이다. 세 번째 단계는 절감된 조명수요에 대해 조명전력밀도가 낮고 효율적인 조명을 제공하는 것이다. 고성능의 조명은 에너지를 적게 사용하는 조명인 뿐만 아니라, 고품질 조명이기도 하다. 조명의 품질과 기능성, 시각적 흥미, 아름다움, 그리고 디자인은 반드시 필요한 조건들이다. 이러한 까다로운 필수 조건을 만족시키면서 고성능을 구현할 수 있는 조명디자인은 진정한 예술품이다.

고성능 및 저에너지 조명설계에 필수적인 개념은 필요할 때마다 분위기조명의 조도 수준과 작업조명에서의 조도 수준을 구분하는 것이다. 이런 접근은 장점이 많다. 일단 주변조건의 조도수준을 낮춰 자연채광의 효과를 더 많이 얻을 수 있다. 자연광의 효과와 전반조명의 낮아진 전력 사용 덕분에 조명에너지 수요들을 줄이게 된다. 게다가 사용자들이 개개인의 작업수요에 맞춰 조명수준을 제어할 수도 있다. 소모 전력이 매우 낮은 LED 조명의 이용도 좋은 방법일 수 있다.

일단 조명의 성능 및 특성들을 알고 나면, 저에너지 해법으로 다양한 설계를 충족해야 한다. 저에너지 조명시스템을 설계할 때는 몇 가지 사항을 동시에 고려해야 한다. 자연채광은 조명설계의 토대가 되어야 하고, 적절한 자연채광 제어장치 및 조닝에 대한 설계가 통합되어야 한다. 게다가 전반적으로 제어시스템이 필요가 없을 때는 조명을 꺼둔 채로 유지 되어야 한다. 조명 자체는 에너지 효율이 높은 조명 기구를 활용해야 한다. 조명설계의 전반적인 에너지 효율을 측정하는 척도는 조명전력밀도이다. 4장에서 거론되었던 이 중요한 척도는 대상공간의 제곱피트 당 총 조명전력(와트)로 계산되는 척도다. 이와 관련된 또 하나의 중요한 척도는 제어된 후의 평균 사용(in-use) 조명전력밀도다. 이 척도는 설치된 전체 조명전력을 연중 대부분 사용할 수 없게 만드는 제어장치들을 파악한다.

### 7.7.2 자연채광과의 통합
(Integration with Daylighting)

**저에너지 조명을 위한 핵심원리**(Key Principles for Low-Energy Lighting)

- 조명솔루션을 건축의 일부로서 통합한다.
- 자연광 통합: 조명을 자연광의 보충요소로서 설계한다.
- 고성능은 고품질과 저에너지의 유지를 의미한다.
- 제어장치는 필요하지 않을 때 조명을 꺼두도록 작동되어야 한다.
- 조명 시스템 및 제어장치들에 다층적 접근법을 활용한다.
- 작업조명을 분위기조명과 분리한다.
- 실내 및 실외 조명시스템들을 모두 제어한다.
- 전반적인 조명기기 효율에 초점을 두고 고효율 조명기술을 활용한다.
- 조명시스템에 대한 궁극적인 에너지척도는 사용 중인 조명전력밀도(LPD), 혹은 당량의 에너지사용강도(EUI)다.

자연채광을 통해 에너지를 절약하려면, 자연광을 "수확하는(harvest)" 제어장치들과 조명제어시스템을 성공적으로 통합해야 한다. 또한 재실자들이 수동으로 조작할 수 없도록 설계하는 것도 중요하다. 이것은 아무리 강조해도 지나치지 않은 이유가, 자연채광설계가 잘 되었지만 실제로 인공조명 제어장치의 부재로 에너지를 절약하기에 한계가 있는 사례가 많기 때문이다. 빛의 질과 자연광이 사용자에게 미치는 긍정적 영향뿐만 아니라, 에너지를 절감할 수 있는 가능성도 중요하다.

조명디자인을 자연광과 인공조명으로 이루어진 하나의 완전한 시스템으로 개발하려면, 빛이 드는 공간의 자연광 특성들을 이해하는 것이 중요하다. 이런 이해가 있어야 한 공간에서 인공조명이 자연광을 1년 내내 효과적으로 보충하고 보완할 수 있도록 만들 수 있다. 자연채광 시뮬레이션들은 공간의 적절한 조명제어구역들에 대한 정보를 제공할 것이다. 이러한 자연채광 시뮬레이션의 목표는 공통의 자연채광 특성들을 갖는 영역들을 조명구역들로 그룹화하는 것이다. 또한 공간기능들에 의해 특정한 조닝 구성들이 결정될 수도 있을 것이다. 공간의 자연채광 구역들은 가장 기본적으로 외벽의 측창이 이루는 향에 따라 달라질 것이고, 천창이 설치되어도 달라질 것이다. 인접 건물이나 수목에 의해 생기는 그림자들도 건물 내에 독특한 자연채광 조닝요건들을 형성하는 원인이 될 수 있다.

남쪽에 측창이 있는 외벽이나 천창이 있는 구역에 바로 인접한 구역들은 대개 자연채광수준이 일반적 조도수준을 초과하며, 간단한 2단식 스위치로 효과적으로 제어할 수 있다. 반면 남측 외벽에서 멀어진 구역은 자연채광 수준이 급감하므로 디밍 제어장치들을 사용하는 것이 더 유익할 것이다. 이는 자연채광 조도수준이 건물 내에서 요구되는 조도수준을 충족하지 못하는 다른 구역에도 해당될 수 있다.

자연채광 구역들의 특성과 공간의 기능적 요소들은 사용되는 광센서나 광전지의 유형에도 영향을 줄 것이다. 광전지의 유형은 기본적으로 국소(local) 유형과 전역(global)유형으로 나뉜다. 국소유형은 전지들이 대상 구역 내부에 있어 공간 내의 조도를 바로 읽고 제어할 수 있다(그림 7.18 참조). 전역유형은 보통 건물의 지붕에 설치되어 실외조도수준을 파악한다. 정확한 제어장치로 조도수준을 제공해야 하는 공간에는 국소광전지를 장착해야 한다. 반면 전역유형은 개별적으로 제어하는 유형들을 대체할 수 있어서 전반적인 자연채광 제어시스템의 비용을 절감하는데 도움이 될 수 있다. 이것은 개인사

■ **그림 7.18** 형광조명등에 바로 장착된 국소형전지

무실이나 각각의 조명제어장치가 있는 여타의 작은 공간들처럼 많은 소규모 구역들을 제어하는 데에 효과적일 수 있다. 전역유형은 2단식 스위치만 있으면 자연광 수확이 가능한 구역들을 제어하는 데에도 효과적일 수 있다.

### 7.7.3 조명제어시스템(Lighting Control Systems)

조명제어장치는 조명시스템의 운용에 기능성과 유연성, 편리성을 제공한다. 또한 조명제어장치는 조명에너지사용량을 줄이는 데 중요한 역할을 한다. 에너지절감을 달성하기 위한 조명제어장치의 설계방법은 기본적 상태를 "꺼짐(off)" 상태로 해두는 것이다. 여기에는 사용자들이 필요할 때만 조명을 켜는 참여적인 행동이 필요하다. 실제로 이것은 매우 사용자 중심의 접근법이다. 좋은 조명제어전략들은 사용자들에게 간단하고, 직접적이며, 찾기 쉬운 "켜짐/꺼짐(on and off)" 의 제어장치를 활용할 수 있도록 하여야 한다. 그 이후로는 효과적으로 에너지관리를 보장하기 위하여 제어시스템이 역할을 수행한다. 사용자는 조명에 대한 수요를 관리하고, 조명제어장치는 다양한 입력치 혹은 시나리오들에 적응하며 조명의 에너지사용량을 관리한다. 이러한 기본 개념이 조명제어에 대한 다층적 접근의 일부를 구성한다.

조명제어에 대한 다층적 접근은 사용자의 수동제어와 자연채광수준, 시간기록계, 재실/부재 센서와 같은 입력치들에 따른 자동화된 제어를 포함한다(그림 7.19 참조). 간단한 수동제어의 활용은 기능성이 중요하며 사용자들이 자동화 제어장치를 수동조작하지 못하게 하도록 한다. 수동제어에서 켜짐/꺼짐 스위치는 그 이상의 의미일 수 있다. 다시 말해 수동제어는 디밍 스위치나 다단식 스위치를 활용하여 사용자 맞춤화를 가능하게 하고 디밍한 조명으로부터 얻는 에너지 절감을 활용하는 경우도 포함할 수 있는 것이다. 자동화 제어는 사용자들이 필요로 하지 않을 때 조명을 꺼두거나 디밍되도록 작동한다. 이것은 중요한 장점인데, 사용자들이 조명을 끄지 않는 경우가 다반사이기 때문이다.

다세대 및 숙박건물 유형과 같은 일부 상업건물들은 개별 주거나 단위 숙소들마다 독특한 조명제어요건들이 있다. 이런 공간유형들에 대한 간단하고 효과적인 접근법은 단위공간의 주 출입구에 마스터 스위치를 설치하여 선택한 조명 및 플러그부하 회로들을 쉽게 켜고 끌 수 있게 하는 것이다. 그 스위치는 재실유무에 따라 온도설정점들을 상대적으로 제어하는 용도로도 활용할 수 있다. 단위공간의 제어 요건이 복잡하다면, 자연광센서와 재실/부재 센서, 시간기록계와 같은 추가적인 제어장치들을 활용하여 재실모드에서의 유연성과 에너지절감을 더욱 향상시킬 수 있다.

부재 센서(vacancy sensor)의 활용은 일반적인 재실 센서를 바탕으로 에너지 절감을 향상시킨 전략이다. 부재 센서의 목적은 공간에 사용자가 없을 때 조명을 끄는 것이다. 그렇다고 재실자가 감지될 때 조명이 켜지는 시스템이 아니며, 추가조명의 필요여부는 사용자가 결정해야 한다. 자연채광수준이 적절할 수도 있고, 작업조명의 조도가 충분할 수도 있다. 이는 조명을 불필요할 때 꺼둠으로써 에너지를 절약할 수 있게 한다. 예외적으로 자연광이나 다른 광원이 없는 경우라면 재실 감지 센서가 필요하다.

많은 상업건물이 이용되지 않는 시간은 야간시간대이다. 조명제어에서 시간기록계의 역할은 미리 계획된 부재기간 중에 조명을 자동으로 꺼두는 것이다(그림 7.20 참조). 수동이지만 일시적으로 조작할 수 있도록 설정하여 부재시간 중에 비계획적으로 발생할 수 있는 재실자를 인지할 수 있다. 많은 상업건물에서 야간 부재시간에 청소용역과 보안서비스 및 비상조명과 같이 건물 유지를 위한 서비스를 제공한다. 이러한 서비스들은 건물의 조명사용과 제어에 영향을 끼치는 요소가 될 수 있다.

야간 청소용역은 가능한 청소시간대를 주간으로

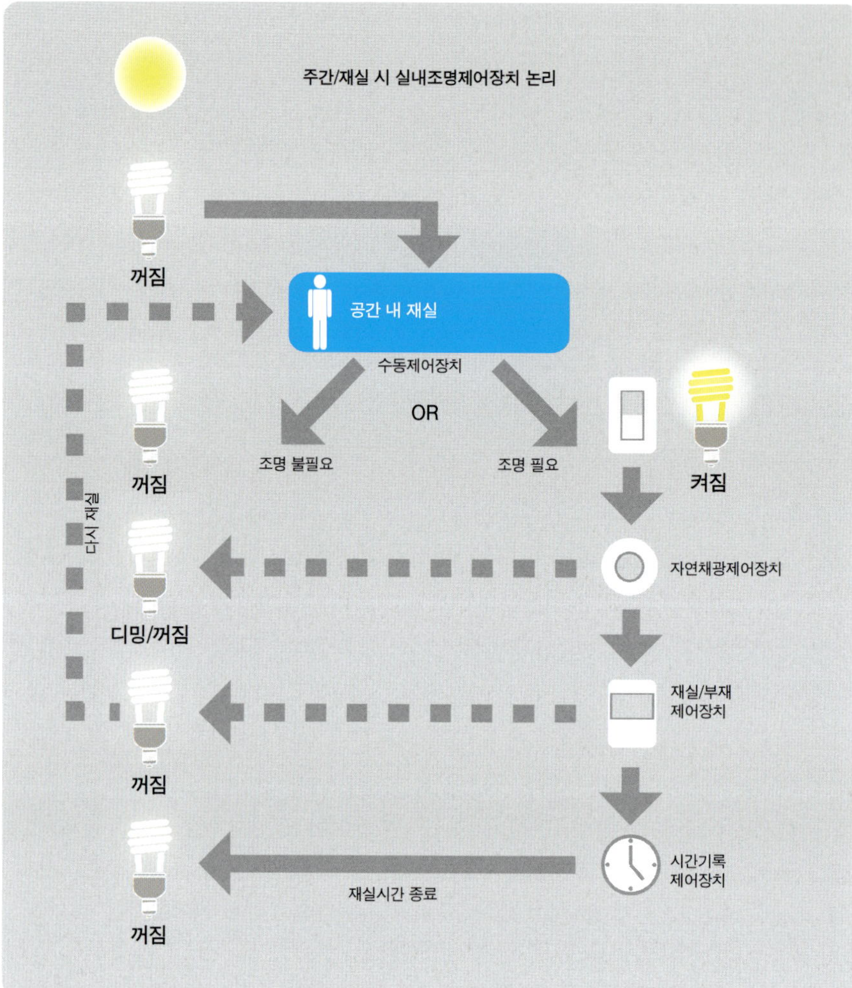


■ **그림 7.19** 실내 재실시간 조명제어 개념

옮기는 것이 바람직하다. 이런 유형의 청소용역 계약이 점차 늘어가는 추세인데, 그렇게 할 때 청소용역 직원들도 시간을 활용하기가 더 좋기 때문이다. 만약 주간청소가 가능하지 않다면, 시간기록계를 활용하여 건물에 계획된 청소시간대를 기준으로 조명을 끌 수도 있다.

많은 건물들은 야간에 정기적인 보안점검을 필요로 한다. 보안인력이 수행하는 간단한 순찰은 그들 각자의 (야간에만 작동 가능한) 조명스위치들을 통해 별도로 제어될 수 있고, 그 조명들은 매우 짧은 시간이 지난 후에 꺼지도록 설계할 수 있다. 비상등은 종종 계속 켠 채로 남겨둘 때가 많은데, 비상등을 제어하면 추가적인 에너지 절감을 할 수 있다. 비상등은 각 구역마다 전반 조명이 설치되어 있을 때 제어순서에 따라 꺼둘 수 있으나, 정전이 감지될 때는 비상발전기가 비상등을 활성화할 필요가 있다.

실외조명 제어를 통해서도 조명제어 기능을 향상하고 에너지를 추가적으로 절감할 수 있다. 야간에 실외조명을 켜고 끄는 데 광전지를 활용하는 통상적인 전략은 가장 기본적인 제어수준에 속하지만, 그것이 야간수요에 기초하여 필요 조도수준을 제어하는 것은 아니다. 사실 대부분의 실외조명은 야간에 계속 켜둘 필요가 없다.

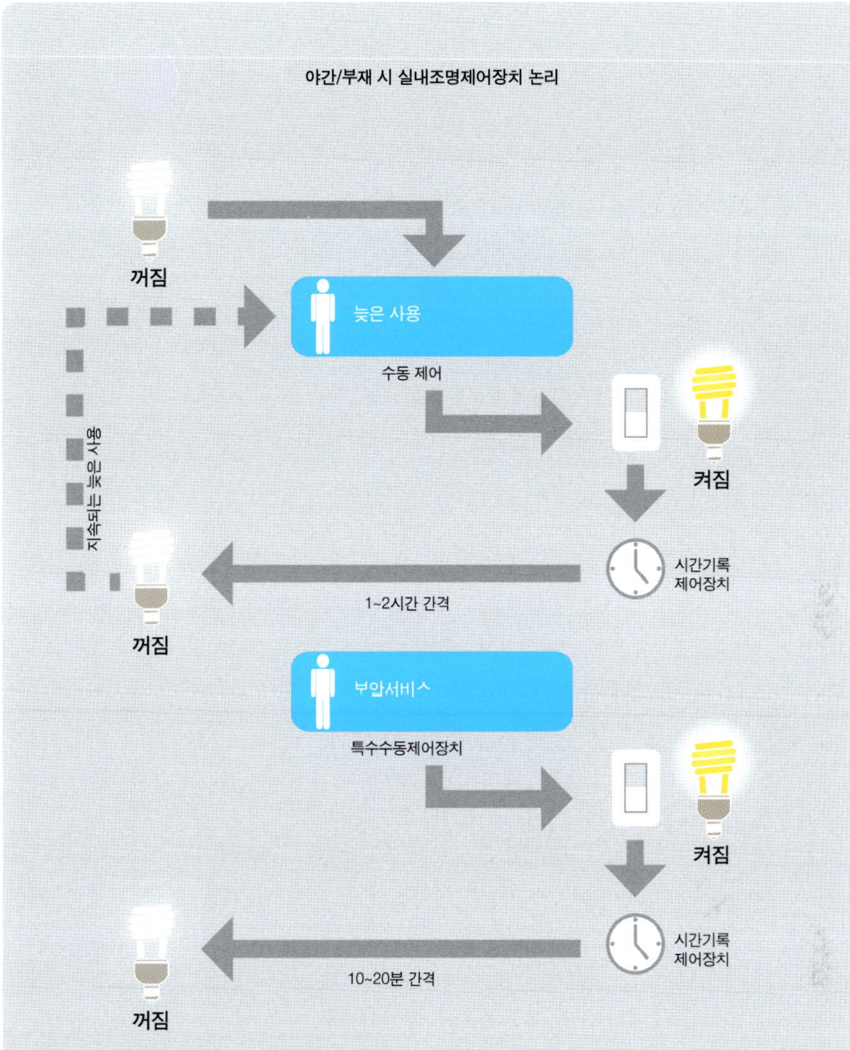


■ **그림 7.20** 실내 부재시간 조명제어 개념

이와 유사하게 조명과 실내조명 제어에 대한 다층적 접근법을 실외조명에 적용할 수 있다. 실외조명의 일차적인 기능들로는 기본적인 실외구역 조명, 경관조명, 가로조명, 보안/안전 조명 등이 있다(그림 7.21 참조). 경관조명 야간에 계획된 사용시간대에만 켜지도록 제어되어야 한다. 이런 제어는 광전지를 통해 조명이 켜지고 건물이 사용되는 특정시간에는 꺼지도록 설정하는 방식으로 제어할 수 있다. 실외구역 조명과 일반적인 가로조명은 센서를 활용하여 켜지거나 밝아지도록 설정할 수 있다. 이런 식으로 낮은 수준의 안전조명만 야간 내내 켜두고 기능조명들은 사용자의 필요와 건물의 사용일정에 맞게 제어해야한다.

실내 및 실외 건물조명에 대해 다층적인 조명제어 방법을 보충하는 중요한 한 가지는 건물 사용자들에게 기본적인 조명제어장치의 작동에 대하여 교육하는 일이다. 사용자들을 위한 수동제어장치들은 찾기가 쉽고 작동함에 어려움이 없어야 한다. 수동제어장치들이 건물의 자동화된 제어장치들과 어떻게 함께 작동하는지에 대해 몇 가지 간단한 교육을 받은 사용자들은 불편함을 덜 느낄 것이고 각자의 필요에 맞게 조명을 최적화하면서 시스템의 에

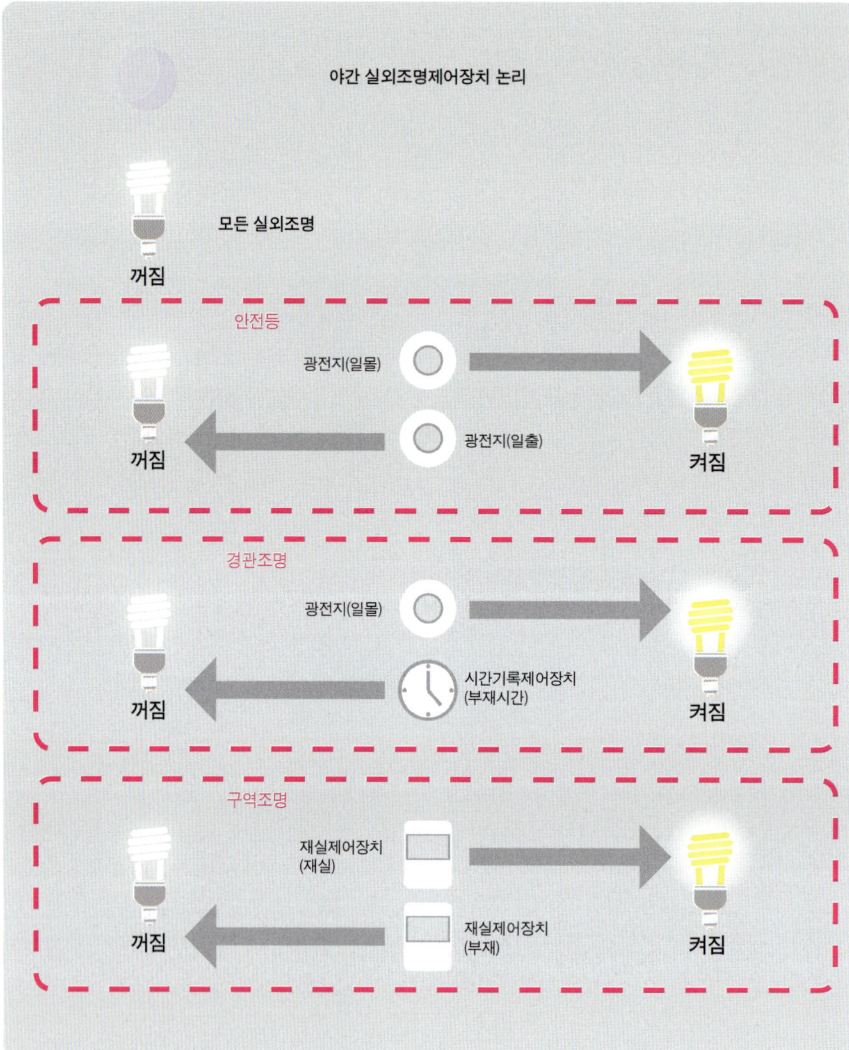


■ **그림 7.21** 실외 야간 조명제어 개념

너지절약장치들을 보조할 수 있을 것이다.

제어기술의 관점에서 보면, 디지털 분산 디바이스(digital distributed devices)의 발전이 제어전략의 최적화 능력을 변화시키고 있다. 디지털 분산 제어장치들은 공간 내에 있는 센서 와 제어장치의 기능적 유연성을 크게 향상시켜준다. 디지털 플러그-앤-플레이 방식으로 이루어지는 이런 고급제어시스템들을 활용하면 구획공간마다 맞춤화된 제어가 가능하다. 또한 건물의 생애기간동안 구역과 제어순서를 쉽게 재구성할 수도 있다. 이런 장치들은 조명제어를 최적화할 수 있게 해주지만 비용과 복잡성의 문제는 여전히 고려할 필요가 있는 사안이며, 특히 정교한 제어장치의 구성이 요구된다.

광원들의 기술과 성능은 빠르게 발전하고 있으며, 더 좋은 제어장치와 더 긴 램프수명, 상당히 향상된 에너지효율을 실현해가고 있다. 높은 효율을 제공하는 광원기술들이 많은데, 예를 들면 고광도 가스방전램프(high-intensity discharge: HID)와 콤팩트 형광등, 선형 형광등, 발광소자(light-emitting diode: LED), 유기적 발광소자(organic light-emitting

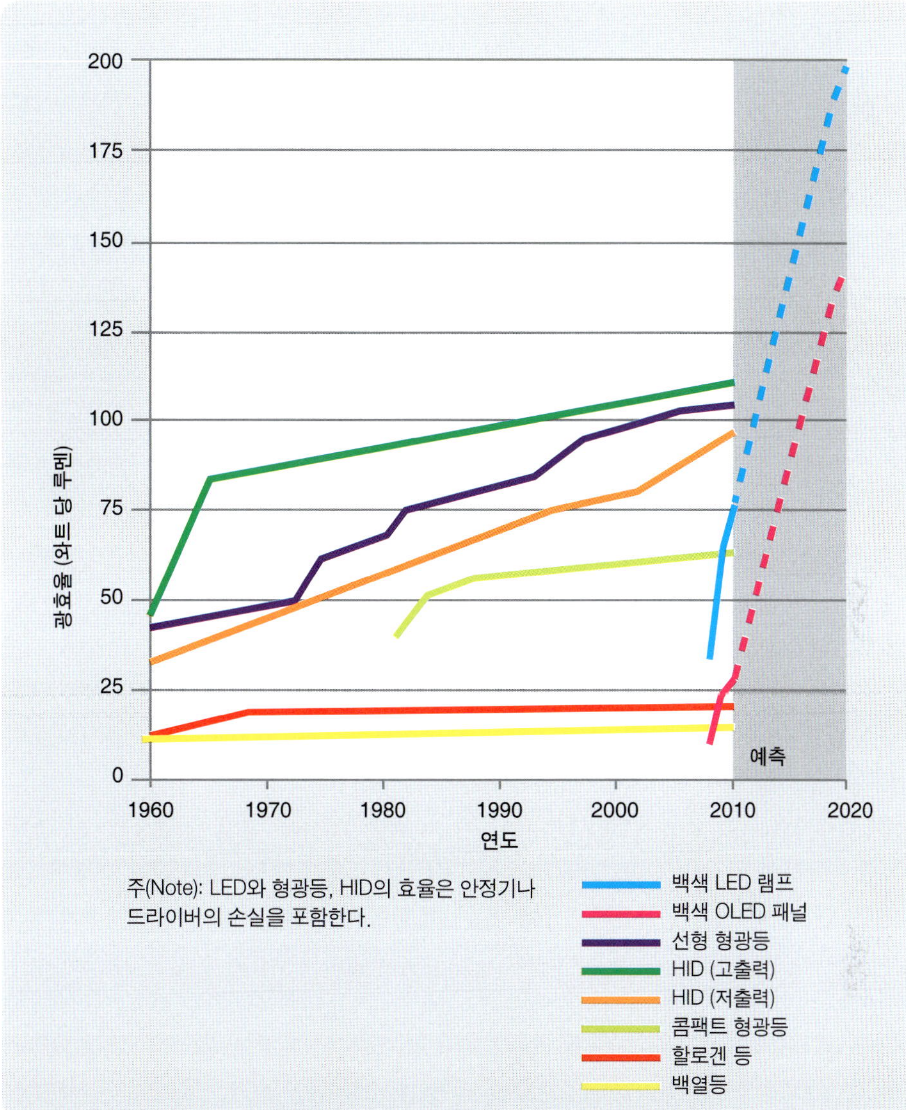


■ **그림 7.22** 과거와 향후의 광효율. *〈데이터 출처: Department of Energy Solid State Lighting Research & Development: Multi-year Program Plan. Www1.eere.energy.gov/buildings/ssl.〉*

diode: OLED) 등이 있다(그림 7.22 참조). 효율이 매우 낮은 할로겐등과 백열등 기술은 저에너지 조명 솔루션과 넷 제로 에너지 빌딩에 부적절하다.

가장 인상적인 기술적 발전은 LED와 OLED 광원들을 활용한 IT 반도체 조명(solid-state lighting) 기술이다. LED는 협대역 속에서 1개의 전하로 빛을 발산하는 작은 반도체 장치들이다(그림 7.23 참조). 이런 속성은 전계발광(electroluminescence)으로 알려져 있다. 따라서 LED는 단색이며 교통신호등처럼 단색 광원들을 활용하는 조명장치들에 흔히 사용되어왔다. 일반적인 조명장치에는 백색광원이 필요하다. 백색 LED 광원을 만드는 몇 가지 방법들이 있는데, 하나는 청색 LED에 형광코팅을 하여 발산되는 빛을 백색광으로 변환하는 방법이다. 또 한 방법은 적색과 녹색, 청색의 LED들을 혼합하여 하나의 백색광을 만드는 방법이다. 이런 두 접근법을

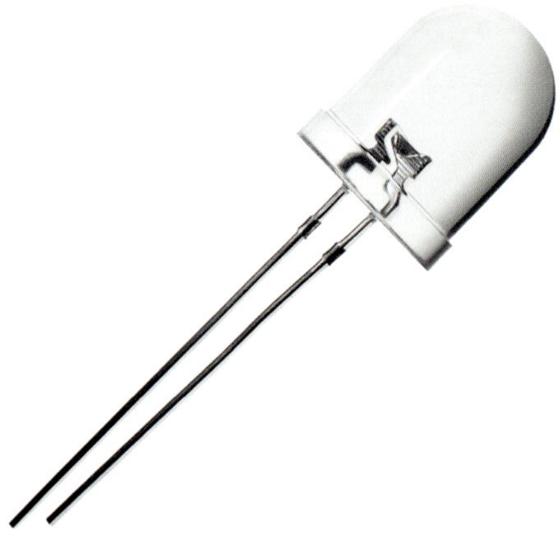

■ **그림 7.23** 발광소자

결합하여 백색 LED 광원을 만들 수도 있다. 고급 백색광원의 개발은 LED 기술의 개발과정에서 어려운 과제 중의 하나였다. 고급 백색광 LED를 만드는 다양한 접근법들은 광원들의 효율에 영향을 주며, 그 효율이 크게 차이날 수 있다.

OLED는 박막의 유기적 소재를 활용하여 하나의 전하로 전계발광을 일으킨다. 이 소자들은 단일 표면 전체에서 발광하는 낮은 강도의 빛이 특징이다. 콤팩트한 광원디자인에 쓰이는 LED와는 달리 OLED 기술은 현재 전자제품에 사용되고 있으며, 특히 디스플레이에 많이 사용되고 있다. OLED는 유연하며 다양한 모양과 형식으로 제작되기 때문에 다양한 창조적 응용이 가능하다. 이 기술은 건축 환경에 완전히 새로운 방식으로 조명을 설치하는 방법을 도입할 수 있을 것이다.

LED 기술은 그 에너지효율 외에도 몇 가지 독특한 장점이 있다. LED는 콤팩트한데다 잘 파손되지 않는다. 또한 차가운 온도에서 성능을 잘 발휘한다. 수명이 길고 디밍제어도 가능하다. 즉각적으로 켤 수 있고, 수명이 길어 급속한 사용주기에 영향을 받지 않는다. LED는 방향성 광원(directional light)이기도 한데, 이는 조명이 필요한 면을 비추기 위해 모든 빛을 발광할 수 있다는 뜻이다. 반면 전형적인 광원조명들은 조명이 필요한 면을 향해 많은 빛의 방향을 전환할 필요가 있다. 이는 그 과정에서 상당 비율의 빛이 손실될 수 있음을 의미한다.

LED의 성능은 열의 영향을 받으며, LED 조명기구들의 디자인은 온도를 줄일 히트싱크를 포함한다. 이러한 열 민감도는 에너지 성능을 감소시킬 수 있지만, 그렇기 때문에 외기온도가 낮을 때는 LED가 실외조명에 매우 효율적인 장치가 될 수도 있다. LED는 직류전압으로 작동하기 때문에 교류에서 직류로의 변환을 요한다. 이런 변환은 드라이버(driver)를 통해 완성되므로, LED 광원의 효율을 알아볼 때는 드라이버의 효율을 고려해야 한다.

사실 어떤 광원을 선택하든 광원의 효율보다 훨씬 더 중요한 것이 전체적인 조명기기의 효율(램프, 안정기나 드라이버, 조명기기)이다. 현재 HID와 선형 형광등은 효율적인 안정기 및 고정기구와 결합할 수 있고, LED 조명기기들과 같거나 더 나은 효율을 갖는다. 조명대상과 그 제어방식을 비롯한 장치구성이 궁극적으로 램프와 조명기기의 선택에 영향을 준다.

최상의 기술적 해법은 본장의 앞부분에서 논한 것처럼 일단 조명수요부터 줄이고 난 후에 최적화해야 함을 기억하라. 게다가 한 솔루션의 에너지 효과성을 측정하는 척도는 조명전력밀도이며, 궁극적으로는 사용조명전력밀도나 조명에너지사용강도다.

## 7.8 지역에너지(District Energy)

### 7.8.1 기본개념(Basic Concepts)

에너지 자립성을 고려할 때 모든 건물이 자체적으로 넷 제로 에너지를 달성할 필요는 없다. 캠퍼스와 커뮤니티, 다양한 건물 스케일에서 에너지 이슈들을 다룰 때에는 많은 장점과 시너지들이 수반된다. 특히 본 장에서 앞서 탐구한 에너지 생태계 개념은 다양한 건물 규모에서 충분히 활용할 수 있으며, 보다 큰 규모에서 효율을 높일 수 있고 경제적으로 활용할 수 있다. 하지만 다양한 에너지부하 및 에너지 자원들의 내재적인 가능성들은 고도의 저에너지 시스템이나 에너지 생태계에 기폭제가 될 수 있다.

지역에너지 솔루션을 활용하는 이유 중 하나는 한 커뮤니티 내의 다양한 용도들이 상호보완적인 에너지소비 패턴을 나타낼 수 있기 때문이다. 여러 건물에 대한 냉난방요건들뿐만 아니라 에너지소비가 다양한 시각에는, 건물 전체에 대한 최대설계부하가 개별적인 부하요건들의 합보다 더 작을 것이다. 이로써 중앙설비의 규모는 개별건물에 기준하여 설치할 때 요구되는 전체 용량보다 줄어들게 된다.

예를 들어, 일반적인 다세대 주거와 상업용 사무공간들이 혼합된 곳에서는 상호보완적인 에너지 사용패턴들을 보일 것이다. 사무공간들은 주간시간대에 최고 에너지사용량을 나타낼 것이다. 이 시간대에 대다수의 거주자들의 집에서 나와 일터나 학교에 있을 것이고, 이는 주거공간들의 에너지사용량이 주간에는 적을 것임을 의미한다. 또, 거주자들의 최대 에너지사용량은 대부분의 사무공간이 비어있는 저녁과 주말에 나타날 것이다.

상호보완적인 에너지사용 패턴들을 활용하는 것뿐만 아니라, 다양한 스케일의 지역에너지시스템들은 폐에너지의 공유와 재사용을 촉진할 수 있다. 예를 들어 어떤 공업적인 과정을 통해 폐열을 전송하여 다른 건물을 난방할 수 있다. 심지어 앞선 사례에서 기술한 주택과 상업용 사무소 사이에도 시너지효과가 발생할 수 있다. 상업용 사무소들은 실내부하가 높아서 냉방모드일 때가 많은 반면, 주거 용도는 실내 열 획득이 낮아서 난방모드일 때가 많다. 이런 경우 사무소들을 냉방할 때 발생하는 열을 활용하여 인근의 주택들을 난방할 수 있을 것이다.

지역에너지를 고려하는 또 다른 이유는 발전과 냉난방을 위한 몇몇 기술들이 대규모 장치에 보다 적절하여 단일 건물에 맞춰 규모를 축소하는 것이 어렵기 때문이다. 게다가 중앙에 위치한 설비가 더 많을수록 유지관리가 더 쉽다. 즉, 건물별로 유지관리하기가 어려운 기술들을 활용하기에도 적절하다는 뜻이다. 어떤 경우에는 설비를 건물에서 멀리 위치시키는 것이 더 좋다. 예를 들어, 냉각탑은 소음을 일으키고 공기 중에 수증기를 방출하게 되는데, 소음과 수증기는 보통 우리가 가능한 한 건물(특히 개폐식 창문)에서 멀리 설치되기를 바라는 두 가지의 불쾌요인들이다.

### 7.8.2 저에너지 지역시스템
(Low-Energy District Systems)

지역에너지시스템은 광범위한 에너지 서비스들을 건물에 제공할 수 있다. 전통적인 지역에너지 솔루션으로는 증기기반 중앙난방 플랜트(steam-based central heating plant)가 있다. 지역에너지시스템은 온수와 냉수를 제공하여 개별건물의 냉난방수요를 충족할 수도 있으며, 혁신적인 저에너지 전략과 시너지들을 고려하여 기후와 부지, 대상건물의 유형에 기초한 냉난방을 제공할 수 있다. 그리고 효율적인 설비의 사용뿐만 아니라, 열에너지를 발생시킬 재생에너지 연료와 시스템들을 활용하는 것이 타당할 수도 있다. 부지에서 자유에너지를 포집하고 건물시스템 내의 폐에너지를 재사용하는 다양한 방법들을 찾는 것을 습관화하는 것이 좋다. 열에너지 흡수체와 축열체는 대규모 시스템에서 에너지를 재사용할 수 있는 기회가 될 수 있다. 일부 프로젝트들은 냉방을 위해 깊은 호수나 심해수를 활용해왔다. 지열원 및 계절별 지열원 시스템들은 지역에너지 솔루션에서의 냉난방을 위한 혜택들을 제공할 수 있다. 또 하나의 대안은 적정온도 시스템으로 설계된 저에너지 건물과 함께 조율되어 기반시설비용과 에너지사용량을 낮출 수 있는 적정온도 혹은 저온의 중앙 플랜트 설계이다.

지역에너지시스템들이 제공할 수 있는 또 하나의 서비스는 부지내 발전기나 연료전지, 혹은 재생에너지시스템들을 통한 분산발전(distributed generation of electricity)이다. 지역에너지시스템들은 가용한 자원에 따라 커뮤니티 규모의 풍력 · 수력 · 지열·태양에너지를 포함한다. 이런 솔루션 중 일부는 큰 규모일수록 훨씬 더 경제적일 것이다. 바이오 연료나 기타 재생에너지 시스템들을 통해 연료전지 발전을 위한 수소를 만들 수도 있다. 이런 장치는 기술이 계속해서 발전할수록 점점 더 매력적인 대안이 될 것이다. (8장은 다양한 재생에너지시스템 기술들에 관한 지침을 제공하며, 이 중 다수의 기술들은 지역에너지 규모에서 최적화될 수 있다.)

#### 7.8.2.1 열병합발전소 (Combined Heat and Power Plant)

상당량의 폐열을 발생시키는 많은 분산발전장치들이 있다. 이런 장치들은 바이오매스 연료나 일반적인 연료를 사용하는 모든 연소기반 발전에서 전형적으로 볼 수 있다. 이런 폐열의 활용은 지역에너지 솔루션의 효율과 유용성을 현저하게 높일 수 있다.

열병합발전(combined heat and power 혹은 cogeneration)은 발전과정에서 발생하는 손실효율을 활용하는 과정이다. 연료가 발전에 사용될 때는 그 에너지의 일부가 전기로 전환되고 보통 50 내지 60 퍼센트 되는 나머지 에너지는 열의 형태로 환경에 방출된다. 그런 열의 상당수를 활용하여 70 내지 80퍼센트의 열병합발전효율을 생산할 수 있다. 발전기에서 고품질의 열이 방출되고 있는데 왜 난방용 보일러를 추가하는가?

열병합발전소는 분산발전에 사용되는 기술유형으로 구분되며, 그것은 가스터빈과 마이크로터빈, 증기터빈, 왕복엔진을 포함할 수 있다. 연소보다는 연료전지를 활용하는 분산발전을 열병합발전소로서 사용할 수도 있다. 전부는 아니지만 많은 연료전지들이 매우 고온에서 작동하며 급탕 및 건물 난방에 적합한 고급의 열에너지를 생산할 수 있다.

#### 7.8.2.2 유기적 랭킨발전과 흡수식 냉동기 (Organic Rankine Generation and Absorption Chillers)

열병합발전은 분산발전에서 발생한 폐열을 활용하는 한 방법일 뿐이다. 폐열은 추가적인 발전과 공조에도 활용할 수 있다.

유기적 랭킨사이클(organic Rankine cycle)은 폐열을 활용하여 전기를 발생시킬 수 있는 기술이다. 고온을 요하는 전형적인 증기방식 터빈들에 비해 유기적 랭킨사이클 시스템은 끓는점이 낮은 특별한 유체를 사용한다(그림 7.24 참조). 이 사이클은 증기압축 냉동사이클을 역으로 운용한다. 이 사이클에 (보통 160°F가 넘는) 열을 적용하면 전기를 생산할 수 있다. 이것은 8장에서 논할 저온 지열장치용 2진 사이클 시스템의 구동과정과 같다.

히트펌프에 관한 앞선 논의는 증기압축 냉동사이클을 다루었는데, 이 사이클은 전기를 활용하여 상대적으로 뜨거운 에너지 자원에서 상대적으로 시원한 에너지 흡수체로 열을 이동시키는 과정이었다. 이것이 가장 통상적인 냉동사이클이지만, 다른 사이클도 있으며 그 가운데 일부는 실제로 전기가 아닌 열을 활용하여 냉동사이클을 구동시킬 수 있다. 이런 접근법 중의 하나가 흡수사이클(absorption cycle)이다(그림 7.25 참조). 흡수사이클은 열병합발전소 내의 폐열을 활용하여 냉방을 할 수 있다. 압축기가 아닌 흡수식 냉동기 속에서, 또 다른 유체(물) 속의 암모니아와 같은 냉매의 용해성 차이가 추가적인 열원에 기초한 그 시스템을 발전기로 구동시킨다. 흡수사이클과 유기적 랭킨사이클 기술의 효율은 모두 구동 열원과 흡수체 간의 차이와 밀접한 관련이 있다. 제공되는 열원이 따뜻할수록, 그 과정이 제공하는 전력의 출력이나 냉방에너지가 더 커진다.

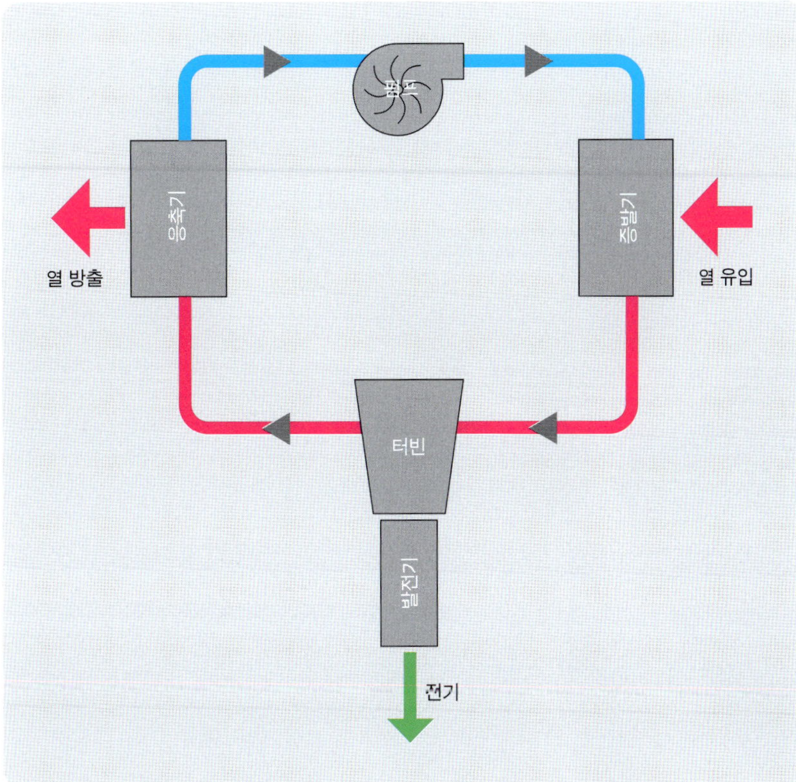


■ **그림 7.24** 유기적 랭킨사이클

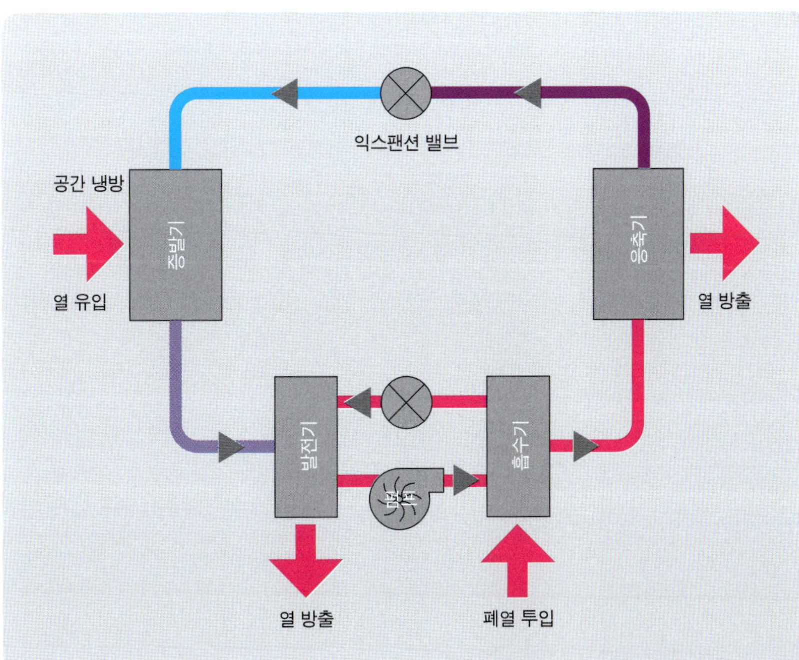


■ **그림 7.25** 흡수식 냉동기

RE 8장

# 재생에너지 Renewable Energy

## 8.1 재생에너지의 기초

(Renewable Energy Basiscs)

넷 제로 에너지 빌딩을 위해 재생에너지를 통합하는 데에는 많은 대안들이 있다. 어떤 장치가, 혹은 어떤 장치들의 조합이 어느 건물에 적합한가를 묻는 건 복잡한 의미를 내포한 질문이다. 여기에는 건물과 부시의 세약뿐만 아니라 가용한 재생에너지 관련 자료와 에너지경제, 에너지요건 등의 변수들이 개입된다. 넷 제로 에너지 빌딩을 위한 재생에너지시스템의 계획은 프로젝트 설계(계획)초기에 큰 영향을 미칠 수 있기 때문이다. 에너지 설정 목표량은 프로그래밍, 초기 개념들의 일부가 되어야 하며, 프로젝트 시행과정 전반에 걸쳐서 충분히 발전되어야 한다. (4장은 건설 환경 내의 재생에너지에 대한 전일론적 관점을 취한다. 9장은 재생에너지를 프로젝트에 통합하기 위한 경제적 체계를 정리한다.)

넷 제로 에너지는 패시브 전략과 효율적인 건물 시스템, 그리고 재생에너지 이용의 종합이다. 재생에너지를 최대로 활용하는 것은 넷 제로 에너지 빌딩의 매우 두드러진 특징이며, 재생에너지시스템(그림 8.1)의 설계와 실행은 매우 전문적으로 이뤄지기에 프로젝트 시행 팀을 중심으로 숙련된 컨설턴트와 이를 통합할 수 있는 인력들을 필요로 한다. 그 목적에 따라 본 장에서는 넷 제로 에너지 빌딩의 재생에너지시스템 계획에 대한 일반적인 지침을 제공하며, 그 초점은 초기계획과 더불어 넷 제로 에너지 빌딩과의 효과적인 통합을 이루는 데 필요한 개념에 둔다.

본 장은—그리고 그에 관한 한 본서는—넷 제로 에너지 빌딩에 중요한 재생에너지 자원인 태양광발전시스템에서 얻어지는 태양전력에 집중한다. 태양광발전시스템은 통합적 기술이 제공될 수 있도록 하며, 건물친화적인 시스템을 만들어내는 모듈설계를 지향한다. 하지만 태양광발전이 모든 프로젝트에 대한 해답은 아니므로 프로젝트를 시작할 때는 모든 재생에너지시스템을 고려하는 게 좋다. 다양한 재생에너지시스템의 평가는 가용한 자원들을 열에너지 및 전기에너지의 수요들과 대응시켜 봄으로

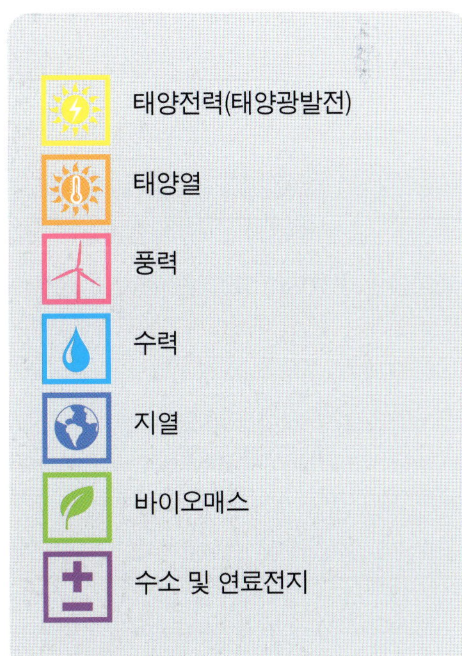


■ 그림 8.1 재생에너지시스템

써, 유용하게 이용될 수 있도록 접근해야 한다.

미래의 에너지문제를 해결하고 기후변화를 다루는 데에는 재생에너지 해법에 대한 광범위하고 다양한 접근이 필요할 것이다. 넷 제로 에너지 빌딩과 그 커뮤니티는 분산형 재생에너지시스템의 목표를 진전시키기 때문에 다양한 해법의 일부를 이룬다. 하지만 계통상의 재생에너지 비율이 계속해서 늘어가고 있는 설비규모의 에너지도 재생에너지 해법의 일부일 필요가 있다. 국내에서나 국제적으로나 개발되며 제안되고 있는 스마트그리드 시스템의 관점에서 보면, 계통 자체가 에너지 및 수요 관리에 중요한 역할을 수행하고 있다. 대부분의 넷 제로 에너지 상업건물은 계통에 연계되어 그것을 배터리처럼 활용할 것이다. 건물이 잉여에너지를 만들어낼 때에는 계통에 재생에너지를 추가하고, 재생에너지 발생이 부족할 때에는 계통에서 에너지를 끌어오는 식으로 말이다.

## 8.2 태양전력(Solar Power)

### 8.2.1 기본개념(Basic Concepts)

태양전지(photovoltaic: PV) 기술을 활용하여 얻는 태양전력은 부자내에서 얻을 수 있는 분산형 재생에너지 부문의 핵심이다. 태양광은 다양한 용도로 이용할 수 있고 경제적이며, 여러 규모로 프로젝트에 통합될 수 있어서 넷 제로 에너지 빌딩에 가장 흔히 사용되는 재생에너지 자원이다. 태양광발전시스템은 전력을 생산하며, 생산된 전력이 다양한 용도에 이용될 수 있다는 것이 가장 큰 장점이다. 다양한 에너지 형태 중에서도 전기에너지를 주로 사용한다. 건물에 필요한 에너지를 100% 전기로 공급되도록 설계하고 이를 보완할 중요한 전략으로서 태양광발전을 활용할 수도 있다. 물론 다양한 에너지 자원을 계속 이용하면서 태양광 발전을 활용하여 넷 제로 에너지를 유지할 수도 있다. 요금상계는 넷 제로 에너지 빌딩의 성공가능성을 크게 높이는 데 중요한 기능을 담당하는 전력의 인입과 배출을 가능케 한다. 태양광발전시스템은 발전모듈의 표면에 도달하는 태양광의 강도가 클수록 에너지 생산이 크기 때문에 겨울철보다 여름철에 훨씬 더 많은 에너지를 생산하며, 그에 따른 요금상계의 필요성이 생겨난다.

태양광발전으로 에너지를 생산하는 과정은 신뢰도가 높다. 태양광전지(photovoltaic cell), 혹은 태양전지(solar cell)는 수십 년간 전력을 만들어낼 수 있으며, 태양전지는 부품을 갈 필요가 없고 유지보수 요건도 낮으며, 소음과 오염이 없이 작동한다. 태양광전지는 반도체 재료들이 빛에 노출될 때 전류를 발생시키는 광기전력효과(photovoltaic effect)라는 물리적 속성에 기초하여 작동한다.

태양전지는 반도체 소재로 만들어지는데 대개는 실리콘 소재로 만들어진다. 실리콘(규소)의 분자구조상 태양으로부터 유입되는 광자에너지를 통해 전자들이 자유롭게 분리될 수 있다. 이 과정은 실리콘의 전기전도능력을 향상시키는 특정한 분자구조에 원자들을 "도핑(doping)" 함으로써 향상된다. 전지에서 햇빛을 받는 표면층은 인산원자들이 첨가되어 여분의 자유전자들을 만들어낸다. 전지의 바닥층은 붕소원자들이 첨가되어 전자들이 부족한 분자구조를 만들어냄으로써 자유전자들을 유도한다. 전자들이 과잉상태인 최상층은 n-형(네거티브) 반도체라 불리고, 전자들이 부족한 최하층은 p-형(포지티브) 반도체라 불린다. n-형 층에서 p-형 층으로의 전자흐름은 두 유형의 반도체들이 접합할 때 발생하는 전하에 의해 방해된다. 이 전하는 전자의 흐름을 방해하지만 전류를 반대방향으로도, 즉 p-형 층에서 n-형 층으로도 흐를 수 있게 한다. 태양전지는 최상층과 최하층에 금속도체들을 적용하여 그 도체회로를 통해 전기를 전도하고, n-형 층의 전자들을 p-형 층으로 보낸다. 이 전자들은 다시 n-형 층으로 자유롭게 이동함으로써 그 회로를 완성한다(그림 8.2 참조).

태양전지는 태양광발전모듈의 기본단위의 구성요소다. 대부분의 태양전지는 반사방지코팅에 의해 짙은 청색을 띈다. 태양전지는 직류전력을 발생시키기 때문에 대부분의 장치에서는 인버터를 통해 교류로 변환시킬 필요가 있다. 태양광발전모듈은 태양전지의 연결로 만들어진다. 제조사마다 모듈의 정격출력과 모듈면적, 모듈효율, 비용 등등 다양한 사양을 갖는다. 이러한 태양광발전모듈은 태양광발전시스템을 위한 기본적인 계획 · 설계 유닛이다. 원하는 시스템 규모와 에너지생성 목표량에 따라 태양광발전모듈을 여러 개 연결하여 어레이로 구성할 수 있다.

시스템은 독립형 또는 계통연계형일 수도 있다. 계통연계형 시스템은 상업건물에서 흔히 활용되는데 그것은 규모적인 부분도 그렇지만 보통은 상업건물이 계통연계전력을 활용할 수 있는 개발지역에 위치하기 때문이다. 독립형 시스템은 야간에 사용할 에너지와 태양에너지 생산이 적은 주간에 사용할 에너지를 저장할 필요가 있다. 또한 겨울철에 건물이 충분히 작동하도록 유지할 수 있는 대규모 태양광발전시스템도 필요하다. 독립형 넷 제로 에너지 빌딩에 대해 고려해야 할 주된 사항은 배터리와 더불어 보조에너지시스템이 필요 여부이다. 넷 제로 에너지 프로젝트의 균형 속에서 화석연료 발전기의 운영이 꼭 필요한지 고려되어야 한다. 독립형 태양광발전시스템에는 이런 부지내 화석연료 사용을 상쇄하도록 잉여 재생에너지를 계통에 내보낼 방법이 없기 때문에, 화석연료 발전기를 운영하면 넷 제로 에너지의 달성이 어려워진다.

태양광발전시스템은 태양광발전이 모듈이 연결된 어레이와 **시스템 균형**(balance of system)으로 이루어진다. 시스템 균형은 모듈 외에도 시스템이 기능적으로 완전히 구성되는 모든 것을 의미한다. 프로젝트에서 태양광발전시스템을 운용할 때는 수많은 시스템 구성요소들을 고려하고 설계할 필요가 있다. 본 섹션은 태양광발전어레이가 넷 제로 에너지 프로젝트의 초기 설계에 주는 영향을 고려하여 그 어레이의 규모산정과 계획에 초점을 맞춘다.

시스템 균형을 구성하는 핵심요소들로는 설치대와 선반, 전선과 도관, 어레이용 태양광발전차단장

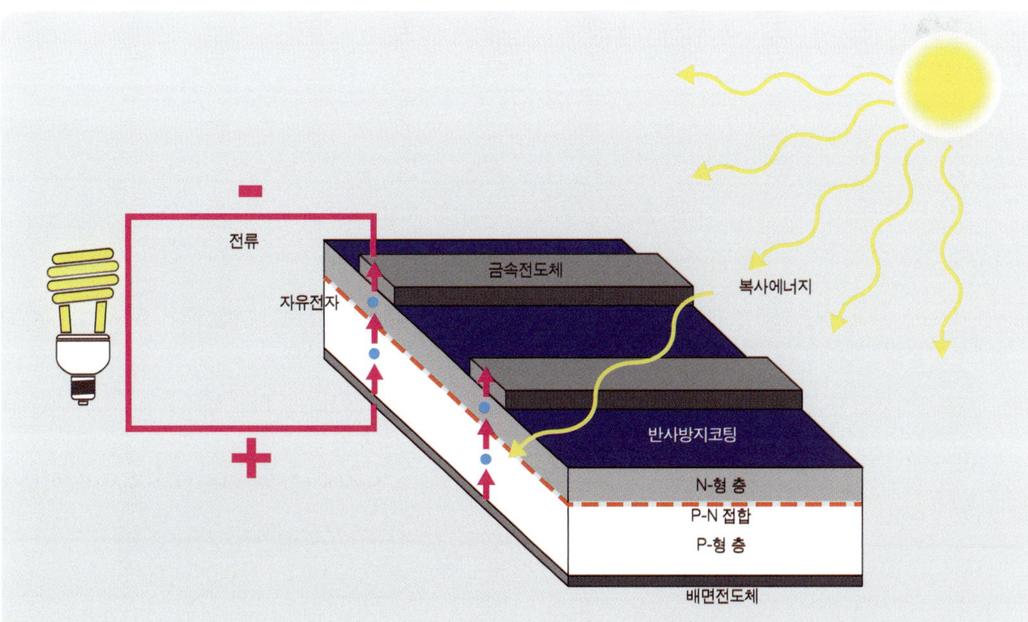


■ 그림 8.2 태양전지의 작동

치, 건물의 전기분전반에 연결되는 교류변환용 인버터 등이 있다. 건물이 계통연계형일 경우, 프로젝트에 요금상계를 할 수 있는 계량기가 있어야 이상적이다(그림 8.3 참조). 프로젝트가 독립형이거나 계통연계형이라면, 그리고 태양광발전시스템이 부지내 에너지 저장장치를 위한 시스템이라면, 그 시스템에는 축전배터리들과 배터리차단장치, 배터리 충전제어기도 있을 것이다. 게다가 태양광발전시스템은 시스템 성능을 추적하는 모니터링시스템도 포함해야 한다.

### 8.2.2 기술(Technologies)

#### 8.2.2.1 결정질(Crystalline)

결정질 태양전지는 단결정질과 다결정질의 두 유형이 있다. 다결정질(polycrystalline 혹은 multicrystalline) 전지는 서로 다른 조그만 단일 실리콘 결정질로 만들어지며,(그림 8.4 참조) 단결정질(monocrystalline) 전지는 단일실리콘결정들로 만들어진다(그림 8.5 참조). 다결정질 전지는 단결정질 전지보다 효율이 떨어지지만 가격이 저렴하다. 그리고 단결정질 전지는 표면이 균일한 반면, 다결정질 전지는 다중실리콘결정 과정에서 생긴 결이 일부 보인다. 두 전지 유형 모두 결정질 소재를 얇게 잘라낸 회로 판의 형태이다.

일반적인 결정질 태양광발전모듈은 두 겹의 적층필름에 싸여 연결되어 있는 태양전지를 행과 열로 배열하여 구성된다. 태양광발전모듈은 하나의 프레임과 받침판, 그리고 전면에 철분함량이 적은 고투명성 유리를 갖추고 있다.

박막모듈은 결정질모듈에 비해 와트 당 비용이 적게 나가지만, 효율성은 결정질 기술에 비해 상당히 떨어진다. 특히 박막시스템은 결정질 태양광발전어레이에 비해 같은 양의 전기를 만들어내는 데 더 큰 설치면적이 필요하다. 하지만 박막모듈은 결정질 모듈에 비해 고온이나 태양광의 강도저하가 발전량에 크게 영향을 미치지 않는다.

#### 8.2.2.2 신기술(New Technologies)

시장에서는 태양광발전 기술에 대한 새로운 접근법이 많이 등장하고 있다. 일부기술은 시장에서 이미 이용 가능하지만, 또 다른 일부는 연구개발 단계에 머무르고 있다. 아직 연구개발 중이거나 유망한 기술적 발전이 기대되는 많은 기술들은 나노기술

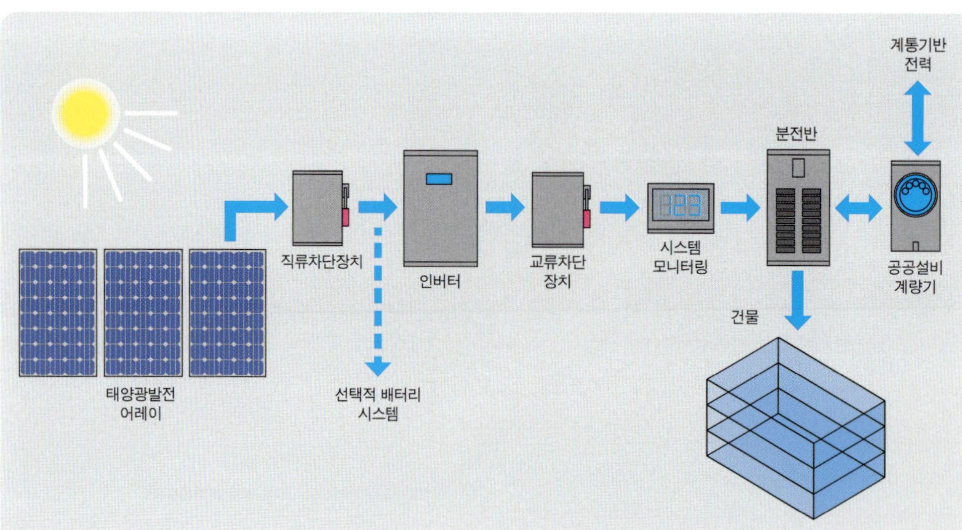


■ 그림 8.3 계통연계형 태양광발전시스템

(nanotechnology)과 유기기술(organic technology)들에 초점을 맞추고 있다. 시장출시가 완비되거나 거의 완비된 발전기술들은 혼성적인 접근법에서 나온다.

### 8.2.2.2 박막(Thin Flim)

박막기술은 다양한 반도체소재를 활용하는데, 비결정질 실리콘(amorphous silicon: a-Si)과 텔루르화 카드뮴(cadmium telluride: CdTe), 구리인듐갈륨비화물(copper indium gallium diselenide: CIGS)과 같은 소재가 그 예다. 박막은 유리나 플라스틱, 스테인리스스틸처럼 견고하거나 유연한 기판에 바로 부착된다. 그렇게 생산된 모듈은 다양한 형태를 띨 수 있는데, 예를 들면 견고한 패널에 부착하여 결정질 모듈과 유사하게 만들 수 있고, 플렉시블 시트 및 롤 등의 형태로 만들 수도 있다.(그림 8.6 참조).

박막 태양광전지는 많은 장점들을 가지고 있으며, 결정질 태양광전지보다 제조과정에서의 에너지와 비용이 적게 든다. 어떤 크기의 박막 플렉시블시트도 만들어낼 수 있다는 이유 때문에, 박막 태양광모듈은 지붕재료나 글레이징, 벽 패널과 같은 건물일체형 태양광발전(BIPV)의 재료로 적용하기가 좋다.

■ **그림 8.4** 다중결정질 전지

■ **그림 8.5** 단일결정질 전지

■ **그림 8.6** 박막제품들의 유형. *〈NREL/PIX 13567 / 사진: United Solar Ovonic〉*

### 고급 태양광발전 기술(Advanced PV Technologies)

- **다중접합 태양전지**(Multijunction solar cells): 다중접합 전지는 (단일한 n-형 대 p-형 접합을 활용하는 전형적인 전지들과 비교하여) 다중의 접합을 활용하기 때문에, 보다 폭넓은 스펙트럼의 태양광을 에너지로 전환할 수 있어 효율성을 높일 수 있다.
- **이종접합 태양전지**(Heterojunction solar cells): 비결정질 실리콘 박막이 결정질 실리콘 회로 판 위로 겹쳐지면서 그 효율성을 향상시킨다. 이 혼성적 접근법은 결정질 전지들의 고효율을 유지하면서도 박막의 일부 장점들, 예를 들어 고온 또

는 낮은 조도에서는 더 높은 효율 등을 제공하기도 한다. 모듈의 앞뒷면 모두에 도달하는 빛으로부터 전기를 발생시키는 양면모듈(bifacial module)을 만들 수 있다.

- **태양광발전/태양열**(Photovoltaic/thermal): 태양광발전 및 태양열 기술의 하이브리드(PV/T)는 태양전지와 태양열집열기를 결합하여 전기와 열을 모두 발생시키는 단일한 모듈을 구성한다. 이 모듈에 태양열집열기를 도입함으로써 태양광발전 과정에서 생기는 폐열을 모아 쓸 수가 있다.
- **집광형 태양광발전**Concentrating photovoltaics): 모듈의 효율을 높이는 접근법은 태양전지에 도달하는 일사량을 높이는 것이다. 집광형 태양광발전(CPV) 모듈은 태양전지 전반에 추가적인 태양광을 반사하거나 집중시키기 위한 특수렌즈 설계를 적용한다. 이 기술은 태양열 에너지 기술을 활용하여 전기를 발생시키는 집광형 태양열발전(concentrating solar power) 기술과는 다르다.

### 8.2.3 태양광발전모듈 효율(PV Module Efficiencies)

태양광발전시스템을 설계하고 선정할 때 가장 중요한 고려사항 중 하나는 태양광발전모듈의 효율이다. 이것은 큰 규모의 어레이가 필요하지만 공간적인 제약이 따르는 넷 제로 에너지 빌딩에서 특히 중요하다. 효율뿐만 아니라 와트 당 비용이나 kWh도 효율과 밀접한 관련이 있어 중요한 고려 사항이다. 일반적으로 효율적인 모듈일수록 더 비싸지만, 같은 양의 전기를 만드는 데 필요한 공간은 더 적기 때문에 그에 따른 설치비용도 더 낮을 것이다.

모듈의 효율은 조립된 모듈의 효율을 지칭하는데, 이 효율은 태양전지의 효율과 모듈 설계의 일부에서 발생하는 손실효율들을 감안한다. 모듈의 효율은 작동온도가 높아질수록 줄어들며, 사용기간이 늘어날수록 연간 약 0.5에서 1퍼센트의 비율로 줄어든다. 제조업체들은 최대출력(공칭정격직류출력)과 모듈사이즈 등의 다른 핵심 모듈 성능데이터와 더불어 모듈의 효율을 목록화한다. 그 효율과 최대출력 성능데이터는 표준시험조건(standard test conditions: STC) 하에서 측정된다. 표준시험조건은 일사율 1,000 $W/m^2$와 전지온도 25°C, 에어매스(air mass, AM: *일사가 통과하는 대기질량수준) 1.5로 정의된다. 따라서 표준시험조건에서 면적이 1제곱미터인 15퍼센트 효율의 모듈은 150와트의 최대정격출력을 나타낼 것이다.

그림 8.7의 표는 시장에서 이용 가능한 태양전지 기술의 현재 효율과 가까운 미래(10년)의 잠재적 효율범위를 함께 요약한다. 이 표는 각 효율에 연관된 제곱피트 당 최대출력과 500 kW 시스템에 필요한 태양광발전모듈의 면적도 정리한다. 효율이 내려갈수록 필요면적이 얼마나 늘어나는지에 주목할 필요가 있다.

### 8.2.4 설계지침(Design Guidance)

#### 8.2.4.1 적용(Application)

태양광발전시스템은 넷 제로 에너지 빌딩의 부지내 재생에너지 발전에 놀라운 유연성을 제공한다. 건물의 에너지 수요 중 전부나 일부를 공급하기에 충분할 정도로, 많은 에너지를 만들 수 있게 시스템의 규모를 조정할 수 있다. 태양광발전시스템은 다양한 건물유형과 부지의 통합이 가능하고, 프로젝트와 그 부지가 부과하는 많은 제약들에 맞춰 바뀔 수도 있다. 또한 태양광발전시스템은 매우 다양한 기후에서 발전 효과가 크다. 그것은 청천공과 높은 수준의 일사율을 보이는 미국 남서부 같은 지역에서도 큰 발전율을 보이지만, 보다 북쪽의 담천공 기후에서도 발전효과가 크다.

#### 8.2.4.2 부하추정(Estimating the Load)

넷 제로 에너지 빌딩의 경우, 태양광발전시스템의 규모는 해당 프로젝트의 에너지모델이나 에너지목표량을 기준으로 조정한다. 프로젝트에 활용되는 유일한 재생에너지시스템이 태양광발전모듈이라면, 연간 추정되는 총 에너지사용량을 수용하는 규모가 되어야 한다. 다른 재생에너지시스템과 통합할 경우, 태양광발전시스템은 연간에너지사용량 중 차지하는 비율에 맞춰 설계할 수 있다. 요금상계가 이뤄지는 계통연계형 넷 제로 에너지 빌딩에서는 연간에너지사용량에서 부하추정을 시작하는 게 적절하다. 독립형 시스템이나 배터리를 포함하는 시스템에서는 최대부하와 단기 에너지사이클 수요를 맞춰줄 더 많은 분석이 필요할 것이다.

#### 8.2.4.3 자원평가(Resource Assessment)

태양광발전모듈에서 생산하는 에너지는 태양전지에 도달하는 일사량의 함수다. 일사량 데이터는 본 장의 다음 섹션인 "태양열(Solar Thermal)" 섹션에서 기술하는 방법으로 수집할 수 있다. 다행히도 계통연계형 결정질 태양광발전 설계를 위한 일사 자

| 모듈 효율 | W/ft² | 500kW 어레이에 대한 면적(ft²) |
|---|---|---|
| 25% | 23.2 | 21,517 |
| 24% | 22.3 | 22,413 |
| 23% | 21.4 | 23,388 |
| 22% | 20.4 | 24,451 |
| 21% | 19.5 | 25,615 |
| 20% | 18.6 | 26,896 |
| 19% | 17.7 | 28,312 |
| 18% | 16.7 | 29,884 |
| 17% | 15.8 | 31,642 |
| 16% | 14.9 | 33,620 |
| 15% | 13.9 | 35,861 |
| 14% | 13.0 | 38,423 |
| 13% | 12.1 | 41,378 |
| 12% | 11.2 | 44,827 |
| 11% | 10.2 | 48,902 |
| 10% | 9.3 | 53,792 |
| 9% | 8.4 | 59,769 |
| 8% | 7.4 | 67,240 |
| 7% | 6.5 | 76,846 |
| 6% | 5.6 | 89,653 |
| 5% | 4.6 | 107,584 |

■ **그림 8.7** 태양전지기술에 기초한 전형적인 태양광발전모듈 효율

료를 매우 쉽게 찾을 수 있는 사용자 중심의 온라인 도구가 있다. PV와츠(PVWatts)라 불리는 이 자료는 국립재생에너지연구소(NREL)가 제공하며 http://www.nrel.gov/rredc/pvwatts/에서 찾아볼 수 있다.

현재 PV와츠의 온라인 버전은 두 가지가 있다. 버전 1 웹사이트는 미국과 전 세계의 239개 지역들을 보여주는 간단한 인터페이스로 되어 있다. 업데이트된 버전 2 PV와츠에서는 40km×40km 격자의 지도를 활용하여 미국에 맞춤화된 지역선택을 할 수가 있다. 지역을 선택하여 에너지발생량 계산에 필요한 일사량과 공공설비요금 등 부지에 해당되는 특수한 정보를 설정할 수 있다.

프로젝트 위치를 선택하고 나면, 다음 단계는 태양광발전시스템 자체에 대한 정보를 제공하는 일이다. 계통연계형 결정질 태양광발전모듈을 가정하는 PV와츠 계산기에는 태양광발전시스템의 공칭정격직류출력(최대출력)과 설치방위, 경사도에 대한 입력란이 있다. 시스템을 처음 계획할 때 좋은 방법은 1 kW를 기본으로 시스템의 규모나 최대출력을 결정하는 것인데, 그 다음에 결정된 최대출력으로 어떤 kW 규모의 시스템에라도 맞게 조정할 수가 있다. 또한 태양광발전어레이를 위해 계획된 위치에 따라 경사도나 설치방위를 연구하는 것도 도움이 된다. 또한, 어레이는 고정된 단일 축 구동식이나 이중 축 구동식으로 선택할 수 있다. PV와츠 계산기에는 많은 시스템 손실효율들을 설명하는 경감률(derate factor)이 디폴트값으로 설정되어 있다. 이 값은 조정이 가능하다.

PV와츠 계산기의 결과 페이지는 해당년도에 대

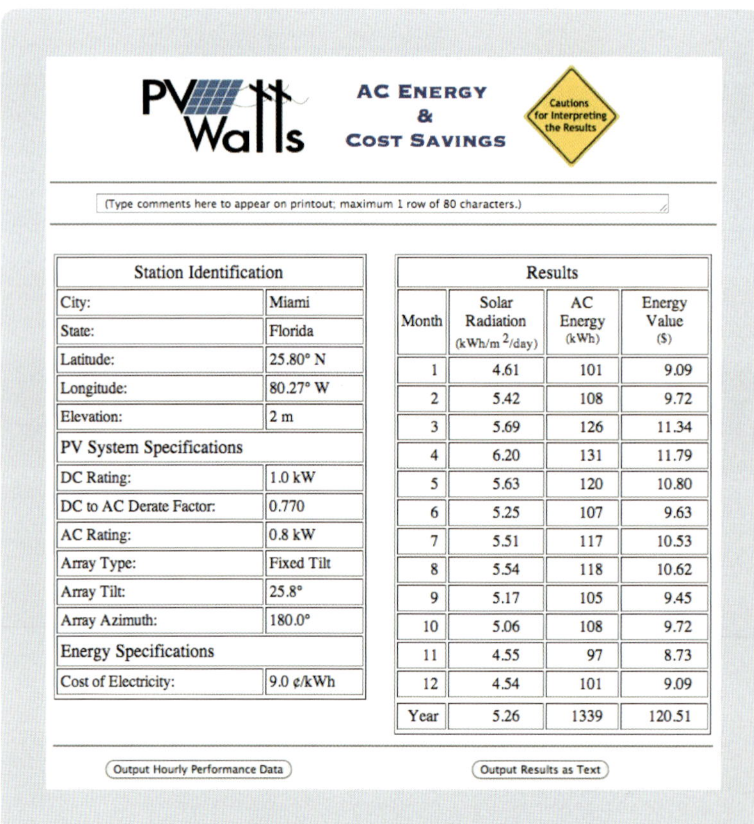

PVWatts AC ENERGY & COST SAVINGS

Cautions for Interpreting the Results

(Type comments here to appear on printout; maximum 1 row of 80 characters.)

| Station Identification | |
|---|---|
| City: | Miami |
| State: | Florida |
| Latitude: | 25.80° N |
| Longitude: | 80.27° W |
| Elevation: | 2 m |
| **PV System Specifications** | |
| DC Rating: | 1.0 kW |
| DC to AC Derate Factor: | 0.770 |
| AC Rating: | 0.8 kW |
| Array Type: | Fixed Tilt |
| Array Tilt: | 25.8° |
| Array Azimuth: | 180.0° |
| **Energy Specifications** | |
| Cost of Electricity: | 9.0 ¢/kWh |

| Results | | | |
|---|---|---|---|
| Month | Solar Radiation ($kWh/m^2/day$) | AC Energy (kWh) | Energy Value ($) |
| 1 | 4.61 | 101 | 9.09 |
| 2 | 5.42 | 108 | 9.72 |
| 3 | 5.69 | 126 | 11.34 |
| 4 | 6.20 | 131 | 11.79 |
| 5 | 5.63 | 120 | 10.80 |
| 6 | 5.25 | 107 | 9.63 |
| 7 | 5.51 | 117 | 10.53 |
| 8 | 5.54 | 118 | 10.62 |
| 9 | 5.17 | 105 | 9.45 |
| 10 | 5.06 | 108 | 9.72 |
| 11 | 4.55 | 97 | 8.73 |
| 12 | 4.54 | 101 | 9.09 |
| Year | 5.26 | 1339 | 120.51 |

Output Hourly Performance Data

Output Results as Text

■ **그림 8.8** PV와츠 결과 인터페이스. *〈데이터 출처 및 화면캡처: NREL PVWatts 웹사이트, 2011년 7월 30일 접속.〉*

한 월별 · 시간별 평균일사량을 제공한다. 시스템 규모를 기준으로, 월간 · 연간 생산 에너지와 에너지달러 값이 주어진다. 1 kW 시스템을 기본설계 단위로 사용할 경우, 이런 결과들은 어떤 시스템 규모에도 적합하게 직접적인 규모조정이 가능하다. PV와츠 계산기에서 태양광발전어레이의 규모를 조정할 때 필요한 핵심적인 값은 때때로 성능계수(performance factor)이라 불리는 연간 kWh/kW의 최대출력이다. 예를 들어 마이애미에서 태양광발전모듈이 남쪽 면을 향하고 경사도가 해당입지의 위도와 같을 때, 성능계수는 1,339 kWh/kW이다(그림 8.8 참조). 이 값에 대한 단위는 시간(h)으로 단순화할 수 있으며, 그 결과는 개념적으로 태양광발전시스템에 대한 연간 최대일조시간과 유사하다. 예외가 있다면 고온 작동 시의 손실효율과 직류에서 교류 전력으로 변환할 때 손실율은 PV와츠 계산기에서 조정할 수 없다는 점이다.

#### 8.2.4.4 시스템선정(System Selection)

태양광발전어레이는 태양광발전시스템의 연간 설계에너지발생목표량을 고려한 PV와츠의 결과들을 활용하여 결정할 수 있다. 태양광발전이 유일한 재생에너지시스템인 넷 제로 에너지 빌딩의 경우, 연간 설계에너지생산목표량은 예상치 못한 에너지사용량을 포함한 건물의 총 연간 에너지사용량과 같을 것이다.

이 수치를 얻으려면 필요하거나 목표로 하는 연간 설계에너지발생량(kWh)을 PV와츠에서 연간성능률(kWh/kW)로 나누어 설계시스템규모(kW 직류최대출력)로 변환해야 한다. 최대출력시스템규

**태양광발전어레이의 규모산정 및 선정 사례(PV Array Sizing and Selection Example)**

**태양광발전어레이의 규모산정(PV Array Sizing)**

- 연간 설계에너지발생량 목표: 5,000 MBtu, 혹은 1,465,416 kWh
- PV와츠에 기초한 성능률: 1,339 kWh/kW
- 직류최대출력으로 나타낸 시스템규모: 1,094 kW, 혹은 1.1 MW

**태양광발전모듈 1안(PV Module Option 1)**

- 태양광발전모듈: 고효율 단일결정질 모듈
- 최대출력: 327 W
- 모듈효율: 20.1 퍼센트
- 모듈크기: 1064 mm × 1559 mm, 혹은 17.85 ft2
- 1,094 kW 시스템을 제공하기 위한 327 W 모듈의 수: 3,346개
- 1,094 kW 시스템을 제공하기 위한 태양광발전어레이의 면적: 약 60,000 ft2

**태양광발전모듈 2안(PV Module Option 2)**

- 태양광발전모듈: 고효율 다중결정질 모듈
- 최대출력: 315 W
- 모듈효율: 14.4 퍼센트
- 모듈크기: 1320 mm × 1662 mm, 혹은 23.62 $ft^2$
- 1,094 kW 시스템을 제공하기 위한 315 W 모듈의 수: 3,474개
- 1,094 kW 시스템을 제공하기 위한 태양광발전어레이의 면적: 약 82,000 $ft^2$

모를 활용하여 다양한 태양광발전모듈 옵션들을 살펴보고 그 효율이나 W/ft²를 기준으로 필요면적을 평가할 수 있으며, 모듈가격 당 비용이나 와트 당 비용 추정을 할 수 있다. 초기 계획단계에서는 특정 모듈을 결정하는 것은 성급할 수 있으므로 우선 다양한 모듈효율에 대한 설치공간부터 계획하는 것이 바람직하다.

태양광발전시스템의 규모를 초기에 산정하는 가장 중요한 이유 중 하나는 초기설계단계에서부터 지붕이나 부지, 또는 그 모든 위치에 어레이를 통합하는 계획을 하기 위해서다. 공간이 제약적인 프로젝트에서는 패널의 효율이 최우선순위일 테지만, 사용 가능한 공간이 있을 때는 최우선순위는 아니다. 모듈을 자세히 살펴보기 전에 다양한 범위의 W/ft² 값들을 활용하여 설치면적당 와트비율로 태양광발전시스템 규모를 산정하는 게 유용할 수 있다. 설치가능면적을 알고 있다면, 태양광발전모듈을 위한 최소 W/ft² 값과 효율을 정할 수 있다.

### 8.2.4.5 건물통합(Buiding Intergration)

태양광발전모듈의 설치방위와 경사도는 태양광발전어레이를 건물이나 부지에 설치할 때의 일차적인 중요사항이다. 계통연계형 시스템의 경우는 그 목표가 전반적인 연간에너지발생량을 최대화하는 것이고, 대부분 건물의 남쪽 면에 해당 지역의 위도와 같은 경사면을 가지고 설치된다. 독립형 시스템의 경우는 월별 태양에너지의 차이를 알고 태양에너지가 적은 날에 맞춰 시스템을 설계하는 게 중요할 것이다. 그 어레이 경사면을 위도에 비해 15 내지 20도 더 높게 조정하여 연간 평균 일사량을 평준화 시킬 수 있다. 정남시에 대한 경사도와 향, 설치방위는 모두 일사량에 영향을 끼치는 요소지만, 대개 큰 영향을 미치지 않는다. 이런 점은 특히 건물에 태양광발전모듈이 설치되어 종종 그 형상적 대안들에 제약이 가해지는 경우, 일사량에 크게 영향을 끼치지 않으므로 다른 대안을 모색하지 않아도 된다. 그림 8.9와 8.10의 표를 보면 콜로라도 주 볼더의 지역에서 경사도와 향이 월간 · 연간 일일평균일사량

경사각에 기초한 일사량(kWh/m²/일) (남향)
콜로라도 주 볼더
위도: 39° 43' 59"

| 월 | 태양 고도 | 0° | 10° | 20° | 30° | 40° | 50° | 60° | 70° | 80° | 90° |
|---|---|---|---|---|---|---|---|---|---|---|---|
| 1 | 27.31° | 2.40 | 3.02 | 3.58 | 4.05 | 4.43 | 4.68 | 4.82 | 4.83 | 4.72 | 4.49 |
| 2 | 33.17° | 3.13 | 3.72 | 4.22 | 4.61 | 4.89 | 5.05 | 5.09 | 4.99 | 4.77 | 4.43 |
| 3 | 42.69° | 4.67 | 5.21 | 5.62 | 5.91 | 6.05 | 6.04 | 5.89 | 5.60 | 5.17 | 4.62 |
| 4 | 54.89° | 5.68 | 5.99 | 6.17 | 6.20 | 6.09 | 5.84 | 5.46 | 4.96 | 4.37 | 3.69 |
| 5 | 65.41° | 6.35 | 6.48 | 6.46 | 6.30 | 5.99 | 5.54 | 4.96 | 4.32 | 3.59 | 2.81 |
| 6 | 72.34° | 6.81 | 6.86 | 6.74 | 6.49 | 6.08 | 5.53 | 4.88 | 4.15 | 3.34 | 2.55 |
| 7 | 73.34° | 6.55 | 6.66 | 6.60 | 6.41 | 6.06 | 5.57 | 4.96 | 4.28 | 3.50 | 2.71 |
| 8 | 68.18° | 6.03 | 6.31 | 6.44 | 6.42 | 6.24 | 5.90 | 5.42 | 4.83 | 4.13 | 3.35 |
| 9 | 58.47° | 5.13 | 5.63 | 5.99 | 6.20 | 6.25 | 6.14 | 5.87 | 5.45 | 4.90 | 4.23 |
| 10 | 46.94° | 3.81 | 4.46 | 5.00 | 5.40 | 5.67 | 5.79 | 5.76 | 5.58 | 5.26 | 4.79 |
| 11 | 35.65° | 2.62 | 3.25 | 3.80 | 4.25 | 4.60 | 4.82 | 4.91 | 4.88 | 4.71 | 4.43 |
| 12 | 28.40° | 2.19 | 2.82 | 3.40 | 3.89 | 4.29 | 4.58 | 4.75 | 4.81 | 4.74 | 4.55 |
| 평균 | | 4.62 | 5.04 | 5.34 | 5.52 | 5.56 | 5.46 | 5.23 | 4.89 | 4.43 | 3.89 |

매월 첫 날 정오의 태양고도임

월별 최고 일사량
월별 저일사량이 "최고" 인 경사각
연간 평균일사량이 최고인 경사각

■ **그림 8.9** 일사량과 패널경사각. *〈NREL PVWatts 웹사이트, 2011년 10월 16일 접속.〉*

향에 기초한 일사량(kWh/m²/일) (20° 경사)
콜로라도 주 볼더
위도 39° 43' 59"

| 월 | 태양 고도 | 180° 남쪽 | 190° | 200° | 210° | 220° | 230° | 240° | 250° | 260° | 270° 서쪽 |
|---|---|---|---|---|---|---|---|---|---|---|---|
| 1 | 27.31° | 3.58 | 3.56 | 3.51 | 3.42 | 3.29 | 3.14 | 2.97 | 2.78 | 2.59 | 2.39 |
| 2 | 33.17° | 4.22 | 4.19 | 4.12 | 4.02 | 3.90 | 3.75 | 3.59 | 3.41 | 3.22 | 3.03 |
| 3 | 42.69° | 5.62 | 5.58 | 5.51 | 5.41 | 5.29 | 5.14 | 4.98 | 4.81 | 4.63 | 4.45 |
| 4 | 54.89° | 6.17 | 6.12 | 6.06 | 5.98 | 5.90 | 5.81 | 5.70 | 5.59 | 5.47 | 5.35 |
| 5 | 65.41° | 6.46 | 6.43 | 6.40 | 6.35 | 6.30 | 6.25 | 6.19 | 6.13 | 6.06 | 5.99 |
| 6 | 72.34° | 6.74 | 6.71 | 6.68 | 6.64 | 6.59 | 6.55 | 6.50 | 6.45 | 6.41 | 6.36 |
| 7 | 73.34° | 6.60 | 6.54 | 6.47 | 6.39 | 6.31 | 6.23 | 6.16 | 6.09 | 6.02 | 5.95 |
| 8 | 68.18° | 6.44 | 6.39 | 6.31 | 6.23 | 6.13 | 6.04 | 5.93 | 5.82 | 5.70 | 5.58 |
| 9 | 58.47° | 5.99 | 5.96 | 5.89 | 5.80 | 5.70 | 5.57 | 5.43 | 5.26 | 5.09 | 4.91 |
| 10 | 46.94° | 5.00 | 4.96 | 4.89 | 4.78 | 4.65 | 4.48 | 4.29 | 4.10 | 3.89 | 3.68 |
| 11 | 35.65° | 3.80 | 3.78 | 3.73 | 3.63 | 3.51 | 3.36 | 3.19 | 3.01 | 2.81 | 2.61 |
| 12 | 28.40° | 3.40 | 3.38 | 3.32 | 3.22 | 3.09 | 2.94 | 2.76 | 2.57 | 2.37 | 2.18 |
| 평균 | | 5.34 | 5.31 | 5.24 | 5.16 | 5.06 | 4.94 | 4.81 | 4.67 | 4.53 | 4.38 |

매월 첫 날 정오의 태양고도임

■ **그림 8.10** 일사량과 패널의 향. *〈NREL PVWatts 웹사이트, 2011년 10월 16일 접속.〉*

에 어떤 영향을 주는지를 볼 수 있다.

지붕장착형 태양광발전어레이의 활용은 넷 제로 에너지 빌딩에서 흔한 접근법이다. 남향경사지붕은 태양광발전을 넷 제로 에너지 빌딩의 지붕설계와 통합하는 훌륭한 자산일 수 있고 어떠한 경사각이라 하더라도 이점이 될 수 있다. 평지붕은 상업건물에 매우 흔하며 다양한 태양광발전어레이 디자인들을 쉽게 수용할 수 있다. 선반시스템은 다양한 모듈경사각들을 제공할 수 있다는 장점이 있으며, 심지어 매 계절에 맞춰 경사각이 변하도록 제작할 수도 있다. 밸러스트 마운트(ballast mount)는 선반시스템보다 훨씬 더 간단하며 흔히 사용되는데, 선반이나 지붕 창 없이도 작은 경사각을 제공할 수 있다(그림 8.11 참조).

지붕에 설치되는 장치들은 다양하지만, 태양광발전이 완비된 지붕을 만드는 것이 중요하다. 그렇게 하려면 모듈들을 전기적으로 연결하는 전선관을 설치할 필요가 있다. 그 구조는 지붕이 설치모듈의 추가적인 하중을 허용할 수 있어야 하고 모듈들의 모든 받침대들을 지탱하기에 적절한 능력을 갖춰야 한다. 지붕재료는 설치물에 적합한 방법으로 장착될 수 있도록 구성되어야 한다. 태양광발전이 완비된 지붕을 만들면 태양광발전시스템에 드는 인건비와 설치관련비용을 절약할 수 있다.

수평이나 경사각이 작은 밸러스트 태양광발전어레이를 평지붕 상에 설치하는 게 가장 간단한 접근법일 수 있으며, 이 방법에는 몇 가지 독특한 장점

■ **그림 8.11** 밸러스트 마운트 시스템의 근접촬영

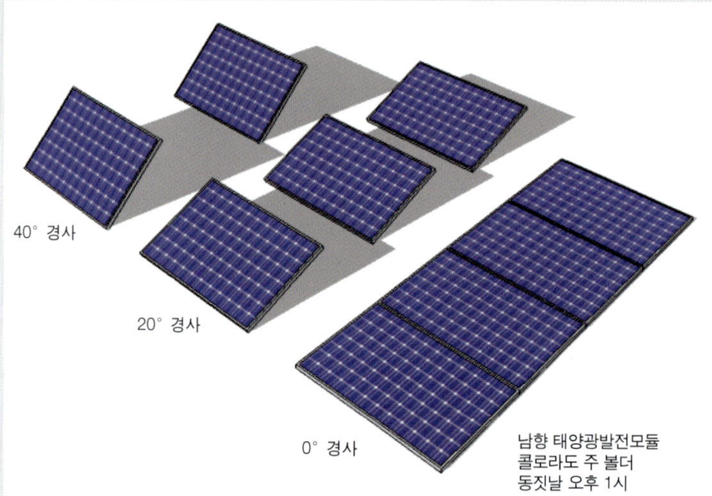


| 태양광발전 모듈 경사 | 성능률 (kWh/kW) | 태양광발전 모듈 최대출력 (W) | 모듈 수 | 연간에너지 발생량 (kWh) |
|---|---|---|---|---|
| 0° | 1192 | 220 | 4 | 1,049 |
| 20° | 1402 | 220 | 3 | 925 |
| 40° | 1459 | 220 | 2 | 642 |

모듈 간격과 경사에 따른 에너지발생량

■ **그림 8.12** 태양광발전 경사비교 스터디. *〈성능률 출처: NREL PVWatts 웹사이트, 2011년 7월 30일 접속.〉*

이 있다. 여러 줄의 모듈로 이루어진 대형 어레이를 계획할 때에는, 경사각이 클수록 다음 줄의 패널에 그림자를 만들어 발전량을 감소시킬 수 있다. 따라서 경사패널들은 자체적으로 그늘이 생기지 않도록 줄 사이에 넓은 간격이 필요하다. 이는 고정된 설치면적에 대해 경사각이 낮을수록 줄 간격이 더 좁아지고 더 많은 모듈을 설치할 수 있다는 뜻이다. 이에 대해서는 추가적 연구가 필요한데, 모듈의 수가 추가될수록 고정된 설치면적에서 더 많은 에너지를 발생시킬 수 있기 때문이다. 이것은 공간이 제약적일 때 일차적으로 고려해야할 사항이다. 이 개념을 나타내는 예는 그림 8.12의 다이어그램을 참조할 것.

태양광발전시스템은 종종 고정경사각으로 설치되지만, 단일 축이나 이중 축 구동방식으로 설치될 수도 있다. 고정경사각에서 단일 축 구동으로, 또는

**구동유형에 따른 일사량**
**(kWh/m²/일) (남향)**
**콜로라도 주 볼더**
**위도: 39° 43' 59"**

| 월 | 태양 고도 | 40° 고정 | 40° 1-1축 | 40° 2-1축 |
|---|---|---|---|---|
| 1 | 27.31° | 4.43 | 5.21 | 5.59 |
| 2 | 33.17° | 4.89 | 5.94 | 6.16 |
| 3 | 42.69° | 6.05 | 7.64 | 7.83 |
| 4 | 54.89° | 6.09 | 8.10 | 8.51 |
| 5 | 65.41° | 5.99 | 8.14 | 8.95 |
| 6 | 72.34° | 6.08 | 8.34 | 9.39 |
| 7 | 73.34° | 6.06 | 8.07 | 8.92 |
| 8 | 68.18° | 6.24 | 8.26 | 8.75 |
| 9 | 58.47° | 6.25 | 8.04 | 8.25 |
| 10 | 46.94° | 5.67 | 7.04 | 7.24 |
| 11 | 35.65° | 4.60 | 5.54 | 5.84 |
| 12 | 28.40° | 4.29 | 5.01 | 5.46 |
| 평균 | | 5.56 | 7.12 | 7.58 |

매월 첫 날 정오의 태양고도임.

■ **그림 8.13** 일사량과 구동유형. *〈NREL PVWatts 웹사이트, 2011년 10월 16일 접속.〉*

이중 축 구동으로 단계가 옮겨갈 때마다 시스템에서 생산하는 에너지가 늘어난다. 고정장치와 구동장치의 비교는 그림 8.13의 표를 참조하라. 효율이 더 클수록 비용, 설계의 복잡성 및 유지보수가 증가한다. 단일 축 구동방식의 태양광발전모듈은 일일 태양궤적을 따라 동쪽에서 서쪽으로 구동이 가능하다. 이중 축 구동방식의 모듈은 동쪽에서 서쪽으로 이동하는 일일태양궤적뿐만 아니라 태양고도의 계절별 변화까지 추적한다.

태양광발전장치의 설치를 고려중인 모든 영역에 대해 일영연구를 수행해야 한다. 가장 긴 그림자를 만들 수 있는 최저태양각도는 동짓날에 나타나기 때문에, 경험에 비춰보자면 동짓날 오전 9시부터 오후 3시까지는 그늘을 방지하는 게 좋다. 태양광발전어레이를 지붕에 설치할 때는 지붕장착설비(이상적으로는 최소화하거나 제거해야하는 설비)와 창들을 고려하는 게 중요하다. 작은 창문조차도 에너지생산에 영향을 줄 수 있다.

지붕에는 다른 설비를 위한 장비들이 많아 이 장비들이 만들어내는 그림자로 인해 태양광발전시스템의 발전량이 감소할 수 있다. 따라서 지붕면적 전부를 시스템설치에 사용하지 않는다. 또한 설치면적을 제한할 수 있는 통로 공간과 기타 요인들을 고려하는 것도 중요하다. 모든 태양광발전어레이 장치들은 버팀대로 모듈의 한쪽을 일으켜 장착함으로써 아래의 환기공간을 통해 열을 분산시키고 모듈이 가능한 한 효율적으로 작동되도록 돕는다. 지붕에서는 상향풍에 의한 모듈의 이탈을 최소화하도록 버팀대의 치수를 작게 할 수 있다. 냉지붕(cool roof) 시스템이나 녹화지붕(green roof)을 태양광발전모듈과 함께 통합하면 긍정적인 시너지 효과를 낼 수 있는데, 이런 지붕전략들을 통해 옥상온도가 낮아지면서 모듈이 보다 효율적으로 작동할 수 있기 때문이다.

넷 제로 에너지 빌딩의 지붕은 태양광발전어레이를 설치할 가장 우선적인 위치이지만, 어떤 건물에서는 지붕면적 만으로 넷 제로 에너지 빌딩에 필요한 에너지를 충당하기에 부족하다. 건물의 파사드 및 부지 요소들에 대한 설계를 창의적으로 고민해보면, 태양광발전어레이를 추가로 설치할 기회들이 생길 수 있다. 프로젝트 부지 자체에 지면장착 태양광발전어레이들을 설치할 수도 있다. 예를 들어 주차장과 주차시설들은 대규모 태양광발전어레이들을 설치하기에 아주 좋은 기회다(그림 8.14 참조). 태양광발전시스템을 주차장 캐노피에 설치할 경우, 주차장의 차양캐노피들을 지지할 구조 비용이 추가되지만, 차량과 부지 포장 면에 그늘을 제공하고 열섬효과를 줄여주는 추가적인 혜택도 있다.

태양광발전은 지붕장치뿐만 아니라 입면상의 벽 패널과 창 시스템, 차양 장치에도 통합할 수 있다. 파사드의 향과 (수직) 경사도를 세심하게 조사하여 파사드일체형 태양광발전(facade-integrated PV)의

■ **그림 8.14** 주차장 차양 캐노피로 쓰인 태양광발전어레이

■ **그림 8.15** 창 위에 사용된 건물일체형 태양광발전 차양 장치

### 태양전력 자료 및 설계도구(Solar Power Resources and Design Tools)

#### 업계자료(Industry Resources)

- 태양에너지산업협회(Solar Energy Industries Association, SEIA): www.seia.org

#### 기후 및 일사 자료(Climate and Solar Radiation Resources)

- 국립재생에너지연구소의 PV와츠: www.nrel.gov/rredc/pvwatts
- 메테오놈(METEOTEST의 상업용 소프트웨어): www.METEONORM.com
- 국립재생에너지연구소의 레드북: www.rredc.nrel.gov/solar/pubs/redbook
- 국립재생에너지연구소의 맵서치: www.nrel.gov/gis/mapsearch
- 태양 및 풍력 에너지자료평가(Solar and Wind Energy Resource Assessment, SWERA): www.swera.unep.net

#### 태양전력 설계 소프트웨어 및 웹사이트(Solar Power Design Software and Websites)

- IMBY (In My Backyard) (국립재생에너지연구소가 온라인으로 운영하는 간단한 태양광발전 및 풍력 설계도구로, 맵 인터페이스를 갖추고 있음): www.nrel.gov/eis/imby
- 국립재생에너지연구소의 PV와츠: www.nrel.gov/rredc/pvwatts
- 시스템 어드바이저 모델(System Advisor Model, SAM) (국립재생에너지연구소와 산디아국립연구소[Sandia National Laboratories], 미 에너지부의 무료소프트웨어): www.nrel.gov/analysis/sam
- 레트스크린 (캐나다 천연자원부[Natural Resources Canada]의 무료소프트웨어): www.retscreen.net
- 폴리선(Polysun) (벨라 솔라리스[Vela Solaris]의 상업용 소프트웨어): www.velasolaris.com

적용을 결정해야 한다. 파사드 일체형 태양광발전 시스템을 꼭 수직으로 적용할 필요는 없다. 파사드 일체형 차양요소들은 수평일 수도, 경사질 수도 있으며, 태양광발전장치가 통합된 파사드 요소들이 경사면일 수도 있다.

결정질기술과 박막기술을 모두 활용하는 건물일체형 태양광발전(BIPV) 제품시장이 성장하고 있다. 건물일체형 지붕재료는 막구조(membrane)와 거멀접기(standing seam) 루핑(roofing), 그리고 수많은 싱글(shingle)이나 타일(tile) 루핑 제품들에서 흔히 볼 수 있다. 이런 제품들은 전형적으로 박막기술을 적용한다. 벽 외장재와 파사드 차양요소들은 다양한 태양광발전모듈들로 구성될 수 있다(그림 8.15 참조). 태양광발전시스템의 외장재 빗물막이 장치들은 태양광발전모듈의 작동온도를 줄이도록 돕는 환기구를 제공할 수 있다. 태양광발전모듈은 창호시스템과 통합할 수 있으며, 태양광전지들은 단위 창문에 부착할 수 있다. 이렇게 창과 통합된 태양광발전모듈은 대부분 반투명하다.

건물일체형 태양광발전시스템의 발전은 재생에너지 건물장치에 새로운 미학적 기회들을 제공했다. 재생에너지시스템을 미학적으로나 기능적으로나 건물에 잘 통합되게끔 설계하는 것이 중요하다. 넷 제로 에너지를 설계하는 건축가들은 이 새로운 시스템의 미학적 기능을 완전히 이해해야 한다. 설계와 시공의 통합은 새로운 태양광발전모듈과 장착시스템의 개발을 중심으로 점차 중요한 사안이 되어가고 있다. 프레임 없는 태양광발전모듈의 생산은 다양한 색으로 제작되는 태양전지들처럼 새로운 미학적 가능성을 제공한다. 하지만 반사방지코팅에 일반적으로 사용되는 진청색 내지 검정색이 아닌 다른 색상들은 가격이 비싸고 효율은 떨어진다.

## 8.3 태양열(Solar Thermal)

### 8.3.1 기본개념(Basic Concepts)

태양열은 풍부한 열에너지원이며 태양열집열기를 통해 액체를 가열함으로써 물이나 건물을 난방하고 전기(집광형 태양전력)를 만드는 데 활용할 수 있다. 태양열에너지는 흡수식 냉동기의 구동을 통해 냉방에 활용할 수도 있으며, 냉방장치에 활용되는 태양열시스템은 현재 개발 중인 기술이다. 태양열시스템 기술들이 다양한 온도의 물을 제공하는데, 고온 시스템으로는 전기를 발생시키고 저온 시스템으로는 수영장과 옥내온수, 공정용수장치, 건물난방을 위한 급탕을 한다. 이번 섹션에서는 건물을 위한 태양열 급탕 시스템들을 주로 다룬다.

태양열시스템은 개방회로나 폐쇄회로로 설계할 수 있다. 개방회로 시스템은 태양열집열기를 통해 바로 물을 가열한다. 폐쇄회로 시스템은 부동액과 수용액을 가열한 다음 그것들을 열교환기에 넣고 돌려 최종용수를 가열한다. 폐쇄회로 시스템은 동결이 일어날 수 있는 기후에서 많이 사용된다. 그 시스템을 통한 물의 순환은 중력이나 전도, 혹은 펌프를 통해 이뤄질 수 있다. 열 사이펀 시스템(thermosiphon system)은 가열된 온수의 상승을 통한 자연적인 대류를 활용하여 패시브 방식으로 물을 순환시킨다. 이런 시스템들은 집열기 위의 수조에 온수를 저장하기 때문에 지붕장착장치에 하중을 더하는 단점이 있다. 폐쇄회로 가압시스템(closed-loop pressurized system)은 상업용 장치에 흔히 적용되는 반면, 비가압식 패시브 시스템들은 소규모의 상업용 장치에서 효과를 볼 수 있다. 폐쇄회로 드레인백 시스템(closed-loop drainback system)은 일부 상업용 장치에 적용을 고려할 수 있다. 드레인백 시스템은 동결방지를 위해 부동액 혼합물을 사용하는 게 아니라, 시스템이 작동하지 않을 때 작은 드레인백 탱크로 물을 배수시킨다.

태양열시스템에 포함되는 부품들은 사용되는 시스템의 유형에 따라 다르다. 폐쇄회로 가압시스템의 경우 그림 8.16에 나오는 것처럼 주요 부품들은 태양열집열기와 장착하드웨어, 열교환기를 갖춘 태양열 저장탱크, 팽창탱크, 펌프, 제어장치, 밸브, 게이지, 배관, 보조 급탕기다. 폐쇄회로 드레인백 시스템의 부품들도 이와 유사하지만, 팽창탱크 대신 드레인백 탱크가 사용된다는 게 다르다.

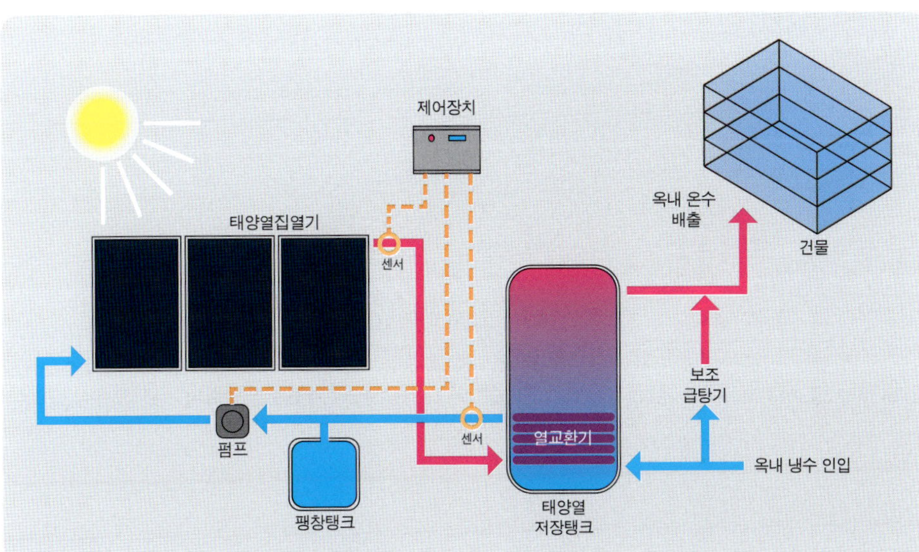


■ 그림 8.16 폐쇄회로 가압 태양열시스템

### 8.3.2 기술(Technologies)

태양열 급탕생산을 위한 기본적인 집열기 기술은 두 가지로, 평판형 집열기(flat plate collector)와 진공관형 집열기(evacuated tub collector)가 있다. 태양열 기술의 일차적 목표는 가능한 한 많은 태양에너지를 집열기의 액체에 흡수시키고, 외기로 다시 방출하는 열에너지는 가능한 한 줄이는 것이다. 이를 위한 태양열집열기의 일차요소들은 액체가 이동할 배관(piping)과 열을 수집할 흡수재(absorber), 열을 보유할 단열재(insulation)가 있다.

#### 8.3.2.1 평판형 집열기(Flatplate Collectors)

평판형 집열기는 이미 정착된 기술이다. 이 기술은 많은 장치에 다용도로 쓰이고 경제적이며, 대부분의 제조업체들이 이 기술을 선택하고 있다. 평판형 집열기는 유리면을 갖춘 얇은 프레임 패널들이다. 그 패널들은 견고한 단열재로 충진되고, 그 위에 코팅된 흡수기판이 놓인다(그림 8.17 참조). 집열기의 짙은 색상은 실제로 그 유닛의 유리면을 통해 보이는 코팅된 흡수재의 색상이다. 수직배관들은 그 흡수판과 접한 채로 평행하게 놓여 흡입관 및 배출관과 연결된다. 유닛의 유리면 안쪽에 있는 공기층은 추가적인 단열기능을 제공한다.

#### 8.3.2.2 진공관형 집열기(Evacuated Tube Collectors)

진공관형 집열기는 평판형 집열기보다 훨씬 새로운 유형이다. 이 유형은 노출된 진공관들이 평행으로 놓여 있어 즉각적으로 반응한다. 진공관형 집열기의 핵심적인 차이점은 집열기의 단열방식에 있다. 유닛 내부에 견고한 단열재를 설치하는 게 아니라, 이중 유리관 사이의 진공상태가 단열기능을 제공한다. 진공이 단열재 역할을 하며, 그 기술적 개념은 보온병 개념과 유사하다. 관의 모양은 진공상태를 견디는 데 필요한 구조적 성능에 적합하게 설계되어 있으며, 유리관 내부에는 흡수재와 가열배관이 있다. 진공관 기술은 평판형 기술보다 높은 온도를 만드는 데 더 효과적일 수 있다.

집열기의 관들은 모듈로 구성되며, 개별적으로 떼어낼 수도 있고 주관에 부착할 수도 있다. 진공관 내부의 히트파이프들은 밀봉되어 있으며, 가열될 때 증발하게 될 액체를 포함한다. 이러한 기술 유형은 히트파이프 진공관 집열기(heat pipe evacuated

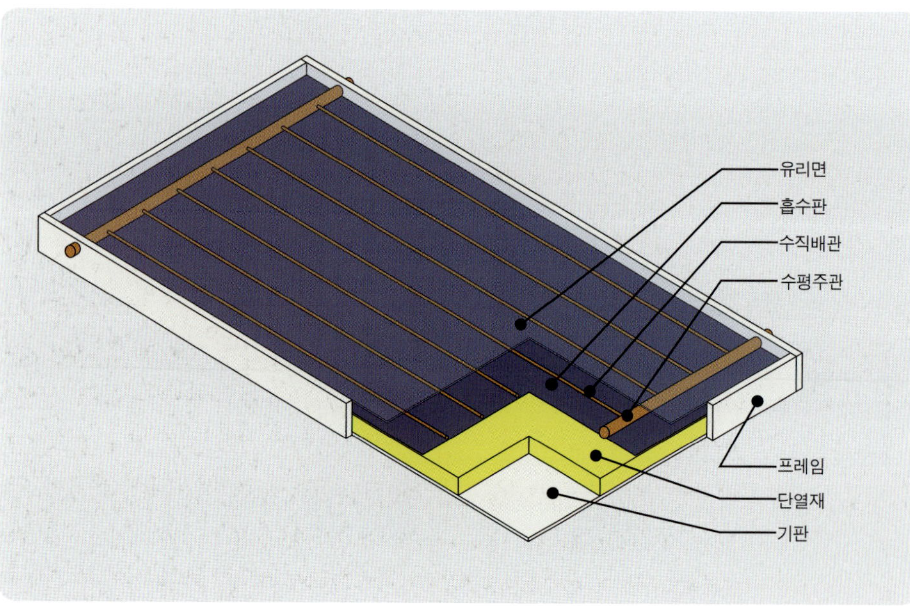


■ 그림 8.17 평판형 태양열집열기

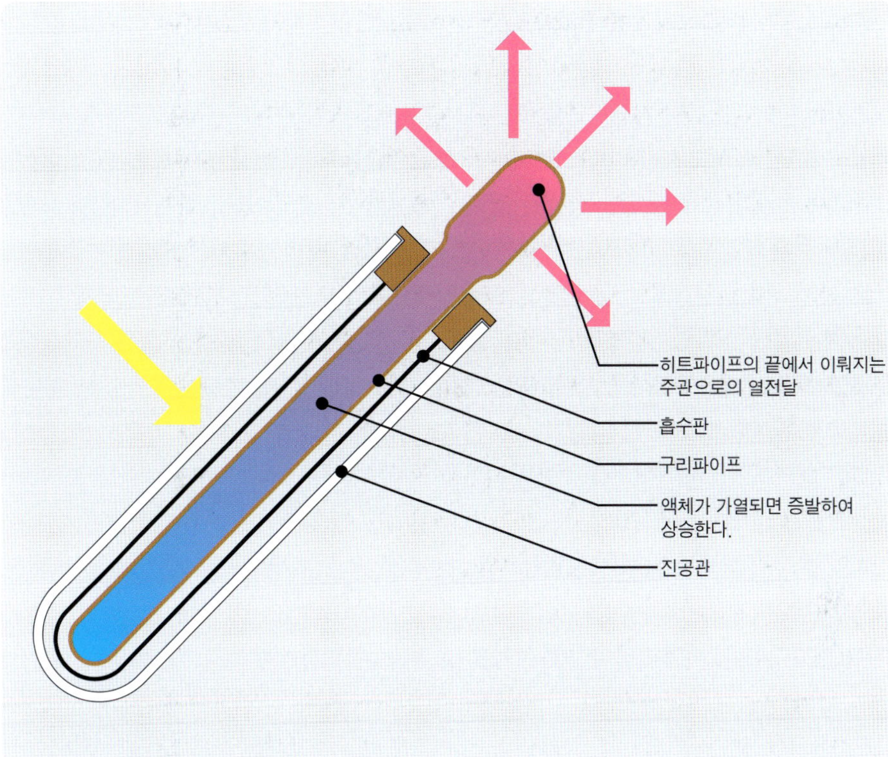


■ **그림 8.18** 히트파이프 진공관

tube collector)란 이름으로 알려져 있다(그림 8.18 참조). 증기는 관의 위쪽으로 상승하여 주관을 통해 흐르는 물이나 부동액에 그 열을 전달한다. 그리고서 그 증기는 다시 응결하여 히트파이프의 바닥으로 떨어지며, 여기서 다시 가열되고 증발하는 과정을 반복한다.

또 다른 유형의 진공관 기술은 직류 기술(direct-flow technology)인데, 이것은 시스템의 물이나 부동액을 U-형 파이프가 가로지르는 진공관 내에서 바로 가열하는 기술이다.

### 8.3.2.3 효율(Efficiencies)

태양열집열기시스템 효율에 영향을 주는 2가지의 일차적 요인들은 집열기의 열 흡수력과 열 손실방지능력(보온력)이다. 평판 기술은 열 획득을 전달하는 데 보다 효율적인 반면, 진공관 기술은 열을 보유하는 데 뛰어나다. 이중유리 진공관은 뛰어난 단열재이지만, 그 이중유리는 태양에너지 투과율과 일사전달능력을 낮춘다(그림 8.19 참조). 히트파이프 진공관에서도 역시 그 주관에서 이뤄지는 열전달과정으로 인해 열 손실이 일어난다.

집열기를 통해 손실되는 열은 외기온도와 집열기 사이의 함수이다. 모든 집열기들은 이 두 온도의 차이가 클수록 효율이 줄어든다. 주변온도와 집열기 흡입온도의 차이가 크지 않을 때는 열 흡수에 뛰

■ **그림 8.19** 진공관형 집열기의 근접촬영

어난 평판형 집열기가 진공관형 집열기보다 효율적이다. 하지만 그 온도차가 커질수록 진공관형 집열기는 보온능력이 좋아서 평판형 집열기만큼 효율이 빨리 줄지 않는다. 온도차가 약 90°F를 초과하면 진공관형 집열기가 대개 더 효율적이다. 사례를 들어보면, 태양열 온수 흡입온도가 120°F이고 주변기온이 80°F일 경우 평판형 집열기의 성능이 더 효율적일 것이다. 외기온도가 상당히 낮을 경우, 예를 들어 20°F일 경우에는 진공관형 집열기가 더 효율적인 성능을 제공할 것이다. 진공관형 집열기는 추운 기후에서, 그리고 일부 상업용 공정에 쓸 고온수가 필요한 경우에 좋은 선택이 될 수 있다.

물론 집열기 효율의 나머지 척도는 경제성이다. 집열기에는 저마다의 고유한 성능특성이 있고 집열기 당 가격도 제각각이다. 태양열집열기를 선택할 때는 집열기 제조업체들이 제공하는 Btu 당 가격을 살펴보는 것도 도움이 될 수 있다.

### 8.3.3 설계지침(Design guidance)

#### 8.3.3.1 적용(Application)

태양열시스템은 태양에너지를 유용한 에너지로 변환하는 효율적인 방식이다. 태양열집열기는 복사에너지를 유용한 에너지로 변환함에 있어서 태양광발전시스템보다 3배 더 효율적일 수 있다. 하지만 태양열은 전기보다 온수를 생산하기 때문에 그 적용성이 태양광발전보다 제한적이다. 게다가 태양광발전시스템에서 발생되는 전기는 과잉생산이 이루어질 때 대개 계통으로 배출할 수 있다. 반면 태양열 온수는 과잉생산이 이루어질 때 계통으로 배출할 수 있는 이점이 없기 때문에, 시스템의 규모와 급탕부하를 결정할 때 신중하게 판단해야 한다. 태양열시스템을 효과적으로 활용하려면, 시스템의 강도를 지역의 태양열관련 자원과 난방 장치, 그리고 사용 부하에 맞추는 게 중요하다.

옥내온수는 사용 부하가 상대적으로 적고 연중 사용량이 일정하기 때문에 태양열 활용에 가장 효과적이고 흔한 용도 중 하나다. 그러나 태양열은 계속 변화하는 에너지원이므로 설계 시에는 최악 혹은 최상의 시나리오를 다루거나, 그 차이를 구분하고 연간 평균성능을 고려해야 한다. 집열기의 경사각을 신중하게 선택하면 계절별 온수변화를 최소화할 수 있다. 어떤 경우든, 보조 급탕기가 필요할 것이다. 또는 상업용 주방이나 기타 가열되는 공정용수 장치들을 위한 최종용수 급탕도 효과적일 수 있다. 최종용도의 수온이 높을수록 진공관 집열기를 적용하는 게 효과적이다. 수영장 물은 난방에너지를 상당히 많이 사용하기 때문에 넷 제로 에너지 빌딩의 에너지사용량 목표를 위협하는 요소가 될 가능성이 커지므로, 또 다른 시스템이 필요하다. 수영장을 위해 특별히 제작되는 유리면 없는 태양열 집열기는 따뜻한 주변기온 조건에서 상대적으로 낮은 온도의 온수를 제공하는 데 매우 효과적이다.

건물 난방에 태양열을 활용하기란 어려운 일이다. 대개는 다른 난방자원이나 에너지 저장자원과 혼합하는 방식을 활용해야 한다. 난방시즌을 길게 하는 것도 장치의 경제성을 높이는 데 도움이 된다. 문제는 건물의 난방이 겨울철 위주로 국한되기 때문에 연중 대부분은 집열기가 사용되지 않을 거란 점이다. 게다가 겨울철에는 일사량이 적고 외기온도가 낮아 시스템의 효율이 떨어지는 문제점도 있다. 일부 혁신적인 시스템들은 지반에 연중 매립되어 있는 열에너지 저장장치를 활용하여 태양열집열기가 계속해서 작동할 수 있도록 한다. 또 가능한 사례는 난방기간이 매우 짧은 기후에 적용하는 경우다. 그런 기후의 시스템에서는 옥내급탕과 간헐적으로 발생하는 건물난방에 적합하게 시스템 규모를 조정할 수 있을 것이다.

#### 8.3.3.2 부하추정(Estimating the Load)

태양열시스템에 적절한 적용방식들을 파악한 다음의 단계는 그 시스템이 충족해야 할 열 부하들을 추정하는 일이다. 이를 위해 건물의 급탕 수요를 항목화해야 한다. 상업건물의 옥내급탕 수요는 샤워와 화장실 및 주방 수도, 청소용 수채, 기타 식기세척기 등의 장치나 설비 등이 포함될 수 있다. 급탕수요는 1일 수요를 추정할 필요가 있는데, 일반적으로 태양열 수집주기가 하루를 기준으로 하기 때문이다. 초기 단계에 건물 사용도와 원하는 장치유속을 기준으로 LEED 물 사용 절약계산을 예비적으로 수행해보는 게 유용할 수 있다. 각 장치유형마다 냉온수의 혼합비율을 추정하거나 아니면 전반적인 혼합비율을 결정해야 하는데, 해당 장치에서 급탕 전체를 사용하는 일은 거의 없기 때문이다. 그 혼합비율을 기준으로 일일 급탕수요를 조정하면 시스템 규모산정을 위한 일일 급탕ㄹ 수요량을 얻게 될 것이다.

그 다음엔 아래의 식을 활용하여 일일 급탕 수요량을 Btu 단위의 일일난방부하(아래 식의 Q)로 변환할 수 있다. 물의 옥내공급온도와 원하는 탱크급탕온도의 차이를 추정하고 이 온도차(아래 식의 Δt)에 (물의 밀도[파운드/갤런]에 물의 비열[Btu/파운드 °F]을 곱한 값인) 8.33(Btu/갤런 °F)을 곱해야 한다. 그 다음엔 그 결과 값에 일일 급탕량(아래 식의 GPD)을 곱해야 한다. 이 식을 활용하면, 1갤런의 물을 50°F에서 120°F로 가열하는 데 583 Btu가 사용됨을 알 수 있다.

$$Q = 8.33 \times (\Delta t) \times GPD$$

#### 8.3.3.3 자료평가 수행
(Conducting a Resource Assessment)

자료평가를 수행하는 첫 단계는 프로젝트 부지에 쓸 수 있는 태양열 자료를 결정하기 위한 태양열데이터를 모으는 일이다. 태양열데이터에 대한 많은

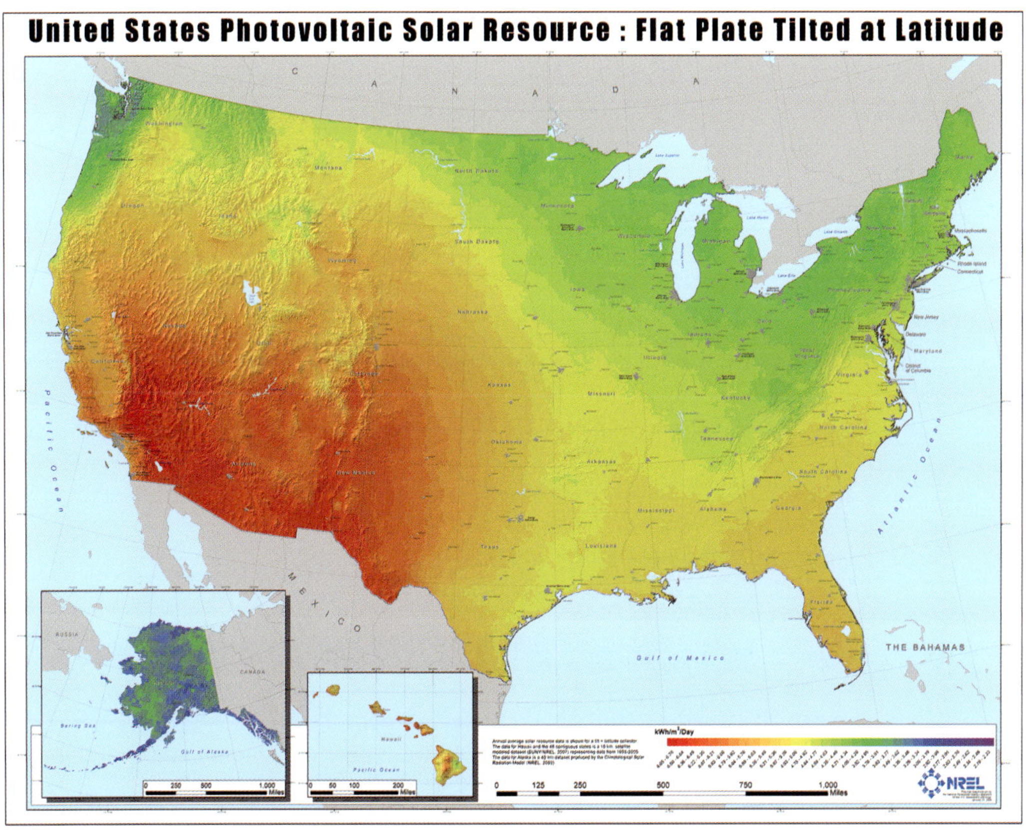


■ 그림 8.20 위도와 동일한 경사의 패널을 활용한 kWh/m²/일 단위의 일사량 표시지도. 〈NREL〉

자료들이 있는데, 그 수많은 자료들이 본 섹션의 마지막(그림 8.20도 포함)에 열거되어 있다. 일사데이터를 수집하였으면 Btu/ft²/일 단위로 일일일사량을 추정해야한다. (주: 이 값의 단위가 kWh/m²/일이라면, 그 값에 317을 곱하여 변환할 수 있다.) 한 가지 좋은 방법은 평균일일일사량을 활용하는 방법이다. 이렇게 하면 전반적으로 양호한 연간성능추정치를 얻을 수 있다. 또한 겨울철 데이터를 살펴보고 최악조건에 대한 평균일일일사량을 판별하는 것도 좋은 아이디어일 수 있다. 집열기의 경사는 계절별 태양열 획득에 큰 부분을 담당하기 때문에 시나리오별 다양한 경사를 적용해 봐야 된다.

일사데이터의 수집뿐만 아니라, 주변온도도 추정할 필요가 있다. 태양열시스템은 일사에 노출된 조건에서만 작동하기 때문에 야간의 낮은 온도에서는 작동하지 않는다. 일사량의 연간평균을 사용할 경우에는 주간의 연평균온도를 추정하고, 겨울철 조건에 대해 설계할 때는, 평균 주간온도를 추정해야한다. 외기온도는 태양열집열기 성능에 많은 영향을 끼친다.

#### 8.3.3.4 시스템선정(System Selection)

태양열등급인증공사(Solar Rating & Certification Corporation, SRCC)는 태양열산업에 대한 독립적인 인증단체이며, 이 단체가 인증한 집열기와 시스템을 선택하는 게 좋다. 이 단체는 자체적으로 OG-100 목록에서 집열기들의 성능등급을 제시하며, OG-300 목록에서는 태양열온수난방시스템을 인증하고 그 등급을 매긴다. SRCC의 웹사이트(www.solar-rating.org)는 기후데이터를 집열기와 더불어 시스템의 성능을 제시하여 시스템 규모산정의 지침이 되는 훌륭한 자료가 될 수 있다.

프로젝트에 대한 일사 및 온도 데이터와 SRCC의 성능데이터를 통해 태양열집열기를 선정하고 그 규모를 산정할 수 있다. Btu/ft2/일 단위의 일사량을 활용하여 SRCC 성능등급시스템 내의 일사량 자료를 분류할 수도 있다. 그것은 일일일사량을 3개의 범주로 단순화하여 3가지 천공조건들을 유형화하고 계절별 변화를 함께 반영할 수 있다(그림 8.21 참조).

PV와츠 웹사이트의 한 사례를 보면 일리노이 주의 시카고는 남향의 42° 경사면에서 1,401 Btu/ft²/일의 일일평균일사량을 보인다. 이 값은 SRCC의 적당히 흐린(mildly cloudy) 날씨에 대한 분류조건인 1,500 Btu/ft²/일에 상당하는 수치다.

SRCC는 집열기 흡입온도와 주변외기온도의 차

| | 맑은 하늘(청천공) | 적당히 흐린 하늘 | 흐린 하늘 |
|---|---|---|---|
| 일일일사량 | 2,000 Btu/ft²/일 | 1,500 Btu/ft²/일 | 1,000 Btu/ft²/일 |

■ 그림 8.21 SRCC의 날씨분류. *〈데이터 출처: SRCC 웹사이트. www.solar-rating.org/facts/collector_ratings.html. 2011년 10월 16일 접속.〉*

| | A | B | C | D | E |
|---|---|---|---|---|---|
| 온도차 | -9°F | 9°F | 36°F | 90°F | 144°F |

■ 그림 8.22 SRCC의 온도범주. *〈데이터 출처: SRCC 웹사이트. www.solar-rating.org/facts/collector_ratings.html. 2011년 10월 16일 접속.〉*

이도 범주화하는데, 이 값은 집열기의 효율과 관련된다(그림 8.22 참조). 이러한 온도차를 결정하려면 해당 장치에 대한 일일평균온도에서(폐쇄회로에서는 저장탱크 내의 가열수온에 가까운) 집열기의 추정흡입온도를 빼야 한다.

그림 8.22의 표에서 프로젝트의 설비와 기후에 적절한 SRCC 범주를 선택해도 좋다. A 범주와 B 범주는 여름철 수영장 난방과 같은 저온장치에 대한 분류이고, E 범주는 일부 공정용수나 건물난방과 같은 고온장치에 대한 분류다. 그리고 C 범주와 D 범주는 일반적인 용도들을 아우르는데, D 범주는 추운 날씨조건에 활용된다.

SRCC의 집열기 성능데이터는 시스템을 설계하고 선정할 때 도움이 되는 인증된 집열기들에 대해 다양한 형식의 데이터–예를 들어 집열기의 유형과 크기, 건조중량, 기타 제품 데이터–를 제공한다. 또한 각각의 SRCC 집열기 기록은 날씨분류와 온도범주가 이루는 각각의 조합에 대한 성능등급을 일일 패널 당 Btu의 단위로 열거할 수도 있다. 이를 통해 시스템에 필요한 일일출력과 집열기 수를 추정할 수 있을 것이다. 패널 수를 추정할 때는 시스템 효율의 원인인 일일출력의 추정치를 줄이는 것도 중요하다. 대개 80퍼센트의 효율을 가정하면 양호한 편이지만, 훨씬 더 세세히 일일출력치를 추정해 보면, 집열기 규모를 변경할 추가적인 여지가 생길 것이다. 예시로 든 그림 8.23과 8.24의 두 표들은 두

SRCC 집열기 성능데이터
40ft² 평판형 집열기 사례
kBtu/패널/일

| 온도범주 | 날씨분류 | | |
|---|---|---|---|
| | 맑은 하늘(청천공) | 적당히 흐린 하늘 | 흐린 하늘 |
| A | 59.9 | 45.6 | 31.5 |
| B | 51.0 | 36.8 | 22.7 |
| C | 38.4 | 24.5 | 11.2 |
| D | 14.9 | 4.8 | 0.0 |
| E | 0.5 | 0.0 | 0.0 |

■ **그림 8.23** SRCC의 평판형 사례. *〈데이터 출처: SRCC 웹사이트, www.solar-rating.org. 2011년 10월 16일 접속.〉*

SRCC 집열기 성능데이터
37ft² 진공관형 집열기 사례
kBtu/패널/일

| 온도범주 | 날씨분류 | | |
|---|---|---|---|
| | 맑은 하늘(청천공) | 적당히 흐린 하늘 | 흐린 하늘 |
| A | 31.1 | 23.4 | 15.8 |
| B | 30.0 | 22.4 | 14.7 |
| C | 28.1 | 20.4 | 12.7 |
| D | 23.5 | 15.9 | 8.3 |
| E | 17.7 | 10.2 | 3.4 |

■ **그림 8.24** SRCC의 진공관형 사례. *〈데이터 출처: SRCC 웹사이트, www.solar-rating.org. 2011년 10월 16일 접속.〉*

유형의 집열기에 대한 SRCC 기록들로부터 발췌한 성능데이터를 보여준다. 첫 번째 표는 평판형 집열기, 두 번째 표는 직류파이프 진공관형 집열기에 대한 데이터다. 이는 단지 SRCC 웹사이트에서 등급이 산정된 많은 집열기 중 2개의 사례일 뿐이다.

이런 계산법을 활용하면 시즌별로나 월별로 성능데이터를 추정 할 수 있기 때문에 연중 어느 시기에 시스템의 생산량이 부족하거나 과잉인지를 더 잘 이해할 수 있다. 완전한 태양열시스템 설계는 저장탱크와 보조/보충 급탕장치를 비롯하여 시스템 균형을 이루는 모든 요소들의 규모를 산정해야 한다. 또한 소프트웨어나 기타 설계도구들을 통해 최종설계를 위한 집열기 크기를 구체화할 수도 있다.

### 8.3.3.5 건물통합(Building Intergration)

태양열집열기는 지붕이나 지반에 장착할 수 있다. 집열기는 그늘이 없는 남향에 경사지게 설치할 필요가 있다. 그 경사는 설치되는 위치와 계절별 최적화에 따라 달라질 수 있다. 낮은 경사는 여름철 집열에 최적이지만, 높은 경사는 겨울철 집열에 최적이다. 연간 최대 집열을 하는 한 가지 좋은 방법은 집열기의 경사를 해당 지역의 위도와 똑같이 맞추는 것이다. 계절별 차이를 최소화하고 보다 균일한 집열을 하는 것이 목적이라면, 해당 입지의 위도보다 약 15° 내지 20° 더 큰 경사각을 선택해야 한다. 다양한 경사에서의 집열 수준을 연구하다보면 장치에 최적인 각도를 찾을 수 있다. 제조업체들은 보통 경사 범위를 권고하기도 한다. 직류파이프 진공관형 집열기와 같은 열 사이펀 시스템에 의존하는 패널에서는 경사를 정확하게 판단할 필요가 있다.

**태양열집열기 규모산정 사례(Solar Thermal Collector Sizing Example)**

**프로젝트 기본정보(Basic Project Information)**

- 정규직 직원 수: 140명
- 입지: 일리노이 주 시카고
- 일일급탕수요: 55퍼센트로 혼합된 250갤런 = 138갤런 (120°F)
- 흡입온도: 120°F
- 옥내급수온도: 50°F

**기후데이터(Climate Data)**

- 평균주간온도: 55°F
- 평균주간일사량: 42.0° 경사(= 위도)에서 4.42 kWh/m²/일 혹은 1,401 Btu/ft²/일 (PV와츠 기준)

**열 부하(Thermal Load)**

$$Q = 8.33 \times (\Delta t) \times GPD$$

여기서,

$Q$ = 8.33 Btu/갤런 °F × (120°F - 50°F) × 138 갤런

$Q$ = 80,468 Btu/일, 혹은 80 kBtu/일

**SRCC 성능데이터(SRCC Performance Data)**

- SRCC 날씨분류: 적당히 흐린 하늘 (1,500 Btu/ft²/일)

- SRCC 온도범주: D (120°F - 55°F = 65°F) (90°F에서 D 사용)

### 시스템의 선정과 규모산정(System Selection and Sizing)

- 태양열집열기의 선정: 진공관형 집열기 (앞선 사례에서 제시됨)
- 집열기 성능등급: 15.9 kBtu/일
- 시스템 전체효율: 80 퍼센트
- 집열기 수: 7개 [80 kBtu/일 / (0.80 × 15.9 kBtu/일), 반올림]
- 집열기 면적 = 259 $ft^2$

## 태양열 자료 및 설계도구(Solar Thermal Resources and Design Tools)

### 업계자료(Industry Resources)

- 태양열등급인증공사(Solar Rating & Certification Corporation: SRCC): www.solar-rating.org

### 기후 및 일사 자료(Climate and Solar Radiation Resources)

- 클라이밋 컨설턴트(Climate Consultant) (UCLA의 무료소프트웨어): www.energy-design-tools.aud.UCLA.edu
- 메테오놈(METEOTEST의 상업용 소프트웨어): www.METEONORM.com
- 국립재생에너지연구소의 레드북: www.rredc.nrel.gov/solar/pubs/redbook
- 국립재생에너지연구소의 PV와츠: www.nrel.gov/rredc/pvwatts
- 국립재생에너지연구소의 맵서치: www.nrel.gov/gis/mapsearch
- 태양 및 풍력 에너지자료평가(Solar and Wind Energy Resource Assessment: SWERA): www.swera.unep.net
- 태양열등급인증공사(Solar Rating & Certification Corporation: SRCC): www.solar-rating.org

### 태양열설계 소프트웨어(Solar Thermal Design Software)

- 레트스크린 (캐나다 천연자원부[Natural Resources Canada]의 무료소프트웨어): www.retscreen.net
- 폴리선(Polysun) (벨라 솔라리스[Vela Solaris]의 상업용 소프트웨어): www.velasolaris.com

## 8.4 풍력(Wind)

### 8.4.1 기본개념(basic Concepts)

풍력의 운동에너지는 바람이 부는 한, 밤낮을 불문하고 어디서든 이용 가능한 강력한 재생에너지 자원이다. 풍력에너지는 태양에너지를 보강하는 중요한 에너지원인데, 비록 풍력은 간헐적인 에너지자원이긴 하지만 그 사용가능성은 태양에너지와 다르다.

풍력의 운동에너지는 풍력터빈을 통해 유용한 에너지로 변환된다. 풍력터빈의 블레이드와 로터 바람이 불 때 돌면서 교류기(alternator)를 회전시키고, 회전하는 교류기가 전기를 만들어낸다. 풍력터빈이 생산하는 에너지는 블레이드들이 생산하는 에너지의 함수인데, 이는 더 큰 블레이드와 더 높은 풍속이 에너지발생량을 늘리는 데 기여한다는 뜻이다. 즉, 블레이드의 길이와 풍속은 크기가 클수록 효과적이다. 대형 탑들은 커다란 블레이드 경간이나 그 교반단면적(swept area)을 지지할 수 있다. 대형 탑은 터빈의 로터허브를 지면보다 위에 두어 지면에 비해 빨라진 풍속을 잘 활용할 수 있다.

안타깝게도 풍력의 원리들은 시스템 규모를 효

과적으로 낮추지 못한다. 분명히 작은 풍력터빈들은 대형 터빈들보다 적은 에너지를 생산하지만, 터빈 크기에 비례하는 건 아니다. 발생되는 에너지는 로터직경의 제곱과 풍속의 세제곱 함수다. 그러므로 잘 배치된 풍력단지는(utility-scale) 매우 경쟁력 있는 가격으로 상당량의 전력을 생산할 수 있다. 풍력단지의(utility-scale) 전기생산량은 100 kW에서 3 MW까지 아우른다. 1 kW 미만부터 100 kW에 이르는 소형 풍력터빈들은 주택과 농장, 소형 상업건물 적용에 적합하다. 현재까지 풍력에너지산업은 이 두가지 규모에 초점을 두어왔으나, 넷 제로 에너지 상업건물은 중형풍력터빈 시장에 초점을 맞출 것이다. 따라서 이번 섹션은 개별적인 넷 제로 에너지 상업건물이나 넷 제로 에너지 빌딩 군 및 캠퍼스 환경에 활용하기 위하여 큰 규모의 소형 풍력터빈과 비교적 소규모의 공공설비규모(중규모)의 터빈들에 초점을 둔다.

풍력에너지시스템은 터빈과 타워로 구성되며, 이 둘은 모두 일차적으로 결정되는 시스템이다. 에너지 발생량이 로터직경의 제곱과 풍속의 세제곱 함수이고 이 풍속은 타워의 높이에 크게 영향을 받는다. 풍력터빈에는 어느 때라도 터빈을 정지시킬 수 있는 브레이크 메커니즘이 포함 되어야 하며, 너무 빠른 회전을 방지하고 강풍으로부터 보호하는 관리시스템을 장착해야 한다.

풍력에너지시스템은 계통연계형이거나 독립형일 수 있다. 계통연계형 시스템의 시스템 균형을 구성하는 요소들로는 충전제어/조절기(charge controller/rectifier), 인버터, 전선이 있다. 터빈 내의 교류기가 교류 전력을 발생시킬지라도, 그 전압은 풍속과 더불어 변한다. 교류는 조절기 유닛을 통해 직류로 변환된 다음, 인버터를 통해 계통품질의 교류로 변환되어 건물의 분전반에 사용되거나 요금상계가 가능한 계량기를 통해 계통과 연계된다(그림 8.25 참조).

독립형 시스템은 배터리 축전장치(battery storage)를 포함하는데, 이 장치는 계통연계형 시스템에 포함시킬 수도 있다. 그 배터리의 충전과정은 충전제어기 유닛을 통해 제어되며, 배터리 시스템은 인버터와 연결되는 위치에 차단스위치를 나란히 갖추고 있다. 독립형 시스템에서는 일부 보조전력의 형태가 필요할 수도 있다. 모든 풍력에너지시스템들

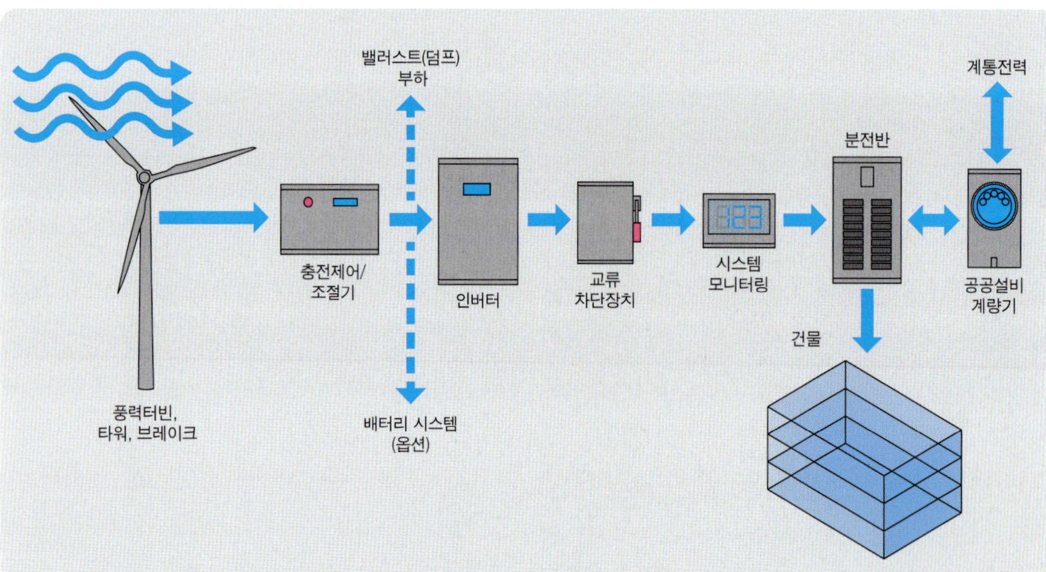


■ 그림 8.25 계통연계형 풍력에너지시스템

은 시스템의 성능과 배터리 수명을 추적할 모니터링 장치를 갖춰야 한다.

풍력터빈은 부하가 필요 없을 때는 작동되어선 안 된다. 배터리기반 독립형 시스템의 경우, 배터리가 완전히 충전되어 있을 때에는 밸러스트부하나 덤프부하(보통은 적정규모의 난방요소)가 터빈에 대안적인 부하를 제공할 수 있다. 밸러스트부하는 계통연계형 시스템에서 건물이 완전한 부하를 제공하지 않거나 계통이 잉여전력을 수용할 수 없을 때 활용할 수 있다.

### 8.4.2 기술(Technologies)

터빈기술의 두가지 주요 유형들이 있는데, 그림 8.26과 8.27에 각각 나오는 수직축 풍력터빈(vertical axis wind turbine: VAWT)과 수평축 풍력터빈(horizontal axis wind turbine: HAWT)이 그것이다. 두 유형의 차이는 로터 회전축의 차이이다. 수평로터를 장착한 수평축 풍력터빈은 가장 일반적으로 사용되는 기술로서, 보통은 중심축에서 3개의 블레이드가 방사형으로 뻗어 나오는 구성이다. 수직축 풍력터빈은 수직로터가 장착되며 블레이드의 구성은 매우 다양하다. 수직축 풍력터빈의 디자인들은 특수한 풍향이 없기 때문에 어떤 풍향의 바람도 포착할 수가 있다. 반면 수평축 풍력터빈의 디자인들은 대개 바람의 방향에 면하도록 설계되어 풍향을 추적할 수 있다. 수직축 풍력터빈들은 일반적으로 매우 소규모여서 제한적이기는 하지만 균형적인 에너지발생능력을 갖는다. 수평축 터빈들은 매우 작은 규모부터 매우 큰 공공설비규모에 이르기까지 다양한 장치에 맞는 규모를 산정할 수 있다.

모든 터빈 기술과 계량기들은 지속적인 유지보수를 요하는데, 높은 풍속과 악천후의 조건 속에서 1년 내내 부품들이 작동하며 에너지를 발생시켜야 하기 때문이다. 또한 터빈은 에너지 발생을 최적화하기 위해 지면에서 높이 떨어진 위치에 장착되기 때문에 터빈을 손보거나 유지보수하기가 더 어렵다.

#### 8.4.2.1 성능(Performance)

풍력터빈은 특정범위의 풍속에서 최고의 성능을 발

■ 그림 8.26 수직축 풍력터빈(VAWT).

■ 그림 8.27 수평축 풍력터빈(HAWT).

휘한다. 평균풍속이 7이나 8 mph 미만으로 너무 느리면 터빈이 거의 에너지를 발생시키지 못한다. 소형 풍력터빈에는 최소 구동속도(start-up speed)와 속도범위의 한계에 가까운 최소종단속도(cut-in speed)가 있다. 대부분의 풍력터빈 제조업체들은 광범위한 평균풍속에 대한 성능데이터를 제공하는데, 대개는 8 내지 19 mph (3.5 ~ 8.5 m/s) 범위 내에 있다. 너무 높은 풍속은 풍력터빈을 손상시킬 수 있으므로 최대종단속도(cut-out speed)(혹은 펄링속도[furling speed])로 터빈보호용 관리시스템이 함께 설계된다. 풍력터빈의 성능데이터는 해수면의 공기밀도를 기준으로 가정한다. 고도가 더 높아질수록 공기밀도가 줄어들고 그에 따라 터빈의 성능도 줄어든다. 7,500피트 이상 높은 고도에서는 25퍼센트 이상의 성능감소를 예상할 수 있다. 풍력터빈은 수목과 건물 등의 인근 장애물들이 일으킬 수 있는 난기류 조건에서도 성능을 잘 발휘하지 못한다.

풍력터빈은 보통 kW 단위로 정격출력이 측정된다. 정격출력 값들은 터빈의 크기와 용량을 나타낼 수 있다. 하지만 현재까지 제조업체들이 제공하는 풍력터빈의 정격출력 값들은 매우 다양한 가정들(평균풍속 등)에 기초하여 계산되기 때문에 잘못된 값일 가능성이 있다. 풍력터빈 제조업체들은 월간 kWh나 연간 에너지출력(annual energy output: AEO) 단위의 추정 에너지성능 데이터도 제공한다. 터빈의 성능을 해석할 때는 이 데이터를 쓰는 게 더 좋을 수 있으며, 평균풍속이 다양할 경우에는 이 데이터를 활용하는 것이 좋다.

소형 풍력산업에서는 정격출력과 에너지성능, 음향성능의 인증표준이 최근에야 제도화되었다. 2009년에 미국풍력에너지협회(American Wind Energy Association: AWEA)는 "AWEA 소형 풍력터빈 성능 및 안전 표준(AWEA Small Wind Turbine Performance and Safety Standard)"을 발표했다. 소형풍력인증위원회(Small Wind Certification Council)는 미국풍력에너지협회의 새로운 표준에 기초하여 소형 풍력터빈들을 인증하는 독립적인 위원회다. 이 글을 쓰는 시점에서는 많은 풍력터빈들이 인증신청을 진행 중이거나 임시인증을 받은 상태다.

### 8.4.3 설계지침(Design guidance)

#### 8.4.3.1 적용(Applicatiom)

공공설비규모에 적용되는 풍력발전은 매우 성공 가능성이 높은 재생에너지 발전 유형이다. 개별 건물 및 커뮤니티를 위한 중소규모의 풍력발전기술이 성공하기까지는 세심한 조율이 요구되며, 바르게 적용만 된다면 성공 가능성이 매우 커진다. 대부분의 풍력에너지 전문가들은 소형풍력발전장치 성공의 핵심요소로서 신뢰도 높은 풍력자원을 얻을 수 있어야 하며 적정 규모의 수평축 풍력터빈이 높은 곳에 설치되어야 하는 점을 꼽는다. 이러한 두 가지 핵심요소는 프로젝트 부지가 시골에 위치할 때 잘 적용될 수 있는데, 시골에서는 바람의 장애물이 거의 없고 타워 높이 규제들이 도시나 교외의 개발구역 만큼 많지 않기 때문이다.

풍력에너지 규모가 중요하다. 간단히 말해서, 터빈이 더 크고 타워가 더 높을수록 에너지 생산에 더 효과적이다. (물론 다양한 건물과 전체 커뮤니티를 위한 중규모 풍력발전장치도 강력한 잠재력이 있긴 하다.) 터빈과 타워의 규모가 클수록 그 솔루션의 경제성이 증가하는 이점이 있다. 커뮤니티나 캠퍼스, 혹은 건물 군에 적용할 경우 풍력발전을 장애물들로부터 멀리 떨어뜨려 배치하는 보다 광범위한 대안들을 적용해야할 것이다.

소형 풍력발전 시장에서 이용 가능한 풍력터빈 대안들은 매우 다양하다. 반면 100 kW부터 1 MW에 육박하는 중규모 시장에서는 선택의 여지가 거의 없이 보다 좁은 범위의 터빈 사이즈들을 제공하기 때문에 넷 제로 에너지 프로젝트에 터빈 사이즈를 최적화하기가 더 어렵다. 본질적으로 바람이 가변적이란 문제와 더불어 한정적인 중규모 풍력발전

터빈 문제의 해결은 풍력에너지를 태양에너지와 같은 또 다른 재생에너지 자원으로 보강하는 넷 제로 에너지 빌딩을 위한 스마트 전략임을 의미한다. 또한 중소규모의 풍력에너지시스템들이 다른 일차적인 부지내 재생에너지시스템들을 보충하는 역할을 잘 할 수 있음도 의미한다.

아마도 상업건물에서의 부지내 재생에너지가 통합된 넷 제로 에너지 및 저에너지 건물을 향한 산업적 변화에 중규모 풍력에너지시스템 시장의 성장을 촉진할 것이다. 나아가 극복해야 할 더 높은 장애물 중에는 현재 미국 전역에서 조닝 조례들이 부과하는 규제사항들이 있다. 무엇보다도 가장 문제가 되는 건 규제와 허가에 대한 고유의 관점이 통합되어 있지 않단 점이다. 타워의 높이와 셋백(setback) 요건들은 조닝 조례들에서 다뤄야 할 가장 중요한 두 가지 이슈들이다. 그런 규제과정을 합리화하면 중소규모 풍력에너지 시스템들의 발전에 도움이 되고 넷 제로 에너지를 추구하는 프로젝트에서도 보다 많은 재생에너지 방안들을 이용할 수 있을 것이다.

#### 8.4.3.2 부하추정(Estimating the Load)

풍력에너지는 넷 제로 에너지 빌딩이나 개발단지에 대해 전부 혹은 일부의 에너지 수요를 충족할 수 있다. 풍력발전은 에너지의 생산이 가변적이기 때문에 계통연계형 장치들의 요금상계는 필수적으로 요구되는 기능이다. 요금상계가 가능할 경우 터빈의 생산 전력이 부족할 때 계통전력을 인입하고 터빈의 생산이 과잉일 때는 생산전력을 배출할 수 있다.

#### 8.4.3.3 자료평가(Resource Assessment)

부지에 대한 풍력데이터를 수집할 필요가 있다. 평균풍속은 연간에너지발생량 추정에 사용되는 중요

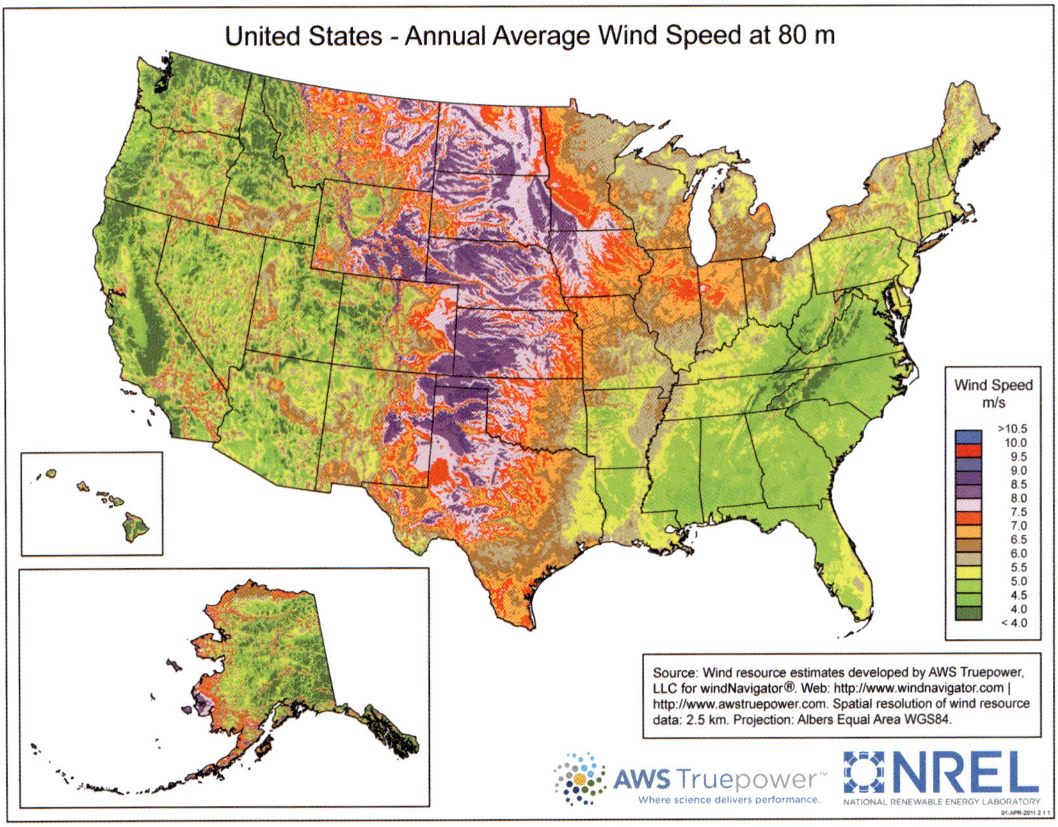


■ 그림 8.28 풍속지도. 〈제공: NREL〉

한 척도다. 많은 풍력자원지도들이 평균풍속 데이터와 함께 제공되어 있다. 예를 들어 국립재생에너지연구소는 그림 8.28에 나오는 것처럼 주별로 표시된 지도들을 비롯하여 세계와 미국의 수많은 풍력자원지도들을 제공한다. 이런 지도들은 다양한 풍력데이터를 담고 있으며, 그만큼 한 프로젝트 입지에서 이용할 수 있는 풍력자원에 대해 알아보기 위한 좋은 시작점이 될 수 있다.

풍력데이터를 위해 날씨데이터 파일을 조사할 수도 있다. 클라이밋 컨설턴트와 같은 기후분석 도구들은 기상관측소들에서 취합한 데이터에 기초하여 풍배도를 만들고 평균풍속들을 표로 작성할 수 있도록 한다. 물론 그 데이터의 질은 해당 기상관측소와 풍속계의 유지보수 및 측정 위치설정에 따라 다를 것이다. 보다 구체적으로 말하면 풍속계의 높이가 중요하게 고려되어야할 사항이며, 그 높이가 제안된 터빈 장착높이보다 낮아서 보다 느린 풍속이 보고될 가능성이 있기 때문이다. 풍속계는 전형적으로 (특히 공항에서) 지상 10미터 높이에 설치되지만, 그 높이는 변경이 가능하다. 높이가 10미터를 넘으면 풍속을 보정할 수 있으나 일반적으로는 10미터보다 24미터 높이에서 15 내지 25 퍼센트 풍속이 더 높아진다.

풍력데이터는 부지에 따라 매우 다르며 해당지역의 지형과 지류, 인근 건물 및 조경에 크게 영향받을 수 있다. 인근 건물과 조경에서 비롯된 난기류도 풍력데이터에 영향을 끼칠 수 있다. 아마도 프로젝트에 쓸 수 있는 풍력데이터를 찾는 최고의 방법은 부지에 풍속계를 설치하고 제안된 풍력터빈 높이에서의 실제데이터를 기록하는 것이다. 적어도 1년 정도의 풍속데이터를 모아야 어떠한 계절별 차이도 설명할 수가 있다. 12개월의 데이터 수집기간이 불가능할 경우, 숙련된 풍력컨설턴트에 의한 부지의 모델링과 분석을 통해 가용한 풍력자원들을 구체화할 수 있다.

**풍력터빈 규모산정 및 선정 사례**
(Wind Turbine Sizing and Selection Example)

**부지(Site)**

- 입면: 해수면 근처
- 낮은 높이의 캠퍼스 건물들이 있는 개방된 영역.

**풍력자료(Wind Resource)**

- 지상 30미터 높이에서의 평균풍속: 7.0 m/s (15.68 mph)
- 연간 에너지출력수요: 250,000 kWh (853 mBtu)

**로터직경 해법(Solving for Rotor Diameter)**

$AEO = 0.01328 \times D^2 \times V^3$

여기서,

$D^2 = 250{,}000 / 0.01328 \times (15.68)^3$

$D^2 = 4{,}883$

$D = 69.9$ 피트 (21.3 미터)

**터빈 선정 옵션(Turbine Selection Option)**

- 북쪽 출력 100
- 로터직경: 21 미터 (69 피트)
- 정격출력: 100 kW
- 7.0 m/s의 평균풍속에 대한 제조업체 추정 AEO: 300,000 kWh
- 타워 높이: 30 미터 (98 피트)

### 8.4.3.4 시스템선정(System Selection)

풍력에너지시스템에 대한 연간 풍력에너지출력을 추정하기란 매우 어려울 수 있는데, 그 과정에 많은 변수들이 개입되기 때문이다. 시스템의 설계와 입지도 변수 요인들이지만, 일차적인 이슈는 시간에 따른 바람의 가변성이다. 따라서 풍력터빈 제조업체에 시스템 제안을 요청하는 게 가장 좋다. 대부분의 업체는 광범위한 평균풍속에 기초한 연간에너지출력량(annual energy output: AEO)을 제공하며, 이는 프로젝트의 연간에너지수요 추정량을 기준으로 터빈과 사이즈 체계들을 비교하기에 효과적인 방법이 될 수 있다.

연간에너지출력을 kWh로 계산하는 간단한 식은 다음과 같다. 여기서 D는 로터직경을 피트 단위로 나타낸 값이고 V는 평균풍속을 mph로 나타낸 값이다. 이 식은 미 에너지부가 발표한 "소형풍력발전시스템: 미국소비자가이드(Small Wind Electric Systems: a U.S. Consumer' s Guide)" 에서 찾아볼 수 있다.

$$AEO = 0.01328 \times D^2 \times V^3$$

평균풍속과 필요한 평균에너지출력량을 모두 알고 있다면, 이 식을 통해 프로젝트의 에너지수요량을 충족하는 터빈 로터 직경을 찾을 수 있다.

풍력 산업에서는 설비이용률(capacity factor)이란 개념을 활용하여 최대정격출력(정격출력 kW × 8,760시간)으로 1년 내내 작동하는 터빈의 최대에너지출력량이라는 이론적 수치와 실제 연간에너지의 차이를 설명한다. 공공설비규모 풍력산업에서는 20 내지 40퍼센트 범위의 설비이용률이 흔히 활용된다. 앞선 사례의 100 kW 터빈에 대해 30퍼센트의 설비이용률을 가정하면 262,000 kWh의 연간 에너지출력이 추정되는데, 이는 해당 사례에서의 추정치에 근접하는 값이다.

### 8.4.3.5 건물통합(Building Intergration)

최근 풍력발전을 상업건물에 직접 통합하는 사례들이 있었기 때문에 그에 대한 관심이 늘고 있다. 가장 통상적인 장치는 지붕이나 파라펫에 장착하는 터빈이다. 하지만 지금까지 이런 프로젝트에 대한 성능 평가 데이터는 이용할 수 없는 단점이 있다.

풍력터빈을 건물에 직접 설치하는 경우는 문제의 소지가 많다. 풍력터빈의 하중은 소형풍력터빈조차도 복잡한 하중 구조를 가지고 있으므로, 대부분의 건물에서는 대형풍력터빈의 구조적 하중을 지지하지 못한다. 따라서 건물장착 터빈의 설계는 터빈이 일으키는 소음관련 문제들뿐만 아니라 구조적 하중과 진동도 세심히 다룰 필요가 있다. 게다가 터빈들의 설치높이는 보통 지붕높이로 국한되는데, 이는 적절한 높이일 수도 그렇지 않을 수도 있다. 건물 그 자체와 인접 건물 혹은 조경으로 인해 난기류가 일어날 수 있다. 난기류는 효과적인 에너지발

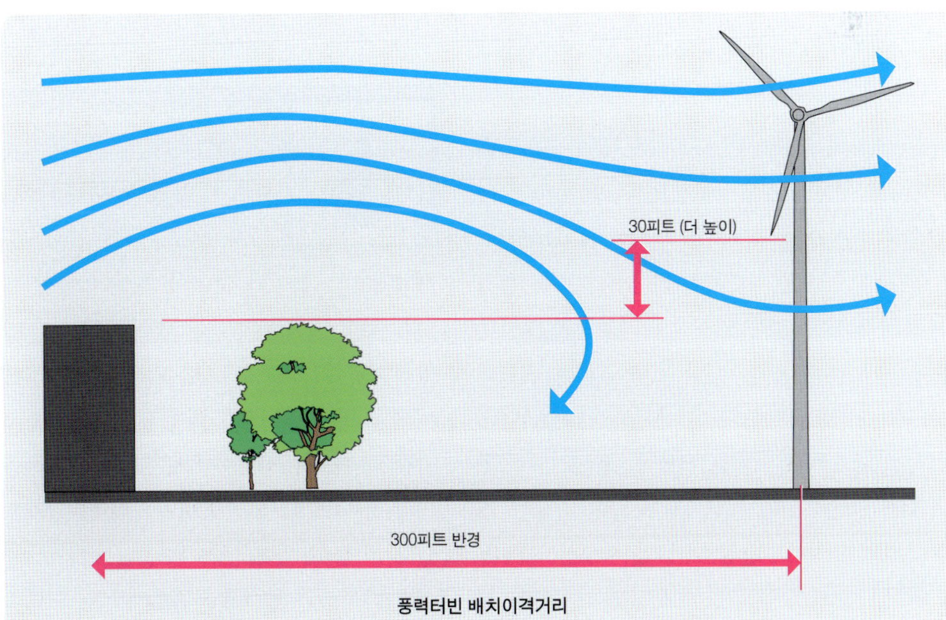


■ 그림 8.29 장애물 주위에 풍력터빈을 배치할 때의 경험법칙

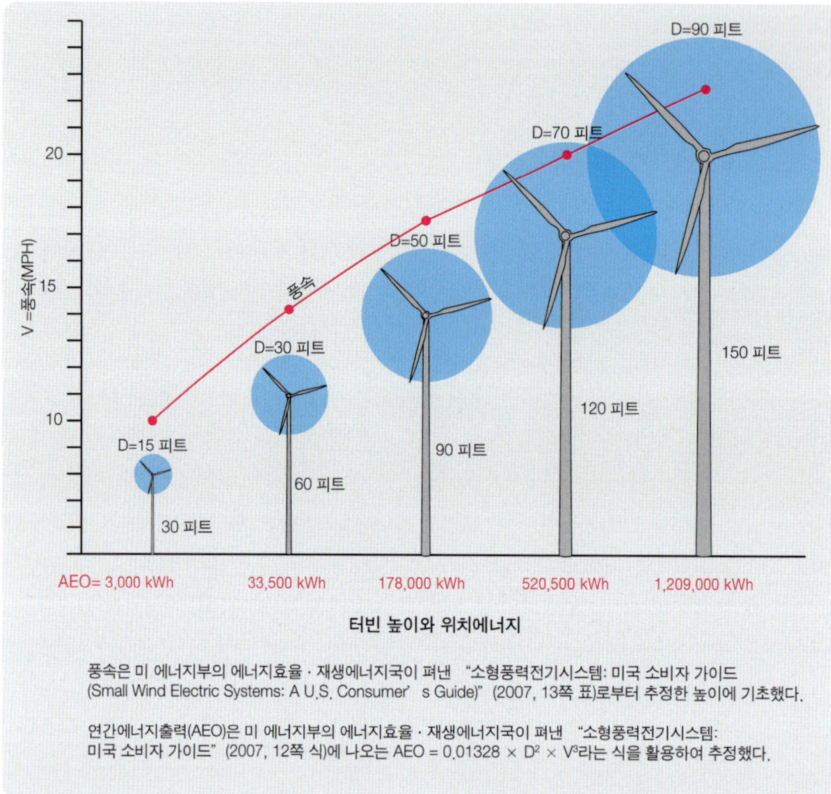


■ **그림 8.30** (늘어난 풍속 및 블레이드 직경과 더불어) 늘어난 터빈높이가 위치에너지 발생에 미치는 영향

생원에 적합하지 않다. 하지만 이보다 더 큰 문제는 건물장착 터빈들이 소형인 경우가 많아 블레이드의 작은 교반단면적으로 인해 매우 제한된 에너지발생 능력을 보인다는 점이다.

높은 타워에 설치되는 부지장착 풍력터빈들은 풍력에너지 기술의 효율성이 입증된 방법이다. 하지만 모든 부지가 풍력터빈과 타워에 좋은 조건인 것은 아니다. 풍속은 지면에서 더 높아질수록 증가하나, 조경과 지형, 건물 모두가 난기류를 일으키는 방해 요소가 될 수 있다. 바람 조건이 좋은 프로젝트 부지는 공간이 트여있고 건물들의 높이가 낮은 부지다. 또 그 난기류구역은 건물과 수목보다 더 높이 확장될 수 있기 때문에, 그림 8.29에 나오는 것처럼 타워의 300피트 반경 내에 있는 모든 장애물보다 적어도 30피트 높은 곳에 로터를 배치하는 것이 바람직하다. 그림 8.30은 늘어난 풍속 및 블레이드 직경과 더불어 늘어난 터빈높이가 위치에너지 발생에 끼치는 영향을 보여준다.

## 8.5 수력(Hydro)

### 8.5.1 기본개념(Basic Concepts)

물은 지구의 순환기능과 더불어 전 세계적으로 엄청난 에너지 자원이다. 중력이나 파도를 통한 물의 움직임은 운동에너지의 원천이다. 또한 물은 태양열에너지를 비축하는 핵심적인 자원이기도 하다. 지구의 대양들도 역시 조석에너지(tidal energy)와 파도에너지(wave energy), 열에너지의 원천이며, 이 모든 에너지들이 발전에 활용될 수 있다. 이런 대양에너지 기술들은 여전히 발전 중에 있지만, 강력한 잠재력을 갖고 있다.

이번 섹션의 초점은 수력인데, 보다 구체적으로

### 풍력에너지 자료 및 설계도구(Wind Energy Resources and Design Tools)

#### 업계자료(Industry Resources)

- 미국풍력에너지협회(American Wind Energy Association: AWEA): www.awea.org
- 소형풍력인증위원회(Small Wind Certification Council: SWCC): www.smallwindcertification.org

#### 기후 및 풍력 자료(Climate and Wind Resources)

- 클라이밋 컨설턴트(Climate Consultant) (UCLA의 무료소프트웨어): www.energy-design-tools.aud.UCLA.edu
- 국립재생에너지연구소의 맵서치: www.nrel.gov/gis/mapsearch
- 태양 및 풍력 에너지자원평가(Solar and Wind Energy Resource Assessment: SWERA): www.swera.unep.net

#### 풍력설계 소프트웨어 및 웹사이트(Wind Design Software and Websites)

- IMBY (In My Backyard) (국립재생에너지연구소가 온라인으로 운영하는 간단한 태양광발전 및 풍력 설계도구로, 맵 인터페이스를 갖추고 있음): www.nrel.gov/eis/imby
- 시스템 어드바이저 모델(System Advisor Model, SAM) (국립재생에너지연구소와 산디아국립연구소[Sandia National Laboratories], 미 에너지부의 무료소프트웨어): www.nrel.gov/analysis/sam
- 레트스크린 (캐나다 천연자원부[Natural Resources Canada]의 무료소프트웨어): www.retscreen.net
- 폴리선(Polysun) (벨라 솔라리스[Vela Solaris]의 상업용 소프트웨어): www.velasolaris.com

말하면 넷 제로 에너지 빌딩 및 커뮤니티의 분산형 재생에너지시스템 자원과 관계있는 초소수력(micro hydropower)과 소수력(small hydropower)이다.

수력발전이란 유수의 운동에너지를 포착하여 유용한 에너지-전기-로 변환하는 과정을 의미한다. 수력은 미국에서 가장 비중이 큰 재생에너지 자원으로서, 재생에너지 발전의 70퍼센트를 차지한다. 수력은 공공설비규모에서 가장 흔하고, 태평양 연안 북서부처럼 풍부한 수력자원이 있는 지역에 상당량의 전기를 제공한다. 대규모 수력발전소는 용량이 30 MW를 초과하며, 일부 발전소는 10 GW를 초과한다. 이런 규모의 수력발전소에는 강의 수자원을 제어하기 위한 대형 댐과 저수지가 함께 건설된다. 하지만 이런 수력발전소 유형에서는 댐과 수력발전소의 건설로 인한 천연서식지의 파괴라는 문제들이 점차 부각되고 있다. 에너지부의 수력발전프로그램(Water Power Program) 웹사이트(http://www1.eere.energy.gov/water/index.html)에서 개발한 새로운 연구개발 프로그램은 오늘날 사용되는 기술보다 환경적으로 뛰어난 고급 수력발전 기술들에 초점을 두고 있다.

수력은 개별 건물 및 토지에 소규모로 적용할 수도 있다. 초소수력시스템은 100 kW 미만의 출력성능을 갖는다. 소수력시스템은 정격출력 범위가 100 kW에서 30 MW에 이른다. 소수력시스템의 적용범위는 주택시스템에서부터 소규모 지역시스템까지 다양하다. 초소수력 시스템과 소수력시스템은 넷 제로 에너지 상업건물의 모든 에너지요구량을 충족하거나, 일부를 보충하기에 충분한 출력성능을 갖는다. 적절한 수로를 활용하는 것이 출력 성능을 결정하는 중요한 요인이다. 질 좋은 수자원이 있는 부지를 찾는 것뿐만 아니라, 기존의 규제요건들을 충족해야 하고 수리권(water right)도 확보해야 한다.

수력터빈은 물의 운동에너지를 전기에너지로 변환한다. 움직이는 물이 터빈과 샤프트를 돌리면, 이것이 발전기를 회전시켜 전기를 생산한다. 수력발전으로 얻을 수 있는 에너지는 물의 낙차(head, 터빈까지의 높이)와 유속(flow)이 이루는 함수다. 낙차가 크고 유속이 빠를수록, 시스템의 잠재적인 에너지가 더 커진다. 수력은 가장 변화의 폭이 적은 재생에너지 자원 중의 하나일 수 있는데, 그 물줄기나 강의 흐름이 큰 변화없이 계속되기 때문이다. 수력발전시스템의 유속은 계절별로 달라질 테지만 낙차 변화는 시스템 설계를 기준으로 고정된다. 수력의 다른 두 가지 장점은 가장 낮은 가격으로 재생에너지를 얻을 수 있는 시스템 중 하나라는 점과 설치를 통해 수십 년간 이용할 에너지를 발생시킬 수 있다는 점이다.

초소규모 및 소규모의 수력발전시스템이 일반적으로 저영향(low-impact)의 대안이라고 여겨질지라도, 수중 생태계와 서식지에 미칠 부정적 효과를 최소화하도록 각별한 주의를 기울여야 한다. 초소수력의 환경적 영향을 줄이는 방법은 유수활용시스템(run-of-the-river system)을 설치하는 것이다(그림 8.31 참조). 그런 시스템의 목적은 지류의 경로와 흐름에 끼치는 영향을 최소화하거나 없애는 것이다. 이런 시스템에서는 물이 수로의 여과취수구를 통해 들어간 다음 수압관(penstock)을 통해 하류에 위치한 터빈으로 이동한다. 그 물은 방류지(trail-race)를 통해 수로로 되돌아간다. 그렇게 수로로 되돌아가기 전에 일시적으로 우회되는 유량은 일부에 불과하다. 시스템의 규모가 증가할수록, 취수지(intake)는 종종 보 취수댐(diversion dam)이나 둑(weir)과 통합된다. 이런 유형의 유수활용시스템은 규모가 작고 저수지가 없기 때문에 강의 흐름을 제어하지 않는다. 그럼에도 불구하고, 소형의 댐 구조물에서도 일어날 수 있는 환경적 영향을 주의 깊게 연구해야 하며, 기존 댐을 활용하여 수력을 개선하는 것 또한 환경적 영향을 줄일 수 있는 또 다른 대안이 될 수 있다.

저영향 수력발전 연구소(Low Impact Hydropower Institute)는 전국의 저영향 수력발전시설들을 진흥하고 인증하는 비영리단체다. 소수력 프로젝트를 도시 · 공업수로나 정수처리과정(water process)으로 통합하는 경향도 늘어가고 있는데, 그림 8.32에 나오는 것처럼 운하와 정수처리장으로 보내는 경우가

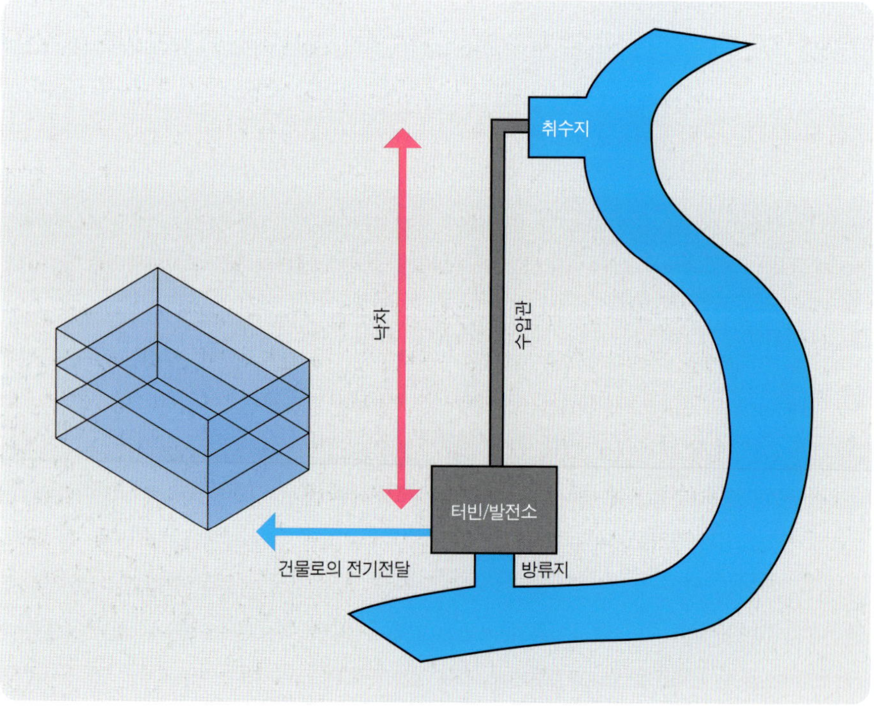


■ 그림 8.31 유수활용 수력발전시스템

■ **그림 8.32** 일리노이 주 캥커키에 있는 1.2 MW 규모의 수력발전시스템은 폐수처리장에 전력을 제공한다. *〈NREL/PIX 00069 / 사진: Warren Gretz.〉*

그런 예다. 이런 수로들은 수력발전 기술을 적용할 때 환경적 영향이 훨씬 적은 대표적인 유형들이다.

계통연계형 전기시스템의 기본적인 부품들은 터빈과 건물 분전반에 연결된 교류제어기다(그림 8.33 참조). 계통연계형 시스템은 요금상계가 가능한 계량기를 갖춰야 한다. 그리고 배터리 축전장치를 계통연계형이나 독립형의 시스템에 부가할 수도 있다. 배터리충전을 위한 직류발전기는 대개 소형 주택규모의 초소수력터빈에서 볼 수 있으며, 일부 시스템들은 발생되는 에너지가 부지내에서 사용되지 않고 배터리에 저장되거나 계통으로 배출될 때 시스템의 모든 출력용량을 흡수하기 위한 밸러스트 부하(대개는 난방요소)를 포함할 필요가 있다. 수력터빈은 부하가 있을 때 작동해야 손상이 적다.

### 8.5.2 기술(Technologies)

초소수력 및 소수력 터빈기술에는 두가지 주된 유형이 있는데, 반동(reaction) 터빈과 충동(impulse) 터빈이 그것이다. 각 유형에는 자체적인 적용법이 있고, 수로의 특성에 따라 장점이 각기 다르다. 터빈 제조업체와 함께 터빈의 기술과 규모를 수로의 에너지 잠재력에 맞춰 세심하게 조정하는 게 중요하다.

반동 터빈은 그 블레이드 전체를 물줄기에 담그는 방식으로서 유속이 높고 낙차는 적기나 중간수준일 때 이상적이다. 반동 터빈의 몇 가지 유형들로는 프로펠러(Propellor), 프랜시스(Francis), 카플란(Kaplan)(그림 8.34 참조) 등이 있다. 각 유형에는 높은 유속의 수력에너지를 최적으로 포착하기 위한 고유의 블레이드가 설계되어 있으며, 물의 흐름은

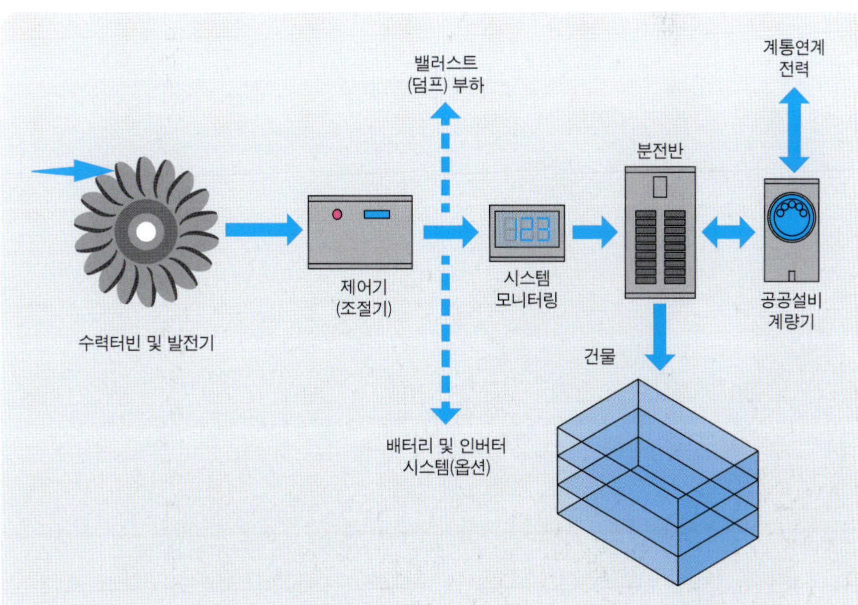


■ **그림 8.33** 계통연계형 수력발전시스템

모든 블레이드를 동시에 작동시킨다.

충동 터빈은 물에 담기지 않는 굴대(휠) 부분이 있다. 물은 배관을 타고 1열 이상의 노즐을 통해 터빈으로 고속 취수된다. 충동 터빈은 큰 낙차(고압)와 낮은 유속의 조건에서 이상적이다. 충동 터빈의 유형들로는 크로스플로(cross-flow)와 투고(Turgo), 펠튼(Pelton)(그림 8.35 참조) 등이 있다. 1열 이상의 노즐은 여러 개의 컵 모양 날개가 달린 회전하는 굴대에 고속으로 물을 흘려보낸다. 투고 유형은 노즐의 물 흐름이 한 번에 하나 이상의 컵 모양 날개에 충격을 가할 수 있는 향상된 블레이드 디자인 형태이다.

■ 그림 8.34 카플란 터빈

■ 그림 8.35 펠튼 터빈

#### 8.5.2.1 효율(Efficiency)

수력터빈은 90퍼센트까지의 효율을 달성할 수 있는데, 잘 설계된 시스템에서는 대부분 80 내지 90 퍼센트 효율을 나타낸다. 주택에 사용되는 가장 소규모의 초소수력 터빈들은 그보다 더 효율이 낮을 것이다. 하지만 시스템의 다른 손실들도 있으므로 최종 에너지효율은 터빈효율보다 더 낮을 것이다. 취수지에서 터빈까지의 수로는 수압관 내 방향전환 부위들의 배관설계를 통해 마찰력이 발생될 수 있다. 이러한 마찰 때문에 시스템의 총 위치에너지가 감소할 수 있으며, 전체적인 시스템 효율은 초소수력의 경우 50퍼센트, 소수력의 경우 60 내지 70퍼센트 수준이다.

### 8.5.3 설계지침(Design Guidance)

수력의 활용은 대지에 따라 매우 달라진다. 적정조건 하에서 수자원을 활용하여 넷 제로 에너지 빌딩의 에너지사용량 중 그 전부나 일부를 충족시킬 수 있다. 적절한 수로를 쓸 수 있다면, 첫 번째 단계는 시스템의 낙차와 유속을 결정하는 일인데, 이를 통해 터빈의 선정과 시스템 설계와 주고 시스템의 에너지발생능력을 추정할 수 있을 것이다.

시스템의 출력은 다음의 간단한 식들을 통해 추정할 수 있다. 첫째, 초당 세제곱피트 단위의 물 유속(F)과 피트 단위의 낙차(H)를 기준으로 수력의 최대잠재력을 추정해야한다. 물의 중량은 세제곱피트 당 62.4파운드다.

$$P = H \times F \times 62.4$$

이 식에서 출력(P)의 단위는 초당 피트-파운드다. 이 값은 (1.36 와트/초당 피트-파운드)의 배율을 적용하여 와트 단위로 바꿀 수 있다.

$$P(W) = H \times F \times 84.9$$

이 식은 분당 갤런 단위의 유속에 (초당 세제곱피트/분당 448.8 갤런)의 배율을 적용하여 표현할 수도 있다.

$$P(W) = H \times F \times 0.19$$

다음으로, 수력시스템에 대한 설계출력에 도달하려면 이 식에 총 시스템효율을 적용해야한다.

$P(W) = H \times F \times 84.9 \times e$ (F의 단위는 cf/s)

$P(W) = H \times F \times 0.19 \times e$ (F의 단위는 gpm)

추정된 설계출력을 활용하여 연간에너지발생량을 추정할 수 있다. 시스템에 대한 설계유속이 설계유속을 기준으로 연중 발생하는 최저 유속이 적용가능하다 판단되면, 단순히 와트나 킬로와트 단위의 출력에 연간 시간을 곱하여 연간 킬로와트-시(kWh)를 얻을 수 있다. 실제 연간성능을 추정하기 위해서는 유속이 낮은 시기와 유지보수로 인한 정지 기간 등을 감안한 설비이용률을 적용해야한다.

초소수력 혹은 소수력 시스템을 위한 통합적 설계는 규제요건과 법적요건의 준수만을 의미하지 않는다. 그것에는 환경적 이슈들의 세심한 평가와 시스템을 부지에 적용하고 통합하는 미학에 대한 면밀한 관심도 필요하다. 미학적 고려사항들은 분명히 부지에 따라 다양할 것이다. 천연적인 환경에서는 개울이나 강을 활용하는 반면, 도시나 공업지대에는 또 다른 다양한 활용 기회가 있을 것이다.

**소수력발전시스템 규모 사례**
(Small Hydropower System Size Example)

부지에 가능한 시스템 낙차: 75 W

설계유속: 분당 15,000 갤런

시스템효율: 70%

출력 = 75 ft × 15,000 gpm × 0.19 × 0.70 = 149,625 W, 혹은 150 kW

설비이용률: 75%

에너지 = 150 kW × 8,760 시간 × 75% = 985,500 kWh, 혹은 3,363 MBtu

## 수력발전 자료 및 설계도구(Hydropower Resources and Design Tools)

### 업계자료(Industry Resources)

- 국립수력발전협회(National Hydropower Association: NHAA): www.hydro.org
- 저영향 수력발전 연구소(Low-Impact Hydropower Institute: LIHI): www.lowimpacthydro.org

### 수력자료(Hydro Resources)

주: 자료들은 부지에 따라 달라지므로 현장측정을 필요로 한다.

- 미국지질조사(U.S. Geological Survey) (과거의 유속들을 확인해볼 수 있다.): www.usgs.gov
- 가상 수력발전 전망기(Virtual Hydropower Prospector) (아이다호 국립연구소가 온라인으로 제공하는 GIS 수력자원평가도구): http://hydropower.inel.gov/prospector/index.shtml

### 수력발전설계 소프트웨어 및 웹사이트(Hydropower Design Software and Websites)

- 레트스크린 (캐나다 천연자원부[Natural Resources Canada]의 무료소프트웨어): www.retscreen.net

주: 시스템의 규모산정과 설계 시에는 터빈 제조업체의 자문을 얻을 것.

## 8.6 지열(Geothermal)

### 8.6.1 기본개념(Basic Concepts)

지열에너지는 땅속에 비축된 열이나 열에너지로부터 나온다. 지구의 핵 온도는 극한의 고온인데 대략 10,000°F, 혹은 태양의 표면과 대략 같은 온도라고 여겨진다. 땅은 엄청난 에너지 자원이며, 뜨거운 온도는 지표면과 상대적으로 가까운 곳에서도 찾을 수가 있다. 땅속의 온도는 일반적으로 지표면 아래로 내려갈수록 높아진다. 지표면 바로 밑의 땅은 기온에 비해 상대적으로 일정한 온도를 유지하며, 대부분의 지역에서 50°F 내지 60°F 사이를 유지한다. 지면의 얕은 깊이에 존재하는 열자원이 지열냉난방에 활용되는데, 때로는 이를 **지열교환**(geoexchange)이라고 부른다. 이 기술은 일반적으로 재생에너지시스템보다는 에너지 효율적 기계설비시스템으로 분류된다. (지열원 히트펌프를 사용하는 지열기술에 대한 논의는 7장을 다시 참조할 것.)

지표면 밑으로 더 들어가면 뜨거운 물과 증기가 있는 틈과 저장구역들을 발견할 수 있는데, 특히 최근의 화산활동으로 지표면 가까이 뜨거운 마그마가 올라온 지역에서 발견할 수 있다. 전 세계적으로 지표면 밑에서 얻은 증기나 온수로 재생전력을 발생시키는 데 활용되는 지열전력기술들이 몇 가지 있다. 다른 재생에너지 자원들에 비해 지열은 간헐적이지 않으며, 1년 365일간 꾸준한 전력을 생산할 수 있다.

### 8.6.2 기술(Technologies)

지열발전은 미국에 1퍼센트 미만의 에너지를 공급하지만, 훨씬 더 큰 비율을 공급할 수 있는 잠재력이 무궁무진하다. 미국에는 상당한 지열 자원이 있으며, 특히 미국 서부지역 전반에서 고온의 자원들이 발견되는데 그림 8.36의 지도가 이를 나타내고 있다. 게다가 지열에너지를 활용하기 위한 기술과 기법들이 급격히 향상되는 중이고 앞으로 가용한 자원들을 더욱 확장시켜갈 것이다.

지열을 활용하기에 적절한 대지는 열과 물, 그리고 물이 가열된 암석을 통과할 수 있는 투수성 지형을 갖춘 부지다. 심부지열발전시스템(enhanced geothermal system)으로 알려져 있는 신진기술은 지열에너지 발전에 부적절한 부지를 개량할 수 있다. (이 또한 그림 8.36의 지도에서 설명하고 있다.) 많은 부지들이 가열된 암석층은 있으나 물과 투수성 지형은 없는 경우가 많다. 심부지열발전기술은 암석층을 깨고 그 깊숙한 곳에 물을 주입함으로써 물로 채워진 투수성의 지열저류암(geothermal reservoir) 만든다. 그러나 이 기술의 잠재적 위험 중 하나는 지진활동을 유도할 수도 있다는 점이다.

구글(Google)은 RE<C 구상('석탄보다 싼 재생에너지 개발[Develop Renewable Energy Cheaper than Coal]' 구상)의 일환으로서 심부지열발전시스템에 대한 연구개발 및 정보의 고급화를 목적으로 한 프로그램을 제도화했다. 구글 어스(Google Earth)의 한 플러그인을 사용하면, 다양한 깊이의 수온과 더불어 각 주마다 현존하는 총 자원에너지용량 대비 에너지발전가능성 등 주별 지열자원에 대한 평가가 가능하다. 이 플러그인은 www.google.org/egs에서 이용할 수 있다.

지열발전은 대부분 공공설비규모에서 이뤄져왔으며, 고온의 지열저류암(geothermal reservoir)에 위치한 지열발전소를 활용한다. 건조증기 발전소는 땅에서 바로 나오는 증기로 터빈을 구동한다. 가장 오래된 기존 지열기술인 이런 유형의 플랜트에는 그 장치를 제한할 수 있는 증기저장소를 이용할 필요가 있다. 가장 흔한 유형의 지열발전소는 뜨거운 물을 저압탱크로 인입하여 탱크에서 증발된 공기를 통해 터빈을 구동하는 습증기 플랜트(flash-steam plant)다.

습증기 플랜트를 작동시키는 데 필요한 수온은 360°F 이상이다. 또한 이런 유형의 발전소는 입지

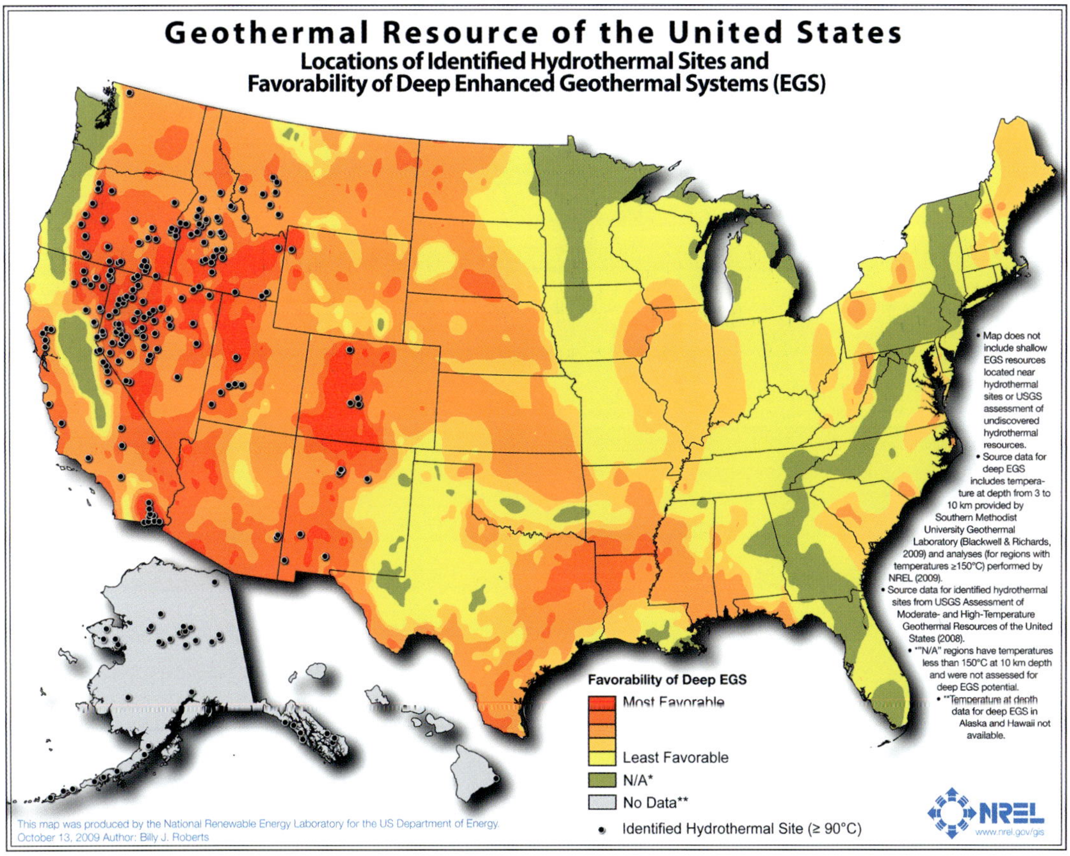


■ **그림 8.36** 지열자원분포도. 〈*NREL*〉

마다 특수한 성격을 갖는데, 지각 판들의 경계를 따라 일어나는 화산활동으로 지온이 높은 지역들에 기초한다. 하지만 300°F 미만의 온도를 활용하는 저온 지열장치에 대한 기술도 발전하고 있다. 2유체발전(binary-cycle) 기술을 활용하는 지열발전기술은 저온의 지열원들로도 전력을 생산할 수 있게 한다(그림 8.37 참조). 2유체발전소는 열교환기를 통해 지열심정으로부터 끓는점이 낮은 (2유체 혹은 2차적) 폐쇄회로의 액체로 열에너지를 전달하고, 그 액체는 쉽게 증발하여 터빈을 구동한다. 이러한 기술의 발전은 건물이나 커뮤니티를 위한 분산형 지열에너지시스템들의 실행성을 점차 높여줄 것이다. 현재 최저온의 지열발전소는 알래스카의 체나 핫스프링스(Chena Hot springs)에 있다. 심정수 온도가 165°F인 400 kW 규모의 이 시스템은 그 휴양지에 필요한 모든 연간 에너지를 공급한다.

저온 내지 중간온도의 지열수(68°F 내지 302°F)로 직접 건물을 난방하거나 공정용 급탕수요를 충족시킬 수 있다. 또한 지열을 지역중앙난방플랜트에 활용할 수도 있다. 이런 유형의 기술은 지열에너지 직접이용(direct geothermal)이란 이름으로 알려져 있고, 아이다호 주의 보이시(Boise)를 비롯한 많은 곳에서 지역난방시스템을 제공하는 용도로 활용되어왔다. 저온 내지 중간온도의 지열에너지 발전 및 직접이용 난방은 이런 유형의 재생에너지원에 대한 잠재력을 다양한 규모와 입지로 확장시키며 넷 제로 에너지 빌딩에 대한 중요성을 키워가고 있다.

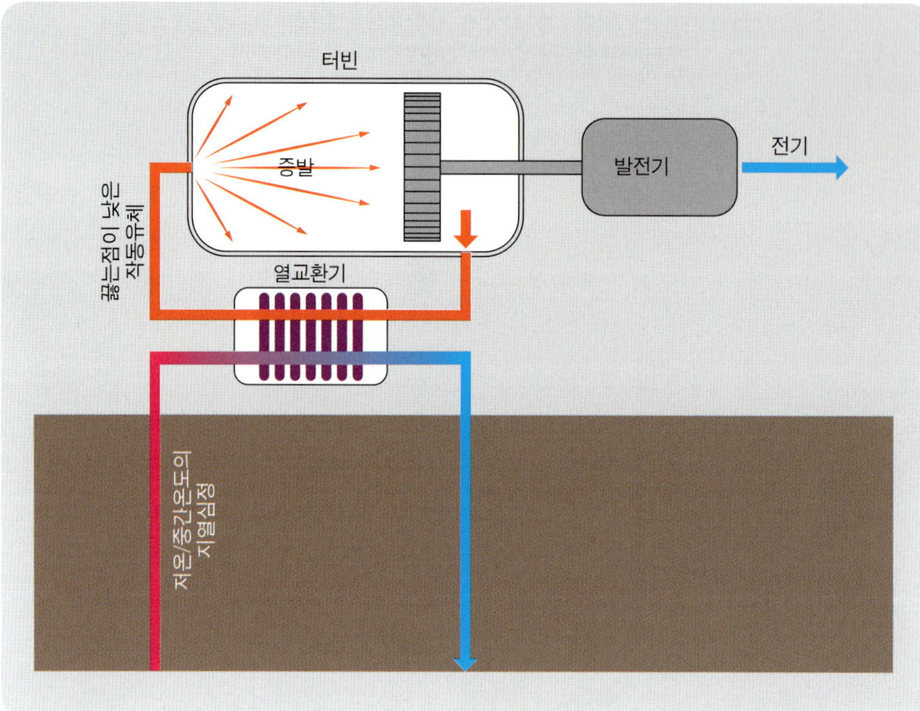


■ **그림 8.37** 지열 2유체 발전기술

**지열발전 및 직접사용 자료와 설계도구(Geothermal Power and Direct-Use Resources and Design Tools)**

업계자료(Industry Resources)

- 지열에너지협회(Geothermal Energy Association: GEA): www.geo-energy.org

지열자료(Geothermal resources)

- 에너지부 에너지효율 · 재생에너지국(Energy Efficiency & Renewable Energy)의 지열기술프로그램: www1.eere.energy.gov/geothermal/maps.html
- 국립재생에너지연구소의 지열기술: www.nrel.gov/geothermal/data_resources .html
- 구글: www.google.org/egs

지열설계 소프트웨어 및 웹사이트(Geothermal Design Software and Websites)

- 레트스크린 (캐나다 천연자원부[Natural Resources Canada]의 무료 소프트웨어): www.retscreen.net

주: 시스템의 규모산정과설계 시에는 터빈 · 시스템 제조업체 및 설치자들의 자문을 얻을 것.

## 8.7 바이오매스(Biomass)

### 8.7.1 기본개념(Basic Concepts)

바이오매스는 생물학적 혹은 유기적 물질로부터 도출되는 다양한 재생에너지원인데, 쉽게 보충할 수 있기 때문에 재생에너지 자원으로 여겨진다. 바이오매스는 주로 식물성 재료를 이용하고 태양에너지를 포도당으로 변환하는 광합성과정을 통해 태양에너지를 비축하여 활용한다. 식물성 물질 속에 있는 포도당은 중요한 생물학적 에너지원으로서 지구 탄소주기의 일부를 이룬다.

바이오매스 작물은 성장과정에서 광합성을 통해 대기로부터 이산화탄소를 격리시킨다. 바이오매스를 연소시켜 열이나 전기를 생산할 때는 이산화탄소가 대기 중으로 다시 방출된다. 그리고 나서 그 작물을 또 이식할 수 있고, 이산화탄소는 또 다시 격리되어 탄소균형을 만들어낸다. 또한 식물성 재료가 부패할 때는 메탄이 방출된다. 바이오매스 기술은 메탄배출을 포획하고 연소시켜 유용한 에너지로 변환할 수 있다. 이 과정에서 이산화탄소가 배출되지만, 이산화탄소보다 훨씬 강력한 온실가스인 메탄의 배출은 막게 된다.

현재 업계에서는 바이오매스 에너지 생애주기별 온실가스배출이 기후변화에 미치는 영향에 대한 불확실성과 논쟁이 존재하며, 이 문제에 관한 연구가 지속되고 있다. 바이오매스를 구성하는 실제적인 생애주기별 온실가스배출 요인들로는 식물탄소격리(plant carbon sequestering)와 식물연소(plant combustion)로 이루어지는 탄소주기 외에도 많은 배출 요인들이 있다. 토지용도변화와 농작, 연료생산, 연료이송, 최종용도적용에 관한 모든 투입요인들이 생애주기별 온실가스배출에 영향을 준다. 삼림지를 바이오매스 작물지로 변환하고 바이오매스 작물지에서 비료를 이용하는 등의 요인들 때문에, 대부분 바이오매스 장치에 대한 생애주기별 온실가스배출은 탄소 중립적이지 못하다. 그럼에도 여전히 화석연료 사용에 비해 온실가스배출을 상당히 줄이는데 도움이 될 수 있다. 어떤 경우에는 바이오매스 에너지의 생애주기 배출량이 탄소중립적일 수 있으며 탄소중립적 이거나 그 이상의 탄소 배출을 감소시키는 대부분의 장치들은 토지용도변화를 일으키지 않거나 농업생산을 최소화하는 장치들이다. 많은 변수들이 개입되기 때문에 잠재적 생애주기 배출량에는 폭넓은 변화가 있으며, 각각의 바이오매스 에너지 장치를 프로젝트별로 고려해야 한다.

바이오매스 에너지의 활용에서 발생하는 온실가스 배출뿐만 아니라 다른 환경적 · 경제적 · 사회적 이슈들도 다뤄야 한다. 바이오매스 작물에 대한 수요가 늘면서 식용작물생산에 대한 압력이 거세지고 관개가 가능한 토지에 대한 경쟁이 일어날 것이다. 이런 압력들은 시간이 지날수록 식량가격과 식량이용에 영향을 줄 수 있다. 또한 바이오매스 작물은 상당량의 수자원을 필요로 하며 새로운 물 수요를 만들어내기도 한다. 그리고 바이오매스 작물에 대한 수요는 생물다양성을 줄이고 천연서식지를 손상하는 토지용도변화들을 일으킬 수도 있다.

바이오매스를 통한 에너지 생산 및 연소 과정은 오염물질을 대량으로 만들어낼 수 있다. 바이오매스의 연소는 일산화탄소와 질소산화물 등의 미립자 및 오염물질들을 방출하여 공기오염과 스모그를 일으킬 수 있다. 바이오매스의 농업생산과정에서 사용되는 비료는 수질오염으로 이어질 수 있는데, 비료에서 흘러나온 질소와 인산이 지류의 부영양화(eutrophication)를 일으키고 식물과 조류의 성장을 과도하게 자극함으로써 수중서식지와 수질을 위협할 수 있기 때문이다. 바이오매스 에너지의 오염위험을 완화하려면 엄격한 규제와 오염제어를 위해 최신기술을 적용하는 것이 중요하다. 바이오매스 에너지의 부정적 여파는 업계에서 가열되는 논쟁의 원인이며, 이를 충분히 이해해야 바이오매스 산업의 성공적이고 적절한 성장을 보장할 수 있다.

식용작물과 에너지작물(특히 바이오매스의 공

급 원료로서 식재되는 비식용작물), 수중작물(예: 조류), 목재를 비롯하여 많은 바이오매스 에너지 자원들이 있다. 한 가지 흥미로운 바이오매스 공급 원료는 폐부산물들인데, 대표적으로는 도시폐기물과 매립가스, 산업폐기물, 동물의 퇴비, 농업부산물, 산림잔여물이 그 예다. 폐부산물을 활용하는 많은 장치들은 생애주기관점에서 볼 때 탄소중립적일 가능성이 크다. 아이러니하게도 이런 장치들은 공기오염을 일으킬 위험이 높기 때문에 엄밀한 오염제어대책을 필요로 한다.

우드칩(wood chip)과 같은 바이오매스는 에너지 발생에 바로 활용할 수 있다. 그것을 액체나 가스 연료로 변환시켜 연소에 활용할 수도 있다. 바이오매스 재료들을 액체나 가스 형태로 분해하는 수많은 생화학적 · 열화학적 변환과정들이 있다. 생화학적 변환은 에탄올 발효 등의 다양한 과정들로 유기성 재료를 천연 분해하는 과정을 포함한다. 열화학적 변환은 열을 통해 유기성 재료를 분해하는데, 그것을 연소시켜 에너지를 생성하거나 액체 바이오연료로 정제시킬 수 있다. 이 두 가지의 주된 열화학적 과정들은 각각 가스화(gasification)와 열분해(pyrolysis)라고 불린다. 가스화는 열화학적 변환과정을 통해 바이오매스 원료를 열로 분해하고 소량의 산소를 활용하여 일산화탄소와 수소로 이루어진 합성가스(syngas, synthesis gas)를 만들어낸다. 열분해는 가스화보다 낮은 온도를 활용하며, 산소를 활용하지 않고 바이오오일을 만들어낸다.

바이오매스는 화석연료와 석유를 대체하여 바이오제품(bioproduct)과 바이오연료(biofuel), 바이오전력(biopower)이라는 세 가지의 최종용도로 사용될 수 있다. 이전의 바이오제품은 석유로 만들어졌으나 현재는 많은 바이오매스 형식 중의 하나로 생산되는 제품이며, 바이오기반 플라스틱이 그 예다. 바이오연료 장치는 바이오매스 원료로부터 액체나 가스 연료를 만드는 과정을 포함한다. 바이오연료 장치들은 주로 교통산업에서 다양한 연료들을 대체 그리고/혹은 보충하는 용도로 사용된다. 바이오매스를 통해 전기 그리고/혹은 열을 만드는 바이오전력은 넷 제로 에너지 빌딩에 중요한 장치이므로 이번 섹션에서 주로 다룰 내용이다.

바이오전력시스템 기술들로는 직접소각(direct-firing)과 혼합소각(co-firing), 혐기성 분해(anaerobic digestion), 가스화 및 열분해 등이 있다. 바이오전력 에너지시스템들은 개별건물이나 커뮤니티를 위한 공공설비규모나 분산형 규모에 활용될 수 있다. 태양전력이나 풍력에 비해 바이오매스가 갖는 장점은 원료공급만 가능하다면 연속적인 베이스부하(base-load) 발전이 가능하다는 점이다.

### 8.7.2 기술(Technologies)

공공설비규모의 바이오전력은 20 내지 50 MW 범위에서 직접소각방식의 바이오매스 발전소로서 개발되어왔다. 이런 발전소들은 보통 목재와 농업부산물을 공급 원료로 활용한다. 바이오매스는 석탄과 바이오매스 공급 원료를 연소시켜 발전할 수 있도록 혼합소각방식으로 기술전환을 해온 일부 탄소소각방식의 발전소들에서도 사용된다.

바이오전력 기술을 상업건물에 적용하는 많은 형식들이 있다. 이런 형식은 종종 모듈러 바이오전력 시스템(modular biopower system)이라고 불린다. 모듈러 직접소각 바이오매스시스템에서는 고체 바이오매스를 연소시켜 증기를 만들고, 이 증기가 터빈과 발전기를 구동하여 전기를 생산한다. 이 과정을 통해 건물의 난방이나 급탕, 혹은 일부 공정용 가열처리를 할 수도 있다. 바이오매스를 효율적으로 적용하는 방법은 전기와 열을 모두 발생시키는 열병합발전(cogeneration 혹은 combined heat and power) 방식이다. 하지만 연소를 통한 발전과정은 그리 효율적이지 못하며(20 내지 40퍼센트), 이러한 손실효율은 폐열로 간주된다. 그러나 폐열은 열병합발전장치 내에서 포획되어 다양한 난방에 활용될 수 있다. 일부 장치에서는 냉방까지 제공하는 삼중열병합발전(trigeneration)을 달성할 수 있다. 폐열은 열에너지 제공뿐만 아니라 흡수식 냉동기를 구동하는 데에도 활용할 수 있다. 열병합발전이나 삼중열병합발전 시스템에서는 70 내지 90퍼센트의 고효율을 달성할 수 있다.

이제 막 상업화되기 시작하고 있는 한 가지 기술은 통합가스화(integrated gasification) 기술이다. 바이오매스 공급 원료를 직접 연소하는 게 아니라, 공급 원료를 수소와 일산화탄소를 혼합한 합성가스로 변환시킨다. 합성가스를 연료로 활용하면 보다 효율적이고 다양한 발전기술들을 사용할 수 있는데 예를 들면 증기-가스 복합터빈(combined steam and gas turbines), 스털링엔진(Stirling engines), 마이크로터빈, 연료전지 등이 활용 가능하다. 이런 기술은 목재와 농업부산물, 에너지작물과 같은 에너지 공급 원료들을 통합할 수 있다. 그것은 그림 8.38에 나오는 것처럼 규모조정이 가능한 기술이며, 이를 종종 모듈러 바이오전력 시스템이라 부른다.

가스소각방식의 바이오전력 시스템을 활용하는 또 한 가지 방법은 혐기성 분해기를 통해 바이오가스를 만드는 방법이다. 혐기성 분해기(anaerobic digester)는 박테리아를 활용하여 유기물질을 분해하는 방법이다. 이 과정은 산소가 존재하지 않을 때 완성되기 때문에 혐기성이라고 말한다. 그 결과로 얻는 바이오가스는 50~80퍼센트가 메탄인 재생 가능한 천연가스의 형태다. 혐기성 분해기는 수분이 포함된 바이오매스 공급 원료를 이용하는데, 동물과 사람의 배설물, 매립지의 유기성폐기물, 음식물 쓰레기 등 다양한 유기성폐기물이 그에 포함된다.

유기성폐기물을 포함하는 일부 공정과 현장 바이오매스전력은 서로 유익한 시너지 효과를 일으킬 수 있다. 그 공정으로 다시 재활용되지 않는 이상, 일관되게 공급되는 유기성폐기물은 혐기성 분해기를 통해 바이오가스로 전환된 다음 전기 그리고/혹은 열을 발생시키는 데 활용될 수 있다. 예를 들어 농장과 목장에서는 동물의 배설물을 바이오가스로 변환시키는 혐기성 분해기를 설치할 수 있으며, 오폐수처리장에도 이와 유사한 과정이 적용될 수 있다. 발전과정에서 생겨나는 폐열은 혐기성 분해과정에 열을 제공하여 변환온도를 최적화하는 데 활용할 수 있다. 매립지의 유기성폐기물은 분해되는 과정에서 대기 중으로 메탄을 방출한다. 매립가스 포집시스템은 매립지 속에 배관을 연결하여 그 속의 바이오가스를 포획하는 배관포집시스템으로 구성된다.

일단의 유기성폐부산물들을 하나의 부지내 바이오전력시스템으로 통합할 수 있다. 펄프 및 종이 공장들은 폐목재를 활용하여 가스화를 통해 열과 전기를 생산하는 사례들이다. 이와 같은 공정은 바이오기반 제품을 생산하고, 바이오연료를 제작하고, 자체적인 전기와 열을 발생시키는 과정을 결합할 수 있다.

넷 제로 에너지 빌딩에 대한 바이오전력시스템의 적용을 분석할 때 가장 중요한 요인 중 하나는 원료가 적절하게 공급되는지의 여부다. 일부 공정에서는 공급 원료가 부재 내에 있고 그 프로세스에 속해있다. 또다른 경우는 공급 원료를 대지로 운송할 필요가 있다. 따라서 바이오매스는 공급 원료를 지역으로 조달하고 부지내에는 신뢰할 만한 분배시스템을 갖춰야 하는 지역적 특수성을 띤 솔루션이다. 국립

■ 그림 8.38 모듈러 바이오전력시스템. 〈NREL/PIX 11913 / 사진: Jim Yost.〉

재생에너지연구소에서 제공한 그림 8.39의 지도는 미국 내 바이오매스 자원들의 개별적 가용성과 광범위한 바이오매스 자원들의 복합적 가용성을 모두 보여준다. 국립재생에너지연구소는 개별 공급 원료들마다 특수한 자원가용성 지도도 제공하고 있다.

### 8.7.2.1 우드칩 보일러(Wood Chip Boilers)

상업건물에 쓰이는 가장 간단한 바이오매스 기술 중 하나는 건물난방과 급탕을 위한 열에너지를 발생시킬 수 있는 우드칩 보일러다. 이 기술은 소규모의 상업건물에 적용이 가능하며, 한 캠퍼스 전체에 대해서도 지역온수 개념으로 적용할 수 있다. 우드칩 보일러 시스템의 기본요소들로는 연료저장고와 연료처리시스템, 배출제어기술을 갖춘 우드칩 보일러, 집진장치, 온수가열회로 등이 있다. 대규모 시스템에서는 컨베이어를 통해 연료처리를 자동화함으로써 작동시간을 최소화할 수 있다. 소규모 시스템에서는 일일 빈 호퍼(bin hopper)에 연료를 수동 공급하는 방식으로 비용 효율성을 높일 수 있다.

우드칩 보일러에는 목재 칩들이 필요하다. 적절한 프로젝트 부지는 잘 관리된 삼림지에서 좋은 목재를 이용할 수 있는 지역에 위치한다. 도시지역에서는 폐목재들을 우드칩으로 활용할 수 있다. 우드칩은 보통 그린우드(green wood)로 공급되는데, 그린우드란 습기를 함유한 목재를 뜻한다. 우드칩은 전체 과정의 일부로서 연소 전에 건조과정을 거치며, 건조목재를 기준으로 목재의 발생에너지를 측정한다. 완전건조목재의 경우 파운드 당 에너지 함량은 약 8,000 Btu다.

그림 8.40의 지도는 미국 내에 있는 목재관련 바이오매스 자원들을 산림잔여물의 관점에서 보여준다.

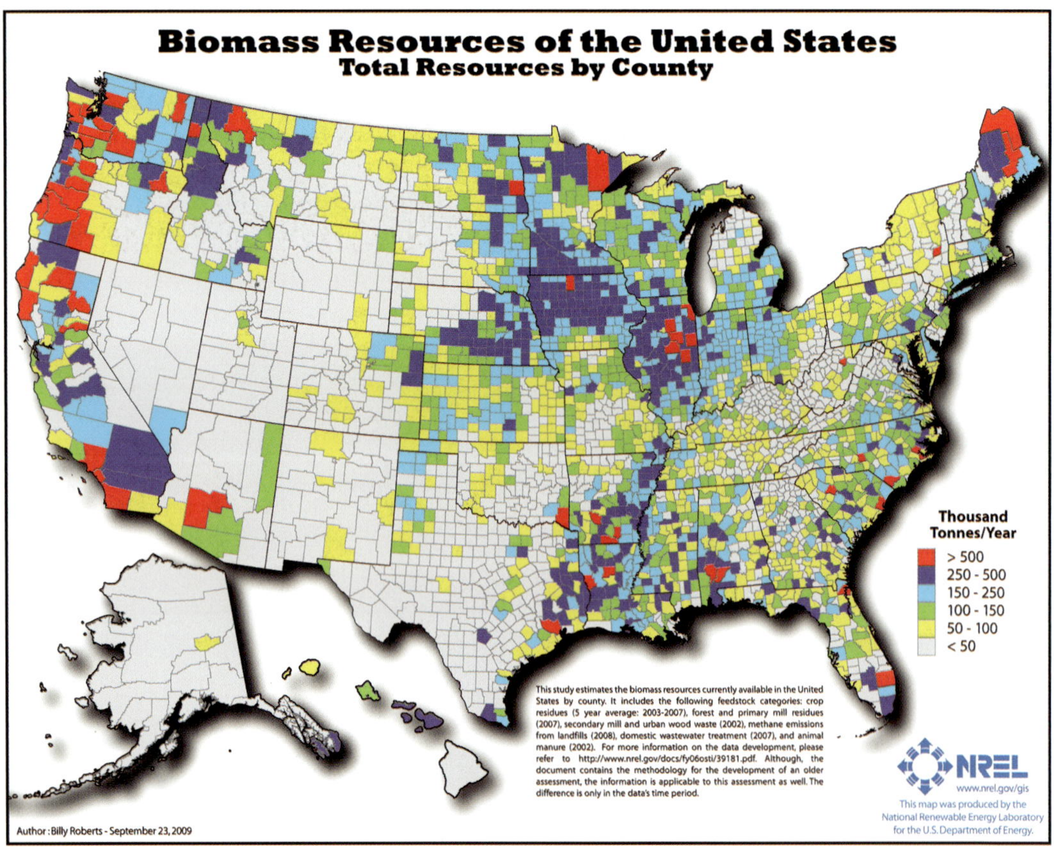


■ 그림 8.39 바이오매스 자원도. 〈NREL〉

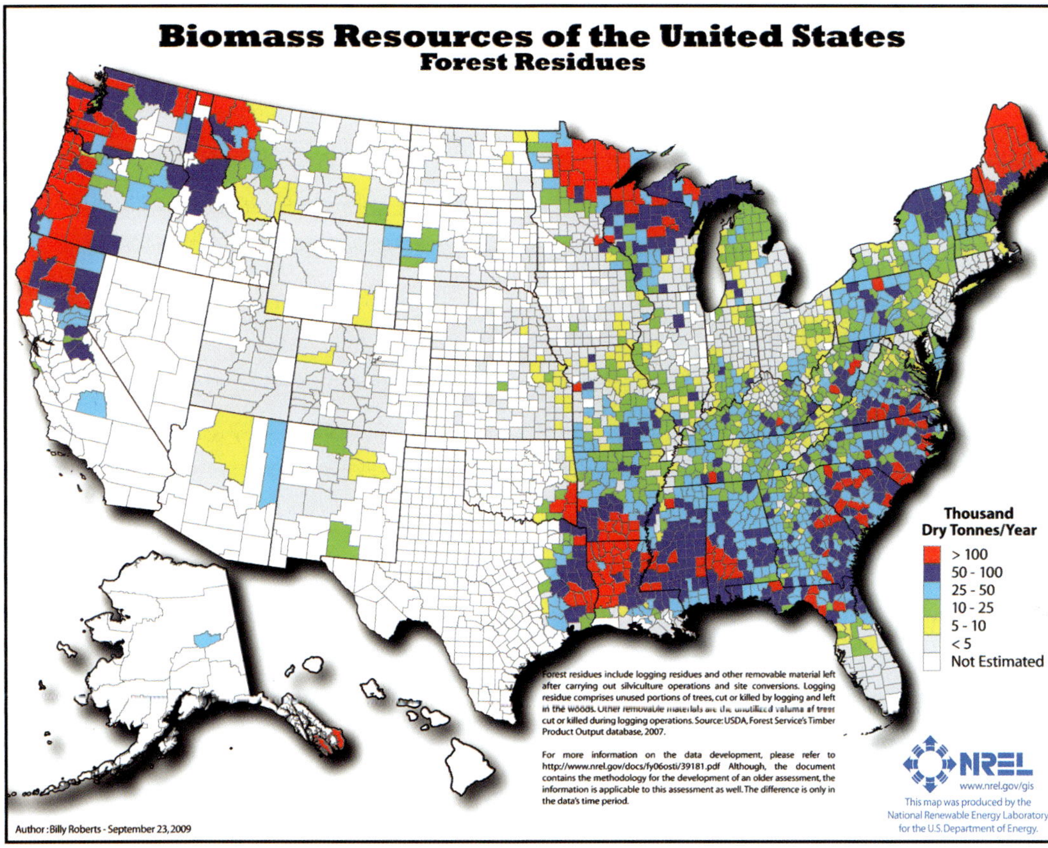


■ 그림 8.40 바이오매스 산림잔여자원도. 〈NREL〉

## 바이오매스 자료 및 설계도구(Biomass Resources and Design Tools)

### 업계자료(Industry Resources)

- 바이오매스에너지자원센터(Biomass Energy Resource Center: BERC): www.biomasscenter.org
- 바이오매스열에너지위원회(Biomass Thermal Energy Council: BTEC): www.biomassthermal.org

### 바이오매스 자료(Biomass Resources)

- 국립재생에너지연구소의 맵서치: www.nrel.gov/gis/mapsearch
- 미 에너지부의 바이오매스 프로그램: www.eere.energy.gov/biomass
- 미 산림청의 목질 바이오매스 활용프로젝트(Woody Biomass Utilization): www.fs.fed.us/woodybiomass

### 바이오매스 설계 소프트웨어 및 웹사이트(Biomass Design Software and Websites)

- 레트스크린 (캐나다 천연자원부[Natural Resources Canada]의 무료 소프트웨어): www.retscreen.net

## 8.8 연료전지와 수소

(Fuel Cells and Hydrogen)

### 8.8.1 기본개념(Basic Concepts)

연료전지는 연료(수소)와 산소의 전기화학과정을 통해 연소 없이 전기를 생산하는 장치다. 그 과정은 일반적인 엔진 및 터빈들보다 더 효율적이다. 연료전지 발전으로 생겨나는 부산물은 열과 물이다. 수소는 중소규모에서 제조될 수 있는 에너지 운반체 혹은 연료로 사용된다. 수소연료는 지역적으로 만들어 저장한 후 서비스 시점에 사용할 수도 있고, 중심적인 생산지에서 제조된 것을 이송하여 쓸 수도 있다. 이 기술은 베이스부하 전력을 제공하거나 다른 재생에너지시스템들을 보충할 수 있다. 연료전지는 쓰임이 다양한 클린에너지이기 때문에 넷제로 에너지 빌딩에서 중요한 역할을 수행할 수 있다. 그렇지만, 연료전지가 화석연료를 활용하여 생산되는 건 아님을 분명히 하는 게 중요하다.

### 8.8.2 수소(Hydrogen)

수소는 2개의 수소원자가 결합한 수소분자(H2)들로 이루어진 기체다. 수소는 하나의 양자와 하나의 전자로 이루어진 가장 간단한 원소로서, 원소주기율표에서는 제1번에 해당한다. 우주와 지구상에 존재하는 수소의 양은 풍부하다. 하지만 수소는 다른 원소들과 쉽게 결합하기 때문에 기체형태의 수소분자들은 지구상에 쉽게 존재하지 않으며, 수소기체는 너무 가벼워서 대기 중에서 상승한다. 따라서 수소가스를 활용하려면 인위적인 생산을 해야 한다. 수소를 만드는 방법은 매우 많다. 경제적이면서 현재 가장 흔히 사용되는 수소 생산 방법은 고온의 수증기를 활용하여 천연가스 내의 메탄분자들로부터 수소를 분리하는 메탄수증기개질(steam methane reforming)이라는 방법이다. 하지만 이 방법은 온실가스를 배출한다는 게 주된 단점이다.

다행히도 온실가스를 배출하지 않고 수소를 만드는 다른 신진기법들이 개발되고 있다. 물 분해(water splitting)는 전하를 활용하여 물에서 수소를 분리해낸다. 전기분해(electrolysis)라 불리는 이 과정은 태양에너지나 풍력에너지 등의 재생에너지 자원들로부터 얻은 전기를 활용하여 완성할 수 있다. 바이오매스를 합성가스나 액체 바이오연료로 변환하는 과정에서 수소를 만들 수도 있다. 이 방법의 탄소중립성은 바이오매스 공급 원료의 생애주기별 온실가스배출에 따라 다를 것이다. 수소원자들을 물에서 분리하는 다른 기술들로는 일부 미생물과 태양광, 혹은 특수반도체소재와 태양광을 활용하는 방법들이 있다.

### 8.8.3 연료전지(Fuel Cells)

연료전지는 연료전지스택(fuel cell stack)(그림 8.41 참조)이라 불리는 개별 연료전지들의 조합체로 이루어진다. 각각의 개별 연료전지는 3개의 얇은 층들로 구성되는데, 마이너스 전극(음극)과 플러스 전극(양극), 그리고 그 중간에서 양전하를 띤 양자의 음극에서 양극으로의 흐름을 촉진하는 전해질 막(그림 8.42 참조)이 그것이다. 수소가 연료전지에 진입하면 촉매제로 코팅된 각 전지의 음극이 수소원자들의 전자와 양자를 분리한다. 양자들이 전해질 막을 통해 양극 층으로 전도되는 동안, 자유로워진 전자들은 전해질 막 주위의 별도 회로로 들어가 다시

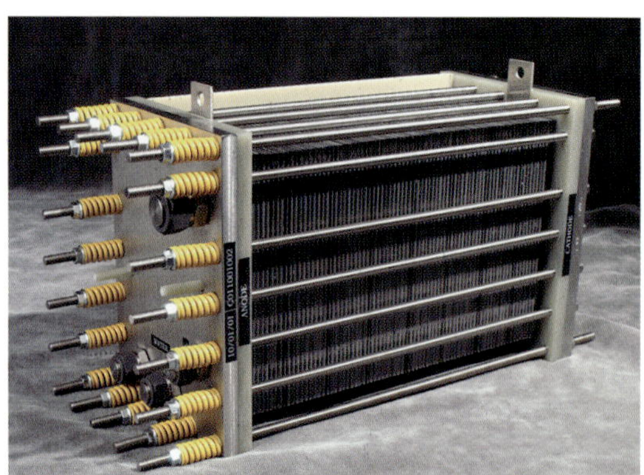

■ **그림 8.41** 5 kW 용량의 연료전지스택 *〈NREL/PIX 12506 / 사진: Warren Gretz.〉*

양극과 연결되고 직류전류를 발생시킨다. 산소가 있을 때 수소의 전자들과 양자들이 재결합하면 물과 열이 생산된다. 몇 가지 연료전지 기술들은 이런 식으로 작동한다. 또 어떤 기술들은 이와 유사한 방식으로 작동하지만 음극 쪽에서 물이 생산된다.

연료전지 기술은 전지에 사용되는 전해질의 유형에 따라 구분된다. 어떤 기술은 이미 상업적으로 이용이 가능하지만, 또 어떤 기술은 여전히 개발 중에 있다. 몇 가지 다양한 기술적 접근법들이 있는데, 각각에는 저마다의 장단점이 있다. 연료전지는 연료와 온도, 습도, 물을 관리할 수 있도록 설계되어야 한다. 설계과정에서 가장 크게 문제가 되는 사항은 비용 효과적이면서도 사용수명이 긴 고내구성 기술을 개발하는 일이다. 여기서 열거하는 연료전지 기술들은 분산형 에너지시스템에 적용이 가능하다.

연료전지의 구성요소 중 비용에 큰 영향을 끼치는 요소는 백금 촉매의 사용이다. 고분자 전해질전지(PEM)와 인산연료전지(PAFC)는 백금 촉매를 사

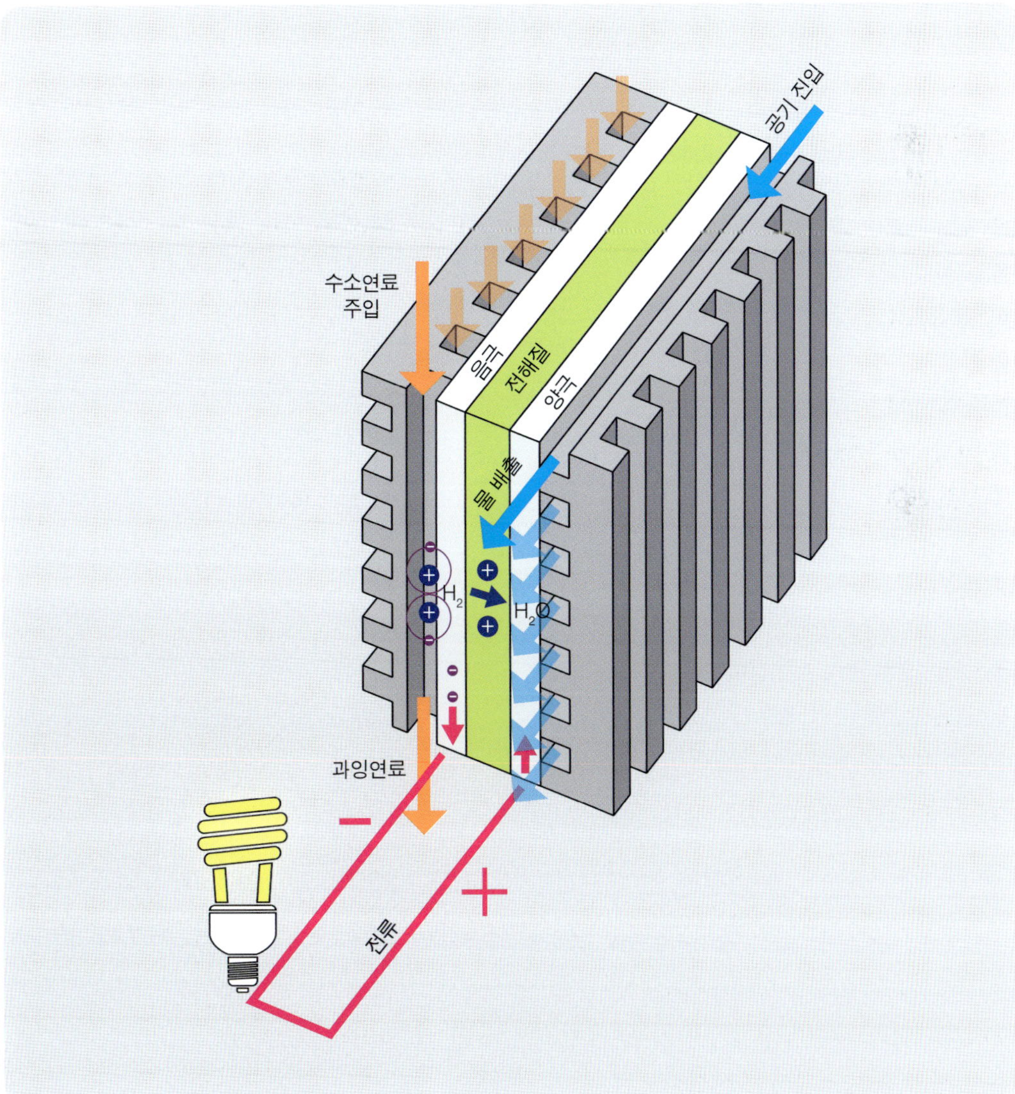


■ **그림 8.42** 고분자 전해질 막(PEM) 연료전지의 작동방식

용하지만 용융탄소연료전지(MCFC) 및 고체산화물 연료전지(SOFC) 기술들보다 작동온도가 낮다. 작동온도가 낮을수록 시동시간이 더 빠르고 온도관리가 더 쉬우며, 내구적이고 안전한 유닛들을 제조하기도 더 쉽다. 반대로 작동온도가 높을 때에도 장점들은 다양한데, 열병합발전방식에서 작동이 가능하다는 점과 수소가 부지 내에 저장되지 않고도 연료를 수소로 바로 개질할 수 있다는 점을 들 수 있다.

상업용 연료전지 기술에서 일어난 최근의 혁신은 블룸 에너지(Boom Energy)의 에너지 서버다(그림 8.43 참조). 종종 "블룸박스(Bloom Box)"라고 불리는 이 연료전지는 고체산화물 기술의 발전에 기초를 두고 있으며 효율이 높으면서 경제적이다. 이 시스템은 수소로 개질되는 일차연료로 천연가스나 바이오가스를 활용할 수 있는 100 kW의 모듈러 유닛에 기초한다.

### 연료전지 기술(Fuel Cell Technologies)

#### 고분자전해질(Polymer Electrolyte Membrane: PEM) 연료전지

- 작동온도: 50°C ~ 100°C
- 전형적인 스택 규모: 1 kW ~ 100 kW
- 효율: 고정 장치의 경우 35%

#### 인산연료전지(Phosphoric Acid Fuel Cells: PAFC)

- 작동온도: 150°C ~ 200°C
- 전형적인 스택 규모: 400 kW/100 kW 모듈
- 효율: 40%

#### 용융탄소연료전지(Molten Carbonate Fuel Cells: MCFC)

- 작동온도: 600°F ~ 700°F
- 전형적인 스택 규모: 300 kW ~ 3 MW/300 kW 모듈
- 효율: 45% ~ 50%

#### 고체산화물연료전지(Solid Oxide Fuel Cells: SOFC)

- 작동온도: 700°F ~ 1,000°F
- 전형적인 스택 규모: 1 kW ~ 2 MW
- 효율: 60%

〈데이터 출처: 에너지부 에너지효율 · 재생에너지국의 연료전지기술프로그램(Fuel Cell Technologies Program), www.hydrogenandfuelcells.energy.gov.〉

■ **그림 8.43** 파이어맨(Fireman)의 기금으로 설치된 블룸 에너지 서버. *〈이미지 제공: Bloom Energy〉*

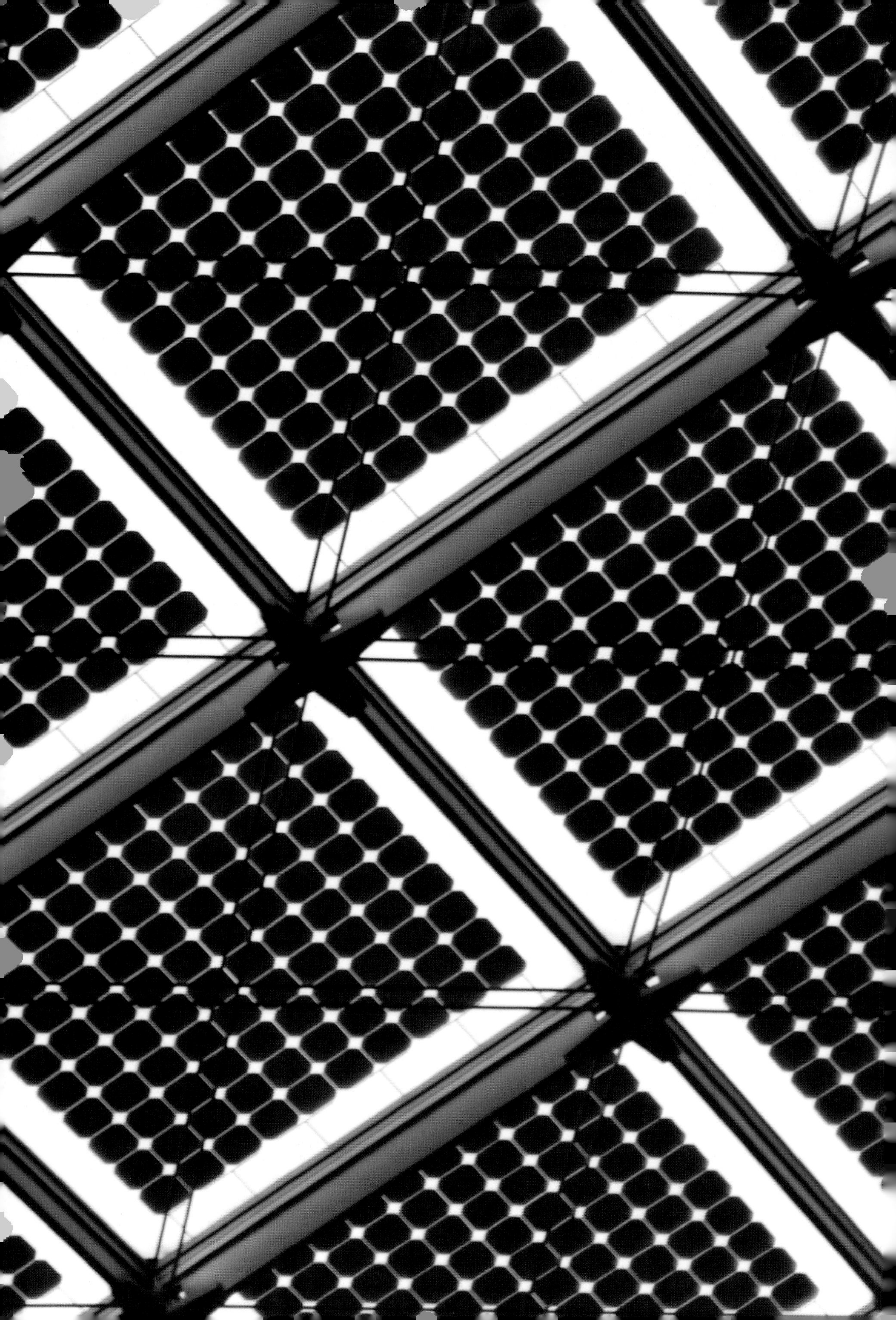

## 9.1 재무 고려사항(Financial Considerations)

대부분의 건설예산은 재생에너지시스템을 염두에 두지 않고 책정된다. 재생에너지시스템은 시공요소에서 일반적인 기능을 하지 않으며, 대부분의 건설프로젝트에서 성능조건의 일부분으로 간주하지 않는다. 게다가 많은 투자비를 요하기 때문에 일반적인 시공예산으로 적용하기가 쉽지 않다.

재생에너지시스템에 대한 투자는 공공설비요금을 미리 지불하는 것과 같다. 고품질의 넷 제로 에너지 빌딩은 사용수명이 매우 길지만, 건물의 전 생애를 고려해볼 때, 초기에 설치된 재생에너지시스템들이 건물의 전 생애에 걸쳐 에너지를 제공할 수는 없다. 대부분의 태양광발전시스템들은 보증기간이 20 내지 25년이며, 잠재적 사용수명은 30년에서 40년까지 이다. 태양광발전시스템에 대한 투자는 향후 25년 내지 30년에 대한 공공설비요금을 미리 지불하는 것과 같으므로, 꽤 큰 투자이지만 가치 있는 제안이라 할 수 있다.

넷 제로 에너지 빌딩의 가장 명백한 가치 중 하나는 에너지비용절감이다. 재생에너지시스템 투자의 가치는 미래 에너지 가격들의 함수와 같다. 에너지상승률이 더 높을수록 투자수익률이 더 높아질 것이다. 게다가 탄소배출권거래제(cap-and-trade) 및 탄소세(carbon tax)와 같은 탄소규제관련 세금의 도입은 훨씬 더 큰 수익률을 안겨줄 가능성이 높다. 또한 넷 제로 에너지 빌딩은 단순히 재생에너지의 적용이 아니라, 저에너지 고성능 건물이므로, 하나의 투자인 셈이다. 따라서 투자수익률은 에너지비용절감 및 비용 유지를 기반으로 이룰 수 있으며, 에너지비용 상승에 대한 방지책으로써, 본 장은 전반적으로 넷 제로 에너지 빌딩을 하나의 투자로 보고 그것을 재무적으로 분석하는 방법을 살펴본다.

### 9.1.1 예산 고려사항(Budget Considerations)

넷 제로 에너지 빌딩 예산에 관한 고려사항들은 시공비용과 재생에너지시스템비용을 모두 포함한다. 이런 예산항목들을 각각 독립적으로 다루는 게 중요하다. 이와 동시에 그 항목들이 강력한 상호의존성을 갖고 있음에도 주목하는 게 중요하다. 일반적으로 에너지효율을 높이는 것은 재생에너지설치 비용보다 더욱 경제적이다. 보다 에너지 효율적인 넷 제로 에너지 빌딩에 투자하면 재생에너지시스템의 규모를 줄이고 비용도 낮추게 될 것이다.

재생에너지시스템 예산은 건물의 운영예산과 밀접한 관련이 있다. 모든 건물에는 운영예산(operational budget)이 있으며, 이 예산을 몇 가지 방법으로 차입하여 재생에너지시스템 비용을 지원할 수가 있다. 창의적으로 보자면, 운영예산은 어떤 프로젝트에서든 고유의 재생에너지 예산으로 간주할 수 있다. 대개는 장기적인 에너지운영비용을 차입하여 재생에너지시스템의 투자 자본비용을 지원하거나 아니면 전력구매계약(power purchase agreement: PPA)을 통해 재생에너지시스템을 임대(lease, 리스)하거나 재정융자를 할 수 있다. 전력구매계약은 선행투자 자본비용 없이 재생에너지가 생산하는 에너지를 통해 비용을 지불한다. (조달방법에 대해서는 본 장의 "재무모델(Financial Models)" 섹션에서 더 자세히 설명할 것이다.)

에너지예산계획의 다음 단계는 건물의 에너지효율과 재생에너지시스템 모두를 하나의 연결된 사안으로 고려하는 것이다. 프로젝트의 에너지운영 예산이 정해지고 선행투자 자본의 관점에서 투자가 강화되면, 이 예산은 시공예산과 더불어 재생에너지와 에너지보존의 형태로 에너지투자에 활용할 수 있다. 이런 기법은 운영예산과 시공예산을 모두 차입하여 가장 경제적으로 운영에너지수요를 충족하는 법을 찾게 해준다.

### 9.1.2 재생에너지시스템 비용

(Renewable Energy System Costs)

재생에너지시스템에 대한 비용을 결정할 때는 많은 변수들이 작용한다. 재생에너지시스템의 유형과 규모는 모두 일차적인 요인들이다. 시간이 지나면서, 더 발전된 기술이 형성될 것이고 재생에너지산업이 시장점유율을 늘려갈수록, 재생에너지시스템의 비용도 감소하게 될 것이다.

넷 제로 에너지 빌딩을 위한 재생에너지시스템을 계획할 때 다뤄야 할 두 가지의 일차적인 재무요인들이 있다. 자본투자(capital investment)는 프로젝트를 실행하기 위한 전반적인 선행투자비용이다. 이 비용은 재생에너지시스템의 소유를 계획하는 건축주들에게 특히 중요하다. 두 번째 요인은 시스템에 대해 에너지비용(levelized cost of energy)의 추정이다. 이때 총 시스템 비용은 그 사용수명 전반에 걸쳐 생산되는 총 에너지의 함수가 된다. 이러한 재무 척도는 시간이 지날수록 상승하는 에너지비용을 감안할 때 재생에너지시스템이 지역공공설비의 에너지요금보다 얼마나 경쟁력이 있을지를 분명히 알려주는 지표일 수 있다.

태양광발전시스템에 대한 자본비용은 두 가지의 주요요소들로 구성되는데, 하나는 모듈비용이고 또 하나는 시스템균형비용이다. 시스템균형비용은 모듈을 배제하지만 시스템의 다른 모든 경성 · 연성비용들(hard and soft costs)을 포함한다. 시스템균형비용들은 보통 총 시스템비용의 절반정도지만 시장조건에 따라 변동 가능성이 존재한다. 모듈가격이 낮아질수록 시스템균형비용—특히, 설치비용—은 전체 설치비용에서 더 큰 요인이 될 수 있다. 설치비용은 프로젝트에 따라서도 매우 달라지지만, 설치가 쉬운 지붕 등의 영역은 태양광발전이 완비되게 설계함으로써 설치비용을 최소화할 수 있다.

태양광발전모듈은 상품화되어가고 있다. 솔라버즈(Solarbuzz)와 같은 업계의 연구그룹들은 와트당 가격을 기준으로 평균 및 최저 모듈기술비용을 반영하는 가격산정지표들을 보유하고 있다. 재생에너지시스템의 척도도 총 시스템비용에서 핵심적인 역할을 수행한다. 태양에너지산업협회(Solar Energy Industries Association)와 GTM 리서치(GTM Research)가 보고한 "2011년 제1분기 미국 솔라 마켓 인사이트(U.S. Solar Market Insight First Quarter 2011)" 에 따르면, 2011년 제1분기의 총 태양광발전시스템 비용은 주거부문의 경우 와트 당 평균 6.41달러, 비주거부문의 경우 와트 당 평균 5.35달러, 공공설비규모에서는 와트 당 평균 3.85달러였다.

태양광발전모듈의 설치비용 정보와 관련하여 맞춤화가 가능한 또 하나의 검색자료는 국립재생에너지연구소의 오픈 PV 프로젝트(Open PV Project)(http://openpv.nrel.gov)이다. 이 사이트에서 전국의 태양광발전시스템 소유주들은 개별시스템에 대한 기본적인 프로젝트 데이터를 업로드하여 태양광발전시스템 검색목록에 자료를 추가할 수 있는데, 입력할 데이터들은 프로젝트의 입지와 설치일자, 설치비용(인센티브 제외), 시스템규모를 포함한다. 2011년 전반기에 설치된 모든 시스템들을 검색해 보면 42개의 시스템들이 나오는데, 총 용량은 45.03 MW이며 평균 설치비용은 인센티브를 제외하고 와트 당 5.30달러다(그림 9.1 참조).

재생에너지시스템을 계획할 때는 다양한 방식으로 시스템비용을 조사하는 게 유익하다. 예를 들어, (대개는 태양광발전 및 풍력) 시스템의 설치비용과 그 정격출력에 관한 와트 당 설치비용을 알아보는 게 도움이 될 수 있다. kWh 당 비용은 또 하나의 비용척도로서 에너지비용과 관련이 있으며, 공공설비 요금 청구서와 비교가 가능하다. 일정 기간에 대해 계산할 필요가 있는 이 척도는 1년에서부터 시스템의 수명범위까지 계산할 수 있다. 제곱피트 당 시스템비용은 다른 시공 요소들과 유사한 비용척도를 제공한다. 총 건축면적(제곱피트) 당 시스템비용을 활용하면 재생에너지시스템예산을 시공예산과 비교할 수 있다. 그리고 건물의 제곱피트 당 시스템비용과 관련이 있는 척도는 건물 제곱피트 당 설치와트이며, 이것은 재생에너지 요건의 관점에서 측정되는 에너지효율의 척도이다.

그림 9.2는 다양한 비용 및 관련에너지척도들을 보여주는데, 넷 제로 에너지 달성에 필요한 시스템 규모를 가정한 채 태양광발전시스템에 관한 몇몇 수치들을 간단히 예시하고 있다. 이 사례는 건물의 면적(제곱피트)과 PV모듈들의 면적에 기초하기 때문에, 총 건물규모나 특정 PV모듈 사이즈와는 무관하다. 이 표는 스프레드시트로 작성하여 맞춤화할 수 있다. 음영 처리된 칸들은 데이터를 입력하는 란으로서 검증된 변수들을 입력해야 한다. 이 표와 유사한 스프레드시트를 사용하면 건물 에너지사용강도(EUI)와 연간 평균일사량, PV모듈 효율, 시스템 설치비용을 다양한 비용척도의 관점에서 검증할 수 있다.

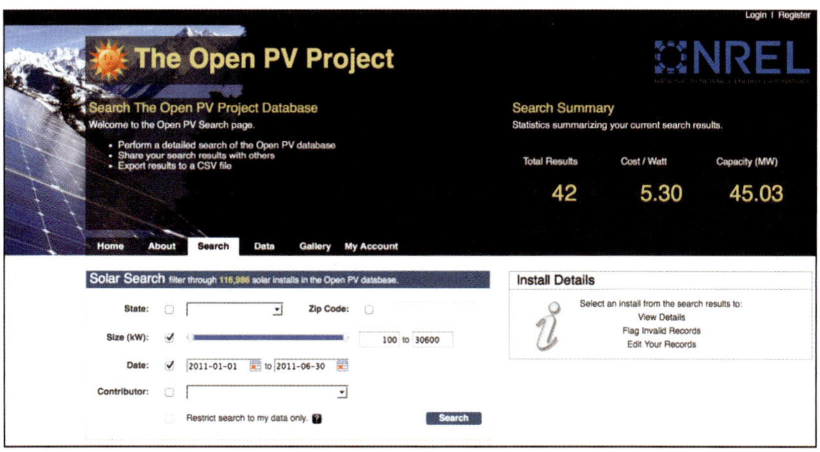


■ **그림 9.1** 국립재생에너지연구소 오픈 PV 웹사이트 캡처화면.

| 건물 EUI (kBtu/ft²/년) | 건물 EUI (kWh/ft²/년) | 일사량 (kWh/m²/일) | 일사량 (kWh/ft²/년) | PV 모듈 효율 | 직류/교류 경감계수 | PV 발전 (kWh/ft²/년) | PV 모듈 W/ft² | 제곱피트 당 PV 와트 (건물) W/ft² | 와트 당 비용 $/W | kWh 당 비용 (30년) $/kW h | 제곱피트 당 비용 (PV) $/ft² | EUI 당 PV발전 비율 | 제곱피트 당 비용 (건물) $/ft² |
|---|---|---|---|---|---|---|---|---|---|---|---|---|---|
| 15 | 4.4 | 5.0 | 169.6 | 17% | 80% | 23.1 | 15.8 | 3.0 | $4.00 | $0.09 | $63.21 | 5.25 | $12.05 |
| 20 | 5.9 | 5.0 | 169.6 | 17% | 80% | 23.1 | 15.8 | 4.0 | $4.00 | $0.09 | $63.21 | 3.94 | $16.06 |
| 25 | 7.3 | 5.0 | 169.6 | 17% | 80% | 23.1 | 15.8 | 5.0 | $4.00 | $0.09 | $63.21 | 3.15 | $20.08 |
| 30 | 8.8 | 5.0 | 169.6 | 17% | 80% | 23.1 | 15.8 | 6.0 | $4.00 | $0.09 | $63.21 | 2.62 | $24.09 |
| 35 | 10.3 | 5.0 | 169.6 | 17% | 80% | 23.1 | 15.8 | 7.0 | $4.00 | $0.09 | $63.21 | 2.25 | $28.11 |
| 40 | 11.7 | 5.0 | 169.6 | 17% | 80% | 23.1 | 15.8 | 8.0 | $4.00 | $0.09 | $63.21 | 1.97 | $32.12 |
| 45 | 13.2 | 5.0 | 169.6 | 17% | 80% | 23.1 | 15.8 | 9.0 | $4.00 | $0.09 | $63.21 | 1.75 | $36.14 |

■ **그림 9.2** 태양광발전(PV) 비용 및 에너지 척도: 사례 1.

이 사례는 남향경사패널에 대한 5 kWh/m²/일의 연간 평균일사량 값을 사용하고 있다. PV모듈 값들도 일정수치를 유지하는데, 일반적인 고품질 모듈 효율이 사용되고 있다. 태양광발전시스템의 와트 당 설치비용은 인센티브를 적용했을 때 와트 당 4.00달러로 가정된다. 이 사례에서 건물의 에너지 사용강도를 줄이는 작업이 재생에너지시스템의 예산을 책정할 때 얼마나 금액을 낮출 수 있는지에 주목해야 한다. 이 표의 마지막 열은 이 사례의 가정사항에 기초하여 넷 제로 에너지를 달성할 수 있는 적정규모 재생에너지시스템의 프로젝트 예산에 부가되는 제곱피트 당 개략적인 비용을 표시하고 있다. 이 값들이 건물의 사이즈와는 무관하며, 제곱피트 당 PV발전 대비 에너지사용강도 비율은 바닥면적 대비 (단순히 지붕면적 전체를 가정하는) PV면적의 비율로도 이해할 수 있다.

이 사례는 다양한 변수 값들을 바꿔가면서 수많은 방식을 취해볼 수 있다. 예를 들어 그림 9.3의 표는 그림 9.2의 표와 같은 입력변수들을 사용하지만, 건물의 에너지사용강도를 고정시켜 다양한 태양광발전시스템 설치비용들을 와트 당 비용 단위로 검증하였으며, 건물의 에너지효율과 무관한 시스템가격의 영향을 분석하였다.

이 두 사례에서 건물 바닥면적 당 태양광발전시스템 설치비용을 광범위하게 대표하는 표본들을 취해 태양광발전시스템 비용과 넷 제로 에너지 빌딩의 시공비용이 이루는 관계를 파악할 수 있다. 그림 9.4의 표는 제곱피트 당 상업건물의 태양광발전시스템 시공비용을 낮은 수준에서 높은 수준까지 비교한 표이다. 태양광발전시스템 계획예산은 시공예산의 3 내지 20퍼센트를 차지한다. 태양광발전시스템의 예산의 시공예산의 약 8퍼센트다. 시공비용이 낮은 경우일수록 태양광발전비용에 대한 민감도가 가장 큰 반면, 시공비용이 높은 경우는 시공예산에 대한 태양광발전시스템 예산의 백분율 범위가 훨씬 더 좁게 나타난다.

모듈의 효율은 시스템의 계획과 예산책정 과정에서 중요한 역할을 한다. 보통 고효율의 모듈일수록 저효율의 모듈보다 와트 당 비용이 더 비싸다. 하지만 효율이 좋을수록 태양광발전 어레이의 전체 면적이 줄어들고 선반 및 케이블 설치, 기타 설치를 비롯한 시스템균형 비용들이 줄어든다. 모듈효율은 면적을 줄이고 성능은 향상시킬 수 있기 때문에 넷 제로 에너지 빌딩에서 중요한 요소이다. 모듈효율이 12퍼센트에서 13퍼센트로 1퍼센트 달라지면 제곱피트 당 와트 성능이 8퍼센트 넘게 증가할 수 있다. 그림 9.5에 나오는 다음 표가 이를 보여주며, 효율이 1퍼센트 늘어날 때마다 모듈은 제곱피트 당 0.93와트의 능력을 더 얻을 수 있다. 이것은 효율과 직접적인 관계가 있지만, 모듈효율이 높아질수록 생산능력의 백분율 증가는 점차 둔해짐을 알 수 있다(표의 마지막 열을 참조할 것). 이러한 관계는 효

| 건물 EUI (kBtu/ft²/년) | 건물 EUI (kWh/ft²/년) | 일사량 (kWh/m²/일) | 일사량 (kWh/ft²/년) | PV 모듈 효율 | 직류/교류 경감계수 | PV 발전 (kWh/ft²/년) | PV 모듈 W/ft² | 제곱피트 당 PV 와트 (건물) W/ft² | 와트 당 비용 $/W | kWh 당 비용 (30년) $/kWh | 제곱피트 당 비용 (PV) $/ft² | EUI 당 PV발전 비율 | 제곱피트 당 비용 (건물) $/ft² |
|---|---|---|---|---|---|---|---|---|---|---|---|---|---|
| 25 | 7.3 | 5.0 | 169.6 | 17% | 80% | 23.1 | 15.8 | 5.0 | $5.00 | $0.11 | $79.01 | 3.15 | $25.10 |
| 25 | 7.3 | 5.0 | 169.6 | 17% | 80% | 23.1 | 15.8 | 5.0 | $4.50 | $0.10 | $71.11 | 3.15 | $22.59 |
| 25 | 7.3 | 5.0 | 169.6 | 17% | 80% | 23.1 | 15.8 | 5.0 | $4.00 | $0.09 | $63.21 | 3.15 | $20.08 |
| 25 | 7.3 | 5.0 | 169.6 | 17% | 80% | 23.1 | 15.8 | 5.0 | $3.50 | $0.08 | $55.31 | 3.15 | $17.57 |
| 25 | 7.3 | 5.0 | 169.6 | 17% | 80% | 23.1 | 15.8 | 5.0 | $3.00 | $0.07 | $47.40 | 3.15 | $15.06 |
| 25 | 7.3 | 5.0 | 169.6 | 17% | 80% | 23.1 | 15.8 | 5.0 | $2.50 | $0.06 | $39.50 | 3.15 | $12.55 |
| 25 | 7.3 | 5.0 | 169.6 | 17% | 80% | 23.1 | 15.8 | 5.0 | $2.00 | $0.05 | $31.60 | 3.15 | $10.04 |

**그림 9.3** 태양광발전(PV) 비용 및 에너지 척도: 사례 2.

율이 낮은 모듈을 고려할 때, 특히 공간이 제약적인 설치입지에서 낮은 효율의 모듈을 고려할 때 염두에 둬야 할 매우 중요한 사항이다. 패널효율이 표준시험조건(Standard Test Conditions: STC)인 25°C에서 제곱미터 당 1,000와트의 일사율로 측정되는 출력의 백분율임에 주목하라.

### 9.1.3 넷 제로 에너지 시공비용

(Net Zero Energy Construction Costs)

넷 제로 에너지 빌딩에 대한 경제적 고려사항들은 재생에너지시스템에 대한 고려사항들보다 많다. 넷 제로 에너지 빌딩의 기초는 에너지효율이다. 시공비용과 설계비용에 투자하여 에너지성능을 높이는 게 최우선순위이며, 이러한 투자는 필요한 재생에너지시스템을 부가해야하는 타당성을 높여준다.

넷 제로 에너지 빌딩에 대한 에너지효율을 향상시켜주는 비용에 차이가 있거나 프리미엄이 있다면 그것은 비용이 아닌 투자로 생각해야 한다. 투자는 매우 긴 건물수명을 고려한다면 초기투자비를 훨씬 뛰어넘는 에너지비용절감 수익을 가져다줄 수 있

| 건물면적 당 태양광발전비용 | 시공비용 | | | | | |
|---|---|---|---|---|---|---|
| | $150/ft² | $200/ft² | $250/ft² | $300/ft² | $350/ft² | $400/ft² |
| $10/ ft² | 7% | 5% | 4% | 3% | 3% | 3% |
| $20/ ft² | 13% | 10% | 8% | 7% | 6% | 5% |
| $30/ ft² | 20% | 15% | 12% | 10% | 9% | 8% |

■ **그림 9.4** 시공예산에 대한 재생에너지 예산의 백분율.

| PV 모듈효율 | PV 모듈 W/ft² | W/ft²의 백분율 증가 |
|---|---|---|
| 25% | 23.2 | 4.17% |
| 24% | 22.3 | 4.35% |
| 23% | 21.4 | 4.55% |
| 22% | 20.4 | 4.76% |
| 21% | 19.5 | 5.00% |
| 20% | 18.6 | 5.26% |
| 19% | 17.7 | 5.56% |
| 18% | 16.7 | 5.88% |
| 17% | 15.8 | 6.25% |
| 16% | 14.9 | 6.67% |
| 15% | 13.9 | 7.14% |
| 14% | 13.0 | 7.69% |
| 13% | 12.1 | 8.33% |
| 12% | 11.2 | 9.09% |
| 11% | 10.2 | 10.00% |
| 10% | 9.3 | |

■ **그림 9.5** 모듈효율과 제곱피트 당 와트의 증가

다. 그리고 넷 제로 에너지 빌딩의 경우 추가적인 혜택은 에너지효율로 인해 저가의 "에너지를 구매"할 기회가 있다는 점인데, 이는 보다 비싼 재생에너지를 구매할 필요가 적어진다는 뜻이다. 달리 말해서, 절약한 킬로와트시만큼 킬로와트시를 벌어들이는 것이다.

### 9.1.3.1 친환경건물 비용연구 (Green Building Cost Studies)

2장에서 언급했듯이, 넷 제로 에너지 빌딩은 일반적인 고품질 건물보다 (재생에너지시스템 비용을 제외하고) 조금이라도 많은 비용을 초래해선 안 된다. 많은 경우 넷 제로 에너지 빌딩은 추가 비용 없이 총 시공예산 내에서 관리할 수 있다. 하지만 안타깝게도, 상당한 비용이 더 추가될 것이라 생각하는 경향이 있다. 친환경건축의 비용에 대한 최근의 많은 연구들이 이를 증명하고 있으며, 현재까지 가장 최근에 이루어진 광범위한 연구는 굿 에너지(Good Energies)의 선임디렉터이자 친환경건축 비용에 관한 선도 연구자인 Greg Kats의 연구다. 2010년에 출판된 『우리의 건축 환경을 친환경적으로: 비용, 혜택, 전략(Greening Our Built World: Costs, Benefits, and Strategies)』에서 그는 미국 내 170개의 친환경 건물들에 대해 최근의 비용 및 혜택들을 적용한 핵심 연구결과들을 개괄적으로 정리하였다. 그 170개 건물 군에 대해 파악된 프리미엄 비용의 평균값은 약 1.5퍼센트였다.

Kats의 연구 중 18개 건물이 고급에너지절약 건물로 파악되었는데, 기준 건물들에 비해 50퍼센트 이상의 에너지를 절약했다. 이 건물 군은 넷 제로 에너지 수준의 에너지성능을 대변할 것이며, 그 18개 건물 중 하나는 쿠발라 와샤코 아키텍츠가 설계한 넷 제로 에너지 빌딩인 알도 레오폴드 센터다(그림 9.6 참조). Kats의 고급에너지절약 건물 군을 더 분석해보면 재생에너지를 포함하는 18개 건물 가운데 8개가 프리미엄 비용의 평균값이 8퍼센트 정도 보이는 반면, 재생에너지를 포함하지 않는 건물 군에서는 프리미엄 비용의 평균값이 2퍼센트 정도 보이는, 흥미로운 연구 결과를 볼 수 있다.(2퍼센트보다 높은 8퍼센트인) 더 높은 프리미엄은 그 속에 재생에너지시스템 비용을 포함한다는 사실과 관련이 있다.

재생에너지를 포함하느냐 그렇지 않느냐에 따른 차이는 매우 크다. 부지내 재생에너지를 건물의 일부인 에너지효율척도가 아니라 하나의 에너지생산시스템으로 취급한다면, 재생에너지시스템 비용을 별도로 다뤄야 한다. 본 장의 앞부분에서 언급했듯이, 시공비용에 대한 태양광발전시스템비용은 8퍼센트 정도이다. 비록 Kats의 연구에서 재생에너지를 포함하는 18개의 고급에너지건물이 모두 넷 제로 에너지 빌딩은 아니고 그 건물들의 친환경 프리미엄들이 재생에너지에 부가되는 전략들에 의한 것일 가능성이 높긴 하지만, 여전히 이런 표본에서 발견되는 더 높은 프리미엄과 시공비용에 대한 태양광발전시스템비용의 백분율 간에는 강력한 연관관계가 있다. 재생에너지시스템을 포함할 때 그 친환경 프리미엄이 왜곡된다는 것은 분명하다. 따라서 친환경 프리미엄이 고도의 에너지 효율적 건물을 만드는 것과 관련이 있는지에 대해, Kats의 연구에서는 프리미엄 비용이 평균적으로 2퍼센트 범위 내에 있다고 한다.

보다 고성능의 건물들에 존재하는 프리미엄 비용의 정도를 결정하는 것이 어렵다는 것을 알아야 한다. 본질적으로, 성능에 대한 프리미엄 비용은 대개 몇 가지의 핵심 전략들을 결합하여 다소 저성능의 저렴한 대안들보다 성능을 향상시키는 일종의 경험적 추정치들이다. 일반적으로 고성능 대안들을 나란히 입찰하는 경우는 거의 없다. 하지만 보다 고성능의 대안들을 약간 포함시킨다고 해서 언제나 시공비용이 더 높아지는 건 아니므로 보다 큰 범위에서 전체적인 시공예산을 계획할 때는 그와 같은 예산을 고수하면서도 성능을 늘릴 수 있는 적절한

■ **그림 9.6** 알도 레오폴드 레거시 센터의 태양광발전시스템. *〈The Kubala Washatko Architects, Inc./Mark F. Heffron.〉*

비용 변경을 할 수 있다. 가장 중요한 건 전체건설 비용을 비교하는 일이다.

전체건설비용의 비교는 친환경건물에 관한 비용 문제를 분석하는 또 하나의 방식이다. 2007년에 데이비스 랭든(Davis Landon)이란 회사가 완성한 획기적인 연구인 "친환경비용의 재해석(Cost of Green Revisited)"(Fay Matthiessen and Peter Morris)에서, 다양한 수준의 LEED 인증을 받은 건물들의 비용을 친환경건물에 해당하지 않는 사례들과 비교하면서 통계적으로 친환경건물과 비친환경건물 간의 평균적인 비용 차이가 없음을 발표하였다.

### 9.1.3.2 건물일체형 태양광발전 (Building Integrated Photovoltaics)

건물일체형 태양광발전(BIPV)의 활용은 넷 제로 에너지 빌딩을 위한 흥미로운 비용제어전략이다. 이 전략은 재생에너지 발전을 증가시키는 창의적 방안들을 추가로 제공한다. 건물일체형 태양광발전이란 태양광발전기술을 건물의 재료나 조립체에 통합하는 걸 지칭한다. 건물 매스에 태양광발전시스템을 적용하거나 장착하는 것과는 분명히 다른 것이다. 어떤 재료나 조립체를 구매하고 설치한 다음 태양광발전시스템을 분리하는 경우에 비해, 단일한 재료나 조립체를 구매하고 설치하는 작업에서 더욱 경제적이다.

건물일체형 태양광발전은 매우 다양한 형태로 적용할 수 있으며, 아직 새로운 기술이 계속 발전하고 있기 때문에 이 분야는 계속해서 성장할 것이다. 건물일체형 태양광발전은 결정형 실리콘모듈과 박막을 통합할 수 있기 때문에, 효율이 다양할 수 있으나, 수직으로 설치되기 때문에 최적화되지 않은 각도로 설치되어 에너지발생을 줄일 수도 있다. 하지만 이런 시스템은 독특한 경제적 · 미학적 혜택들을 제공하며, 넷 제로 에너지 빌딩에 에너지발생을 위한 표면적을 더 많이 제공한다. 어떤 프로젝트에 대한 건물일체형 태양광발전의 적합성을 평가하려면 각각의 장치를 사례별로 일일이 분석해야 한다.

### 9.1.4 인센티브(Incentives)

새롭게 요구되는 시장영역을 경제적으로 더욱 지속가능한 시장으로 만들기 위해 경제적 인센티브가 활용된다. 새로운 시장은 인센티브를 통해 충분한 점유율을 확보할 수 있고, 그러한 생산규모가 경제적 효율로 이어지면서 그 시장영역의 경제성은 계

**건물일체형 태양광발전장치(BIPV applications)**

- 루핑(Roofing) (막, 금속, 싱글 등)
- 글레이징(Glazing) (창문, 천창)
- 외장재(Cladding) (그림 9.7 참조)
- 차양(Shading)

■ **그림 9.7** 2009 솔라 데카슬론(2009 Solar Decathlon)의 독일관에 설치된 건물일체형 태양광발전 벽 외장재. *〈NREL/PIX 17356 / 사진: Jim Tetro.〉*

속해서 늘어날 수 있다. 인센티브는 재생에너지 기술 및 프로그램뿐만 아니라 친환경건축 실무를 발전시키는 역할을 해왔다. 일반적으로 새로운 시장이 잘 형성될수록 인센티브는 줄어들게끔 설계된다. 현재 인센티브는 에너지 효율적 건물과 재생에너지 시스템에서 여전히 큰 역할을 하고 있지만, 시간이 지날수록 정부 예산과 정책 방향을 따라 변화할 수 있을 것이다. 다행히도 친환경건물 및 재생에너지시스템의 인센티브에 대한 총체적인 웹기반 지침이 있는데, DSIRE란 이름의 이 지침은 재생에너지 및 효율에 대한 주별 인센티브들을 기록한 데이터베이스다(www.dsireusa.org). DSIRE는 노스캐롤라이나 솔라 센터(North Carolina Solar Center)와 주간 재생에너지위원회(Interstate Renewable Energy Council)가 에너지부의 재정지원 속에 실시하는 프로젝트로서, 검색이 가능한 연방 및 지역 인센티브 목록을 제시한다.

재생에너지에 대한 현재의 인센티브들은 시스템의 비용에 큰 영향을 미친다. 따라서 인센티브는 재생에너지시스템과 에너지 효율적 척도에 대한 계획 초기단계에서 연구해야 한다. 인센티브는 보통 초기비용이나 지속적인 생산, 혹은 성능에 기초한다. 현재 미 연방정부는 상업건물의 에너지효율에 대해 상당한 세금감면(제곱피트 당 최대 1.80달러)을 해주고 있으며, 신재생에너지시스템의 요건을 충족하는 설치물에 대해서는 최대 30퍼센트까지 투자세액공제를 해준다. 또한 연방정부는 특정 연수에 걸쳐 이뤄지는 재생에너지 생산에 대해 kWh당 생산세액공제도 제공한다. 그리고 많은 주와 지역의 공공설비들이 에너지효율과 재생에너지에 대한 세금환급 및 융자 프로그램들을 제공하며, 일부 주에서는 재생에너지에 대한 세액공제도 해준다.

세계적으로 재생에너지 시장에 박차를 가하는데 성공적이었던 또 하나의 인센티브 형식은 발전차액지원(feed-in tariff: FIT) 제도다. 발전차액지원 제도는 독일에서 폭넓게 이용되고 있으며, 독일을 세계의 태양광발전 수도로 만들고 있는 일등공신이다. 이 제도는 세금환급이나 세금 인센티브의 형태로 선행투자 인센티브를 제공하지 않는 대신 계통에 공급되는 재생에너지 발전량에 대해 보상을 해주는 장기계약을 체결한다. kWh 당 지불되는 세금 가격은 발전차액지원 정책에서 수많은 방식으로 적용될 수 있으나, 대개는 발전에 대한 보상가격에 투자자들에 대한 수익률을 더한 값으로 설정된다. 이렇게 각각의 재생에너지 기술을 대상으로 적절한 발전차액을 지원함으로써 신재생에너지 프로젝트에 대한 투자를 자극할 수 있다. 지난 몇 년간 미국 내에서 발전차액지원 제도(와 그에 대한 논쟁)에 대한 관심이 늘었고 그 속에서 여러 가지 실험이 있었다. 캘리포니아와 플로리다는 발전차액지원 프로그램을 일찍 채택한 주들이다.

인센티브는 비용을 관리하고 혁신을 자극할 수 있는 강력한 수단이므로, 지방 정부 및 공공설비가 제공하는 인센티브들을 살펴보는 것도 중요하다. 많은 지방정부들은 다양한 세금혜택과 환급 프로그램, 재정지원 방안들을 제공하며, 공공설비 분야도 환급 프로그램들을 제공하는 경우가 많다. 일부에서는 심지어 무료 혹은 인센티브가 부여된 에너지 모델링을 통해 에너지효율과 통합설계 접근법을 진흥하기도 한다. 앞서 언급한 DSIRE 웹사이트는 지역 정책 및 규제뿐만 아니라 지역 인센티브들을 연구하기에도 훌륭한 수단이다.

### 9.1.5 에너지 비용 상승(Energy Cost Escalation)

에너지효율과 재생에너지의 향후 혜택에 대한 재무분석을 실시할 때는 이런 투자들이 미래의 에너지 가격에 어떻게 대비할 것인지를 고려하는 게 매우 중요하다. 미래 에너지가격의 추정은 과거의 에너지 비용 상승률을 기준으로 미래의 비용 상승을 가정하는 게 통상적인 접근법이다. 매년 에너지정보국은 상업부문의 천연가스와 전기 등 다양한 연료에 대해 과거 수십 년의 가격 데이터를 담은 "연간 에너지 리뷰(Annual Energy Review)"를 발행한다.

아마도 과거 에너지 가격 데이터에서 관찰되는 가장 놀라운 점은 에너지 가격이 정말 극적으로 요동쳐왔다는 사실일 것이다. 에너지 가격변동은 건물 운영예산에서 에너지 비용 상승만큼이나 비중이 큰 이슈일 수 있다. 그 오랜 기간 동안 에너지가격이 상승해왔다는 사실은 그다지 놀라운 게 아니다. 역사적으로, 상업부문에서 천연가스 가격은 전기가격보다 더 빠른 속도로 상승해왔다. 상업부문의 전기와 천연가스의 사용량을 합친 에너지 비용 상승률은 지난 40년간 평균적으로 약 5%정도였다. 업계에서는 더 낮게 추정한 비율을 사용하기도 하지만 일반적으로 5퍼센트의 상승률을 사용한다. 또한 최악의 시나리오와 최상의 시나리오 사이에서 낮은 상승률, 평균 상승률, 높은 상승률을 활용하여 재무분석을 하는 게 일반적이다.

#### 9.1.5.1 그리드패리티(Grid Parity)

재생에너지 산업에서 그리드패리티라고 알려져 있는 개념은 중요한 경제적 변곡점을 의미한다. 시간이 지날수록 에너지가격은 계속 상승하고 재생에너지시스템 비용은 계속해서 감소하기 때문에, 어떤 시점에 이르러 재생에너지는 최저비용의 에너지 대안이 될 것이다. 그리드패리티는 지역 상업건물 시장의 전기요금과 풍력 및 태양전력 등 그 지역에 상대적으로 풍부한 재생에너지 자원들에 의존하기 때문에, 시장 특수적(market-specific)이라 할 수 있다. 이것은 급속히 진화하고 있는 경제학적 문제이지만, 태양에너지와 풍력자원은 풍부하지만 전기요금이 높은 일부 지역에서는 그리드패리티의 달성이 가능하다. 더욱 중요한 것은 오늘날 설계되고 시공되는 건물들의 생애 속에서 시간이 지날수록 확실히 그리드패리티를 달성하는 사례가 흔해질 거란 점인데, 이는 넷 제로 에너지 빌딩이 이렇게 중요한 경제적 변화를 활용할 수 있을 것이다.

#### 9.1.5.2 탄소규제의 영향
(Implications of Carbon Regulation)

재생에너지로의 전환이 추구하는 일차적 목적 중의 하나는 세계적인 탄소배출량의 저감에 있다. 하지만 재생에너지와 화석연료 자원들은 탄소배출 및 기후변화와 같은 외적 영향들에 의한 비용을 완전히 통합하지 않은 채 재정적으로 경쟁한다. 탄소세나 탄소배출거래제 등의 메커니즘들을 통한 탄소규제는 에너지 발생에서의 외적 영향들을 고려할 수 있는 방식들이다. 탄소규제는 화석연료 에너지 가격에 주된 영향을 미치고 재생에너지 자원 수요를 늘림으로써, 재생에너지의 경제적 지위를 크게 변화시키고 있다.

### 9.1.6 재생에너지 인증서
(Renewable Energy Certificates)

현재까지 미국의 많은 주에서는 자발적인 탄소시장과 재생에너지 포트폴리오 표준들(그림 9.8 참조)이 재생에너지 시장의 발전에 도움을 주어왔다. 일차적인 시장 메커니즘은 재생에너지 인증서(renewable energy certificate), 즉 REC를 구매하고 판매하는 것이었다. LEED와 친환경건물에 관여하는 대부분의 사람들은 친환경 전력을 위한 LEED 에너지 및 대기(Energy & Atmosphere) 점수를 충족하기 위해 재생에너지 인증서들을 구매한다.

미 환경보호청(EPA)은 REC를 재생형 발전의 환경적, 사회적, 기타 비전력적 특성들에 대한 재산권으로 정의한다. REC의 구매는 전력의 구매가 아니라 깨끗한 에너지발생의 혜택들을 구매하는 것이다. 따라서 REC는 전력구매와 무관하게 판매할 수 있으며, 전력과 함께 구매할 수도 있다. 이렇게 재생에너지 인증서를 전력과 함께 구매하는 경우는 종종 재생전력(renewable electricity)이란 이름으로 불린다. 1개의 REC는 1,000 kWh(혹은 1 MWh)의 재생에너지 발생량에 상당한다.

REC의 활용은 시장에서 재생에너지의 가치를 매기는 한 수단이다. REC는 보통 자발적 시장에서 전기사용의 환경적 영향과 그로 인한 탄소배출 최소화를 원하고 이러한 구매 관련 선호사항들에 대해 환경적 권리를 주장하는 이들에게 판매된다. 자발적 시장에서의 REC 구매는 신재생에너지 프로젝트의 수요증대를 자극한다. 재생에너지 포트폴리오 표준들이 주도하는 시장과 같이 비자발적인 시장들이 시장 내 신재생에너지 프로젝트의 수요에 미치는 영향은 자발적 시장에서의 영향과 동등하거나 훨씬 더 클 수도 있다. 어떤 주(state)에서 재생에너지 포트폴리오 표준을 채택했을 때, 이는 전기 공공설비들이 그 포트폴리오의 일부로서 특정 일자 기준으로 최소한의 재생에너지 발생률을 갖도록 의무화한다. 재생에너지 포트폴리오를 활용하는 많은 주에는 분산형 태양에너지 프로젝트를 위한 특별지정구역이 있다. 특정지정구역은 고객부지의 태양에너지 프로젝트들로부터 태양재생에너지 인증서(solar renewable energy certificate), 즉 SREC를 구매하기 위한 공공설비 규제메커니즘을 제공한다. SREC는 보통 자발적 시장의 REC보다 더 높은 요율로 가치가 매겨지며, SREC의 구매는 종종 공공설비 회사들이 제공하는 인센티브 프로그램의 일부를 이룬다.

아이러니한 것은, REC가 재생에너지 기술을 위한 시장진출에 긍정적 영향을 끼치지만 종종 넷 제로 에너지 빌딩에 문제를 일으킬 수 있다는 점이다. 재생에너지 포트폴리오 표준을 갖춘 주들에서 제공하는 인센티브는 재생에너지시스템을 구매하기 위한 재정적 필요사항일 수 있기 때문에, 많은 프로젝트들이 그러한 재정적 인센티브를 얻는 과정의 일

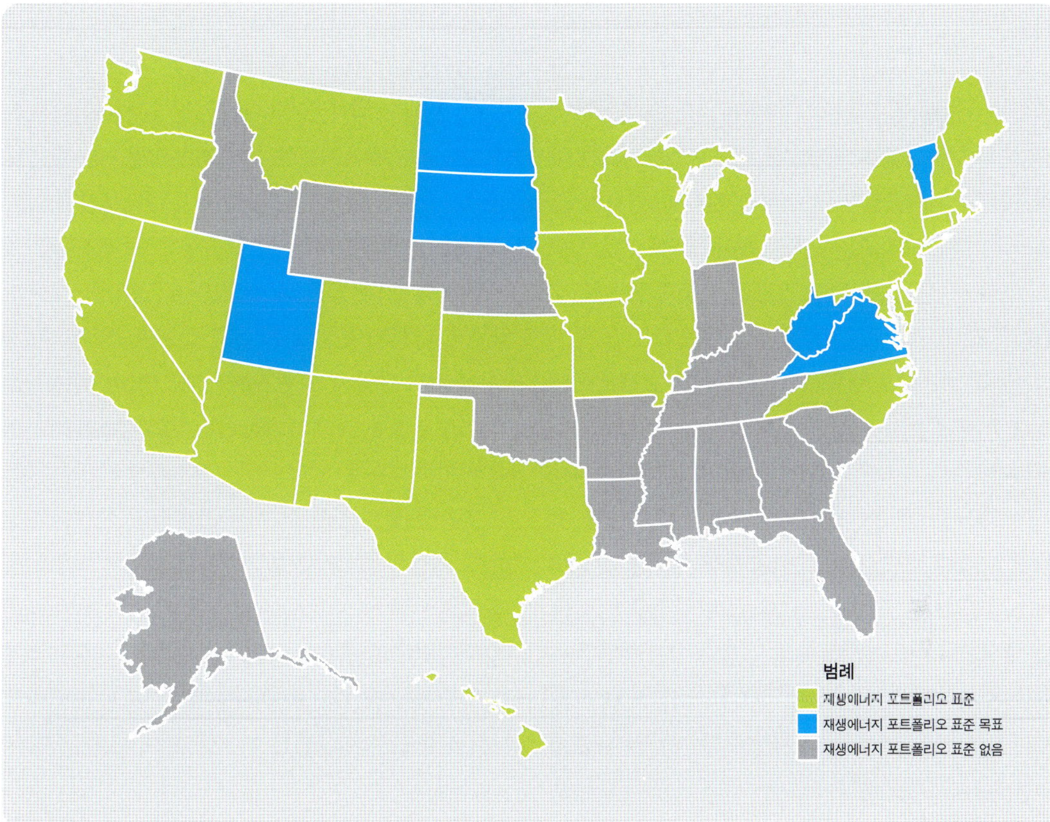


■ **그림 9.8** 재생에너지 포트폴리오 표준을 갖춘 주들. *〈Database of State Incentives for Renewables & Efficiency, www.dsireusa.org, May 2010.〉*

환으로서 자체적인 REC들을 포기한다. 문제는 프로젝트의 재생에너지시스템을 통해 생산되는 에너지의 환경적 속성을 주장할 수 있는 권리에 있다. 이 경우 REC는 공공설비회사로 이관되며, 공공설비회사는 재생에너지 포트폴리오 표준요건과 대비하여 REC의 권리를 내세운다. 넷 제로 에너지 빌딩에 대해 권리주장을 하려는 건축주는 프로젝트의 모든 REC들을 유지하거나, 같은 수의 새로운 REC들을 구매하여 기존 REC들을 대체해야 한다. 이러한 REC "교환"은 종종 재무적으로 도움이 될 수 있는데, 재생에너지 포트폴리오 표준을 충족하게끔 판매되는 프리미엄 가격의 SREC들을 대체할 수 있는 보다 저비용의 자발적 시장 REC들을 찾는 게 현실적으로 타당한 경우가 종종 있기 때문이다.

## 9.2 재무모델(Financial Models)

넷 제로 에너지 빌딩을 위한 재생에너지시스템의 구매는 중요한 투자이며, 이런 투자에는 종종 시스템 구매의 타당성을 높이기 위한 특수화된 재무 도구와 방법들이 필요하다. 다행히도 재생에너지시스템에는 시스템의 재정지원에 활용될 수 있는 고유의 예산이 있다. 건축주들이 사용할 수 있는 많은 재무모델들이 재생에너지 발생의 재무혜택들을 활용한다.

### 9.2.1 조달방법(Procurement Methods)

재생에너지시스템은 종종 설계와 설치, 재정조달 등 시스템의 시행을 뒷받침할 전 범위의 서비스들을 제공하는 통합시행자(integrator) 혹은 개발업자(developer)로 알려진 전문 업체들을 통해 조달된다.

재정조달은 종종 개발업자와의 사업파트너십이 확립되어 있고 재생에너지 재무에 전문성을 갖춘 제삼자를 통해 이루진다. 그 조달방법과 개발업자의 선택은 많은 요인들의 영향을 받는데 예를 들면 이런 것이다. 재생에너지시스템의 자산을 어떻게 소유할 것인가, 그리고 재생에너지시스템을 건축주의 넷 제로 에너지 프로젝트 범위에 어떻게 통합할 것인가.

넷 제로 에너지 빌딩을 위한 기본적인 재생에너지 소유 모델은 두 가지가 있다. 건축주가 시스템과 전력을 직접 소유할 수 있는 모델이거나, 시스템은 제삼자가 소유하고 전력을 건축주에게 판매할 수 있는 모델이다. 넷 제로 에너지 빌딩에서는, 건축주의 시스템 소유 여부와는 상관없이 건축주가 부지내 재생에너지시스템을 통해 발생되는 전력을 활용할 것으로 가정한다. 재생에너지시스템의 투자목적이 재생에너지의 부지내 활용보다 그것의 판매에 있는 일부 재무모델들이 있다. 이런 유형의 재무모델은 본 논의에서 제외한다.

재생에너지시스템의 직접소유는 건축주로부터 선행투자 자본을 필요로 한다. 자본투자는 건축주의 자산에서 이뤄질 수도 있고 융자를 받을 수도 있다. 직접소유를 할 경우 재생에너지시스템의 조달방식과 자산관리방식을 높은 수준으로 제어할 수가 있다. 일부 시나리오에서는 최상의 재무성과를 제공할 수도 있을 것이다. 하지만 시스템 구매에 필요한 초기투자자본 규모를 달성할 능력이 모든 건축주에게 있는 것은 아니다. 게다가 모든 건축주가 정부 인센티브를 통한 세금혜택들을 활용하는 입장에 있는 것도 아니다. 이런 두 가지 제약들 때문에 제삼자소유 모델이 인기를 얻어왔다. 가장 흔한 제삼자 모델은 본 장의 뒷부분에서 더 자세히 논의된다.

건축주는 재생에너지시스템을 시공 프로젝트의 일부로서 포함할 수도 있고, 시공 프로젝트와는 무관하게 재생에너지 개발업자와 계약할 수도 있다. 두 방법에는 각각 장단점이 있다. 재생에너지시스템을 넷 제로 에너지 빌딩의 전반적 시행과정에 포함시키면 시스템을 통합할 수 있는 가장 좋은 기회들을 얻을 수 있다. 결국 넷 제로 에너지 빌딩은 에너지사용과 에너지발생이 엄밀한 균형을 이루는 건물이다. 재생에너지시스템의 설계와 설치가 프로젝트의 전반적 시행과정에서 멀리 떨어질수록, 그러한 미묘한 에너지균형이 깨질 위험이 더 커진다. 에너지의 통합과 더불어 실시 설계와 시공의 통합은 설치용 가대와 전선, 설비배치, 기타 디테일들의 세심한 조율을 요하며, 이러한 조율은 단일계약 하에서 최적화될 수 있다.

건축주가 재생에너지시스템의 선정과 조달에 대한 통제권을 더 많이 원할 수도 있다. 시스템을 건축주가 아닌 제삼자가 소유하게 될 경우에는 장기적인 계약관계를 확립할 필요가 있을 것이며, 재생에너지 개발업자의 선정은 설계 및 시공 용역들의 조달을 초월하여 이뤄질 수 있는 결정이다.

### 9.2.2 전력구매계약(Power Purchase Agreements)

전력구매계약(PPA)은 재생에너지시스템에 가장 흔히 사용되는 제삼자 소유 및 재정조달 형식이다. 전력구매계약은 태양전력시스템에 매우 흔히 사용될 뿐만 아니라, 다른 재생에너지 기술에도 적용할 수가 있다. 제삼자 소유구조의 재생에너지시스템은 전력구매계약의 서비스기간 동안 재정조달과 설계, 설치, 모니터링, 유지보수를 포함하는 턴키 프로젝트로서 제공된다. 이 시스템의 재정조달은 시스템에서 나오는 에너지를 생산되는 kWh 당 협상된 요율로 구매함으로써 이뤄지며, 그 요율은 협정의 전 기간에 걸쳐 고정될 수도 있고 일단의 비용 상승 반영계획을 포함할 수도 있다. 전력구매계약은 건축주의 시스템 구매를 위한 조항들을 포함할 수도 있는데, 이런 구매는 보통 계약 발효 후 6년 뒤에 발생된다.

전력구매계약의 시장생존력을 결정하는 기초는 계통기반 전력가격에 비해 얼마나 경쟁우위를 점할

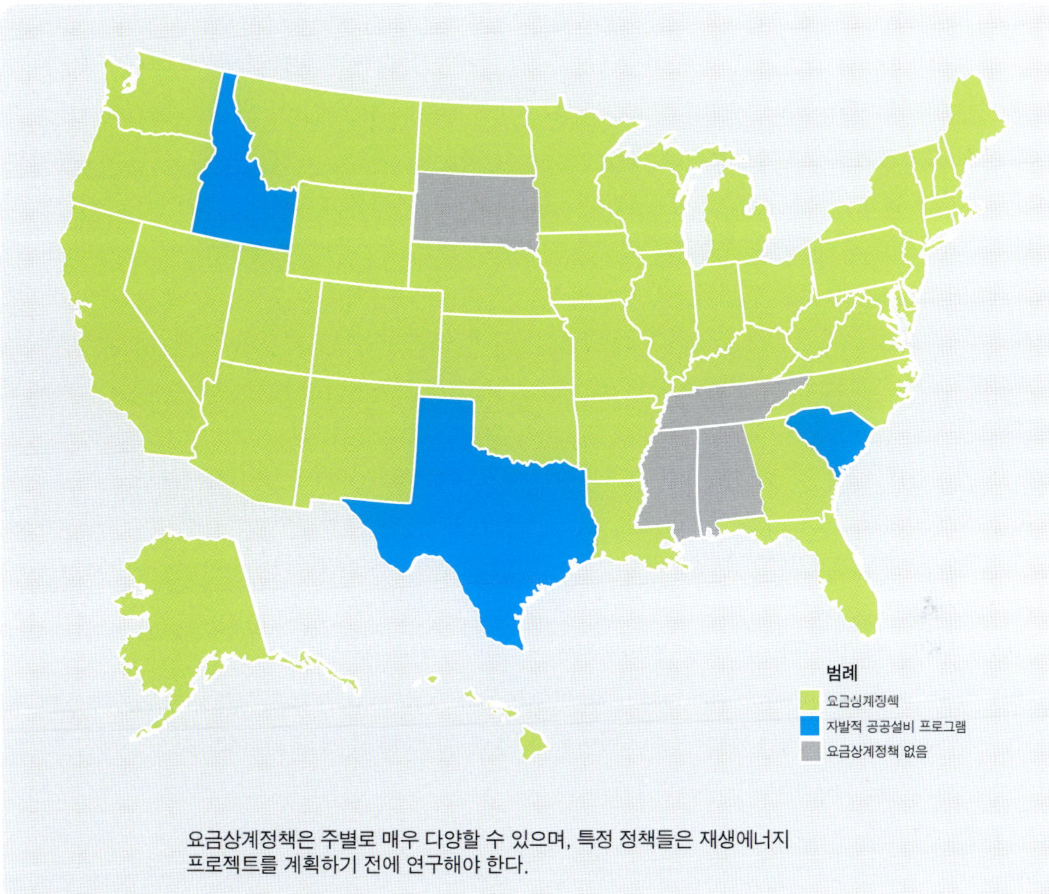


■ **그림 9.9** 요금상계정책이 있는 주들. 〈*Database of State Incentives for Renewables & Efficiency; www.dsireusa.org, October 2011.*〉

수 있느냐다. 선행투자 자본이 필요 없는 건축주라면 상당한 가치와 우위를 얻는다. 장기고정 에너지 가격은 미래의 에너지비용 상승 및 변동에 대비한 가치 있는 대책이다. 사용가능한 인센티브들의 범위는 미국 전역의 시장에서 전력구매계약의 생존력에 영향을 준다. 현재 대부분의 시장에서는 연방 및 지방 인센티브들의 조합에 힘입어 전력구매계약의 경제성이 매우 높다. 전력구매계약 시장은 투자자본의 사용성에도 영향을 받는다. 반대로 건축주들의 신용도는 그들의 재정조달능력에 영향을 줄 것이며, 전력구매계약 요율의 경쟁력에도 효과를 줄 것이다. 지역권의 재생에너지 자원들이 시장에서 갖는 힘과 질의 조합이 주어진 프로젝트에 대한 전력구매계약의 사업타당성에 영향을 줄 수 있다. 대규모의 시스템은 전력구매계약 제공자들에게 가장 매력적일 수 있으나, 소규모의 시스템은 올바른 시장조건에서만 생존할 수 있다.

전력구매계약은 계통연계형 뿐만 아니라 독립형 시스템에서도 효과를 볼 수 있다. 계통연계형 시스템은 지역 공공설비와 연결되기 때문에 보다 복잡하지만, 공공설비기반 인센티브에 적합한 프로젝트를 만들어내기도 한다. 계통연계형 프로젝트에서는, 부지내 시스템이 100퍼센트의 전력수요를 제공하지 않을 때 건물이 공공설비 전력을 구매하는 반면 부지내 시스템이 건물수요보다 더 많은 에너지를 발생시킬 때는 계통으로 전력을 내보낸다. 이런 목적을 달성하려면, 공공설비회사와의 상호연결 계약을 체결하여 부지내 시스템을 계통에 연결하기 위한 조건들을 명기해야 한다. 상호연결 계약의 한 가지 중요한 특징은 요금상계능력이다. 요금상계는 건물이 계통에서 전력을 끌어오느냐 부지내 시스템에서 계통으로 잉여전력을 배출하느냐에 따라 전기계량기를 앞 · 뒤로 돌릴 수 있다. 각 주마다 고유의 요금상계조건들이 있으나, 모든 주와 공공설비회사에 요금상계정책이 있는 건 아니다(그림 9.9 참조).

### 9.2.3 리스(Leases)

재생에너지 설비의 리스(임대차)는 또 하나의 제삼자소유 형식이다. 리스구조는 많은 면에서 전력구매계약과 유사한 편이다. 리스의 주된 차이는 시스템에서 발생되는 에너지에 대해 kWh 기준으로 지불하는 게 아니라 설비에 대해 월별 혹은 주기별로 리스비용을 지급하고, 설비에서 생성된 에너지는 모두 건축주가 사용한다는 점이다. 리스기간은 보통 15년이며, 일반적으로 리스기간이 끝나면 건축주는 그 시스템을 구매할 수가 있다.

### 9.2.4. 성능계약(Performance Contracting)

수많은 성능계약모델이 활용 가능한데, 가장 흔한 모델은 에너지서비스컴퍼니(Energy Service Company: ESCO)라고 알려진 제삼자를 통한 에너지성능계약 모델이다. 에너지성능계약을 통해 에너지효율과 재생에너지 프로젝트의 재정을 조달하고 그것을 실행할 수 있다. 전통적으로 에너지성능계약은 기존 건물에 대해 에너지효율을 개선하는 용도로 활용되어왔지만, 새로운 프로젝트에도 활용이 가능하다. 에너지서비스컴퍼니는 턴키프로젝트들을 제공하는데, 여기에는 재정조달과 에너지감사, 설계, 설치, 모니터링, 유지보수 등의 서비스가 포함될 수도 있다.

이 계약모델은 에너지 비용절감을 통해—혹은 재생에너지의 경우 에너지발생을 통해—초기투자자금을 지원한다. 따라서 건축주는 프로젝트의 초기자본을 제공할 필요가 없지만 에너지서비스컴퍼니와의 장기계약을 체결하고 에너지절약을 통해 프로젝트의 재정을 조달한다. 한 가지 중요한 고려사항은 에너지서비스컴퍼니가 실제적인 에너지절약을 에너지성능계약으로 실현할 수 있게 할 프로젝트의 에너지절약 그리고/혹은 에너지발생 성능을 보증한다는 점이다. 이는 건축주의 위험 중 일부를 에너지서비스컴퍼니로 이양시킨다. 계약조건이 충족되고 나면, 건축주는 프로젝트의 향후 에너지절약으로부터 혜택을 얻는다. 일부 공공설비를 통해서도 이와 유사한 방식이 가능한데, 이는 공공설비에너지서비스계약(utility energy service contract)이라고 불린다.

## 9.3 재무분석(Financial Analysis)

### 9.3.1 자금의 시간가치(Time Value of Money)

시간은 자금의 가치를 결정하고 재무대안들을 평가하는 데에 중요한 요소다. 자금의 시간가치 원칙이란 단순히 오늘날의 한 특정한 자금합계가 향후 어느 시점에서의 같은 자금합계보다 더 가치가 있음을 의미한다. 오늘의 달러는 시간이 지날수록 이자를 벌 수 있기 때문에 오늘의 1달러는 내일의 1달러보다 더 가치가 있다. 오늘 빌린 1달러는 시간이 지날수록 이자를 붙여 갚아야 한다. 프로젝트 및 에너지 관련 결정들을 돕기 위해 재무분석에서 자금의 시간가치를 고려한다면 더욱 정교한 평가의 질과 수준을 얻게 될 것이다.

시간가치에 대한 두가지 주요 개념들은 현재가치(present value)와 미래가치(future value)다. 미래가치는 명시된 시간범위가 지난 후 현 자금에 명시된 이율을 적용한 총액가치다. 예를 들어 1년간 5퍼센트의 이율로 투자된 1,000달러는 1,050달러의 미래가치를 갖게 될 것이다. 현재가치는 같은 개념이지만 자금의 미래가치로부터 명시된 시간범위와 이율(혹은 할인율)을 역으로 적용하여 얻는 값이다.

### 9.3.2 자금회수기간(Payback)

자금회수기간분석은 프로젝트 투자결정에 관하여 실시할 수 있는 가장 간단한 재무분석 중 하나다. 에너지 효율적 투자의 관점에서, 자금회수기간은 초기 투자비용을 회수하는 데 걸리는 에너지절약 년수의 척도이다. 그 투자는 보통 최상의 해법과 제안된 에너지는 효율적 해법 사이에 생기는 비용 차이다. 다음의 식을 통해 단순자금회수기간(simple payback: SP)을 년수로 계산할 수 있는데, 여기서 I는 최초투자를, S는 연간비용절약을 나타낸다. 초기투자가 항상 전체 초기비용인 것은 아니며, 이 분석은 부가비용의 혜택을 일부 기준조건과 비교하는데, 이 경우에는 그 부가비용이 투자가 된다.

$$SP = \frac{I}{S}$$

자금회수기간분석은 많은 비판을 받는다. 이 척도는 투자와 혜택의 관계, 그리고 위험에 대한 대략적인 척도일 순 있지만, 자금의 시간가치를 고려하지 않는다. 게다가 많은 경우 자금회수기간을 활용할 때 프로젝트 투자를 평가하는 최소기준이 단 몇 년밖에 안되기 때문에 재무수익을 간과할 가능성이 있다. 다음섹션에서는 재무분석에 선호되는 다른 방법들을 제시할 텐데, 이 방법들은 자금의 시간 및 투자의 가치를 포함하는 재무분석 방법들이다.

### 9.3.3 투자수익률(Return on Investment)

향상된 에너지성능에 투자하면 하나의 투자가 된다. 여기서 핵심은 그 투자라는 말인데, 투자란 수익의 창출을 기대하는 것이지 그저 부가된 비용에 불과한 게 아니기 때문이다. 투자수익률(return on investment: ROI), 혹은 수익률(rate of return: ROR)은 초기투자에 대한 백분율로 나타내는 연간 이익 혹은 손실에 대한 척도다. 다음의 식은 단순투자수익률(ROI)을 백분율로 계산하는데, 여기서 S는 연간 비용절약을, I는 초기투자를 나타낸다.

$$ROI = \frac{S}{I} \times 100\%$$

투자수익률은 단순자금회수기간의 역수를 취해 백분율로 표시한 값과도 같다.

$$ROI = \frac{1}{SP} \times 100\%$$

단순자금회수기간과 연관이 있다 하더라도, 투자수익률에는 몇 가지 분명한 장점이 있다. 주된 장점은 그것을 최소이율과 비교함으로써 그 투자가 기준 투자안보다 더 나은지의 여부를 판별할 수 있단 점이다. 예를 들어, 에너지효율에 대한 어떤 투자의 연간투자수익률이 15퍼센트인 데 반해 최소이율이 5퍼센트라면, 그 에너지효율성 프로젝트는 현명한 투자 건이다. 한편 15퍼센트의 투자수익률은 6년 8개월의 자금회수기간과 같은데, 이런 수치에 대해 일부에서는 너무 긴 기간이라고 폄하할 수 있다.

투자수익률은 그 투자가 어떤 수익을 내려면 얼마나 오래 지속되어야 하는지를 명시하지 않는다. 대부분의 에너지효율성 혹은 재생에너지 프로젝트에서는 투자기간을 결정할 수 있다. 게다가 투자수익률은 투자기간에 대한 총 투자가치를 측정하지 않으며 간단한 형식으로 일정한 연간비용절약을 가정한다. 이런 투자가치를 다루는 것이 순 현재가치(net present value)다.

### 9.3.4 순 현재가치(Net Present Value)

순 현재가치(NPV, 순 현가)는 자금의 시간가치 개념과 바로 직결된다. 순 현재가치란 초기투자에서 특정기간에 대한 미래비용절약을 뺀 총 현재가치다. 이 값은 현재가치로 표현되는 모든 비용과 이익의 순 가치다. 미래자금의 시간가치를 현재가치의 관점에서 표현하려면 미래의 자금흐름을 할인해야 한다. 할인율(discount rate)은 대개 다른 대안투자에 대비하여 그 투자를 평가하는 데 사용되는 최소이율이다. 그 투자의 수익률이 할인율과 같다면, 순 현재가치는 0일 것이다. 할인율을 초과하는 투자는 양(+)의 순 현재가치를 만들어낼 것이다.

순 현재가치의 계산은 단순자금회수기간과 투자수익률보다 더 복잡하지만, 기본적으로 포함되는 순 현재가치 기능들을 활용하여 스프레드시트로 쉽게 작성할 수 있다. 다음 식을 통해 현재가치(PV)를 계산하는데, 여기서 St는 분석되는 기간(t) 동안 절감되는 현금의 미래가치이며, d는 할인율이다.

$$PV = \frac{S_t}{(1+d)^t}$$

각 기간의 순 현재가치를 합하여 여러 기간들에 대한 현재가치를 계산할 수 있다.

$$PV = \frac{S_1}{(1+d)^1} + \frac{S_2}{(1+d)^2} + \frac{S_3}{(1+d)^3} \cdots$$

혹은 다음처럼 표시한다.

$$PV = \sum_{t=1}^{n} \frac{S_t}{(1+d)^1}$$

이 식은 분석되는 총 기간을 포괄하는 범위로 확장된다. 10년에 대한 현재가치를 구할 경우, 이 식은 t = 10까지 확장될 것이다. 최초기간의 현재가치는 최초투자다. 미래의 절감될 가치나 이익을 모두 합친 현재가치에서 최초투자를 빼면 순 현재가치(NPV)를 얻게 된다.

$$PV_0 = I$$
$$NPV = PV - PV_0$$

미래의 에너지절약과 재생에너지 발생이 갖는 현재가치의 계산법을 아는 것이 넷 제로 에너지 빌딩의 재무분석을 실시하는 데 중요한 기술이다. 이 척도를 이용하면 비용절감의 연별 조정이 가능하기 때문에, 시간에 따른 에너지비용 상승률을 적절히 적용하여 에너지비용절감을 늘릴 수가 있다. 10년, 20년, 30년 등으로 기간을 늘려가며 그동안 이루어질 건물의 전체적인 에너지절약을 활용하여 모든 에너지절약에 대한 현재가치를 계산하는 게 좋다. 이런 현재가치들을 건물의 제곱피트 면적을 기준으로 통일시켜 제곱피트 당 달러 단위로 프로젝트의 초기비용과 비교할 수 있다. 재생에너지시스템이 발생시키는 에너지의 가치에 대해서도 이와 같은 현재가치 계산을 실시해야 한다.

### 9.3.5 생애주기비용분석(Life-Cycle Cost Analysis)

생애주기비용(LCC) 분석은 모든 프로젝트에서 진정한 의미에서의 비용여파를 결정하는 효과적인 방식이며, 특히 에너지효율과 재생에너지에 관한 결정들을 할 때 유용하다. 생애주기비용은 한 제품이나 재료, 시스템, 혹은 건물의 전 생애동안 드는 총 비용이다. 이때 고려할 비용들로는 초기비용과 운영 · 유지보수 · 대체 · 사용만료처리 비용들이 있다. 생애주기비용분석은 전반적으로 경제성에 초점을 두기 때문에 프로젝트 대안들을 비교하기에 가장 좋은 도구 중의 하나다.

> **주(Note):**
>
> 생애주기비용분석은 생애주기평가(life-cycle assessment: LCA)와 분명히 다른 과정이다. 생애주기평가는 한 프로젝트 결정이 해당 안의 생애기간동안 일으키는 환경적 영향에 대한 척도다. 생애주기평가에서는 종종 내재에너지(embodied energy)를 중요한 측정결과로서 다룬다. 이번 섹션에서는 생애주기비용분석을 일종의 재무분석 도구로서 엄밀하게 다룬다.

생애주기비용분석에서는 현재가치의 활용이 중요한데, 모든 미래가치들을 현재가치로 할인할 필요가 있기 때문이다. 다음의 식을 활용하여 생애주기비용(LCC)을 계산한다. 이 기본 식에서 분석에 포함되는 인자들을 달리 한 여러 가지 버전과 접근법들이 있으며, 또한 그 기간은 평가대상 시스템의 추정된 사용 수명임을 명시해야 한다.

$$LCC = C + E_{pv} + M_{pv} + R_{pv} + O_{pv} - S_{pv}$$

여기서,

$C$는 초기 자본비용(capital cost) 혹은 투자다.

$E_{pv}$는 에너지비용(energy cost)의 현재가치다. 이 값은 에너지비용 상승률을 포함해야 한다. 재생에너지시스템 분석에서는 에너지의 발생이 에너지비용에 대한 마이너스 값이나 점수를 발생시킬 수 있다.

$M_{pv}$는 유지보수비용(maintenance cost)의 현재가치다.

$R_{pv}$는 대체비용(replacement cost)의 현재가치다. 보통 이 값은 유지보수비용에 옵션으로 부가될 수 있는 부분들의 대체를 포함한다. 분석기간이 평가대상 시스템의 수명보다 더 길 경우에는, 이 값에 전체적인 대체비용이 포함되어야 한다.

$O_{pv}$는 옵션비용(optional cost)이나 부가가치의 현재가치로서, 융자비용 등을 포함할 수 있다.

$S_{pv}$는 사용만료 시 잔존가액(salvage value)의 현재가치다.

생애주기비용분석은 미국 연방정부에서 표준적인 실무로서 활용된다. 연방기관들을 보조할 뿐만 아니라 연방정부와도 연계되어 건물 프로젝트 작업을 할 많은 도구와 자료들을 개발해왔다. 미국 상무부 기술관리국 산하의 국립표준기술연구소(National Institute of Standards and Technology: NIST)는 『연방에너지관리프로그램을 위한 생애주기비용분석 매뉴얼(Life-Cycle Costing Manual for the Federal Energy Management Program)』(혹은 『NIST 핸드북 135』, Sieglinde K. Fuller and Stephen R. Petersen)을 출판했다. 이 매뉴얼은 생애주기비용분석에 대한 상세한 활용지침을 제공한다.

생애주기비용분석을 수행할 때 어려운 것 중 하나는 분석기간에 대한 미래가치들을 추정할 수 있어야 한단 점이다. 예를 들어 분석기간 동안 발생할 수 있는 시스템의 대체비용을 결정하기가 어려울 수 있다. 그럴 경우, 그러한 특정 인자에 대한 광범위한 값들을 입력하여 최종결과가 특정인자가 최종결정에 미치는 영향을 판별할 수 있다. 이 기법을 민감도 분석(sensitivity analysis)이라고 부른다. 그것은 수많은 시나리오들을 시험하여 최고와 최악의 잠재적 결과들을 결정하는 한 방법이기도 하다.

시행 팀이 활용할 수 있는 다양한 재무분석 기법들은 프로젝트 설계관련 결정들을 심사하기 위한 매우 다양한 재무적 판별기법들을 제공한다. 다양한 분석기법들을 활용하여 폭넓은 관점을 얻는 게 좋다. 이를 위해 다음 섹션에서는 몇 가지 재무분석 기법들을 사례형식으로 기술하여 넷 제로 에너지 빌딩에 적용하는 법을 보여주고자 한다.

### 9.3.6 재무분석사례(Financial Analysis Examples)

여기서 제시하는 기본사례들은 방금 논한 재무분석 도구들을 예시한다. 각 사례는 모두 매사추세츠 주의 보스턴에 위치한 7만 제곱피트 규모의 넷 제로 에너지 사무소건물을 똑같이 가정하였다. 사례들의 단순성을 유지하기 위해 시설은 전기전용 건물로 가정하며, 다른 모든 에너지 자원들은 계산에 포함하지 않았다. 게다가 전기비용에서의 수요요금(demand charges) 및 기타 변수들은 단일한 혼합 전기 요율을 통해 단순화하였다. 또한 다음사항들도 고려하도록 한다.

- 보스턴은 완전한 요금상계를 허용하며, 초과발전에 대해 소매요율로 점수를 매긴다. 점수는 축적이 가능하고 미래의 공공설비요금 청구주기에 반영될 수 있다.
- 매사추세츠 주에는 태양재생에너지인증서(SREC)들에 대해 카브아웃(carve-out)라고도 불리는 별도표준(set-aside)들을 포함한 재생에너지 포트폴리오 표준이 있다. 이러한 태양에너지 카브아웃들은 MWh 당 가격이 최소 300달러에서 최대 550달러까지인 분산형 태양에너지 프로젝트들의 자격을 인정함으로써 SREC를 위한 시장

을 제공한다. 이 프로젝트 사례에서는 SREC들이 판매되기 때문에, 그것들을 비교적 저렴한 그린(Green)-e 인증 REC들로 대체한다.

- 이 사례들에서 가정하는 유일한 인센티브 두 가지는 SREC와 연방정부의 사업체 에너지 투자세액공제 30퍼센트에 대한 성능기반 인센티브들이다. 다른 인센티브나 세금관련 영향들은 이 사례들에 포함되지 않는다.

단순자금회수기간과 투자수익률 사례들을 확장시켜 재무영향을 평가하기 위해 에너지효율과 재생에너지의 분석을 합칠 수도 있다. 순 현재가치를 계산하기 위한 다음 사례는 자금의 시간가치를 감안하기 때문에 보다 복잡하다. 사실 이런 계산 에서는 3가지의 시간기반 요인들이 상호작용한다.

- 첫 번째는 에너지비용 상승인데, 이 값은 매년 에너지비용을 점진적으로 높일 것이다. 이 사례에서 에너지비용은 매년 4퍼센트씩 오른다.
- 두 번째의 시간기반 요인은 할인율이며, 이 값은 비용을 점진적으로 낮춰 현재의 달러가치 수준으로 변환시킨다. 이 사례의 경우 할인율은 3퍼센트다. 할인율이 높을수록 순 현재가치는 더 낮아질 것이다.
- 세 번째의 시간기반 요인은 태양광발전에 특수한 요인으로서 노령화로 인한 점진적인 성능저하를 포함한다.

### 재무분석 사례를 위한 프로젝트 데이터(Project Data for Financial Analysis Examples)

#### 프로젝트 기본정보(Basic Project Information)

- 건물유형: 사무소
- 입지: 매사추세츠 주 보스턴
- 건물면적: 70,000 $ft^2$
- 시공비용: $225/$ft^2$, 혹은 $15,750,000
- 에너지효율 프리미엄: 비용의 2퍼센트, 혹은 $315,000

#### 재무정보(Financial Information)

- 분석기간: 25년
- 에너지비용 상승: 4퍼센트
- 할인율: 3퍼센트

#### 재생에너지시스템(Renewable Energy System)

- 태양광발전시스템: 500 kW
- 태양광발전 기본비용: $5.30/W, 혹은 $2,650,000
- 연방세액공제: 30퍼센트, 혹은 $795,000
- 태양광발전 최종비용: $1,855,000 ($3.71/W)
- 성능률: 1,244 kWh/kW (PV와츠 기준: 42.2°의 경사와 0.77의 경감률)
- 재생에너지 발전량: 622 MWh
- 태양광발전 노령손실: 연간 1퍼센트
- 유지보수비용: 태양광발전시스템 설치비용의 0.10퍼센트로 가정

- 대체비용: 15년째에 태양광발전시스템 규모(와트) 당 비용 $0.71 수준에서 인버터가 대체될 걸로 가정.
- 기타비용: 태양광발전시스템 설치비용의 0.25퍼센트로 가정되는 보험료
- 잔존가액: 25년째(보증만료시점)에 잔존가액 20퍼센트로 가정

#### 에너지사용량(Energy Use)

- 기준사례 에너지사용량: 55 kBtu/ft²/년, 혹은 1,128 MWh
- 설계사례 에너지사용량: 28 kBtu/ft²/년, 혹은 574 MWh
- 에너지효율/절약: 49퍼센트, 혹은 554 MWh

#### 에너지비용(Energy Costs)

- 전기요금: $0.12/kWh
- 기준 연간에너지비용: $135,404
- 설계 연간에너지비용: $68,933 (재생에너지 미포함)
- 설계 연간에너지비용: -$5,707 (재생에너지 포함으로 인한 점수획득)
- 총 최초년도 재생에너지 발전가치: $68,933 + $5,707 = $74,640

#### 태양재생에너지인증서(Solar Renewable Energy Certificates: SREC)

- SREC 점수: 10년간 $300/MWh
- 그린-e REC 대체: 10년간 $5/MWh
- 순 SREC 점수: 10년간 $295/MWh
- 연간 순 SREC 점수: ($295 × 622 MWh) = $183,490

### 단순자금회수기간(Simple Payback)

#### 에너지효율에 대한 단순자금회수기간 (Simple Payback for Energy Efficiency)

$$SP = \frac{I}{S}$$

여기서,

$I$ = $315,000

$S$ = $135,404 - $68,933 = $66,471

$SP$ = 4.7년

#### 재생에너지에 대한 단순자금회수기간 (Simple Payback for Renewable Energy)

$$SP = \frac{I}{S}$$

여기서,

$I$ = $1,855,000

$S$ = $74,640 + $183,490 = $258,130

$SP$ = 7.2년

### 투자수익률(Return on Investment)

#### 에너지효율에 대한 투자수익률 (Return on Investment for Energy Efficiency)

$$ROI = \frac{1}{SP} \times 100\%$$

여기서,

$SP$ = 4.7년,

$ROI$ = 21.1%

#### 재생에너지에 대한 투자수익률 (Return on Investment for Renewable Energy)

$$SP = \frac{I}{S}$$

여기서,

$SP$ = 7.2년,

$ROI$ = 13.9%

| 연도 | 현가율 | 전기료 | 기준 에너지 사용량(kWh) | 기준 에너지 비용 | 기준 에너지비용 (현가) | 설계 에너지 사용량(kWh) | 설계 에너지 비용 | 설계 에너지 비용(현가) |
|---|---|---|---|---|---|---|---|---|
| 1 | 0.971 | $0.120 | 1,128,370 | $135,404 | $131,461 | 574,443 | $68,933 | $66,925 |
| 2 | 0.943 | $0.125 | 1,128,370 | $140,821 | $132,737 | 574,443 | $71,691 | $67,575 |
| 3 | 0.915 | $0.130 | 1,128,370 | $146,453 | $134,026 | 574,443 | $74,558 | $68,231 |
| 4 | 0.888 | $0.135 | 1,128,370 | $152,312 | $135,327 | 574,443 | $77,540 | $68,894 |
| 5 | 0.863 | $0.140 | 1,128,370 | $158,404 | $136,641 | 574,443 | $80,642 | $69,563 |
| 6 | 0.837 | $0.146 | 1,128,370 | $164,740 | $137,967 | 574,443 | $83,868 | $70,238 |
| 7 | 0.813 | $0.152 | 1,128,370 | $171,330 | $139,307 | 574,443 | $87,222 | $70,920 |
| 8 | 0.789 | $0.158 | 1,128,370 | $178,183 | $140,659 | 574,443 | $90,711 | $71,608 |
| 9 | 0.766 | $0.164 | 1,128,370 | $185,310 | $142,025 | 574,443 | $94,340 | $72,304 |
| 10 | 0.744 | $0.171 | 1,128,370 | $192,723 | $143,404 | 574,443 | $98,113 | $73,006 |
| 11 | 0.722 | $0.178 | 1,128,370 | $200,432 | $144,796 | 574,443 | $102,038 | $73,714 |
| 12 | 0.701 | $0.185 | 1,128,370 | $208,449 | $146,202 | 574,443 | $106,119 | $74,430 |
| 13 | 0.681 | $0.192 | 1,128,370 | $216,787 | $147,621 | 574,443 | $110,364 | $75,153 |
| 14 | 0.661 | $0.200 | 1,128,370 | $225,458 | $149,055 | 574,443 | $114,779 | $75,882 |
| 15 | 0.642 | $0.208 | 1,128,370 | $234,477 | $150,502 | 574,443 | $119,370 | $76,619 |
| 16 | 0.623 | $0.216 | 1,128,370 | $243,856 | $151,963 | 574,443 | $124,145 | $77,363 |
| 17 | 0.605 | $0.225 | 1,128,370 | $253,610 | $153,438 | 574,443 | $129,111 | $78,114 |
| 18 | 0.587 | $0.234 | 1,128,370 | $263,754 | $154,928 | 574,443 | $134,275 | $78,872 |
| 19 | 0.570 | $0.243 | 1,128,370 | $274,305 | $156,432 | 574,443 | $139,646 | $79,638 |
| 20 | 0.554 | $0.253 | 1,128,370 | $285,277 | $157,951 | 574,443 | $145,232 | $80,411 |
| 21 | 0.538 | $0.263 | 1,128,370 | $296,688 | $159,484 | 574,443 | $151,041 | $81,192 |
| 22 | 0.522 | $0.273 | 1,128,370 | $308,555 | $161,033 | 574,443 | $157,083 | $81,980 |
| 23 | 0.507 | $0.284 | 1,128,370 | $320,898 | $162,596 | 574,443 | $163,366 | $82,776 |
| 24 | 0.492 | $0.296 | 1,128,370 | $333,733 | $164,175 | 574,443 | $169,901 | $83,580 |
| 25 | 0.478 | $0.308 | 1,128,370 | $347,083 | $165,769 | 574,443 | $176,697 | $84,391 |
| 총액 | | | | | $3,699,497 | | | $1,883,380 |

에너지비용 상승 = 4%
할인율 = 3%
Abbreviations: PV = 현재가치(present value)

■ **그림 9.10** 사례: 에너지효율에 대한 현재가치 계산

시간에 따른 성능손실로 인해, 이 예시 프로젝트는 25년 분석기간의 중간쯤 어딘가에서 넷 제로 에너지 수준의 성능을 더 이상 내지 못하게 될 것이다. 사실, 시간이 지날수록 이 프로젝트에 추가적인 재생에너지나 에너지효율성 프로젝트들을 부가하여 넷 제로 에너지 균형을 유지할 수도 있다. 이런 추가적인 프로젝트들은 이 사례에서 배제하였다.

에너지비용 상승과 태양광발전 노령손실은 모두 단순한 백분율 기반 조정사례들이다. 할인율은 현재가치 계산식을 활용하여 적용한다. 순 현재가치식을 기초로 분석기간 중 매년의 현재가치율들에 대한 표를 작성하는 게 유익할 수 있다. 여기서 S는 1, $t$는 년수(이 사례에서는 1년부터 25년), $d$는 할인율이다.

$$PV = \frac{S_t}{(1+d)^t}$$

그림 9.10과 9.11의 표들은 스프레드시트 형식으로 계산한 현재가치(현가)들을 보여준다. 다음 계산예시에서 보여주듯이, 현재가치의 결과 값들을 활용하여 투자의 순 현재가치를 계산한다. 이 값은 현재 달러가치들이 초기 자본비용 보다 낮게 변환되는 모든 미래이익들의 합이다.

359쪽에서 앞서 등장하는 순 현재가치 계산예시

| 연도 | 현가율 | 재생에너지 발생량 | 재생에너지 순 사용량 (kWh) | 재생에너지 순 비용 | 재생에너지 순 비용 (현가) | 재생에너지 (MWh당) 순 SREC | 재생에너지 SREC 순 득점 | 재생에너지 SREC 순 득점(현가) |
|---|---|---|---|---|---|---|---|---|
| 1 | 0.971 | 622,000 | -47,557 | -$5,707 | -$5,541 | $295 | $183,490 | $178,146 |
| 2 | 0.943 | 615,780 | -41,337 | -$5,159 | -$4,863 | $295 | $181,655 | $171,227 |
| 3 | 0.915 | 609,622 | -35,179 | -$4,566 | -$4,179 | $295 | $179,839 | $164,578 |
| 4 | 0.888 | 603,526 | -29,083 | -$3,926 | -$3,488 | $295 | $178,040 | $158,186 |
| 5 | 0.863 | 597,491 | -23,048 | -$3,235 | -$2,791 | $295 | $176,260 | $152,043 |
| 6 | 0.837 | 591,516 | -17,073 | -$2,493 | -$2,087 | $295 | $174,497 | $146,139 |
| 7 | 0.813 | 585,601 | -11,158 | -$1,694 | -$1,377 | $295 | $172,752 | $140,463 |
| 8 | 0.789 | 579,745 | -5,301 | -$837 | -$661 | $295 | $171,025 | $135,008 |
| 9 | 0.766 | 573,947 | 496 | $81 | $62 | $295 | $169,314 | $129,765 |
| 10 | 0.744 | 568,208 | 6,235 | $1,065 | $792 | $295 | $167,621 | $124,726 |
| 11 | 0.722 | 562,526 | 11,917 | $2,117 | $1,529 | $0 | $0 | $0 |
| 12 | 0.701 | 556,900 | 17,543 | $3,241 | $2,273 | $0 | $0 | $0 |
| 13 | 0.681 | 551,331 | 23,112 | $4,440 | $3,024 | $0 | $0 | $0 |
| 14 | 0.661 | 545,818 | 28,625 | $5,720 | $3,781 | $0 | $0 | $0 |
| 15 | 0.642 | 540,360 | 34,083 | $7,083 | $4,546 | $0 | $0 | $0 |
| 16 | 0.623 | 534,956 | 39,487 | $8,534 | $5,318 | $0 | $0 | $0 |
| 17 | 0.605 | 529,607 | 44,836 | $10,077 | $6,097 | $0 | $0 | $0 |
| 18 | 0.587 | 524,311 | 50,132 | $11,718 | $6,883 | $0 | $0 | $0 |
| 19 | 0.570 | 519,068 | 55,376 | $13,462 | $7,677 | $0 | $0 | $0 |
| 20 | 0.554 | 513,877 | 60,566 | $15,312 | $8,478 | $0 | $0 | $0 |
| 21 | 0.538 | 508,738 | 65,705 | $17,276 | $9,287 | $0 | $0 | $0 |
| 22 | 0.522 | 503,651 | 70,792 | $19,358 | $10,103 | $0 | $0 | $0 |
| 23 | 0.507 | 498,614 | 75,829 | $21,565 | $10,927 | $0 | $0 | $0 |
| 24 | 0.492 | 493,628 | 80,815 | $23,902 | $11,758 | $0 | $0 | $0 |
| 25 | 0.478 | 488,692 | 85,751 | $26,377 | $12,598 | $0 | $0 | $0 |
| 총액 | | | | | $80,147 | | | $1,500,282 |

에너지비용 상승 = 4%
할인율 = 3%
Abbreviations: PV = 현재가치(present value), RE = 재생에너지(renewable energy)

■ **그림 9.11** 사례: 재생에너지에 대한 현재가치 계산

는 4퍼센트의 에너지비용 상승률과 3퍼센트의 할인율을 활용하는데, 이는 물가상승을 충분히 감안할 수 있는 비율이다. 이 두 비율을 활용하여 342쪽에 나오는 사례 프로젝트의 재생에너지시스템에 대한 생애주기비용분석 예시를 작성할 수 있다. 추가적인 현재가치 계산을 통해 태양광발전시스템의 생애주기비용들, 예를 들어 유지보수비와 대체비용, 보험료, 사용만료 시 잔존가액 등을 포함하여 계산할 수 있다. 그림 9.12의 표는 생애주기비용들을 현재가치(현가)로 추가하기 위한 배경적인 계산 값들을 상세히 보여준다. 이 사례에서는 재생에너지의 생애주기비용이 전형적인 계통기반전력 활용시의 생애주기비용과 비교됨을 볼 수 있다.

### 9.3.7 넷 제로 에너지 경제학
(Net Zero Energy Economics)

넷 제로 에너지 빌딩을 위한 경제학은 일반적인 에너지 효율적 건물의 경제학 및 분석에서부터 출발한다. 본 장에서 논의하는 재무분석 기법들이 건축주와 설계팀에게도 유용한 도구들을 제공하지만, 이런 기법들의 가장 큰 가치는 넷 제로 에너지 프로젝트를 둘러싼 사업적 논란이나 초기결정에 도움을 준다는 데에 있다. 일단 하나의 에너지 목표와 시공예산이 설정되고 나면, 많은 프로젝트 결정들이 이

| 연도 | 현가율 | 유지 보수비용 | 유지보수 비용 (현가) | 대체비용 | 대체비용 (현가) | 보험료 | 보험료 (현가) | 잔존가액 | 잔존현가 |
|---|---|---|---|---|---|---|---|---|---|
| 1 | 0.971 | $1,855 | $1,801 | $0 | $0 | $4,638 | $4,502 | $0 | $0 |
| 2 | 0.943 | $1,855 | $1,749 | $0 | $0 | $4,638 | $4,371 | $0 | $0 |
| 3 | 0.915 | $1,855 | $1,698 | $0 | $0 | $4,638 | $4,244 | $0 | $0 |
| 4 | 0.888 | $1,855 | $1,648 | $0 | $0 | $4,638 | $4,120 | $0 | $0 |
| 5 | 0.863 | $1,855 | $1,600 | $0 | $0 | $4,638 | $4,000 | $0 | $0 |
| 6 | 0.837 | $1,855 | $1,554 | $0 | $0 | $4,638 | $3,884 | $0 | $0 |
| 7 | 0.813 | $1,855 | $1,508 | $0 | $0 | $4,638 | $3,771 | $0 | $0 |
| 8 | 0.789 | $1,855 | $1,464 | $0 | $0 | $4,638 | $3,661 | $0 | $0 |
| 9 | 0.766 | $1,855 | $1,422 | $0 | $0 | $4,638 | $3,554 | $0 | $0 |
| 10 | 0.744 | $1,855 | $1,380 | $0 | $0 | $4,638 | $3,451 | $0 | $0 |
| 11 | 0.722 | $1,855 | $1,340 | $0 | $0 | $4,638 | $3,350 | $0 | $0 |
| 12 | 0.701 | $1,855 | $1,301 | $0 | $0 | $4,638 | $3,253 | $0 | $0 |
| 13 | 0.681 | $1,855 | $1,263 | $0 | $0 | $4,638 | $3,158 | $0 | $0 |
| 14 | 0.661 | $1,855 | $1,226 | $0 | $0 | $4,638 | $3,066 | $0 | $0 |
| 15 | 0.642 | $1,855 | $1,191 | $355,000 | $227,861 | $4,638 | $2,977 | $0 | $0 |
| 16 | 0.623 | $1,855 | $1,156 | $0 | $0 | $4,638 | $2,890 | $0 | $0 |
| 17 | 0.605 | $1,855 | $1,122 | $0 | $0 | $4,638 | $2,806 | $0 | $0 |
| 18 | 0.587 | $1,855 | $1,090 | $0 | $0 | $4,638 | $2,724 | $0 | $0 |
| 19 | 0.570 | $1,855 | $1,058 | $0 | $0 | $4,638 | $2,645 | $0 | $0 |
| 20 | 0.554 | $1,855 | $1,027 | $0 | $0 | $4,638 | $2,568 | $0 | $0 |
| 21 | 0.538 | $1,855 | $997 | $0 | $0 | $4,638 | $2,493 | $0 | $0 |
| 22 | 0.522 | $1,855 | $968 | $0 | $0 | $4,638 | $2,420 | $0 | $0 |
| 23 | 0.507 | $1,855 | $940 | $0 | $0 | $4,638 | $2,350 | $0 | $0 |
| 24 | 0.492 | $1,855 | $913 | $0 | $0 | $4,638 | $2,281 | $0 | $0 |
| 25 | 0.478 | $1,855 | $886 | $0 | $0 | $4,638 | $2,215 | $371,000 | $177,192 |
| 총액 | | | $32,301 | | $227,861 | | $80,753 | | $177,192 |

에너지비용 상승 = 4%
할인율 = 3%
Abbreviations: PV = 현재가치(present value)

■ 그림 9.12 사례: 생애주기비용에 대한 현재가치 계산

러한 상위적인 목표를 뒷받침하며 이뤄질 필요가 있다. 개별적인 척도들을 분석하여 대안적인 해법들을 비교할 수 있지만, 궁극적으로는 전반적인 프로젝트 목표를 가장 잘 충족하는 해법을 실시해야 한다. 이런 의미에서 어떤 개별 설계결정에 대한 개별적인 자금회수기간 계산이나 기타 재무분석은 덜 중요할 수 있다. 전반적으로 비용 및 에너지 요건들을 충족하는 데에 목적이 있기 때문이다.

넷 제로 에너지 프로젝트를 계획하고 시행할 때는 전적으로 새로운 경제학적 분석이 효과적이다. 모든 프로젝트 결정에 내재하는 일차적인 재무관련 사안 중 하나는 어떤 에너지효율성 대책의 경제성이 재생에너지 능력을 향상시키는 대안에 비해 더 경제적인지 아닌지의 여부다. 대부분 에너지효율성 전략들은 재생에너지 전략보다 더 큰 경제성을 보인다. 그럼에도 재생에너지 전략은 중요하게 염두에 둬야 할 고려사항이다.

또한 건물에 설치되는 각 재생에너지시스템 설비의 와트 당 비용을 확실히 아는 게 매우 유익하다. 이를 위해서는 일단 1와트의 전력을 1년 8,760시간에 걸쳐 연속으로 사용할 때의 연간에너지사용량부터 계산해야하고(8.76kWh) 설치되는 재생에너지시스템의 와트 당 비용과 와트 당 에너지 발생량을 기초로, 설치되는 설비의 와트 당 재생에너지

비용을 계산할 수 있다.

방금 활용한 프로젝트 사례의 경우, 설치되는 태양광발전시스템의 비용은 kW 당 3,170달러이고, 첫 1년간 발생되는 kW 당 에너지는 1,244 kWh다. 그 결과 설치되는 설비의 재생에너지 비용은 kWh 당 2.55달러이며 연속사용시의 1와트 당 비용은 22달러가 된다. 이런 측정법은 설비비용과 효율을 비교할 때 활용할 수 있지만 생애주기평가는 아니며, 설치되는 설비출력의 최초비용에 대한 평가이다.

## 9.4 넷 제로 에너지 및 부동산 시장
(Net Zero Energy and The Real Estate Market)

넷 제로 에너지 빌딩의 설계는 건설업에서 새로운 트렌드이며, 이를 초기에 채택한 사례들은 주로 건축주가 직접 건물을 사용하는 프로젝트들이었다. 에너지효율과 재생에너지에 대한 재정적 투자는 건물을 장기적으로 소유하게 하는 주된 이유이다. 넷 제로 에너지 빌딩의 장기적 가치뿐만 아니라, 부동산시장에서도 흥미로운 가치요인으로 존재한다. 그 가치제안은 LEED와 함께 시작된 현상과 유사하다. LEED는 그 인증을 받은 자산들을 시장에서 강력하게 차별화시킨 요인이었다. LEED 인증건물의 높은 에너지 효율과 시장화 가능성은 인증되지 않은 경우보다 건물의 가치를 높여주었다. 이제 넷 제로 에너지 빌딩은 LEED 건물보다 확실히 더 높은 건물 성능수준을 대변한다. 넷 제로 에너지 빌딩은 상업용 부동산시장에서 어떻게 인식될 것인가?

### 9.4.1 순 운영소득(Net Operating Income)

넷 제로 에너지에 해당하는 신축이나 리노베이션은 에너지효율과 부지내 재생에너지발생을 통해 임대료와 사용률, 자산 가치를 더 높일 뿐만 아니라 월별 운영지출은 더 낮춘다는 면에서 가치를 더할 수 있는 건실한 부동산 투자일 수 있다. 상업용 부동산에 대한 자산 가치는 대개 그로 인한 소득, 즉 대부분 에너지비용이 순 운영소득(net operating income: NOI)을 발생시킬 수 있는 능력에 기초한다. 운영지출의 감축은 더 많은 운영소득을 만드는 효과적인 방법이다.

**순 현재가치**(Net Present Value)

**에너지효율에 대한 순 현재가치**
(Net Present Value for Energy Efficiency)

$$NPV = PV - PV0$$

여기서,

$PV = \$3,699,497 - \$1,883,380 = \$1,816,117$

$PV_0 = \$315,000$

$NPV = \$1,501,117$

**재생에너지시스템에 대한 순 현재가치**
(Net Present Value for Renewable Energy System)

$$NPV = PV - PV0$$

여기서,

$PV = (\$1,883,380\ .\ \$80,147) + \$1,500,282 =$
$\$3,303,515$

$PV_0 = \$1,855,000$

$NPV = \$1,448,515$

**에너지효율과 재생에너지의 합에 대한 순 현재가치**(Net Present Value for Combined Energy Efficiency and Renewable Energy)

$$NPV = PV - PV_0$$

여기서,

$PV = \$1,816,117 + \$3,303,515 = \$5,119,632$

$PV_0 = \$315,000 + \$1,855,000 = \$2,170,000$

$NPV = \$2,949,632$, or $\$42/ft^2$

상업용 부동산 자산에서 에너지는 가장 큰 부분을 차지한다. 환경보호국(EPA)의 에너지스타 프로그램에 따르면, 에너지는 평균적으로 건물 운영지출의 1/3을 차지한다. 넷 제로 에너지 빌딩은 건물의 에너지지출을 낮출 수 있도록 더 많은 기회를 제공한다. 이로 인해 순 운영소득과 자산 가치가 바로 상승할 수 있다. 평균적인 부동산 자산운영에서 연간에너지비용이 제곱피트 당 2달러를 초과할 수 있다. 하지만 넷 제로 에너지 부동산 자산운영에서는

생애주기비용분석(Life-Cycle Cost Analysis)

재생에너지시스템에 대한 생애주기비용분석(Life-Cycle Cost Analysis for Renewable Energy System)

$$LCC = C + E_{pv} + M_{pv} + R_{pv} + O_{pv} - S_{pv}$$

여기서,

$C$ = $1,855,000

$E_{pv}$ = $80,147 - $1,500,282 = -$1,420,135

$M_{pv}$ = $32,301

$R_{pv}$ = $277,861

$O_{pv}$ = $80,753

$S_{pv}$ = -$177,192

생애주기비용 (*LCC*) = $598,590

평준화한 생애주기 에너지비용 = $0.04/kWh

재생에너지시스템이 없는 프로젝트에 대한 생애주기비용분석(Life-Cycle Cost Analysis for Project without Renewable Energy System)

$$LCC = C + E_{pv} + M_{pv} + R_{pv} + O_{pv} - S_{pv}$$

여기서,

$C$ = $0

$E_{pv}$ = $1,883,380

$M_{pv}$ = $0

$R_{pv}$ = $0

$O_{pv}$ = $0

$S_{pv}$ = $0

생애주기비용 (*LCC*) = $1,883,380

평준화한 생애주기 에너지비용 = $0.13/kWh

결과: 25년에 걸쳐 계산하면, 제안된 재생에너지시스템(태양광발전시스템)으로 건물을 운영하는 게 이 프로젝트에서 배제된 재생에너지시스템으로 운영하는 것보다 $1,284,791가 덜 들 것이다.

에너지비용을 제곱피트 당 1달러 미만으로 낮출 수 있다. 연간에너지비용을 제곱피트 당 1달러만큼 낮추게 되면 10퍼센트의 자본환원율(capitalization rate)을 가정할 때 자산 가치는 제곱피트 당 10달러가 늘어난다. 10만 제곱피트 규모의 건물이라면, 자산 가치가 1백만 달러 늘어나는 셈이다. (자산 가치는 순 운영소득을 자본환원율로 나눈 값과 같다.)

넷 제로 에너지 부동산 자산은 자체적인 재생에너지를 발생시키는 자산이기도 하다. 이 점은 그 에너지지출을 제어하고 활용하여 소득을 발생시킬 수 있는 수단을 추가로 제공한다. 부지내 재생에너지는 건물의 에너지비용을 고정시키며 미래의 에너지비용 상승에 대비한 방지책 역할을 한다. 그것은 종종 최저비용의 에너지 대안이며, 시간이 지날수록 특히 그러하다. 많은 프로젝트에서 부지내 재생에너지시스템은 태양 재생에너지인증서(REC)들을 기초로 오랫동안 꾸준한 소득흐름을 발생시킬 수 있다.

재생에너지에 대한 투자는 형식상 신축 혹은 기존 부동산 프로젝트로 고려해야 하는 상당한 초기비용투자다. 부지내 재생에너지시스템의 부가는 에너지 생산 자산에 대한 투자이며, 이에 대해서는 앞서 본 장의 "재무분석(Financial Analysis)" 섹션에서 개괄한 것처럼 현재의 기술비용과 인센티브, 세금, 공공설비요금 등의 사안들을 기초로 주의 깊게 분석해야 한다. 건축주는 자체적인 재무적 비용이 발생할 수 있는 시스템의 직접소유 대신 제삼자 소유구조를 택할 수도 있다. 넷 제로 에너지 빌딩의 에너지비용절감 이익들을 분석할 때 가장 중요한 재무 고려사항 중 하나는 누가 투자를 하고 누가 혜택을 얻는지—건축주(들)인지 임차인들인지—를 파악하는 일이다. 이것은 건물의 에너지효율을 끌어올리는 어려운 측면 중 하나인 상업용 리스(commercial lease)와 결부되는 문제다.

### 9.4.2 그린리스(Green Lease)

임차인의 관계를 정의할 필요에 의해 그에 대한 반응으로 그린리스 개념이 부상했다. 건축주와 임차인이 협업하여 건물과 그 운영에서 환경적 · 사회적 · 경제적으로 지속가능한 성능을 극대화하는 그린리스는 운반관리와 물 보존, 실내 환경의 질, 재활용 등 친환경건물의 수많은 운영적 측면들을 다룰 수 있다. 또한 그린리스는 건물 내의 에너지사용량도 다룰 수 있다.

넷 제로 에너지 빌딩은 매년 전반적인 실제 운영 과정에서 넷 제로 에너지 균형을 유지해야 하기 때문에, 다세대가 임차하는 건물에서의 에너지관리는 상당한 도전일 수 있다. 그린리스는 건축주와 임차인 모두의 에너지 관리책임을 다루기 위한 수단이다. 또한 그것은 넷 제로 에너지 빌딩의 경제적 혜택들을 공유하고 극대화하기 위한 수단이기도 하다. 사실 건축주와 임차인 모두가 넷 제로 에너지를 달성하는 데에 중요한 역할을 한다. 건축주는 건물 시스템의 에너지효율과 운영을 책임지는 반면, 임차인의 개선적인 행동은 건물 내 에너지사용량의 대부분을 주도한다. (건물사용자들의 역할은 10장에서 보다 자세히 살펴본다.)

넷 제로 에너지 그린리스를 실시하는 데 가장 큰 어려움 중 하나는 대부분의 상업용 리스들이 에너지비용에 초점을 두고 있다는 점이다. 총 리스(gross lease)에서는 임차인이 별도의 에너지요금을 지불하지 않는다. 에너지비용이 세금과 보험료, 운영비와 함께 임대료에 통합된다. 이런 경우 건축주는 에너지절약의 가치를 극대화할 가능성이 있으며, 따라서 추가적인 에너지효율성 대책들에 투자할 여러 방법들을 궁리할 수 있다. 하지만 매우 효율적인 건물시스템을 장착한다 하더라도, 에너지절약은 언제나 임차인의 실제 에너지사용(특히 플러그부하)에 따라 달라진다. 에너지사용에 대한 책임이 없으면 임차인 측에서 에너지보존을 하려는 의지가 약해진다.

넷 리스(net lease)의 경우, 임차인은 계량기에 표시된 데이터를 기초로 별도의 에너지요금을, 혹은 보다 전형적인 방식으로서 리스하는 건물면적에 비례한 에너지사용지분을 지불한다. 이는 임차인들의 경비에 바로 영향을 주기 때문에 임차인 개개인이 에너지사용을 줄이게끔 동기부여를 할 수 있다. 하지만 어떤 임차인은 에너지절약을 다른 사업지출보다 우선시하지 않을 수도 있다. 게다가 건축주의 입장에서도 가능한 한 효율적으로 건물을 운영하고 추가적인 에너지효율성 대책에 투자하려는 동기가 줄어든다.

일반적인 리스에 내재하는 이런 문제들은 종종 동기분할(split-incentives)이라고 불리며, 넷 제로 에너지 빌딩의 경우 그런 문제는 더욱 증폭된다. 여러 임차인들이 입주하는 넷 제로 에너지 빌딩에서는 임차인과 건축주 모두가 건물의 에너지성능에 관한 각자의 역할에 전념할 필요가 있다. 또한 양자가 모두 그 혜택들을 공유할 수 있게 하는 방법도 있어야 한다. 아마도 다소 혼합적인 상업용 리스의 형태가 그 해답이 될 수 있으며, 수정된 형태의 총 리스나 에너지예산 개념을 따르는 고정비용기준(fixed-base) 리스 형태일 것이다. 이 개념을 따르면 에너지비용을 건축주에게 고정시킬 수 있을 것이다. 그리고서 임차인들의 리스요금에는 사전에 결정된 에너지예산을 최대로 하는 에너지비용이 포함되고, 이를 초과할 경우 임차인들에게 바로 비용이 청구될 것이다. 이런 시나리오에서는 임차인들의 입장에서 늘어나는 에너지사용량의 위험과 그에 대한 책임을 수용하기에 충분할 만큼 총 리스요금이 매력적이어야 할 것이다. 에너지예산도 건물의 넷 제로 에너지 목표와 일치하게끔 산정되어야 할 것이다. 그렇게 산정된 에너지예산은 넷 제로 에너지 목표에 대한 임차인들의 이해와 참여도를 높여줄 것이다.

에너지효율성의 동기를 부여하고 넷 제로 에너지 목표를 관리할 또 하나의 리스구조는 효율에 대한 투자능력과 에너지 관리능력에 기초하여 건축주와 임차인 간에 에너지비용을 분할하는 방식이다. 예를 들어, 건축주는 냉난방 및 환기를 위한 에너지뿐만 아니라 공동사용영역에 대한 에너지도 책임질 것이다. 이런 비용들이 수정된 총 리스의 형태로 임차인들에게 부과되면, 임차인들은 각자의 플러그 및 프로세스 부하와 조명에너지 비용들을 책임질 것이다. 하지만 임차인들은 각자의 리스 지분으로서 건물의 재생에너지에 대한 할당량을 이용할 수 있을 것이다. 이 할당량을 초과하는 부분에 대해서는 기본임대료에 추가하여 지불할 필요가 있을 것이다. 이상적인 경우라면, 부지내 재생에너지 생산을 통해 현재의 공공설비기준 요금보다 에너지비용이 절감될 것이다. 임차인들이 각자의 재생에너지 지분 내에서 에너지를 사용한다면, 넷 제로 에너지 균형을 이루며 에너지비용을 절감하게 될 것이다. 임차인들이 에너지예산을 초과할 경우에는, REC를 구매하여 넷 제로 에너지 상태—적어도 D 등급수준(국립재생에너지연구소의 넷 제로 에너지 분류체계에 대한 설명은 1장을 다시 참조)—를 유지할 필요가 있을 것이다.

여러 임차인이 거주하는 건물과 그에 관한 그린리스를 관리하는 가장 중요한 수단 중 하나는 임차되는 공간들과 에너지최종용도들을 개별적으로 보조 계량하는 능력이다(그림 9.13 참조). 보조계량(submetering)은 어떤 건물이든 그 에너지비용을 효과적으로 관리하는 데에 필요한 데이터를 제공하며, 건축주와 임차인 사이에 에너지사용의 책임을 분배할 수 있게 해준다. 또한 그린리스는 넷 제로 에너지 빌딩에서 건축주와 임차인 간의 관계에 대한 법적 체계를 설정하므로 그만큼 그 법적 요건들을 다뤄야 하고 요건들이 충족되지 않을 때에는 그에 대한 해결책도 다뤄야 함을 명심해야 한다. 그린리스가 적절하게 시행되면, 건축주와 임차인의 관계에 원만한 합의, 혹은 이해관계가 성립되면 넷 제로 에너지를 보다 최적으로 추구할 수 있게 된다.

■ **그림 9.13** 2011년에 공사 중인 불릿 센터는 여러 임차인들이 거주하는 최초의 넷 제로 에너지 사무소 건물 중 하나가 될 것이다. 건축주는 임차인들 간의 에너지예산 관리를 위해 상한거래제 시스템(cap-and-trade system)을 고려하고 있다. 〈*이미지 제공: The Bullitt Foundation, Seattle, Washington, Miller Hull and Point32.*〉

### 넷 제로 에너지 그린리스에 대한 고려사항과 아이디어
(Considerations and Ideas for a Net Zero Energy Green Lease)

- 임차인의 개선을 유도할 수 있도록 에너지효율 요건들에 관한 엄격한 지침을 제도화한다.
- 개별적인 임차 공간들과 각 임차 공간 내의 에너지최종용도들을 보조 계량한다.
- 각 임차 공간과 건물 로비의 실시간 및 평균 에너지사용량을 시각적으로 표시하여 에너지에 대한 임차인들의 자각과 따뜻한 경쟁을 유도하는 문화를 유지한다.
- 에너지보고와 에너지감사를 어떻게 다룰 것인지, 비용은 어떻게 처리할 것인지에 대한 규정을 만든다.
- 건물의 에너지 특성과 사용자의 친환경적 행위, 열 쾌적 성능의 충족에 관하여 임차인에게 교육을 실시한다.
- 계절마다 변하는 실내 온도설정점들의 수용 가능한 범위를 정의하는 규정을 도입한다.
- 임차인들이 각자의 에너지사용에 책임지게 함으로써 에너지절약의 동기를 부여한다.

# 10장 운영과 사용 Operations and Occupancy

## 10.1 건물의 운영(Building Operation)

넷 제로 에너지는 건물의 전체적인 시행과정에 영향을 주는 도전적인 목표이며, 사실 이 도전적 목표는 건설 산업 전체에 광범위하게 영향을 미친다. 다시 말하면, 넷 제로 에너지는 궁극적으로 건축주의 목표이며, 이 목표는 1년간의 실제 운영 중에 넷 제로 에너지 운영을 통해 측정되고 충족되는 목표다. 한 건물의 운영과 사용은 넷 제로 에너지 솔루션의 결정적인 최종단계다.

### 10.1.1 설계의도와 운영의 연결

(Bridging Design Intent and Operations)

건설업이 현재 직면하고 있는 문제 중 하나는 설계단계에서 예측된 에너지성능을 건물 운영단계에서 실제적인 에너지성능으로 실행시키는 일이다. 넷 제로 에너지 빌딩을 성공적으로 실천하려면 이러한 문제점을 극복해야 하며, 통합시행과정은 그 해법의 핵심을 이룬다. 특히 통합시행과정에서는 처음부터 건물 시설관리직원들이 참여하기 때문에, 제안된 시스템 및 전략들에 대한 투자와 이해가 보장되고 운영상의 제약과 현실에 맞게 점검해볼 수 있게 된다.

또한 넷 제로 에너지 빌딩의 통합시행과정에서는 거주 후 서비스에 시행 팀이 관여해야 한다. 이것은 건축주와 시행 팀 모두에게 윈윈전략일 수 있다. 건축주와 시설관리 팀은 시행 팀의 핵심구성원들로부터 지속적으로 전문성을 유지하여 건물 사용단계로 이행하는 데 도움을 얻을 수 있으며, 시행팀은 디자인 솔루션에 대한 직접적이고 가치 있는 피드백을 얻게 될 것이다.

설계의도가 실제적인 사용으로 실현되지 않는 몇 가지 공통적인 문제점들이 있다. 고성능 건물에 가장 일반적인 문제는 건물의 제어장치다. 제어장치관련 문제들은 다양한데, 소프트웨어의 프로그래밍과 설정, 하드웨어 센서의 에러, 운영자의 실수, 운영자가 의도적으로 설치한 보조 제어장치 등이 문제가 될 수 있다. 기계설비엔지니어와 제어장치 판매업자, 시설관리직원들 간의 적극적이고 신속한 협력은 제어시스템과 운영공정 설계를 개선하고, 제어장치가 설계의도에 맞게 운영될 수 있도록 보장하며, 사용단계에서의 고장수리와 제어장치의 최적화를 향상시키는 데 도움이 될 수 있다.

사용자들과 시설관리직원들에게 새롭거나 익숙하지 않은 에너지 효율적 기술이나 전략은 이들이 실제적인 사용 혜택으로 이행하려는 노력에 문제가 될 수 있다. 이를 위해 사용자들과 운영자들에게 건물에 필수적인 기술들을 교육하고 훈련시키면 그런 기술들을 적절히 운영하기 위한 합리적인 지식을 가질 수 있도록 도움을 줄 수 있다. 시행과정 초기에 시행 팀과 건물의 사용자 및 운영자들 간에 좋은 협력관계를 확립하면 이러한 교육과정이 상대적으로 자연스럽게 이뤄질 수 있으며, 시행팀의 입장에서도 사용자들이 에너지모델링이 적용된 건물을 어떻게 사용할 것인지를 총체적으로 이해할 수 있을 것이다. 설계단계에서 에너지모델에 가정한 건물 및 사용자 일정에 비해 사용자의 행동과 실제 건물용도 사이에 나타나는 차이는 예상되는 에너지성능과 실제 에너지성능의 차이를 키울 가능성이 있다.

### 10.1.2 책임서비스(Stewardship Services)

통합시행과정을 뒷받침하기 위해서는 사용자들이 입주한 후에도 시행 팀이 관여하여 계획을 짜는 것이 중요하다. 넷 제로 에너지 빌딩의 시행목적은 실제적인 완공이나 보증기간을 끝마치는 데 있는 것이 아니며, 운영과정에서 넷 제로 에너지를 달성하는 것이 더욱더 중요하다. 시행 팀은 넷 제로 에너지 목표의 충족과 건물성능의 보증을 목표로 에너지 책임서비스들을 제공함으로써 거주 후 단계에서 가치 있는 기여를 할 수 있다. 관련된 서비스 및 활동들에 대해서는 본 장의 마지막에 나오는 "넷 제로 에너지 성능계획(Net Zero Energy Performance Plan)"을 참조할 것.

전통적으로 거주 후 활동 및 서비스들은 시행과정의 연속이라기보다는 부가적인 서비스들을 다루어져 왔다. 넷 제로 에너지 프로젝트의 시행과 관련하여 이를 실현시킬 만한 한 가지 효과적인 방법은 시행 팀의 거주 후 활동에 맞춤화된 총체적인 범위를 전략적으로 계획하는 것이다. 책임서비스는 이상적으로 일차적인 시행계약과 요금구성의 일부일 것이며, 그 서비스는 프로젝트가 벌어들이는 공공설비 에너지효율 환급과 기타 에너지 인센티브 일부를 충당하는 용도로도 지급될 수 있을 것이다. 또한 이는 넷 제로 에너지나 기타 프로젝트 성능목표들을 충족하기 위한 성과금에도 결부될 수 있다.

### 10.1.3 커미셔닝(Commissioning)

커미셔닝은 시행에서 건물의 사용 및 운영으로 이행하기 위해 거치는 중요한 단계다. 커미셔닝은 설계의 기본적인 사항들이 건축주의 프로젝트 요건들을 분명히 충족하고 있음을 문서로 기록하는 품질보증과정이다. 커미셔닝 에이전트(commissioning agent, 혹은 commissioning authority)는 시행과정에서 건축주를 대변하는 독립적인 당사자이며, 설계팀과 도급업자, 건축주, 시설관리직원들 사이의 핵심적인 위치에 있다. 커미셔닝 에이전트의 역할은 설계와 건축물의 사용을 이어주는 과정의 일부를 이룬다. 커미셔닝과정은 넷 제로 에너지 빌딩에 대한 오작동과 부적정한 성능시스템의 여지가 없는지를 검사하는 가치품질보증과정이기도 하다.

커미셔닝과정에서는 설계와 사용의 차이를 잇기 위한 2개의 기본문서들이 쓰이는데, 하나는 건축주의 프로젝트요건(Owner's Project Requirements: OPR)이고 또 하나는 설계기준(Basis of Design: BOD)이다. 이 두가지의 상호보완적인 문서들은 넷 제로 에너지 목표와 그것을 어떻게 충족할 것인지를 분명히 표시해야 한다. 건축주가 프로젝트요건을 작성하면 건축주에게는 넷 제로 에너지를 빌딩의 기능과 성능의 관점에서, 그리고 넷 제로 에너지를 충족하는 건축주의 역할이라는 관점에서 넷 제로 에너지 빌딩을 정의할 수 있는 중요한 기회가 생긴다. 설계기준은 건축주의 프로젝트요건에 대한 설계팀의 해답이며, 건축주에게 넷 제로 에너지와 기타 건축주의 프로젝트 요건들을 달성하는 데 사용되는 기술적인 개념과 전략, 시스템, 방법들을 전달한다. 넷 제로 에너지 프로젝트에서는 이 두 문서에 특별한 주의를 기울여야 하는데, 넷 제로 에너지를 어떻게 충족할 것인지에 대한 개요를 그리는 데 그것들이 도움이 되기 때문이다.

커미셔닝과정은 LEED와 강화된 커미셔닝으로 인해 그린빌딩의 주된 요소가 되었다. 실제로 LEED의 필수 요건들은 대부분의 커미셔닝 프로젝트에서 사실상 작업범위가 되어왔다. 넷 제로 에너지 빌딩은 LEED 커미셔닝 범위요건들에 기초하면서도 그 이상의 독특한 요구들을 다루도록 강화된 커미셔닝과정을 거치는 게 좋을 것이다.

### 10.1.4 시설관리(Facility Management)

시설관리직원들과 건물엔지니어들은 다양한 건물 관련 서비스들을 책임지는데, 여기에는 건물과 시스템의 운영 및 유지보수도 포함된다. 시설관리자들은 건물시스템 수준에서 열 쾌적성과 조명 등의 건물이 가지고 있는 조건과 전체적인 건물 에너지 사용사이의 균형을 맞춘다. 이를 달성하기 위한 두 가지의 주요 활동은 건물시스템의 모니터링과 제어, 그리고 건물시스템의 유지보수이다. 시설관리자들은 상호연결된 다양한 건물시스템과 그 제어시스템들에 중앙 인터페이스 · 제어장치를 제공하는 건물자동화시스템(building automation system: BAS)의 도움을 받는다. 건물자동화시스템은 에너지와 수요, 부하관리 기능성을 비롯하여 광범위한 시스템 관리를 할 수 있게 해준다.

에너지관리는 시설관리의 역할에서 점차 중요한 부분으로 되어가고 있으며, 넷 제로 에너지 빌딩에서는 핵심적인 요소이다. 하지만 전통적으로 에너지관리의 역할은 시설관리에 포함되어 우선시되지 못했으며, 대신 그 초점은 건물의 유지보수와 시스템 제어장치, 건물 서비스에 대해 접수된 불만사항들을 다루는 데 맞춰져왔다. 에너지관리에는 몇 가

#### 넷 제로 에너지 빌딩의 커미셔닝 이슈들(Commissioning Issues for Net Zero Energy Buildings)

- **외피**(Envelope): 건물외피는 넷 제로 에너지 빌딩의 에너지시스템 중 핵심적인 부분이기 때문에 반드시 커미셔닝을 해야 하며, 건물외피의 모든 부재들에 전체적인 커미셔닝과정을 적용해야 한다. (NIBS 지침 3-2006, "커미셔닝과정을 위한 외피기술요건[Exterior Enclosure Technical Requirements for the Commissioning Process]" 참조.) 열화상기법과 가압시험은 건물외피 커미셔닝과정에 추가되어야 할 중요한 요인들이다. (주: 건물외피 커미셔닝은 현재 LEED 2012년 버전의 강화된 커미셔닝 형식의 일부로서 제안되고 있다.)
- **재생에너지시스템**(Renewable Energy Systems): 넷 제로 에너지 빌딩을 위한 재생에너지시스템은 일반적으로 규모가 상당히 크며, 그 에너지 목표량을 충족하려면 사용량을 최적화하는 게 핵심이다. 이런 시스템들은 커미셔닝 에이전트의 특별한 전문지식을 요할 수 있다. 재생에너지시스템을 제3자가 소유할 경우, 그 시스템은 일반적으로 시스템의 소유주를 통해 커미셔닝이 이루어지겠지만 그 활동은 전체적인 건물 커미셔닝과정과 함께 조율되어져야 한다.
- **보조계량기**(Submeters): 보조계량기는 에너지관리시스템의 중요한 일부이지만, 커미셔닝과정에는 대개 포함되지 않는다. 보조계량기의 설치에 대해서는 품질보증서와 커미셔닝 시의 기능 성능시험을 하는 것이 좋을 것이다.
- **제어장치**(Controls): 제어장치는 전형적인 커미셔닝과정의 하나이지만, 고성능건물에서는 가장 중요한 이슈가 될 수 있다. 건물 제어장치들의 커미셔닝을 적극적으로 실시하면 제어관련 문제점들을 줄이는 데 도움이 될 수 있다. 커미셔닝 에이전트의 시공도서 검토에 앞서 고품질의 당해 프로젝트에 최적화된 순차적 제어과정을 마련토록 한다.
- **교육**(training): 시설관리직원들의 교육은 통상적으로 커미셔닝과정의 일부이지만, 시범교육실습에 특히 초점을 두고 시설관리직원들을 커미셔닝과정에 적극적으로 참여시키면 넷 제로 에너지 빌딩에 고유한 시스템 특성들에 대해 직원들이 좀 더 잘 준비할 수 있게 될 것이다.
- **재검사**(Recommissioning): 최초의 커미셔닝과정은 지속적인 커미셔닝과정의 시작에 불과하다. 시설관리자들은 건물 운영단계에서 넷 제로 에너지 디자인의 의도를 유지하고 시간이 경과함에 따른 건물의 사용이나 운영 면에서 변화를 수용할 수 있도록, 유지보수 및 운영 계획에 재검사를 실시해야 한다.

지 극복해야 할 다른 문제점들이 있다. 첫째, 표준적인 시설관리예산은 종종 효율적인 에너지관리를 위한 범위와 서비스를 제공하지 않는다. 둘째, 기존 및 신규 시설관리전문가들에게 향상된 에너지관리를 위한 추가적인 교육훈련이 필요하다. 국제시설관리협회(International Facility Management Association: IFMA)가 2011년에 지속가능 시설전문가(Sustainability Facility Professional: SPF) 자격증명을 도입했는데, 그것은 시설관리직에 필요한 기술과 교육을 제공하는 중요한 조치였다.

넷 제로 에너지 빌딩을 위한 에너지관리는 단지 시설관리자의 업무에 그치는 게 아니다. 이것은 모두의 임무다. 넷 제로 에너지 빌딩 프로젝트가 성공하려면, 조직 리더들의 강력한 지원과 헌신이 있어야 한다. 조직의 리더들은 모든 참여자들에게 표본이 되며, 넷 제로 에너지 목표를 중심으로 조직의 문화를 변화시킬 수 있다. 또한 그 목표를 위한 자원들의 적용과 정책적 제도화와 관련하여 리더들의 헌신도 중요하다.

에너지관리는 조직 전반의 부서들에 영향을 미친다. 예를 들어 IT 그룹은 그 장비와 데이터센터에 사용되는 에너지를 효과적으로 관리하기 위해 넷 제로 에너지에 충분한 헌신적 노력을 할 필요가 있다. 마찬가지로 식품서비스부서도 상업용 주방의 에너지사용 집중으로 인해 넷 제로 에너지 빌딩의 에너지성능에서 핵심적인 부분을 차지한다. 그리고 인사부서는 기존 및 신규 직원들이 건물의 에너지사용에 관한 각자의 역할을 수행할 수 있도록 교육을 지원 할 필요가 있다.

### 10.1.5 에너지정보시스템(Energy Information System)

넷 제로 에너지 빌딩의 운영을 위한 에너지관리 요건들을 충족하려면, 하나의 총체적인 에너지정보시스템(EIS)이 상업건물의 건물자동화시스템(BAS)에 추가로 통합되어야 한다. EIS는 하나의 완비된 시스템으로서, 에너지데이터를 수집하고, 저장하고, 분석하고, 디스플레이하는 하드웨어 및 소프트웨어를 포함한다. EIS의 주요 구성요소들로는 다양한 센서와 계량기, 데이터이력기록기, 서버, 분석 및 시각화 프로그램들이 있다(그림 10.1 참조).

에너지정보시스템에 필요한 기술은 오늘날 수많은 판매업체를 통해 쉽게 적용할 수 있다. 반면 하나로 완비된 총체적 EIS의 통합은 상대적으로 새로운 시도이며 여전히 개발 중에 있다. 따라서 EIS의 구성요소들을 정확히 입력된 데이터 값들과 분석툴로부터 필요한 결과를 얻을수 있도록 넷 제로 에너지 빌딩의 설계와 시방에 통합하는 것이 중요하다. 프로젝트에 맞춤화된 EIS를 개발하기 위해서는, 어떤 데이터들을 수집하고 어떤 분석을 완료할 필요가 있는지를 고려해야 한다.

#### 10.1.5.1 계량기와 센서(Meters and Sensors)

넷 제로 에너지 빌딩에 대한 데이터수집의 궁극적 목표는 그 건물이 넷 제로 에너지 목표를 충족하고 있는지의 여부를 판별하는 일이다. 이를 위해서는 최소한으로 전체적인 건물 에너지 사용량과 (보통은 각각의 공공설비에 대해) 재생에너지 생산량도 계량할 필요가 있다. 하지만 넷 제로 에너지를 달성하려면 디테일에 주목해야 한다. 안타깝게도 건물 수준의 계량에서 측정되는 데이터는 건물운영단계에서 넷 제로 에너지 목표를 충족하는 데 지속적인 지침이 될 만큼 충분한 디테일을 갖추고 있지 않다. 전체적인 넷 제로 에너지 목표가 달성되게끔 건물을 운영한다는 것은 개별적인 모든 에너지목표사용량들이 목표에 적합하게 유지될 필요가 있다는 뜻이기도 하다. 보조계량기의 설치와 측정은 프로젝트의 준공시점 에너지모델을 기초로 에너지목표사용량들에 맞게 이뤄져야 한다. 보조계량기들을 활용하여 건물의 특정한 공간이나 구역들, 예를 들면 다양한 임차 공간 등에 대한 에너지데이터를 측정할 수도 있다.

보조계량은 장치에 따라 적어도 60분이하의 시간 간격으로 기록할 수 있어야 한다. 이런 계량능력은 일일 부하 및 에너지 프로파일(profile)의 분석을 가능하게 할 것이다. 또한 그 데이터는 시간별 시뮬레이션에 기초하여 운영되는 준공시점 에너지모델과도 비교되어질 수 있다. 15분이하의 짧은 간격을 활용하면 부하곡선의 해상도를 높이고 실시간 에너지 대시보드(dashboard)의 디스플레이를 더욱 역동적으로 만들 수 있다.

보조계량되는 에너지데이터 집합과 연계된 다양한 센서데이터를 측정하면 건물성능에 대한 평가와 이해를 높일 수 있다. 센서는 수많은 위치에 설치하여 실내온도와 습도, 이산화탄소, 기타 다양한 실내환경질(indoor environment quality: IEQ) 척도 및 날씨조건, 일사량, 조도수준, 사용률 등 다양한 요인들을 측정할 수 있다.

#### 10.1.5.2 분석(Analysis)

현재 건설업에서 측정되는 성능데이터에 흔한 분석결과 중 하나는 해당건물을 기준건물과 비교하여 예측되는 절약량 혹은 효율을 입증하는 것이다. 이런 분석과정은 에너지서비스계약에 대비하여 성능계약을 점검하는 데 활용되고, LEED 건물의 성능을 측정하고 입증하는 활동들의 기초가 된다. 성능 측정 및 검증에 대한 협약은 국제성능측정입증협약(International Performance Measurement and Verification Protocol: IPMVP)을 따르는데, 이 협약은 국제 비영리기구인 효율가치평가기구(Efficiency Valuation Organization)가 개발한 측정 및 검증(measurement and verification: M&V) 모범실무를 위한 일련의 업계지침 문서들이다.

넷 제로 에너지 빌딩의 분석은 독특한 사례다. 왜냐면 그 목적이 건물성능을 보정된 기준 에너지모델성능과 비교하기보다는 운영 중인 건물이 넷 제로 에너지를 충족하고 있는지의 여부를 결정하는 데에 있기 때문이다. 측정되는 결과는 실제 에너지 사용량과 에너지 생산량, 그리고 시간경과에 따른 넷 제로 에너지 균형이다. 이러한 성능데이터 결과

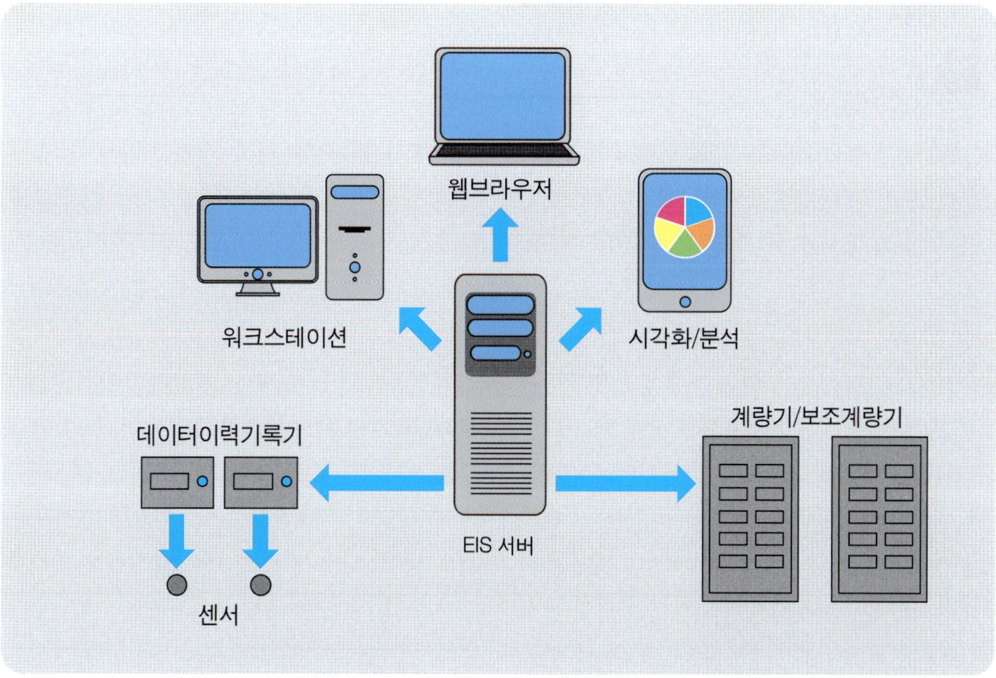


■ 그림 10.1 에너지정보시스템(EIS) 개념도

는 조율된 준공시점 기준에서 에너지 모델을 개발할 때 발생되는 복잡성을 없애주며, 적절한 비교기준을 정의할 때 발생할 수 있는 모호성도 제거해준다.

에너지사용량과 에너지생산량의 비교뿐만 아니라, 에너지성능을 프로젝트의 최종적인 준공시점 에너지모델과 비교하는 것도 중요하다. 준공시점 에너지모델은 월별 혹은 계절별과 같은 1년 미만의 성능기간들을 평가하는 데 활용할 수 있기 때문에 건물의 운영단계에서 설계의도가 충족되고 있는지의 여부를 평가하는 유용한 지침이 된다. 이 모델은 건물 운영자들에게 중요한 중간 피드백을 제공하며, 넷 제로 에너지 목표를 기준으로 에너지성능을 달성하는 데에 활용될 수 있다.

준공시점 에너지모델을 건물운영에 일어나는 변화들에 맞게끔 지속적으로 조율해가며 유지할 수도 있다. 건물 사용 및 일정 내에 변화들을 포함하는 것이 특히 중요하다. 보정된 에너지모델에서 사용되는 실제 날씨데이터를 수집하여 과거에 계량된 건물성능을 확인한다면 평가의 정확성이 높아질 것이다. 프로젝트 고유의 날씨조건들을 기록하는 현장기상관측소는 넷 제로 에너지 빌딩의 에너지정보시스템에서 적절한 역할을 담당할 수 있다. 게다가, 보다 나은 건물시스템관리를 위해 건물제어시스템이 실시간 및 단기 날씨예보 데이터를 활용할 수 있게 하는 모델예측 제어능력을 향한 기술도 발전되고 있다.

설계의도와 비교하여 에너지성능을 입증하고, 보정된 에너지모델로부터 얻는 최종용도의 에너지모델과 함께 보조 계량한 데이터를 활용하는 방식은 지속적인 운영 및 유지보수 단계에서의 문제를 해결할 가치 있는 진단도구가 될 수 있다. 이러한 진단능력은 건물을 운영하는 첫해나 이듬해에 특히 중요하다. 심지어 고품질의 시행 및 커미셔닝 과정을 거친다 하더라도, 계속해서 다시 해결해야 하는 시스템의 문제점들이 지속적으로 발견되고 계속해서 성능을 최적화해야 할 가능성이 존재하게 된다. (에너지부/국립재생에너지연구소 연구지원시설의 성능데이터 사례는 12장을 참조.)

## 10.2 플러그부하(Plug Loads)

### 10.2.1 플러그 및 프로세스 부하 (Plug and Process Loads)

플러그 및 프로세스 부하들은 냉방과 난방, 조명 및 환기와 관련되지 않는 에너지부하이지만, 보통 미국 상업건물 에너지사용량의 약 1/4을 차지한다. 이런 부하들은 건물 조직의 성격에 따라 다른데, 컴퓨터와 사무장비, 전기장치 및 충전기, 서버실, 데이터센터, 전자기기 및 자판기, 현금지급기, 엘리베이터, 냉수기 등의 항목을 포함한다. 병원과 공장제조 시설, 음식점이 있는 건물 등 일부 건물유형에는 특수화된 프로세스부하들이 존재한다.

냉난방과 조명 및 환기에 관한 에너지를 효과적으로 줄이는 저에너지 및 넷 제로 빌딩이라 하더라도 잔여 플러그 및 프로세스 부하를 관리하지 않으면, 그것은 건물의 에너지사용량 중 상당비율을 차지할 정도로 늘어날 수 있다. 플러그 및 프로세스 부하 관리에 세심한 주의를 기울이면 실내 열 획득을 낮추는 추가적인 이득을 얻게 되고, 이로써 공간의 냉방과 관련하여 더 큰 에너지를 절감할 수 있다.

LEED를 위한 에너지비용절감을 기록하는 과정에서는 플러그 및 프로세스 부하들을 규제되지 않는 부하로 다루는데, 이는 이런 부하들이 주요 건물 시스템들과는 달리 설계결정들의 영향을 받지 않는다는 의미이다. LEED는 기준사례와 설계사례 모두에 대해 25퍼센트의 프로세스부하를 가정하며, 넷 제로 에너지 빌딩에서는 모든 부하들을 규제할 필요가 있다. 세심한 계획과 건축주와의 협업을 통해 총체적인 플러그 및 프로세스 부하 관리계획을 발전시킴으로써 건물 내의 플러그 및 프로세스 부하

사용을 줄이고 상당히 많은 에너지를 절감할 수 있는 다양한 기회와 가능성이 존재하게 된다.

### 10.2.2 플러그 및 프로세스 부하 관리
(Plug and Process Load Management)

#### 10.2.2.1 건축주의 헌신을 확보하라
(Secure Building Owner Commitment)

플러그 및 프로세스 부하 관리는 프로젝트 계획 및 설계 단계에서 시작한다. 건축주가 플러그 및 프로세스 부하의 관리와 계획에 개입하고 프로젝트 프로그래밍부터 건물운영에 이르는 후속임무를 맡을 내부 리더 한 명을 선정하는 것이 매우 중요하다. 프로젝트 시행 팀은 플러그 및 프로세스 부하를 절감하고 그 전략들을 프로젝트에 포함시키는 데 중요한 인력자원일 수 있다.

#### 10.2.2.2 기존 부하들을 벤치마킹하라
(Benchmark Existing Loads)

많은 조직들은 설비조달실무와 내부정책, 특수화된 운영에너지요건에 기초한 기존의 플러그 및 프로세스 사용패턴을 가지고 있다. 기존의 플러그 및 프로세스 부하사용에 대한 벤치마킹은 넷 제로 에너지 프로젝트를 계획할 때 가장 좋은 시작점이며 기존 건물을 넷 제로 에너지 빌딩으로 리노베이션하는 프로젝트일 때는 그 중요성이 훨씬 커진다.

기존 플러그 및 프로세스 부하들을 벤치마킹하기 위한 몇 가지 전략들이 있다. 플러그부하들을 분리시키기 위해 보조계량기를 설치할 수 있을 경우, 계량된 데이터를 활용하여 기존 패턴들을 정량화할 수 있다. 아니면 플러그부하 계량기들을 활용하여 주요설비의 표본 들을 체계적으로 측정할 수 있다. 몇 가지 지침을 여기에 제시하고자 한다.

- 30초 간격으로 기록하며 최대설비부하들을 다룰 능력을 갖춘 플러그 계량기들을 사용하라.
- 매 주마다 설비부하를 측정하여 사용시간 및 미사용시간의 에너지사용량을 결정하라.
- 해당조직이 현재 사용 중인 설비를 목록화하고 그 설비의 정격출력을 기록하라.

일단 총체적인 플러그 및 프로세스 부하 검사가 완료되면, 프로젝트에 대한 관리전략들을 개발할 수 있다.

#### 10.2.2.3 플러그부하 수요를 평가하라
(Assess Plug Load Needs)

한 가지 좋은 플러그 및 프로세스 부하 관리전략은 건물 내 조직 운영을 위한 실제 수요들을 파악하는 일로 시작한다(그림 10.2 참조). 다음 단계는 가장 효율적인 에너지 방식으로 실제수요들을 충족하고, 이상적으로 최적화하는 것이다. 불필요한 설비는 제거하고 장황한 설비들은 통합해야 한다. 예를 들어 조직원들은 공동으로 사용하는 다기능 프린터 한 대가 조직의 모든 수요를 충족시키는데다 품질과 기능성, 에너지 효율성까지 갖추고 있다고 하더라도 개인용 프린터가 필수적이라고 느낄 수 있다. 근무공간에 있는 개인전자기기들은 대부분의 경우 불필요하게 남아돌며 상당한 에너지를 소모한다. 개인용 공간히터와 소형냉장고 등의 품목들은 조직의 운영정책에 기준하여 사용이 금지되어야 한다. 특히 소형냉장고는 대형 냉장고만큼의 에너지를 소비할 수 있다.

#### 10.2.2.4 효율적인 설비를 선택하라
(Choose Efficient Equipment)

가장 에너지 효율적인 설비를 선택하려면 대안들의 차이를 평가하기 위한 조사 및 연구를 실시해야 한다. 일단 에너지스타 등급을 획득한 설비부터 사용하는 게 좋은 방법일 수 있지만, 와트 단위의 출력을 비교하는 것이 필수적이다. (혹은 제조업체에서 와트 정보를 제공하지 않을 경우, 볼트 값에 암페어

값을 곱하라.) 또한 제조업체에서 대기전력(standby power) 에 대한 정보를 제공할 경우 그런 요건들도 비교해야 한다.

넷 제로 에너지 빌딩을 추구할 때는 모든 와트 하나하나가 중요하다. 특히 에너지효율을 끌어올리려면 상업용 건물에서 대량으로 구매해야 하는 컴퓨터 및 전화기 등의 장비들을 세심하게 선택하는 게 중요하다. 그 영향은 설치장비의 수가 많아질수록 배가될 수 있다. (어떤 장비들은 수백 개가 설치되기 십상이다.) 예를 들면, 일반적으로 데스크톱 컴퓨터 한 대는 약 100와트를 사용하며, 이에 비해 노트북 한 대는 약 30와트를 사용한다. 일반적인 CRT 모니터는 약 70와트를 소비하는 반면, 형광백라이트 LCD 모니터는 약 30와트를 소비한다. 더 좋은 건 LED 백라이트 LC 모니터로, 약 15와트를 소비한다. 일반적인 워크스테이션과 저에너지 워크스테이션의 비교는 그림 10.3을 참조할 것.

이런 설비들을 선택할 때 에너지 절약의 효과가 빠르게 나타날 수 있음은 명백하다. 예를 들어 에너지부/국립재생에너지연구소 연구지원시설(RSF)을 위해 선택한 전화기를 생각해보자. 앞서 설치되어 있던 15와트짜리 전화기를 대신하여 2와트짜리 전화기가 신설되었다. 이 시설에는 2와트짜리 전화기가 약 1,000개가 있기 때문에 연간 1.51 kBtu/ft$^2$의 에너지를 절약한다. 이러한 절약은 약 375,000달러의 태양광발전시스템을 설치할 필요가 없다는 뜻이기도 하다.

건물의 전반에 걸쳐 반복적으로 설치되는 장비뿐만 아니라, 고출력의 설비나 용도들을 파악하는 것도 중요하다. 엘리베이터와 자판기, 체력단련장

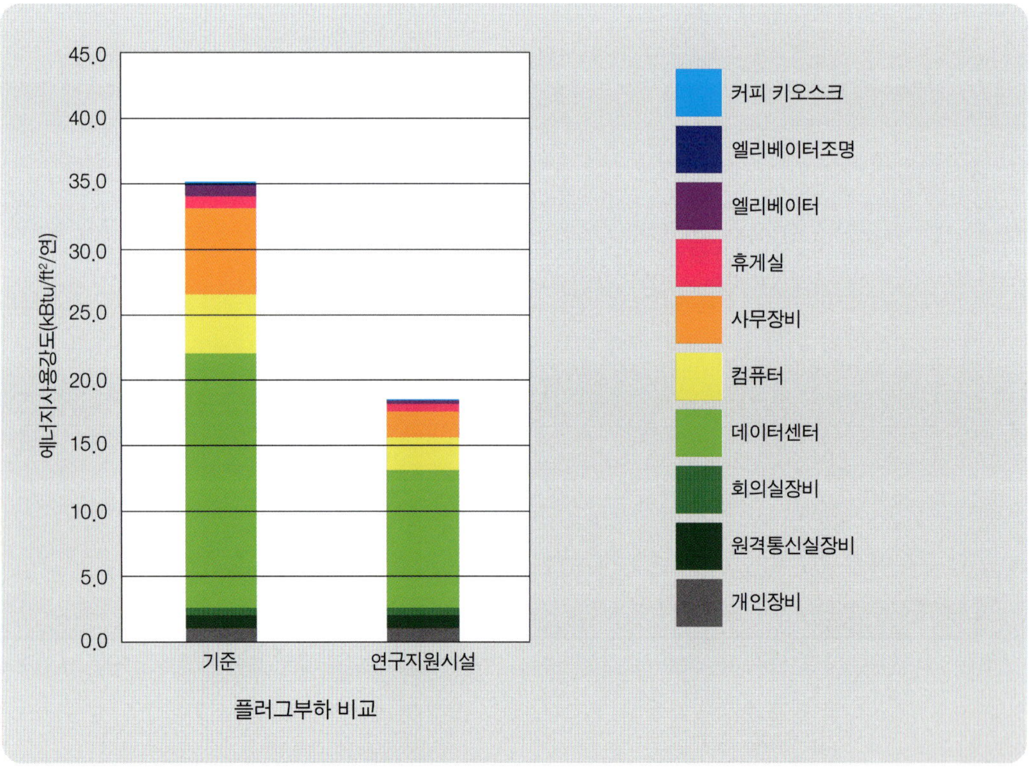


■ **그림 10.2** 기준 플러그부하를 에너지부/국립재생에너지연구소 연구지원시설의 실제 플러그부하와 비교한 평가 결과. 〈*데이터 출처: DOE/NREL, Chad Lobato, Shanti Pless, Michael Sheppy, ad Paul Torcellini, "Reducing Plug and Process Loads for a Large-Scale, Low-Energy Office Building: NREL's Research Support Facility," ASHRAE conference paper, February 2011.*〉

비, 휴게실 기기들은 모두 에너지 효율적인 기기들로 이뤄져야 한다. 음식점과 연구소, 의료서비스, 데이터센터 등의 특수용도를 위해 가장 에너지 효율적인 선택을 하려면 시행 팀과 건축주가 설계 전략과 설비에 초점을 맞출 필요가 있을 것이다. 사실 이런 부하 유형들은 시설에서 가장 주된 에너지 소비요인에 속할 것이다.

### 10.2.2.5 설비출력세팅을 제어하라
(Control Equipment Power Settings)

사용되지 않는 설비를 꺼두는 일도 플러그 및 프로세스 부하를 관리하는 또 하나의 핵심기법이다. 설비를 위한 출력세팅과 제어장치들을 관리하는 수많은 방법들이 있다. 설비와 기기들은 때로는 최적화가 가능하고 필수적인 에너지효율 세팅을 갖는다. 그렇다하더라도 대부분의 설비는 대기절전모드에서조차 "대기전력부하(phantom load)"를 끌어올 것이며, 일부 설비는 스위치를 끄더라도 플러그를 완전히 뽑거나 전기를 아예 차단하지 않는 한 계속해서 전력을 끌어올 것이다. 플러그 계량기를 이용하여 플러그 및 프로세스 부하 감시를 실시하면 개별 장비들의 대기전력부하 요인을 판별하는 데 도움이 될 수 있다.

기기들을 사용하지 않을 때 전력을 차단하는 몇 가지 방법이 있다. 한 가지 간단한 방법은 커피메이커와 같은 설비에 일정시간동안 "켜짐" 상태이다가

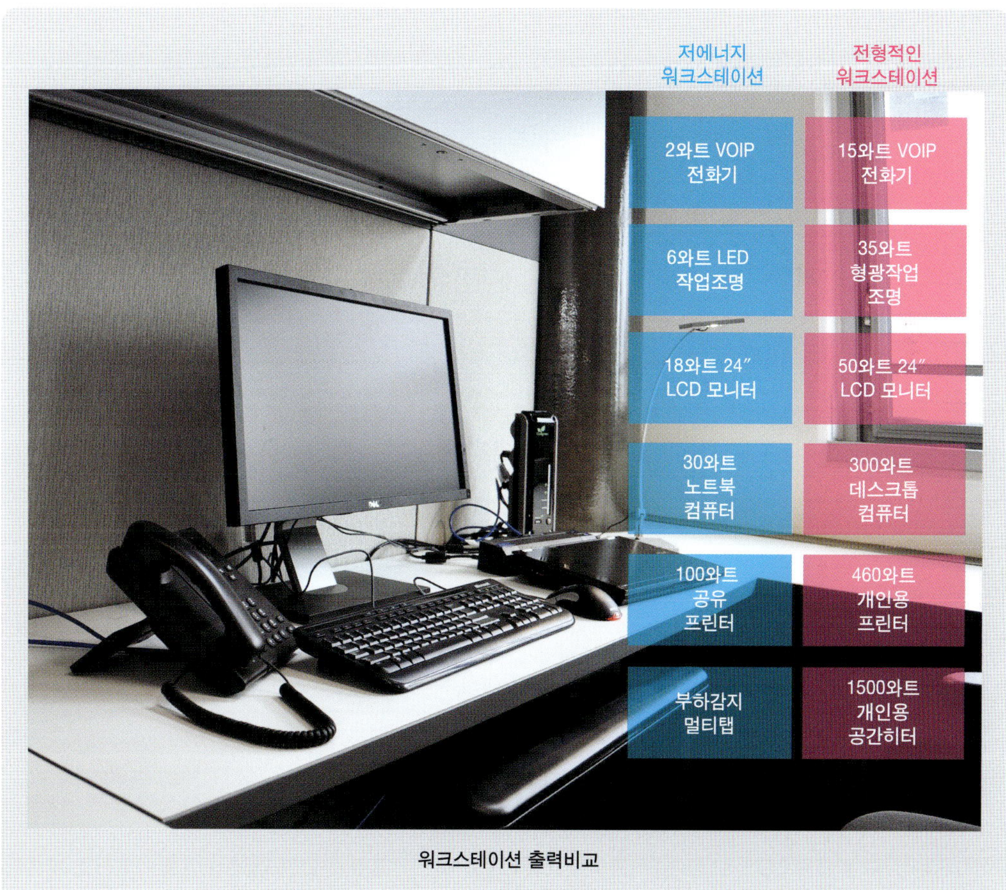


■ **그림 10.3** 에너지부/국립재생에너지연구소 연구지원시설 저에너지 워크스테이션과 전형적인 워크스테이션의 소비전력 비교

시간이 지나면 꺼지는 콘센트 타이머를 설치하는 것이다. 또한, 플러그제어 콘센트와 멀티탭으로 기기의 전력을 관리하는데 이용할 수 있다. 이런 장치들은 여러 장치들에 전원이 공급되는 워크스테이션에 이상적이며, 이러한 장치들은 간단한 수동 스위치 조작을 통해, 혹은 재실 센서나 타이머 제어장치, 대기전력부하들을 관리하는 부하감지 제어장치를 통한 자동 스위치조절을 함으로써 전력을 제어한다. 콘센트제어를 위한 사용자 수동 스위치, 재실/부재 제어장치, 타이머나 시간기록 제어장치 등 상당히 많은 플러그부하 제어장치를 전기시스템 설계에 반영할 수도 있다.

컴퓨터는 간단하게 끄거나 전기를 차단할 수 없기 때문에 책상램프와 핸드폰충전기, 모니터 등과는 달리 제어하기 어려운 점이 있다. 컴퓨터는 운영체제의 종료절차를 통해 끌 필요가 있다. 컴퓨터관련 플러그부하를 관리하려면 대기절전모드 세팅을 해두고 사용자들에게 매일 일과종료 시마다 혹은 부재시간 중에 각자의 컴퓨터를 끄도록 지시해야 한다.

야간에 사용하지 않거나 정기적으로 비는 시간이 생기는 상업용 건물의 경우, 연결된 플러그부하들을 끔으로써 대량의 에너지를 절약할 수 있다. 지금 언급한 제어장치들은 이런 과정을 자동화하거나, 적어도 사용자들이 더 쉽게 관리할 수 있게 해준다. 그림 10.4의 표는 부재시간과 재실시간 중의 플러그부하 강도를 보여준다. 이 표는 8,760시간의 재실 및 부재 시간들에 대한 광범위한 플러그부하 밀도를 건물에서 나타나는 에너지사용강도(EUI)로 변환한다. 이는 전형적인 상업용 사무소건물에 기초하지만, 다른 상업용 건물유형에도 적용하거나 맞춤화할 수도 있다. EUI 결과 값이 에너지사용량 중 플러그부하요인에 대해서만 계산한 값임은 중요한 사실이다. 건물의 전체 에너지사용량에 대한 많은 넷 제로 에너지 목표들은 플러그부하 에너지에 대해서만 계산된 이 표의 값들에 비해 대부분 낮을 것이다. 플러그 및 프로세스 부하들을 관리하는 것이 넷 제로 에너지 성능에 반드시 고려될 부분임을 알아야한다.

| 재실시간 전력밀도(W/ft²) | 부재시간 전력밀도(W/ft²) | | | | | | | | | | | | | | |
|---|---|---|---|---|---|---|---|---|---|---|---|---|---|---|---|
| | 0.10 | 0.20 | 0.30 | 0.40 | 0.50 | 0.60 | 0.70 | 0.80 | 0.90 | 1.00 | 1.10 | 1.20 | 1.30 | 1.40 | 1.50 |
| 0.10 | 3.0 | 5.2 | 7.4 | 9.7 | 11.9 | 14.1 | 16.3 | 18.6 | 20.8 | 23.0 | 25.2 | 27.4 | 29.7 | 31.9 | 34.1 |
| 0.20 | 3.8 | 6.0 | 8.2 | 10.4 | 12.7 | 14.9 | 17.1 | 19.3 | 21.5 | 23.8 | 26.0 | 28.2 | 30.4 | 32.7 | 34.9 |
| 0.30 | 4.5 | 6.8 | 9.0 | 11.2 | 13.4 | 15.6 | 17.9 | 20.1 | 22.3 | 24.5 | 26.8 | 29.0 | 31.2 | 33.4 | 35.6 |
| 0.40 | 5.3 | 7.5 | 9.7 | 12.0 | 14.2 | 16.4 | 18.6 | 20.9 | 23.1 | 25.3 | 27.5 | 29.7 | 32.0 | 34.2 | 36.4 |
| 0.50 | 6.1 | 8.3 | 10.5 | 12.7 | 15.0 | 17.2 | 19.4 | 21.6 | 23.8 | 26.1 | 28.3 | 30.5 | 32.7 | 35.0 | 37.2 |
| 0.60 | 6.8 | 9.1 | 11.3 | 13.5 | 15.7 | 17.9 | 20.2 | 22.4 | 24.6 | 26.8 | 29.1 | 31.3 | 33.5 | 35.7 | 38.0 |
| 0.70 | 7.6 | 9.8 | 12.0 | 14.3 | 16.5 | 18.7 | 20.9 | 23.2 | 25.4 | 27.6 | 29.8 | 32.1 | 34.3 | 36.5 | 38.7 |
| 0.80 | 8.4 | 10.6 | 12.8 | 15.0 | 17.3 | 19.5 | 21.7 | 23.9 | 26.2 | 28.4 | 30.6 | 32.8 | 35.0 | 37.3 | 39.5 |
| 0.90 | 9.1 | 11.4 | 13.6 | 15.8 | 18.0 | 20.3 | 22.5 | 24.7 | 26.9 | 29.1 | 31.4 | 33.6 | 35.8 | 38.0 | 40.3 |
| 1.00 | 9.9 | 12.1 | 14.4 | 16.6 | 18.8 | 21.0 | 23.2 | 25.5 | 27.7 | 29.9 | 32.1 | 34.4 | 36.6 | 38.8 | 41.0 |
| 1.10 | 10.7 | 12.9 | 15.1 | 17.3 | 19.6 | 21.8 | 24.0 | 26.2 | 28.5 | 30.7 | 32.9 | 35.1 | 37.3 | 39.6 | 41.8 |
| 1.20 | 11.4 | 13.7 | 15.9 | 18.1 | 20.3 | 22.6 | 24.8 | 27.0 | 29.2 | 31.4 | 33.7 | 35.9 | 38.1 | 40.3 | 42.6 |
| 1.30 | 12.2 | 14.4 | 16.7 | 18.9 | 21.1 | 23.3 | 25.5 | 27.8 | 30.0 | 32.2 | 34.4 | 36.7 | 38.9 | 41.1 | 43.3 |
| 1.40 | 13.0 | 15.2 | 17.4 | 19.6 | 21.9 | 24.1 | 26.3 | 28.5 | 30.8 | 33.0 | 35.2 | 37.4 | 39.7 | 41.9 | 44.1 |
| 1.50 | 13.7 | 16.0 | 18.2 | 20.4 | 22.6 | 24.9 | 27.1 | 29.3 | 31.5 | 33.8 | 36.0 | 38.2 | 40.4 | 42.6 | 44.9 |

■ **그림 10.4** 주 · 야간 전력밀도에 기초한 연간 플러그 및 프로세스 부하 EUI. 〈*출처: Chad Lobato, Shanti Pless, Michael Sheppy, and Paul Torcellini, "Reducing Plug and Process Loads for a Large-Scale, Low-Energy Office Building: NREL's Research Support Facility," Table 2.*〉

#### 10.2.2.6 정책을 세우고, 교육하고, 자각을 유도하라(Set Policies, Educate, and Raise awareness)

에너지 효율적 설비를 선택하는 일부터 자동화된 제어장치를 제공하는 일까지 플러그 및 프로세스 부하 관리의 많은 측면들은 사용자들에게 상대적으로 알기 쉽게 진행될 수 있다. 예를 들어 컴퓨터와 설비를 보다 에너지 효율적인 대안들로 업그레이드할 수 있고 재실/부재 제어장치들을 조명기기에 추가할 수 있는 등, 에너지절약을 힘들이지 않고 할 수 있는 분명한 이점이 있다. 하지만 플러그 및 프로세스 부하 관리가 줄 수 있는 혜택을 충분히 얻으려면 사용자들을 개입시키는 게 중요하다.

플러그 및 프로세스 부하 정책들을 제도화하는 것은 운영절차와 사용자 행동을 설비선정 및 부하관리 전략들과 조율하는 첫 단계다. 하지만 그러한 정책들은 그 기대와 요건들을 명시할 수 있을 뿐이다. 의미 있는 행동직 변화를 주도하는 것은 넷 제로 에너지 빌딩의 에너지 사용에 관한 각자의 역할에 대해 교육받은 사용자의 자각이다. 결국 건물의 에너지목표를 자각하지 않거나 교육되지 않은 사용자는 자동화된 제어장치들 그리고/혹은 정책들을 쉽게 무시할 수 있다.

## 10.3 친환경적 행동(Green Behavior)

### 10.3.1 사용자 행동(Occupant Behavior)

넷 제로 에너지 빌딩의 설계와 시행, 사용이 도전적인 과제인 만큼, 건물 사용자들을 넷 제로 에너지 목표에 개입시키는 일은 중요하고 쉽지 않은 최종적 단계이다. 주목할 만한 것은 건물의 에너지사용을 중심으로 사용자 행동을 변화시키는 것이  고성능건물의 차세대 개척분야 중 하나로 여겨진다는 점이다. 건물의 실제 에너지성능에 대해 얻은 교훈 중 하나는 건물의 전체적인 에너지사용량을 제어하는 데 큰 비중을 차지하는 것이 사용자들이기 때문에 에너지 효율적 시스템의 적용만으로는 충분치 않다는 점이다. 반복해서 말하지만, 에너지는 건물이 사용하는 게 아니라 사람이 사용하는 것이기 때문이다.

사용자들은 건물 내의 광범위한 에너지목표사용량들에 영향을 준다. 에너지는 열 쾌적성과 고품질 조명 및 환기를 제공하는 데 사용되며, 컴퓨터와 장비, 기기, 기타 많은 다른 장치 등 사용자의 작업에 필요한 모든 설비에 전원을 공급한다. 전형적인 상업건물에서는 사용자들이 상대적으로 수동적이다. 그들은 그 설비와 조명, HVAC 시스템 등을 단순히 사용하는 이들일 뿐이며, 사용자들은 일반적으로 그들이 에너지를 소비한다고 생각하지 않는다. 이는 에너지와 사용자 행동에 관한 두가지의 근본적 문제로 기대와 자각을 제기한다.

넷 제로 에너지 빌딩에서 생활하고 일한다는 것이 기능이나 품질, 혹은 환경을 포기한다는 의미여선 안 된다. 그에 대해 질문을 한다면 다음과 같아야 한다. "더 적은 자원과 더 높은 품질로 얼마나 더 많은 일을 할 수 있는가?" 주된 우선순위는 간단히 보면 낭비를 줄이는 일이다. 기능이나 품질을 희생하지 않고도 상당한 에너지절약 기회들이 있다. 본 장의 앞에서 거론한 많은 플러그 및 프로세스 부하 관리전략들은 효율과 효과성 모두를 최적화하는 방법을 보여준다. 게다가 냉난방 및 환기를 공급하는 많은 패시브 및 저에너지 전략들이 에너지사용량을 낮추면서 사용자에게 혜택을 제공할 수 있다. 간단히 말해 사용자들의 행동은 매우 다양한 상황에서 건물 에너지에 때로는 긍정적인, 때로는 부정적인 효과를 준다.

친환경행동(Green behavior)은 건물 사용자들이 건물의 에너지 및 지속가능성 관련 목표들을 이해하고 노력하는 상태라고 정의할 수 있다. 넷 제로 에너지 빌딩에 참여한다는  생각은 많은 사용자들에게 영감과 의미를 줄 수 있다. 고무된 자각과 목적의식을 느낄 때 사람들은 각자의 건물 사용방식을 더 쉽게 변화시킬 수 있다. 한편 넷 제로 에너지 빌딩의 설계자들은 자신들의 노력이 상업건물 내의 에너지사용에 대한 사용자의 기대와 행동에 얼마나 영향을 주고 변화시킬 수 있는지를 고려할 기회를 갖게 된다.

### 10.3.2 사용자 피드백(Occupant Feedback)

친환경행동을 권장하는 한 가지 방법은 사용자들 간에 주고받는 피드백 메커니즘을 제공하는 것이다. 피드백 순환고리(feedback loop)는 효과적인 부분을 강화하고, 향상이 필요한 부분을 파악하고 교정하는 데에 중요하다. 에너지에 영향을 주는 이슈들과 관련하여 사용자 피드백을 수집할 수많은 이유와 기회들이 존재한다.

미래 사용자들에게 신축 건물 프로젝트를 시작할 때 그들의 기대와 선입견, 그리고 행동이 에너지사용 및 열 쾌적성과 어떤 관련이 있는지를 알아보는 거주 전 설문조사를 실시하는 것이 매우 유익할 수 있다. 거주 전 설문조사(preoccupancy survey)는 사용자 교육을 실시할 영역들을 파악하고 설계 관련 결정들에 영향을 주는 데에도 도움을 줄 수 있다.

다른 한 편으로는, 건물이 사용자 에너지 사용량과 사용자 열 쾌적성, 사용자 행동의 관점에서 설계의도를 얼마나 효과적으로 충족하고 있는지를 평가하기 위해 거주 전 설문조사를 실시해야 하며, 그 결과들을 활용하여 평가에서 드러나지 않은 이슈들을 파악하고 다룰 수가 있다. 정기적인 조사실시는 지속적인 개선에 이바지할 수 있다.

사용자들의 거주 전 정보와 거주 후 정보를 수집하는 방법들은 많다. 방금 말한 것처럼 설문조사(survey)는 가장 일반적인 방법 중의 하나이며, 특히 웹기반 설문조사는 분배와 정리, 분석이 용이하다는 게 장점이다. 설문조사의 한 가지 단점은 참가자들의 가치 있는 데이터와 응답들을 수집하기가 어려울 수 있다는 점인데, 참가자들이 설문조사를 서둘러 마무리하거나 자기들의 모든 불만사항들을 과장할 수 있기 때문이다. 따라서, 연중 무작위로 혹은 정기적으로 실시하는 짧은 설문조사들이 더욱 효과적일 수 있다.

국립재생에너지연구소는 건물에 대한 에너지 및 열 쾌적성 데이터와 사용자 사이에서 인터페이스 역할을 할 사용자중심 데스크톱 프로그램을 연구·개발 중에 있다. 건물사용자 에이전트(Building Occupant Agent: BOA)라 불리는 이 프로그램은 에너지부/국립재생에너지연구소 연구지원시설에서의 원형이 될 것이다.(그림 10.5와 10.6 참조). BOA는 연중 내내 사용자들로부터 열 쾌적성 및 에너지행동 관련 설문조사 데이터를 수집하고 사용자들에게 건물의 에너지사용량 및 권고되는 개폐식 창문사용에 대한 세부사항들을 제공하는 쌍방향 인터페이스이며, USB 기반 환경 센서들은 설문조사정보와 함께 워크스테이션 온도와 조도수준을 조사하게 된다. BOA에는 분석용 데이터를 수집하고 건물시스템과의 인터페이스를 조성하는 웹서비스가 지원된다.

#### 10.3.2.1 소셜 네트워킹(Social Networking)

사용자 피드백 메커니즘들을 소셜 네트워킹으로 통합할 수 있다. 소셜 미디어 애플리케이션들을 설계하여 강력하고 쌍방향적인 수많은 방식들로 데이터를 수집할 수 있으며, 그 피드백 메커니즘은 두 가지 방식으로 작동할 수 있는데, 소셜 네트워크상에서 사용자들에게 에너지성능 피드백을 제공할 수 있을 뿐만 아니라 사용자들로부터 피드백을 받을 수도 있다. 게다가, 소셜 미디어는 사용자 데이터의 수집을 넘어 실제로 에너지성능중심 문화를 만들어 낼 수도 있는데, 물 사용과 종이 사용, 재활용, 대중교통이용과 같은 다른 친환경적 사용자 행동들에 이러한 애플리케이션을 활용할 수가 있다.

캘리포니아대학교 버클리캠퍼스(UC 버클리)의 건설환경센터(Center for the Built Environment)는 건물 에너지 및 사용관련 특성들을 하나의 소셜 미디

■ **그림 10.5** 국립재생에너지연구소의 건물사용자에이전트(BOA)는 사용자들에게 설문조사를 실시할 수 있다. 〈*NREL*〉

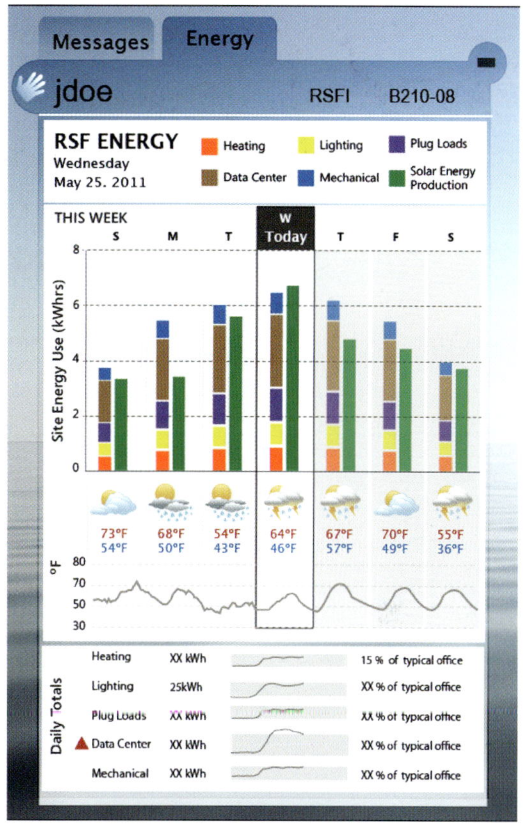


■ **그림 10.6** 국립재생에너지연구소의 건물사용자에이전트(BOA)는 건물 에너지사용량을 세부적으로 볼 수 있게 해준다. 〈*NREL*〉

어 애플리케이션에 통합하는 그린네트워크(Green NetWork)란 이름의 프로토타입 인터페이스를 테스트하였다(그림 10.7과 10.8 참조).

### 10.3.2.2 에너지의 시각화(Visualizing Energy)

건물의 에너지성능에 관한 사용자들의 피드백, 심지어는 그들의 행동이 에너지사용에 미치는 영향에 관한 직접적인 피드백의 제공은 에너지사용량을 관리하는 강력한 도구일 수 있다. 하지만 에너지는 눈에 보이지 않음을 명심해야 한다. 사용자들에게 에너지사용에 관한 피드백을 제공하려면, 에너지를 시각화할 방식들을 찾는 게 중요하다.

한 가지 좋은 방법은 프로젝트의 에너지정보시스템과 연결되는 디지털 대시보드들을 활용하는 것이다. 이런 대시보드들은 실시간, 일간, 연간 에너

**건물 사용자들을 위한 소셜 미디어 애플리케이션 특징(Social Media Application Features for Building Occupants)**

- 개인적이고 조직적인 목표 설정 및 추적
- 조직 간 에너지 경쟁
- 동업자 및 그룹 벤치마킹
- 자기보고
- 보상시스템
- 일화와 조언, 질문의 공유
- 설문조사
- 건물 운영/사용자 정보
- 에너지 및 건물 특성 교육
- 에너지정보의 시각화
- 그룹 및 개인의 에너지성능척도

■ **그림 10.7** 조직원들 간의 에너지사용량 비교능력을 보여주고 있는 건설환경센터의 그린네트워크. *〈Center for the Built Environment (CBE), University of California, Berkeley, concept and design by David Lehrer and Janani Vasudev.〉*

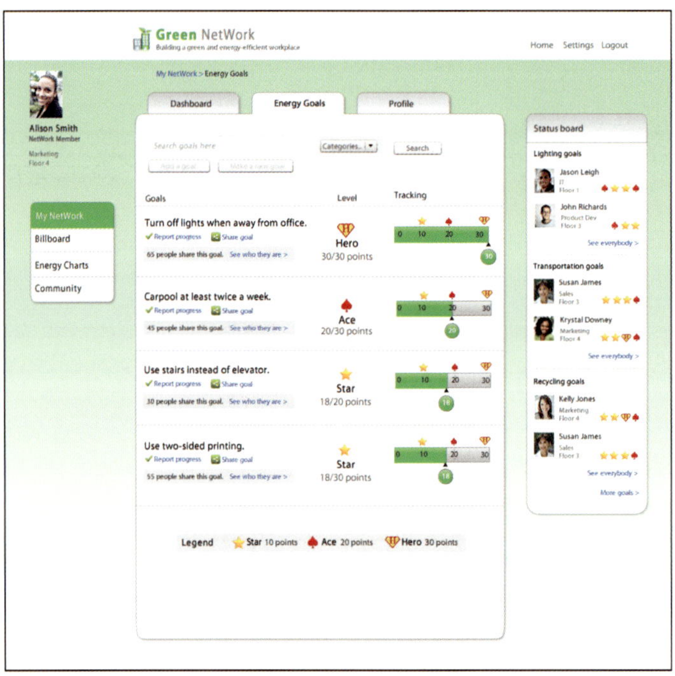


■ **그림 10.8** 한 구성원이 목표를 설정하고 추적할 수 있는 능력을 보여주고 있는 건설환경센터의 그린네트워크. *〈Center for the Built Environment (CBE), University of California, Berkeley, concept and design by David Lehrer and Janani Vasudev.〉*

지사용량을 제공하며 그것을 시각정보로서 디스플레이할 수 있다(그림 10.9 참조). 이런 디스플레이들은 키오스크로 제작하거나 디스플레이 모니터 상에서 표현함으로써 사용자와 방문객이 모두 볼 수 있도록 할 수도 있다. 그 정보는 내부의 컴퓨터네트워크를 통해 분산되기 때문에, 네트워크상의 컴퓨터와 사용자가 모두 건물에너지 관련 정보에 접근할 수 있다. 이런 유형의 피드백은 미래의 행동에 영향을 줄 수 있도록 이해하기 쉬운 정보를 제공할 때 가장 효과적이다. 그래픽과 이미지, 인터페이스는 이해도를 높이는 핵심이다. 또한 피드백이 사용자들의 소셜 네트워크구조에 일부가 될 때, 즉 소셜 미디어가 건물 사용자 및 에너지 개입도구로서 범위를 늘려가고 있을 때, 내부의 경쟁이나 사회적 자각이 에너지사용의 핵심요인이 되도록 할 때에도 효과적이다.

### 10.3.3 교육(Education)

건물 사용자들의 교육은 넷 제로 에너지 빌딩의 에너지성능에 사용자들을 개입시키는 과정의 중심을 이룬다. 스마트한 사용자들이야말로 스마트한 건물들보다 더욱 중요한 성과다. 우리 모두가 건물의 사용자이며, 이 말은 보다 스마트한 건물 사용자가 되는 법을 교육받을 필요가 있는 사람들이 많다는 뜻이다. 어떻게 모두가 건물에서의 에너지사용방식에 대해 다르게 생각하고 행동하도록 유도할 수 있을까? 대부분 그것은 한 번에 한 건물에 대해, 한 번에 한 사용자에 대해 행해져야 한다. 그럼에도 불구하고, 일반 미디어를 통해 그 메시지를 전달함으로써 친환경건물—특히, 넷 제로 에너지 빌딩—에 대한 공공의 관심을 끌어올릴 수도 있다.

사용자들의 교육과 개입유도는 프로젝트 시행과정 전반의 연속적인 과정이어야 한다. 교육에 대한 책임은 시행 팀과 건축주의 프로젝트 리더들이 공유한다. 건물 사용자들에게 진행상황을 알려주는 각각의 설계단계는 넷 제로 에너지 목표와 그것을 뒷받침하는 설계특성들, 그리고 그것이 사용자들에게 무엇을 의미할지를 토론할 수 있는 기회다. 이런 세 가지 이슈가 사용자교육의 핵심요소들이다. 넷 제로 에너지 목표에 대한 정보공유는 사용자들에게

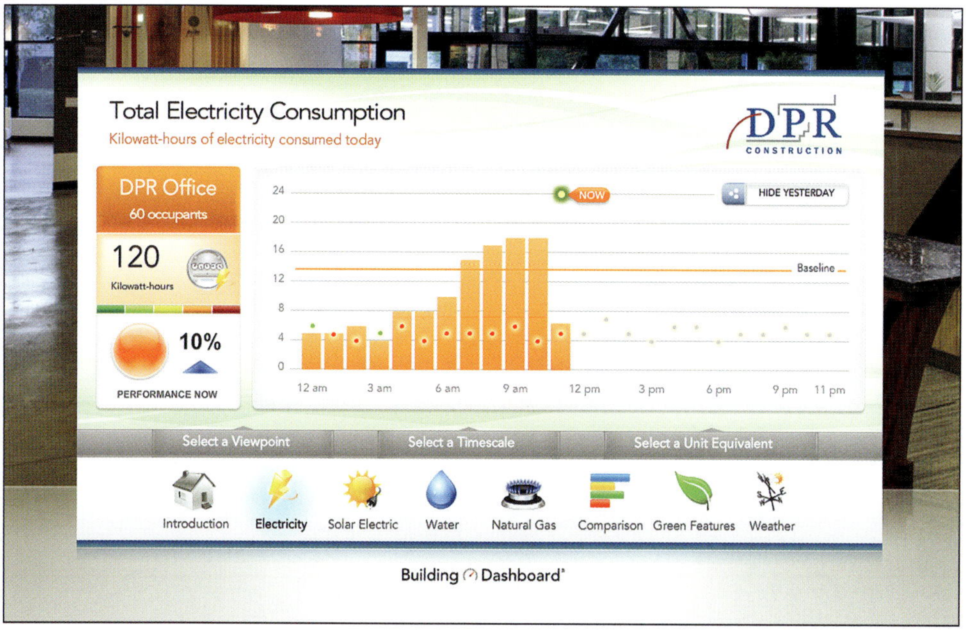


■ **그림 10.9** 넷 제로 에너지를 추구하는 DPR 샌디에이고 사무소의 에너지 대시보드. *〈제공: Building Dashboard by Lucid.〉*

커다란 그림을 제시하고 높은 수준의 관심과 헌신에 대한 영감을 줄 수 있다. 넷 제로 에너지 빌딩의 기술과 시스템 중 일부는 많은 사용자들에게 새로운 것일 수 있기 때문에, 건물의 작동방식에 관한 정보들을 상세히 소개하면 사용자들이 건물의 효과적인 사용법을 배우는 데 도움이 될 것이다. 마지막 단계는 사용자들의 역할에 관한 기대치들을 설정하는 일이다.

전체적인 교육과정에는 사람들에게 변화란 힘들 수 있다는 자각이 함께 이루어져야 한다. 사용자 그룹에게 가장 큰 변화를 가져다 줄 수 있는 넷 제로 에너지 빌딩의 새로운 특성이나 기대들을 파악한 다음 그것들에 적극적으로 집중하도록 도와주는 것이 중요하다. 교육내용과 함께 사용자 피드백의 기회를 제공하면 변화의 문제들을 다루고 관리하는 데 도움이 될 수 있다.

사람들이 넷 제로 에너지 빌딩으로 전환되도록 돕는 또 하나의 효과적인 방법은 직접적인 체험을 활용하는 것이다. 이것은 사용자들의 관심을 늘리고 노력을 얻는 방법으로서 흥미로운 신규장치들을 시범적으로 소개하는 데에도 효과적일 수 있다. 직접적인 체험은 사용자들이 우려하거나 의구심이 드는 장치들을 선보이는 데에도 중요하다. 직접 체험을 제공하는 한 가지 방법은 유사한 장치가 있는 다른 건물들을 방문해보는 것이다. 혹은 기존의 사용자 공간 내에 특정 장치들을 실물크기로 제작하거나 복제할 수도 있다. 예를 들어 건물의 자연채광 및 자연환기 전략들에 새로운 개방형 워크스테이션의 프로토타입을 제작하면 기존 큐비클의 포기를 주저했던 사용자들에게 가치 있는 직접 체험을 제공할 수 있다. 이것은 국립재생에너지연구소의 연구지원시설에 사용된 기법이다.

■ **그림 10.10** 연구지원시설로 옮기기에 앞서 새로운 개방형 워크스테이션들의 프로토타입을 제작하는 모습. 〈*NREL/PIX 16864 / 사진: Heather Lammers.*〉

연구지원시설에 제안된 워크스테이션은 자연채광과 자연환기가 가능할 만큼 매우 개방적이었는데, 직원들의 현재 공간 중 개인사무실과 높은 큐비클 벽들에 상당한 변화를 가져오게 하는 것이었다. 국립재생에너지연구소의 정보서비스(Information Services) 부서는 새로운 가구의 프로토타입을 설치하고 그에 대한 피드백을 받았다(그림 10.10 참조). 초기에는 소음과 프라이버시에 대한 우려가 있었으나 곧 가구를 수용하는 분위기로 바뀌었는데, 특히 보다 용이한 새로운 협업을 체험했기 때문이었다. 이 테스트는 국립재생에너지연구소가 새로운 사무소 건물로 옮겨가기에 앞서 다른 부서들에서도 우려를 완화시키고 사용자의 기대를 높이는 역할을 했다.

훈련은 건물 사용자들을 교육시키는 또 하나의 효과적인 수단일 수 있으며, 오프라인이나 온라인으로 훈련이 가능하다. 게다가 건물의 특수한 기능이나 운영에 초점을 맞추거나 보다 폭넓은 인력훈련 요소들과 통합한 훈련도 가능하다. 교육훈련은 신축 건물로 이사할 때, 혹은 새로운 사용자가 들어올 때 오리엔테이션의 일환으로 실시하는 것이 가장 좋다. 교육훈련에 수반되는 지침서는 사용자 매뉴얼이다. 이것은 핵심적인 건물 기능들과 그 작동방식, 사용자의 건물제어방법, 사용자 행동에 대한 것들을 설명하는 간단한 문서일 수 있다.

넷 제로 에너지 빌딩의 지속가능한 특징들에 관한 교육용 안내판을 게시하는 것은 지속적인 교육을 촉진하는 데에 도움이 될 수 있다. 교육용 안내판은 방문객들이 넷 제로 에너지 빌딩의 작동방식을 학습하는 데에도 도움을 주므로 건물 탐방에도 기여하는 바가 매우 크다. 하지만 궁극적인 교육방식은 각각의 사용자들을 신입직원과 방문객을 위한 교육자로서, 넷 제로 에너지 빌딩 전반의 탐방을 주도하는 리더로서 참여시키는 것이다. 교육이야말로 궁극적으로 훌륭한 학습수단이다.

### 10.3.4 실내 환경의 질
(Indoor Environmental Quality)

실내 환경의 질(IEQ)은 에너지와, 그리고 건물의 냉·난방 및 환기, 조명 시스템과 강력하게 연결되어 있다. 넷 제로 에너지 빌딩은 고성능 에너지 건물이며 IEQ에서도 뛰어난 성능을 발휘할 수 있다(그림 10.11 참조). 패시브 전략과 저에너지 기계·조명설비시스템들은 전형적인 건물시스템들과 상당히 다를 수 있다. 에너지성능과 고품질의 실내 환경들을 제공하려면, 이런 시스템들의 작동 및 제어방식에 대한 기초 원리들을 사용자들에게 이해시키는 것이 중요하다. 또한 사용자들은 패시브 전략이 역동적이며 정확하게 통제하기가 더 어려울 수 있음을 이해할 필요가 있다. 자연채광과 같은 패시브

■ **그림 10.11** 에너지부/국립재생에너지연구소 연구지원시설의 실내디자인은 자연채광과 자연환기, 이중바닥 외기분산시스템을 겸한 외기시스템, 축열체, 복사냉난방 등의 많은 IEQ 특성들을 갖는다. 그 공간의 디자인은 이런 IEQ 특성들의 음향적인 문제들도 성공적으로 처리하고 있다. *〈NREL/PIX 17904 / Dennis Schroeder.〉*

**자연채광(Daylighting)**

- 자연광은 전 모든 스펙트럼을 가지고 있는 고품질의 빛이다.
- 자연채광은 질 높은 환경을 제공하지만, 전형적인 인공조명들보다 더 동적이고 더 낮은 분위기조명 수준을 제공할 수 있다.
- 휘도제어는 자연채광 공간에 대한 사용자 만족에 중요한 요소다.
- 자연채광은 사용자의 건강 및 생산성과 연관된다.
- 천장이 높고, 마감은 밝은 색이나 백색일수록, 또한 장애물이 거의 없는 열린 공간계획에서 자연채광의 효과는 높아진다.

**열 쾌적성(Thermal Comfort)**

- 다양한 계절별 설정온도는 에너지를 절약하고 계절별로 사용자들에게 적당한 온도를 제공할 수 있다.
- 사용자들이 계절에 맞는 복장을 착용하도록 장려한다.
- 개폐식 창문은 신선한 공기와 공기의 움직임을 허용함으로써 바람직한 냉각효과를 가져다줄 수 있다.
- 개폐식 창문을 이용하여 사용자들은 그들의 열적 수요에 맞게 환경을 적응시켜 제어할 수 있다.
- 축열체와 복사냉난방 시스템은 사용자들 에게 복사에너지를 전달하기에 효과적이고 공기식 냉난방보다 더 편안하지만, 다른 방식의 제어도 가능하다.

전략들은 자연적이고 아름다운데다, 건강과 행복을 증진시키기도 한다.

## 10.4 넷 제로 에너지 성능계획
(Net Zero Energy Performance Plan)

프로젝트 시행에서 건물의 운영 및 사용 단계로의 이행은 넷 제로 에너지 프로젝트에서 중요한 시점이다. 확실히 건물의 운영 및 사용 현실들은 넷 제로 에너지 목표를 충족하는 과정에 많은 새로운 변수와 복잡한 문제들이 있다. 이때 그 목표 성취를

위해 많은 협의된 활동들이 일어날 필요가 있다. 넷 제로 에너지 빌딩에서는 넷 제로 에너지 성능을 위하여 보다 형식화되고 총체적인 계획을 개발함으로써, 운영단계에서 넷 제로 에너지 목표를 충족시키는 핵심 단계들을 항목화하고 그 절차들을 파악해야 한다.

### 음향학(Acoustics)

- 패시브 및 저에너지 전략들은 음향환경의 설계를 어렵게 할 수 있다.
- 자연채광과 자연환기가 이뤄지는 공간들은 종종 열린 공간이어서 음향적 프라이버시에 영향을 줄 수 있다.
- 많은 저에너지 기계설비시스템들이 대량의 공기순환을 요하지 않기 때문에 기계소음이 줄어들어 공간들이 매우 조용해질 수 있다.
- 이중바닥 공기분배시스템의 바닥설비공간들로 음이 전달되어 음향적 프라이버시에 영향을 줄 수 있다.
- 축열체와 열적 활성표면들은 음향적으로 반사물질(보통 콘크리트나 조적)이며, 종종 규모가 상당히 크다.
- 개폐식 창문은 실외소음을 실내로 끌어들일 수 있다.
- 넷 제로 에너지 빌딩의 음향 문제들에 대한 많은 해법들이 있다.
- 사운드마스킹(sound masking)은 많은 저에너지 기계설비시스템에 없는 저수준의 배경소음을 제공한다.
- 사운드마스킹 시스템은 음향적 프라이버시의 문제를 해결할 수 있다.
- 사운드마스킹 시스템은 이중바닥 설비 공간들 속에 설치할 수 있다.
- 고품질의 흡음패널 및 흡음표면들을 전략적으로 활용하여 실내의 반향시간을 줄이도록 한다.
- 조경은 실외소음의 침입을 줄이는 데 도움을 줄 수 있다.

넷 제로 에너지 성능계획은 건축주와 사용자, 시설관리자, 시행 팀, 커미셔닝 에이전트의 조치들을 포함한다. 이 계획은 건물의 운영 및 유지보수 계획을 추가시키고 본 장의 앞부분에서 말했듯이 거주 후 단계 혹은 책임서비스 단계에 시행 팀을 개입시킨다. 넷 제로 에너지 성능계획의 한 가지 중요한 장점은 건축주의 능력으로 해결할 수 없는 문제들을 파악한 다음 건축주와 시행 팀, 도급업자, 커미셔닝 에이전트의 모든 능력을 활용하여 넷 제로 에너지 목표를 뒷받침할 수 있다는 점이다. 이 계획은 시설관리팀의 에너지관리능력에 따라 맞춤화되어야 한다. 이런 목적에 따라, 시행 팀과 시설관리직원들 간 프로젝트 이행과정에서의 지식 및 정보 공유에 지속적으로 초점을 두어야한다.

### 넷 제로 에너지 성능계획 요소(Elements of a Net Zero Energy Performance Plan)

1. 커미셔닝(commissioning)을 통해 조율하라.
   A. 모든 에너지관련 시스템들에 대한 커미셔닝을 확실하게 실시하라.
   B. 총체적인 시설관리 교육계획을 세워라.
   C. 제어장치 설계의 준비와 점검을 미리 시작하고, 제어장치 판매업자와 함께 적극적으로 대책을 강구하며 작업을 조율하라.
2. 건물의 운영 및 유지보수 계획을 통해 조율하라.
   A. 에너지관리 활동계획을 세워라.
   B. 에너지목표를 유지하는 동시에 열 쾌적성의 불만사항들을 다룰 전략들을 개발하라.
   C. 에너지절약을 향상시킬 운영 정책 및 절차들을 제도화하라.

D. 넷 제로 에너지 목표의 달성을 위한 조직 리더들의 지원을 확보하라.
E. 조직 내의 다른 그룹 및 부서들과 에너지관련 절차들을 조율하라.

3. 에너지정보시스템을 계획하라.
   A. 건물수준의 계량을 실시하라.
   B. 보조 계량할 에너지목표사용량들, 그리고 그 구역이나 공간들을 포함하는 보조계량계획을 실시하라.
   C. 센서의 유형과 위치를 계획하라. (최소한 실내 환경 및 날씨에 대한 센서들을 계획하고, 건물자동화시스템[BAS]과 조율한다.)
   D. 에너지정보시스템(EIS)에 대한 데이터서버를 계획하라. (규모, 호스팅, 웹 접속량을 고려할 것.)
   E. 건물의 에너지 분석 수요 및 애플리케이션들을 결정하라.
   F. 사용자용 시각적 에너지 디스플레이와 대시보드, 피드백 메커니즘들을 통합하라.
4. 주기적인 에너지데이터 분석 및 보고 계획을 세워라.
   A. 건물 운영단계에서 필요한 만큼 준공시점 모델을 조율하라.
   B. 모든 에너지목표사용량과 총 에너지사용량, 에너지발생량에 대한 최소한의 월별 보고서들을 준비하라.
   C. 추가적인 주간 및 일간 부하 범위들을 결정하라.
   D. 넷 제로 에너지의 달성을 위한 목표 대비 진척도와 추정일정을 표시해가며 넷 제로 에너지 목표의 트렌드를 찾아라. 트렌드 데이터를 활용하여 수정조치와 전반적인 시스템 최적화의 방향을 모색해라.
5. 플러그 및 프로세스 부하 관리계획을 개발하라.
   A. 이에 헌신적으로 전념할 내부 인원 한 명을 선임하라.
   B. 플러그부하 감시를 실시하고, 기존 부하들을 벤치마킹하라.
   C. 실제 수요를 활용하고, 가능한 한 부하들은 제거하거나 통합한다.
   D. 높은 에너지효율 수준을 중심으로 설비조달을 계획하라.
   E. 모든 설비 및 부하 유형들을 제어하고 관리할 계획을 개발하라.
6. 사용자 교육 및 훈련, 피드백 프로그램들을 개발하라.
   A. 설계발전단계에서의 교육 및 사용자 투입을 계획하라.
   B. 솔루션들을 프로토타입으로 선보일 기회를 찾거나 유사한 솔루션을 채택한 다른 건물들을 방문하라.
   C. 건축주의 매뉴얼을 개발하라.
   D. 사용 전에 실시하고 신규사용자에게 지속적으로 실시할 교육훈련 프로그램을 개발하라.
   E. 사용자와 방문객이 이용할 수 있는 에너지용도에 관한 시각적 피드백과 데이터를 만들어라.
   F. 설문조사나 기타 소셜 미디어 등의 웹기반 매체들을 통해 사용자 피드백을 유도함으로써, 건물의 에너지사용 및 에너지특성에 관한 친환경행동과 열 쾌적성을 찾아내라.
7. 미래의 변화들에 대비하라.
   A. 태양광발전시스템의 노후정도를 (노후했을 경우) 파악하고, 넷 제로 에너지 균형을 유지하기 위해 시간의 경과에 따라 추가해야 할 재생에너지 설치나 에너지 효율성 대책을 계획하라.
   B. 새로운 설비, 혹은 재생에너지용량 대비 건물부하의 변화를 평가하라. 현재 용량을 능가하는 새로운 설비 구매 및 부하들을 보상하기 위한, 신규 재생에너지시스템 구매를 비롯한 조달과정을 개발하라.
8. 1년간의 넷 제로 에너지 운영이 이루어질 때 그 성공을 기념하고, 학습한 교훈들을 건설업계와 공유하라.

11장

# 넷 제로 에너지 Net Zero Energy

## 11.1 넷 제로 에너지 균형 (Net Zero Energy Balance)

넷 제로 에너지 상업용 프로젝트를 관리하려면 초기의 목표설정에서 부터 설계와 실제 운영에 이르기까지 그 목표를 추적할 필요가 있으며, 목표추적(goal tracking)은 대차대조표를 균형 있게 유지하는 것을 말한다. 사실, 비교적 간단한 스프레드시트로도 대차대조표 균형을 유지하는 데 효과적일 수 있다. 본 장은 한 건물의 넷 제로 에너지 균형을 계산하는 방법들을 기술할 것이다. 또한 이와 관련이 있으나 보다 총체적인 이슈인 탄소중립 측정의 이슈도 다룬다. 프로젝트 팀과 건축주는 넷 제로 에너지 대책들과 더불어 그들의 총 탄소균형을 추적하는 대안을 채택할 수도 있다.

프로젝트 팀과 건축주는 4가지의 넷 제로 에너지 척도, 즉 부지 에너지와 자원 에너지, 에너지 배출, 에너지 비용 중 하나 이상을 선택하고 추적할 수 있다. 미 국립재생에너지연구소가 정의한 이 4가지 척도들은 동등한 중요성을 지니지만, 프로젝트에 따라 서로 우선순위가 달라질 순 있다. 예를 들어 건축주에게 주로 중요한 것이 탄소배출이라면 에너지 배출 척도를 가장 우선시할 수 있다. 비용이 중요하다면, 에너지 비용 척도를 우선시할 수 있다. 그렇지만 실무에서는 에너지 비용 척도가 달성하기에 가장 복잡하고 어려운 척도일 수 있다. 재생에너지 및 에너지효율의 경제적 혜택은 넷 제로 에너지 비용 균형이 되던지 되지 않던지 입증될 수 있고 입증되어야만 한다. 순수하게 실무적인 관점에서 나는 부지 에너지 척도를 언제나 포함할 것을 추천하는데, 그 이유는 그것이 가장 계산하기가 쉽기 때문이다. (비록 그 균형을 유지하는 데 필요한 재생에너지의 관점에서는 가장 달성하기 어려울 수도 있지만 말이다.) 자원 에너지 척도는 총 에너지 균형을 정량화하는 데 유용한 방식이다. 이 척도는 부지 에너지보다 좀 더 계산이 복잡하지만, 재생에너지 용량의 관점에서는 달성하기가 더 쉬울 수 있다. 간단히 말해서, 4가지 척도를 모두 고려하는 것이 언제나 좋은 시작점이다.

## 11.2 넷 제로 에너지 척도 (Net Zero Energy Measures)

1장은 넷 제로 에너지 빌딩에 대한 접근법을 상세하게 논의하며 관련된 용어들을 정의하였으며, 4장은 부지 및 자원 에너지, 에너지 자원들을 심도 있게 다루었다. 본 섹션에서는 본서의 모든 장(chapter)들을 종합하는 데 초점을 두며, 4가지의 다른 넷 제로 에너지 척도들을 어떻게 계산하는지에 대한 구체적인 지침을 제시하고자 한다.

설계단계에서 이루어지는 계산들은 프로젝트의 에너지모델 결과들을 감안하여 프로젝트의 연간 에너지사용량과 재생에너지생산량, 프로젝트의 에너지자원들을 포함하며, 실제 운영단계에서 이루어지는 계산들은 연간 에너지사용량과 재생에너지생산량, 프로젝트의 에너지자원들에 대해 계량된 데이터를 포함해야 한다. 여기서 기술하는 계산법들은 건물의 에너지기준(보통 CBECS 2003 기준)과 건물의 에너지절약에 대한 항목들을 포함한다. (주: 이런 단계들은 옵션이지만, 넷 제로 에너지 균형에서 에너지효율이 갖는 중요성을 강조하기 위해 포함한다.)

게다가 이런 계산법들은 다수의 비재생에너지 자원들, 다중 상쇄되는 재생에너지시스템 등 넷 제로 에너지 빌딩에서 발생할 수 있는 복합적 구성의 계산을 가능하게 한다. 그 계산법은 기본적으로 회계적 접근법이며, 이는 재생에너지 자원들과 건물의 연간 에너지사용량 간에 균형을 맞추는 접근법이다. 일단 건물의 에너지사용량은 공공설비를 통해 100퍼센트 공급되는 것처럼 정량화된다. 다음에는 재생에너지 자원들을 그 수치에 더한 다음 공공설비가 제공하는 에너지기준에서 공제시킴으로써, 넷 제로 에너지 균형의 달성여부를 결정한다. 프로젝트의 입지와 공공설비회사는 자원 에너지와 에너지 배출, 에너지 비용 척도들에 영향을 주는 요인들을 결정한다.

이 방법은 미 국립재생에너지연구소의 넷 제로 에너지 빌딩 분류체계와도 부합한다. (이 시스템의 등급에 대한 세부사항은 1장을 참조.) 다양한 넷 제로 에너지 정의들을 통해 다양한 분류등급을 달성할 수 있음을 주목하라. 예를 들어, 한 프로젝트가 B등급의 넷 제로 자원 에너지 건물인 동시에 C등급의 넷 제로 부지 에너지 건물일 수 있다.

### ● 넷 제로 에너지 단위(Net Zero Energy Units)

한 프로젝트의 넷 제로 에너지 균형을 추적할 때는, 에너지단위들을 면밀하게 추적하는 데 신중을 기해야 한다. 미국에서 건물 에너지사용량은 종종 영국의 열 단위인 Btu로 표시된다. 건물 에너지사용강도(EUI)의 단위는 kBtu/ft2/년(연간 kBtu/$ft^2$)이고, 연간 에너지사용강도의 단위에는 대개 MBtu를 사용한다. 대부분의 재생에너지시스템들은 전기를 생산하며 시스템의 전체규모에 따라 kWh나 MWh 단위를 사용하지만, 열에너지를 제공하는 재생에너지시스템들은 kBtu나 MBtu 단위를 사용한다. 본 섹션에서 기술하는 계산법은 종종 와트(W)와 Btu 기반 단위 모두를 포함하는데, 에너지 값들을 각 "국가별" 단위로 입력할 수 있게 하기 위함이다. 이 단위들은 서로 쉽게 변환되는데, 1.0 와트는 3.412 Btu와 같다.

부지 및 자원 에너지에 대한 계산법은 넷 제로 에너지 균형을 계산하기 위한 값들을 MWh 단위로 변환한다. 하지만 단위들이 일관적이라면 대신 MBtu를 사용할 수도 있다. 에너지 배출과 에너지 비용을 계산할 때는 적절한 탄소배출률과 에너지요율이 적용될 수 있도록 전기에너지 단위를 MWh로, 열에너지 단위는 MBtu로 유지하는 게 중요하다. 에너지 배출 계산에서 넷 제로 에너지 균형의 결정에 사용되는 단위들은 $CO_{2e}$ 미터톤이며(중량단위로 1,000kg을 1톤으로 하는 것을 말함), 에너지 비용 계산에서는 달러 단위를 사용한다. 일단 기준되는 넷 제로 에너지 계산들이 완료되면, 그 값을 제곱피트 공간 당 물량으로 변환하고 그 척도에 적절한 단위들을 취할 수 있다. 예를 들어, 전체 프로젝트에 대한 연간 $CO_{2e}$ 미터톤 값은 제곱피트 당 $CO_{2e}$ 탄소량(파운드)으로 변환할 수 있다.

### 11.2.1 넷 제로 부지 에너지(Net Zero Site Energy)

넷 제로 부지 에너지 빌딩은 부지에 대해 계산했을 때 적어도 1년간 사용하는 만큼의 재생에너지를 생산한다. 넷 제로 부지 에너지 척도는 모든 넷 제로 에너지 척도 중에서 가장 간단하게 계산된다. 하지만, 그것은 프로젝트에 사용되어지는 연료의 조합에 따라 가장 달성하기 어려운 척도 중 하나일 수도 있다. 부지 에너지는 제일 먼저 계산해야 하는데, 그것이 다른 넷 제로 에너지 계산에 기초가 되기 때문이다.

### 넷 제로 부지 에너지 균형법(Net Zero Site Energy Balance Method)

1. **기준**(Baseline): 프로젝트에 대한 연간 대지 에너지 기준을 수립하라.
2. **에너지사용량절감**(Energy use reductions): 에너지효율을 위한 대책을 활용하라.
3. **설계/운영 부지 에너지사용량**(Design or operational site energy use): 프로젝트 단계(설계/시공 혹은 사용 단계)에 따라 설계된 부지 에너지사용량이나 실제로 측정되는 에너지사용량을 표시하라. 설계 에너지데이터에 대한 우발적인 에너지 사용요인이 발생된다면, 설계 부지 에너지사용량을 우발요인의 양만큼 증가시켜라.
4. **에너지 자원**(Energy sources): 프로젝트에 사용되는 각 에너지 자원/연료에 기초하여 연간 설계 혹은 운영 부지 에너지사용량을 분류하라. 이 단계에서는 지역 공공설비회사가 제공하는 에너지 자원들이 프로젝트에 사용된다고 가정된다. 이런 분류는 추가적인 세 가지의 넷 제로 에너지 척도들을 계산하기 위해 필요하다.
5. **재생에너지시스템**(Renewable energy systems): 프로젝트에 사용되는 각각의 재생에너지시스템에 대한 연간 재생에너지생산량을 표시하라. 이러한 시스템들은 태양광발전 시스템 및 풍력발전 시스템 등 다양한 재생에너지 자원을 포함하며, REC를 통한 외부에서의 재생에너지 구매도 포함할 수 있다.
6. **재생에너지 등급수준**(Renewable energy classification level): 미 국립재생에너지연구소가 개발한 넷 제로 에너지 분류체계의 일부로서, 재생에너지시스템은 넷 제로 에너지 빌딩의 등급순위를 결정한다. 재생에너지시스템과 그것이 건물 및 대지와 맺는 관계를 표시하라. (이 분류체계에 대한 상세한 설명은 1장을 참조.)
7. **넷 제로 에너지 균형**(Net zero energy balance): 어떤 넷 제로 에너지 빌딩 등급을 달성할지를 결정하려면, 넷 제로 에너지균형 A 등급으로 시작하여 A등급 재생에너지시스템에 대비한 건물의 부지 에너지사용량을 확인하라. 다음 수준의 재생에너지시스템을 추가함으로써, 각 분류등급을 하나씩 높이도록 하라. 예를 들어, 넷 제로 에너지 균형 C등급은 A, B, C 등급의 재생에너지시스템 수준들을 포함할 것이다. 제로나 마이너스의 균형을 달성할 수 있는 가장 높은 등급이 그 프로젝트에 대한 넷 제로 에너지 등급이다. 넷 제로 에너지가 달성되지 않거나 원하는 수준에서 달성되지 않는다면, 추가적인 에너지사용량 절감이나 추가적인 재생에너지 자원들을 물색하라.

그림 11.1의 사례는 계산 값들의 작업흐름을 설명하는 스프레드시트 형식의 넷 제로 부지 에너지 균형 계산결과들을 보여준다. 이와 유사한 스프레드시트를 엑셀에서 작성하여 프로젝트 수요에 맞게 변환할 수도 있다. 이 사례는 가설적인 사례이지만 상업용 넷 제로 에너지 빌딩에 일반적인 값들을 포함한다. 건물은 요금상계가 되는 계통연계형 건물로서 천연가스가 연결되어있다고 가정하였다.

다중 재생에너지시스템들은 건물 및 부지 안에서의 위치가 다양하게 나타남으로써 여러 등급수준들을 보여준다. 여기서는 두 유형의 재생전력 자원들이 제시되는데, 하나는 지붕에 설치된 태양광발전시스템이고 또 하나는 부지내 설치된 풍력 터빈 및 타워이며, 이 두 재생에너지 자원들 모두 요금상계가 된다. 이 프로젝트는 대다수의 난방수요를 공급하는 바이오매스 보일러 1대가 있다고 가정하였으며, 천연가스는 바이오매스 보일러를 보충하게 된다.

또한 REC가 모든 재생에너지시스템에서 유지된다고 가정하였다. 이 사례에서 추가적인 REC 구매는 가정되지 않았으나, 추가적인 REC구매가 가능할 수도 있다. (어찌됐든 REC는 D 등급의 재생에너지시스템을 구성하며 D 등급의 균형 계산에 사용될 것이다) 결론적으로, 이 사례에서는 프로젝트가 C 등급의 넷 제로 부지 에너지 균형을 달성하게 되며, 넷 제로 전력에서 A 등급을 달성함에 주목하라. 그 이유는 건물 내에 위치하는 태양광발전시스템(A 등급)이 전력소비량보다 더 많은 전력을 생산하기 때문이다.

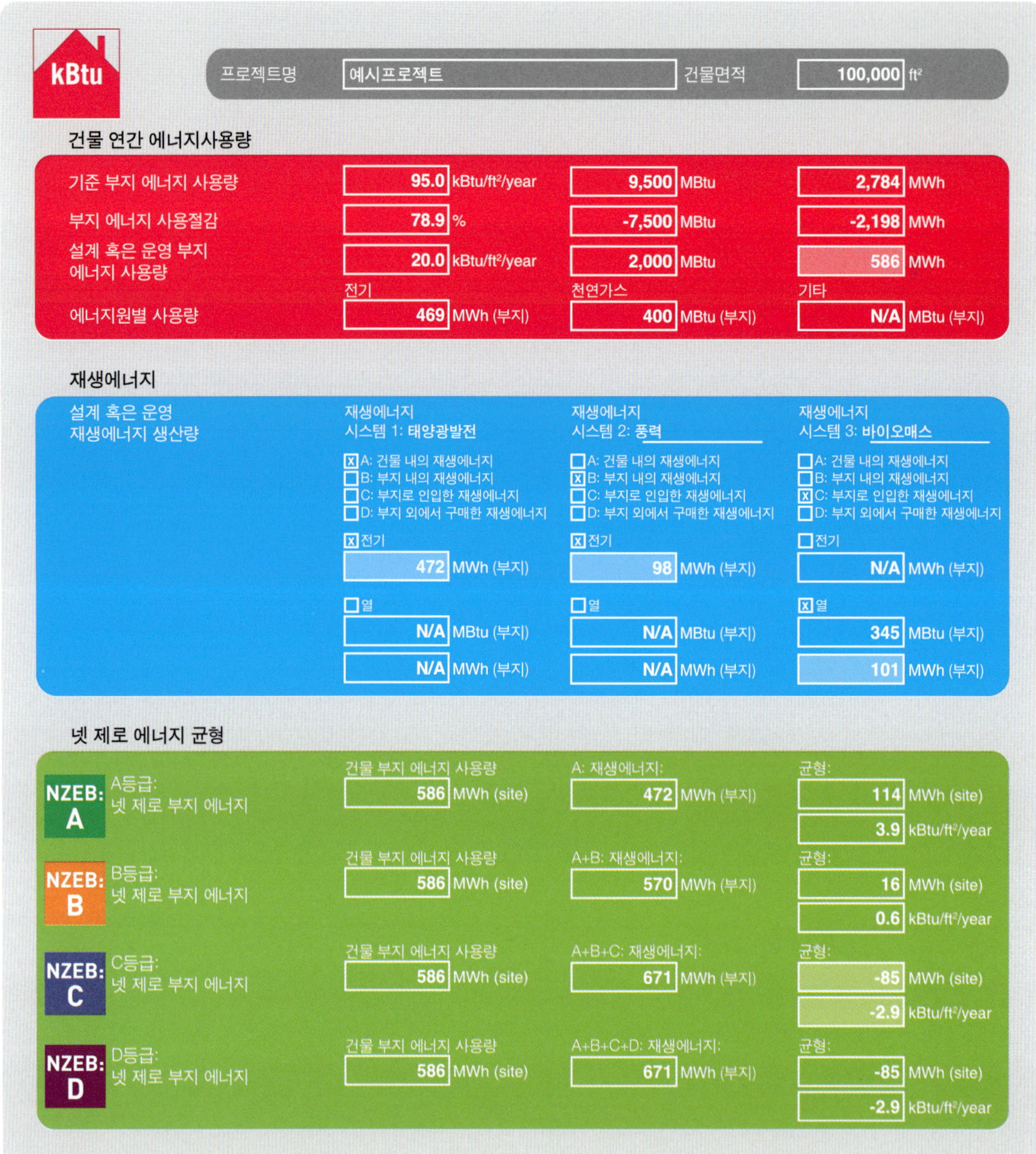


■ 그림 11.1 넷 제로 부지 에너지 균형

### 11.2.2 넷 제로 자원 에너지(Net Zero Source Energy)

넷 제로 자원 에너지 건물은 자원에너지에 대해 계산했을 때 적어도 1년간 사용하는 만큼의 재생에너지를 생산하거나 구매하게 되며, 이러한 자원 에너지 계산은 자원 에너지 모델링이나 측정에 기초한다. 자원 에너지는 직접적으로 측정하거나 모델링할 수 없기 때문에, 자원 에너지율(source energy factor)을 활용하여 추정한다. (자원 에너지율에 대한 더 많은 정보는 4장을 참조.)

계통연계형 전력에서 부지에너지 대비 약 3배의 비율을 보이는 자원 에너지는 넷 제로 에너지 빌딩에서 가장 충족하기 어려운 것으로 보일 것이다. 하지만, 자원 에너지보다 부지 에너지가 종종 가장 충족하기 어려운 넷 제로 척도가 되는 이유는 재생에너지를 측정하는 방식에 있다. 전력 이용의 사례를 다시 들어보면, 부지내에서 재생에너지를 통해 생산되는 전기는 부지 에너지와 자원에너지의 값이 같아 자원 에너지율이 1.0이 될 것이다. 하지만 넷 제로 에너지 계산에서는 재생에너지를 통해 발생되는 전기에 계통연계형 전력의 자원 에너지율에 기초한 값이 부가됨으로써 1:1의 비율로 계통연계형 전력을 상쇄시킨다. 이런 식으로 계통연계형 전기 전용 건물은 대지에 대해 측정하든 자원에 대해 측정하든 넷 제로 에너지 빌딩과 같은 상태에 있다. 흥미롭게도 이런 점 때문에 재생전력은 천연가스처럼 대지 대 자원 에너지율이 낮은 기타 연료들에 기준하여 상쇄할 때 강력한 자원 에너지가 될 수 있다.

그림 11.2는 계산된 값들의 작업흐름을 설명하는 스프레드시트 형식의 넷 제로 자원 에너지 균형 계산결과들을 보여주고 있으며, 부지 에너지 계산에서 기술했던 가설적인 프로젝트에 기초를 두고 있다 (그림 11.1을 다시 참조). 부지 에너지를 자원 에너지로 변환하기 위한 자원 에너지율은 4장에서 찾아볼 수 있다. 이 사례에 기입된 값들은 4장의 환경보호국(EPA) 에너지스타 프로그램 표에 대한 자원 에너지율에 기초하며(그림 4.9 참조), 전기자원 에너지율에 대한 전국 평균을 사용한다. 4장에는 주(state)별로 전기자원 에너지율들을 표시한 지도도 있다(그림 4.11 참조).

이 사례에서 바이오매스 재생에너지시스템은 그 열에너지가 열에너지에 사용되는 천연가스를 상쇄시키기 때문에 천연가스 자원 에너지율을 사용함에 주목하라. 이 사례의 프로젝트는 B 등급 넷 제로 자원 에너지 균형을 달성한다.

### 넷 제로 자원 에너지 균형법(Net Zero Source Energy Balance Method)

1. **넷 제로 부지 에너지 균형**(Net zero site energy balance): 자원 에너지를 계산하기 위해 먼저 부지 에너지를 계산하라.
2. **자원 에너지율**(Source energy factor): 프로젝트에서 사용되는 각각의 공공설비기반 에너지 자원에 대해 적정한 자원 에너지율을 결정하라.
3. **설계/운영 자원 에너지사용량**(Design or operational source energy use): 각 공공설비기반 에너지사용량에 대한 자원 에너지율을 각 에너지 자원에 대한 연간 부지 에너지사용량과 곱하라. 개별적인 자원 에너지 값들을 공통된 에너지 단위(MWh 그리고/혹은 MBtu)로 변환하여 합함으로써 총 자원 에너지사용량을 구하라.
4. 재생에너지(Renewable energy): 각 프로젝트 시스템에 대한 재생에너지생산량에도 적정한 자원 에너지율을 곱할 필요가 있다. 재생 전기에너지에 대해, 계통연계형 전력에도 같은 자원 에너지율을 곱하라. 재생 열에너지에 대해, 프로젝트의 열에너지 생산을 위해 연결된 공공설비기반 자원에 같은 자원 에너지율을 적용하라. 이 기본 값은 천연가스에 대한 자원 에너지율이다.
5. 넷 제로 에너지 균형 및 등급(Net zero energy balance and classification): 건물에너지사용량과 재생에너지생산량을 모두 자원 에너지로 변환했다면, 부지 에너지 계산에 사용되었던 것과 똑같은 방법을 활용하여 넷 제로 자원 에너지 균형과 넷 제로 에너지 등급을 결정하라.

### 11.2.3 넷 제로 에너지 배출 (Net Zero Energy Emissions)

넷 제로 에너지 배출 빌딩은 1년간 건물에 사용되는 모든 에너지로부터의 배출을 상쇄하기에 충분한 무배출 재생에너지를 생산하거나 구매하게 된다. 이 경우, 재생에너지시스템에서의 $CO_{2e}$ 상쇄는 공공설비기반 에너지사용으로 나타나는 $CO_{2e}$ 생산과 같거나 그것을 초과한다. 에너지 배출 계산은 부지 에너지 모델링이나 측정에 기초하며, 에너지 배출은 직접적으로 측정하거나 모델링할 수 없기 때문

kBtu

| 프로젝트명 | 예시프로젝트 | 건물면적 | 100,000 ft² |
|---|---|---|---|

**건물 연간 에너지사용량**

| | | | |
|---|---|---|---|
| 기준 부지 에너지 사용량 | 95.0 kBtu/ft²/year | 9,500 MBtu | 2,784 MWh |
| 부지 에너지 사용절감 | 78.9 % | -7,500 MBtu | -2,198 MWh |
| 설계 혹은 운영 부지 에너지 사용량 | 20.0 kBtu/ft²/year | 2,000 MBtu | 586 MWh |
| | 전기: | 천연가스: | 기타: |
| 에너지원별 사용량 | 469 MWh (부지) | 400 MBtu (부지) | N/A MBtu (부지) |
| | 전기: | 천연가스: | 기타: |
| 자원 에너지율 | 3.340 율 | 1.047 율 | N/A 율 |
| | 1,566 MWh (자원) | 419 MWh (자원) | N/A MWh (자원) |
| | 5,344 MBtu (자원) | 123 MBtu (자원) | N/A MBtu (자원) |
| 설계 혹은 운영 자원 에너지 사용량 | 57.6 kBtu/ft²/year | 5,763 MBtu (자원) | 1,689 MWh (자원) |

**재생에너지**

| 설계 혹은 운영 재생에너지 발생량 | 재생에너지 시스템 1: 태양광발전 | 재생에너지 시스템 2: 풍력 | 재생에너지 시스템 3: 바이오매스 |
|---|---|---|---|
| | ☒A: 건물 내의 재생에너지<br>☐B: 부지 내의 재생에너지<br>☐C: 부지로 인입한 재생에너지<br>☐D: 부지 외에서 구매한 재생에너지 | ☐A: 건물 내의 재생에너지<br>☒B: 부지 내의 재생에너지<br>☐C: 부지로 인입한 재생에너지<br>☐D: 부지 외에서 구매한 재생에너지 | ☐A: 건물 내의 재생에너지<br>☐B: 부지 내의 재생에너지<br>☒C: 부지로 인입한 재생에너지<br>☐D: 부지 외에서 구매한 재생에너지 |
| | ☒전기 | ☒전기 | ☐전기 |
| | 472 MWh (부지) | 98 MWh (부지) | N/A MWh (부지) |
| | ☐열 | ☐열 | ☒열 |
| | N/A MBtu (부지) | N/A MBtu (부지) | 345 MBtu (부지) |
| | N/A MWh (부지) | N/A MWh (부지) | 101 MWh (부지) |
| 자원 에너지율 | 3.340 율 | 3.340 율 | 1.047 율 |
| | 1,576 MWh (자원) | 327 MWh (자원) | 361 MWh (자원) |
| | N/A MBtu (자원) | N/A MBtu (자원) | 106 MBtu (자원) |

**넷 제로 에너지 균형**

| | | | |
|---|---|---|---|
| NZEB: A | 건물 부지 에너지 사용량 | A: 재생에너지: | 균형: |
| A등급: 넷 제로 부지 에너지 | 1,689 MWh (자원) | 1,576 MWh (자원) | 113 MWh (자원)<br>3.8 kBtu/ft²/year |
| NZEB: B | 건물 부지 에너지 사용량 | A+B: 재생에너지 | 균형: |
| B등급: 넷 제로 부지 에너지 | 1,689 MWh (자원) | 1,904 MWh (자원) | -215 MWh (자원)<br>-7.3 kBtu/ft²/year |
| NZEB: C | 건물 부지 에너지 사용량 | A+B+C: 재생에너지 | 균형: |
| C등급: 넷 제로 부지 에너지 | 1,689 MWh (자원) | 2,265 MWh (자원) | -576 MWh (자원)<br>-19.7 kBtu/ft²/year |
| NZEB: D | 건물 부지 에너지 사용량 | A+B+C+D: 재생에너지 | 균형: |
| D등급: 넷 제로 부지 에너지 | 1,689 MWh (자원) | 2,265 MWh (자원) | -576 MWh (자원)<br>-19.7 kBtu/ft²/year |

■ 그림 11.2 넷 제로 자원 에너지 균형

에 탄소배출률(carbon emission factor)(본 장의 "탄소중립[Carbon Neutrality]" 섹션에서 찾아볼 수 있음)을 활용하여 추정한다.

■ 그림 11.3 넷 제로 에너지 배출 균형

그림 11.3은 계산된 값들의 작업흐름을 설명하는 스프레드시트 형식의 넷 제로 에너지 배출 균형 계산결과들을 보여주고 있으며, 이 사례도 역시 부지 에너지 계산에서 기술했던 프로젝트에 기초를

### 넷 제로 에너지 배출 균형법(Net Zero Energy Emissions Balance Method)

1. **넷 제로 에너지 배출 균형**(Net zero energy emissions balance): 자원에너지 배출을 계산하기 위해 먼저 부지 에너지를 계산하라.
2. **탄소배출률**(Carbon emission factor): 프로젝트에서 사용되는 각각의 공공설비기반 에너지 자원에 대해 적정한 탄소배출률을 결정하라.
3. 설계/운영 에너지 배출(Design or operational energy emissions): 각 공공설비기반 에너지 자원에 대한 탄소배출률을 각 에너지 자원에 대한 연간 부지 에너지사용량과 곱하라. 이렇게 하면 각각의 공공설비기반 에너지 자원에 대한 $CO_{2e}$ 량이 구해질 것이며, 이 값들의 합은 설계/운영 에너지 사용량에 대한 총 에너지 배출량과 같아질 것이다.
4. **재생에너지**(Renewable energy): 각 프로젝트 시스템에 대한 재생에너지생산량에도 적정한 탄소배출률을 곱할 필요가 있다. 재생 전기에너지에 대해, 계통연계형 전력에도 같은 탄소배출률을 곱하라. 재생 열에너지에 대해, 프로젝트의 열에너지 생산을 위해 연결된 공공설비기반 자원에 똑같이 사용되는 탄소배출률을 적용하라. 이 기본값은 천연가스에 대한 탄소배출률이다.
5. 넷 제로 에너지 균형 및 등급(Net zero energy balance and classification): 건물에너지사용량과 재생에너지생산량을 모두 탄소배출량으로 변환했다면, 부지 에너지 계산에 사용되었던 것과 똑같은 방법을 활용하여 넷 제로 에너지 배출 균형과 넷 제로 에너지 등급을 결정하라.

두고 있다. 부지 에너지를 에너지 배출로 변환하기 위한 탄소배출률은 본 장의 뒷부분에서 찾아볼 수 있고, 전기에 대한 탄소배출률은 그림 11.9에 나오는 주(state)별 전력에 대한 탄소배출률 지도에서 찾아볼 수 있다. 비록 전기 자원 에너지율에 대한 전국평균이 사용되긴 하지만, 이 지도는 주(state)별 탄소배출률도 포함하고 있다. 천연가스에 대한 탄소배출률은 그림 11.7의 부지내 연소에 대한 탄소배출률 표에서 찾아볼 수 있다. 열에너지에 대한 탄소배출률을 도출하기 위해, 이 프로젝트 사례는 한 대의 상업용 보일러와 천연가스의 사용을 가정하였으며, 여기서 이 프로젝트는 B 등급의 넷 제로 에너지 배출 균형을 달성하였다.

### 11.2.4 넷 제로 에너지 비용(Net Zero Energy Costs)

넷 제로 에너지 비용 빌딩은 1년간 공공설비가 공급하는 에너지 및 에너지 서비스들에 대해 요금이 부과되지만, 배출되는 재생에너지만큼 재정적 보상을 받는다. 이 넷 제로 에너지비용 정의에서는, 재생에너지시스템에 의한 보상액이 공공설비기반 비재생에너지사용량에 대한 비용과 같거나 그것을 초과하게 된다.

프로젝트에 연결되는 공공설비의 요금구조는 넷 제로 에너지 비용의 계산을 복잡하고 매우 어렵게 할 수 있다. 전기요금은 소비되는 kWh당 사용요금과 프로젝트의 최대수요에 따른 최대수요요금 모두에 기초한다. 일부 공공설비들은 사용량과 수요의 비율들을 통합하여 수요에 기초하는 사용시간대 요금을 부과한다. 사용요금은 상대적으로 계산하기 쉬운 반면, 최대수요요금은 매우 광범위하게 달라질 수 있다. 게다가 공공설비요금은 시간이 지날수록 달라져 향후 넷 제로 에너지 운영기간의 산정에 영향을 줄 것이다. 공공설비요금청구서에는 수많은 요금과 세금도 포함되므로 이를 넷 제로 에너지 비용 균형에서 감안할 필요가 있다.

궁극적으로 넷 제로 에너지 비용은 계산 값보다 건물 운영단계의 실제적인 공공설비요금청구에 기초해야 한다. 에너지비용의 추정계산은 설계단계에서, 혹은 건물에 개별적인 공공설비요금이 청구되지 않을 때 할 수 있지만, 그 계산에 수반되는 많은 복잡한 변수들을 정량화하기란 쉽지 않다. 여기서 제안하는 방법은 자원 및 배출 척도에 대한 계산법들을 반영하는 단순화된 방법이다. 특히 공공설비비용 및 재생에너지보상과 연관된 많은 변수들이 폭넓게 추정되며, 하나의 통합된 공공설비요금이 산정된다. 게다가 이 방법은 사용요금과 별도로 최대수요요금과 수수료, 세금을 추적하지 않는 대신에, 모든 요금들의 추정치를 포함한 각 공공설비에 대한 통합요금의 계산을 필요로 한다.

프로젝트 시행 팀은 에너지모델로부터 최대수요를 추정할 수 있을 경우, 보다 정확한 계산법들을 개발하고 사용할 수 있다. 게다가 계통연계형배출을 통한 재생에너지보상액을 추정하려면 부지내 재생에너지생산량에 할인된 통합공공설비요금을 곱해야 할 것이다. 이 요금에는 할인율을 적용함으로써 전력요금인하제도를 감안하고 재생에너지생산량이 수요와 기타 공공요금에 미치는 순수 효과를 반영해야 한다.

그림 11.4는 계산된 값들의 작업흐름을 설명하는 스프레드시트 형식의 단순화된 넷 제로 에너지 비용 균형 계산결과들을 보여주고 있으며, 이 사례도 역시 부지 에너지 계산에서 기술했던 프로젝트에 기초를 두고 있다. 부지에너지사용량을 에너지 비용으로 변환하기 위한 통합공공설비요금들은 가설적이지만 일반적으로 평균에 가까운 값들이다. 여기서 통합전기요금은 부지재생에너지에 대한 유효보상점수에 근사하는 10퍼센트가 할인된다. 최대수요가 효과적으로 관리되고 절감되지 않는다면, 할인율을 더 키울 필요가 있을 것이다.

이런 할인율들은 근사치이므로, 다양한 할인율을 적용하여 계산하는 것이 유리할 수도 있다. 바이오매스 열에너지 상계는 요금상계가 되지 않기 때문에 계산이 더 간단하며, 최대수요요금이 없는 천연가스를 바로 상쇄시킨다. 이 사례의 프로젝트는 C 등급의 넷 제로에너지 비용 균형을 달성하였다.

## 11.3 탄소중립(Carbon Neutrality)

### 11.3.1 넷 제로 에너지 및 탄소중립 (Net Zero Energy and Carbon Neutrality)

**넷 제로 에너지 비용 균형법**(Net Zero Energy Cost Balance Method)

1. **넷 제로 에너지 비용 균형**(Net zero energy cost balance): 에너지 비용을 계산하기 위해 먼저 부지 에너지를 계산하라.
2. **공공설비요금**(Utility rates): 프로젝트에서 사용되는 각각의 공공설비기반 에너지 자원에 대해 적정한 통합공공설비요금을 결정하라.
3. **설계/운영 에너지 비용**(Design or operational energy costs): 각 공공설비기반 에너지 자원에 대한 통합공공설비요금을 각 연료 에너지 자원에 대한 연간 부지 에너지사용량과 각각 곱하라. 이렇게 하면 각각의 공공설비기반 에너지 자원에 대한 달러 값이 구해질 것이며, 이 값들의 합은 설계/운영 에너지 사용량에 대한 총 에너지 비용과 같을 것이다.
4. **재생에너지**(Renewable energy): 각 프로젝트 시스템에 대한 재생에너지발생량에 적정히 할인된 통합공공설비요금을 곱하라.
5. **넷 제로 에너지 균형 및 등급**(Net zero energy balance and classification): 건물에너지사용량과 재생에너지생산량을 모두 금액들로 변환했다면, 부지 에너지 계산에 사용되었던 것과 똑같은 방법을 활용하여 넷 제로 에너지 비용 균형과 넷 제로 에너지 등급을 결정하라.

■ **그림 11.4** 넷 제로 에너지 비용 균형

넷 제로 에너지와 넷 제로 에너지 배출이라는 용어들은 미 국립재생에너지연구소에서 정의한 바 있으며, 특히 이 용어들은 연간 건물 에너지사용 중 넷 제로 화석연료 사용에 적용된다. 탄소중립은 보다 폭넓은 용어이기 때문에 건설업에서 정의를 내리기는 쉽지않다. 사실 이 개념은 건설업뿐만 아니라, 모든 자원들의 탄소배출을 설명한다. 하지만 상업용 건축 프로젝트의 관점에서는 운영에너지 탄소배출뿐만 아니라 프로젝트 건설에 내재하는 탄소배출 및 프로젝트의 교통수단 에너지량과 관련된 탄소배출을 포함하여 탄소중립을 고려할 수 있다. 여기서 탄소란 말은 이산화탄소환산량 온실가스의 뜻으로 사용된다.

2030년까지 탄소중립을 이루는 것을 목표로 한 「2030 챌린지」가 사용하는 정의는 국립재생에너지연구소의 넷 제로 에너지 배출 척도와 다르다. 2030 챌린지의 목표는 완전한 탄소중립이며, "넷" 제로 결과를 고려하지 않는, 절대적인 탄소제로를 추구하고 있다. 이 정의를 충족하려면, 건물은 독립형이거나 100퍼센트 재생에너지로만 계통연계가 이루어져야 할 것이다. 건설업계는 100퍼센트 재생 가능한 계통연계형 전력만으로 이루어 질 수 없지만, 이 정의는 실로 우리의 전기생산방식이 화석연료로부터 멀어지는 게 중요하다는 것을 말해주고 있다.

### 11.3.2 탄소이력(Carbon Footprint)

탄소중립을 위해서는 한 프로젝트의 탄소배출범위를 정의하는 탄소이력의 경계를 설정하여야 한다. 탄소이력의 시간단위는 프로젝트의 시공범위나 연간 또는 전 생애주기의 탄소배출에 대한 시간단위일 수 있다. 한 프로젝트의 탄소이력을 계산하기 위해, 탄소배출 활동과 더불어 총 탄소배출을 상쇄시키는 재생에너지 혹은 탄소격리 활동에 탄소회계 원리들이 적용된다.

건물 프로젝트에 적용되는 일반적인 탄소이력은 에너지사용에 의한 연간 탄소배출, 프로젝트 생애에 걸쳐 매년 계산되는 내재탄소시공 및 토지용도변화, 교통에너지관련 연간 탄소배출을 감안한다(그림 11.5 참조). 부지경계는 일반적으로 운영 및 시공 단계의 탄소이력 경계로 간주되지만, 탄소배출범위는 이 경계를 넘어선다. 예를 들어, 시공재료의 공장제조와 운송 과정에서 생겨나는 탄소는 부지경계 외부에서 배출되어진다.

### 11.3.3 탄소회계 기초(Carbon Accounting Basics)

세계적으로 인정되고 있는 탄소회계법은 세계자원연구소(World Resources Institute: WRI)와 세계 지속가능발전 기업위원회(World Business Council for Sustainable Development: WBCSD)가 공동으로 기획한 온실가스협약안(Greenhouse Gas Protocol Initiative)을 통해 개발되었다. 탄소회계를 위한 협약들은 총체적이며 광범위한 산업부문들에까지 적용되며, 온실가스협약안은 농업과 제품, 온실가스감축 프로젝트, 기업과 같은 부문들에 특수한 지침을 제공한다. 일반적으로 건축 프로젝트에 특수한 탄소회계 지침은 제한적이지만, 그 원리들을 상업용 건축 프로젝트에 적용할 수 있다.

탄소회계의 핵심원리는 탄소배출활동을 제1범위와 제2범위, 제3범위로 이뤄지는 3가지의 분명한 탄소배출범위들로 체계화하는 것이다(그림 11.6 참조). 범위의 구분은 배출량을 이중으로 계산하지 않는 탄소회계를 가능케 하며, 프로젝트와 프로젝트 소유주가 다양한 배출량과 맺는 관계를 정의하는 역할을 할 수도 있다.

- 제1범위(Scope 1) 배출은 소유한 자원의 탄소배출활동과 관련이 있다. 예를 들어, 부지내 천연가스 보일러 같은 직접적인 배출활동은 제1범위로 간주한다.
- 제2범위(Scope 2) 배출은 에너지나 증기 등의 구매한 에너지자원들로부터 이뤄지는 간접배출이다. 전기의 경우, 전력회사는 배출량을 제1범위로 계산하고 건축주는 그러한 전기사용을 제2범위로 간주한다.
- 제3범위(Scope 3) 배출은 광범위한 범주로서, 다른 모든 간접배출들을 포함한다.

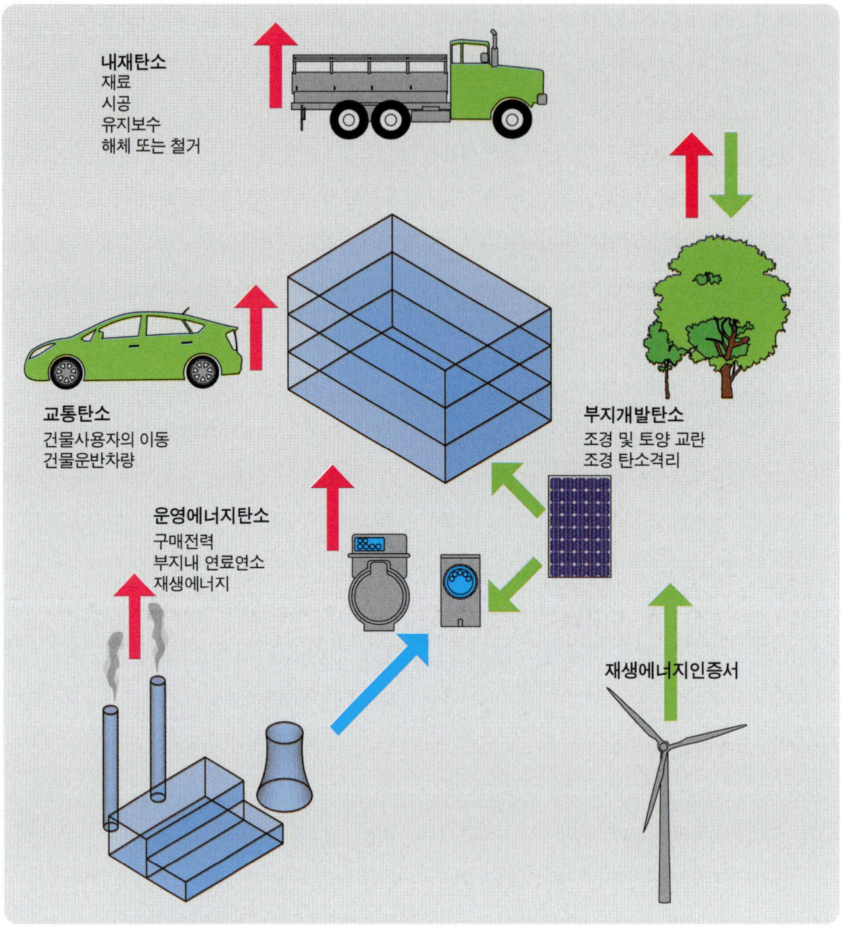


■ **그림 11.5** 건물 탄소이력

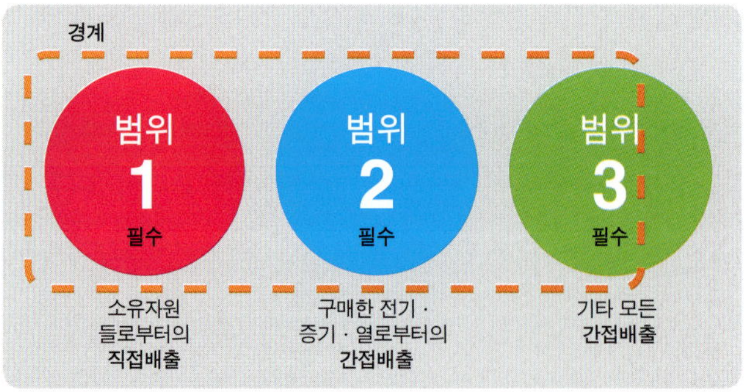


■ **그림 11.6** 온실가스배출범위

앞서 언급한 온실가스회계협약에 따르면, 제3범위 배출은 자발적이다. 따라서 한 프로젝트에 대한 탄소이력 경계를 상당히 유연하게 정의할 수가 있다. 제3범위에 더 많은 활동을 포함시킴으로써, 프로젝트 팀과 건축주는 총 탄소배출량을 더욱 폭넓게 감축시킬 수 있다. 건축 프로젝트의 제3범위에 속할 수 있는 배출활동들로는 시공과정에서의 내재탄소와 부지개발과정에서의 탄소 배출 및 격리, 직원이나 방문객이 건물까지 이동하는 과정에서의 교통에너지 등이 있다.

제1범위 및 제2범위 배출에 대한 탄소중립은 일반적으로 넷 제로 에너지 배출 정의에 상응하며, 넷 제로 에너지 빌딩을 쉽게 달성할 수 있다. 반면 총 탄소중립은 내재탄소와 교통탄소를 감안하기 때문에 달성하기가 훨씬 더 어렵다. 따라서 설계사례와 같은 탄소이력 경계에 대한 탄소배출기준을 개발하는 것이 유용할 수 있다. 운영에너지 기준들은 상대적으로 설정하기가 수월한데, 프로젝트에 같은 에너지사용량 기준을 따라 적정한 탄소배출률을 적용하여 탄소배출량으로 변환하는 방식이다. 제3범위에 대한 기준 탄소배출량을 만들려면 건물의 시공이나 교통 패턴들에 대한 기준 가정들을 개발할 필요가 있다. 이런 가정들은 공통적인 요건들이 없기 때문에, 프로젝트별로 개발하여 의사결정을 돕고 추가적인 탄소배출 감축가능성을 늘려야 한다.

### 11.3.4 운영탄소(Operational Carbon)

건물의 운영에너지탄소는 연간 에너지사용량에서 비롯된 이산화탄소환산 배출량을 말한다. 이러한 배출이 열에너지나 전기에너지 발생을 위한 모든 자가소유 연소설비로부터 이루어질 경우 제1범위에 속하며, 공공설비를 통해 구매되는 에너지의 경우 제2범위에 속한다. 운영에너지탄소는 에너지 자원에 특수한 탄소배출률을 사용하여 계산되며 부지에너지사용량을 $CO_{2e}$ 배출량으로 변환한다. 탄소배출률은 연료와 에너지발생방법에 따라 크게 달라진다.

부지내 연소로 전기에너지나 열에너지 생산을 하는 상업용 프로젝트의 경우, 그림 11.7의 표 국립재생에너지연구소 논문 "건물 내 에너지 사용에 대한 자원 에너지율과 배출률(Source Energy and Emission Factors for Energy Use in Buildings)" (Michael Deru and Paul Torcellini)에서 계산된 부지내 연소용 탄소배출률들을 적용한다. 이 배출률들은 연료선택과 연관된 연소 전 배출 값과 연소 후 배출 값 모두를 포함하며, 연소 전 배출은 연료를 추출하고 가공하여 건물까지 이송하는 과정에서 생겨나는 배출을 포함한다. 배출률의 단위는 MBtu(부지 에너지)당 미터톤($CO_{2e}$)이다

발전에 대한 탄소배출률은 복잡하며 추정하기가 훨씬 더 어렵다. 탄소배출은 석탄과 천연가스, 풍력, 수력 등 발전에 사용되는 에너지 자원과 연관된다. 재생에너지 자원들과 원자력에너지는 탄소배출을 일으키는 화석연료 자원들과는 달리 탄소배출이 없다. 발전용 연료의 혼합방식은 각 공공설비와 지역권마다 다르지만, 미국에서 가장 지배적으로

| 건물로 이송되는 연료 | 부지내 연소설비 | | |
|---|---|---|---|
| | 상업용 보일러 | 정치(定置) 왕복엔진 | 소형터빈 |
| 석탄(역청) | 0.107 | — | — |
| 석탄(갈탄) | 0.158 | — | — |
| 천연가스 | 0.066 | 0.073 | 0.067 |
| 잔류연료유 | 0.094 | — | — |
| 증류연료유 | 0.088 | 0.088 | 0.088 |
| 액화석유가스 | 0.079 | — | — |
| 휘발유 | — | .077 | — |

■ **그림 11.7** 부지내 연소에 대한 탄소배출률. 〈*출처: M. Deru and P. Torcellini, "Source Energy and Emission Factors for Energy Use in Buildings," Table 6 and Table 10.*〉

사용되는 발전연료는 화석연료다. 퍼시픽 노스웨스트와 같은 일부 지역권에는 상당량의 수력이 이용되고 있고 다른 지역권의 경우 원자력에너지가 이용된다(그림 11.8 참조). 많은 주(state)에서 재생에너지 포트폴리오 표준들을 고수하면서, 재생에너지의 양이 늘어나기 시작했다. 탄소배출량과 에너지발생량의 관계는 자원 에너지율과 에너지발생량의 관계와 유사하다. (자원 에너지와 자원 에너지율은 미국 전역의 전력계통과 관계가 있으므로 그에 대한 개요는 4장을 참조할 것.)

그림 11.9의 지도는 앞서 언급한 국립재생애너지연구소 논문 "건물 내 에너지 사용에 대한 자원 에너지율과 배출률(Source Energy and Emission Factors for Energy Use in Buildings)" (Michael Deru and Paul Torcellini)에 나오는 데이터를 요약한 MWh(전력)당 미터톤($CO_{2e}$) 단위의 주(state)별 탄소배출률을 보여준다. 이 배출률들은 연료선택 및 연소 배출과 연관된 연소 전 배출 값과 연소 후 배출 값을 모두 포함한다. 전력은 종종 주(state)들 간 매매가 이루어지므로, 전력 수입수준이 높은 주(state)에는 탄소배출률에 다소 신중을 기해야 한다.

탄소배출정보를 알 수 있는 또 다른 곳은, 환경보호국(EPA)의 이그리드(eGRID)인데, 이것은 이그리드웹(eGRIDweb)이라 불리는 사용자친화적 웹 인터페이스를 통해 이용할 수 있다(http://cfpub.epa.gov/eGRIDweb/index.cfm). 이그리드(eGRID)는 미국 내 발전과 연관된 온실가스배출 데이터베이스로서 잘 유지, 운영 되어오고 있다(www.epa.gov/egid). 이그리드(eGRID)의 데이터는 전국평균과 주(state), 계통지역, 공공설비회사, 개별발전소 등을 비롯한 다양한 지역에서 다양한 형식으로 이용 가능하다.(www.epa.gov/powerprofiler에서 찾아볼 수 있는 파워프로파일러[Power Profiler]란 이름의 EPA 웹기반 도구는 우편번호에 기초하여 탄소배출률과 더불어 발전용 지역연료 혼합방식 등의 데이터를 제공한다.) 이그리드(eGRID)는 탄소배출률에 대한 가장 일반적인 데이터를 제공하지만, $CO_{2e}$의 관점이 아닌, 오히려 개별적인 온실가스배출이 기록된다. 이런 값들은 단순하게 부가될 수 없는 것이 $CO_{2e}$가 지구 온난화를 야기하는 다른 온실가스들을 포함하고 있으며, 이것은 $CO_2$ 환산량으로 변환되기 때문이다. 게다가 이그리드(eGRID) 데이터는

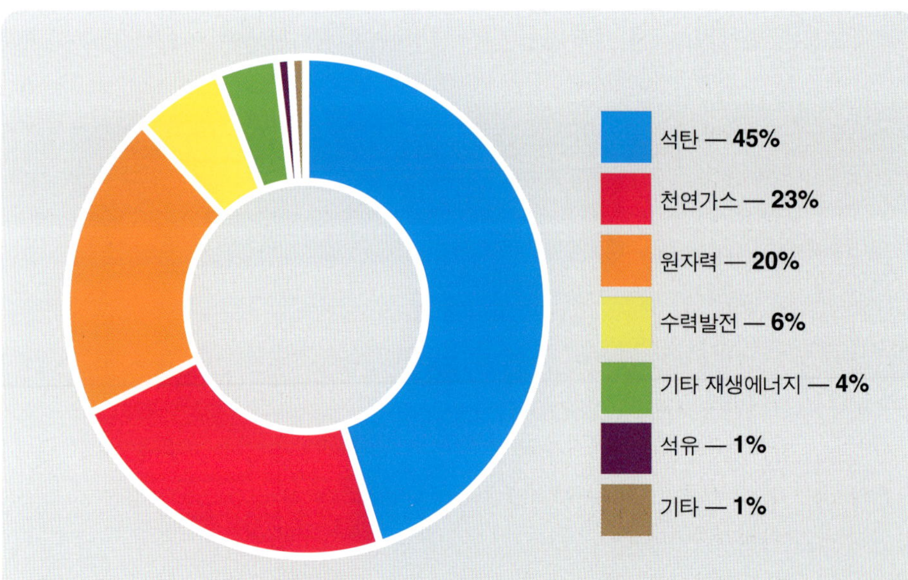


■ **그림 11.8** 미국의 연료별 발전량(2010). *〈데이터 출처: U.S. Energy Information Administration.〉*

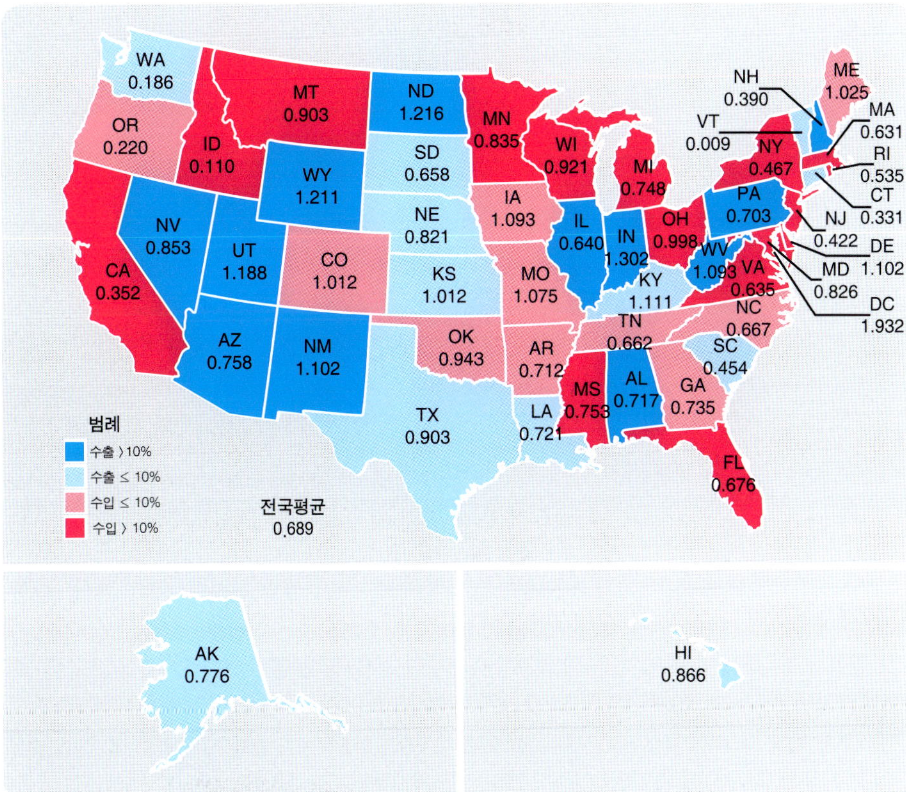


■ **그림 11.9** 주별 전력에 대한 탄소배출률(2004) (단위: 미터톤 $CO_{2e}$/MWh). 〈*M. Deru and P. Torcellini, "Source Energy and Emission Factors for Energy Use in Buildings," Table B-3, Table B-5, and Table B-10.*〉

$CO_{2e}$ 배출에서 10퍼센트 가량 차지하는 연소 전 효과들을 감안하지 않는다.

### 11.3.5 내재탄소(Embodied Carbon)

내재탄소는 탄소중립에 관한 전반적 논의에서 더욱 중요해지고 있다. 유엔환경프로그램(Unites Nations Environment Programme: UNEP)에 따르면, 운영에너지사용량은 건물의 생애주기 배출량 중 80 내지 90퍼센트를 차지하며, 나머지 10 내지 20퍼센트는 내재탄소배출량이 차지하고 있다. 하지만 건물들이 더 에너지 효율적인 건물로 될수록, 내재탄소의 비율은 늘어날 것이다. 넷 제로 에너지 빌딩에서 내재탄소는 가장 큰 잔여 배출요인일 수 있다.

건물용 내재탄소는 프로젝트 초기의 시공활동에서 부터 지속적인 유지관리, 보수, 건물과 건물요소들의 대체, 건물의 최종 철거나 해체 과정까지 전 과정을 포함한다. 시공관련 내재탄소는 구조체를 구성하는 개별 재료 및 제품들뿐만 아니라, 시공현장에서 일어나는 실제 시공활동에서도 나타난다. 작업현장에 도달하는 재료와 제품들은 원료 추출과 제조, 이송 과정에서 탄소배출을 일으킨다.

내재탄소의 계산은 복잡하다. 생애주기평가(life-cycle assessment: LCA)는 한 프로젝트의 전 생애주기에 걸친 계산법으로서, 9장에서 논한 생애주기비용분석(life-cycle cost analysis: LCC)과는 다른 것이다. 생애주기평가는 온실가스배출을 비롯한 환경적 영향들에 대해 광범위한 분석을 제공할 수 있다. 변화해가는 도구와 데이터를 활용하며 넷 제로 에너지, 탄소중립 건물들에 초점을 맞춘다면 이런 평가들이 널리 보급 되는데 도움이 될 것이다.

### 내재탄소관련 자료 및 도구(Embodied Carbon Resources and Tools)

- 건설탄소계산기(Construction Carbon Calculator) (www.buildcarbonneutral.org): 시공관련 탄소배출량을 일반적으로 추정하기 위한 간단한 온라인 무료 탄소계산기
- 아테나 연구소(Athena Institute) (www.athenasmi.org): 자료와 도구를 개발하고 컨설팅서비스를 제공하는 방식으로, 북미 건설부문에서 생애주기평가를 발전시키는 데 초점을 두는 비영리기구
- 아테나 자재용 친환경계산기(ATHENA EcoCalculator for Assemblies): 아테나 연구소가 개발한 통상적인 상업 및 주거 건물 자재용 무료 생애주기평가 계산기
- 아테나 건물영향 추산기(ATHENA Impact Estimator for Buildings): 아테나 연구소가 개발하여 상업적으로 이용 가능한 전 건물 및 자재용 생애주기평가 프로그램
- 미국 생애주기목록 데이터베이스(U.S. Life Cycle Inventory Database) (www.nrel.gov/lci): 미 국립재생에너지연구소가 개발하여 공적으로 이용 가능한 재료관련 생애주기평가 데이터베이스
- 시마프로 (www.simapro-lca.com): 서스테인메트릭스(Sustainmetrics)가 개발하여 상업적으로 이용 가능한 생애주기평가 프로그램. 미국과 영국에서 이용 가능.
- 에코인벤트 (www.ecoinvent.org): 에코인벤트 센터(Ecoinvent Center)가 개발한 구독형 총체적 생애주기목록 데이터베이스
- 탄소 및 에너지 재고조사(Inventory of Carbon and Energy: ICE) (www.bath.ac.uk/mech-eng/sert/embodied): 배스 대학교(University of Bath)가 개발한 내재 탄소 및 에너지 데이터베이스
- 에너지부 건물에너지 데이터 북(DOE Building Energy Data Book) (http://buildingsdatabook.eren.doe.gov): 통상적인 건물 자재들의 내재 에너지 및 탄소에 대한 표들을 포함하고 있다.

### 11.3.6 부지개발탄소(Site Development Carbon)

내재탄소의 계산은 시공자재에 초점을 맞추지만, 한 프로젝트의 토양과 식생도 탄소를 격리하고 배출한다. 부지조성 활동들은 토양과 식생을 교란시켜 탄소배출에 기여하는 한편, 새로운 조경을 설치하거나 기존 조경을 보존하는 부지개발안들은 탄소격리의 기회를 제공할 수 있다.

탄소배출에서 조경이 담당하는 역할은 지구 전체 탄소주기, 특히, 식물에서 이루어지는 광합성 및 호흡 과정의 일부이다. 식생과 토양은 자연적인 탄소주기에 더해지는 화석연료 탄소배출을 격리하는 데 도움이 된다. 환경보호국에 따르면, 화석연료연소에서 발생하는 6.3 기가톤의 탄소 중 2.3 기가톤의 탄소가 땅의 식생과 토양을 통해 격리된다. 이어서 토지용도변화와 산림벌채는 1.6 기가톤의 탄소를 다시 대기 중으로 배출한다(그림 11.10 참조).

삼림지는 도시의 수목과 수풀들처럼 육상탄소격리(terrestrial carbon sequestering)에 큰 역할을 한다(그림 11.11 참조). "미국 내 도시수목들에 의한 탄소 저장 및 격리(Carbon Storage and Sequestration by Urban Trees in the USA)"라는 보고서에서, 저자 David J. Nowak과 Daniel E. Crane은 미국 대륙이 연간 7억 톤의 탄소를 저장하고 2천 280만 톤의 탄소를 격리한다고 추산한다. 환경보호국은 도시의 침엽수 한 그루가 씨앗을 뿌린 후로 첫 10년 동안 0.039 미터톤의 $CO_2$를 격리하고, 1 에이커의 소나무나 전나무 숲은 연간 4.69 미터톤의 $CO_2$를 격리한다고 추산한다.

식생과 토양에서의 탄소격리는 일반적으로 바이오매스 밀도에 비례한다. 산림과 습지대처럼 바이오매스 밀도가 높은 곳들은 밀도가 더 낮은 곳보다 더 많은 탄소를 격리할 수 있다. 프레리초원과 같은 곳들은 목질의 바이오매스가 적어서, 주로 토양에서 탄소를 격리한다. 육상탄소격리에 관한 대부분

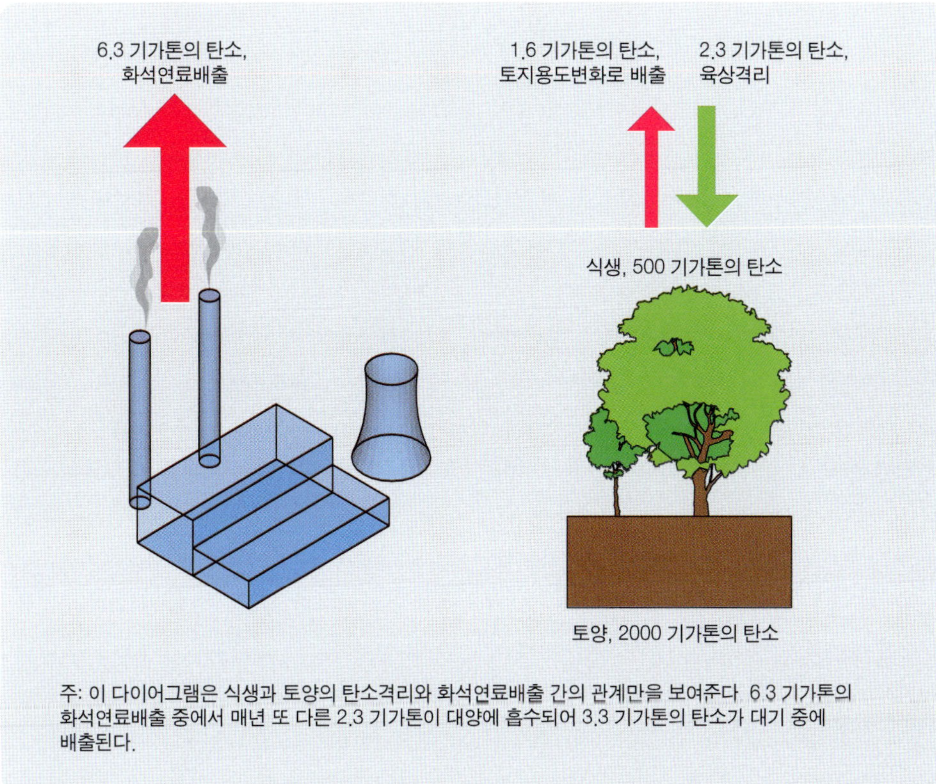


■ **그림 11.10** 화석연료 배출가스의 육상격리. *〈EPA, "Carbon Sequestration in Agriculture and Forestry," www.EPA.gov/sequestration/index.html. 2011년 10월 16일 접속.〉*

의 연구는 대규모의 토지용도변화 및 임업실무에 관한 연구이며, 특별히 건축 및 부지개발 프로젝트에 활용하고자 개발된 도구들은 거의 없다. 예외적으로는 자연조경 고려사항들을 계산하는 온라인 도구인 건설탄소계산기(Construction Carbon Calculator) 사이트(www.buildcarbonneutral.org)가 있다.

탄소균형이 상업용 프로젝트를 위한 조경의 설치나 보존에 기여하는 바는 대개 건물의 내재탄소와 건물의 연간 운영에너지 탄소배출에 비해 적다. 그럼에도 넷 제로 에너지 프로젝트와 탄소중립 프로젝트에 대한 전반적인 계획에서 조경설계를 활용할 여지는 여전히 있으며, 대규모 부지계획이나 종합기본계획 프로젝트, 캠퍼스나 커뮤니티 프로젝트는 그러한 좋은 기회를 제공한다. 부지가 크지 않은 프로젝트를 위한 한 가지 전략은 프로젝트 계획 및 실행 과정에서 부지 외의 숲지대나 바이오매스 밀도가 높은 다른 토지를 보존하거나 복원하는 것이다.

■ **그림 11.11** 뉴욕의 센트럴파크는 아름답고 쾌적한 도시공간이면서도, 탄소를 격리하는 주된 근원이기도 하다.

### 11.3.7 교통탄소(Transportation Carbon)

많은 부지선정 및 건물 · 부지 설계 관련 결정들은 상업건물과 연관된 교통에너지와 탄소배출에 영향을 준다. 건물의 입지는 프로젝트의 교통에너지강도에 주된 영향을 준다. 부지가 대중교통과 자전거도로에 가까운 중심지에 위치하는가? 아니면 걷기 좋은 근린지구에 위치하는가? 혹은 대중교통과 자전거도로, 보행도로와 연결되지 않은 외딴 곳에 위치하는가? 이런 유형의 입지관련 고려사항들은 다음과 같은 사항들에 영향을 준다. 첫째, 사용자들이 직접 운전을 통해 건물에 진입해야 하는가. 둘째, 얼마나 먼 거리를 운전해야 하는가. 주차가능대수, 자전거도로나 보행로와의 거리, 자전거이용자들을 위한 환승시설 이용 등 건물 및 부지의 설계와 프로그램에 관한 결정들도 사람들의 교통수단 선택에 영향을 준다.

2011년에 나온 에너지부의 『교통에너지 데이터북(Transportation Energy Data Book)』 30번째 에디션에 따르면, 경량 트럭 및 경차의 평균 연비는 갤런 당 20.2마일이다. 같은 연구에서 평균적인 통근거리는 각 경로별로 12.2마일, 모든 이동유형에 대한 평균적인 차량이동거리는 9.7마일이다. 그렇다면 평균적인 왕복통근거리는 24.4마일이고, 이때 연비가 갤런 당 20.2마일이므로 1.21갤런의 휘발유가 소비된다. 1갤런의 휘발유는 연소 시 19.4파운드의 $CO_2$를 발생시키므로, 1.21갤런의 휘발유를 소비하는 24.4마일의 왕복통근거리에서는 23.4파운드의 $CO_2$가 발생되고, 거의 1마일 당 1파운드의 $CO_2$가 발생하는 꼴이다.

한 건물과 연계되는 교통탄소는 에너지건물 내부의 운영탄소와 맞먹을 수 있다. 저에너지 건물에서는 교통탄소가 훨씬 더 많을 수 있다. 예를 들어 에너지 사용강도가 연간 30 kBtu/ft²인 저에너지 사무소 건물을 생각해보자. KWh 당 $CO_2$ 1.52파운드를 발생시키는 계통전력에 대해 전국평균 탄소배출률을 사용하면, 사무소건물의 탄소강도는 연간 13.36 lb $CO_2$/ft²가 될 것이다. 이 건물의 사용밀도가 1인당 250 ft²라면, 운영에너지에 대한 1인당 탄소강도는 연간 3,341 lb $CO_2$/인이 될 것이다. 연간 260일을 근무하는 조건에서 방금 얘기한 평균 연비와 왕복통근거리를 사용하고 모두가 혼자 자가용을 몰고 출근한다고 가정할 때, 교통에너지에 대한 1인당 탄소강도는 연간 6,093 lb $CO_2$/인이 될 것이다(그림 11.12 참조).

교통탄소를 탄소이력의 제3범위 요소로서 포함시키는 프로젝트에서는, 차량운행거리와 평균연비의 전국 평균값들을 통해 교통탄소를 추산할 수 있다. 프로젝트와 관련된 사용자들의 이동패턴과 차량연비에 대해 설문조사를 실시할 수 있다면, 더 큰 정확성을 얻을 수 있다. 그리고 나서 하나의 기준사례를 개발할 수 있고, 프로젝트 목표의 일환으로서 대안적인 교통수단이용을 촉진하는 인센티브 프로

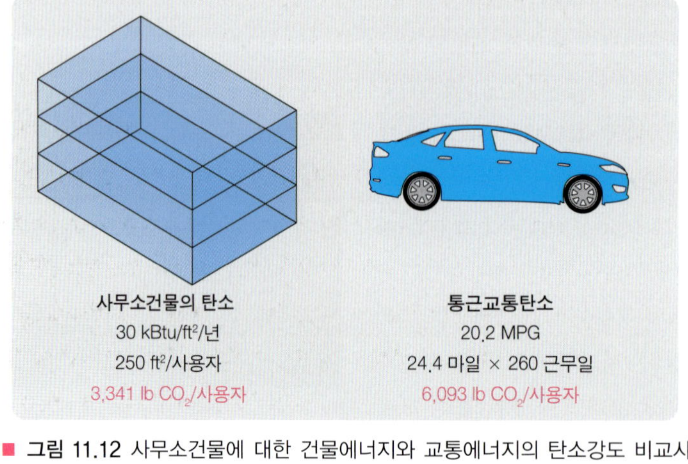


■ 그림 11.12 사무소건물에 대한 건물에너지와 교통에너지의 탄소강도 비교사례

그램과 부지입지, 설계특성들을 통해 차량운행거리를 줄이는 방법들을 찾을 수 있다.

### 11.3.8 탄소상쇄(Carbon Offsets)

넷 제로 에너지 빌딩을 위한 부지내 재생에너지 발생량은 본 장의 앞에 나오는 "넷 제로 에너지 배출(Net Zero Energy Emissions)" 섹션에서 정의했듯이 건물 운영에너지와 관련된 탄소배출량을 상쇄시킨다. 내재에너지와 부지개발, 교통에너지와 관련된 탄소배출량들은 세심한 계획을 통해 효과적으로 줄일 수가 있다.(물론 완전한 상쇄는 더 어려울 수 있다.)

넷 제로 에너지 빌딩에서 내재탄소를 상쇄시키는 한 가지 방법은 운영에너지에서 생길수 있는 잉여 재생에너지량을 통합하는 것이다. 이 방법은 건물 전체의 사용수명에 걸쳐서 내재탄소를 상쇄할 때에도 적용할 수 있다. 이렇게 하려면 재생에너지 예산을 늘리는 동시에 내재탄소를 줄이기 위한 세심한 계획을 할 필요가 있지만, 이 접근법은 지역 공공설비회사의 요금상계정책을 고려하는 것이 매우 중요하다. 건물이 매년 초과생산에너지를 계통으로 배출할 경우, 대부분의 공공설비회사들은 초과생산량에 대해 소매가격이 아닌 도매가격으로만 보상을 지급할 것이며, 이런 점은 재생에너지시스템의 재무분석에 포함되어야 할 것이다.

예를 들어 어떤 넷 제로 에너지 프로젝트의 내재탄소가 2,000 미터톤이고 계통기반전력에 대한 kWh 당 $CO_2$ 1.52파운드의 전국평균 탄소배출률을 사용할 경우, 내재탄소를 상쇄하는 데 50년의 건물수명기간 동안 연간 58,016 kWh의 추가재생에너지 생산량이 필요할 것이다. 따라서 이에 대해 프로젝트 입지에 따라 약 40 내지 50 kW의 추가적인 태양전력시스템이 설치될 수 있을 것이다.

내재탄소와 부지개발탄소, 교통탄소를 다루는 또 하나의 접근법은 건축주나 프로젝트가 탄소상쇄권을 구매하는 것이다. 하지만 탄소상쇄는 오직 프로젝트의 전반적인 탄소이력을 줄이는 노력을 한 후에만 적용해야 한다. 넷 제로 에너지 빌딩 팀에겐 이미 친숙할 한 가지 탄소상쇄 유형은 재생에너지 인증서(REC)를 사용하는 방법이다. 이렇게 넷 제로 에너지등급을 획득하려는 프로젝트는 부지내 재생에너지생산량을 대신할 REC들을 보유하거나 구매해야 하며, 구매할 수 있는 탄소상쇄권에는 다른 유형들도 많다. 탄소상쇄권을 구매한 건축주는 프로젝트의 탄소이력에 대비한 탄소감축을 요구할 수 있게 된다. 또한 탄소상쇄는 지역적으로나 세계적으로나 탄소감축 프로젝트들에 대한 투자에도 박차를 가할 수 있다.

소매업자들을 통해 구매할 때 상쇄점수를 제공하는 탄소감축 프로젝트 유형들이 많이 있다. 프로젝트들은 2가지의 유형들로 나누어지는데, 하나는 배출감축(emission reduction) 유형이고 또 하나는 탄소격리(carbon sequestration) 유형이다. 먼저, 배출감축 프로젝트는 모든 유형의 재생에너지생산 프로젝트를 포함할 수 있으며, 또한 고효율 프로젝트와 기후변화를 일으키는 산업오염물질들을 제거하는 프로젝트들을 포함할 수도 있다. 다음으로, 탄소격리 프로젝트는 육상탄소격리를 증대시키는 토지활용 및 임업 프로젝트를 말한다.

탄소상쇄를 프로젝트의 탄소중립 전략 중 하나로 고려할 경우, 주지해야 할 사항은 그런 상쇄권을 믿을 만한 소매업자와 단체들을 통해 구매하고 그 보상점수들이 세계적으로 인정된 제3자 기준을 준수하는지 확인하는 일이다. 고품질 탄소상쇄를 정의하는 특성 중 하나는 추가성(additionality)의 문제다. 추가성이란 어떤 탄소감축 프로젝트가 그러한 상쇄를 통해 재정적 도움을 받을 수 있는 추가혜택을 만든다는 의미다. 한 프로젝트에 대한 상쇄를 평가할 때 고려해야 할 또 한 가지는 프로젝트나 건축주가 의미 있는 선택을 하는 일이다. 그건 아마도 어떤 지역적인 탄소감축 프로젝트에 대한 재정지원을 돕는 것이거나, 건축주에게 중요한 탄소감축 프로젝트와 결부되는 것일 것이다.

# 12장
# 사례연구: 에너지부/국립재생에너지연구소 연구지원시설

Case Study: Doe/Nrel Research Support Faccility

## 12.1 서론(Introduction)

콜로라도 주 골든의 미 국립재생에너지연구소(NREL) 캠퍼스에 있는 미국 에너지부의 연구지원시설(RSF)은 222,000 제곱피트 규모의 연방 사무소 건물로서, 이 국립연구소에는 중요한 연구 사업을 지원하고 수행하는 800명 이상의 인원이 근무하고 있다(그림 12.1과 12.2 참고). 또한 이 건물은 국립재생에너지연구소 전체를 담당하는 하나의 데이터 센터를 가지고 있다. 이 프로젝트는 국립재생에너지연구소 캠퍼스 외부에 있던 임대차(lease) 사무 공간 대신 연구소 건물 바로 옆자리에 정부소유 시설을 마련하려는 의도로 설계되었다.

국립재생에너지연구소와 에너지부의 목적은 재생에너지와 에너지효율 분야의 혁신적 연구를 시장화가 가능한 기술과 실례로 실현시키는 것이다. 연구지원시설 건물은 이런 아이디어들의 한 사례로서 직원들이 건물을 통해 학습하고 작업할 수 있는 생태적인 연구소이다. 결과적으로 이 프로젝트는 세계에서 가장 에너지 효율적인 건물 중 하나가 되었고, 매년 넷 제로 에너지 수준에서 운영되도록 지속적으로 감시되는 고성능의 업무공간을 제공한다. 이 프로젝트의 목표 가운데 하나는 대규모 상업용 건물에 대한 넷 제로 에너지 접근방식의 본보기가 될 표본을 만들어내는 것이었다.

## 12.2 과정(Process)

에너지부/국립재생에너지연구소 연구지원시설에 대한 핵심적인 혁신 중 하나는 성능기반 설계시공 일괄시행방법을 활용한 것이었다. 이러한 시행법은 혁신적인 제안요청(RFP) 및 조달 과정 속에서 추진되었다. 3개 회사로 후보를 축약한 자격요청(RFQ) 과정이 제안요청보다 선행되었다. 축약된

■ 그림 12.1 에너지부/국립재생에너지연구소 연구지원시설의 동쪽 입면과 주 출입구. *〈이미지 출처: RNL / 사진: Frank Ooms.〉*

■ 그림 12.2 에너지부/국립재생에너지연구소 연구지원시설의 서쪽 입면. *〈이미지 출처: RNL / 사진: Frank Ooms.〉*

**프로젝트 개요**

프로젝트명: 국립재생에너지연구소 연구지원시설
입지: 콜로라도 주 골든, 80401
건물유형: 연방사무소건물
건축면적: 222,000 ft2
건축주: 미 에너지부 및 국립재생에너지연구소
관리운영(M&O) 계약업체: Alliance for Sustainable Energy, LLC
설계시공일괄 RFP 컨설턴트: Design Sense, Inc.
건축주 대리인: Northstar Project Management

회사들은 설계시공일괄 팀들로 구성되었고, 경쟁공모의 형태로 제안요청에 응했으며, 경쟁공모에는 프로젝트의 성능요건과 확실한 고정가격을 비롯한 제안요청 요건들을 가장 잘 충족하는 설계개념의 개발과제를 포함되었다. 성능요건들은 프로젝트가 어떻게 해야 할지가 아니라 뭘 해야 하는 지에 초점을 맞춤으로써 규범적인 요건들과 차별화되었다. 성능기반 접근법은 기본적으로 설계안을 제시한 후에 실행가격을 묻기보다 성능요건과 예산을 정의한 후에 설계해법을 묻는 접근법이다.

건축주는 그 범위와 목표들을 달성하기 위해서는 예산을 초과할지도 모른다고 생각했다. 이에 대해 제안요청서는 범위를 줄이기보다 그 범위와 프로젝트의 목표들을 우선시했다. 이로써 26개 항목으로 이루어진 우선적인 성능목표 목록이 작성되었고, 이 항목들은 중요임무(mission-critical)와 주요요구사항(highly desirable), 권고사항(if possible)이라는 3가지의 우선순위들로 범주화되었다. 성능목표들은 LEED Platinum 인증(중요임무)과 직원 800명 수용(주요요구사항), 건물의 절대적 에너지사용목표 25 kBtu/ft$^2$/년(주요요구사항), 넷 제로 에너지 디자인 접근법 준수(권고사항) 등의 요건들을 정의했다.

에너지부와 국립재생에너지연구소의 사업시행과정은 고정예산에서 대부분의 가치를 얻는 것에, 그리고 통합설계를 지원하고 민간부문의 혁신을 향상시키는 계약구조를 만드는 것에 목표를 두고 있었다. 그로 인해 그 통합시행과정은 성능을 우선시하면서도 예산과 일정에 제약을 받기도 했다.

시행과정에는 통합시행에 있어서의 많은 모범실무들이 포함되었다. 시행 팀은 넷 제로 에너지 목표를 중심으로 단합하여 오랜 기간의 위원회 검토를 통해 개념설계를 발전시키고 경쟁적 접근법을 취하는 과정을 시작했다. 시행 팀은 경쟁공모에 당선되려면 모든 프로젝트 목표들의 시행방법을, 심지어는 그 어려운 (그리고 낮은 순위의) 넷 제로 에너지 디자인 목표의 시행방법까지도 찾는 게 중요하다는 결론에 도달했다. 사실 넷 제로 에너지를 중심으로 한 단합은 모든 목표들을 함께 완수하기 위한 강력한 촉매제가 되었다.

과정 전반에 걸쳐 설계 의사결정 도구이자 평가도구로서 에너지모델링을 광범위하게 사용함으로써 팀이 에너지 목표 및 넷 제로 에너지 목표에 관한 작업을 어떻게 하고 있는지를 평가하였다. 에너지모델링은 위원회 첫째 날에 시작된 이래로, 오늘까지도 건물운영에 계속해서 사용되고 있다. 위원

**프로젝트 팀**

총 도급업자: Haselden Construction
건축설계: RNL
기계/전기설계: Stantec
구조설계: KL&A
토목설계: Martin/Martin
실내설계: RNL
조경설계: RNL
에너지모델링: Stantec
자연광모델링: Architectural Energy Corporation
LEED 컨설팅: Architectural Energy Corporation
커미셔닝: Architectural Energy Corporation
측정 및 검증: Architectural Energy Corporation
재생에너지 컨설턴트: Namaste Solar

회에는 도급업자와 설계자, 엔지니어, 컨설턴트를 비롯하여 전체 시행 팀의 대표들이 있었고, 그 모두가 첫 주말까지 일반적인 계획과 가치 있는 에너지 모델에 도달하기 위해 잠재적 해법들을 브레인스토밍하며 통합했다. 전체적인 시행과정은 초기의 경쟁공모 위원회에서 영향을 받았고, 문제풀이와 의사결정에 대해서도 똑같이 여러분야가 관련된 학제적 접근을 유지했다.

## 12.3 프로젝트 경제학(Project Economics)

연구지원시설은 미 의회가 지원하는 세출예산을 통해 약 8천만 달러의 총 프로젝트 비용을 지원받았다. 8천만 달러 중 6천 430만 달러가 연구지원시설의 설계시공일괄계약에 대한 고정가격으로 할당되었는데, 이것은 건축주만이 설계변경을 할 수 있고 설계시공일괄 팀은 그 예산 내에서 위험과 잠재적 비용초과를 관리해야 한다는 뜻이었다. 이 가격에는 완전한 건물 및 부지, 기반시설 작업, 가구와 장비, 기타 설계시공일괄 팀에 드는 모든 비용과 관련한 연성비용(Soft Cost)까지 포함되었다. 반면 포함되지 않은 비용은 태양광발전시스템, 데이터센터와 IT 장비처럼 건축주가 제공하는 설비들이었다.

6천 430만 달러의 설계시공일괄 계약금액 중에서 가구구입비용과 적정수준의 연성비용을 제외하고 약 5천 740만 달러가 시공비로 사용되었다. 그 결과 제곱피트 당 비용은 259달러였다. 이 금액은 정부 사무소 건물로서는 매우 많은 금액이나, 민간부문 상업용 사무소 건물 시장과 비교해 볼 때 에는 적은 금액이다. 왜냐하면, 그것은 코어와 외피라는 두 가지의 비용으로 분리되는 경향이 있으며 인테리어 준비를 위한 다양한 개선작업에 임차인이 비용을 들여야 하기 때문이다.

연구지원시설의 에너지절약 액수는 첫 해에 27만 5천 달러를 넘어섰는데, 이는 임대차 사무소의 에너지사용량과 비교해 볼 때 상당한 액수였다. 6퍼센트의 할인율과 4퍼센트의 에너지비용 상승을 가정했을 때, 20년에 걸친 에너지절약의 순 현재가치는 430만 달러로, 제곱피트 당 약 20달러를 넘는다. 30년에 걸쳐 계산해보면 순 현재 가치는 거의 6백만 달러로, 제곱피트 당 약 27달러에 육박한다.

건축주는 두 가지의 다른 방법으로 태양광발전시스템을 이루는 재생에너지시스템들을 조달했다. 첫 번째 시스템은 연구지원시설 지붕에 설치된 449 kW의 태양광발전시스템(그림 12.3 참조)으로, 이 시스템은 전력구매계약(PPA)을 통해 조달되었다. 나머지 1.6 MW 시스템은 미국 경기회복 및 재투자법(American Recovery and Reinvestment Act: ARRA)에 의한 재정투입을 통해 직접 구매되었다. 전력구매계약의 세부사항들은 태양전력 개발업체에게는

### 프로세스 데이터

**조달방법(Procurement Method)**

- 3개 업체로 후보를 축약하는 자격요청서(Request for Qualifications: RFQ)
- 설계 경쟁공모와 고정가격 제안요청서(Request for Proposal: RFP)

**시행방법(Delivery Method)**

- 성능위주 설계시공일괄방식(design-build), 패스트트랙(fast-track)

**일정(Schedule)**

- 건물 프로그램 및 성능시방서를 비롯하여 건축주의 제안요청서를 계획하고 작성하기 시작: 2007년 4월
- 제안요청서 발행: 2008년 2월
- 설계시공일괄 회사들의 프레젠테이션: 2008년 4월
- 설계시공일괄계약 낙찰: 2008년 7월
- 기본설계 완료: 2008년 11월
- 시공: 2009년 2월부터 2010년 6월까지
- 실질적인 완공 및 입주: 2010년 6월
- 최종 완공: 2010년 7월

기밀사항이며, 이 글을 쓰고 있는 시점에서 최종적인 태양광발전시스템 단계가 설치대기 중에 있듯이 ARRA가 지원하는 어레이들의 최종비용은 아직 결정되지 않았다. ARRA 지원 어레이들에 대한 연방 세액공제혜택을 받기에는 어려웠다. 이런 규모의 태양광발전시스템에 대한 시장가격은 인센티브를 제외하고 와트 당 약 5달러다. 2011년 9월에 로렌스 버클리 국립연구소가 발행한 한 언론보도에 따르면, 대규모 상업용 태양광발전 프로젝트들은 와트 당 5.20달러에 벤치마킹 되었으며, 1.6 MW 시스템에서는 약 8백만 달러에 해당할 것이다.

넷 제로 에너지에 대한 경제적 타당성은 다양한 설계옵션들의 점증적인 생애주기비용분석(LCC)으로부터 나온다. 고정가격과 절대적인 에너지목표는 중요한 제약들이었다. 성능향상을 위해 예산을 늘릴 수도 없고, 예산을 맞추기 위해 성능을 줄일 수도 없다. 이 해법을 이끌었던 건 시스템과 전략의 통합, 그리고 비용과 에너지 모델들의 끊임없는 피드백 순환이었다.

프로젝트의 조달방법 및 경제학의 한 가지 독특한 측면은 에너지부/국립재생에너지연구소의 인센티브상금을 활용한 것이었다. 이 성과금은 총 2백만 달러였고, 본래 계약낙찰과는 별도의 금액이었다. 이 상금은 시행 팀의 입장에서 우수한 성능의 동기를 부여하는 데에 활용되었고, 팀 성과와 건축주가 실시하는 월별 팀 성과평가들에 기초하여 프로젝트의 수명 전반에 걸쳐 여섯 단계로 지급되었다.

■ **그림 12.3** 에너지부/국립재생에너지연구소 연구지원시설에 설치된 지붕장착 태양광발전시스템. 이 시스템은 전력구매계약을 통해 획득되었다. *〈NREL/PIX 17842 / 사진: Dennis Schroeder.〉*

**프로젝트 경제학 데이터**

설계시공일괄계약 고정가격: $64.3 million
시공비용: 5억 7천 400만 달러 (가구와 실내디자인 용역비, 보험료 제외).
제곱피트 당 시공비용: $259/ft²
인센티브 상금: 2백만 달러

## 12.4 기후, 부지, 프로그램

(Climate, Site, and Program)

### 12.4.1 기후(Climate)

콜로라도 주 골든의 기후는 패시브 전략에 이상적이며, 이곳은 더운 여름과 추운 겨울을 비롯하여 폭넓은 계절변화를 가지고 있다. 그 기후는 난방이 지배적이지만 여름철 최고온도와 겨울철 최저온도의 차이가 100°F를 넘으며, 연중 상대습도가 낮아 건조하다. 1년 내내 비치는 햇빛은 패시브 태양열난방 및 태양광발전에 더없이 좋은 자원이다. 그리고 로키산맥의 산기슭에 면한 부지는 대표적인 바람 패턴을 만들어낸다. 건물의 중정을 걷는 보행자의 쾌적성과 자연환기를 보장하기 위해 부지에 맞는 풍력 연구를 실시하였으며, 선정된 기후데이터는 그림 12.4부터 12.7까지 도표화되어있다.

**기후 데이터**

쾨펜 기후분류: B등급, 건조스텝냉대(Arid-Steppe, cold)
기후대: 5B; 냉랭건조(cool, dry)
65°F 기준 난방도일: 6,220
65°F 기준 냉방도일: 1,154

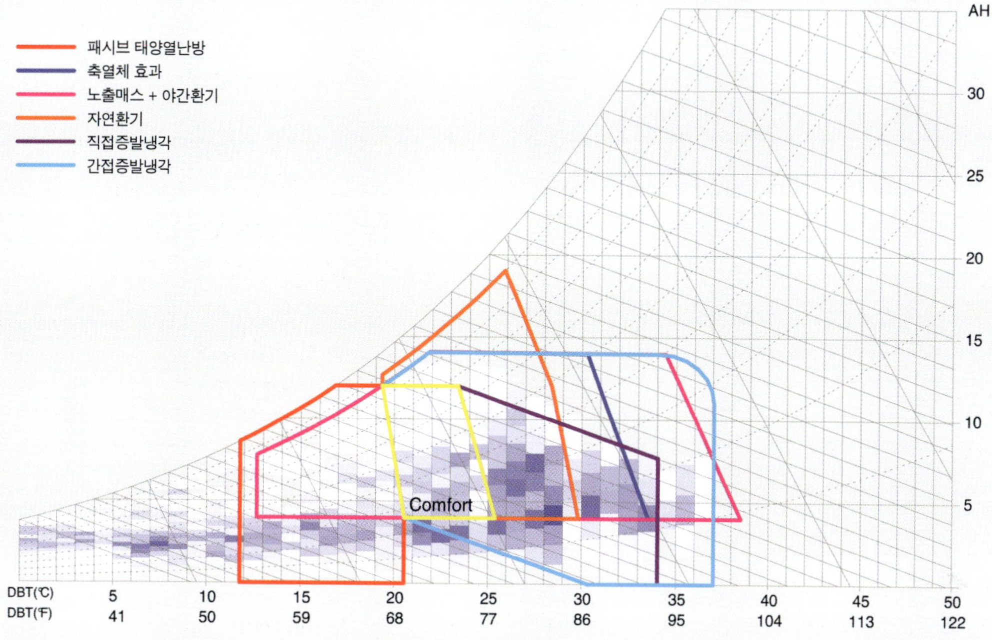


오토데스크 웨더 툴 소프트웨어와 콜로라도 볼더의 연간근무 시간대, 날씨파일을 이용하여 그린 습공기선도.

■ **그림 12.4** 습공기선도

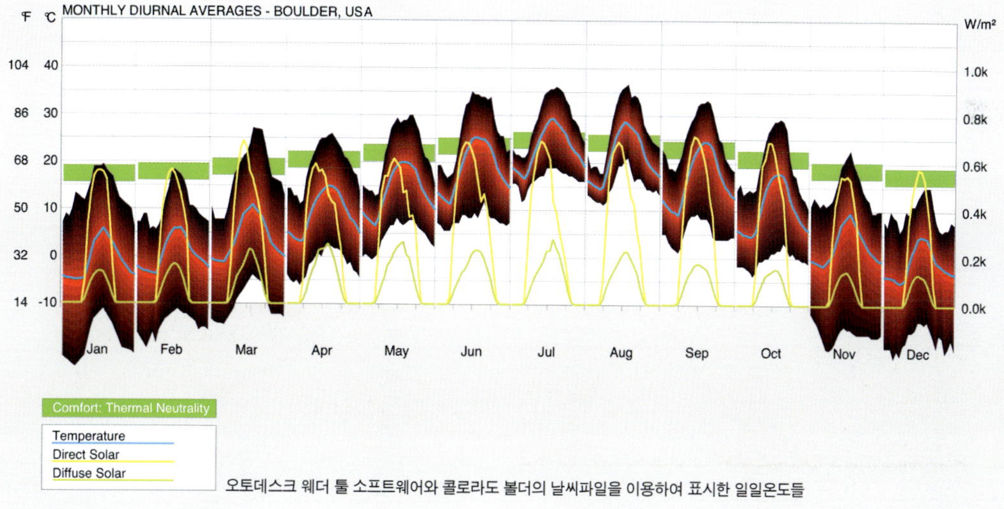


오토데스크 웨더 툴 소프트웨어와 콜로라도 볼더의 날씨파일을 이용하여 표시한 일일온도들

■ **그림 12.5** 평균일일온도

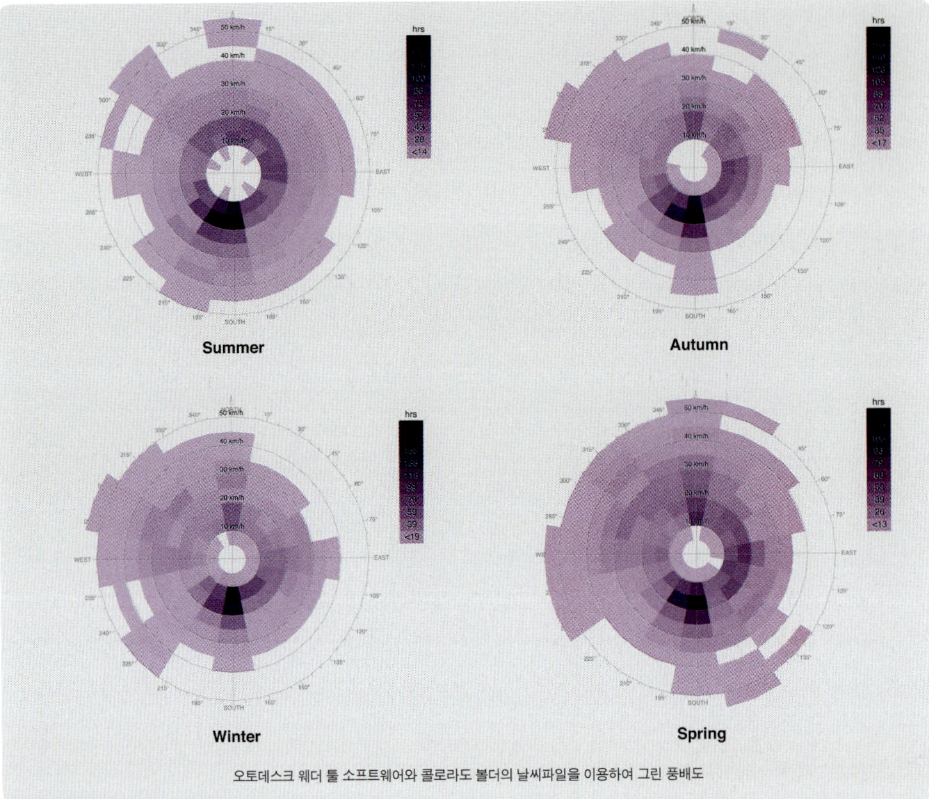


■ **그림 12.6** 계절별 풍배도

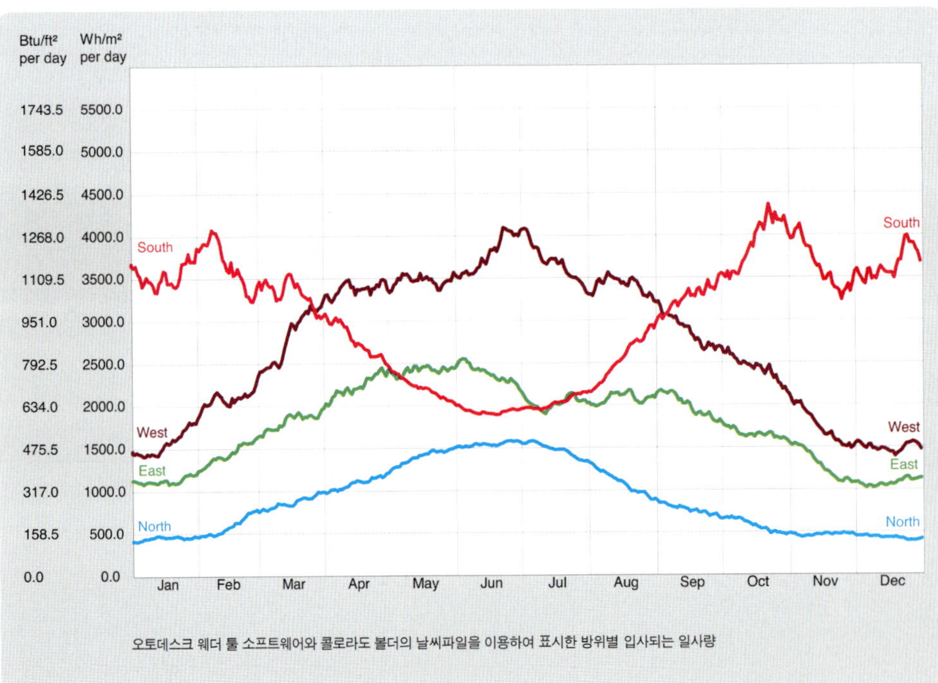


■ **그림 12.7** 외벽에 입사되는 일사량

### 12.4.2 부지(Site)

연구지원시설은 콜로라도 주 골든의 한 외곽, 기존 연방캠퍼스 내에 위치하며, 캠퍼스 내의 건물들은 자연스럽게 조성된 열린 공간으로 둘러싸여 있다(그림 12.8 참조). 연구지원시설 부지는 구획된 건축선이 없지만 캠퍼스의 전체 마스터플랜에 대응한다. 이 캠퍼스 환경에서는 태양에너지뿐만 아니라 자연채광 및 기타 패시브 전략들에 대한 건물의 매스계획과 향을 최적화할 수 있다.

건물의 H-형상은 서로 15° 각도로 벌어진 두 개의 날개로 이루어진다. 건물의 남쪽 날개는 동서축과 나란히 놓인다. 북쪽 날개는 축에서 15° 각도를 이루는데, 이 각도는 인접한 연구소 건물 및 사우스테이블마운틴(South Table Mountain) 산지의 남쪽 끝 사면과 평행을 이루는 각도다.

■ **그림 12.8** 연구지원시설의 조감사진. 증축 중인 세 번째 날개가 보인다. 〈*NREL/PIX 19089 / 사진: Dennis Schroeder*〉

**부지 데이터**

위도와 경도: 각각 39°44′28″N와 105°10′16″W
부지면적: 4.25 에이커 (대지구분선 없음. 캠퍼스 환경)
부지상황: 교외지역
건축면적: 65,600 $ft^2$

### 12.4.3 프로그램(Program)

연구지원시설은 기본적으로 사무소 건물이다. 그 건물 프로그램 중 일부는 데이터센터로 사용되는데, 이 데이터센터는 캠퍼스 전반에 걸쳐 1,200명의 직원들에게 1인당 65와트의 전력을 제공한다. 데이터센터는 면적이 상대적으로 작은 편이지만 그 자체만으로도 건물의 전체 에너지사용량 중 약 1/3을 차지한다.

이 건물은 민간부문과의 협력적 기능을 돕기 위한 상당한 규모의 회의시설들을 갖추고 있다. 패시브 에너지를 최적화하는 H-형 평면은 프로그램을 최적화할 수 있는 독특한 기회를 제공해주었다. 2개의 주동 날개들 사이의 연결공간에는 건물 주출입구와 로비가 있다(그림 12.9 참조). 이곳은 중앙집중적이고 보안된 공동작업구역으로 주요 회의시설들이 위치하는 곳이기도 하다. 방문하는 협력업자와 파트너들은 주동의 날개들을 통해 출입하지 않고도 에너지부/국립재생에너지연구소와의 모든 볼일을 볼 수 있다.

연구지원시설은 제안요청서 요건보다 더 많은 822명의 직원들을 수용할 수 있도록 설계되었으며, 건축주는 이러한 재실자밀도 증가가 에너지사용강도를 높인다 하더라도 그것을 하나의 혜택으로 보았다. 제안요청서상의 에너지사용강도 목표는 20만 제곱피트 내의 사용자 650명을 기준으로 연간 25 kBtu/$ft^2$였다. 이러한 에너지사용 목표는 보다 높은 재실자밀도와 데이터센터의 부하증가를 고려하여 연간 35.1 kBtu/$ft^2$로 조정되었다.

## 12.5 설계응답(Design Response)

이 디자인은 프로젝트 부지와 프로그램, 기후에 대한 특수한 응답으로서 비용과 일정, 범위, 성능의 다면적인 문제를 풀고자 하였으며, 특히 에너지성능에 초점을 맞추었다. 이 디자인의 넷 제로 에너지 접근법에 기초가 된 것은 다양하게 통합된 일단의 패시브 전략들이었다. 그림 12.10에서 항목별로 설

■ **그림 12.9** 에너지부/국립재생에너지연구소 연구지원시설의 건물로비 전경. *〈이미지 출처: RNL / 사진: Frank Ooms.〉*

**프로그램 데이터**

사용자: 822명
주당 사용시간: 50시간
주당 방문객 수: 60명
프로그램/ 주요 공간 유형:
- 개방형 사무실
- 개인사무실
- 회의시설
- 공동구역 (복사실, 휴게실, 로비, 창고)
- 데이터센터
- 건물지원

명되고 있는 패시브 전략들을 통해 매우 저에너지적인 액티브 시스템들을 효과적으로 활용할 수 있었고, 이런 시스템들을 하나의 전체적인 건물 에너지 솔루션으로 취함으로써 부지내 재생에너지로 그 모든 에너지를 생산할 수 있을 만큼 에너지사용수준이 낮은 건물을 얻었다.

초기 디자인 검토에서 완성한 최초의 도면은 기본 건물단면도였는데, 이것은 디자인의 생태기후적인 면들을 파악하기에 이상적인 그림이 되었다(그림 12.11 참조). 단면은 100퍼센트 자연채광 공간을 보장하고 자연스런 맞통풍을 허용하기 위해 주요 건축면적의 깊이를 60피트로 해결했다. 또한 이 단면도에서처럼 기둥없는 공간으로 설계되었기에 사무소 날개들을 매우 유연성 있게 계획할 수 있었고, 이는 궁극적으로 패시브 에너지 전략들이 기능적인 프로그램 공간계획과 결합되어 건물의 최종 형태와 평면에 영향을 주게 되었다. 이 연구지원시설의 배치도와 평면도는 그림 12.12와 12.13에 나와 있다.

## 12.5.2 패시브 디자인(Passive design)

### 12.5.2.1 자연채광(Daylighting)

자연채광은 연구지원시설에 핵심적인 패시브 전략이다(그림 12.14 참조). 자연채광은 조명시스템의 핵심적인 부분으로서 완전히 통합되어질 때 상당한 에너지를 절약시킬 수 있다. 전반적으로 이 시설에서 정기적으로 사용되는 공간 중 92퍼센트는 LEED 요건에 맞는 자연채광이 이뤄진다. 자연채광은 이 건물 대부분에 주된 분위기조명을 제공하며, 자연광이 자연광센서의 설정(보통 25촉광(footcandle)) 밑으로 떨어질 때는 자연광 제어장치 상에서 어둡게 디밍(dimming)하는 것이 가능하거나 단계화된 조명이 조도를 보완해준다. 그런 조명들은 켜질 때 일반적으로 어둑어둑하지만, 이러한 방식은 매우 효율적이며, 건물에 설치된 조명의 전력밀도는 제곱피트 당 0.56와트다.

자연광 제어장치를 활용했을 때 효과적인 조명전력밀도는 화창한 겨울날 제곱피트 당 0.12와트이고, 화창한 여름날에는 제곱피트 당 0.18와트다. 채광창에 설치한 라이트루버(LightLouver) 자연채광

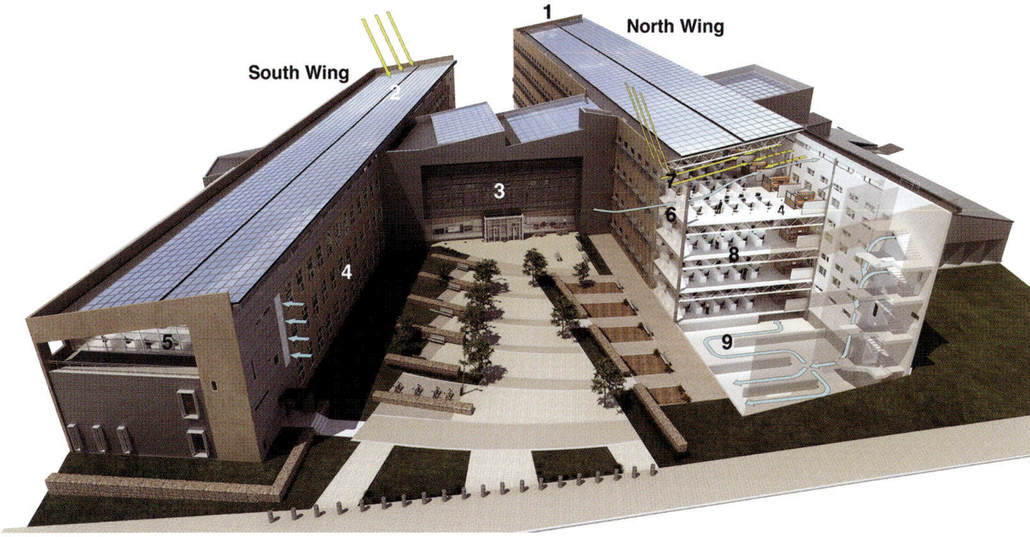


■ **그림 12.10** 넷 제로 에너지 전략: (1) 60피트 폭의 사무소 날개들, (2) 1.6 MW의  부지내 태양광발전시스템, (3) 출입구의 루버차양, (4) 낮은 창면적비, (5) 전기변색 유리창과 차양발코니, (6) 수동 및 자동 개폐식 창문, (7) 자연광의 방향을 바꾸는 자연채광장치, (8) 냉난방용 복사슬래브 (9) 데이터센터와 태양기공집열기의 열을 비축하는 하부공간의 열미로. *〈이미지 출처: RNL and VStudios〉*

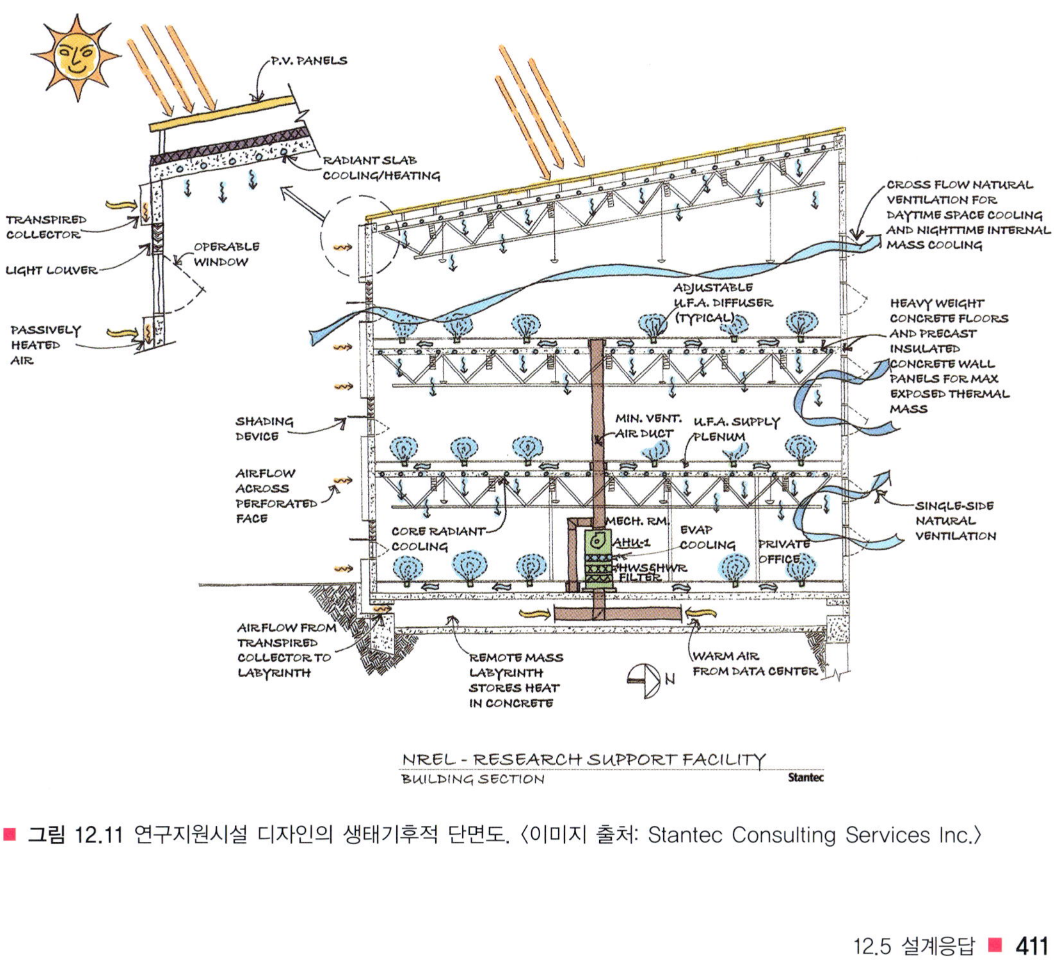


■ **그림 12.11** 연구지원시설 디자인의 생태기후적 단면도. 〈이미지 출처: Stantec Consulting Services Inc.〉

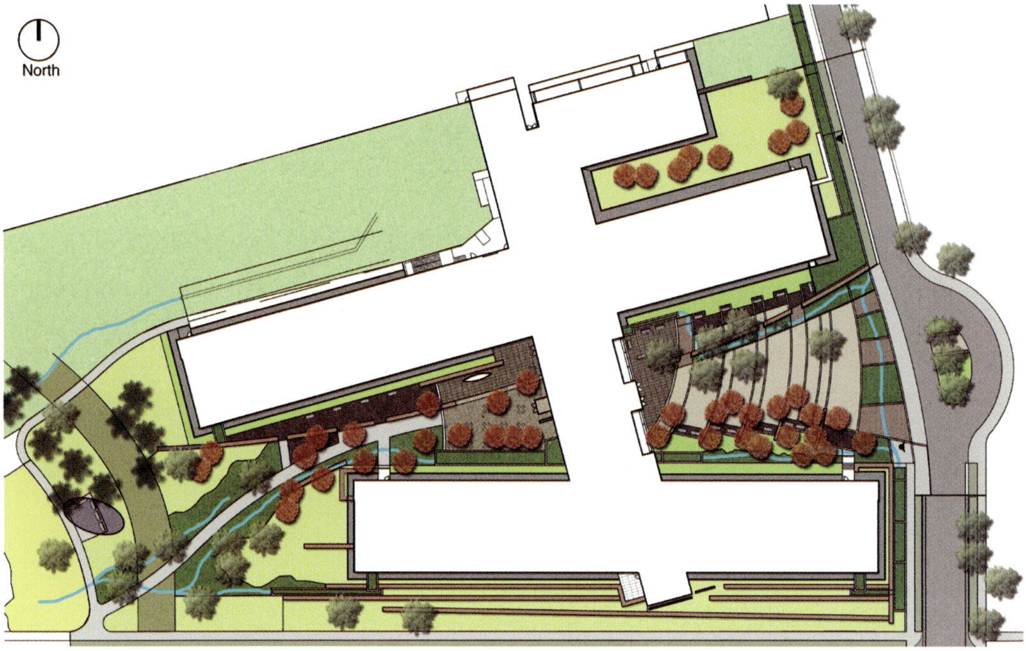


■ **그림 12.12** 배치도. *〈이미지 출처: RNL〉*

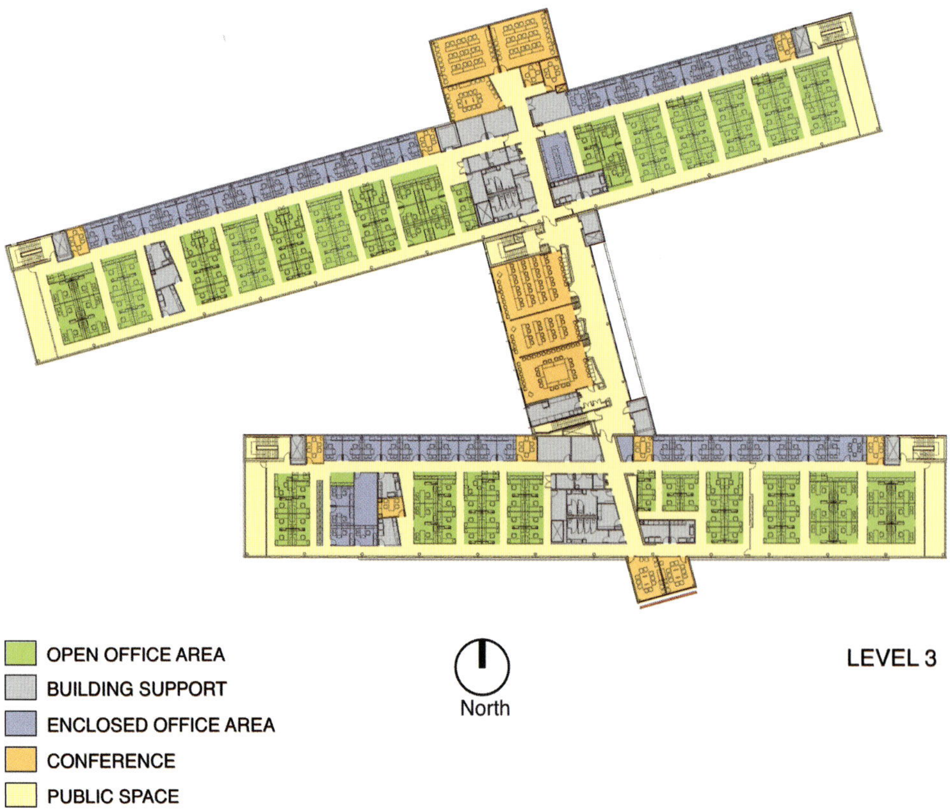


■ **그림 12.13** 3층 평면도 *〈이미지 출처: RNL〉*

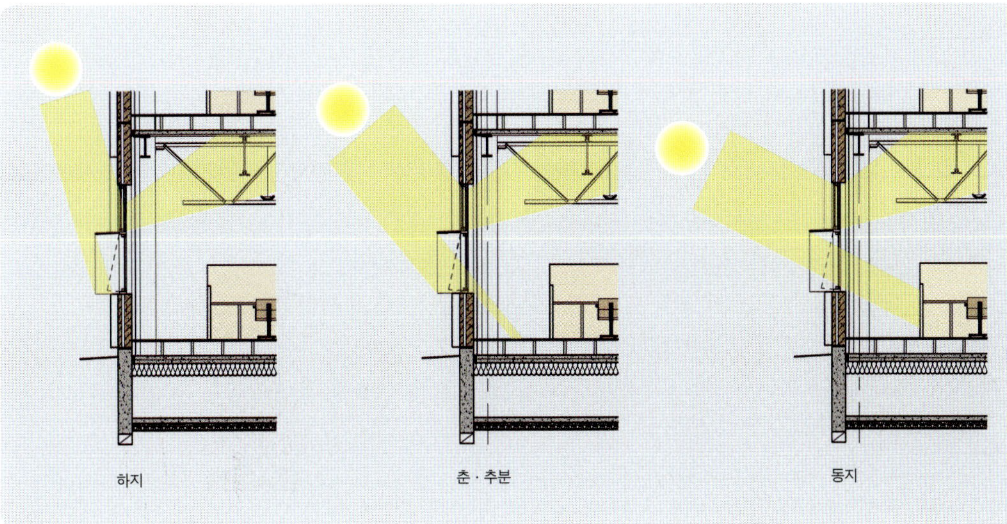


■ **그림 12.14** 계절별 자연채광 변화. *〈이미지 출처: RNL〉*

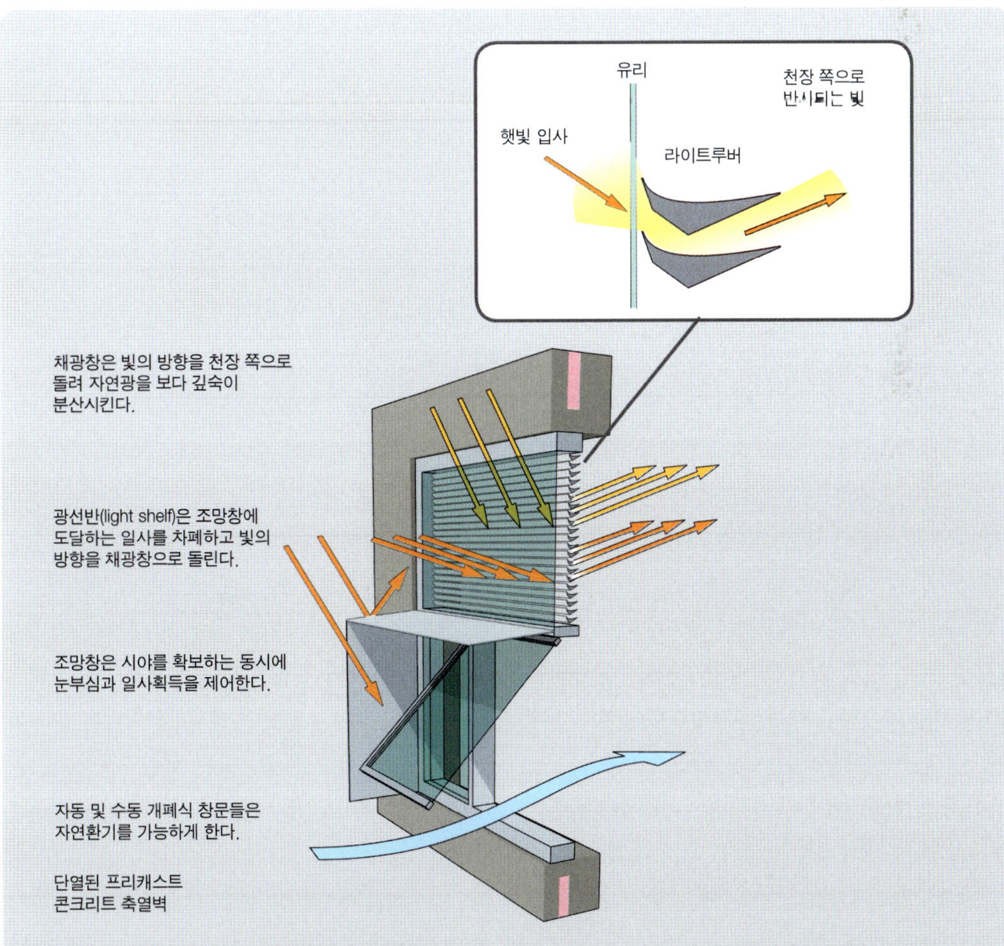


■ **그림 12.15** 남쪽 창문의 기능. *〈이미지 출처: NREL and RNL〉*

### 국립재생에너지연구소 연구지원시설 남쪽입면 창문설계(NREL rsF south Facade Window design)

#### 조망창(View Window)

- 일차적 기능은 조망이다.
  - 열교 차단형 알루미늄 창틀에 로이(low-e) 삼중유리 설치
  - 외벽 삼면의 18인치 깊이 차양이 일사획득과 눈부심을 제어한다.
  - 눈부심 제어와 일사획득 제어, 혹은 프라이버시를 위해 실내의 어떠한 창문도 제어할 필요가 없다.
  - 낮은 일사획취득계수(SHGC) = 0.23
  - 낮은 열관류율(U-factor): 겨울철 U-factor = 0.17, 여름철 U-factor = 0.17
  - 가시광선투과율(VLT) = 43 퍼센트

- 이차적 기능은 자연환기다.
  - 개폐식 창문은 사용자들이 쉽게 접근할 수 있는 위치에 배치된다.
  - 지면높이의 개폐식 창문은 보안기능을 높이기 위해 4인치 이상 열리지 않는다. 야간에 가끔씩 창문들이 저절로 열리곤 하기 때문이다.

#### 채광창(Daylighting Window)

- 일차적 기능은 자연채광이다.
  - 열교 차단형 알루미늄 창틀에 로이(low-e) 이중유리 설치
  - 창문에서 가장 높은 부분에 위치
  - 70퍼센트라는 높은 가시광선투과율(VLT)이 채광창으로 입사하는 자연광을 극대화시킨다.
  - 일사열획득계수(SHGC) = 0.38
  - 열관류율: 겨울철 U-factor = 0.29, 여름철 U-factor = 0.26
  - 자연광을 천장과 공간 깊숙한 곳으로 재분배하는 라이트루버(LightLouver) 자연채광장치 장착
  - 채광창에는 실내 · 외에 차양이 없다. (따라서 자연채광은 언제나 실내로 유입된다.)

장치들은 1년 내내 효과적이며, 특히 겨울철의 낮은 태양각도에서 큰 효과를 보인다.

그림 12.15는 연구지원시설의 남향 파사드에 사용되는 디자인을 설명한다. 이 창문에서 가장 두드러진 특징은 조망창을 채광창과 분리한 것이다. 이러한 분리는 채광창을 자연채광에 최적화시키고 조망창에는 일사 및 눈부심 제어를 위한 차양설치를 가능하게 하는 핵심적인 조치다. 이 창문은 남쪽입면 전반에 걸쳐 균일하게 반복 설치되며 29퍼센트의 창면적비를 나타낸다.

#### 12.5.2.2 패시브 난방(Passive Heating)

난방을 위한 최우선의 조치는 열손실 방지에 있다. 이 점은 특히 연구지원시설에 중요한데, 이 건물의 외피면적이 보다 콤팩트한 일반적인 형태보다 2배 더 크기 때문이다. 창문 면적은 공간의 완전한 자연채광과 좋은 시야를 제공하기 위해 최적화하되, 지나치게 증가시키지는 않았다. 북쪽입면의 창문들은 겨울철의 대표적인 열손실 요인이다. 북쪽입면의 기본적인 창면적비는 27퍼센트이고, 북쪽입면 전체에 대한 창면적비는 21퍼센트다. 남쪽 채광창만을 제외하고 대부분의 창문은 열교 차단형(thermally broken) 창틀에 고단열성(유리중심 U-factor = 0.17)의 삼중유리가 장착된다. 전체적인 창문 U-factor는 훨씬 더 높음에 주목하라. 벽체는 프리캐스트 콘크리트 샌드위치패널로서, 3인치의 외벽콘크리트와 2인치의 연속고형단열재, R-value가 15인 6인치의 내벽콘크리트를 갖추고 있고, 지붕의 R-value는 33이다. 이러한 것들의 일차적인 목적은 외피 내의 열교현상을 최소화하는 것이었다. 열화상촬영기법은 열교 차단형 알루미늄 창틀이 열적 외피에서 가장 취약한 부분임을 보여준다.

남쪽입면은 패시브 난방전략의 핵심이 되는 곳으로서, 일부 프리캐스트 콘크리트 패널들 위에 태양기공집열기가 설치된다(그림 12.16 참조). 미 국립재생에너지연구소가 1990년대에 공동개발한 기술인 태양기공집열기는 짙은 색의 다공성 파형금속 패널들로 이루어진다. 태양기공집열기 뒤에서 가열된 공기는 연구지원시설의 하부공간, 패시브 난방시스템의 핵심인 건물의 열미로로 연결된다.

열미로(thermal labyrinth)는 건물의 거대한 축열배터리처럼 작동하는 큰 규모의 독립된 축열체로서, 환기용 공기를 예열하기 위해 태양기공집열기의 열을 비축한다. 열미로는 데이터센터의 버려지는 폐열에서도 열을 얻는데, 이것이 데이터센터의 일차적인 냉방전략으로 작용한다. 북쪽 날개 밑의 열미로는 데이터센터의 폐열을 비축하는 역할을 전담하는 반면, 남쪽 날개 밑의 열미로는 태양기공집열기에서 발생하는 열을 비축하는 역할을 전담한다(그림 12.17 참조).

### 12.5.2.3 패시브 냉방/환기 (Passive Cooling Ventilation)

연구지원시설의 냉방부하는 난방이 지배적인 기후에 위치함을 고려하더라도 대형 사무소건물로서는 상당히 적은 편이다. 실내 열 획득, 특히 조명 및 설

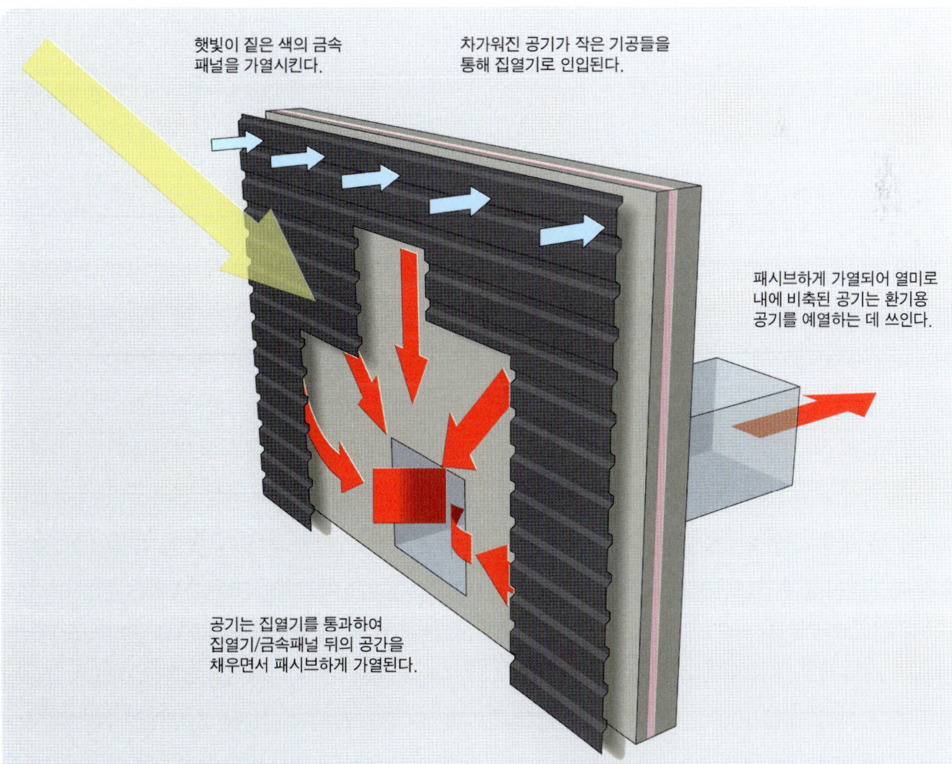


■ **그림 12.16** 태양기공집열기의 작동. *〈이미지 출처: NREL and RNL.〉*

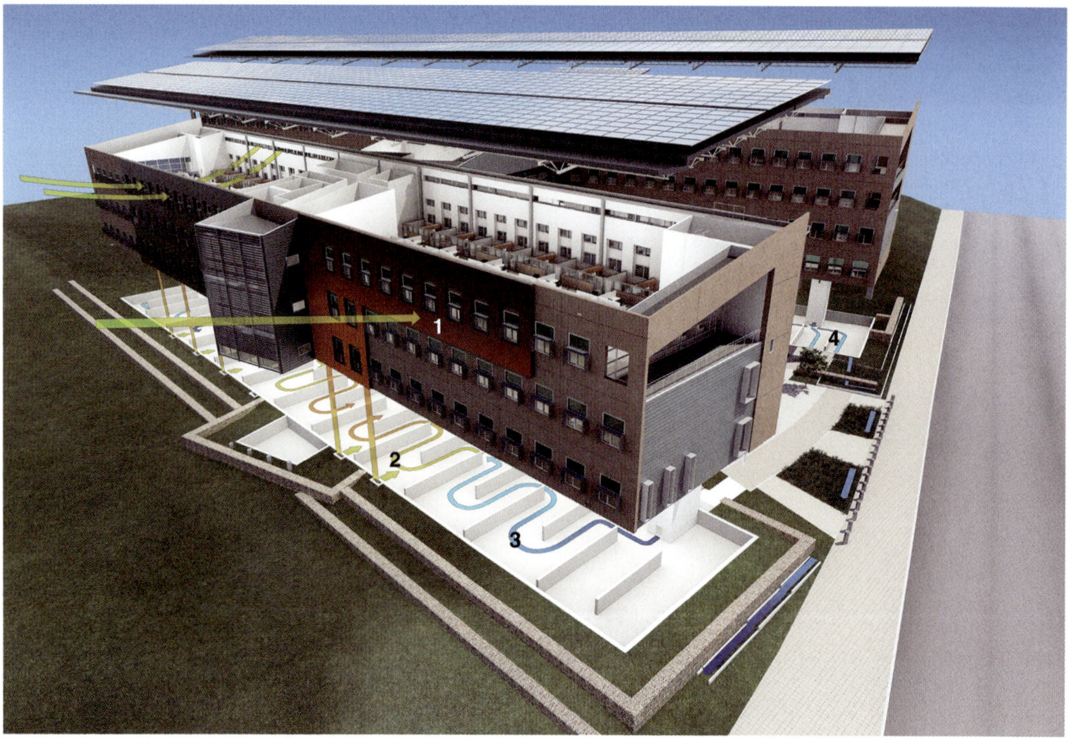


■ **그림 12.17** 열미로: (1) 태양기공집열기가 외기를 패시브하게 가열한다. (2) 패시브하게 가열된 공기는 흡입구를 통해 열미로로 인입된다. (3) 남쪽 날개의 열미로는 태양기공집열기에서 나온 공기를 이용하여 가열된다. (4) 북쪽 날개의 열미로는 데이터센터에서 나온 공기와 폐열을 이용하여 가열된다. *〈이미지 제공: RNL and VStudios.〉*

비 부하들이 줄어들었기 때문에 냉방부하가 감소했을 뿐만 아니라, 외피가 지배적인 건물형태와 효과적으로 사용된 패시브 냉방전략을 통해서도 감소되어질 수 있었다. 이 지역의 기후에서는 연중 많은 시기에 자유냉각이 일어난다.

개폐식 창문을 통해 건물과 사용자는 이러한 자유냉각의 기회를 가질수 있다(그림 12.18 참조). 개폐식 창문의 2/3는 수동으로 조작되어 사용자의 열환경 제어수준을 높일 수가 있으며, 연구지원시설의 컴퓨터 네트워크는 모든 재실자들의 컴퓨터상에 있는 아이콘을 통해 창문을 개폐하기 좋은 날씨가 언제인지를 보다 쉽게 알려준다. 개폐식 창문의 1/3은 건물자동화시스템을 통해 자동 제어되기 때문에 건물의 야간배기도 저절로 이루어질 수 있다.

야간배기 패시브 냉방전략은 건물 실내의 축열체와 해당기후의 큰 일일온도차를 활용한다. 외벽의 내부표면에서는 6인치의 콘크리트가 실내에 노출된다. 이러한 축열체는 주간에 실내 열 획득을 흡수한다. 냉방기간 동안에는 이렇게 비축된 열을 야간 배기하여 시원한 밤공기로 건물을 냉각시킬 수 있다.

이 건물의 환기용 공기는 건조한 기후와 상대적으로 낮은 습구온도에서 이뤄지는 증발냉각을 통해 냉각되며, 증발냉각은 단순히 습기를 더하여 건조한 외기를 냉각할 수 있다. 증발냉각 전략은 데이터센터의 냉방전략 중 하나이기도 하다.

데이터센터의 냉방전략은 공간이 가열됨으로 인해, 설비제조업체의 보다 높은 작동요건 수준에 도달할 수 있도록 하는 것에서부터 시작한다. 데이터센터 장비는 열복도(hot aisle)와 냉복도(cold aisle)로 나뉘기 때문에 열복도를 봉쇄할 수가 있다(그림 12.19 참조). 데이터센터 장비는 선반들로 구성되기 때문에, 모든 장비가 열복도를 향해 열을 방출할 수 있으며, 열복도의 가열된 공기는 열미로에 폐열

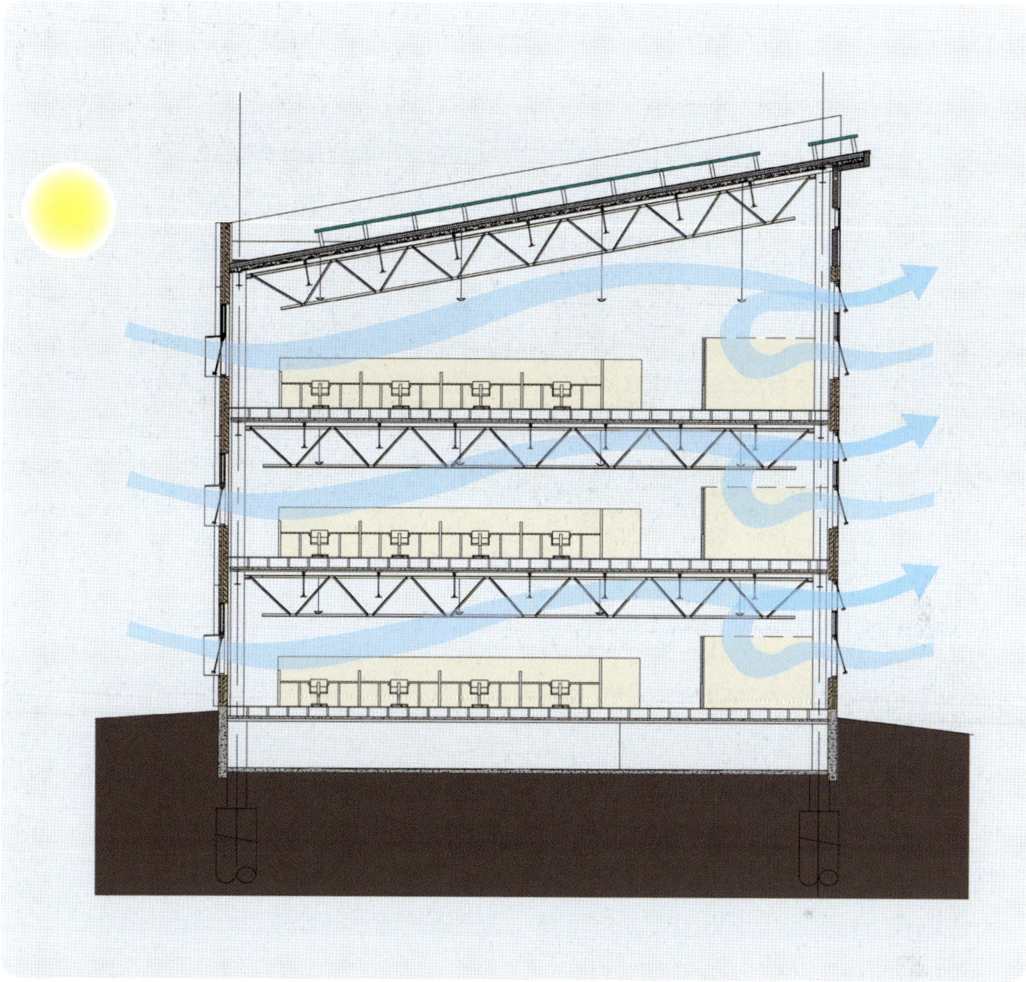

■ **그림 12.18** 기본적인 자연환기계획을 보여주는 단면도. 〈이미지 출처: RNL〉

로 인입되고, 이 폐열은 건물의 환기용 공기를 예열하는 용도로 재사용할 수 있다(그림 12.20 참조). 데이터센터로 들어오는 공기는 조건이 허락할 때 외부에서 직접 들어오거나, 추운 겨울철에는 외부에서 직접 들어오되 가열된 순환공기를 통해 완화된다. 여름철에는 공간을 공조하는 데 증발냉각을 활용한다. 또한 데이터센터는 공간과 장비의 온도를 적정수준으로 유지하는 데 냉각수를 활용할 수도 있으며, 이는 가장 더운 여름날에도 활용가능한 방법이다.

■ **그림 12.19** 열복도 봉쇄전략을 사용한 연구지원시설 데이터센터. *〈이미지 출처: RNL / 사진: Frank Ooms〉*

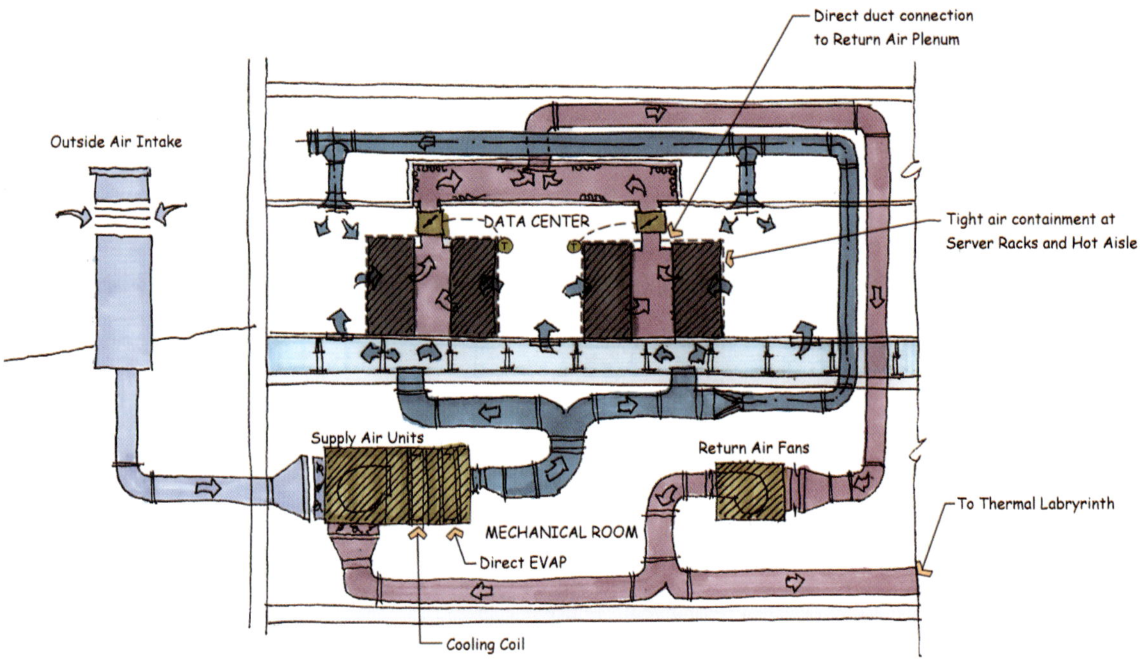


■ **그림 12.20** 데이터센터 폐열의 재사용. *〈이미지 출처: Stantec Consulting Services Inc. / 드로잉: Jim Burns.〉*

## 12.5.3 에너지 효율적 건물 시스템

(Energy-efficient Building Systems)

미 국립재생에너지연구소 캠퍼스의 중앙플랜트는 연구지원시설에 냉각수와 고온수를 공급한다. 냉방용 플랜트는 수냉식 냉동기와 성적계수(COP)가 높은 냉각탑으로 구성된다. 난방용 플랜트는 천연가스를 대체연료로 사용하는 우드칩 버너(wood chip burner)이며, 냉각수와 고온수는 대부분의 연구지원시설 건물프로그램을 책임지는 순환수식 복사냉난방시스템에 사용된다. 순환수식 배관이 콘크리트 바닥과 지붕 데크에 삽입되어 실내 공간으로 열을 복사하도록 설계된다(그림 12.21 참조). 이런 설계는 노출된 바닥과 지붕 데크를 활용할 필요가 있다. 세심하게 배치된 고성능 흡음패널들이 노출 데크 속에 설치된다.

이중바닥 공기전달시스템이 적용되는 건물 환기시스템은 공간 냉난방 기능과 분리된다(그림 12.21 참조). 외기시스템은 연구지원시설의 중요한 에너지효율성 대책이다. 환기전용 시스템은 공기식 냉난방시스템에 비해 극히 적은 공기량과 더 적은 극단적인 온도를 필요로 한다. 이런 시스템은 열에너지 부하와 환풍기 에너지 부하 모두를 줄여준다. 이 시스템에 물을 이용하는 복사시스템을 함께 활용할 수도 있는데, 공기 대신 물을 통해 열을 전달하면 상당한 효율을 확보할 수 있다. 공간 내에 $CO_2$ 센서를 활용하면 환기용 공기의 공급을 제어할 수 있고, 개폐식 창문들이 개방되어 자연환기를 통해 $CO_2$수준을 낮출 수 있다.

연구지원시설의 (두 주요 날개들을 연결하는) 중앙 집열 공간 내에 있는 회의시설들은 변풍량(variable air volume: VAV) 시스템을 채택하고 있다. 회의실들은 소규모에다 주요 사무영역들과는 분리되어 있으며, 매우 유동적인 스케줄(회의실들은 오랜기간동안 비워져 있다가 갑자기 채워질 수 있다.)을 가지고 있기 때문에, 공기교환율을 빠르게 올리면서 실내 열 획득의 변화를 다룰 수 있는 공기식 시스템을 채택하는 게 더 좋다. 이 시스템은 실내 $CO_2$ 센서들을 통한 수요기반 환기량 조절법을 활용하기

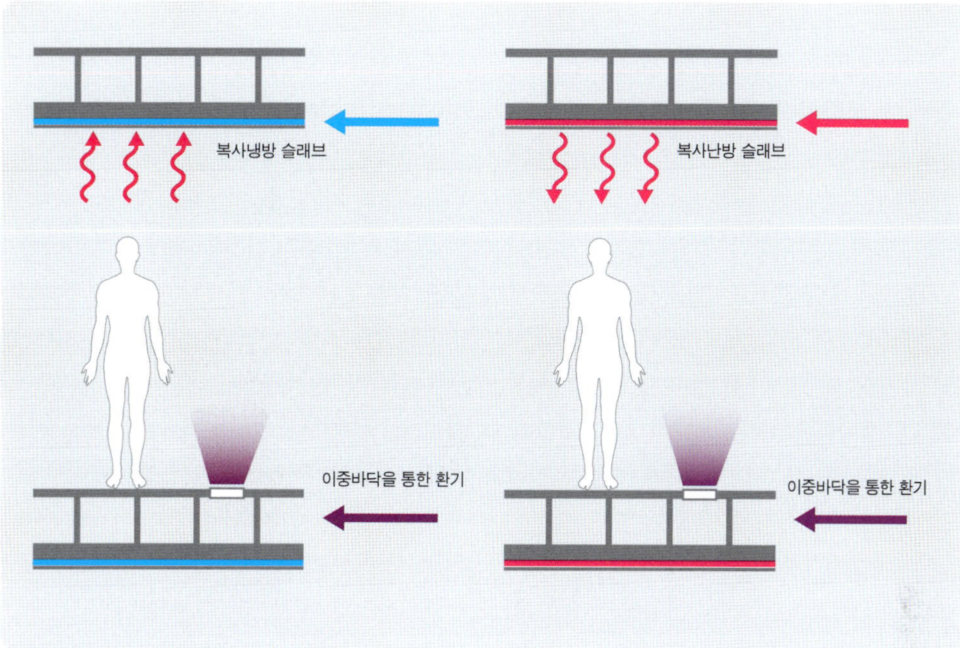


■ **그림 12.21** 복사슬래브와 이중바닥환기

때문에 여전히 효율적일 수 있다.

연구지원시설의 조명시스템은 형광조명과 LED 조명을 효과적으로 결합하였다. 연구지원시설 전반에 걸쳐 개방형 사무실과 무천장 개인사무실에 사용되는 일차적 조명기구는 2개의 25와트 T8 램프를 사용하는 맞춤형 직 · 간접 형광등이다(그림 12.22 참조). 각 워크스테이션과 사무실에는 6와트 LED 작업조명이 설치되어 있다. 여기에는 2가지의 주된 조명제어 접근법이 있다. 첫 번째는 사용하지 않을 때(즉, 야간이나 부재 시) 조명을 꺼두는 것이다. 제어장치들은 재실을 감지할 때 조명을 켜는 재실(occupancy) 센서가 아닌 부재(vacancy) 센서에 기초한다. 전등은 사용자가 수동으로 켜지 않는 한 언제나 꺼져 있고, 부재가 감지될 때도 꺼진다. 부재 제어장치와 함께 자연광 제어장치를 활용함으로써, 자연채광이 이루어질 때는 전등을 희미하게 하거나, 단계를 낮추거나, 꺼둘 수 있다.

### 12.5.4 재생에너지(Renewable Energy)

연구지원시설에 활용되는 몇 가지 유형의 재생에너지 자원들이 있는데, 그중에서도 부지내 태양광발전(PV) 시스템에서 얻는 태양전력이 주된 자원이다. 태양광발전시스템들은 다른 어떤 재생에너지 자원이 없이도 넷 제로 에너지를 충족하는 규모로

■ **그림 12.22** (현재 코렐라이트 엘리먼트[Corelite Element]로 알려진) 고효율 맞춤형 T8 직 · 간접 조명등

산정되었으며, 재생전력은 건물의 난방온수와 세대 급탕에 쓰이는 연료에너지사용량을 상쇄시킨다.

온수공급은 중앙의 재생연료 난방설비에서 산업 폐기물로 만들어진 우드칩들을 연소시켜 캠퍼스 내의 건물들에 온수를 순환시키는 방식으로 이루어진다. 캠퍼스 전체를 담당하는 중앙난방설비는 시간당 10 MBtu, 즉 분당 600갤런의 온수를 만들어낸다. 중앙난방설비가 매년 연구지원시설에 제공하는 난방에너지는 거의 2,000 MBtu에 달하는 걸로 추산되며, 이 중 약 75퍼센트가 바이오매스에서 오는 에너지이고, 나머지는 대체 천연가스에서 비롯된다. 넷 제로 에너지 목표를 달성하는데 이러한 바이오매스 재생에너지가 필요하진 않지만, 건축주와 시행 팀은 다른 프로젝트에서도 적용할 수 있는 넷 제로 에너지 솔루션을 원했고, 대부분의 상업건물에서 바이오매스 중앙난방설비를 적용하기가 쉬울 것이라 생각했다.

건물의 태양광발전시스템은 3단계로 나누어 설계되었고, 설치된 태양광전지 전력의 총규모는 1.67 MW를 약간 넘었다. 연구지원시설의 지붕에 장착된 제1단계 태양광발전시스템은 전력구매계약을 통해 설치된 449 kW 규모의 시스템이다. 524 kW 규모의 제2단계 시스템은 방문객 주차장의 차양 캐노피에 설치되었으며, 차양 캐노피들은 제3단계 시스템을 구성하기도 하는데, 이것은 인접한 직원주차장의 옥상높이에 설치된 캐노피들로서 706 kW 규모의 태양광발전 시스템이다. 2개의 주차장 캐노피 시스템들은 총 2,088 kW의 태양광 발전 시스템의 직접구매가 가능하도록 만들어준 미국 경기회복 및 재투자법(ARRA)의 자금지원을 통해 조달되었고, 이 추가적인 태양광발전시스템은 연구지원시설의 증축을 위한 부지내재생에너지를 제공하며, 연구지원시설(RSF)과 제2연구지원시설(RSF II)(확장 프로젝트), 주차장, 방문객 주차장에 이르기까지 넷 제로 에너지 계획이 가능하도록 한다(그림 12.23과 12.24 참조).

■ **그림 12.23** 연구지원시설의 지붕장착 태양광발전시스템

■ **그림 12.24** 연구지원시설의 방문객 주차장 태양광발전시스템

### 설계 데이터

외벽면적: 112,700 $ft^2$

지붕면적: 69,950 $ft^2$

연면적대비 외벽면적 비율: 0.51

지붕면적대비 바닥면적 비율: 3.33

층간높이: 14 피트 6 인치 (최상층은 더 높이 경사짐)

천장높이: 대부분의 공간에 천장이 없음.

창면적비(Window to Wall Ratio)

- 북쪽: 21 퍼센트 ■ 남쪽: 30 퍼센트 ■ 동쪽: 32 퍼센트 ■ 서쪽: 31 퍼센트
- 전체: 27 퍼센트

지붕면적에서 천창면적이 차지하는 백분율: 천창 없음.

### 창문 조립체 에너지성능

- 북쪽
  - 삼중창
  - 유리중심에서의 U-factor: 0.17
  - 조립체 U-factor: 0.41 [Window 5] 결과 사용)
  - SHGC: 0.23 ■ VLT: 0.43
- 남쪽 채광
  - 이중창
  - 유리중심에서의 U-factor: 0.29
  - 조립체 U-factor: 0.44 ([Window 5] 결과 사용)
  - SHGC: 0.38 ■ VLT: 0.70
- 남쪽 조망
  - 삼중창
  - 유리중심에서의 U-factor: 0.17
  - 조립체 U-factor: 0.41 ([Window 5] 결과 사용)
  - SHGC: 0.23 ■ VLT: 0.43
- 동 · 서쪽 조망
  - 삼중창
  - 유리중심에서의 U-factor: 0.18
  - 조립체 U-factor: 0.38 ([Window 5] 결과 사용)
  - SHGC: 0.22 ■ VLT: 0.43

### 불투명 벽 U-factor(Opaque Wall U-factor)

- 프리캐스트 벽: 0.065 (열교에 대한 경감계수 미적용)
- 강재 스터드 벽: 0.053
- 지붕 U-factor: 0.030

### 핵심 패시브 전략(Key Passive Strategies)

- 자연채광
- 자연환기
- 축열체
- 원격 축열체
- 야간배기
- 일사차폐
- 태양기공집열판

### 조명제어장치(Lighting Controls)

- 자연광제어장치: 단계적/연속적 디밍(dimming)
- 시간기록 제어장치
- 재실/부재 제어장치

### 조명시스템(Lighting Systems)

- 주요조명기구: 코렐라이트 조명기구(93퍼센트 효율)와 에너지절약 절전형 25와트 T-8 선형형광등(현재 일반적인 제품)
- 일반적인 하향조명 및 강조조명: 콤팩트 형광등과 LED
- 작업조명: 6와트 LED 책상등
- 설계조도수준: 25 촉광의 주변광(광손실률[light loss factor] 고려), 작업조명이 추가 시 50 촉광
- 실외조명: (사용 제어 및 시간기록 제어가 가능한) 다단식 LED

### 기계설비시스템(Mechanical Systems)

- 복사냉난방
- 이중바닥 공기공급을 통한 환기 분리
- 군집화된 회의실영역 내의 변풍량(VAV)
- 수냉식 냉동기와 냉각수용 냉각탑, 고온수용 우드칩 버너(대체연료로 천연가스 사용)를 사용하는 중앙플랜트

### 재생에너지시스템(Renewable Energy Systems)

- 태양광발전시스템
  - 지붕장착: 449 kW, 솔론(Solon) 230와트 모듈, 14.0퍼센트, 단결정(monocrystalline)
  - 주차장 캐노피: 방문객주차장 위의 524 kW와 직원주차장 위의 706 kW, 선파워(SunPower) 315와트 모듈, 19.3퍼센트, 단결정
- 바이오매스 우드칩 중앙난방설비(바이오매스 우드칩 중앙플랜트는 본 장의 뒷부분에서 나올 연구지원시설의 넷 제로 에너지 계산에서 제외된다.)

## 12.6 운영과 사용(Operation and Occupancy)

연구지원시설 프로젝트는 설계 및 시공 단계가 운영 및 사용 단계로 성공적으로 연결되는 좋은 사례다. 이 프로젝트는 건축주가 자체적인 전문지식을 갖고서 넷 제로 에너지 달성을 위한 건물운영에 깊이 전념하였기에 성공할 수 있었다. 건축주는 내부적으로 에너지 전략과 설계의도를 이해함으로써 최종 준공시점 에너지모델을 건물운영의 지침으로 활용할 수 있었으며, 이러한 전문지식은 플러그부하를 관리하고 IT 장비에 대한 내부표준을 개발하는 데에도 일조하였다. 소수의 에너지전문가 집단은 건물에서 얻은 교훈에 많은 초점을 맞추지만, 대다수의 직원들은 연구지원시설을 학습하는 대상이라기보다 단순히 자신들의 직장으로 여긴다(그림 12.25 참조). 건축주와 시행 팀은 직원들이 이 신축건물에 적응할 수 있도록 총체적인 교육훈련 프로그램을 실시하였으며, 이 건물은 사용자에게 건물사용정보를 알려주는 피드백 장치이자 시설 방문객들에게 안내문 역할을 할 실시간 에너지 디스플레이를 로비에 배치해두고 있다(그림 12.26 참조).

이 연구지원시설은 에너지부/국립재생에너지연구소 직원들이 익숙해져있던 예전의 임대차 사무공간과 현격한 차이를 나타냈다. 예전의 공간은 미국 전역에 흔히 있던 유형으로서, 개인사무실과 높은 파티션의 큐비클이 지배적인 사무소환경이었던 반면, 이 새로운 연구지원시설은 에너지성능에 맞춰 조절되는 고성능 사무소 환경을 갖추고 있다. 따라서 이 건물은 개방형 사무 워크스테이션들과 최소의 혼합형 개인사무실들이 지배적이다(그림 11.27 참조). 새로운 개방형 사무실 설계는 자연채광과 자연환기, 복사냉난방을 통합하는 전략의 일환이었다.

사용자를 개입시키는 과정은 직원들이 새로운 환경으로 이전하는 데 도움을 주었다. 대체로 그 결과는 매우 긍정적이었으며, 모든 직원들 간의 협력과 상호작용이 눈에 띄게 향상되었다. 새로운 근무지에 대한 주된 관심사 중 하나는 음향적인 프라이버시였다. 이 문제를 다룬 해법들은 성공적이었으며, 개인적인 전화통화나 회의를 개최 할 수 있는 수많은 공간 속에, 각 실별 특징을 프로그램화 하여 음향적으로 조율된 공간을 만들어냈다.

■ **그림 12.25** 연구지원시설의 전형적인 개방형 워크스테이션. *〈이미지 출처: RNL / 사진: Frank Ooms.〉*

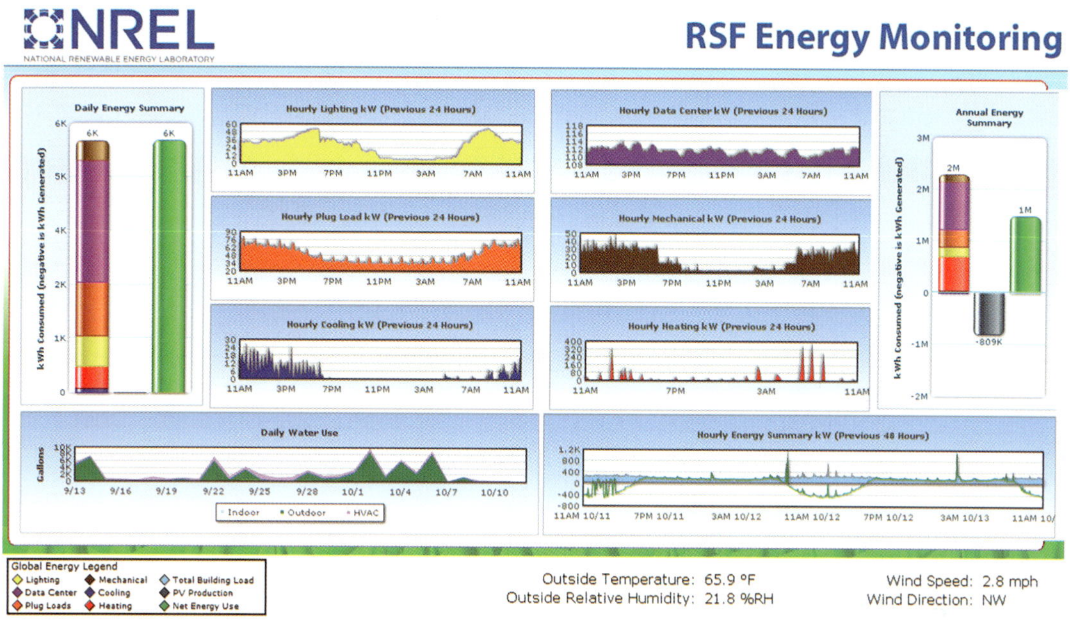


■ **그림 12.26** 실시간 및 동향 데이터를 보여주는 로비의 에너지 디스플레이. *〈NREL〉*

### 12.6.1 운영에너지 데이터
(Operational Energy Data)

이 글을 쓰는 동안 이 프로젝트는 이미 1년간의 에너지 운영 데이터를 가지게 되었다. 하지만 이 프로젝트는 태양광발전시스템의 단계화된 설치로 인해 아직 첫해에 측정되는 넷 제로 에너지 운영을 완수하지 못했다. 에너지사용량은 철저하게 측정되어 건물의 에너지모델 및 에너지목표와 정기적으로 비교되었다. 첫 해의 실제 에너지사용량은 에너지모델 및 에너지사용량 목표에 매우 근접한 추이를 보였으며, 이 프로젝트는 넷 제로 에너지 목표를 충족하는 방향으로 잘 진행될 수 있을 것이라 충분히 기대할 수 있다. 이 프로젝트는 겨울에는 태양에너지 자원이 줄어들기 때문에 달성이 보다 어려웠지만, 2011년 7월에 총 3개의 태양광발전시스템 중 2개만 설치했음에도 넷 제로 운영을 달성했다. 마지막 태양광발전시스템은 2012년에 완전히 가동될 것이며, 이 마지막 태양광발전시스템은 연구지원시설 건물의 증축에 대비한 추가적인 능력뿐만 아니라, 추가적인 소규모 재생에너지생산이 필요하게 될 우

■ **그림 12.27** 연구지원시설의 전형적인 개인사무실에는 천장이 없기 때문에, 위에 있는 복사슬래브를 통해 공조가 가능하다. *〈이미지 출처: RNL / 사진: Frank Ooms.〉*

발요인에 대한 여분의 능력도 가지게 될 것이다.

그림 12.28부터 12.35까지는 최종에너지모델과 비교한 1년간의 전체 건물 에너지사용량뿐만 아니라 많은 에너지목표사용량들을 보여주는 운영성능 차트들이다. 첫 해의 운영데이터는 연간 35.4 kBtu/ft²의 에너지사용강도를 나타냈는데, 이는 프로젝트의 에너지목표인 연간 35.1 kBtu/ft²에 매우 근접한 수치다.

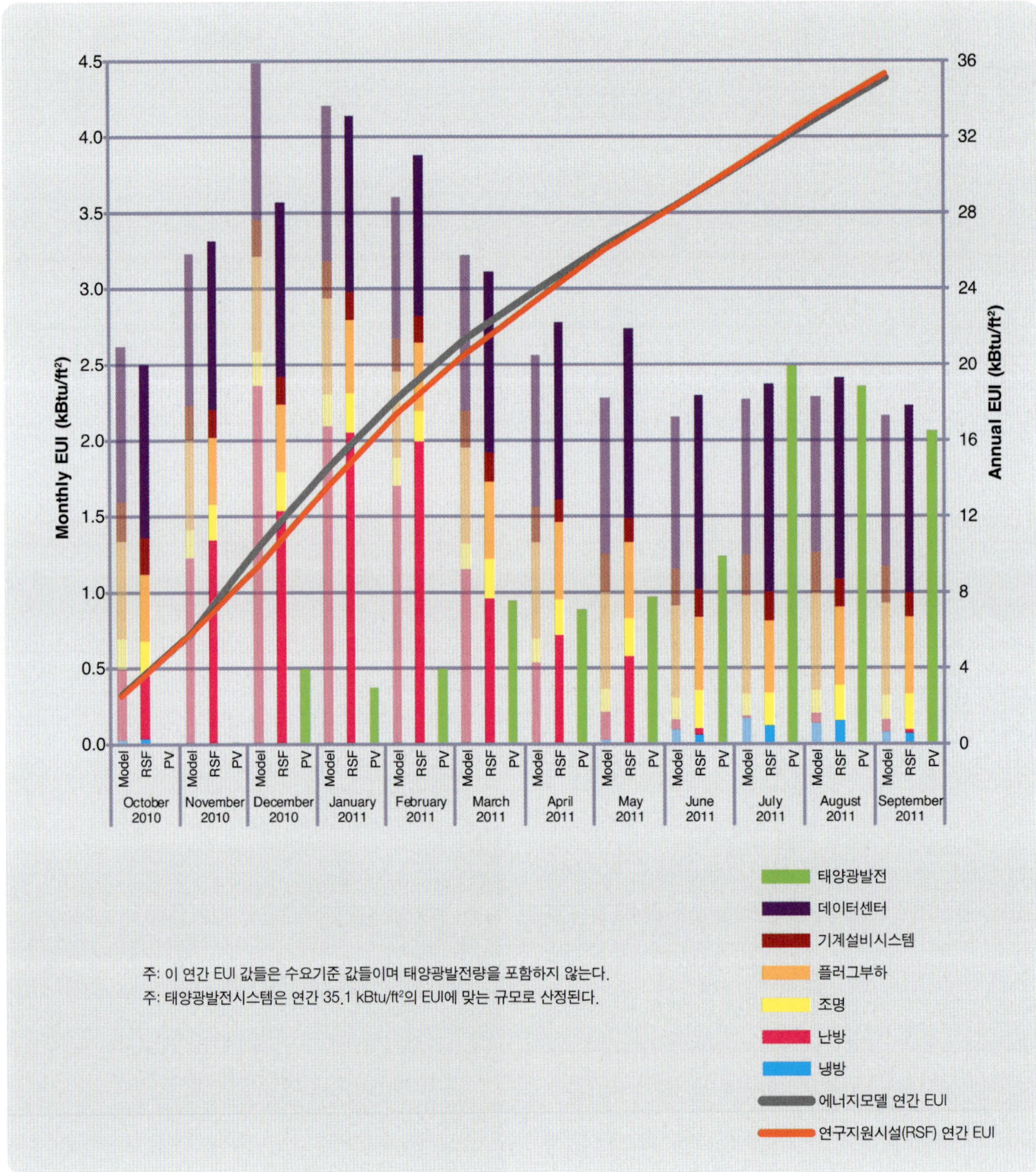


■ **그림 12.28** 월간 및 누적 EUI의 측정값과 모델링 값: 2010년 10월부터 2011년 9월까지. 〈*Chad Lobato/NREL*〉

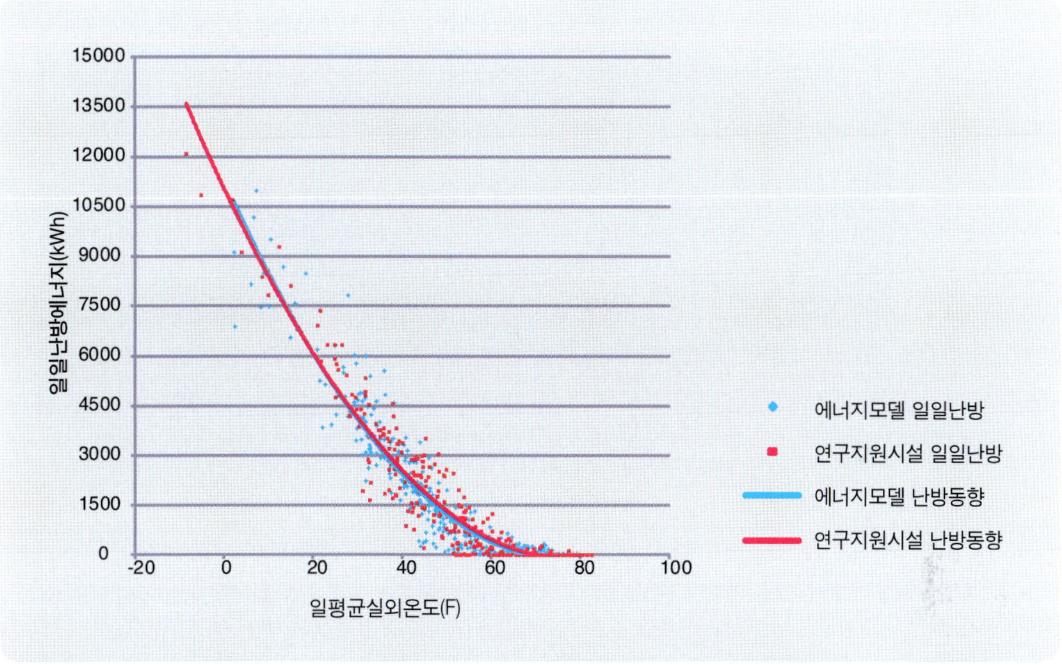


■ **그림 12.29** 일일난방에너지: 2010년 10월부터 2011년 9월까지. *〈Chad Lobato/NREL〉*

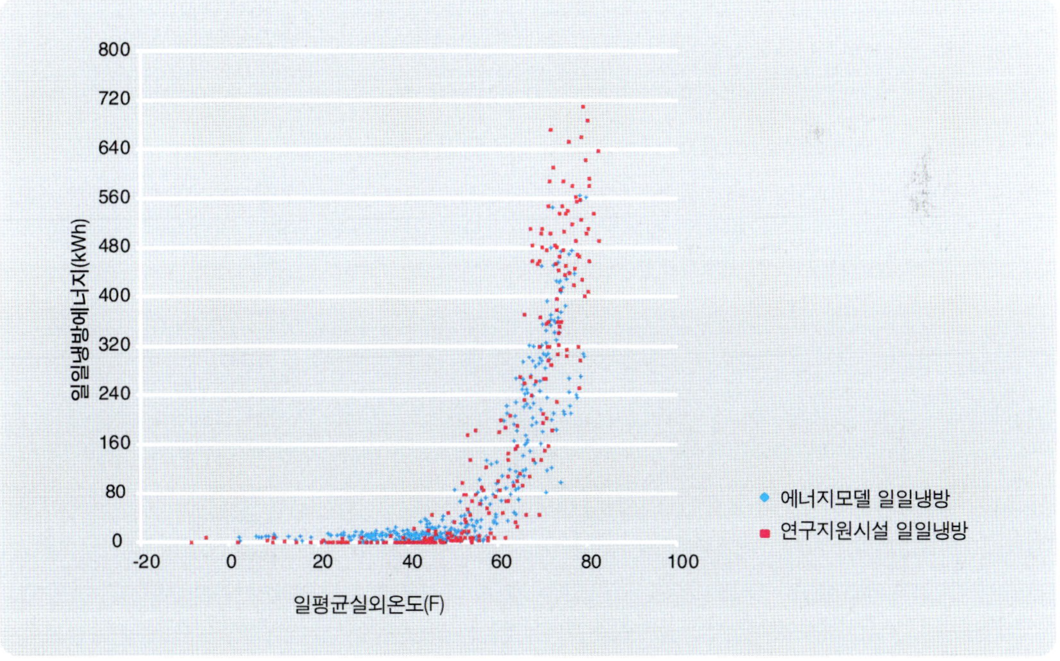


■ **그림 12.30** Daily Cooling Energy: 2011년 1월부터 to 2011년 9월까지. *〈Chad Lobato/NREL〉*

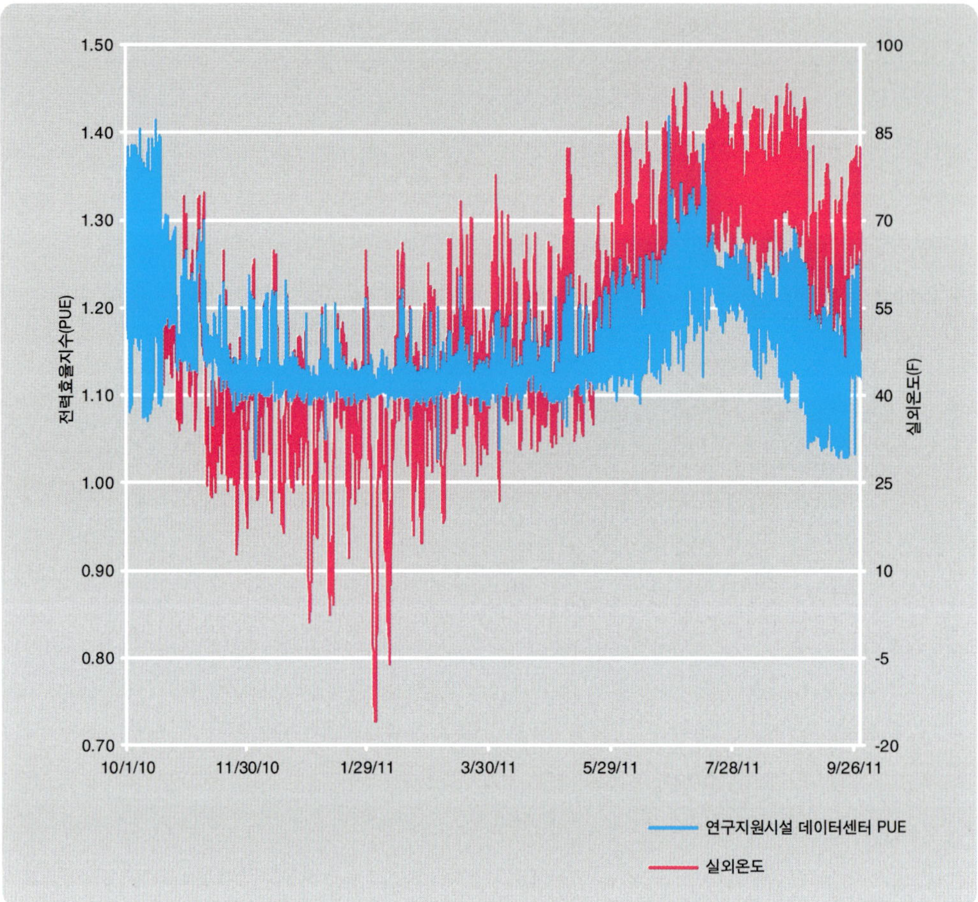


■ **그림 12.31** 데이터센터 전력효율지수(PUE): 2010년 10월부터 2011년 9월까지. *〈Chad Lobato/NREL〉*

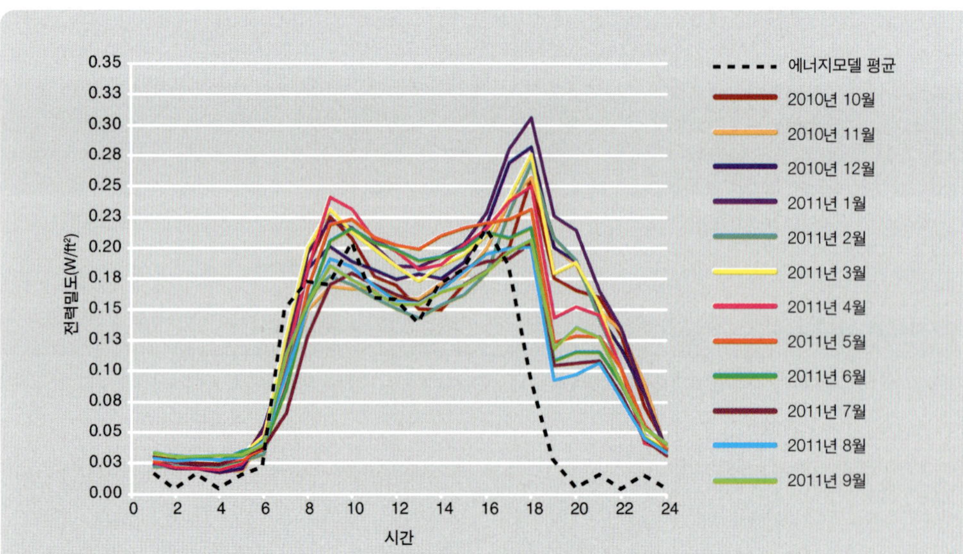


■ **그림 12.32** 조명전력밀도: 2010년 10월부터 2011년 9월까지. *〈Chad Lobato/NREL〉*

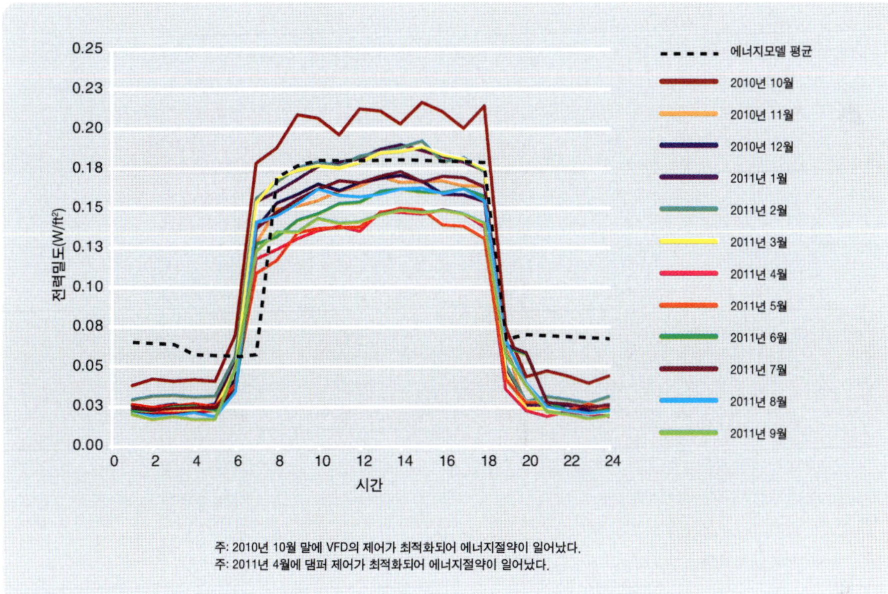


■ **그림 12.33** 기계전력밀도: 2010년 10월부터 2011년 9월까지. 〈*Chad Lobato/NREL*〉

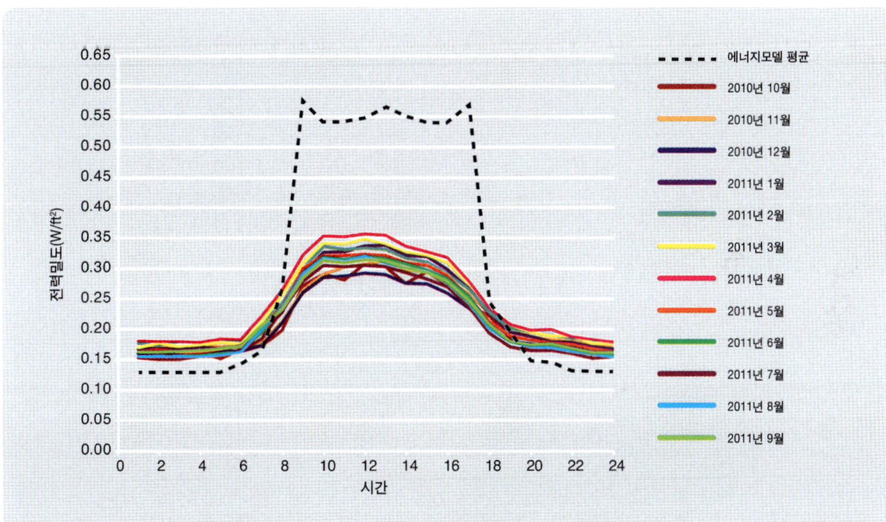


■ **그림 12.34** 플러그부하전력밀도: 2010년 10월부터 2011년 9월까지. 〈*Chad Lobato/NREL*〉

## 12.7 성능측정(Performance Metrics)

통합시행과정을 통해, 이 연구지원시설 프로젝트는 매우 높은 수준의 성능을 달성할 수 있었다. 이 프로젝트는 LEED-NC 2.2에 등록되었고 2011년 여름에는 69점 중 59점을 획득하며 Platinum 인증을 받았는데, 이 기록은 여태까지 가장 높은 점수로 인증받은 프로젝트 군에 속하며 연방정부의 프로젝트 중에서는 최고점수다.

최종설계의 준공시점모델은 이 프로젝트의 에너지목표인 연간 35.1 kBtu/ft²보다 바로 아래인 연간 33.2 kBtu/ft² 수준을 보여주었다. 그림 12.36의 에너지파이차트는 에너지목표사용량들의 분류를 보여주며, 그림 12.37의 그래프는 다른 벤치마크건물들과의 에너지사용강도 비교결과를 보여준다. 에

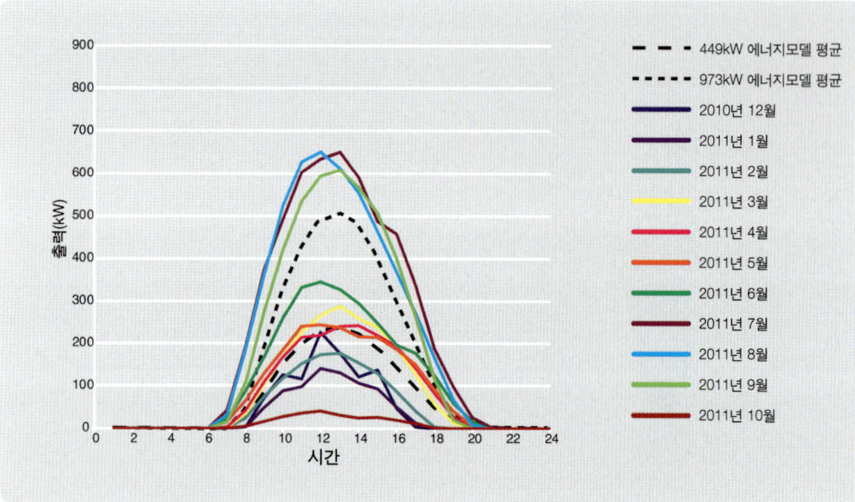


■ **그림 12.35** 태양광발전시스템출력: 2010년 10월부터 2011년 9월까지. *〈Chad Lobato/NREL〉*

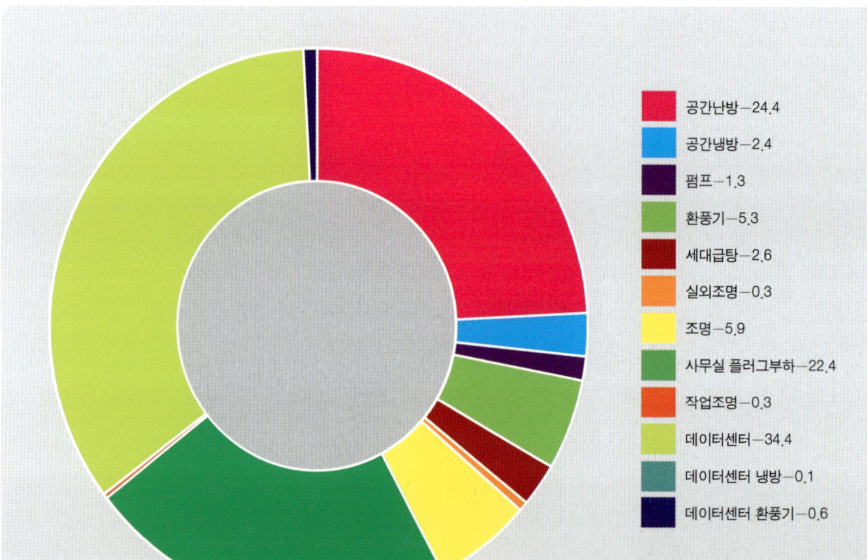


■ **그림 12.36** 연구지원시설에 대한 에너지목표사용량 분류. *〈Chad Lobato/NREL〉*

너지계산에 사용된 건물면적은 이 건물의 기본 연면적인 222,000 $ft^2$보다 약간 작은 219,105 $ft^2$이다.

넷 제로 에너지 균형의 계산결과들은 이 건물이 설계대로라면 넷 제로 부지 에너지와 넷 제로 자원 에너지, 넷 제로 에너지 배출에 대해 B 등급을 달성할 것임을 보여준다. 이 계산결과들은 프로젝트의 에너지예산과 (소규모 태양광발전 우발요인보다 적은) 시스템에 할애되는 재생에너지시스템들에 기초한다. 비용척도는 계산되지 않았는데, 이 프로젝트가 캠퍼스의 일부로서 별도의 공공설비를 이용하지 않기 때문이다.

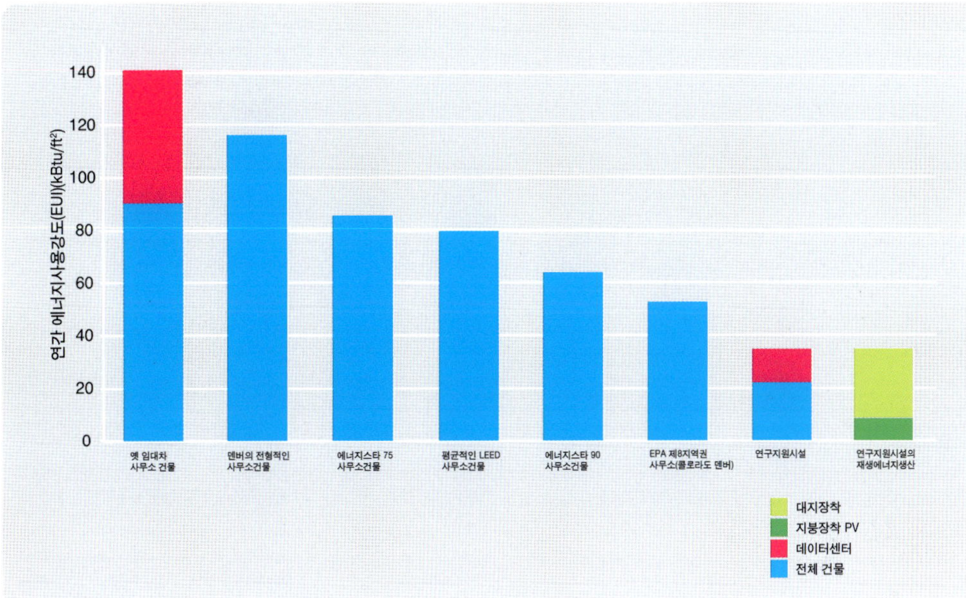


■ **그림 12.37** 에너지사용강도 비교. *〈Chad Lobato/NREL.〉*

## 성능 데이터

LEED 등급: LEED-NC 2.2 Platinum

LEED 점수: 59/69 (17/17 에너지 & 대기 점수)

프로젝트 에너지 목표/예산: 7,691 MBtu

에너지목표 EUI: 35.1 kBtu/ft²/년

최종설계(준공시점) 연간에너지: 7,281 MBtu

최종설계 에너지사용강도: 33.2 kBtu/ft²/년

기준 에너지사용강도 (2030 챌린지): 137 kBtu/ft²/년 (에너지스타 목표탐색기 기준)

데이터센터 에너지: 65 와트/인 (1,200명이 사용하는 캠퍼스, 혹은 연간 683,280 kWh 기준)

### 재생에너지시스템 성능(Renewable Energy System Performance)

- 지붕장착 태양광발전시스템: 633,539 kWh
- 주차장캐노피 태양광발전시스템: 1,620,440 kWh
- 연간 예상되는 총 재생에너지생산량: 2,254 MWh (7,691 MBtu)
- 조명전력밀도: (설치면적당) 0.56 W/ft² (자연광제어장치 사용 시는 보통 0.16 W/ft²) (작업조명은 플러그부하밀도의 일부임.)
- 주간 플러그부하밀도: 0.55 W/ft² (측정되는 데이터는 평균 0.35 W/ft² 미만)

### 탄소강도(Carbon Intensity)

- 재생에너지 미사용 시: 연간 18.4 lb $CO_{2e}$
- 태양광발전 재생에너지 사용 시: 연간 -4.6 lb $CO_{2e}$
- 기준: 67.6 lb/년 (에너지스타 목표탐색기 기준)

**넷 제로 에너지 척도(Net Zero Energy Measures) (프로젝트의 연간 에너지목표 기준)**

- 부지 에너지 균형: 0 MWh (B 등급) (그림 12.38 참조)
- 자원 에너지: -1,307 MWh (B 등급) (그림 12.39 참조)
- 에너지 배출: -453 미터톤 (B 등급) (그림 12.40 참조)
- 에너지 비용: 계산 안 됨. 하나의 캠퍼스로서 공공설비요금 지불됨.

kBtu

| 프로젝트명 | 예시프로젝트 | 건물면적 | 219,105 ft² |
|---|---|---|---|

건물 연간 에너지사용량

| | | | |
|---|---|---|---|
| 기준 부지 에너지 사용량: | 137.0 kBtu/ft²/year | 30,017 MBtu | 8,798 MWh |
| 부지 에너지 사용절감: | 74.4 % | -22,327 MBtu | -6,544 MWh |
| 설계 혹은 운영 부지 에너지 사용량: | 35.1 kBtu/ft²/year | 7,691 MBtu | 2,254 MWh |
| 에너지원별 사용량: | 전기: 1,678 MWh (부지) | 천연가스: 1,964 MBtu (부지) | 기타: N/A MBtu (부지) |

재생에너지

| 설계 혹은 운영 재생에너지 생산량: | 재생에너지 시스템 1: 태양광발전 | 재생에너지 시스템 2: 풍력 | 재생에너지 시스템 3: 바이오매스 |
|---|---|---|---|
| | ☒A: 건물 내의 재생에너지<br>☐B: 부지 내의 재생에너지<br>☐C: 부지로 인입한 재생에너지<br>☐D: 부지 외에서 구매한 재생에너지 | ☐A: 건물 내의 재생에너지<br>☒B: 부지 내의 재생에너지<br>☐C: 부지로 인입한 재생에너지<br>☐D: 부지 외에서 구매한 재생에너지 | ☐A: 건물 내의 재생에너지<br>☐B: 부지 내의 재생에너지<br>☒C: 부지로 인입한 재생에너지<br>☐D: 부지 외에서 구매한 재생에너지 |
| | ☒전기 634 MWh (부지) | ☒전기 1620 MWh (부지) | ☐전기 N/A MWh (부지) |
| | ☐열 N/A MBtu (부지) | ☐열 N/A MBtu (부지) | ☒열 1473 MBtu (부지) |
| | N/A MWh (부지) | N/A MWh (부지) | 432 MWh (부지) |

넷 제로 에너지 균형

| | | | |
|---|---|---|---|
| NZEB: A — A등급: 넷 제로 부지 에너지: | 건물 부지 에너지 사용량: 2,254 MWh (부지) | A: 재생에너지: 634 MWh (부지) | Balance: 1,620 MWh (부지)<br>25.2 kBtu/ft²/year |
| NZEB: B — B등급: 넷 제로 부지 에너지: | 건물 부지 에너지 사용량: 2,254 MWh (부지) | A+B: 재생에너지 2,254 MWh (부지) | Balance: 0 MWh (부지)<br>0.0 kBtu/ft²/year |
| NZEB: C — C등급: 넷 제로 부지 에너지: | 건물 부지 에너지 사용량: 2,254 MWh (부지) | A+B+C: 재생에너지 2,686 MWh (부지) | Balance: -432 MWh (부지)<br>-6.7 kBtu/ft²/year |
| NZEB: D — D등급: 넷 제로 부지 에너지: | 건물 부지 에너지 사용량: 2,254 MWh (부지) | A+B+C+D: 재생에너지 2,686 MWh (부지) | Balance: -432 MWh (부지)<br>-6.7 kBtu/ft²/year |

■ 그림 12.38 넷 제로 부지 에너지 균형

kBtu

| 프로젝트명 | 예시프로젝트 | 건물면적 | 219,105 ft² |
|---|---|---|---|

## 건물 연간 에너지사용량

| | | | |
|---|---|---|---|
| 기준 부지 에너지 사용량: | 137 kBtu/ft²/year | 30,017 MBtu | 8.798 MWh |
| 부지 에너지 사용절감: | 74.4 % | -22,327 MBtu | -6,544 MWh |
| 설계 혹은 운영 부지 에너지 사용량: | 35.1 kBtu/ft²/year | 7,691 MBtu | 2,254 MWh |
| | 전기: | 천연가스: | Other: |
| 에너지원별 사용량: | 1,678 MWh (부지) | 1,964 MBtu (부지) | N/A MBtu (부지) |
| | 전기: | 천연가스: | Other: |
| 자원 에너지율: | 3.318 Factor | 1.047 Factor | N/A Factor |
| | 5,569 MWh (자원) | 2,056 MWh (자원) | N/A MWh (자원) |
| | 19,001 MBtu (자원) | 603 MBtu (자원) | N/A MBtu (자원) |
| 설계 혹은 운영 자원 에너지 사용량: | 96.1 kBtu/ft²/year | 21,057 MBtu (자원) | 6,171 MWh (자원) |

## 재생에너지

| 설계 혹은 운영 재생에너지 발생량: | 재생에너지 시스템 1: 태양광발전 | 재생에너지 시스템 2: 풍력 | 재생에너지 시스템 3: 바이오매스 |
|---|---|---|---|
| | ☒A: 건물 내의 재생에너지<br>☐B: 부지 내의 재생에너지<br>☐C: 부지로 인입한 재생에너지<br>☐D: 부지 외에서 구매한 재생에너지 | ☐A: 건물 내의 재생에너지<br>☒B: 부지 내의 재생에너지<br>☐C: 부지로 인입한 재생에너지<br>☐D: 부지 외에서 구매한 재생에너지 | ☐A: 건물 내의 재생에너지<br>☐B: 부지 내의 재생에너지<br>☒C: 부지로 인입한 재생에너지<br>☐D: 부지 외에서 구매한 재생에너지 |
| | ☒전기 | ☒전기 | ☐전기 |
| | 634 MWh (부지) | 1,620 MWh (부지) | N/A MWh (부지) |
| | ☐열 | ☐열 | ☒열 |
| | N/A MBtu (부지) | N/A MBtu (부지) | 1,473 MBtu (부지) |
| | N/A MWh (부지) | N/A MWh (부지) | 432 MWh (부지) |
| 자원에너지율 | 3.318 Factor | 3.318 Factor | 1.047 Factor |
| | 2,104 MWh (자원) | 5,375 MWh (자원) | 1,542 MWh (자원) |
| | N/A MBtu (자원) | N/A MBtu (자원) | 452 MBtu (자원) |

## 넷 제로 에너지 균형

| | 건물 부지 에너지 사용량: | 재생에너지: | Balance: |
|---|---|---|---|
| NZEB: A — A등급: 넷 제로 부지 에너지: | 6,171 MWh (자원) | A: 2,104 MWh (자원) | 4,068 MWh (자원)<br>63.3 kBtu/ft²/year |
| NZEB: B — B등급: 넷 제로 부지 에너지: | 6,171 MWh (자원) | A+B: 7,429 MWh (자원) | -1,307 MWh (자원)<br>-20.4 kBtu/ft²/year |
| NZEB: C — C등급: 넷 제로 부지 에너지: | 6,171 MWh (자원) | A+B+C: 9,021 MWh (자원) | -2,850 MWh (자원)<br>-44.4 kBtu/ft²/year |
| NZEB: D — D등급: 넷 제로 부지 에너지: | 6,171 MWh (자원) | A+B+C+D: 9,021 MWh (자원) | -2,850 MWh (자원)<br>-44.4 kBtu/ft²/year |

■ **그림 12.39** 넷 제로 자원 에너지 균형

$CO_{2e}$

| 프로젝트명 | 예시프로젝트 | 건물면적 | 219,105 ft² |
|---|---|---|---|

### 건물 연간 에너지사용량

| | | | |
|---|---|---|---|
| 기준 부지 에너지 사용량: | 137 kBtu/ft²/year | 30,017 MBtu | 8,798 MWh |
| 부지 에너지 사용절감: | 74.4 % | -22,327 MBtu | -6,544 MWh |
| 설계 혹은 운영 부지 에너지 사용량: | 35.1 kBtu/ft²/year | 2,000 MBtu | 2,254 MWh |
| 에너지원별 사용량: | 전기: 1,678 MWh (부지) | 천연가스: 7,691 MBtu (부지) | 기타: N/A MBtu (부지) |
| 탄소배출률 ($CO_{2e}$): | 전기: 1.012 Mtons/MWh | 천연가스: 0.066 Mtons/MBtu | 기타: N/A Mtons/MBtu |
| | 1698.5 Mtons | 129.6 Mtons | N/A Mtons |
| 재생에너지 제외 시 배출량 ($CO_{2e}$): | | 18.4 lb/ft²/year | 1,828.1 Mtons |

### 재생에너지

| | | | |
|---|---|---|---|
| 설계 혹은 운영 재생에너지 발생량: | 재생에너지 시스템 1: 태양광발전 | 재생에너지 시스템 2: 풍력 | 재생에너지 시스템 3: 바이오매스 |
| | ☒A: 건물 내의 재생에너지<br>☐B: 부지 내의 재생에너지<br>☐C: 부지로 인입한 재생에너지<br>☐D: 부지 외에서 구매한 재생에너지 | ☐A: 건물 내의 재생에너지<br>☒B: 부지 내의 재생에너지<br>☐C: 부지로 인입한 재생에너지<br>☐D: 부지 외에서 구매한 재생에너지 | ☐A: 건물 내의 재생에너지<br>☐B: 부지 내의 재생에너지<br>☒C: 부지로 인입한 재생에너지<br>☐D: 부지 외에서 구매한 재생에너지 |
| | ☒전기 634 MWh (부지) | ☒전기 1,620 MWh (부지) | ☐전기 N/A MWh (부지) |
| | ☐열 N/A MBtu (부지) | ☐열 N/A MBtu (부지) | ☒열 1,473 MBtu (부지) |
| 탄소배출률 ($CO_{2e}$): | ☒전기 1.012 Mtons/MWh | ☒전기 1.012 Mtons/MWh | ☐전기 N/A Mtons/MWh |
| | ☐열 N/A Mtons/MBtu | ☐열 N/A Mtons/MBtu | ☒열 0.066 Mtons/MBtu |
| 재생에너지로 상계되는 에너지배출 ($CO_{2e}$): | 641.6 Mtons | 1,639.4 Mtons | 97.2 Mtons |

### 넷 제로 에너지 균형

| | | | |
|---|---|---|---|
| NZEB: A — A등급: 넷 제로 부지 에너지: | 건물 부지 에너지 사용량: 1,828.1 Mtons | A: 재생에너지: 641.6 Mtons | 균형: 1,187 Mtons<br>0.5 lb/ft²/year |
| NZEB: B — B등급: 넷 제로 부지 에너지: | 건물 부지 에너지 사용량: 1,828.1 Mtons | A+B: 재생에너지: 2,281.0 Mtons | 균형: -453 Mtons<br>-4.6 lb/ft²/year |
| NZEB: C — C등급: 넷 제로 부지 에너지: | 건물 부지 에너지 사용량: 1,828.1 Mtons | A+B+C: 재생에너지: 2,378.3 Mtons | 균형: -550 Mtons<br>-5.5 lb/ft²/year |
| NZEB: D — D등급: 넷 제로 부지 에너지: | 건물 부지 에너지 사용량: 1,828.1 Mtons | A+B+C+D: 재생에너지: 2,378.3 Mtons | 균형: -550 Mtons<br>-5.5 lb/ft²/year |

■ 그림 12.40 넷 제로 에너지 배출 균형

# 참고문헌

Bibliography


7 Group, and Bill Reed. *The Integrative Design Guide to Green Building: Redefining the Practice of Sustainability.* Hoboken, NJ: John Wiley & Sons, Inc., 2009.

Adrian Smith + Gordon Gill Architecture. *Toward Zero Carbon: The Chicago Central Area DeCarbonization Plan.* Victoria, Australia: Images Publishing, 2011.

AIA California Council and the American Institute of Architects. "Integrated Project Delivery: Case Studies," January 2010.

Aldous, Scott, Zeke Yewdall, and Sam Ley. "A Peek Inside a PV Cell." *Home Power*, 121, October and November 2007, 64–68.

The American Institute of Architects. 50 to 50 Wiki, last accessed July 7, 2011, http://wiki.aia.org.

———. Carbon Neutral Design Project, last accessed October 29, 2011, www.architecture.uwaterloo.ca/faculty_projects/terri/carbon-aia/index.html.

———. "AIA Contract Documents: Contract Relationship Diagrams," June 2010.

The American Institute of Architects and AIA California Council. "Integrated Project Delivery: A Guide," 2007.

American Lung Association. "Public Policy Position, Energy," June 11, 2011.

American Wind Energy Association. "FAQ for Small Wind Systems," last accessed August 3, 2011, www.awea.org/_cs_upload/learnabout/publications/factsheets/9464_1.pdf.

Ander, Gregg D. *Daylighting Performance and Design*, 2nd ed. Hoboken, NJ: John Wiley & Sons, Inc., 2003.

Anis, Wagdy, and William Wiss. "Air Barriers: Walls Meet Roofs." *Journal of Building Enclosure Design*, Summer 2007, 29–32.

Architecture 2030 website, last accessed November 9, 2011, http://architecture2030.org/2030_challenge/the_2030_challenge.

Architectural Energy Corporation. "Daylight Metric Development Using Daylight Autonomy Calculations in the Sensor Placement Optimization Tool: Development Report and Case Studies." CHPS Daylighting Committee, March, 2006.

ASHRAE (American Society of Heating, Refrigerating and Air-Conditioning Engineers). "Advanced Energy Design Guide for K-12 School Buildings: Achieving 30% Energy Savings Toward a Net Zero Energy Building," 2008.

———. "Advanced Energy Design Guide for Small to Medium Office Buildings: Achieving 50% Energy Savings Toward a Net Zero Energy Building," 2011.

———. "Advanced Energy Design Guide for Small Retail Buildings: Achieving 30% Energy Savings Toward a Net Zero Energy Building," 2006.

———. *ASHRAE Handbook Fundamentals.* Atlanta, GA: ASHRAE, 2009.

———. "ASHRAE Vision 2020," January 2008.

———. "Energy Standard for Buildings Except Low-Rise Residential Buildings, ANSI/ASHRAE/IESNA Standard 90.1–2007," 2007.

———. "Standard for the Design of High-Performance Green Buildings Except Low-Rise Residential Buildings, ANSI/ASHRAE/USGBC/IES Standard 189.1–2011," 2011.

———. "Thermal Environmental Conditions for Human Occupancy, ANSI/ASHRAE Standard 55–2004," 2004.

———. "Ventilation for Acceptable Indoor Air Quality, ANSI/ASHRAE Standard 62.1–2004," 2004.

Associated General Contractors of America. "Qualifications Based Selection of Contractors," August 2009.

Barbose, Galen, Naïm Darghouth, Ryan Wiser, and Joachim Seel. "Tracking the Sun IV: An Historical Summary of the Installed Cost of Photovoltaics in the United States from 1998 to 2010." Lawrence Berkeley National Laboratory, September 2011.

Barley, D., M. Deru, S. Pless, and P. Torcellini. "Procedure for Measuring and Reporting Commercial Building Energy Performance." National Renewable Energy Laboratory, Technical Report NREL/TP-550–38601, October 2005.

Bayon, Ricardo, Amanda Hawn, and Katherine Hamilton. *Voluntary Carbon Markets: An International Business Guide to What They Are and How They Work.* London: Earthscan, 2007.

BC Green Building Roundtable. "Roadmap for the Integrated Design Process Part One: Summary Guide," 2007.

Behling, Sophia, and Stefan Behling. *Solar Power: The Evolution of Sustainable Architecture.* Munich: Prestel, 2000.

Biomass Energy Resource Center. "Wood Boiler Systems Overview," 2011.

Bony, Lionel, Stephen Doig, Chris Hart, Eric Maurer, and Sam Newman. "Achieving Low-Cost Solar PV: Industry Workshop Recommendations for Near-Term Balance of System Cost Reductions." Rocky Mountain Institute, September 2010.

Brickford, Carl. "Sizing Solar Hot Water Systems." *Home Power*, 118, April and May 2007, 34–38.

Briggs, Robert S., Robert G. Lucas, and Z. Todd Taylor. "Climate Classification for Building Energy Codes and Standards." Pacific NW National Laboratory, Technical Paper Final Review Draft, March 26, 2002.

Brown, Carl, Allan Daly, John Elliott, Cathy Higgins, and Jessica Granderson. "Hitting the Whole Target: Setting and Achieving Goals for Deep Efficiency Buildings." ACEEE Summer Study on Energy Efficiency in Buildings, 2010.

Brown, G. Z., and Mark DeKay. *Sun, Wind & Light: Architectural Design Strategies*, 2nd ed. Hoboken, NJ: John Wiley & Sons, Inc., 2001.

Brown, Robert, D. *Design with Microclimate: The Secret to Comfortable Outdoor Space.* Washington, DC: Island Press, 2010.

Building Design + Construction. "Zero and Net-Zero Energy Buildings + Homes, Eight in a Series of White Papers on the Green Building Movement," March 2011.

Carlise, Nancy, Otto Van Geet, and Shanti Pless. "Definition of a 'Zero Net Energy' Community," National Renewable Energy Laboratory, Technical Report NREL/TP-7A2-46065, November 2009.

Carmody, John, Stephen Selkowitz, Eleanor S. Lee, Dariush Arasteh, and Todd Willmert. *Window Systems for High-Performing Buildings.* New York: W.W. Norton & Company, 2004.

Commercial Buildings Consortium. "Analysis of Cost & Non-Cost Barriers and Policy Solutions for Commercial Buildings." Zero Energy Commercial Buildings Consortium, February 2011.

———. "Next-Generation Technologies Barriers & Industry Recommendations for Commercial Buildings." Zero Energy Commercial Buildings Consortium, February 2011.

Congressional Research Service. "Energy Independence and Security Act of 2007: A Summary of Major Provisions." CRS Report for Congress, December 21, 2007.

Crawley, Drury, Shanti Pless, and Paul Torcellini. "Getting to Net Zero." National Renewable Energy Laboratory, NREL/JA-550–46382, *ASHRAE Journal*, September 2009.

Cunningham, Paul, and Ian Woofenden. "Microhydro-Electric Systems Simplified." *Home Power*, 117, February and March 2007, 40–45.

Database of State Incentives for Renewables & Efficiency Solar portal website, last accessed November 16, 2011, www.dsireusa.org/solar.

Davis, Stacey C., and Susan W. Diegel. "Transportation Energy Data Book: Edition 30." Prepared by the Oak Ridge National Laboratory for the U.S. Department of Energy, June 2011.

Del Vecchio, David. "Optimizing a PV Array with Orientation and Tilt." *Home Power*, 130, April and May 2009, 52–56.

Deru, Michael, and Paul Torcellini. "Performance Metrics Research Project—Final Report." National Renewable Energy Laboratory, Technical Report NREL/TP-550–38700, October 2005.

———. "Source Energy and Emission Factors for Energy Use in Buildings." National Renewable Energy Laboratory, Technical Report NREL/TP-550–38617, June 2007.

———. "Standard Definitions of Building Geometry for Energy Evaluation." National Renewable Energy Laboratory, Technical Report NREL/TP-550–38600, October 2005.

Deru, M., N. Blair, and P. Torcellini. "Procedure to Measure Indoor Lighting Energy Performance." National Renewable Energy Laboratory, Technical Report NREL/TP-550–38602, October 2005.

Elvin, George. *Integrated Practice in Architecture: Mastering Design-Build, Fast-Track, and Building Information Modeling.* Hoboken, NJ: John Wiley & Sons, Inc. 2007.

Engage 360. "California Energy Efficiency Strategic Plan, Net Zero Energy Action Plan: Commercial Building Sector 2010–2012," 2010.

European Council for an Energy-Efficient Economy. "Steering Through the Maze #2, Nearly Zero Energy Buildings: Achieving the EU 2020 Target," February 8, 2011.

The European Parliament and the Council of the European Union. "Directive 2010/31/EU of the European Parliament and of the Council of 19 May 2010 on the Energy Performance of Buildings (recast)." *Official Journal of the European Union*, 2010.

Fernández–Galiano, Luis. *Fire and Memory: On Architecture and Energy.* Translated by Gina Cariño. Cambridge, MA: MIT Press, 2000.

Field, Kristin, Michael Deru, and Daniel Studer. "Using DOE Commercial Reference Buildings for Simulation Studies." National Renewable Energy Laboratory, Conference Paper NREL/CP-550–48588, August 2010.

Fuller, Sieglinde K., and Stephen R. Petersen. *Life-Cycle Costing Manual for the Federal Energy Management Program* (NIST Handbook 135). U.S. Department of Commerce, 1995.

Gardner, Ken, and Ian Woofenden. "Hydro-electric Turbine Buyer's Guide." *Home Power*, 136, April and May 2010, 100–108.

Garnderson, Jessica, Mary Ann Piettem, Girish Ghatikar, and Phillip Price. "Building Energy Information Systems: State of the Technology and User Case Studies." Lawrence Berkeley National Laboratory, LBNL-2899E, November 2009.

General Services Administration, Public Buildings Service. "Energy Savings and Performance Gains in GSA Buildings: Seven Cost-Effective Strategies," March 2009.

Gevorkian, Peter. *Alternative Energy Systems in Building Design.* New York: McGraw-Hill, 2010.

Gonchar, Joann. "Zeroing in on Net-Zero Energy." *Architectural Record*, December 2010.

Griffith, B., N. Long, P. Torcellini, R. Judkoff, D. Crawley, and J. Ryan. "Assessment of the Technical Potential for Achieving Net Zero-Energy Buildings in the Commercial Sector." National Renewable Energy Laboratory, Technical Report NREL/TP-550–41957, December 2007.

———. "Methodology for Modeling Building Performance across the Commercial Sector." National Renewable Energy Laboratory, Technical Report NREL/TP-550–41956, March 2008.

Grondzik, Walter T., Alison G. Kwok, Benjamin Stein, and John S. Reynolds. *Mechanical and Electrical Equipment for Buildings*, 11th ed. Hoboken, NJ: John Wiley & Sons, Inc., 2010.

Gowri, K., D. Winiarski, and R. Jarnagin. "Infiltration Modeling Guidelines for Commercial Building Energy Analysis." Pacific Northwest National Laboratory, September 2009.

Guglielmetti, Rob, Jennifer Scheib, Shanti Pless, Paul Torcellini, and Rachel Petro. "Energy Use Intensity and Its Influence on the Integrated Daylight Design of a Large Net Zero Energy Building." National Renewable Energy Laboratory, Conference Paper NREL/CP-5500–49103, March 2011.

Guglielmetti, Rob, Shanti Pless, and Paul Torcellini. "On the Use of Integrated Daylighting and Energy Simulations to Test-Drive the Design of a Large Net-Zero Energy Office Building." National Renewable Energy Laboratory, Conference Paper NREL/CP-5500–47522, August 2010.

Hassett, Timothy G., and Karin L. Borgerson. "Harnessing Nature's Power: Deploying and Financing On-Site Renewable Energy." World Resources Institute, 2009.

Hausladen, Gerhard, Michael de Saldanha, and Petra Liedl. *ClimateSkin: Building-Skin Concepts That Can Do More with Less Energy.* Basel, Switzerland: Birkhäuser, 2006.

Hawkens, Paul, Amory Lovins, and L. Hunter Lovins. *Natural Capitalism: Creating the Next Industrial Revolution.* Boston: Back Bay Books, 2008.

Helms, Robert N. *Illumination Engineering for Energy-Efficient Luminous Environments.* Englewood Cliffs, NJ: Prentice-Hall, 1980.

Heschong, Lisa. *Thermal Delight in Architecture.* Cambridge, MA: MIT Press, 1979.

Hirsch, Adam, Shanti Pless, Rob Guglielmetti, Paul A. Torcellini, David Okada, and Porus Antia. "The Role of Modeling When Designing for Absolute Energy Use Intensity Requirements in a Design-Build Framework." National Renewable Energy Laboratory, Conference Paper NREL/CP-5500–49067, March 2011.

International Energy Agency. "Biomass for Power Generation and CHP." IEA Energy Technology Essentials, January 2007.

———. "Technology Roadmap: Solar Photovoltaic Energy," 2010.

International Living Building Institute. "Documentation Requirements, Living Building Challenge 2.0: Renovation, Landscape + Infrastructure, and Building Typologies," December 2010.

———. "Living Building Challenge 2.0: A Visionary Path to a Restorative Future," April 2010.

———. "Net Zero Energy Building Certification, Documentation Requirements," 2011.

International Performance Measurement & Verification Protocol. *Concepts and Practices for Determining Energy Savings in New Construction, Volume III, Part O*, January 2006.

Jewell, Mark T. "Energy-Efficiency Economics: What You Need to Know." *HPAC Engineering*, January 2003, 38–46.

Kats, Greg. *Greening Our Built World: Costs, Benefits, and Strategies.* Washington, DC: Island Press, 2010.

Klein, Gary. "Hot-Water Distribution Systems—Part III." *Plumbing Systems & Design*, May/June 2005, 12–15.

Kosny, Jan. "A New Whole Wall R-Value Calculator: An Integral Part of the Interactive Internet-Based Building Envelope Materials Database for Whole-Building Energy Simulation Programs." Oak Ridge National Laboratory, August 2004.

Kwok, Alison G., and Walter T. Grondzik. *The Green Studio Handbook: Environmental Strategies for Schematic Design*, 2nd ed. Oxford: Architectural Press, 2011.

Lawrence Berkeley National Laboratory, EnergyIQ website, last accessed March 12, 2012, http://energyiq.lbl.gov.

Leach, Matthew, Chad Lobato, Adam Hirsch, Shanti Pless, and Paul Torcellini. "Technical Support Document: Strategies for 50% Energy Savings in Large Office Buildings." National Renewable Energy Laboratory, Technical Report NREL/TP-550-49213, September 2010.

Lechner, Norbert. *Heating, Cooling, Lighting: Sustainable Design Methods for Architects.* Hoboken, NJ: John Wiley & Sons, Inc., 2009.

Lehrer, David, and Janani Vasudev. "Evaluation a Social Media Application for Sustainability in the Workplace." Center for the Built Environment, University of California, Berkeley. CHI2011, May 7–12, 2011, Vancouver, BC, Canada, May 2011.

Lerum, Vidar. *High-Performance Building.* Hoboken, NJ: John Wiley & Sons, Inc., 2008.

Lobato, Chad, Shanti Pless, Michael Sheppy, and Paul Torcellini. "Reducing Plug and Process Loads for a Large-Scale, Low-Energy Office Building: NREL's Research Support Facility." National Renewable Energy Laboratory, Conference Paper NREL/CP-5500-49002, February 2011.

Lobato, Chad, Michael Sheppy, Larry Brackney, Shanti Pless, and Paul Torcellini. "Selecting a Control Strategy for Miscellaneous Electrical Loads (draft)," August 2011.

Lund, John W. "Development of Direct-Use Projects." National Renewable Energy Laboratory, Conference Paper NREL/CP-5500-49948, January 2011.

Massachusetts Department of Energy Resources. "An MPG Rating for Commercial Buildings: Establishing a Building Energy Asset Labeling Program in Massachusetts," December, 2010.

Massachusetts Zero Net Energy Buildings Task Force. "Getting to Zero: Final Report of the Massachusetts Zero Net Energy Buildings Task Force," March 11, 2009.

Mazria, Edward. *The Passive Solar Energy Book, Expanded Professional Edition.* Emmaus, PA: Rodale Press, 1979.

McConahey, Erin. "Mixed Mode Ventilation: Finding the Right Mix." *ASHRAE Journal*, September 2008, 36–48.

McLennan, Jason. "Burning Questions—The Role of Combustion in Living Buildings: Why Prometheus Was Wrong." *Trim Tab*, Summer 2010.

Mehalic, Brian. "Flat-Plate & Evacuated-Tube Solar Thermal Collectors." *Home Power*, 132, August and September 2009, 40–46.

Miller, Rex, Dean Strombom, Mark Iammarino, and Bill Black. *The Commercial Real Estate Revolution: Nine Transforming Keys to Lowering Costs, Cutting Waste, and Driving Change in a Broken Industry.* Hoboken, NJ: John Wiley & Sons, Inc., 2009.

Moe, Kiel. *Thermally Active Surfaces in Architecture.* Princeton, NJ: Princeton Architectural Press, 2010.

Moorefield, Laura, Brooke Frazer, and Paul Bendt. "Office Plug Load Field Monitoring Report." *Ecos*, December 2008.

Morris, Peter, and Lisa Fay Matthiessen. "Cost of Green Revisited: Reexamining the Feasibility and Cost Impact of Sustainable Design in the Light of Increased Market Adoption," July 2007.

National Association of State Facilities Administrators, Construction Owners Association of America, The Association of Higher Education Facilities Officers, Associated General Contractors of America, and the American Institute of Architects. "Integrated Project Delivery for Public and Private Owners," 2010.

National Building Controls Information Program. "NBCIP Roundtable Summary: What's Wrong with Building Controls?" Iowa Energy Center, 2002.

National Institute of Building Sciences. "Exterior Enclosure Technical Requirements for the Commissioning Process, NIBS Guideline 3–2006." November 27, 2006.

National Renewable Energy Laboratory. "Assessing and Reducing Plug and Process Loads in Office Buildings," June 2011.

———. *A Handbook for Planning and Conducting Charrettes for High-Performance Projects*, 2nd ed., September 2009.

———. "Information Technology Settings and Strategies for Energy Savings in Commercial Buildings," August 2011.

———. "Integrated Design Team Guide to Realizing Over 75% Lighting Energy Savings in High-Performance Office Buildings," June 2011.

———. Open PV Project website, last accessed August 17, 2011, http://openpv.nrel.gov.

———. PVWatts website, last accessed October 16, 2011, www.nrel.gov/rredc/pvwatts.

———. *Solar Radiation Data Manual for Buildings*, September 1995.

———. "Where Wood Works: Strategies for Heating with Woody Biomass." Flexible Energy Communities Initiative, 2008.

———. NREL Newsroom. "Green Computing Helps in Zero Energy Equation," April 14, 2010.

———. "Solar System Tops Off Efficient NREL Building," September 29, 2010.

National Resources Canada. "Micro-Hydropower Systems: A Buyer's Guide," 2004.

National Science and Technology Council, Committee on Technology. "Federal Research and Development Agenda for Net-Zero Energy, High-Performance Green Buildings," October 2008.

New, Dan. "Intro to Hydropower, Part 1: Systems Overview." *Home Power*, 103, October and November 2004, 14–20.

———. "Intro to Hydropower, Part 2: Measuring Head & Flow." *Home Power*, 104, December 2004 and January 2005, 42–47.

———. "Intro to Hydropower, Part 3: Power, Efficiency, Transmission & Equipment Selection." *Home Power*, 105, February and March 2005, 30–35.

New Buildings Institute. Advanced Lighting Guidelines website, www.algonline.org.

———. "Getting to Zero 2012 Status Update: A First Look at the Cost and Features of Zero Energy Commercial Buildings," March 2012.

Nicol, Fergus J., and Michael A Humphreys. *Adaptive Thermal Comfort and Sustainable Thermal Standards for Buildings*. Oxford Centre for Sustainable Development, School of Architecture, Oxford Brookes University, March 2002.

Nowak, David J., and Daniel E. Crane. "Carbon Storage and Sequestration by Urban Trees in the USA." *Environmental Pollution*, 116, 2002, 381–389.

NYS Energy Research & Development Authority. "Wind Energy Model Ordinance Options," October 2005.

O'Brien, Sean M. "Thermal Bridging in the Building Envelope: Maximizing Insulation Effectiveness Through Careful Design." *The Construction Specifier*, October 2006.

Olson, Ken. "Solar Hot Water: A Primer." *Home Power*, 84, August and September 2001, 44–52

———. "Solar Hot Water for Cold Climates." *Home Power*, 85, October and November 2001, 40–48.

Peel, M. C., B. L. Finlayson, and T. A. McMahon. "Updated World Map of the Köppen-Geiger Climate Classification." *Hydrology and Earth System Sciences*, 11, 2007, 1633–1644.

Peterson, Kent, and Hugh Crowther. "Building Energy Use Intensity." *High Performance Buildings*, Summer 2010, 40–50.

Petro, Rachel. "Countdown to Zero." *LD+A*, February 2011.

Phillips, Duncan, Meiring Beyers, and Joel Good. "How High Can You Go? Building Height and Net Zero." *ASHRAE Journal*, September 2009, 26–36.

Pless, Shanti, and Paul Torcellini. "Controlling Capital Costs in High-Performance Office Buildings," NREL Webinar, October 31, 2011.

———. "Net-Zero Energy Buildings: A Classification System Based on Renewable Energy Supply Options." National Renewable Energy Laboratory, Technical Report NREL/TP-550–44586, June 2010.

Pless, S., M. Deru, P. Torcellini, and S. Hayter. "Procedure for Measuring and Reporting the Performance of Photovoltaic Systems in Buildings." National Renewable Energy Laboratory, Technical Report NREL/TP-550–38603, October 2005.

Pless, Shanti, Paul Torcellini, and David Shelton. "Using an Energy Performance-Based Design-Build Process to Procure a Large-Scale Low-Energy Building." National Renewable Energy Laboratory, Conference Paper NREL/CP-5500–51323, May 2011.

Presidential Documents. "Executive Order 13514 of October 5, 2009, Federal Leadership in Environmental, Energy, and Economic Performance." *Federal Register Vol. 74, No. 194*, Thursday, October 8, 2009.

Preus, Robert. "Thoughts on VAWTs: Vertical Axis Wind Generator Perspectives." *Home Power*, 104, December 2004 and January 2005, 98–100.

Price, Derek. "Structuring the Deal: Funding Options and Financial Incentives for On-site Renewable Energy Projects." Johnson Controls, Inc., 2008.

Putt del Pino, Samantha, and Pankai Bhatia. "Working 9 to 5 on Climate Change: An Office Guide." World Resource Institute, December 2002.

Rawlinson, Simon, and David Wright of Davis Langdon. "Sustainability: Embodied Carbon." *Building Magazine*, October 2007, 88–91.

Reinhart, Christoph F., John Mardaljevic, and Zach Rogers. "Dynamic Daylight Performance Metrics for Sustainable Building Design." National Research Council Canada (NRCC-48669).

Roberts, Simon, and Nicolò Guariento. *Building Integrated Photovoltaics: A Handbook.* Basel, Switzerland: Birkhäuser, 2009.

Rocky Mountain Institute. "Collaborate and Capitalize: Post-Report from the Building Energy Modeling Innovation Summit," 2011.

Rothschild, Susy S., Cristina Quiroz, Manish Salhorta, and Art Diem. "The Value of eGRID and eGRIDweb to GHG Inventories." E.H. Pechan & Associates, Inc., U.S. EPA, December 2009.

Sanchez, Justine. "2010 PV Module Guide. *Home Power*, 134, December 2009 and January 2010, 50–61.

Sanchez, Justine, and Ian Woofenden. "PV Systems Simplified." *Home Power*, 144, August and September 2011, 70–78.

Sheppy, Michael, Chad Lobato, Otto Van Geet, Shanti Pless, Kevin Donovan, and Chuck Powers. "Reducing Data Center Loads for a Large-Scale, Low-Energy Office Building: NREL's Research Support Facility," December 2011.

Sherwood, Larry. "U.S. Solar Market Trends 2010." Interstate Renewable Energy Council, June 2011.

Solar Energy Industries Association and GTM Research. "U.S. Solar Market Insight, First Quarter 2011, Executive Summary," 2011.

Solar Rating & Certification Corporation website, last accessed October 16, 2011, www.solar-rating.org.

Speer, Bethany, Michael Mendelsohn, and Karlynn Cory. "Insuring Solar Photovoltaics: Challenges and Possible Solutions." National Renewable Energy Laboratory, Technical Report NREL/TP-6A2–46932, February 2010.

The Sustainable Sites Initiative. "Guidelines and Performance Benchmarks, 2009."

———. "The Case for Sustainable Landscapes," 2009.

Szokolay, Steven V. *Introduction to Architectural Science: The Basis of Sustainable Design*, 2nd ed. Oxford, UK: Architectural Press, 2008.

Torcellini, Paul, and Drury Crawley. "Understanding Zero-Energy Buildings." *ASHRAE Journal*, September 2006, 62–69.

Torcellini, P., M. Deru, B. Griffith, K. Benne, M. Halverson, D. Winiarski, and D. B. Crawley. "DOE Commercial Building Benchmark Models." National Renewable Energy Laboratory, Conference Paper NREL/CP-550–43291, July 2008.

Torcellini, Paul, Shanti Pless, Michael Deru, and Drury Crawley. "Zero Energy Buildings: A Critical Look at the Definition." National Renewable Energy Laboratory, Technical Report NREL/TP-550-39833, June 2006.

Torcellini, Paul, Shanti Pless, Chad Lobato, and Tom Hootman. "Main Street Net-Zero Energy Buildings: The Zero Energy Method in Concept and Practice," July 2010.

United Nations Environment Programme (UNEP). Sustainable Buildings & Climate Initiative. "Common Carbon Metric for Measuring Energy Use & Reporting Greenhouse Gas Emissions from Building Operations."

———. International Panel for Sustainable Resource Management. "Towards Sustainable Production and Use of Resources: Assessing Biofuels," 2009.

U.S. Army Corps of Engineers, Engineer Research and Development Center. "U.S. Army Corps of Engineers Air Leakage Test Protocol for Measuring Air Leakage in Buildings."

U.S. Department of Energy. "U.S. Billion-Ton Update: Biomass Supply for a Bioenergy and Bioproducts Industry," August 2011.

U.S. Department of Energy, Energy Efficiency, & Renewable Energy. *2009 Building Energy Data Book*, October 2009.

———. *2009 Renewable Energy Data Book*, August 2010.

———. *2010 Building Energy Data Book*, March 2011.

———. "2010 Wind Technologies Market Report," June 2011.

———. *Biomass Energy Data Book, Edition 3*, 2010.

———. "The Design-Build Process for the Research Support Facility" (draft), July 2011.

———. "High-Performance Home Technologies: Solar Thermal and Photovoltaic Systems," June 2007.

———. "Operations & Maintenance Best Practices: A Guide to Achieving Utility Resource Efficiency," October 2007.

———. "Metering Best Practices: A Guide to Achieving Operational Efficiency, Release 2.0," July 2004.

———. "M&V Guidelines: Measurement and Verification for Federal Energy Projects, Version 3.0," April 2008.

———. "Small Wind Electric Systems: A U.S. Consumer's Guide," August 2007.

———. "Small Hydropower Systems," July 2001.

———. "Solid-State Lighting Research and Development: Multi-Year Program Plan," August 2010.

———. "Research Support Facility—A Model of Super Efficiency," May 2011.

U.S. Department of Energy, Energy Information Administration International Energy Statistics website, last accessed December 6, 2010, www.eia.gov/countries.

———. "Annual Energy Outlook 2010 with Projections to 2035," April 2010.

———. "Annual Energy Review 2009," August 2010.

———. "Historical Natural Gas Annual 1930 through 2000," December 2001.

———. "International Energy Outlook, 2010," July 2010.

———. "Method for Calculating Carbon Sequestration by Trees in Urban and Suburban Settings," April 1998.

U.S. Environmental Protection Agency. Carbon Sequestration in Agriculture and Forestry website, last accessed October 16, 2011, http://www.epa.gov/sequestration/index.html.

———. "ENERGY STAR Performance Rating Methodology for Incorporating Source Energy Use," August 2009.

———. ENERGY STAR Target Finder website, last accessed April 10, 2011, www.energystar.gov/targetfinder.

———. "EPA's Green Power Partnership: Renewable Energy Certificates," July 2008.

U.S. Green Building Council. "LEED Reference Guide for Green Building Design and Construction: For the Design, Construction and Major Renovations of Commercial and Institutional Buildings Including Core & Shell and K-12 School Projects, 2009 Edition," 2009.

———. "LEED Reference Guide for Green Building Operations and Maintenance: For the Operations and Maintenance of Commercial and Institutional Buildings, 2009 Edition," 2009.

———. "LEED Building Design & Construction Rating System, 3rd Public Comment Draft," March 2012.

Utzinger, Michael, and James H. Wasley. "Building Balance Point." Vital Signs Project, University of California–Berkeley, August 1997.

Watson, Donald, and Kenneth Labs. *Climatic Building Design: Energy-Efficient Building Principles and Practice.* New York: McGraw-Hill, 1983.

Welch, Michael. "Architectural PV Design Considerations." *Home Power*, 142, April and May 2011, 44–51.

Weliczko, Erika. "Solar-Electric Options: Crystalline vs. Thin-Film." *Home Power*, 127, October and November 2008, 98–101.

Wells, Malcolm. *Gentle Architecture*. New York: McGraw-Hill, 1981.

Woofenden, Ian. "Understanding Wind Speed." *Home Power*, 143, June and July 2010, 106–108.

———. "Wind-Electric Systems Simplified." *Home Power*, 110, December 2005 and January 2006, 10–16.

Woofenden, Ian, and Hugh Piggott. "Anatomy of a Wind Turbine." *Home Power*, 116, December 2006 and January 2007, 52–55.

Woofenden, Ian, and Mick Sagrillo. "2010 Wind Generator Buyer's Guide." *Home Power*, June and July 2010, 137.

———. "Is Wind Electricity Right for You?" *Home Power*, 143, June and July 2011, 52–61.

# 저자소개

About The Author

지속가능한 건축설계 시장을 선두로 이끌어가는 디자인사무소 RNL의 부대표(Associate Principal)이자 지속가능한 건축설계 디렉터(Director of Sustainability)인 **톰 훗먼**(Tom Hootman, 미국건축사, LEED AP[BD+C])은 건축가이자 LEED AP로서 19년 이상의 실무 경험을 쌓아온 베테랑이다. 그는 디렉터로서 지속가능건축 관련 실무 수행, 설계표준안 제정, 다양한 교육 및 연구 활동과 대외활동을 주도하고 있다. 현재는 넷 제로 에너지 빌딩 설계 프로젝트를 수행하고 있으며, 최근에는 미 국립재생에너지연구소(National Renewable Energy Laboratory)의 연구지원시설(Research Support Facility)을 완공하였다. 또한 미국 전역과 세계를 누비며 지속가능한 건축설계 주제들에 대해 정기적으로 강연하고 있으며, 활발한 저술활동도 하고 있다.

## 기고 저자(Contributing Authors)

**샨티 플레스**(Shanti Pless, LEED AP)는 미 국립재생에너지연구소 선진형 상업건축 연구그룹(Advanced Commercial Buildings Research Group)의 선임 엔지니어(Senior Energy Efficiency Research Engineer)이다. 그는 국립재생에너지연구소에서 주로 상업건축의 에너지효율과 건물일체형 재생에너지에 대한 응용 연구 및 설계를 수행하고 있다. 그는 저에너지 및 제로에너지 상업건축을 실현하는 데 필요한 설계 연구에 힘쓰고 있으며, 최근에는 제로 에너지 빌딩을 위한 설계분류 및 에너지 최적화 모델링시스템을 개발하고 있다. 또한 국립재생에너지연구소 내의 건축물을 제로 에너지 상업건축으로 설계하기 위한 프로젝트를 수행하고 있으며, 제로 에너지 빌딩 및 연구 프로젝트에 대한 다양한 기술지원방법을 연구하고 있다.

**데이비드 오카다**(David Okada, 프로페셔널 엔지니어[PE], LEED AP)는 고성능 그린디자인 분야의 리더이며, 지속가능한 건축 프로젝트를 최고수준으로 만들기 위하여  자신의 기계설비엔지니어링 경험을 적극 활용하고 있다. 10년 이상의 실무 경험 동안, 프로젝트 중 3개는 LEED Platinum 인증을 받았고, 2개는 AIA COTE 탑 10 어워즈를 수상했으며, 또 다른 3개의 프로젝트에서는 넷 제로 에너지 설계를 달성하였다. 데이비드는 넷 제로 에너지 빌딩 설계 프로젝트에 대해 늘 열정적으로 참여하고 있으며, 넷 제로 에너지 빌딩의 설계라는 주제에 대해 미국 내 각 지역을 돌아다니며 강연하고 있다. 스탠텍(Stantec)과 킨 엔지니어링(Keen Engineering)에서 10년간 고성능 에너지 건축 설계 프로젝트들을 시행해온 그는 현재 인테그랄 그룹(Integral Group)의 시애틀사무소를 이끌고 있다.

# 찾아보기

INDEX

# 역자후기

Afterword

현재 우리는 국가적 온실가스 감축 목표에 따라 산업 전 분야에서 친환경, 에너지란 단어를 배제하고는 더 이상 관심조차 받지 못하는 시대에 살고 있습니다. 특히, 건설시장은 국내 온실가스의 약 1/3이상을 배출하고 있어 정부차원의 강도 높은 규제 등이 거의 매일 쏟아지고 있으며, 이와 관련 건설업계는 에너지 절감형 친환경 건물을 시공해야 함과 동시에 사회적 경기악화에 따른 공사비마저 절감해야 하는 이중고에 빠져 있는 실정입니다. 따라서 대다수의 발주처, 설계사 및 시공사들은 친환경, 에너지 절감을 위한 저가 아이템 발굴에만 관심이 높으며 통합에너지 절감 디자인 방안이란 근본적인 솔루션 개발에는 관심을 갖기 어려운 현실에 놓여 있습니다.

현실에서의 친환경 디자인 프로세스의 일례를 보면, 고성능 창호를 교체하면 몇 퍼센트, 외부차양을 설치하면 몇 퍼센트, 고효율 조명으로 교체하면 몇 퍼센트 절감 등과 같이 각 아이템별 해당 업체에서 제시한 성능만 합해도 100%를 상회하는 Energy Plus 빌딩이 탄생하게 됩니다.

과연 에너지를 사용하지 않는 Zero Energy 빌딩이 가능할까요?

물론 사람이 살지 않는 조건이라면 얼마든지 가능합니다. 즉, 우리에게는 재실자들의 생활에 필요한 에너지는 최소화하고 요구되는 에너지는 건물 자체적으로 생산하여 최종 Net Zero Energy 빌딩을 설계하기 위한 통합에너지 절감 디자인 접근 방안이 요구되는 것입니다.

예를 들어. 자동차 디자이너가 저렴하고 높은 연비의 자동차를 디자인하면서 차량 부품의 개별적인 성능과 가격만을 고려한다면, 완성된 자동차는 그 기능을 발휘하지 못하는 원리와 동일합니다.

Net Zero Energy 빌딩을 위한 프로세스는 현재의 단편적이고 일시적인 친환경 건축 프로세스를 넘어서 프로젝트 부지선정에서부터 설계단계에서의 체계적인 관리 및 검토, 그리고 Net Zero Energy 빌딩의 유지관리에 이르기 까지 궁극적인 Net Zero Energy 목표 달성을 위한 총체적인 프로세스 관리를 말하며, 이 책에서 소개하고 있는 Net Zero Energy 빌딩의 접근법은 지속가능한 건축의 실현에 가장 근접한 방법론 중 하나가 될 것입니다.

본서는 저자가 경험했던 다양한 프로젝트를 토대로 Net Zero Energy 빌딩의 기본 요소부터 그 잠재적 가능성까지 제시한 이론서입니다. 따라서 Net Zero Energy 빌딩을 위하여 설계 전 검토해야할 사항들부터 설계 시 검토해야 할 건물 환경 분석 방법론, 신재생에너지 시스템의 도입, 그리고 건물의 유지관리에 이르기 까지 건물의 전 생애주기 동안 Net Zero Energy를 달성하기 위해 고려해야 할 요소 및 건축환경 이론을 각 장(chapter)별로 정리하고 있으며, 특히 마지막장에는 미국의 에너지부/국립재생에너지연구소 연구소(DOE/NREL Research Support

Facility) 사례연구를 통하여 실제적으로 Net Zero Energy 빌딩 프로젝트에 어떻게 적용되어질 수 있는가를 보다 쉽게 이해 할 수 있도록 구성되어 있습니다.

본서를 번역하면서 경험에서 우러난 저자의 넓은 지식과 Net Zero Energy 빌딩의 근본을 꿰뚫는 통찰력, 방대한 자료수집 노력에 감탄하였으며, 진정한 친환경 건축이 무엇인지에 대해 다시 한 번 생각하게 된 좋은 기회가 되었습니다.

본서에서 사용된 전문용어와 문장 표현이 다소 국내 사정과 차이가 있을 수 있으나, 최대한 원문의 의미가 퇴색되지 않도록 저자의 의도를 반영하는 번역에 충실하였습니다. 적절한 표현을 찾지 못해 어색한 표현은 원문과 병행 표기하여 독자의 이해를 도울 수 있도록 노력하였으나, 그럼에도 부족한 부분이 많이 있으리라 생각됩니다. 이 점 독자 여러분의 넓은 이해를 부탁드립니다.

아울러, 역자 입장에서 Net Zero Energy Design 이란 전문 번역서를 내기에는 많은 부담과 어려움이 있었던 것이 사실입니다. 그러나 최고의 번역서는 아니더라도 친환경건축에 관심을 갖고 있는 학생들에게는 입문서로서, 현업에 종사하는 실무자들에게는 지침서로서 조금이나마 도움이 될 수 있기를 희망합니다.

2013. 8. 12

김민성, 송영환, 정윤호, 주재성, 박윤민

**역자소개**

**김 민 성**
㈜썬앤라이트 대표 / 연구소장
ceo@greenbim.kr

**정 윤 호**
기술연구소 책임연구원
archimania@greenbim.kr

**박 윤 민**
기술연구소 연구원
yoonmin.park@greenbim.kr

**송 영 환**
기술연구소 부소장
emoclew8641@greenbim.kr

**주 재 성**
기술연구소 선임연구원
arariyo0407@greenbim.kr

넷 제로 에너지 디자인
Net Zero Energy Design

Tom Hootman 지음
**(주)썬앤라이트** (http//www.greenbim.kr) 역

1판 1쇄 2013년 8월 23일
발행인 **김기현**

발행처 **시공문화사 · *Spacetime***
등 록 1993년 3월 12일
주 소 서울시 서대문구 독립문공원길 17 극동프라자 5층(120-796)
전 화 02) 3147-1212, 2323
전 송 02) 3147-2626

ISBN 978-89-5592-267-7
http://www.spacetime.co.kr, spacetime@korea.com

편 집 Design_Battery
인 쇄 예림인쇄사
제 본 (주)서정바인텍
용 지 대림지업(주)



**정가 35,000원**